AF577622

Jörg Kahlert

Crashkurs Regelungstechnik

Ergänzende Materialien zum Download

Liebe Leserin, lieber Leser,

zusätzliche Daten zu diesem Buch stehen Ihnen kostenlos zum Download zur Verfügung.

Die Daten können Sie herunterladen unter:

https://www.vde-verlag.de/buecher/download/605838.zip

Dr.-Ing. Jörg Kahlert

Crashkurs Regelungstechnik

Eine praxisorientierte Einführung mit Begleitsoftware

5., aktualisierte Auflage

VDE VERLAG GMBH

ICS: 25.040.40; 29.020

Bibliografische Information der Deutschen Nationalbibliothek
Die Deutsche Nationalbibliothek verzeichnet diese Publikation in der Deutschen Nationalbibliografie; detaillierte bibliografische Daten sind im Internet über http://dnb.dnb.de abrufbar.

ISBN 978-3-8007-5837-1 (Print)
ISBN 978-3-8007-5838-8 (E-Book)

Druck: CPI books GmbH, Leck
Printed in Germany 2022-12

Vorwort zur fünften Auflage

Give me five – vor Ihnen liegt die mittlerweile 5. Auflage, die bezüglich des Inhalts bis auf geringfügige Ergänzungen in den Abschnitten zur Identifikation von Regelstrecken sowie zur unstetigen Regelung mit der 4. Auflage identisch ist. Die Begleit-Software zum Buch liegt nunmehr aber online als Download bereit und kann somit bei Bedarf unabhängig von der „Lebensdauer" der aktuellen Auflage upgedatet oder ergänzt werden.

Herrn Dipl.-Phys. Bernd Schultz vom VDE VERLAG gebührt wie gewohnt mein Dank für die Betreuung der Neuauflage.

Hamm, im November 2022 *Jörg Kahlert*

Vorwort zur vierten Auflage

Aller guten Dinge sind vier – die nunmehr vorliegende 4. Auflage hat im Vergleich zur Vorauflage ein wenig „zugelegt", wobei sich der Zuwachs an Seiten insbesondere in einer Vielzahl an neuen Beispielen und einer wesentlichen Erweiterung von Kapitel 10 (Realisierung von Reglern) manifestiert. In diesem Zusammenhang wurde insbesondere der Aspekt der Programmierung von Regelalgorithmen auf beliebten Mikrocontrollerboards (Stichwort *Arduino*) sowie in (zumindest momentan) „angesagten" Programmiersprachen behandelt. Zu guter Letzt wurde auch die dem Buch beiliegende Begleit-Software auf den aktuellen Stand gebracht und bietet dem experimentierfreudigen Leser somit eine Fülle von neuen Möglichkeiten, das faszinierende Gebiet der Regelungstechnik tiefer zu ergründen.

Herrn Dipl.-Phys. Bernd Schultz vom VDE VERLAG danke ich auch dieses Mal wieder recht herzlich für die Betreuung der Neuauflage.

Hamm, im September 2020 *Jörg Kahlert*

Vorwort zur dritten Auflage

Die vorliegende 3. Auflage ist bezüglich des Buchtextes ein weitgehend unveränderter Druck der mittlerweile vergriffenen 2. Auflage von 2015. Neben der Korrektur der obligatorischen Tippfehler, die sich in den ersten beiden Auflagen als resistent gegenüber allen Phasen des Korrekturlesens (nobody is perfect ...) erwiesen haben, erfolgte lediglich eine Anpassung der verschiedenen Reglersymbole an die aktuelle Norm sowie eine Aktualisierung der Literaturliste unter Anpassung der entsprechenden Verweise im Text.

Herrn Dipl.-Phys. Bernd Schultz vom VDE VERLAG danke ich recht herzlich für die Betreuung der Neuauflage.

Hamm, im November 2018 *Jörg Kahlert*

Vorwort zur zweiten Auflage

Wohl jeder Autor eines technischen Fachbuchs wird die Erfahrung bestätigen, dass er trotz mehrfacher, sorgfältigster Durchsicht des Manuskripts just in dem Moment die ersten Fehler entdeckt, wenn er – zunächst freudestrahlend, dann ein wenig frustriert – das Belegexemplar durchblättert ... Umso erfreulicher ist es dann, wenn er im Zuge einer Neuauflage die Chance erhält, alle in der Zwischenzeit aufgelaufenen Unzulänglichkeiten zu korrigieren und bei dieser Gelegenheit dann auch gleich den Inhalt um einige Themenbereiche (und neue Fehler) zu ergänzen. In diesem Sinne wurde die vorliegende zweite Auflage also nicht nur durchgesehen, sondern auch überarbeitet und erweitert ...

Obwohl die regelungstechnischen Bezeichnungen und Formelzeichen nach der mittlerweile abgelösten DIN 19226 im deutschen Sprachgebrauch noch sehr verbreitet sind, wurden sie durchgängig durch die in der aktuellen Norm DIN IEC 60050-351 festgelegten Bezeichnungen ersetzt. Nachfolgende Tabelle gibt dazu eine Übersicht:

Bezeichnung	**Symbol alt (1. Auflage bzw. DIN 19226)**	**Symbol neu (2. Auflage bzw. DIN IEC 60050-351)**
Verzugszeit	T_u	T_e
Ausgleichszeit	T_g	T_b
Nachstellzeit	T_N	T_i
Vorhaltezeit	T_V	T_d
Bleibende Regeldifferenz	e_b	e_∞
Anregelzeit	T_{an}	T_{cr}
Ausregelzeit	T_{aus}	T_{cs}
Eck(kreis)frequenz	ω_{Ei}	ω_1
Durchtrittsfrequenz	ω_D	ω_c
Amplitudenreserve	A_r	A_m
Phasenreserve	φ_{res}	φ_m
Zeitkonstante P-T_1-Glied	T	T_1

Kapitel 2 wurde um eine Vielzahl weiterer praktischer Beispiele für die unterschiedlichen Streckentypen ergänzt; insbesondere wurden doppelt-integrierende Regelstrecken aufgenommen. Bei der Analyse von Regelkreisen in den Kapiteln 3 und 4 werden nunmehr auch Folgeregelungen detailliert behandelt. Kapitel 4 zum Entwurf von PID-Reglern wurde um einen Abschnitt zur numerischen Optimierung von Reglern ergänzt, zudem wurde eine kurze Übersicht über die Arbeitsweise selbsteinstellender und adaptiver Regler aufgenommen. Komplett neu ist Kapitel 10, welches sich mit der technischen Realisierung von Reglern beschäftigt, sowie abschließend eine Übersicht über die wichtigsten regelungstechnischen Fachbegriffe (Deutsch/Englisch) im Anhang.

Herrn Dipl.-Ing. Michael Kreienberg vom VDE VERLAG danke ich für die Betreuung der Neuauflage und eine Vielzahl von Anregungen. Meinen Söhnen Moritz und Till danke ich dafür, dass sie mit ihren im Rahmen ihres Studiums an der TU Dortmund mittlerweile erworbenen (wenn auch nur rudimentären) Regelungstechnik-Kenntnissen durch die ein oder andere Rückfrage ein nochmaliges Überarbeiten bestimmter Textpassagen erzwungen haben.

Hamm, im Januar 2015 *Jörg Kahlert*

Vorwort

Die Regelungstechnik ist eine der gemeinhin als *interdisziplinär* bezeichneten „Wissenschaften“ – die Beschäftigung mit ihr ist nicht nur für eine Vielzahl technischer Fachrichtungen unabdingbar, sondern das sie prägende Prinzip der *Rückkopplung* findet sich auch in den unterschiedlichsten nichttechnischen Bereichen wie der Biologie, den Wirtschaftwissenschaften und vielen weiteren Fachgebieten wieder. Dies hat zur Folge, dass die zum Verständnis regelungstechnischer Vorgänge benötigten Vorkenntnisse in (höherer) Mathematik und Systemtheorie naturgemäß in der potentiellen Leserschaft eines Einführungswerks zur Regelungstechnik sehr unterschiedlich ausgeprägt sind. Während (angehende) Ingenieure und Techniker erfahrungsgemäß entsprechende Kenntnisse an anderer Stelle vermittelt bekommen haben, sind diese Grundlagen bei Lesern anderer „Herkunft“ oder Zielrichtung vielleicht nur rudimentär vorhanden. Dem versucht das vorliegende Werk dadurch Rechnung zu tragen, dass der behandelte Stoff auf zwei Ebenen vermittelt wird: auf einer eher *qualitativen* Ebene, wo es primär darum geht, die regelungstechnischen Grundprinzipien und Ideen zu verstehen (was auch ohne ein Mathematikstudium durchaus möglich ist), sowie auf einer mathematisch-systemtheoretischen Ebene, welche ein tiefer gehendes Verständnis auch der *quantitativen* Zusammenhänge auf Basis entsprechender Formelwerke erlaubt. Da diese mathematisch „anspruchsvolleren“ Abschnitte jedoch jeweils klar erkennbar von den Grundlagenthemen abgesetzt sind, können sie vom mehr praxisorientierten Leser einfach ausgelassen werden, ohne dass dadurch das Verständnis der nachfolgenden Kapitel gefährdet wird.

Nahezu alle im Buch behandelten Themen werden durch eine Vielzahl von Beispielen ergänzt, die mit der beigefügten *Begleit-Software* nachvollzogen und als Ausgangspunkt für eigene Experimente genutzt werden können. Dadurch erfährt der ansonsten eher als „trocken“ und sehr abstrakt angesehene Stoff „Regelungstechnik“ eine wesentliche Auflockerung. Eine kurze Einführung in die Begleit-Software findet sich in Kapitel 10 des Buchs; für ein tiefer gehendes Studium des Leistungsumfangs enthält die Begleit-CD die komplette Dokumentation zur Software im PDF-Format.

Bei der Erstellung des Werks wurde versucht, wann immer möglich, die im deutschen Sprachgebrauch üblichen Konventionen einzuhalten. Einzig das dem Deutschen eigene *Dezimalkomma* musste leider dem international üblichen *Dezimalpunkt* weichen, da eine Vielzahl der im Buch angeführten Grafiken aus anderen Publikationen entstammt und eine Überarbeitung all dieser einen unverhältnismäßig großen Aufwand bedeutet hätte – der Leser möge diesen Hang zur Unperfektion entschuldigen.

Herrn Dipl.-Ing. Roland Werner vom VDE VERLAG danke ich für die Betreuung des Werks sowie die Vielzahl fruchtbarer Diskussionen und Anregungen, insbesondere bezüglich des Buchlayouts. Meinen Söhnen Moritz und Till danke ich dafür, dass sie mir für die im Rahmen meiner schriftstellerischen Tätigkeit erforderlichen Internetrecherchen aus dem heimischen Arbeitszimmer trotz ihrer ICQ-Aktivitäten höchster Priorität temporär zumindest einen bescheidenen Teil der zur Verfügung stehenden DSL-Bandbreite – wenn auch unter deutlich vernehmbarem Murren – zur Verfügung gestellt haben.

Hamm, im August 2010 *Jörg Kahlert*

Inhalt

1 Einführung

1.1 Aufgaben der Regelungstechnik

Wozu dient die Regelungstechnik? Regelungstechnik sorgt dafür, dass

- Ihr Urlaubsflieger auf Kurs bleibt, auch wenn der Pilot mal kurzzeitig anderweitig beschäftigt ist (*Autopilot*),
- der Verkehr fließt, auch wenn viel Verkehr herrscht (*Verkehrsflussregelung*),
- ein Roboter ein rohes Ei auch wie ein solches behandelt (*Kraftregelung*),
- Ihre Autobatterie am Ladegerät keinen Schaden nimmt (*Konstantstromregelung*),
- Ihnen in der Sauna heiß, aber nicht zu heiß wird (*Temperaturregelung*),
- im Stromnetz unabhängig vom Energieverbrauch immer eine konstante Frequenz von 50 Hz und eine Spannung von 230 V herrscht (*Frequenz*- bzw. *Spannungsregelung*),
- Ihr Toiletten-Spülkasten nach einem Spülvorgang wieder gefüllt wird, aber nicht überläuft (*Füllstandsregelung*),
- ein Kreuzfahrtschiff auch bei starker Strömung die schmalste Meerenge problemlos passiert (*Kursregelung*),
- Ihr Wagen bei Aktivierung des Tempomaten die eingestellte Geschwindigkeit auch bergauf oder bergab sowie bei Rücken- und Gegenwind exakt einhält (*Geschwindigkeitsregelung*),
- in einem Konferenzraum morgens, mittags und abends identische Helligkeit herrscht (*Konstantlichtregelung*),
- Ihr Plattenspieler auch nach Auflegen einer Reinigungsbürste nicht zu jaulen beginnt (*Drehzahlregelung*),
- jede Flasche Cola (oder wahlweise eines anderen Erfrischungsgetränks) exakt gleich schmeckt (*Mischungsverhältnis-Regelung*).

Diese Liste ließe sich beliebig fortsetzen. Wir finden die Regelungstechnik also in nahezu allen Bereichen, auch und gerade in denen des täglichen Lebens. *Wie* die Regelungstechnik diese und andere Aufgaben löst, das soll in den nachfolgenden Kapiteln untersucht werden.

1.2 Steuern oder Regeln?

Die Begriffe *Steuern* und *Regeln* werden im täglichen Leben häufig mit einer gewissen Beliebigkeit benutzt, da sie für einen (regelungs)technischen „Laien" scheinbar dieselbe Technik beschreiben. Dies ist jedoch keineswegs der Fall – identisch sind vielmehr nur die

Ziele beider Techniken. Primär geht es nämlich darum, bestimmte zeitveränderliche Größen technischer oder auch andersartiger Prozesse auf gewünschte Werte zu bringen und dort zu halten. Aber worin unterscheiden sich Steuern und Regeln nun? *Steuern* wir tatsächlich unseren Wagen durch den Verkehr oder *regeln* wir ihn womöglich? Was passiert, wenn wir den Lautstärke-Drehknopf an unserem Autoradio betätigen? *Regeln* wir die Lautstärke herauf bzw. herab oder *steuern* wir sie nicht vielmehr? Und wie verhält es sich mit einem Dimmer? *Regelt* er wirklich die Helligkeit einer Glühlampe (wie von der Online-Enzyklopädie WIKIPEDIA behauptet), oder handelt es sich in Wahrheit um eine *Steuerung*?

Zur Klärung dieser Frage betrachten wir zunächst die Definition der *Steuerung* nach DIN IEC 60050-351[1]:

> *Steuern* oder *Steuerung* ist der Vorgang in einem System, bei dem eine oder mehrere Größen als Eingangsgrößen andere Größen als Ausgangsgrößen aufgrund der dem System eigentümlichen Gesetzmäßigkeiten beeinflussen.
>
> Kennzeichen für eine Steuerung ist der *offene Wirkungsweg* oder ein geschlossener Wirkungsweg, bei dem die durch die Eingangsgrößen beeinflussten Ausgangsgrößen nicht fortlaufend und nicht wieder über dieselben Eingangsgrößen auf sich selbst wirken.

Die inhaltliche Bedeutung dieser recht abstrakten Begriffsdefinition erschließt sich am besten anhand eines Beispiels. **Bild 1.1** zeigt dazu das Wirkschaltbild einer *Raumtemperatursteuerung* über die Außentemperatur.

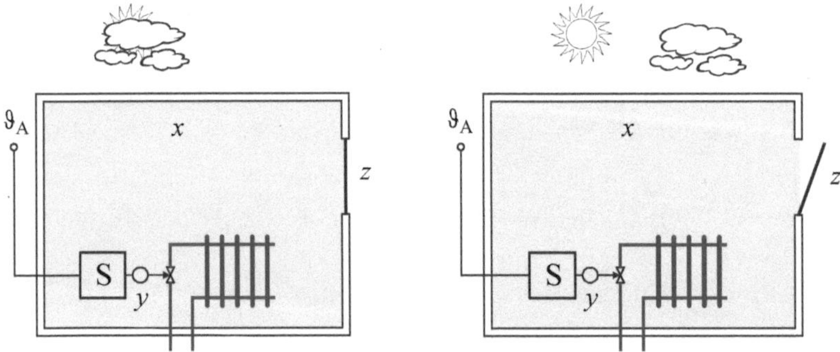

Bild 1.1 Prinzip der Raumtemperatursteuerung

Die Funktionsweise dieser Steuerung lässt sich grob wie folgt beschreiben:

- Der Raum mit Heizkörper stellt den zu beeinflussenden Prozess dar, die sogenannte *Steuerstrecke*.
- Über ein (Außen-)Thermometer wird die Außentemperatur ϑ_A gemessen und dem *Steuergerät* S zugeführt.
- Das Steuergerät ermittelt aus der Außentemperatur unter Berücksichtigung des Temperatur-Sollwerts (Wunschtemperatur) die Ventilstellung (*Stellgröße*) *y*.

[1] Internationales Elektrotechnisches Wörterbuch – Teil 351: Leittechnik

- In Abhängigkeit von der Ventilstellung wird ein mehr oder weniger großer Durchfluss des Heizmediums erzeugt. Dieser führt zu einer mehr oder weniger starken Erhöhung der Raumtemperatur (Innentemperatur) x.

Übersichtlicher lassen sich diese Zusammenhänge in Form eines sogenannten *Blockschaltbilds* darstellen (**Bild 1.2**).

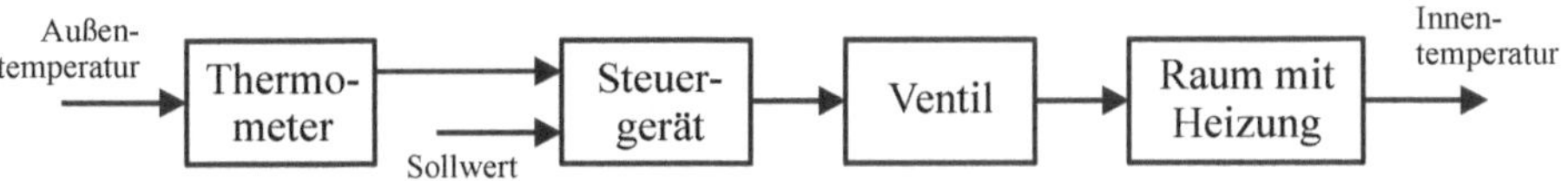

Bild 1.2 Blockschaltbild der Steuerung

Dieses Blockschaltbild hat die für eine Steuerung charakteristische Struktur einer *Steuerkette*:

- Es liegt ein *offener* Wirkungsablauf über ein oder mehrere, in Reihe geschaltete Übertragungsglieder vor.
- Das Steuergerät wird bei der Inbetriebnahme so eingestellt, dass die Steuerung unter den zu diesem Zeitpunkt herrschenden Bedingungen „optimal" funktioniert. Ändern sich diese Bedingungen (z. B. durch Auswechseln des Heizkörpers gegen einen Heizkörper anderer Baugröße), so wird sich das Systemverhalten in der Regel verschlechtern.
- Tritt eine Störung auf (z. B. Öffnen des Fensters, Störgröße z in Bild 1.1), so merkt das Steuergerät davon ebenfalls nichts. Es wird demzufolge bei kühler Witterung zu einem ungehinderten Abfall der Innentemperatur kommen. Umgekehrt würde beispielsweise das Anzünden eines Kamins im Wohnraum zu einer Erhöhung der Raumtemperatur führen, da das Steuergerät auch darauf nicht reagieren und daher weiterhin unvermindert heizen würde.

Die eigentliche Zielgröße der Steuerung (im Beispiel die Innentemperatur) wird also *nicht* gemessen; dies hat zur Folge, dass das Steuergerät Abweichungen dieser Größe vom Sollwert (sei es aufgrund von Störungen oder Parametervariationen) *nicht* bemerkt und insofern darauf auch nicht reagieren kann. Dies ist der entscheidende Nachteil der Steuerung.

Versuchen wir nun, dieselbe Aufgabe mithilfe einer *Regelung* zu lösen. Auch dazu zunächst die Definition des Regelungsbegriffs nach DIN IEC 60050-351:

> Das *Regeln* – die *Regelung* – ist ein Vorgang, bei dem fortlaufend eine Größe, die Regelgröße (die zu regelnde Größe), erfasst, mit einer anderen Größe, der Führungsgröße, verglichen und im Sinne einer Angleichung an die Führungsgröße beeinflusst wird.
>
> Kennzeichen einer Regelung ist der *geschlossene Wirkungsablauf*, bei dem die Regelgröße im Wirkungsweg des *Regelkreises* fortlaufend sich selbst beeinflusst.

Der wesentliche Unterschied zur Steuerung liegt hierbei im Wörtchen „verglichen": Bei der Regelung findet also ein ständiger Soll-Ist-Vergleich statt, sodass Abweichungen vom gewünschten Verhalten jederzeit und unverzüglich bemerkt und dann bekämpft werden können. **Bild 1.3** zeigt das Wirkschaltbild einer auf diesem Prinzip basierenden *Raumtemperaturregelung*.

Die Funktionsweise ist hier nun wie folgt:

- Der Raum mit Heizkörper stellt wiederum den zu beeinflussenden Prozess dar; er wird in diesem Fall als *Regelstrecke* oder kurz *Strecke* bezeichnet.
- Über ein Raumthermometer findet eine ständige Messung der Zielgröße Innentemperatur (*Regelgröße* x) statt. Diese wird mit der gewünschten Soll-Temperatur (*Führungsgröße* w) verglichen. Die Differenz zwischen beiden Größen stellt die sogenannte *Regeldifferenz* e dar.
- In Abhängigkeit von dieser Regeldifferenz wird nun das Heizventil verstellt. Dies kann per Hand (linkes Teilbild) oder automatisch durch den *Regler* R erfolgen (rechtes Teilbild). Ist der gemessene Temperaturwert (Istwert) geringer als der Sollwert, wird das Ventil weiter geöffnet, ist er größer, wird es weiter geschlossen. Dadurch wird der aktuelle Temperaturwert an den Sollwert herangeführt.

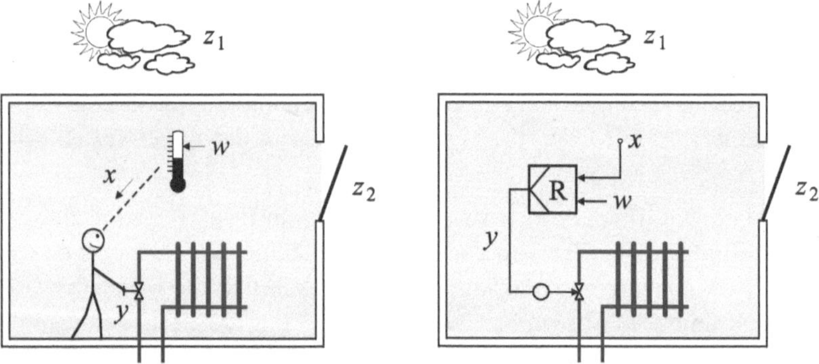

Bild 1.3 Prinzip der Raumtemperaturregelung (links: manuell, rechts: automatisch)

Auch hier werden die Zusammenhänge durch ein Blockschaltbild unmittelbar deutlich, wie es **Bild 1.4** zeigt.

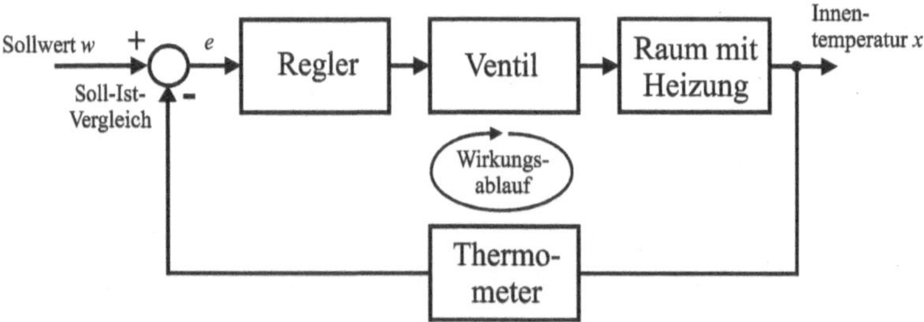

Bild 1.4 Blockschaltbild der Raumtemperaturregelung

Man erkennt, dass durch eine scheinbar geringe Änderung des Wirkschaltbilds gegenüber der Steuerung (Verlegen des Thermometers in den Innenraum) eine wesentliche Verbesserung des Systemverhaltens erzielt wird. Es entsteht nämlich ein *geschlossener* Wirkungsablauf mit Rückkopplung der Regelgröße, ein sogenannter *Regelkreis*. Durch den ständigen

Soll-Ist-Vergleich bemerkt der Regler eine Abweichung vom Sollzustand unmittelbar und kann dieser durch einen entsprechenden Stelleingriff (Öffnen bzw. Schließen des Ventils) entgegenwirken. Dabei ist es völlig gleichgültig, ob diese Abweichung vom Sollzustand (Regeldifferenz) durch Änderungen in der Regelstrecke selbst (Parametervariationen wie Austausch des Heizkörpers gegen einen anderen Typ) oder aber durch irgendwelche Störungen (z. B. starker Sonneneinfall durch das Fenster oder Öffnen des Fensters, Störgrößen z_1 bzw. z_2 in Bild 1.3) zustande kommen. Dies ist der prinzipielle Vorteil eines Regelkreises gegenüber einer Steuerkette. Ein Nachteil der Regelung liegt jedoch darin, dass in jedem Fall eine Messung der Regelgröße erforderlich ist, was in der Regel zu einem höheren Materialaufwand (Sensor) führt; insbesondere gilt dies im betrachteten Beispiel, wenn eine Temperaturregelung parallel und unabhängig voneinander in mehreren Räumen erfolgen soll. Bei einer Steuerung ist hingegen die Messung der Regelgröße nicht erforderlich (u. U. aber – wie bei der besprochenen Raumtemperatursteuerung – die Messung anderer Größen).

Das Prinzip einer Regelung ist also nichts anderes als das fortlaufende

- *Messen* (des Istwerts),
- *Vergleichen* (mit Sollwert) und
- *Stellen* (d. h. Einwirken auf Regelstrecke).

Anmerkung: Der Störungsbegriff in der Regelungstechnik ist nicht gleichbedeutend mit einer Störung im Funktionsablauf einer Anlage; regelungstechnische Störgrößen treten vielmehr betriebsbedingt in der technisch einwandfrei arbeitenden Anlage auf.

Zur Verdeutlichung wollen wir ein zweites Beispiel betrachten. Auch hier ist die Zielgröße wieder eine Temperatur, in diesem Fall die Mischwassertemperatur bei der Mischung von kaltem und warmem Wasser [PH19]. **Bild 1.5** zeigt zunächst die Steuerung dieser Temperatur über ein Stellventil. Die Ansteuerung des Ventils erfolgt hier über einen Einsteller, der den Warmwasser-Durchfluss reguliert und somit die Vorgabe einer „Wunschtemperatur" ermöglicht. Sind die Temperaturen und Durchflüsse von Warm- und Kaltwasser konstant, so stellt sich eine konstante Mischwassertemperatur ein. Ändert sich jedoch eine der genannten Größen (d. h. liegt eine Störung vor), so wird sich auch die Mischwassertemperatur ändern, da die Stellung des Stellventils von der Störung unbeeinflusst bleibt.

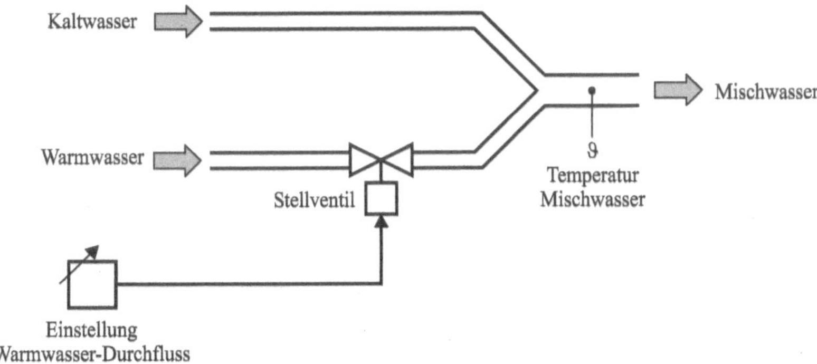

Bild 1.5 Steuerung der Mischwassertemperatur

Abhilfe schafft die Regelung der Mischwassertemperatur nach **Bild 1.6**: Hier erfolgt eine kontinuierliche Messung der Zielgröße (Mischwassertemperatur ϑ) über einen Temperatursensor und der Vergleich mit dem eingestellten Temperatur-Sollwert. Die Differenz aus beiden Größen wird dem Regler zugeführt, der dann über das Stellventil in geeigneter Weise in den Warmwasser-Zulauf eingreift. Es entsteht ein geschlossener Wirkungsablauf, der nunmehr auf jede Art von Störung reagieren kann, sobald sich diese auf die Mischwassertemperatur auswirkt. Sinkt beispielsweise die Warmwasser-Temperatur, so führt dies zunächst zu einem kurzzeitigen Absinken der Mischwassertemperatur. Der Regler registriert dies über den Temperatursensor und wird anschließend das Stellventil ein wenig mehr öffnen, sodass das Absinken der Warmwassertemperatur durch eine Erhöhung des Warmwasserdurchflusses kompensiert und die Mischwassertemperatur wieder an ihren Sollwert herangeführt wird.

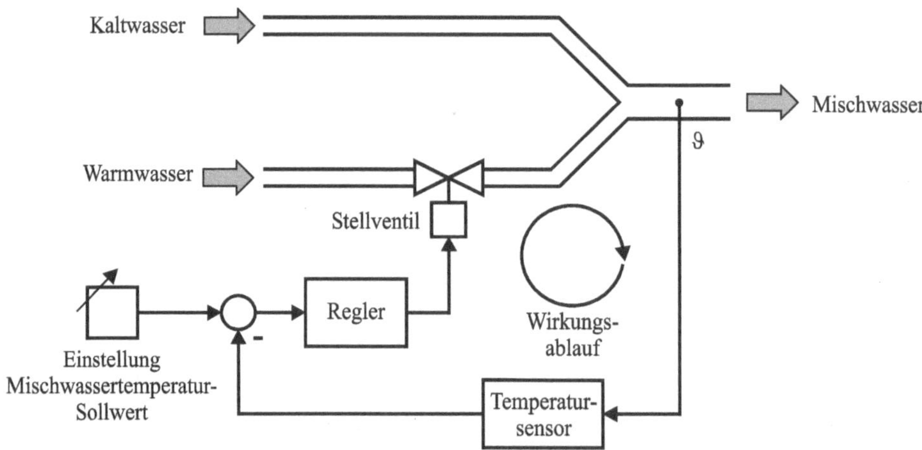

Bild 1.6 Regelung der Mischwassertemperatur

Zusammenfassend können wir für den Vergleich zwischen Steuerung und Regelung also schlussfolgern:

Die Regelung stellt im Vergleich mit einer Steuerung das überlegene Prinzip dar, bedarf aber in der Regel eines höheren geräte- und entwurfstechnischen Aufwands. Der Einsatz einer Regelung anstelle einer Steuerung empfiehlt sich insbesondere

- wenn die Strecke nicht hinreichend bekannt ist,
- wenn Parametervariationen in der Strecke auftreten können,
- wenn mit dem Auftreten von Störgrößen (insbesondere nicht messbaren) gerechnet werden muss.

Ist die Strecke hingegen sehr genau bekannt und können Störungen im Betrieb weitestgehend ausgeschlossen werden, ist eine Steuerung ausreichend. Um es mit den legendären Worten eines russischen Politikers des 20. Jahrhunderts zu sagen: „Vertrauen (= Steuerung) ist gut, Kontrolle (= Regelung) ist besser!“

Ein Nachteil einer Regelung, der hier nicht unterschlagen werden soll, besteht allerdings darin, dass ein Regelkreis unter bestimmten Bedingungen (z. B. ungünstige Einstellung des Reglers) *instabil* werden kann. Wir werden diese Problematik an späterer Stelle noch eingehend betrachten.

1.3 Regelkreise im Wirkungsplan

Regelungstechnische Systeme werden häufig, wie in Bild 1.4 gezeigt, in Form von Blockschaltbildern, sogenannten *Wirkungsplänen*, dargestellt [NO09]. Jede Systemkomponente stellt dabei einen allgemein als *Übertragungsglied* bezeichneten Block dar, der den wirkungsgemäßen Zusammenhang zwischen den Ein- und Ausgangsgrößen symbolisiert. Die Eingangsgröße eines derartigen Blocks können wir jeweils als *Ursache* interpretieren, die Ausgangsgröße als durch die Ursache hervorgerufene *Wirkung* (**Bild 1.7**).

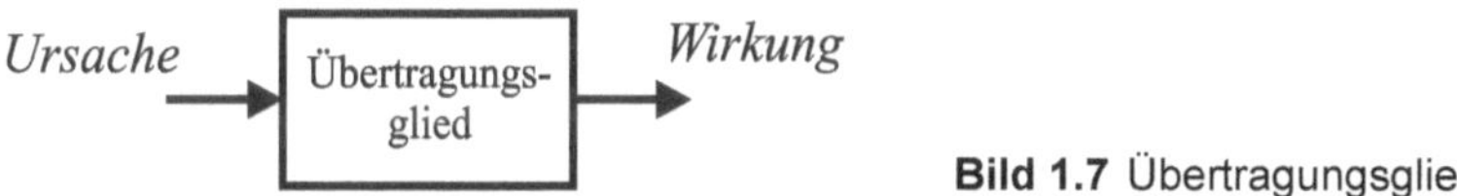

Bild 1.7 Übertragungsglied

Der Signalfluss zwischen den Blöcken wird durch Verbindungslinien (Wirkungslinien) dargestellt, wobei die Signalflussrichtung durch Pfeile gekennzeichnet wird. Die Addition von Signalen erfolgt in *Summationspunkten*, die Verzweigung in *Verzweigungspunkten* (**Bild 1.8**). Der Wirkungsplan ist dann die symbolische Darstellung der Wirkungsabläufe in einem System durch Blöcke, Additions- und Verzweigungsstellen, die durch Wirklungslinien verbunden sind.

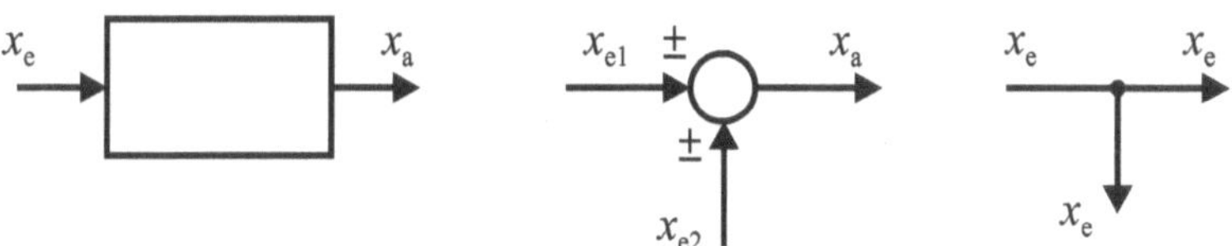

Bild 1.8 Elemente des Wirkungsplans: Übertragungsglied (Block), Summationspunkt, Verzweigungspunkt (von links nach rechts)

Die genaue Funktion eines Übertragungsglieds wird in den meisten Fällen durch eine entsprechende Beschriftung des Blocks (z. B. „Regler“) oder durch eine spezifische Grafik (Blocksymbol) verdeutlicht. Der Wirkungsplan abstrahiert also beispielsweise gegenüber einem Geräteplan, indem er nicht Geräte, Anlagenteile usw. darstellt, sondern lediglich den Wirkzusammenhang zwischen den interessierenden Größen (Signalen).

Wir wollen zur Vertiefung ein weiteres Beispiel betrachten. Auch der Mensch selbst nimmt vielfältige regelungstechnische Aufgaben wahr (meist, ohne sich dessen bewusst zu sein), etwa bei so banalen Dingen wie dem Einlassen eines „wohltemperierten“ Bads, wie es **Bild 1.9** zeigt: Der in das Badewasser eingetauchte Finger fungiert hier zunächst als *Messglied* zur Erfassung der aktuellen Wassertemperatur (*Regelgröße* bzw. *Istwert*). Diese wird in einer im Kopf des Badewilligen befindlichen *Vergleichsstelle* mit der Wunschtemperatur

(*Führungsgröße* bzw. *Sollwert*) verglichen. Die Abweichung wird anschließend vom *Regelglied* in eine *Stellgröße* umgesetzt. Diese Stellgröße stellt die Verstellung von Heiß- und Kaltwasserzulauf dar und wird vom *Steller* (der anderen Hand des Badewilligen) umgesetzt. Das zu regelnde System – d. h. die *Regelstrecke* – stellt hier die Badewanne samt darin befindlichem Wasser dar, die Armatur das zugehörige *Stellglied*.

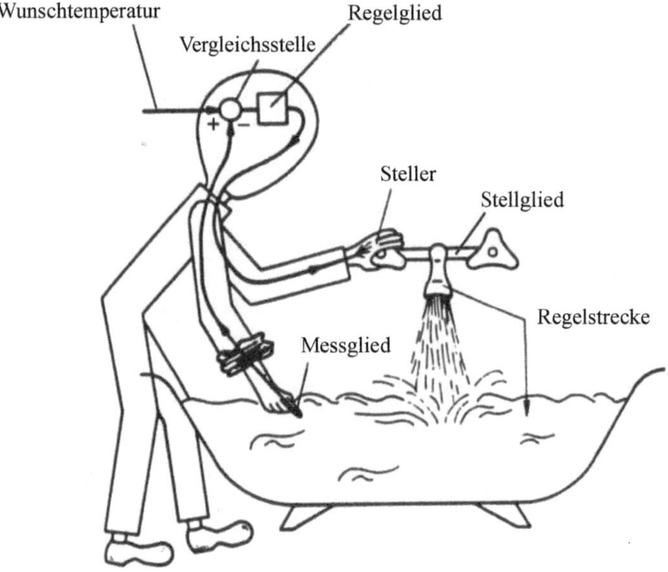

Bild 1.9 Der Mensch als Regler [Kl85]

Bild 1.10 stellt das Gesamtsystem nun in Form des Wirkungsplans dar. Vergleichsglied und Regelglied bilden zusammen den *Regler*; das Stellglied ist Teil der Regelstrecke.

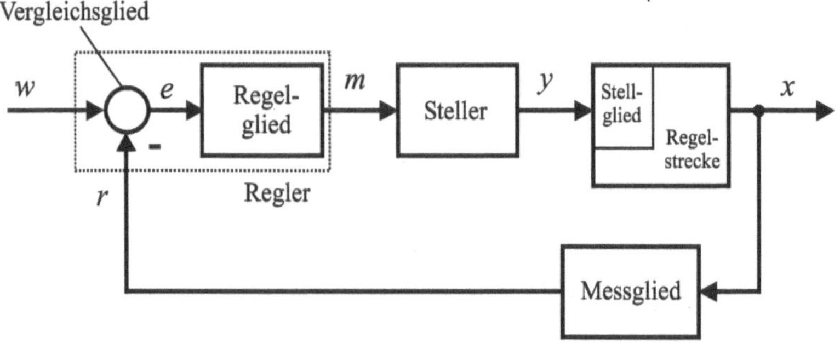

Bild 1.10 Der Mensch als Regler – Wirkungsplan

Wie unschwer zu erkennen ist, entspricht dieses Beispiel stukturell exakt der Mischwassertemperaturregelung nach Bild 1.6 mit dem einzigen Unterschied, dass die Regelung hier manuell (d. h. durch den Menschen) und nicht automatisch (d. h. durch entsprechende technische Vorrichtungen) erfolgt.

Eine wesentlich anspruchsvollere Regelungsaufgabe – die aus diesem Grund zumindest momentan noch vorwiegend von Menschen ausgeführt wird – ist das Führen eines Kraftfahrzeugs. Diese Aufgabe beinhaltet eine ganze Reihe von Teilaufgaben, von denen wir hier beispielhaft lediglich das „Spurhalten" beim Folgen des Fahrbahnverlaufs betrachten wollen. Obwohl umgangssprachlich häufig davon die Rede ist, dass das Fahrzeug durch den Verkehr „gesteuert" wird, handelt es sich tatsächlich um eine *Regelung*, wie **Bild 1.11** zeigt.

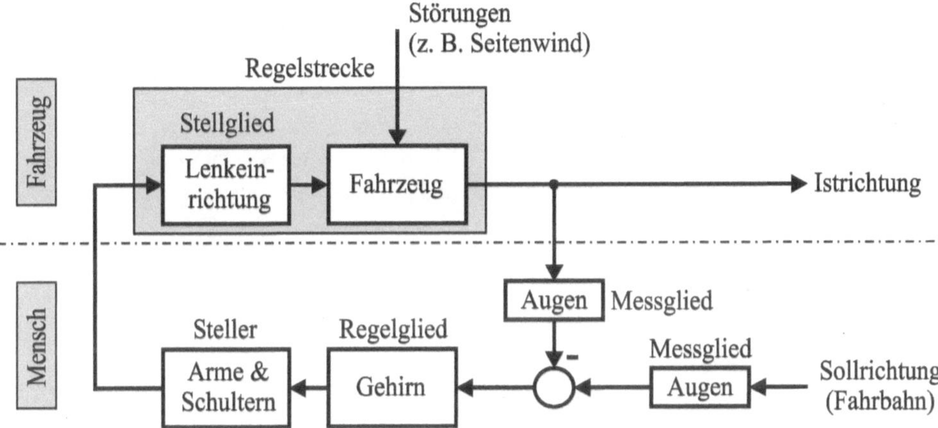

Bild 1.11 Führen eines Kraftfahrzeugs durch den Menschen – Wirkungsplan [BO95]

Der Fahrer vergleicht (hoffentlich) ständig den aktuellen Straßenverlauf (Sollrichtung) mit der Fahrtrichtung seines Fahrzeugs (Istrichtung) und greift bei auftretenden Abweichungen über Lenkeingriffe ein. Auf diese Weise hält er sein Fahrzeug auch bei Änderungen der Sollrichtung (Befahren einer kurvigen Landstraße) „auf Kurs" und ist darüber hinaus in der Lage, auch auftretende Störungen (Seitenwind, Fahrbahnunebenheiten, ...) auszugleichen. Wie der Wirkungsplan unschwer erkennen lässt, liegt auch hier der für eine Regelung typische geschlossene Wirkungsablauf vor.

1.4 Festwert- und Folgeregelung

Wie bereits erwähnt besteht das Ziel einer Regelung im Allgemeinen darin, bestimmte Größen (meist Ausgangsgrößen technischer Prozesse) an vorgegebene Führungsgrößen anzugleichen. Die zu regelnden Größen (*Regelgrößen*) sollen einerseits sowohl Änderungen der Führungsgrößen möglichst gut folgen (*gutes Führungsverhalten*), andererseits auch von Störungen, die auf den Prozess einwirken, möglichst wenig beeinflusst werden (*gutes Störverhalten*). Bezüglich des Führungsverhaltens ist zwischen *Festwert-* und *Folgeregelung* zu unterscheiden.

1.4.1 Festwertregelung

Soll die Ausgangsgröße des Prozesses auf einem festen, d. h. zeitlich konstanten Wert gehalten werden, so spricht man von einer *Festwertregelung*. Ein Beispiel für eine Festwertregelung haben wir bereits kennengelernt: die Regelung der Raumtemperatur.[2] Ein weiteres technisches Beispiel für eine Festwertregelung ist die Aufgabe, die Drehzahl einer Maschine auch bei wechselnder Belastung auf einem konstanten Wert zu halten. Diese Aufgabe wurde bereits im Jahr 1769 von *James Watt* mithilfe einer automatischen Einrichtung, dem sogenannten *Fliehkraftregler*, gelöst. Dieser verstellt, wie in **Bild 1.12** gezeigt, den Dampfzufluss einer Dampfmaschine derart, dass unabhängig von der Belastung der Maschine immer eine nahezu konstante Maschinendrehzahl erreicht wird.

Um die Funktionsweise des Reglers zu verstehen, gehen wir zunächst davon aus, dass sich die Dampfmaschine im unbelasteten Zustand befindet und mit der Soll-Drehzahl dreht. Schalten wir nun eine Last hinzu, so kommt es dadurch zunächst zu einer Absenkung der Drehzahl. Die durch die Fliehkraft auseinandergetriebenen Gewichte G des Fliehkraftreglers sinken infolgedessen ab und bewegen die Muffe M nach unten. Dies führt über das Gestänge (Hebel) H zu einer Aufwärtsbewegung und damit zunehmenden Öffnung des Zulaufventils V für den Dampfstrom. Hierdurch erhöht sich der Dampfstrom und die Drehzahl der Maschine steigt wieder nahezu bis auf ihren Sollwert.

Beim Abkoppeln der Last spielt sich der umgekehrte Vorgang ab: Die zunächst auftretende Erhöhung der Drehzahl treibt die Gewichte weiter auseinander und damit die Muffe nach oben. Daraus resultiert eine Abwärtsbewegung des Ventils und damit ein abnehmender Dampfstrom. Die Drehzahl sinkt somit wieder ab, bis sie den Sollwert in etwa wieder erreicht hat. Durch die Regelung bleibt die Drehzahl der Dampfmaschine also auch bei wechselnder Belastung (nahezu) konstant.

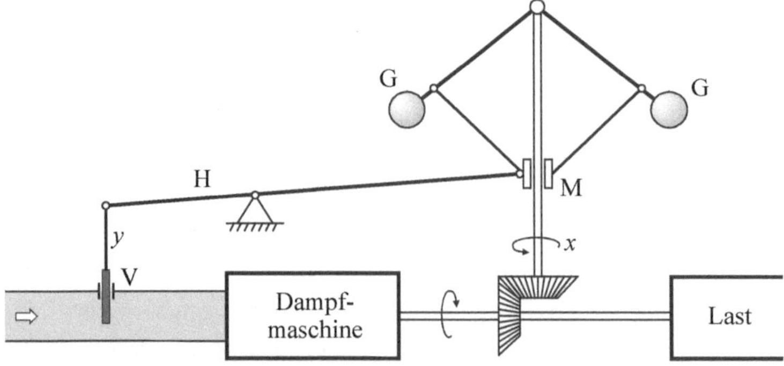

Bild 1.12 Prinzip des Fliehkraftreglers nach *Watt*

Bild 1.13 zeigt als weiteres Beispiel für eine Festwertregelung das Prinzip einer *Füllstandsregelung*, wie sie beispielsweise in einem Toiletten-Spülkasten zur Anwendung kommt.

---

[2] Natürlich kommt es auch bei der Regelung der Raumtemperatur gelegentlich vor, dass der Sollwert geändert wird. Den überwiegenden Teil der Zeit ist dieser aber konstant, sodass hier durchaus von einer Festwertregelung gesprochen werden kann.

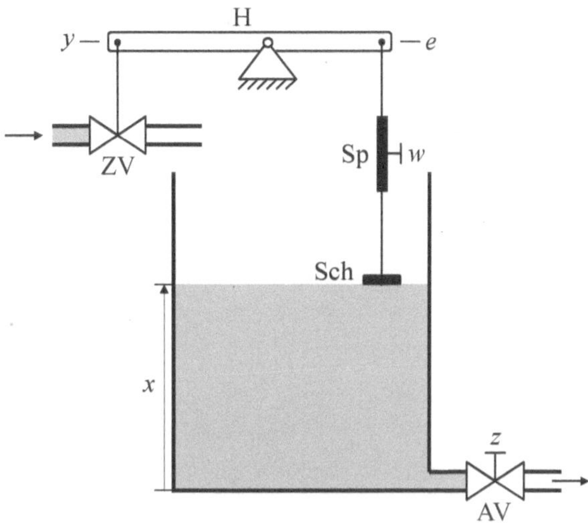

Bild 1.13 Prinzip einer Füllstandsregelung

Im Ruhezustand bei geschlossenem Zulaufventil ZV und geschlossenem Ablaufventil AV entspricht die Füllhöhe (Regelgröße x) gerade dem Sollwert w. Wird nun die Spültaste betätigt, öffnet sich das Ablaufventil, und der Gleichgewichtszustand wird gestört (Störgröße z). Der Spülkasten entleert sich binnen kurzer Zeit, wodurch der auf der Wasseroberfläche aufliegende Schwimmer Sch absinkt und über den Hebel H das Zulaufventil öffnet. Dadurch strömt frisches Wasser in den Spülkasten, der Schwimmer steigt mit zunehmender Füllhöhe wieder an und verschließt das Zulaufventil nach und nach, bis wieder die ursprüngliche Soll-Füllhöhe erreicht und das Zulaufventil komplett geschlossen ist. Durch Veränderung der Länge der Spindel Sp kann die Soll-Füllhöhe (und damit die Menge des pro Spülvorgangs verbrauchten Wassers) variiert werden. Eine Verlängerung der Spindel senkt den Sollwert ab, eine Verkürzung erhöht ihn.

1.4.2 Folgeregelung

Ist die Führungsgröße, d. h. die Größe, der die Ausgangsgröße des Prozesses folgen soll, zeitlich nicht konstant, sondern ändert sich mehr oder weniger ständig, so spricht man vom Problem der *Folgeregelung*. Ein typisches Beispiel dafür stellt die Kursregelung eines Schiffs (z. B. beim Manövrieren durch einen engen Kanal) dar. Abhängig vom Verlauf des Kanals wird hier der Sollwert w für den Kurswinkel des Schiffs immer wieder neu festgelegt (**Bild 1.14**). Der Regler R bewirkt durch Veränderung der Ruderstellung (*Stellgröße* y), dass der tatsächliche Kurswinkel, also die Regelgröße x, ständig auf den Sollkurs eingestellt wird, sodass die Abweichung zwischen Soll- und Istkurs (*Regeldifferenz* e) möglichst zu null wird. Störungen kommen dabei z. B. durch Windeinflüsse oder Wasserströmungen zustande. Wir können unschwer erkennen, dass dieses Beispiel dem bereits in einem früheren Abschnitt besprochenen Beispiel *Führen eines Kraftfahrzeugs durch den Menschen* (Bild 1.11) ähnelt.

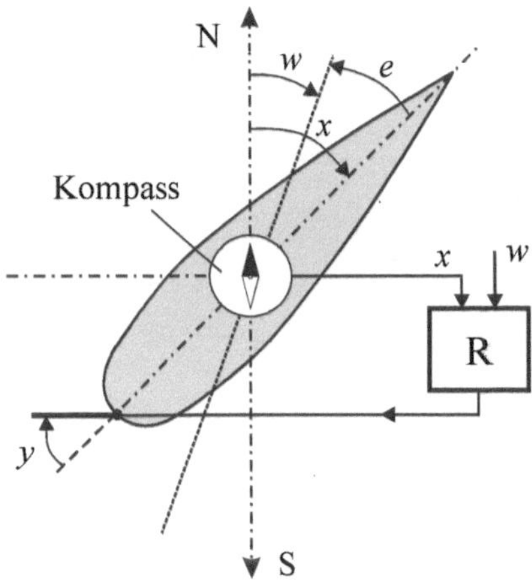

Bild 1.14 Prinzip der Kursregelung

Als weiteres typisches Beispiel für eine Folgeregelung zeigt **Bild 1.15** das Prinzip einer sogenannten *Gleichlaufregelung*. Die beiden Walzen W1 und W2 einer Textilmaschine sollen mit gleicher Geschwindigkeit laufen, um ein Durchhängen oder Reißen des Stoffs zu verhindern, wobei sie jedoch von getrennten Motoren (M1 und M2) angetrieben werden. Dazu sitzt auf den verlängerten Wellen der Walzen jeweils ein Tachogenerator (G1 bzw. G2), der eine drehzahlproportionale Spannung erzeugt. Die Spannungen beider Tachogeneratoren sind gegenpolig geschaltet, ihre Differenz liegt am Eingang des Verstärkers V. Tritt eine Drehzahldifferenz zwischen beiden Walzen auf, so ergibt sich am Verstärkereingang also eine entsprechende Spannungsdifferenz. Die verstärkte Spannung wird dem Anker von Motor M2 zugeführt und ändert dessen Ankerstrom so lange, bis die Drehzahl des Motors M2 mit der des Motors M1 übereinstimmt. Führungsgröße des Regelkreises ist hier die Drehzahl des Motors M1, Regelgröße die Drehzahl des Motors M2. Tachogeneratoren, Verstärker und Hilfserregerwicklung (EW1 bzw. EW2) bilden zusammen den Regler.

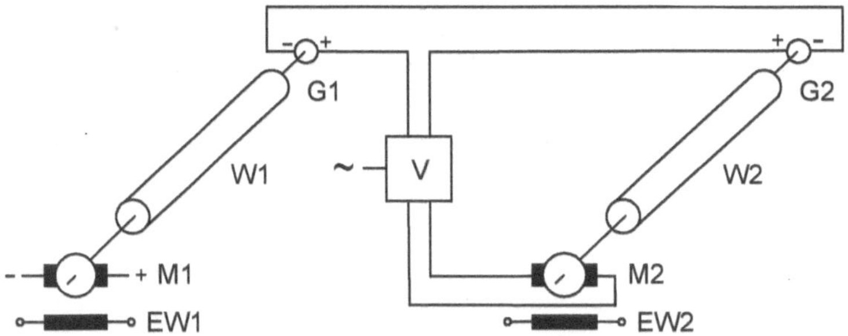

Bild 1.15 Gleichlaufregelung zweier Walzen [SB14]

Auch bei der sogenannten *Verhältnisregelung* handelt es sich um eine Form der Folgeregelung. Ziel ist es dabei, eine Größe in einem bestimmten (in der Regel einstellbaren) Verhältnis zu einer anderen Größe zu halten. Ein praktisches Beispiel ist die Regelung des Mischungsverhältnisses zweier Flüssigkeiten, wie sie etwa bei der Herstellung von Softdrinks erfolgt, die durch Mischung eines Konzentrats mit Wasser in einem exakt definierten Verhältnis entstehen. **Bild 1.16** zeigt das Prinzip.

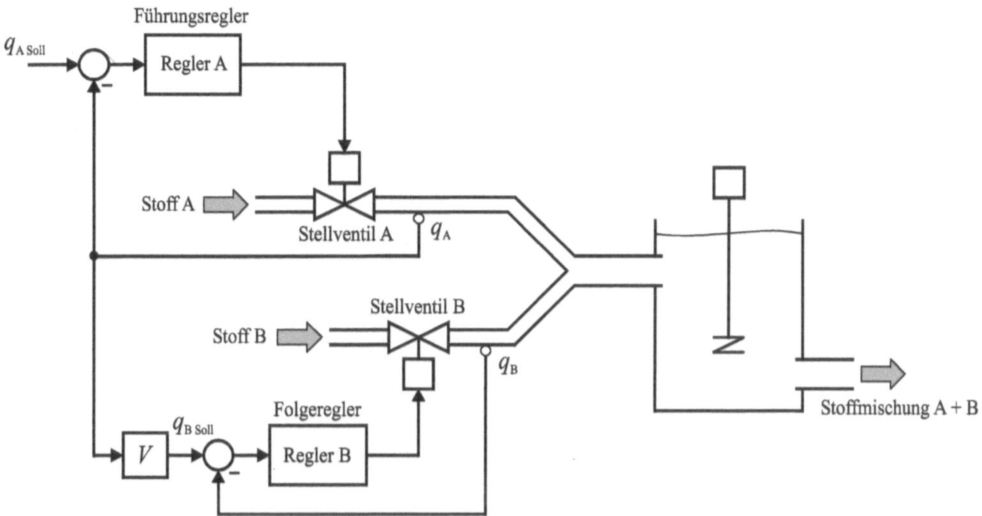

Bild 1.16 Regelung eines Mischungsverhältnisses [HA15]

Der Verhältnisregler (Folgeregler B) vergleicht den aktuellen Stoffstrom q_B mit dem zugehörigen Sollstrom $q_{B\,Soll}$, der durch Multiplikation des aktuellen Stoffstroms q_A mit dem gewünschten Mischungsverhältnis V entsteht. In Abhängigkeit davon reguliert er den Stoffstrom q_B dann über das Stellventil B. Stoffstrom q_A wird in diesem Beispiel ebenfalls geregelt (über Führungsregler A in Verbindung mit Stellventil A), dies ist aber nicht zwangsläufig erforderlich. Hier reicht u. U. auch eine Steuerung aus; die eigentliche Verhältnisregelung bleibt davon unberührt.

Ein weiteres Beispiel ist die Luft/Gas-Verhältnisregelung an einer industriellen Beheizungseinrichtung.

1.4.3 Zeitgeführte Regelung

Einen Sonderfall der Folgeregelung stellt die *zeitgeführte Regelung* dar. Hierbei wird die Führungsgröße nach einem Zeitplan vorgegeben – man spricht daher manchmal auch von *Zeitplanregelung*. Eine typische Anwendung dieses Prinzips finden wir beispielsweise in den modernen elektronischen Heizkörperthermostaten. Diese erlauben die Programmierung unterschiedlicher Temperatur-Sollwerte für bestimmte Tageszeiten oder auch Wochentage, beispielsweise zur Nachtabsenkung oder Absenkung der Temperatur in Büroräumen über das Wochenende. Da mit der Herabsetzung der Solltemperatur eine gewisse Energieersparnis einhergeht, werden diese Thermostate in der Werbung gerne auch als *Energiesparregler* angepriesen. Ein weiteres Beispiel stellt die Abkühlung von optischen Gläsern über längere Zeiten in besonderen Öfen dar. Die Änderung des Sollwerts beträgt dabei pro Tag z. B. 1 °C. Dem jeweiligen Sollwert entsprechend wird die Ofentemperatur dann durch den Regler so lange konstant gehalten, bis wieder eine neue Sollwerteinstellung erfolgt.

1.5 Mehrgrößenregelung

In komplexeren Industrieanlagen findet man häufig Regelstrecken mit mehreren Regelgrößen, die intern miteinander verkoppelt sind und von mehreren Stellgrößen beeinflusst werden. Wir wollen dazu ein einfaches Beispiel betrachten. **Bild 1.17** zeigt einen Mischbehälter, dem aus zwei Zuleitungen Heiß- und Kaltwasser zugeführt werden. Deren Volumenströme Q_1 und Q_2 können über die beiden Ventilöffnungen y_1 und y_2 (Stellgrößen) variiert werden. Regelgrößen sind einerseits die Füllhöhe h des Behälters, andererseits die Temperatur T des Mischwassers. Es ist offensichtlich, dass eine Verstellung des linken Ventils sowohl die Füllhöhe als auch die Mischtemperatur beeinflusst; dies gilt analog auch für das rechte Ventil. Hier liegt also eine *Zweigrößenregelung* vor.[3]

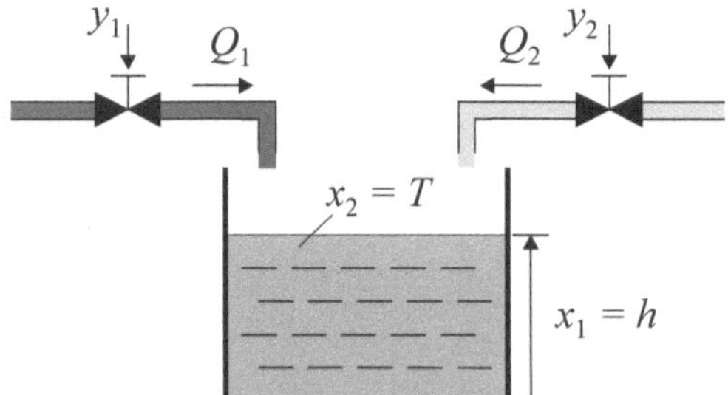

Bild 1.17 Mischwasserbereitung

Für die Mehrgrößenregelung existieren spezielle *Mehrgrößenregler* und entsprechende Entwurfsverfahren, die allerdings nicht ohne komplexere Mathematik beherrschbar sind. Wir werden auf diese Thematik im Rahmen dieses Buchs daher nicht näher eingehen. Erstaunlich ist jedoch, dass der Mensch – um ein letztes Mal diese Thematik zu bemühen – nach einer gewissen „Übungsphase“ durchaus in der Lage ist, auch Mehrgrößenregelungen zu übernehmen. Dazu betrachten wir beispielhaft einen Radfahrer. Dieser hat gleich *drei* Größen gleichzeitig zu regeln [WI65]:

- das Gleichgewicht der Lage (Lageregelung),
- die Fahrtrichtung (Kursregelung, vgl. Bild 1.11!),
- die Fahrtgeschwindigkeit (Geschwindigkeitsregelung).

Betrachten wir zunächst die Lageregelung (**Bild 1.18**). Sollposition w ist der senkrechte Stand des Rads; wenn unter dem Einfluss der Störung z (Schwerkraft) die Lage des Geräts in die Waagrechte übergehen würde, ist eine Fahrt nicht mehr möglich. Eine weitere denkbare Störgröße wäre auftretender Seitenwind. Stellgröße y ist die Schwerpunktverlagerung durch den Fahrer. Als Sensoren dienen die Augen des Radfahrers sowie sein Gleichgewichtsorgan.

Der Sollwert für die Regelung der Fahrtrichtung ist durch das Ziel der Fahrt und den entsprechenden Straßenverlauf vorgegeben. Tritt eine Regeldifferenz, d. h. ein Winkel zwi-

[3] Der aufmerksame Leser wird vermutlich erkannt haben, dass diese Regelstrecke exakt der Badewanne aus Bild 1.9 entspricht, wenn wir davon ausgehen, dass der Badewillige parallel zur Temperatur auch die Füllhöhe regelt, wobei seine Augen als Sensoren für die Füllhöhe fungieren.

schen Soll- und Istrichtung, auf, so wirkt der Radfahrer dieser durch entsprechende Drehung des Lenkers (Stellgröße) entgegen. Auftretender Seitenwind ist auch hier eine denkbare Störgröße, ebenso wie Unebenheiten der Fahrbahn. Die Erfassung der aktuellen Fahrtrichtung erfolgt wieder visuell über die Augen des Radfahrers.

Die Durchschnitts-Sollgeschwindigkeit ergibt sich aus der Zeit, in der das Ziel erreicht werden soll, und der zurückzulegenden Wegstrecke. Abweichungen von dieser Sollgeschwindigkeit begegnet der Radfahrer durch schnelleres oder langsameres Treten der Pedale (Stellgröße). Störgrößen sind Gegen- oder Rückwind ebenso wie Fahrbahnunebenheiten, Unterbrechungen der Fahrt aufgrund von Ampeln oder Ähnliches. Ein am Fahrrad angebrachter Tachometer dient zur Erfassung der Istgeschwindigkeit, hilfsweise eine Uhr als Zeitmesser sowie am Wegesrand angebrachte Entfernungsschilder.

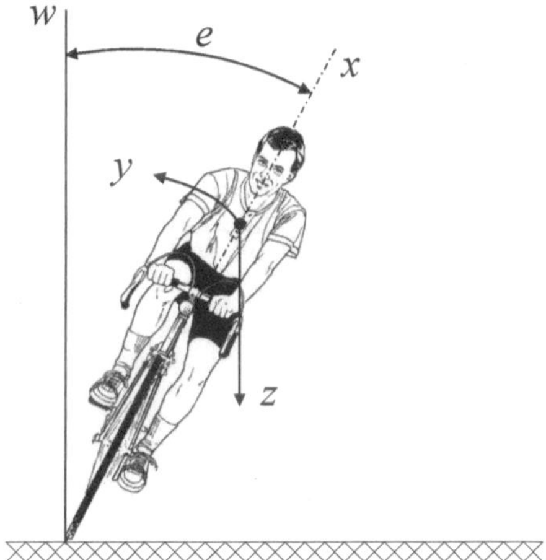

Bild 1.18 Lageregelung beim Radfahren

1.6 Elemente und Größen des Regelkreises

Wir haben die wichtigsten Elemente und Größen des Regelkreises bereits in den vorangegangenen Abschnitten im Rahmen der vorgestellten Beispiele kennengelernt und wollen unser Wissen nun komplettieren. **Bild 1.19** zeigt dazu zunächst den kompletten Wirkungsplan einer Regelung nach DIN IEC 60050-351 mit den dort festgelegten Bezeichnungen und Formelzeichen.

Neben den Funktionsblöcken *Messeinrichtung*, *Steller*, *Bildung der Führungsgröße* und *Bildung der Aufgabengröße* sind einige weitere Größen hinzugekommen:

Zielgröße c	Die Zielgröße ist eine von der Regelung nicht beeinflusste Größe, die dem Regelkreis von außen zugeführt wird und der die Aufgabengröße in vorgegebener Abhängigkeit folgen soll.
Rückführgröße r	Die Rückführgröße ist eine aus der Messung der Regelgröße x hervorgegangene Größe, die zum Vergleichsglied zurückgeführt wird.

Reglerausgangsgröße *m*	Die Reglerausgangsgröße ist die Eingangsgröße der Stelleinrichtung.
Aufgabengröße *q*	Die Aufgabengröße einer Regelung ist die Größe, die zu beeinflussen Aufgabe der Regelung ist.

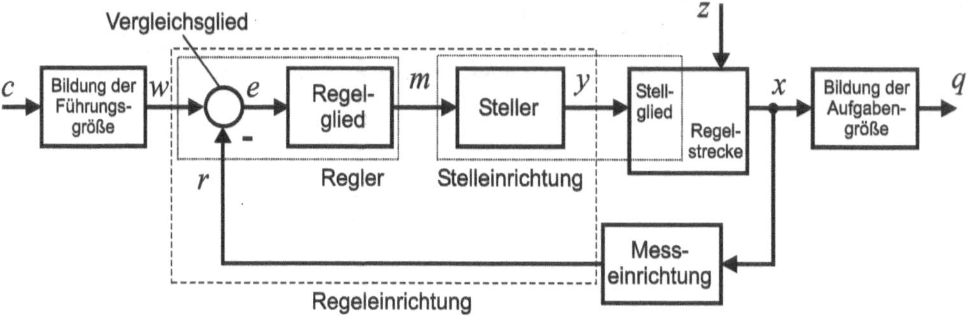

Bild 1.19 Wirkungsplan der Regelung nach DIN IEC 60050-351

In der Darstellung sind einige Elemente des Regelkreises zusammengefasst und mit einer eigenen Bezeichnung versehen worden. Das Stellglied wird in dieser Darstellung der Strecke zugeordnet:

Vergleichsglied + Regelglied ⇒ Regler

Steller + Stellglied ⇒ Stelleinrichtung

Regler + Steller ⇒ Regeleinrichtung

Wird die Stellgröße *y* in einer gesonderten Einheit aus der Reglerausgangsgröße *m* gebildet, so müsste die Bezeichnung „Regeleinrichtung“ durch die Bezeichnung „Regler“ ersetzt werden.

In der Praxis wird anstelle dieses sehr differenzierten Wirkungsplans einer Regelung in den meisten Fällen der in **Bild 1.20** dargestellte, wesentlich vereinfachte Wirkungsplan benutzt, der lediglich noch die Komponenten *Vergleichsglied*, *Regelglied* und *Regelstrecke* aufweist; alle anderen Komponenten sind darin entweder vernachlässigt worden (*Bildung der Führungsgröße* und *Bildung der Aufgabengröße*) oder aber dem Regelglied bzw. der Regelstrecke zugeordnet worden (*Steller*, *Stellglied* und *Messeinrichtung*).

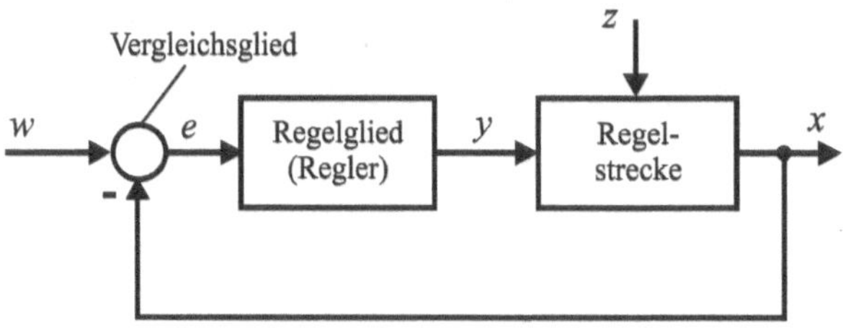

Bild 1.20 Vereinfachter Wirkungsplan der Regelung

Im vereinfachten Wirkungsplan – den wir in den nachfolgenden Kapiteln praktisch ausschließlich benutzen wollen – treten nur noch die für den späteren Reglerentwurf relevanten Größen des Regelkreises auf, nämlich

- die *Führungsgröße w* (Sollwert),
- die *Regeldifferenz e*,
- die *Stellgröße y*,
- die *Regelgröße x* (Istwert) und
- die *Störgröße z*.

Vergleichs- und Regelglied zusammen bilden in dieser Darstellung den Regler; häufig wird aber auch das Regelglied selbst – obwohl gemäß DIN nicht ganz korrekt – als *Regler* bezeichnet; wir werden uns dieser Vorgehensweise anschließen.

2 Die Regelstrecke

Wir haben im ersten Kapitel bereits eine Vielzahl von Beispielen für Regelungen kennengelernt, die die große Bandbreite möglicher Regelgrößen angedeutet haben. **Tabelle 2.1** gibt noch einmal einen Überblick über die wichtigsten Regelgrößen in einigen klassischen Anwendungsgebieten der Regelungstechnik.

Tabelle 2.1 Typische Regelgrößen in unterschiedlichen Anwendungsbereichen

Anwendungsgebiet	Regelgröße
Mechanik	Kraft, Druck, Drehmoment, Position, Geschwindigkeit, Drehzahl, Beschleunigung
Elektrotechnik	Strom, Spannung, Frequenz, Leistung, Phasenwinkel
Fahrzeugtechnik	Position, Kurs, Höhe, Geschwindigkeit, Drehzahl, Beschleunigung
Verfahrenstechnik	Temperatur, Volumen, Druck, Durchfluss, Niveau, Feuchte, Konzentration, ph-Wert
Beleuchtungstechnik	Beleuchtungsstärke, Lichtmenge
Biologie	Temperatur, Pulsfrequenz, Blutdruck

Auch wenn dieselben Regelgrößen in verschiedenen Anwendungsbereichen auftreten, können die zugehörigen Regelstrecken höchst unterschiedlich aussehen. Eine möglichst genaue und umfassende Kenntnis der Eigenschaften der Regelstrecke ist daher unumgänglich, um die Auswahl eines geeigneten Reglertyps und die Einstellung seiner Parameter zu ermöglichen. Aus diesem Grund stellt die Streckenanalyse einen entscheidenden Arbeitsschritt beim Entwurf von Regelungssystemen dar. Dabei wird unterschieden zwischen dem *statischen* Verhalten der Regelstrecke (Beharrungsverhalten, Verhalten im stationären Zustand) und ihrem *dynamischen* Verhalten (Zeitverhalten, Übergangsverhalten).

2.1 Regelstrecken mit und ohne Ausgleich

Wird an eine Regelstrecke eine konstante Eingangsgröße (Stellgröße) angelegt, so stellt sich bei den meisten Regelstrecken nach einer gewissen Zeit auch eine konstante Ausgangsgröße (Regelgröße) ein. Diesen Zustand bezeichnet man als *Beharrungszustand* oder auch *stationären Zustand* der Regelstrecke. Regelstrecken, die einen solchen Beharrungszustand besitzen, nennt man *Regelstrecken mit Ausgleich.*

Bei *Regelstrecken mit Ausgleich* strebt die Ausgangsgröße (Regelgröße) nach Anlegen einer konstanten Eingangsgröße (Stellgröße) ebenfalls einem konstanten Wert entgegen.

Als Beispiel für eine Regelstrecke mit Ausgleich betrachten wir einen Gleichstrommotor mit der Eingangsgröße *Ankerspannung* u_A und der Ausgangsgröße *Drehzahl* n (**Bild 2.1**).

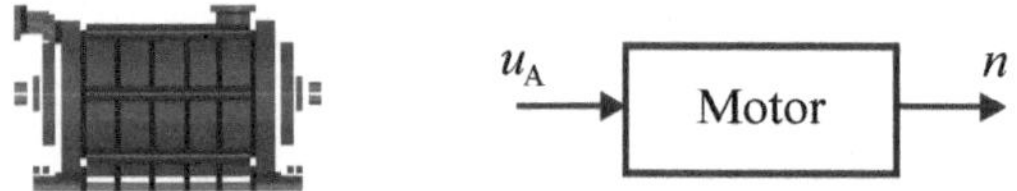

Bild 2.1 Gleichstrommotor als Beispiel für eine Regelstrecke mit Ausgleich

Legen wir an den zunächst stillstehenden Motor eine konstante Ankerspannung, so nimmt die Motordrehzahl nach einer mehr oder weniger kurzen Hochlaufphase des Motors ebenfalls einen konstanten Wert an. Ändern wir die Ankerspannung anschließend auf einen neuen (wiederum konstanten) Wert, so strebt auch die Drehzahl einem neuen konstanten Wert zu.

Dasselbe technische System *Gleichstrommotor* kann aber ohne Weiteres auch zu einer *Regelstrecke ohne Ausgleich* werden, wenn wir eine andere Ausgangsgröße betrachten. Wählen wir nämlich anstelle der Drehzahl den Dreh*winkel*, so nimmt dieser nach Anlegen einer konstanten Ankerspannung *keinen* konstanten Wert an, sondern wird aufgrund der fortlaufenden Drehung des Motors mit der Zeit immer größer. Dazu betrachten wir den Fall, dass der Motor zum Antrieb eines Fahrstuhls gemäß **Bild 2.2** dient.

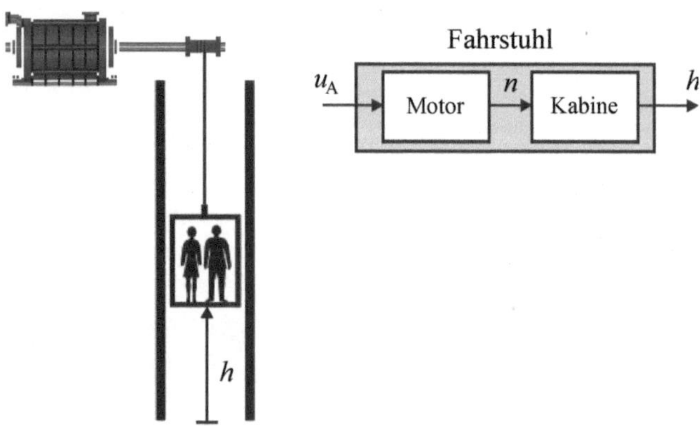

Bild 2.2 Fahrstuhl als Beispiel für eine Regelstrecke ohne Ausgleich

Legen wir an den Motor jetzt eine konstante Ankerspannung an, so nimmt seine Drehzahl wie gerade besprochen nach einer gewissen Zeit ebenfalls einen konstanten Wert an. Die Kabine des Fahrstuhls bewegt sich also je nach Drehrichtung des Motors mit konstanter

Geschwindigkeit nach oben oder unten, sodass die Höhe h der Kabine – die hier die Ausgangsgröße der Regelstrecke darstellt und sich direkt aus dem Drehwinkel des Motors ergibt – stetig zu- oder abnimmt, bis die Kabine ihre obere oder untere Endposition erreicht. Hier liegt also ein System vor, bei dem die Ausgangsgröße bei Anlegen einer konstanten Eingangsgröße *keinen* stationären Zustand annimmt.

Bei *Regelstrecken ohne Ausgleich* strebt die Ausgangsgröße (Regelgröße) nach Anlegen einer konstanten Eingangsgröße (Stellgröße) keinem stationären Zustand entgegen.

Da bei Regelstrecken mit Ausgleich – wie wir nachfolgend noch sehen werden – nach Aufschalten einer Eingangsgrößenänderung die Ausgangsgrößenänderung im stationären Zustand *proportional* zur aufgeschalteten Eingangsgrößenänderung ist, werden diese Regelstrecken auch als *P-Regelstrecken* bzw. *Regelstrecken mit P-Verhalten* bezeichnet. Regelstrecken ohne Ausgleich hingegen wirken *integrierend*, sodass die Ausgangsgröße immer weiter ansteigt. Bei einfach integrierenden Strecken (wie dem betrachteten Fahrstuhl) steigt sie für große Zeiten linear mit der Zeit an; diese Regelstrecken werden daher als *I-Regelstrecken* bzw. *Regelstrecken mit I-Verhalten* bezeichnet. In einigen Fällen wirken Regelstrecken sogar doppelt-integrierend; die Ausgangsgröße steigt in diesem Fall für große Zeiten quadratisch mit der Zeit an. Derartige Streckentypen nennt man *I_2-Regelstrecken* bzw. *Regelstrecken mit II-Verhalten* oder *Doppel-I-Verhalten.* Wir werden später in Abschnitt 2.3.12 einige Beispiele für diesen (äußerst schwer beherrschbaren) Streckentyp kennenlernen.

2.2 Statisches Verhalten der Regelstrecke

Bei der Beschreibung des statischen Verhaltens einer Regelstrecke mit Ausgleich geht es um die Frage, welchen stationären Wert die Ausgangsgröße der Strecke bei Anlegen eines bestimmten konstanten Eingangswerts annimmt. Diese Frage lässt sich mithilfe der sogenannten *statischen Kennlinie* (oder kurz *Kennlinie*) der Regelstrecke beantworten. Diese stellt den Zusammenhang $x = f(y)$ zwischen Eingangsgröße y und Ausgangsgröße x im Beharrungszustand in grafischer Form dar.

Bild 2.3 zeigt eine denkbare Kennlinie für den zuvor bereits betrachteten Gleichstrommotor. Wir können dieser Kennlinie entnehmen, dass sich beispielsweise für eine konstante Ankerspannung von $u_A = 50$ V im stationären Zustand eine Drehzahl von $n = 150\ \text{min}^{-1}$ einstellt (Arbeitspunkt A_1), für eine Ankerspannung von $u_A = 100$ V eine Drehzahl von $n = 300\ \text{min}^{-1}$ (Arbeitspunkt A_2). Die Kennlinie weist in diesem Fall eine *lineare* Charakteristik auf (stellt also eine Gerade dar); dies bedeutet, dass die Steigung der Kennlinie unabhängig vom Arbeitspunkt immer denselben Wert liefert, nämlich

$$K_P = \frac{\Delta n}{\Delta u_A} = \frac{300\,\text{min}^{-1} - 150\,\text{min}^{-1}}{100\,\text{V} - 50\,\text{V}} = \frac{150\,\text{min}^{-1}}{50\,\text{V}} = 3\ \frac{\text{min}^{-1}}{\text{V}}$$

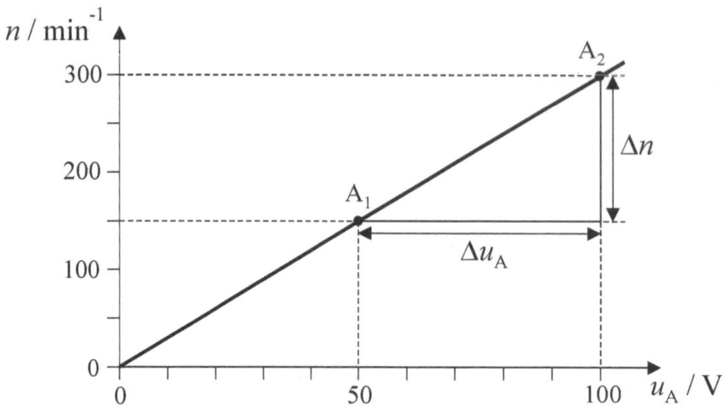

Bild 2.3 Beispiel für eine lineare Kennlinie

Die Steigung der Kennlinie, der Parameter K_P, wird als *Proportionalbeiwert* bezeichnet. Er gibt Aufschluss darüber, wie „empfindlich" die Ausgangsgröße der Strecke auf eine Eingangsgrößenänderung reagiert. In obigem Beispiel lässt sich aus dem ermittelten Proportionalbeiwert also ablesen, dass eine Änderung der Ankerspannung um $\Delta u_A = 1$ V eine Änderung der stationären Drehzahl um 3 min^{-1} zur Folge hat. Der Proportionalbeiwert wird daher manchmal auch als *Verstärkungsfaktor* oder kurz *Verstärkung* der Strecke bezeichnet – und zwar auch dann, wenn er kleiner als eins ist, d. h. eigentlich keine Verstärkung, sondern eine Abschwächung vorliegt.

Der *Proportionalbeiwert* K_P gibt an, mit welcher stationären Ausgangsgrößenänderung Δx eine Regelstrecke auf eine bestimmte Eingangsgrößenänderung Δy reagiert. Bei einer *linearen* Regelstrecke ist der Proportionalbeiwert *unabhängig* vom Arbeitspunkt, in dem die Strecke betrieben wird.

Reale Regelstrecken besitzen allerdings nur in den wenigsten Fällen über den gesamten interessierenden Bereich eine exakt lineare Kennlinie; vielmehr reagiert die Strecke in unterschiedlichen Arbeitspunkten auch mehr oder weniger unterschiedlich auf Änderungen der Eingangsgröße. Es ergibt sich in diesem Fall eine *nichtlineare* Kennlinie, wie sie beispielhaft in **Bild 2.4** dargestellt ist.[4]

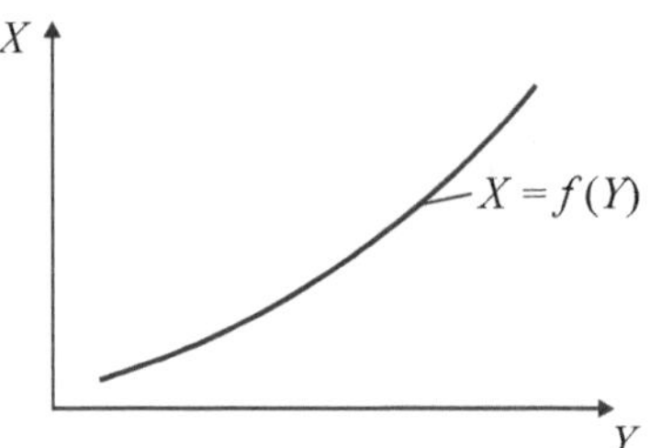

Bild 2.4 Beispiel für eine nichtlineare Kennlinie

[4] Wir verwenden an dieser Stelle für Regel- und Stellgröße zunächst Großbuchstaben, um zu verdeutlichen, dass es sich – im Gegensatz zu den später betrachteten Abweichungsgrößen – um *Absolutwerte* handelt.

Um Regelstrecken mit nichtlinearer Kennlinie mit den Methoden der linearen Regelungstheorie behandeln zu können, werden sie häufig *linearisiert.* Damit dies überhaupt halbwegs gelingen kann, ist es notwendig, sich bei der Linearisierung auf einen bestimmten Arbeitspunkt des Systems festzulegen und das lineare „Ersatzmodell" dann so zu wählen, dass es zumindest in der unmittelbaren Umgebung um diesen Arbeitspunkt mit dem nichtlinearen System möglichst gut übereinstimmt. Man spricht in diesem Fall von der *Linearisierung um einen Arbeitspunkt.* Wollen wir obige Kennlinie linearisieren, so bedeutet dies grafisch, dass wir sie durch eine *Gerade* annähern müssen. Nehmen wir an, uns interessiere zunächst das Systemverhalten im Arbeitspunkt A_1 (gegeben durch Y_1 und X_1 nach **Bild 2.5**), so erhalten wir die entsprechende Gerade, indem wir die Tangente an die Kennlinie durch genau diesen Arbeitspunkt legen. Die Gleichung dieser Geraden – bezogen auf die Abweichungen Δy und Δx vom Arbeitspunkt – ist dann gegeben durch

$$\Delta x_1 = K_{P1} \Delta y_1$$

mit

$$\Delta x_1 = X - X_1$$
$$\Delta y_1 = Y - Y_1 .$$

Linearisieren wir stattdessen um den Arbeitspunkt A_2 (gegeben durch Y_2 und X_2), so erhalten wir eine Gerade mit der Gleichung

$$\Delta x_2 = K_{P2} \Delta y_2 \ .$$

Bild 2.5 verdeutlicht die Zusammenhänge. Wir können erkennen, dass in diesem Fall die Beziehung

$$K_{P2} > K_{P1}$$

gilt, da die Kennlinie im zweiten Arbeitspunkt eine größere Steigung aufweist als im ersten, dort also einen größeren Proportionalbeiwert besitzt.

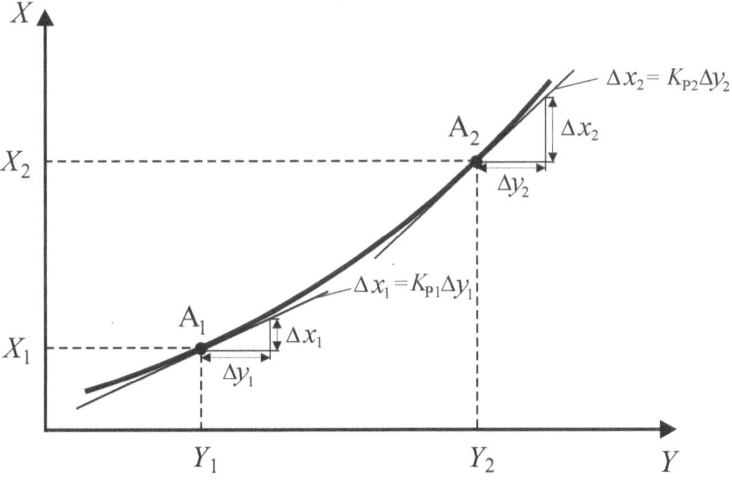

Bild 2.5 Linearisierung der Kennlinie um zwei unterschiedliche Arbeitspunkte

Bei einer nichtlinearen Regelstrecke ist der Proportionalbeiwert abhängig vom Arbeitspunkt, in dem die Strecke betrieben wird. Werden nur geringe Abweichungen vom Arbeitspunkt betrachtet, kann die Strecke in diesem Bereich aber häufig in guter Näherung als linear betrachtet werden.

Als praktisches Beispiel für die Ermittlung des Proportionalbeiwerts im Falle einer nichtlinearen statischen Kennlinie betrachten wir den Gasofen nach **Bild 2.6**. Eingangsgröße des Ofens ist die Ventilstellung s in mm, Ausgangsgröße die Temperatur ϑ innerhalb des Ofens in °C.

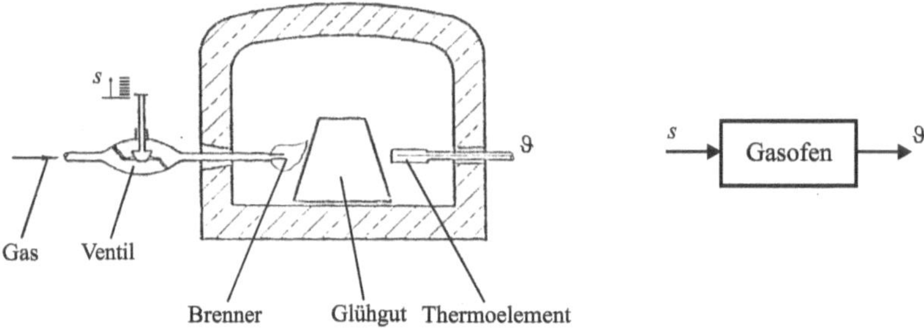

Bild 2.6 Gasofen

Bild 2.7 zeigt die (nichtlineare) statische Kennlinie des Ofens mit drei denkbaren Arbeitspunkten sowie die exemplarische Ermittlung des Proportionalbeiwerts im Arbeitspunkt A_2.

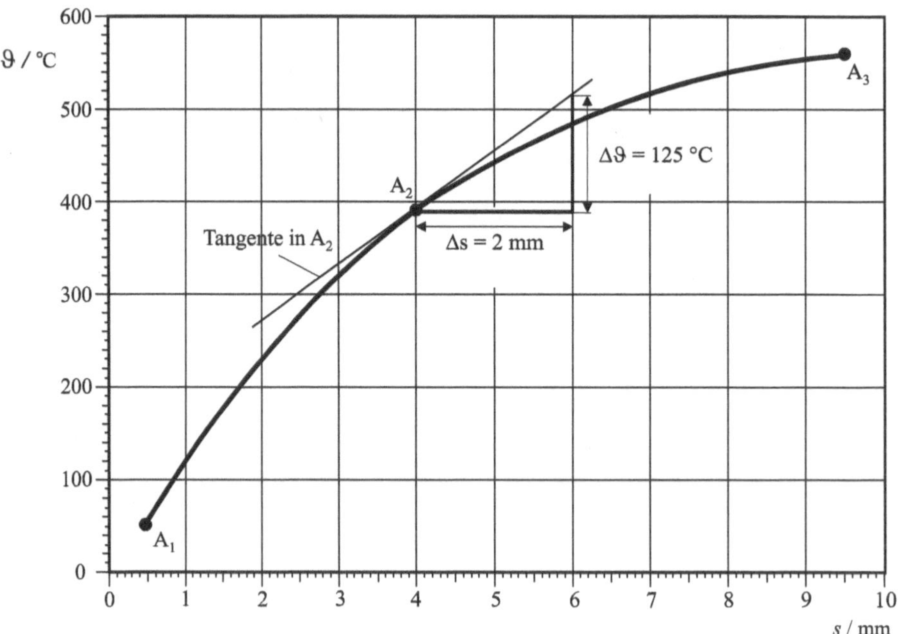

Bild 2.7 Statische Kennlinie des Gasofens mit Ermittlung des Proportionalbeiwerts im Arbeitspunkt A_2

Dazu legen wir in diesem Arbeitspunkt die Tangente an die Kennlinie und wählen anschließend ein beliebiges Steigungsdreieck für die Tangente aus. Für das von uns gewählte Steigungsdreieck ergibt sich dann ein Proportionalbeiwert von

$$K_P = \frac{\Delta \vartheta}{\Delta s} = \frac{125\ °C}{2\,mm} = 62.5\frac{°C}{mm}.$$

Jeder zusätzliche mm Ventilöffnung führt also um diesen Arbeitspunkt herum zu einer Erhöhung der stationären Ofentemperatur um 62.5 °C.

Da es in der Regelungstechnik ja gerade darum geht, die Regelgröße innerhalb eines engen Bereichs (nämlich in der Nähe des Sollwerts) zu halten, können wir die lineare Näherung um den Arbeitspunkt der Regelstrecke in den meisten Fällen als hinreichend genau ansehen. Dabei arbeitet die Regelungstechnik zumeist nicht mit den Absolutwerten der Regelkreisgrößen, sondern vielmehr mit den Abweichungen dieser Größen vom Arbeitspunkt (*Abweichungsgrößen*). Diese ergeben sich jeweils als Differenz aus den Absolutwerten und den Werten im Arbeitspunkt (Bezugswerten) und werden zur Unterscheidung von den Absolutwerten $Y, X, \ldots$ mit Kleinbuchstaben ($y, x, \ldots$) bezeichnet. **Bild 2.8** verdeutlicht den Zusammenhang zwischen Absolutwerten und Abweichungsgrößen. Es gilt demnach

$$y = Y - Y_0$$
$$x = X - X_0.$$

Entsprechende Zusammenhänge gelten sinngemäß natürlich auch für die anderen Größen im Regelkreis wie Führungsgrößen oder Störgrößen. Liegt der Arbeitspunkt im Nullpunkt, so sind Absolutwerte und Abweichungsgrößen identisch. Auch wir werden im Folgenden praktisch ausschließlich mit diesen Abweichungsgrößen arbeiten.

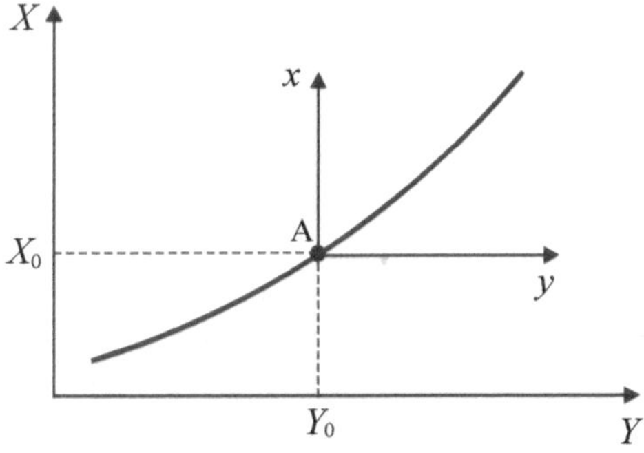

Bild 2.8 Zusammenhang zwischen Absolutwerten und Abweichungsgrößen

Regelstrecken *ohne* Ausgleich besitzen keinen Beharrungszustand, daher auch keine statische Kennlinie und somit auch keinen Proportionalbeiwert.

In manchen Fällen ist es auch möglich – und im Hinblick auf eine spätere höhere Regelgüte wünschenswert – eine nichtlineare statische Strecken-Kennlinie durch Vorschalten einer zusätzlichen Nichtlinearität (zumindest näherungsweise) zu *kompensieren*, sodass sich insgesamt eine lineare Kennlinie ergibt. Dazu muss die vorgeschaltete Nichtlinearität gerade die *inverse* Kennlinie (Umkehrfunktion) der eigentlichen Strecken-Kennlinie aufweisen.

Als Beispiel betrachten wir einen Gleichstrommotor, von dem wir annehmen wollen, dass eine Mindest-Ankerspannung von $|u_A| \geq 1$ V zur Überwindung der Haftreibung erforderlich ist, der Motor also bei geringeren Spannungen nicht anläuft. Ansonsten möge seine statische Kennlinie linear sein, sodass sich ein Gesamtverlauf der Kennlinie wie in **Bild 2.9** (oberes rechtes Teilbild) dargestellt ergibt. Die zugehörige inverse Kennlinie zur Kompensation zeigt das obere linke Teilbild. Bei diesem Kennlinientyp handelt es sich um eine sogenannte *Vorlastkennlinie*, die die Ankerspannung um die Mindestspannung von 1 V anhebt bzw. absenkt. Die Kombination beider Kennlinien ergibt dann eine im gesamten Spannungsbereich lineare Kennlinie (Bild 2.9, unteres Teilbild). Die Linearisierung der Kennlinie um den Nullpunkt herum ist bei der späteren Regelung, insbesondere z. B. für das langsame Anfahren und Halten einer Position, von Vorteil [PH19].

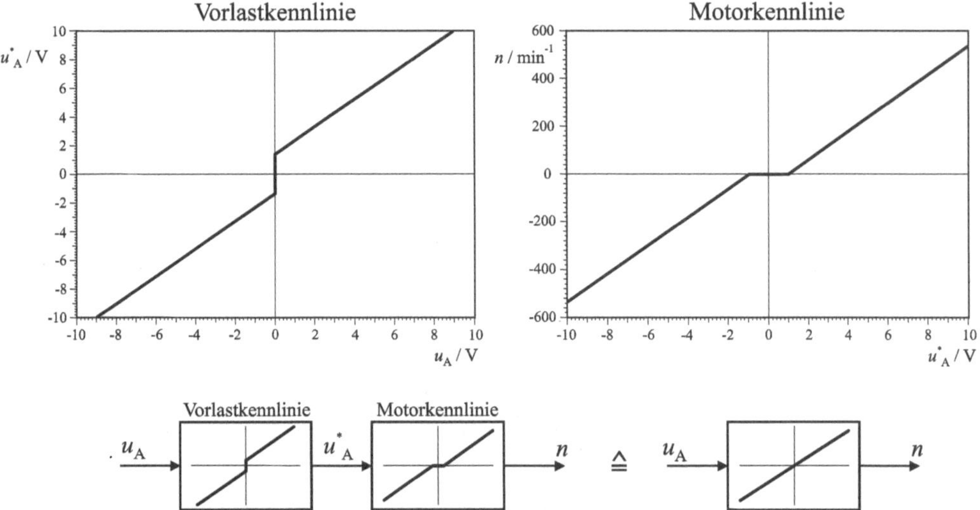

Bild 2.9 Kompensation einer nichtlinearen statischen Kennlinie

Besitzt die Regelstrecke neben der eigentlichen Eingangsgröße eine weitere zeitlich veränderliche Einflussgröße, so kann das statische Streckenverhalten durch ein *Kennlinienfeld* veranschaulicht werden, welches für unterschiedliche Werte dieser Einflussgröße jeweils eine separate Kennlinie enthält. Als Beispiel soll ein mit konstanter Drehzahl betriebener Gleichstromgenerator betrachtet werden, dessen Klemmenspannung U (Ausgangsgröße) nicht nur von der Erregerspannung U_E (Eingangsgröße), sondern auch vom aktuellen Laststrom I_A abhängig ist. Das Kennlinienfeld des Generators besteht dann aus mehreren Kennlinien $U = f(U_E)$, die jeweils für einen bestimmten Wert des Laststroms I_A Gültigkeit haben (**Bild 2.10**).

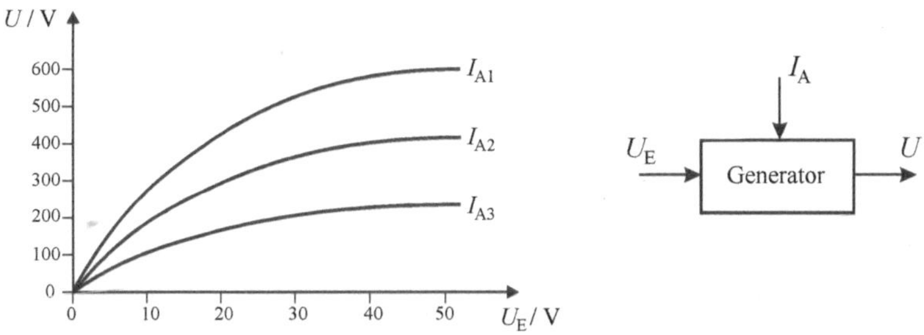

Bild 2.10 Kennlinienfeld eines Gleichstrom-Generators

2.3 Dynamisches Verhalten der Regelstrecke

Während es bei der Analyse des statischen Verhaltens der Regelstrecke im Wesentlichen darum ging, *welcher* stationäre Wert der Ausgangsgröße nach Aufschalten einer konstanten Eingangsgröße erreicht wird, steht bei der Analyse des dynamischen Verhaltens die Frage im Vordergrund, *auf welche Weise* dieser stationäre Wert erreicht wird (Übergangsverhalten). Dazu geht man in der Praxis meist so vor, dass man das System[5] am Eingang mit einem geeigneten *Testsignal* beaufschlagt und die daraus resultierende Reaktion der Ausgangsgröße beobachtet. Typische Testsignale sind

- Impulsfunktionen (→ *Impulsantwort*),
- Sprungfunktionen (→ *Sprungantwort*),
- Anstiegs- oder Rampenfunktionen (→ *Anstiegsantwort*),
- Sinusfunktionen (→ *Sinusantwort*).

Bild 2.11 zeigt typische Antworten einer Regelstrecke mit Ausgleich (hier einer P-T_2-Regelstrecke, siehe Abschnitt 2.3.3) auf die unterschiedlichen Testfunktionen. Die aufgeschaltete Testfunktion ist dabei jeweils gestrichelt dargestellt, die Systemantwort als ausgezogene Kurve.

Die in der Nachrichtentechnik gerne herangezogenen Impulsfunktionen sind in der Regelungstechnik eher von untergeordneter Bedeutung, da das Aufschalten eines Impulses auf eine Regelstrecke in vielen Fällen eine unzulässige Belastung der Strecke darstellt. Bei der Analyse von Regelstrecken im Zeitbereich – wie wir sie in den nachfolgenden Kapiteln zunächst betreiben wollen – ist aus diesem Grunde zumeist die Sprungantwort die geeignete Darstellungsform. Die Anstiegsantwort wird häufig bei der Analyse geschlossener Regelkreise im Zusammenhang mit Folgeregelungen benutzt; das Eingangssignal stellt in diesem Fall dann die Führungsgröße des Regelkreises dar. Die Sinusantwort schließlich ist von Bedeutung bei der Analyse und Synthese von Regelstrecken und -kreisen im Frequenzbereich; wir werden in Kapitel 8 detailliert darauf eingehen.

---

5 Obwohl im vorliegenden Kapitel die Regelstrecke im Mittelpunkt des Interesses steht, werden wir im Weiteren häufiger allgemein vom *System* oder *Übertragungsglied* sprechen, da die meisten der nachfolgenden Überlegungen auch für andere Komponenten des Regelkreises (also z. B. den Regler) gelten.

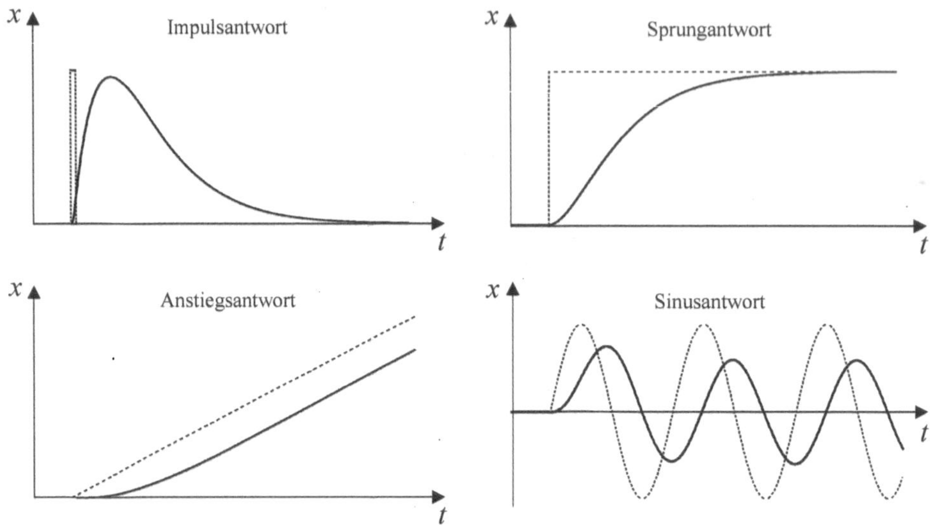

Bild 2.11 Typische Systemantworten auf verschiedene Testsignale[6]

Mathematisch betrachtet entsteht die Sprungfunktion durch Integration der (idealen) Impulsfunktion und die Anstiegsfunktion wiederum durch Integration der Sprungfunktion:

$$\text{Impulsfunktion} \xrightarrow{\int} \text{Sprungfunktion} \xrightarrow{\int} \text{Anstiegsfunktion}$$

Umgekehrt entsteht die Sprungfunktion aus der Anstiegsfunktion durch Differentiation und die Impulsfunktion durch Differentiation der Sprungfunktion:

$$\text{Anstiegsfunktion} \xrightarrow{\frac{\mathrm{d}}{\mathrm{d}t}} \text{Sprungfunktion} \xrightarrow{\frac{\mathrm{d}}{\mathrm{d}t}} \text{Impulsfunktion}$$

Dieselben Beziehungen gelten dann auch für die entsprechenden Systemantworten:

$$\text{Impulsantwort} \xrightarrow{\int} \text{Sprungantwort} \xrightarrow{\int} \text{Anstiegsantwort}$$

$$\text{Anstiegsantwort} \xrightarrow{\frac{\mathrm{d}}{\mathrm{d}t}} \text{Sprungantwort} \xrightarrow{\frac{\mathrm{d}}{\mathrm{d}t}} \text{Impulsantwort}$$

Ist eine der Systemantworten bekannt, lassen sich also (zumindest theoretisch) die anderen Systemantworten daraus ermitteln.

---

6 Die ideale Impulsfunktion ist der sogenannte *Dirac-Impuls* (δ-Funktion). Dieser ist unendlich steil, unendlich schmal und unendlich hoch und hat die Fläche 1. Er lässt sich praktisch natürlich nur angenähert realisieren.

Wir wollen als einführendes Beispiel für die Bedeutung der Sprungantwort einen PKW betrachten (für den z. B. zu einem späteren Zeitpunkt ein Tempomat entworfen werden soll). Eingangsgröße sei die Stellung s des Gaspedals, Ausgangsgröße die Geschwindigkeit v des Wagens. Bei $s = 0$ befinde sich das Gaspedal in der Grundstellung, bei $s = 100\ \%$ sei es voll durchgetreten (**Bild 2.12**).

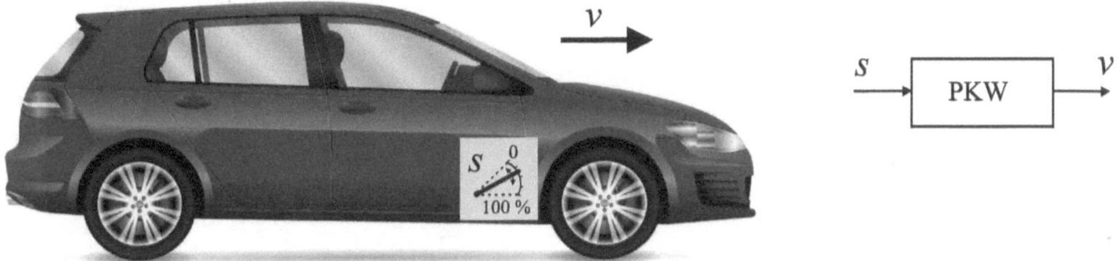

Bild 2.12 PKW mit Eingangsgröße s (Gaspedalstellung) und Ausgangsgröße v (Geschwindigkeit)

Zu Beginn unseres folgenden Gedankenexperiments möge der Wagen stehen ($v = 0$) und das Gaspedal sich in seiner Grundposition befinden ($s = 0\ \%$). Zum Zeitpunkt $t = 0$ treten wir dann das Gaspedal unseres Wagens ruckartig voll durch, schalten also eine Sprungfunktion mit der Amplitude 100 % auf (**Bild 2.13**, obere Teilgrafik).

Welchen Verlauf wird die Geschwindigkeit des Wagens im Folgenden annehmen, d. h., wie sieht die Sprungantwort des Wagens aus? Gehen wir beispielhaft von einem VW Golf mit 90 PS und Automatikgetriebe aus, sodass Schaltvorgänge vernachlässigt werden können. Außerdem nehmen wir vereinfachend an, dass der Motor während des gesamten Beschleunigungsvorgangs ein konstantes Drehmoment erzeugt, sodass eine konstante Vorschubkraft auf den Wagen wirkt.[7] Ohne das Einwirken weiterer Kräfte würde der Wagen dann eine konstante Beschleunigung erfahren und seine Geschwindigkeit somit linear mit der Zeit zunehmen. Sobald der Wagen in Bewegung gerät, wirken allerdings Reibungskräfte (insbesondere Luftreibung) auf den Wagen, die mit zunehmender Geschwindigkeit ebenfalls größer werden. Daher nimmt die Beschleunigung mit der Zeit ab, d. h., die Geschwindigkeit steigt mit zunehmender Zeit immer langsamer an, bis Vorschubkraft und Reibungskräfte sich gerade aufheben und der Wagen seine Maximalgeschwindigkeit v_{max} erreicht hat. In grober Näherung könnte sich also der im unteren Diagramm in Bild 2.13 gezeigte Verlauf ergeben.

Wir können erkennen, dass unser PKW – wie die meisten technischen Systeme – *verzögert* auf eine sprungförmige Änderung seiner Eingangsgröße reagiert. Dies hängt damit zusammen, dass der Wagen eine träge Masse m besitzt, die als *Energiespeicher* fungiert, da sie während des Beschleunigungsvorgangs kinetische Energie gemäß

$$E_{\text{kin}} = \frac{1}{2} m v^2$$

[7] Detaillierte Modelle, die z. B. auch die Drehmomentkennlinie des Motors und Schaltvorgänge berücksichtigen, findet man beispielsweise in [Kah04] und [Kah19].

aufnimmt. Diese Energieaufnahme kann nicht beliebig schnell erfolgen, sodass es zu einem verzögerten Anstieg der Ausgangsgröße (in diesem Fall der Wagengeschwindigkeit) kommt. Wie wir später noch sehen werden, existieren solche Energiespeicher nicht nur in mechanischen Systemen, sondern auch bei allen anderen Systemtypen.

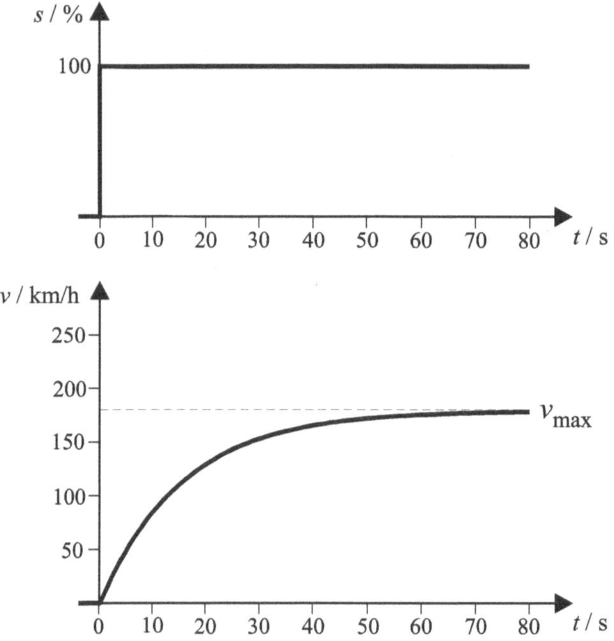

Bild 2.13 Verlauf von Gaspedalstellung (oben) und Wagengeschwindigkeit (unten)

Wir wollen unser Gedankenexperiment noch zweimal wiederholen, dieses Mal aber jeweils einen anderen Wagentyp wählen, beispielsweise einen BMW 320i mit 180 PS bzw. einen Opel Corsa mit 70 PS. Wie werden die Sprungantworten dieser Modelle aussehen? Unmittelbar klar ist, dass die Sprungantworten *qualitativ* in allen drei Fällen denselben Verlauf haben werden, da es sich auch beim BMW und Opel um ein Fahrzeug mit Verbrennungsmotor handelt und wir somit von denselben physikalischen Zusammenhängen ausgehen können wie beim VW Golf. **Bild 2.14** zeigt die beiden denkbaren Verläufe im Vergleich zur Sprungantwort des Golfs.

Wie erwartet ist die Fahrzeugbeschleunigung (d. h. die Steigung der Sprungantwort) zu Beginn maximal und verringert sich dann kontinuierlich, bis die Wagen ihre Maximalgeschwindigkeit erreicht haben. Im Vergleich der Sprungantworten können wir aber zwei wesentliche Unterschiede ausmachen:

- Die Wagen erreichen (insbesondere aufgrund ihrer unterschiedlichen Motorisierung) unterschiedliche Maximalgeschwindigkeiten, unterscheiden sich also bezüglich ihres *stationären* Verhaltens.
- Die Wagengeschwindigkeit strebt bei den verschiedenen Fahrzeugtypen *unterschiedlich schnell* gegen ihren Maximalwert, die Wagen unterscheiden sich also auch bezüg-

lich ihres *dynamischen* Verhaltens: Die Geschwindigkeit des BMW strebt am schnellsten gegen ihren Endwert, die des Opel am langsamsten. Eine Kenngröße dafür ist die mit jedem Energiespeicher eines Systems verknüpfte *Zeitkonstante*, die ein Maß dafür ist, wie schnell sich der Energiespeicher „auflädt". Der BMW besitzt somit die kleinste Zeitkonstante, der Opel die größte. Diese Zeitkonstanten spielen in der Regelungstechnik eine tragende Rolle; wir werden sie daher in den nachfolgenden Kapiteln noch genauer unter die Lupe nehmen.

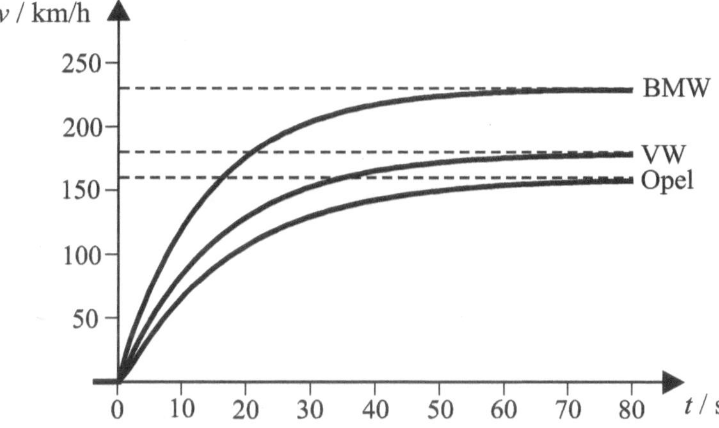

Bild 2.14 Sprungantworten unterschiedlicher Fahrzeugtypen

Aus den unterschiedlichen Maximalgeschwindigkeiten der Wagen resultieren unterschiedliche Proportionalbeiwerte. Wir erinnern uns, dass der Proportionalbeiwert gegeben war durch den Quotienten aus Ausgangsgrößenänderung und Eingangsgrößenänderung im stationären Zustand (Beharrungszustand), allgemein also durch

$$K_{\mathrm{P}} = \frac{\Delta x}{\Delta y}.$$

Dieser entsprach der Steigung der statischen Kennlinie im betrachteten Arbeitspunkt. In unserem Fall stellt die Gaspedalstellung s die Eingangsgröße und die Wagengeschwindigkeit v die Ausgangsgröße dar, sodass sich für den Proportionalbeiwert die Beziehung

$$K_{\mathrm{P}} = \frac{\Delta v}{\Delta s}$$

ergibt. Nehmen wir der Einfachheit halber an, dass die auf den Wagen wirkenden Reibungskräfte proportional zur Geschwindigkeit des Wagens sind, so besitzt der Wagen eine lineare statische Kennlinie[8] und wir können die Werte Δv und Δs direkt aus der Sprungantwort entnehmen. Da wir bei der Gaspedalstellung einen Sprung von 0 auf 100 % angenommen hatten, gilt

$$\Delta s = 100\,\% - 0\,\% = 100\,\%.$$

[8] Wir werden in Kürze sehen, dass der Wagen dann ein sogenanntes *P-T_1-Glied* darstellt.

Die Werte für Δv entsprechen jeweils gerade v_{max}, da die Wagen beim Aufschalten des Gaspedal-Sprungs die Geschwindigkeit $v = 0$ besaßen (**Bild 2.15**).

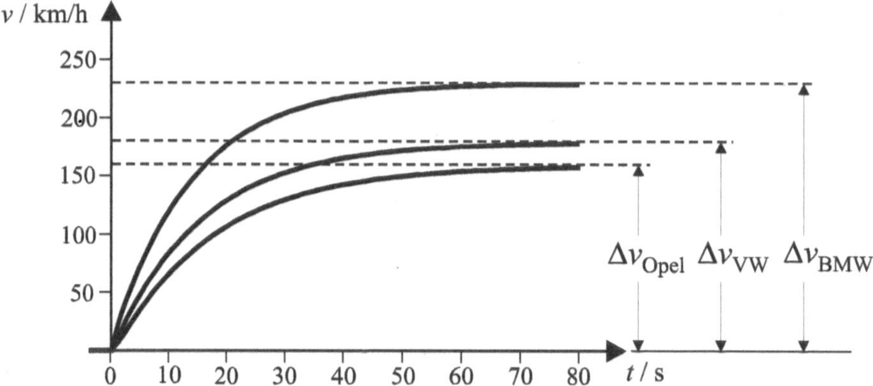

Bild 2.15 Ermittlung der Ausgangsgrößenänderung Δv im stationären Zustand

Damit erhalten wir für den Open Corsa einen Proportionalbeiwert von

$$K_P = \frac{\Delta v_{Opel}}{\Delta s} = \frac{160\,\text{km/h}}{100\,\%} = 1.6\frac{\text{km/h}}{\%},$$

für den VW Golf einen Wert von

$$K_P = \frac{\Delta v_{Golf}}{\Delta s} = \frac{180\,\text{km/h}}{100\,\%} = 1.8\frac{\text{km/h}}{\%}$$

und für den BMW 320i schließlich

$$K_P = \frac{\Delta v_{BMW}}{\Delta s} = \frac{230\,\text{km/h}}{100\,\%} = 2.3\frac{\text{km/h}}{\%}.$$

Beispielhaft bedeutet dies, dass beim BMW jedes Prozent mehr an Gaspedalstellung einen Zuwachs der Endgeschwindigkeit von 2.3 km/h bewirkt.

Für die Regelungstechnik von besonderer Relevanz sind also Sprungfunktionen; die Antwort des Systems auf ein derartiges Testsignal wird, wie bereits erwähnt, als *Sprungantwort* oder (seltener) auch *Übergangsfunktion* bezeichnet. **Bild 2.16** zeigt noch einmal ein Beispiel für eine derartige Sprungantwort. Dabei gehen wir zunächst davon aus, dass Ein- und Ausgangsgröße des Systems zum Zeitpunkt t_0 den Wert 0 besitzen. In diesem Moment springt die Eingangsgröße nunmehr auf den Wert Δy. Der daraus resultierende Verlauf der Ausgangsgröße (Bild 2.16 rechts) stellt dann die Sprungantwort des Systems dar. Im angeführten Beispiel steigt die Ausgangsgröße allmählich auf den Endwert Δx an. Handelt es sich um ein lineares System, so genügt es, die Sprungantwort für eine einzige (im Prinzip beliebige) Sprungamplitude Δy zu ermitteln; meist wird $\Delta y = 1$ gesetzt (Einheitssprung). Der Verlauf für z. B. die doppelte Sprungamplitude ergibt sich dann einfach durch Verdopplung der jeweiligen Ausgangsgrößenwerte. Außerdem wird in der Regel davon ausgegangen, dass der Sprung zum Zeitpunkt $t_0 = 0$ aufgeschaltet wird.

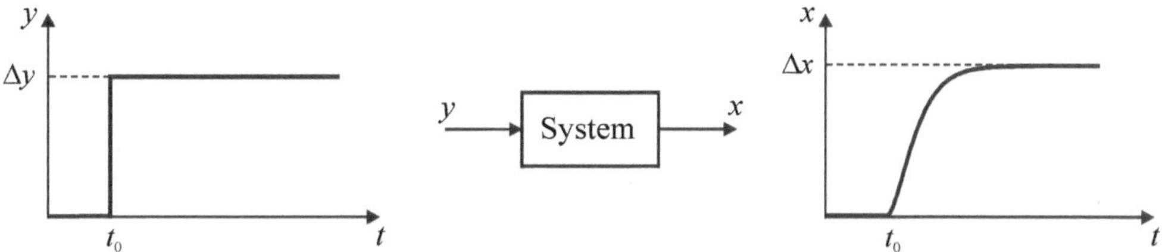

Bild 2.16 Sprungantwort eines linearen Systems

In der Praxis wird allerdings in den meisten Fällen weder die Eingangsgröße noch die Ausgangsgröße des Systems beim Aufschalten der Sprungfunktion den Wert 0 aufweisen, sondern das System wird sich vielmehr – wie bereits bei der Untersuchung des statischen Verhaltens erläutert – in einem bestimmten Arbeitspunkt befinden, der durch die Werte Y_0 (Eingangsgröße vor Aufschalten des Sprungs) bzw. X_0 (Ausgangsgröße vor Aufschalten des Sprungs) gegeben sein möge. Wird nun zum Zeitpunkt $t = t_0$ die Eingangsgröße sprungartig um den Wert Δy auf den neuen Wert $Y_1 = Y_0 + \Delta y$ erhöht, so steigt die Ausgangsgröße bei einem System mit Ausgleich z. B. gemäß **Bild 2.17** auf einen neuen Arbeitspunkt (stationären Endwert) von $X_1 = X_0 + \Delta x$.

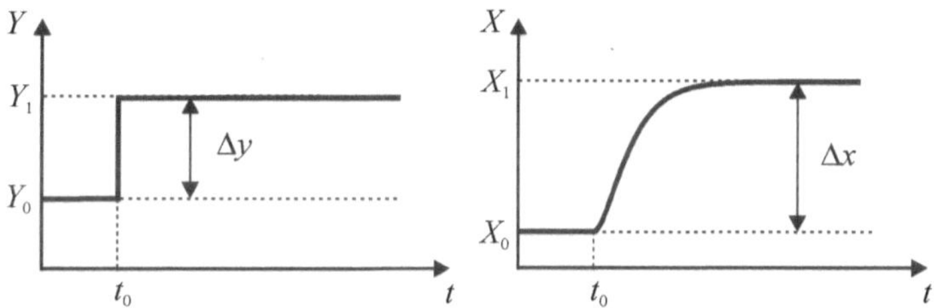

Bild 2.17 Aufschalten eines Sprungs im Arbeitspunkt (Y_0, X_0)

Das Verhältnis aus Ausgangsgrößenänderung Δx und Eingangssprungamplitude Δy ist durch den bereits bekannten Proportionalbeiwert des Systems gegeben; es gilt also

$$K_P = \frac{\Delta x}{\Delta y}.$$

Beispiel: In einem Raum sei das Heizkörperventil zu Y_0 = 60 % geöffnet. Die stationäre Temperatur betrage in diesem Arbeitspunkt X_0 = 20 °C. Nunmehr werde die Ventilöffnung auf einen Wert von Y_1 = 80 % erhöht, wonach die Raumtemperatur allmählich auf einen Wert von X_1 = 22 °C steigt. Der Proportionalbeiwert des Systems *Raum mit Heizung* beträgt dann also

$$K_P = \frac{\Delta x}{\Delta y} = \frac{X_1 - X_0}{Y_1 - Y_0} = \frac{2\,°\mathrm{C}}{20\,\%} = 0.1\,°\mathrm{C}/\%\,.$$

Die mathematisch exakte Charakterisierung eines *linearen* Systems besteht darin, dass das sogenannte *Überlagerungsprinzip* (*Superpositionsprinzip*) Gültigkeit hat. Dieses Prinzip besagt zunächst, dass die Reaktion eines linearen Systems auf eine

Summe von Eingangssignalen gleich der Summe der Reaktionen auf die Einzelsignale ist. Mathematisch formuliert:

Die Eingangsgröße $y_1(t)$ führe zur Ausgangsgröße $x_1(t)$

Die Eingangsgröße $y_2(t)$ führe zur Ausgangsgröße $x_2(t)$

$$\Downarrow$$

$y(t) = y_1(t) + y_2(t)$ führt zur Ausgangsgröße $x(t) = x_1(t) + x_2(t)$

Weiterhin muss das Verstärkungsprinzip gelten:

Die Eingangsgröße $y_1(t)$ führe zur Ausgangsgröße $x_1(t)$

$$\Downarrow$$

Die Eingangsgröße $y(t) = c \cdot y_1(t)$ führt zur Ausgangsgröße $x(t) = c \cdot x_1(t)$

Beide Forderungen gelten für *beliebige* Eingangsgrößen $y_1(t)$, $y_2(t)$ und einen beliebigen Faktor c! Die Eigenschaft der Linearität hat weitreichende Konsequenzen. Sie ermöglicht es, anhand geeigneter Testsignale Aussagen über das Systemverhalten zu gewinnen, die sich dann aufgrund des Superpositionsprinzips unmittelbar auf allgemeinere Eingangsgrößen übertragen lassen. Wirken z. B. auf einen Regelkreis Eingangsgrößen an zwei unterschiedlichen Stellen des Regelkreises (z. B. eine Führungsgröße und eine Störgröße), so kann man die Reaktion des Regelkreises *getrennt* für beide Signale untersuchen, indem man das jeweils andere Eingangssignal zu null setzt und später die sich jeweils ergebenden Ausgangsgrößenverläufe einfach addiert. Andererseits besagt das Verstärkungsprinzip, dass es bei einem linearen System vollkommen ausreicht, die Systemreaktion auf ein Eingangssignal mit einer einzigen (beliebigen) Amplitude (also z. B. eine Sinusschwingung mit Amplitude 1) zu untersuchen; das Systemverhalten bei allen anderen Amplituden lässt sich dann aus dem Verstärkungsprinzip unmittelbar ableiten.

Die in Bild 2.16 gezeigte Sprungantwort ist diejenige eines Systems *mit* Ausgleich: Nach Aufschalten des Eingangsgrößensprungs strebt die Ausgangsgröße gegen einen neuen stationären Endwert. **Bild 2.18** zeigt demgegenüber eine mögliche Sprungantwort eines Systems *ohne* Ausgleich: Hier strebt die Ausgangsgröße keinem stationären Endwert zu, sondern wächst immer weiter an.

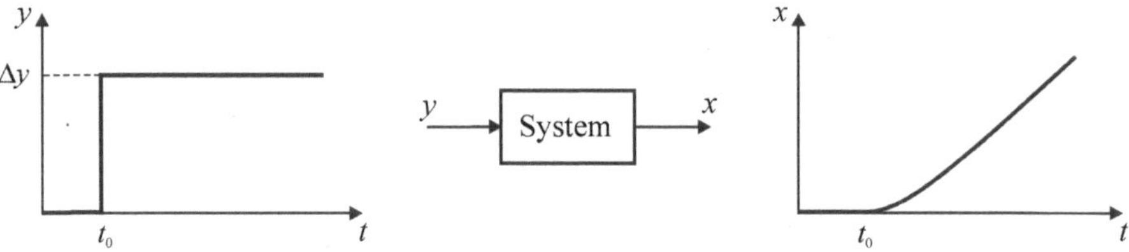

Bild 2.18 Sprungantwort eines Systems ohne Ausgleich

Wie in unserem Gedankenexperiment zum Beschleunigungsvorgang eines PKW bereits angedeutet, reagieren die meisten Systeme mit einer gewissen *Verzögerung* auf Änderungen der Eingangsgröße: Legen wir an einen stillstehenden Gleichstrommotor eine konstante Eingangsspannung an, so läuft er nicht unmittelbar mit einer konstanten Drehzahl, sondern erreicht diese erst nach einer Hochlaufphase. Auch nach Aufdrehen eines Heizkörperventils steigt die Raumtemperatur nicht sprunghaft an, sondern erreicht ihren neuen stationären Wert erst mit einer (im Vergleich zur Dynamik des Gleichstrommotors sehr großen) Verzögerung.

Die Ursache für die verzögerte Reaktion eines Systems liegt – wie bereits zuvor erwähnt – in seinen *Energiespeichern*: Diese können nicht beliebig schnell „aufgeladen“ oder „entladen“ werden, sondern nur mit einer gewissen Verzögerung. Je mehr solcher Energiespeicher ein System besitzt und je „träger“ ein jeder dieser Energiespeicher reagiert, umso langsamer reagiert das System insgesamt auf Änderungen der Eingangsgröße oder auch auf Störgrößenänderungen. Beispiele für Energiespeicher sind Kapazitäten und Induktivitäten eines elektrischen Netzwerks, Federn und Massen eines mechanischen Systems, Tanks und lange Leitungen in einem Strömungssystem oder Wärmekapazitäten in einem thermischen System. Je nach Art und Anzahl der Energiespeicher ergeben sich unterschiedliche Systemtypen, deren wichtigste Vertreter wir in den folgenden Abschnitten besprechen wollen. **Bild 2.19** gibt dazu vorab eine Übersicht.

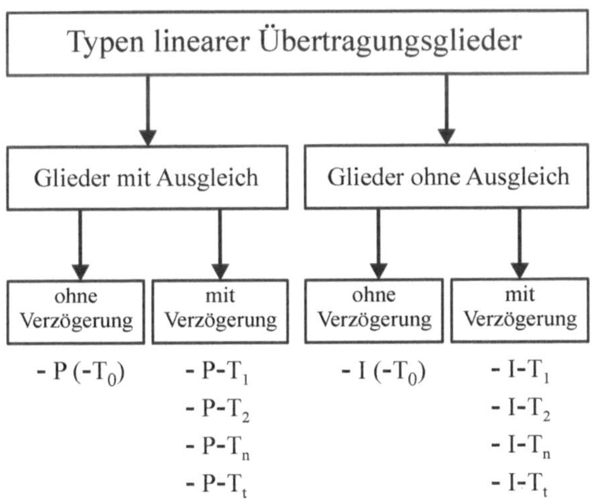

Bild 2.19 Typen linearer Übertragungsglieder

2.3.1 Proportional-Glied (P-Glied)

Das Proportional-Glied (P-Glied) stellt das einfachste lineare Übertragungsglied dar. Ausgangsgröße x und Eingangsgröße y sind dabei verknüpft über die Gleichung

$$x(t) = K_P\, y(t)\,.$$

Die Eingangsgröße $y(t)$ wirkt beim P-Glied also unmittelbar auf die Ausgangsgröße – es handelt sich um ein Übertragungsglied *ohne Verzögerung*. Der Parameter K_P wird, wie bereits an früherer Stelle erwähnt, als *Proportionalbeiwert* bezeichnet. Da das P-Glied keinen Energiespeicher besitzt, spricht man von einem Übertragungsglied *nullter Ordnung* und bezeichnet es häufig auch als P-T_0-Glied.

Bild 2.20 zeigt die Sprungantwort und das in regelungstechnischen Wirkungsplänen gebräuchliche Blocksymbol des P-Glieds. Letzteres enthält zur schnellen Identifizierung des Glieds innerhalb einer Regelkreisstruktur die angedeutete Sprungantwort. Zudem wird links oberhalb des Blocksymbols häufig der Proportionalbeiwert K_P des Glieds angegeben.

Am Ausgang des P-Glieds erhält man also wiederum das Eingangssignal, allerdings um den Faktor K_P verstärkt (für $K_P > 1$ wie in Bild 2.20) bzw. abgeschwächt (für $K_P < 1$). Das P-Glied ist somit ein Übertragungsglied *mit Ausgleich*.

Die Datei *P-Glied.bsy* enthält die Simulationsstruktur zur Ermittlung der Sprungantwort eines P-Glieds. Ermitteln Sie die Sprungantwort für verschiedene Werte des Proportionalbeiwerts K_P!

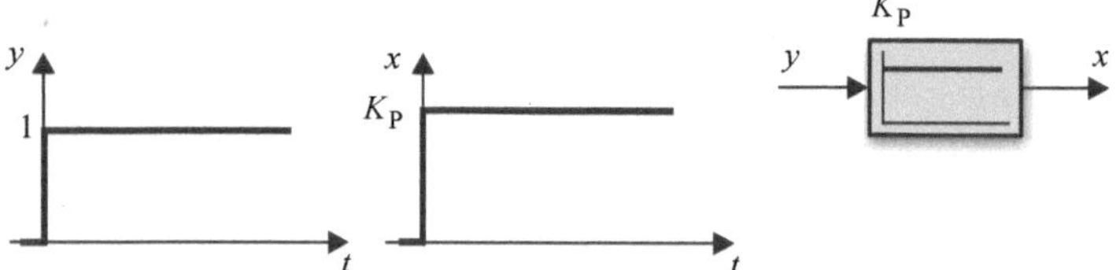

Bild 2.20 Sprungantwort und Blocksymbol eines P-Glieds (links: Verlauf der Eingangsgröße, Mitte: Verlauf der Ausgangsgröße, rechts: Blocksymbol)

Da die Ausgangsgröße des P-Glieds unmittelbar von der Eingangsgröße abhängt, handelt es sich um ein rein statisches Übertragungsglied; das Übertragungsverhalten kann daher vollständig durch seine (lineare) statische Kennlinie gemäß **Bild 2.21** charakterisiert werden. Die Steigung der Kennlinie entspricht – wie wir bereits wissen – dem Proportionalbeiwert K_P des Glieds.

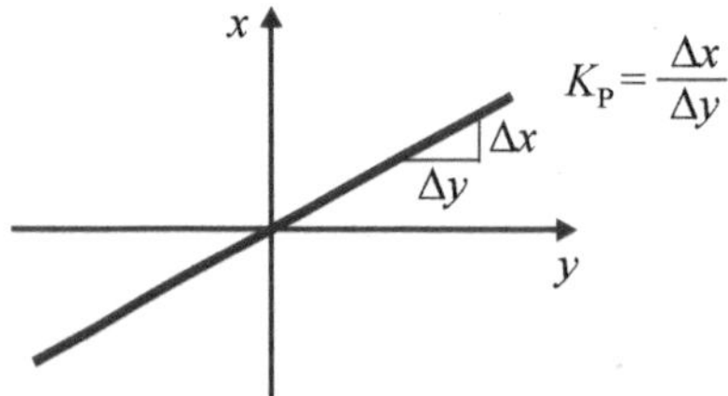

$$K_P = \frac{\Delta x}{\Delta y}$$

Bild 2.21 Kennlinie des P-Glieds

Beim *P-Glied* ist der Verlauf der Ausgangsgröße proportional zum Verlauf der Eingangsgröße, das Glied weist also keine Verzögerung auf. Einzige Kenngröße des P-Glieds ist der *Proportionalbeiwert* K_P.

Wir wollen zunächst ein mechanisches Beispiel für ein P-Glied betrachten. **Bild 2.22** zeigt dazu einen (als masselos angenommenen) Hebel, wie er etwa bei einer einfachen Füllstandsregelung ohne Hilfsenergie (Toiletten-Spülkasten, siehe Abschnitt 1.4.1) zum Einsatz kommt. Eingangsgröße sei die Auslenkung y (normiert auf den nicht ausgelenkten Hebel), Ausgangsgröße die resultierende Auslenkung x (ebenfalls normiert). Der Zusammenhang zwischen beiden Größen lässt sich dann grafisch einfach herleiten; er lautet

$$x = \underbrace{\frac{l_2}{l_1}}_{K_\mathrm{P}} y\,.$$

Der Proportionalbeiwert ist also in diesem Fall durch das Verhältnis der beiden Hebellängen gegeben und kann daher durch Verlagerung des Hebeldrehpunkts beeinflusst werden (vgl. Fliehkraftregler nach *Watt* in Abschnitt 1.4.1!).

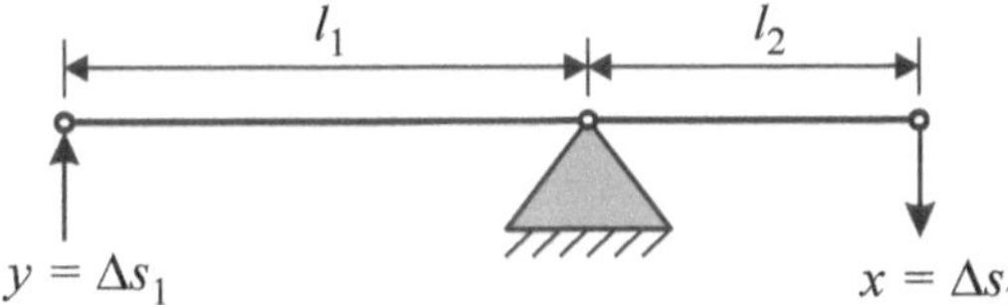

Bild 2.22 Mechanisches P-Glied I

Ein weiteres Beispiel für ein P-Glied aus dem Bereich der Mechanik stellen zwei Zahnräder dar (**Bild 2.23**). Sind z_1 und z_2 die Anzahl der Zähne der beiden Räder, dann gilt für den Zusammenhang zwischen den Drehzahlen n_1 und n_2 die Beziehung

$$n_2 = \underbrace{\frac{z_1}{z_2}}_{K_\mathrm{P}} n_1\,.$$

Bild 2.23 Mechanisches P-Glied II

Auch ein Transformator stellt ein P-Glied dar, wenn er mit Wechselspannung betrieben wird und solange die Magnetisierung nicht die Sättigung erreicht (**Bild 2.24**). Ist N_1 die Anzahl der Windungen auf der Primärseite und N_2 die Windungszahl auf der Sekundärseite, so ergibt sich die Spannung auf der Sekundärseite (Ausgangsgröße) aus der Spannung auf der Primärseite (Eingangsgröße) zu

$$U_2 = \underbrace{\frac{N_2}{N_1}}_{K_\mathrm{P}} U_1\,.$$

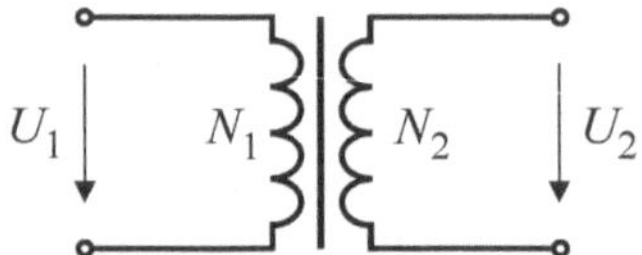

Bild 2.24 Transformator

Bild 2.25 zeigt einen beschalteten Operationsverstärker (OP) als Beispiel für ein elektronisches P-Glied [TS16]. Eingangsgröße des Glieds ist in diesem Fall die Spannung u_1, Ausgangsgröße die Spannung u_2. Für den Zusammenhang zwischen Ein- und Ausgangsgröße gilt – wie wir in Kapitel 10 noch ausführlich herleiten werden – die Beziehung

$$u_2 = \underbrace{-\frac{R_2}{R_1}}_{K_P} u_1 .$$

Der Proportionalbeiwert ist bei dieser Schaltung also durch das Verhältnis der beiden Widerstände gegeben. Wegen der invertierenden Eigenschaft des Operationsverstärkers bei der hier gewählten Beschaltung hat er negatives Vorzeichen.

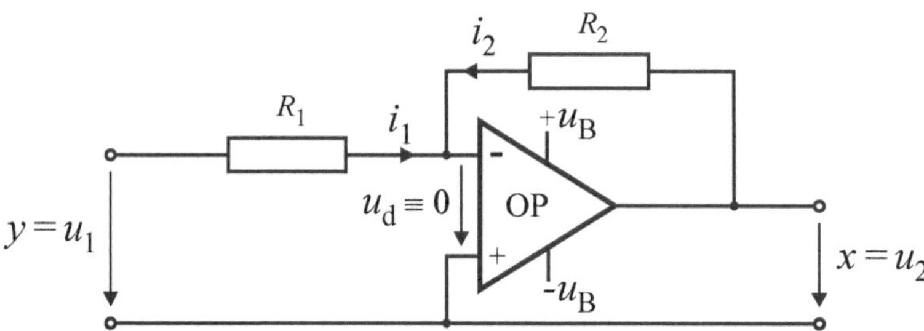

Bild 2.25 Elektronisches P-Glied

Wir wollen das Übertragungsverhalten der OP-Schaltung noch etwas eingehender studieren, um einer Problematik auf die Spur zu kommen, die typisch für die Modellierung durch lineare Systeme ist: der *Ausgangsgrößenbegrenzung*. Nehmen wir an, wir möchten beispielsweise im Rahmen eines Einsatzes der Schaltung als Regler in einem Regelkreis einen (betragsmäßig) sehr großen Proportionalbeiwert einstellen, so können wir dies erreichen, indem wir einen sehr kleinen Wert für den Widerstand R_1 und einen sehr großen Wert für den Widerstand R_2 wählen; für einen Proportionalbeiwert von $K_P = -1000$ kämen etwa die Widerstandswerte $R_1 = 100\ \Omega$ und $R_2 = 100\ \mathrm{k}\Omega$ infrage. Bei einer Eingangsspannung von $u_1 = -1$ V ergäbe sich bei diesen Widerstandswerten dann gemäß obiger Gleichung rein rechnerisch eine Ausgangsspannung von $u_2 = 1000$ V.

Selbstverständlich werden wir an einer real aufgebauten Schaltung nicht eine Ausgangsspannung von 1 kV messen können; vielmehr wird unser Voltmeter vermutlich eine Spannung von etwa 15 V anzeigen. Diese Spannung entspricht ungefähr der Betriebsspannung u_B der Schaltung und stellt damit die in der Praxis maximal mögliche Ausgangsspannung des elektronischen P-Glieds dar. Analog dazu ist die Ausgangsspannung nach unten durch $-u_B$ begrenzt. Die tatsächliche Kennlinie unserer Schaltung entspricht daher dem in **Bild 2.26** dargestellten Verlauf. Dies bedeutet insbesondere, dass die Proportionalität zwischen

Ein- und Ausgangsspannung (und damit die Linearität) nur in einem bestimmten Arbeitsbereich der Eingangsgröße (*Proportionalbereich*) gilt, der durch die Beziehung

$$-\frac{R_1}{R_2}u_B \le u_1 \le \frac{R_1}{R_2}u_B$$

gegeben ist. Dieser Proportionalbereich (der mit X_P bezeichnet wird) ist umso kleiner, je größer betragsmäßig der Proportionalbeiwert $K_P = -R_2/R_1$ ist. Verlässt die Eingangsspannung den Proportionalbereich, so geht die Ausgangsgröße in die Begrenzung, und die Schaltung weist nichtlineares Verhalten auf.

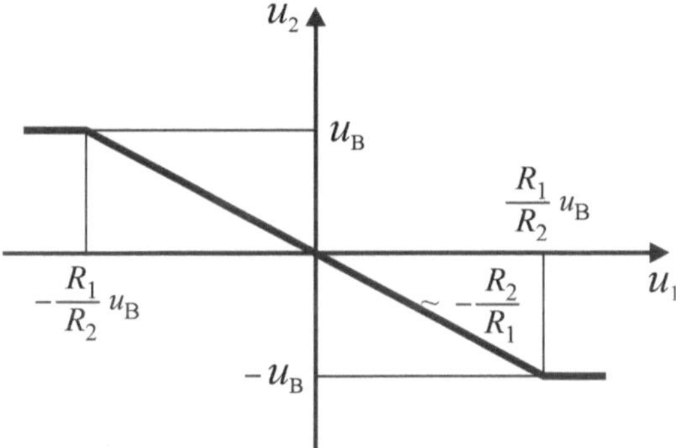

Bild 2.26 Kennlinie des elektronischen P-Glieds

Nahezu jedes reale System weist eine solche Form der Ausgangsgrößenbegrenzung auf. Dies gilt auch für den zuvor aufgeführten mechanischen Hebel, bei dem die Begrenzung in der Praxis durch irgendeine Form eines mechanischen Anschlags gegeben sein wird. Denken wir beispielsweise an eine Wippe auf einem Kinderspielplatz, so ist die Begrenzung der Wippenauslenkung dort durch den Erdboden bzw. die meist an den Wippenenden befindlichen Gummipuffer festgelegt. Bei der Modellierung von Systemen durch lineare Übertragungsglieder ist daher stets zu bedenken, ob im realen Betrieb der Proportionalbereich verlassen werden kann oder nicht. Sollte ein Verlassen des Proportionalbereichs nicht ausgeschlossen werden können, so sind die Ausgangsgrößenbegrenzung bzw. weitergehende Nichtlinearitäten durch entsprechende Systemgleichungen mit zu modellieren. Dies gilt naturgemäß nicht nur für die Modellierung durch P-Glieder, sondern in vollkommen analoger Weise auch für die im Nachfolgenden noch vorgestellten Übertragungsglieder. Für die Regelungstechnik besonders von Bedeutung ist dieser Umstand im Zusammenhang mit *Stellgrößenbeschränkungen*, wie sie in der Praxis praktisch immer im Regler bzw. Stellglied auftreten. Wir werden darauf an späterer Stelle noch im Detail eingehen.

Anmerkung: Bei allen hier betrachteten Beispielen für P-Glieder waren Ein- und Ausgangsgröße jeweils gleiche physikalische Größen (z. B. elektrische Spannungen). Der Proportionalbeiwert ist dann ein reiner Zahlenwert, besitzt also keine Einheit. Dies muss in der Praxis aber nicht zwangsläufig der Fall sein.

Auch Übertragungsglieder mit einer im Vergleich zu sonstigen im Regelkreis auftretenden Verzögerungen sehr kleinen Verzögerung können häufig als P-Glieder aufgefasst werden.

Ein typisches Beispiel dazu stellt eine *Beleuchtungsstrecke* dar, wie sie im Rahmen einer Lichtregelung auftritt: Wie die tägliche Erfahrung zeigt, leuchtet eine Glühlampe nach Betätigung des Lichtschalters praktisch „sofort“ auf, sodass hier P-Verhalten angenommen werden kann. Bei exakter Betrachtung liegt auch in diesem Fall natürlich eine Verzögerung vor, da der Strom nicht „unendlich schnell“ fließen kann; die Verzögerung ist jedoch derart gering, dass sie in der Praxis vernachlässigt werden kann.

2.3.2 P-T_1-Glied (Verzögerungsglied 1. Ordnung)

Als P-T_1-Glied oder Verzögerungsglied 1. Ordnung wird ein lineares Übertragungsglied mit *einem* Energiespeicher bezeichnet. Bevor wir diesen Typ von Übertragungsglied allgemein analysieren, betrachten wir als Beispiel das *RC*-Glied nach **Bild 2.27**.

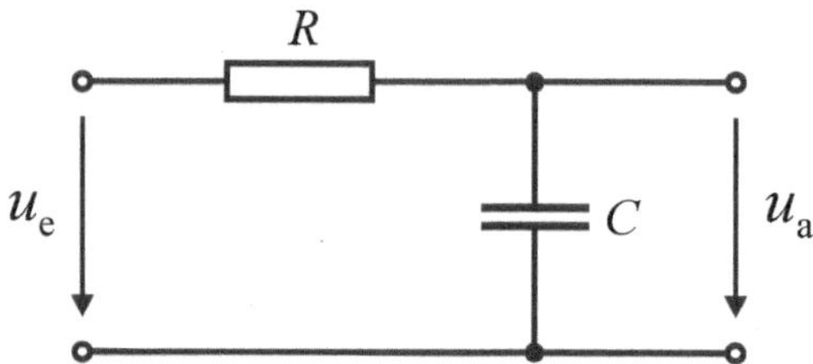

Bild 2.27 *RC*-Glied als ein Beispiel für ein Verzögerungsglied 1. Ordnung

Der Kondensator (Kapazität C) baut unter Spannung ein elektrisches Feld auf und stellt daher in diesem Fall den Energiespeicher dar. Legen wir zum Zeitpunkt $t = 0$ eine konstante Eingangsspannung $u_e = u_{e0}$ an das Netzwerk an und nehmen wir an, der Kondensator sei zu diesem Zeitpunkt vollständig entladen, so ergibt sich für die Ausgangsspannung u_a die bekannte Ladekurve eines Kondensators gemäß **Bild 2.28** als Sprungantwort des *RC*-Glieds. Der Kondensator lädt sich also nicht sprunghaft auf, sondern die Kondensatorspannung strebt verzögert gegen ihren Endwert. Dabei steigt die Spannung nach Aufschalten des Sprungs zunächst schnell an, mit zunehmender Zeit jedoch immer langsamer, da die Differenz zwischen Ein- und Ausgangsspannung als „treibende Kraft“ des Ladevorgangs immer geringer wird.

Der Verlauf der Ausgangsgröße genügt der Gleichung

$$u_a(t) = u_{e0} \cdot (1 - e^{-\frac{t}{R \cdot C}}) . \tag{2.1}$$

Den stationären Endwert der Kondensatorspannung erhalten wir, indem wir in dieser Gleichung die Zeit t gegen unendlich laufen lassen. Der Exponentialterm strebt dann gegen null und wir erhalten

$$u_a(t \to \infty) = u_{e0} \cdot (1 - 0) = u_{e0} .$$

Die Kondensatorspannung entspricht also im stationären Zustand der angelegten Eingangsspannung, d. h., der Proportionalbeiwert des *RC*-Glieds hat den Wert eins.

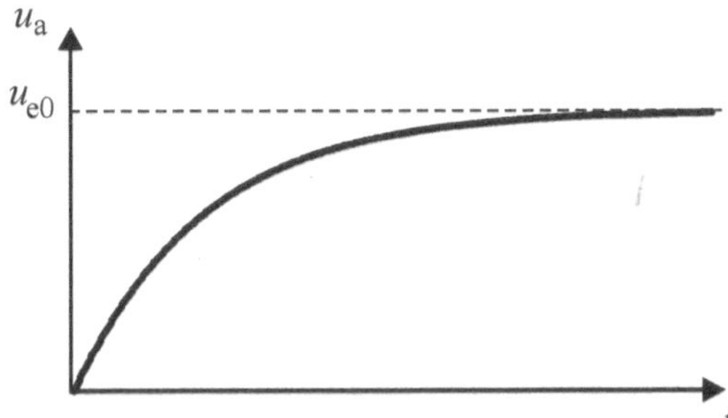

Bild 2.28 Sprungantwort des *RC*-Glieds

Wie schnell der Kondensator aufgeladen wird, hängt einerseits vom ohmschen Widerstand R, andererseits von der Kapazität C des Kondensators ab. Je größer der ohmsche Widerstand ist, umso geringer ist der Ladestrom, d. h. umso langsamer wird der Kondensator geladen. Eine größere Kapazität des Kondensators führt ebenfalls zu einem langsameren Anstieg der Kondensatorspannung. Das Produkt $R \cdot C$ ist also – wie auch Gl. (2.1) erkennen lässt – maßgeblich für die Geschwindigkeit, mit der der Ladevorgang abläuft, und wird daher als *Zeitkonstante* T_1 des *RC*-Glieds bezeichnet. Je größer die Zeitkonstante ist, umso langsamer strebt der Exponentialterm in Gl. (2.1) gegen null, d. h. umso langsamer strebt die Sprungantwort des *RC*-Glieds gegen ihren Endwert.

Die Zeitkonstante T_1 des Glieds lässt sich in einfacher Weise grafisch aus der Sprungantwort ermitteln. Setzen wir nämlich in Gl. (2.1) für die Zeit t gerade die Zeitkonstante T_1 ein, so ergibt sich

$$u_a(t = T_1) = u_{e0} \cdot (1 - \mathrm{e}^{-T_1/T_1}) = u_{e0} \cdot \left(1 - \frac{1}{\mathrm{e}}\right) = 0.63 \cdot u_{e0} .$$

Dies bedeutet, dass nach Ablauf der Zeit T_1 die Sprungantwort gerade 63 % ihres Endwerts erreicht hat (**Bild 2.29**).

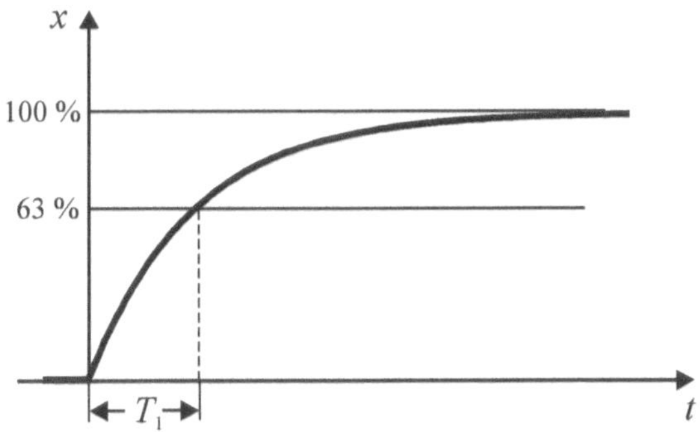

Bild 2.29 Bestimmung der Zeitkonstante T_1 nach der 63 %-Methode

Beispiel: Für eine Kapazität von C = 100 µF und einen ohmschen Widerstand von R = 50 kΩ ergibt sich eine Zeitkonstante von

$$T_1 = R \cdot C = 50\ \mathrm{k\Omega} \cdot 100\ \mathrm{\mu F} = 50 \cdot 10^3 \cdot 100 \cdot 10^{-6}\ \mathrm{s} = 5\ \mathrm{s} .$$

Eine alternative Möglichkeit zur Ermittlung der Zeitkonstante aus der Sprungantwort zeigt **Bild 2.30**. Die Zeitkonstante entspricht nämlich – wie hier ohne Beweis angegeben werden soll – gerade dem Kehrwert der *Steigung* der Sprungantwort unmittelbar zu Beginn. Daher erhalten wir die Zeitkonstante durch Anlegen einer Tangente an die Sprungantwort im Zeitpunkt $t = 0$ und Herunterloten des Schnittpunkts mit der durch den stationären Endwert gelegten Parallelen auf die Zeitachse.

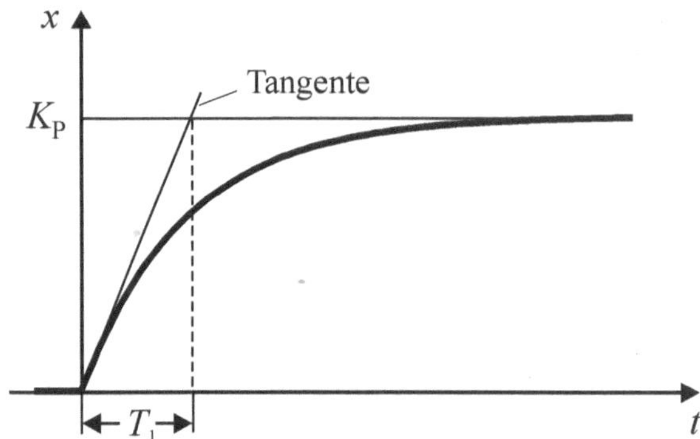

Bild 2.30 Bestimmung der Zeitkonstante T_1 nach der Tangentenmethode

Das P-T_1-Glied ist ein lineares Übertragungsglied mit Ausgleich, das *einen* Energiespeicher besitzt. Kenngrößen sind der *Proportionalbeiwert* K_P und die *Zeitkonstante* T_1. Letztere gibt an, wie schnell das Glied auf Eingangsgrößenänderungen reagiert und kann grafisch anhand der Sprungantwort ermittelt werden.

Lineare Übertragungsglieder mit Verzögerung lassen sich mathematisch beschreiben durch *lineare Differentialgleichungen.* Die allgemeine Differentialgleichung für ein P-T_1-Glied mit der Eingangsgröße $y(t)$ und der Ausgangsgröße $x(t)$ lautet

$$T_1\,\dot{x} + x = K_P\,y\,.$$

Der Parameter K_P heißt *Proportionalbeiwert*, der Parameter T_1 *Zeitkonstante* des Glieds. Da es sich um ein Verzögerungsglied 1. Ordnung handelt, tritt die Ausgangsgröße x des Glieds in einfach abgeleiteter Form auf der linken Seite der Differentialgleichung auf.

Die Differentialgleichung für das hier als Beispiel betrachtete *RC*-Glied erhalten wir durch Anwendung der aus der Elektrotechnik bekannten *Kirchhoff'schen Maschenregel.* Diese besagt, dass in einem elektrischen Netzwerk die Summe aller Spannungen in einer geschlossenen Masche immer null ergibt. Angewendet auf unser *RC*-Glied gilt also

$$u_e - u_a - u_R = 0\,,$$

wobei u_R die über dem Widerstand R abfallende Spannung ist. Weiterhin benötigen wir die Komponentengleichungen für den Widerstand

Technik. Wissen. Weiterwissen.

Ihre Meinung zählt!

Bitte beantworten Sie die beiliegenden Fragen und senden Sie die Karte kostenfrei an uns zurück. Alle Einsender nehmen an der quartalsweisen Verlosung teil.

Erfüllt das Buch Ihre Erwartungen?

- ☐ Ja
- ☐ Nein. Anmerkung: ____________

Welchem Buch haben Sie diese Karte entnommen?

____

Wo haben Sie das Buch erworben?

- ☐ www.vde-verlag.de
- ☐ Buchhandel
- ☐ Sonstige: ____________

Gibt es weitere Themen zu denen Sie Informationen benötigen?

____

Möchten Sie monatlich unseren E-Mail-Newsletter über neue Produkte erhalten?

- ☐ Ja

____
Datum/Unterschrift

Welche Fachgebiete interessieren Sie speziell?

- ☐ Antriebstechnik
- ☐ Automatisierung
- ☐ Baurechtpraxis und Baumanagement
- ☐ Bautechnik
- ☐ Blitz- und Überspannungsschutz
- ☐ Elektrische Energietechnik
- ☐ Elektronik
- ☐ Elektroplanung und -installation
- ☐ Elektrotechnik
- ☐ Energieeffizientes Bauen
- ☐ Energierecht und -markt
- ☐ Energiesystemtechnik
- ☐ Gebäudetechnik
- ☐ Informations- und Kommunikationstechnik
- ☐ Kältetechnik
- ☐ Klima- und Lüftungstechnik
- ☐ Lichttechnik
- ☐ Medizintechnik
- ☐ Mess- und Prüftechnik
- ☐ Netztechnik/Netzbetrieb
- ☐ Normen und Sicherheit
- ☐ Organisation, Management und Recht
- ☐ Schaltschrankbau
- ☐ Sicherheitstechnik
- ☐ Technikgeschichte

www.vde-verlag.de/newsletter

Artikel-Nr. 950197 / Werb-Nr. 201141

$$u_R = i \cdot R$$

und für den Kondensator

$$\dot{u}_a = \frac{1}{C} i \,.$$

Letztere Gleichung stellen wir nach dem Strom i um und setzen das Ergebnis in die Gleichung für den Widerstand ein. Den daraus resultierenden Ausdruck für u_R setzen wir schließlich in die Maschengleichung ein und erhalten auf diese Weise die Beziehung

$$u_e - u_a - RC\dot{u}_a = 0 \,.$$

Diese Gleichung stellt eine lineare Differentialgleichung erster Ordnung dar, die wir so umstellen, dass die Ausgangsgröße des RC-Glieds, also u_a, sowie ihre Ableitung auf der linken Seite und die Eingangsgröße u_e auf der rechten Seite steht. Wir erhalten dann die Beziehung

$$\underbrace{RC}_{T_1} \cdot \dot{u}_a + u_a = \underbrace{1}_{K_P} \cdot u_e \,.$$

Hieraus lassen sich die oben bereits hergeleiteten Beziehungen

$$T_1 = R \cdot C \,, \; K_P = 1$$

für das RC-Glied ablesen.

Die Lösung dieser Differentialgleichung (d. h. die Berechnung des Verlaufs der Ausgangsgröße $u_a(t)$ bei gegebener Eingangsgröße $u_e(t)$) kann mit Methoden der höheren Mathematik auf analytischem Wege erfolgen. Im Falle der Sprungantwort lautet sie wie oben bereits angegeben

$$u_a(t) = u_{e0} \cdot (1 - \mathrm{e}^{-\frac{t}{R \cdot C}})$$

bzw. allgemein für das P-T_1-Glied

$$x(t) = K_P \cdot (1 - \mathrm{e}^{-t/T_1}) \,.$$

Bild 2.31 zeigt noch einmal allgemein Sprungantwort und Blocksymbol des P-T_1-Glieds. Links oberhalb des Blocksymbols wird häufig der Proportionalbeiwert K_P des Glieds angegeben, rechts oberhalb seine Zeitkonstante.

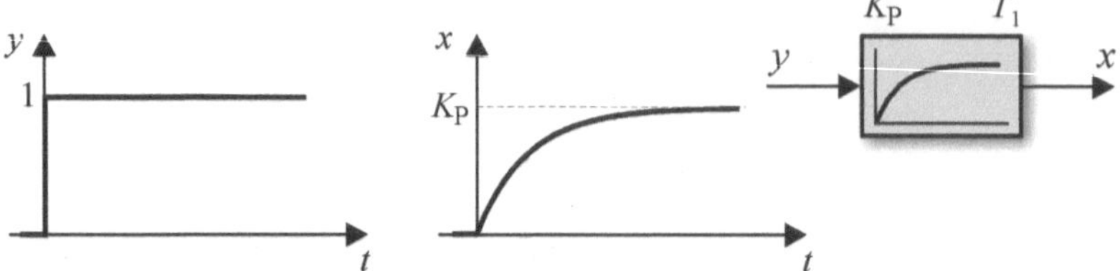

Bild 2.31 Sprungantwort und Blocksymbol eines P-T_1-Glieds

Als weiteres praktisches Beispiel betrachten wir eine fremderregte Gleichstrommaschine mit Last, wie sie in **Bild 2.32** dargestellt ist. Eingangsgröße sei die Ankerspannung u_A, Ausgangsgröße die Winkelgeschwindigkeit ω_L der Last.

Diese Gleichstrommaschine stellt ein P-T_1-Glied dar, dessen Proportionalbeiwert durch den Ausdruck

$$K_P = \frac{k_2}{k_1 k_2 + R_A k_R}$$

und dessen Zeitkonstante durch

$$T_1 = \frac{J_L R_A}{k_1 k_2 + R_A k_R}$$

gegeben ist. Darin sind R_A der ohmsche Widerstand des Ankers, L_A seine Induktivität, J_L das Trägheitsmoment der Last, k_R die Reibungskonstante und k_1, k_2 Maschinenkonstanten. M_A stellt das Antriebsmoment und M_R das Reibungsmoment dar.

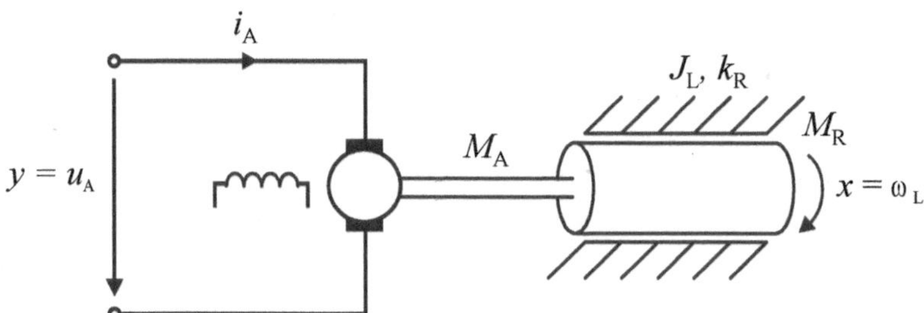

Bild 2.32 Fremderregte Gleichstrommaschine mit Last

Zur Herleitung obiger Beziehungen wenden wir zunächst das Newton'sche Gesetz für mechanisch-rotatorische Systeme an und erhalten für das Gesamtmoment die Beziehung

$$J_L \dot{\omega}_L = M_A - M_R \, . \tag{2.2}$$

Darin ist J_L das Trägheitsmoment der Last, M_A das Antriebsmoment und M_R das Reibungsmoment. Dieses kann als näherungsweise proportional zur Winkelgeschwindigkeit angenommen werden, sodass mit der Reibungskonstante k_R gilt

$$M_R = k_R \omega_L \,. \tag{2.3}$$

Betrachten wir nunmehr den Ankerstromkreis. Die Anwendung der Maschenregel liefert hier die Gleichung

$$u_A = R_A i_A + L_A \dot{i}_A + u_{ind} \,, \tag{2.4}$$

wobei R_A den ohmschen Widerstand des Ankers, L_A seine Induktivität und u_{ind} die in der Maschine induzierte Gegen-EMK bezeichnen. Letztere ist proportional zur Maschinendrehzahl, d. h., es gilt mit der Maschinenkonstante k_1

$$u_A = R_A i_A + L_A \dot{i}_A + k_1 \omega_L \,. \tag{2.5}$$

Vernachlässigen wir nunmehr die Ankerinduktivität – was bei kleinen Maschinen sicherlich zulässig ist – und lösen die Gleichung nach dem Ankerstrom auf, so erhalten wir

$$i_A = \frac{1}{R_A} u_A - \frac{k_1}{R_A} \omega_L \,. \tag{2.6}$$

Das Antriebsmoment der Maschine ist proportional zum Ankerstrom, es gilt mit der Maschinenkonstante k_2

$$M_A = k_2 \, i_A \,. \tag{2.7}$$

Setzen wir nunmehr die Gln. (2.3), (2.6) und (2.7) in Gl. (2.2) ein, so erhalten wir

$$\begin{aligned} & J_L \dot{\omega}_L = \frac{k_2}{R_A} u_A - \frac{k_1 k_2}{R_A} \omega_L - k_R \omega_L \\ \Rightarrow \quad & \dot{\omega}_L + \frac{1}{J_L} \left(\frac{k_1 k_2}{R_A} + k_R \right) \omega_L = \frac{k_2}{J_L R_A} u_A \\ \Rightarrow \quad & \frac{J_L R_A}{k_1 k_2 + R_A k_R} \dot{\omega}_L + \omega_L = \frac{k_2}{k_1 k_2 + R_A k_R} u_A \,. \end{aligned} \tag{2.8}$$

Letztere Gleichung ist die Differentialgleichung eines P-T_1-Glieds mit dem Übertragungsbeiwert

$$K_P = \frac{k_2}{k_1 k_2 + R_A k_R} \tag{2.9}$$

und der Zeitkonstante

$$T_1 = \frac{J_L R_A}{k_1 k_2 + R_A k_R} \,. \tag{2.10}$$

Betrachten wir als weiteres Beispiel für P-T_1-Verhalten ein mechanisches System, bestehend aus einer Masse m (Energiespeicher) und einem Dämpfer r, dessen Reibungskraft als geschwindigkeitsproportional angenommen werden soll. Auf die Masse wirkt als Eingangsgröße des Systems die äußere Kraft F, Ausgangsgröße ist die Geschwindigkeit v der Masse (**Bild 2.33**).

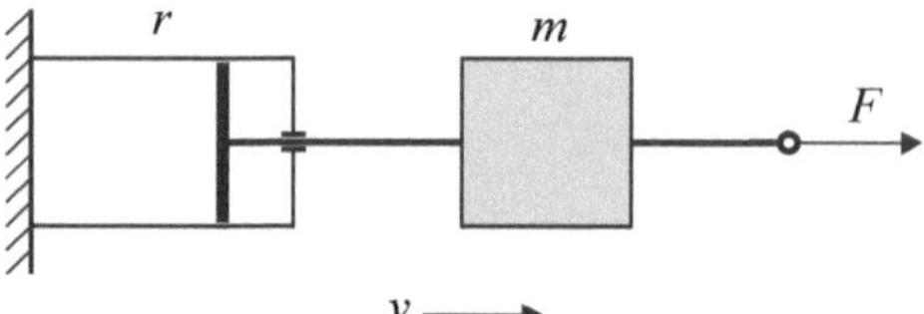

Bild 2.33 Masse-Dämpfer-System als Beispiel für ein mechanisches P-T_1-Glied

In diesem Fall handelt es sich um ein P-T_1-Glied mit dem Proportionalbeiwert

$$K_P = \frac{1}{r}$$

und der Zeitkonstante

$$T_1 = \frac{m}{r}.$$

Bildet man die Kräftesumme, so erhält man die Bewegungsgleichung

$$\frac{m}{r}\dot{v} + v = \frac{1}{r}F .$$

Durch Vergleich mit der Differentialgleichung des allgemeinen P-T_1-Glieds lassen sich die Kenngrößen unmittelbar ablesen.

Auch ein Tank mit Auslass gemäß **Bild 2.34** weist P-T_1-Charakteristik auf, wenn wir vereinfachend davon ausgehen, dass der abfließende Volumenstrom Q_{ab} der Füllhöhe des Tanks proportional ist.[9] Eingangsgröße ist der zufließende Volumenstrom Q_{zu}, Ausgangsgröße der Füllstand h. Öffnen wir bei zunächst leerem Tank das Zulaufventil ruckartig, sodass eine sprungförmige Änderung von Q_{zu} auftritt, so füllt sich der Tank zunächst sehr schnell, da aufgrund des niedrigen Füllstands nur ein geringer Abfluss Q_{ab} auftritt. Mit zunehmender Füllhöhe vergrößert sich der Abfluss, sodass der Füllstand nur noch langsam ansteigt. Sind Zu- und Abfluss schließlich gleich, befindet sich das System im neuen Beharrungszustand und der Füllstand steigt nicht mehr weiter an. Die Sprungantwort weist somit das P-T_1-typische Verhalten auf.

9 Genauer betrachtet gilt für den abfließenden Volumenstrom die Beziehung

$$Q_{ab} = A\sqrt{2 \cdot g \cdot h}\,.$$

Darin ist A die Querschnittsfläche der Auslassleitung.

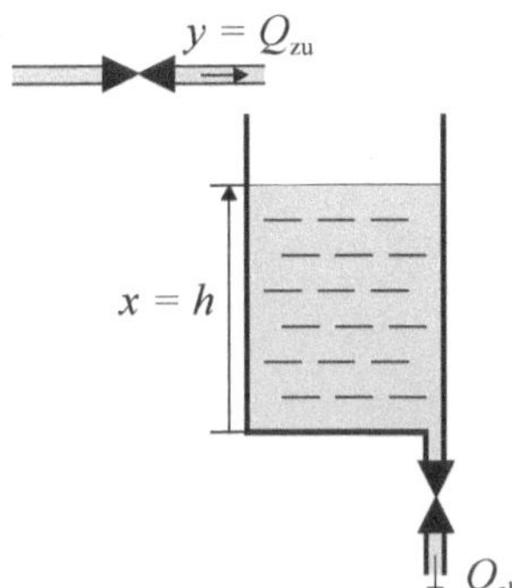

Bild 2.34 Tank mit Auslass

Als weiteres Beispiel für ein P-T_1-Glied zeigt **Bild 2.35** einen Druckbehälter (Energiespeicher).

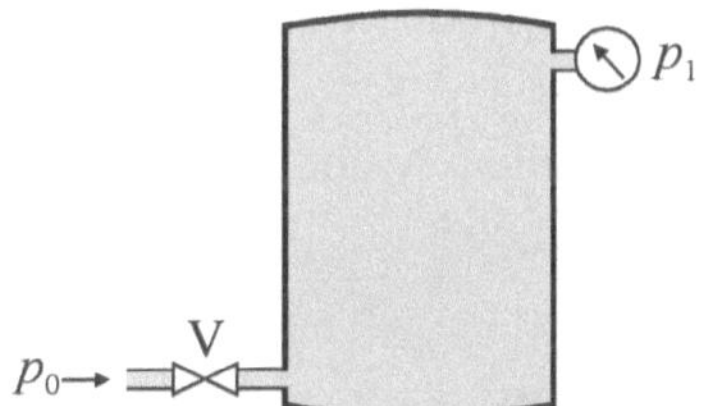

Bild 2.35 Druckbehälter

Eingangsgröße ist der Druck p_0 des zuströmenden Gases, Ausgangsgröße der Druck p_1 innerhalb des Behälters. Öffnen wir das zunächst geschlossene Zulaufventil V ruckartig, so strebt der Druck im Behälter gemäß der Sprungantwort eines P-T_1-Glieds verzögert gegen p_0. Der Proportionalbeiwert hat hier also den Wert eins. Die Zeitkonstante ergibt sich als Produkt aus dem Strömungswiderstand der Zuleitung und dem Behältervolumen.

Um die große Bandbreite regelungstechnischer Streckentypen aufzuzeigen, betrachten wir abschließend ein System aus der Thermodynamik, den elektrisch beheizten Industrieofen nach **Bild 2.36**. Eingangsgröße ist die über die Heizwendel erzeugte Wärmezufuhr Q_{zu}, Ausgangsgröße die Temperatur ϑ im Innern des Ofens.

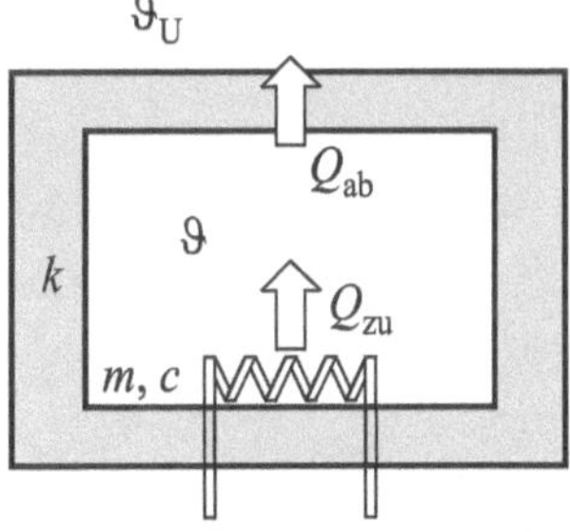

Bild 2.36 Industrieofen

Zu Beginn unserer Überlegungen sei die Heizwendel ausgeschaltet ($Q_{zu} = 0$) und die Temperatur ϑ gleich der Umgebungstemperatur ϑ_U. Schalten wir die Heizung nun an, so wird sich der Ofen zunächst recht schnell aufwärmen; die Wärmeabfuhr Q_{ab} ist nämlich proportional zur Differenz aus Ofen- und Umgebungstemperatur und daher zunächst noch sehr gering. Mit zunehmender Ofentemperatur nimmt aber die Wärmeabfuhr ebenfalls zu und die Ofentemperatur steigt nicht mehr so schnell (ihre Änderung ist proportional zur Differenz aus Q_{zu} und Q_{ab}). Sobald Wärmezufuhr und –abfuhr gleich groß sind, hat die Ofentemperatur ihren stationären Endwert erreicht, nimmt also nicht mehr weiter zu. Auch hier liegt also typisches P-T_1-Verhalten vor, die Wärmekapazität des Ofens stellt in diesem Fall den Energiespeicher dar. Proportionalbeiwert und Zeitkonstante des Ofens sind abhängig von der Masse m und der spezifischen Wärmekapazität c des Ofens sowie dem Wärmedurchgangskoeffizienten k der Ofenwand.

Die Datei *PT1-Glied.bsy* enthält die Simulationsstruktur zur Ermittlung der Sprungantwort eines P-T_1-Glieds. Ermitteln Sie die Sprungantwort für verschiedene Werte der Zeitkonstante T_1!

2.3.3 P-T_2-Glied (Verzögerungsglied 2. Ordnung)

Das P-T_2-Glied (Verzögerungsglied 2. Ordnung) besitzt zwei unabhängige Energiespeicher und weist daher neben dem Proportionalbeiwert zwei Zeitkonstanten T_1 und T_2 auf. **Bild 2.37** zeigt Sprungantwort und Blockschaltbild dieses Übertragungsglieds.

Im Gegensatz zum P-T_1-Glied verläuft die Sprungantwort des P-T_2-Glieds im ersten Moment *waagrecht*, d. h., die Änderungsgeschwindigkeit der Ausgangsgröße ist zunächst null. Zudem besitzt die Sprungantwort einen Wendepunkt, an dem die Änderungsgeschwindigkeit (d. h. die Steigung der Sprungantwort) ihren Maximalwert annimmt (**Bild 2.38**).

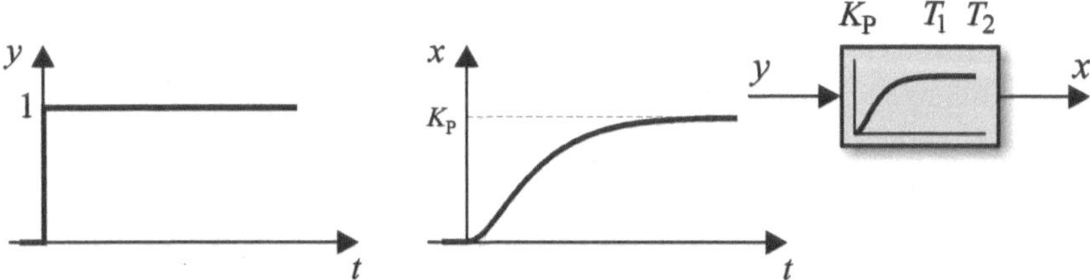

Bild 2.37 Sprungantwort und Blockschaltbild des P-T_2-Glieds

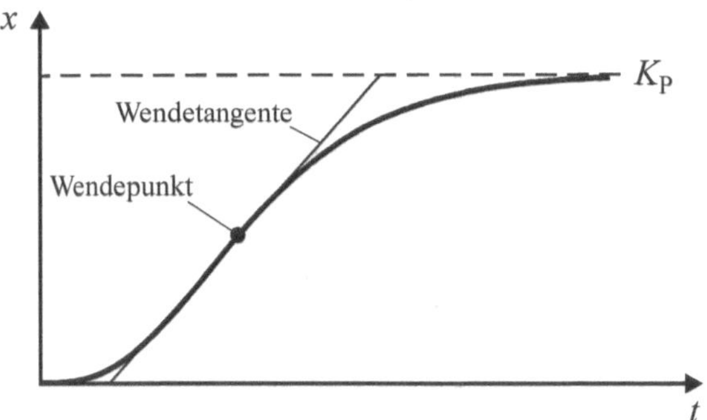

Bild 2.38 Sprungantwort eines P-T_2-Glieds mit Wendepunkt und Wendetangente

Mathematisch wird das P-T_2-Glied beschrieben durch die Differentialgleichung 2. Ordnung

$$T_1 T_2 \ddot{x} + (T_1 + T_2)\dot{x} + x = K_\text{P} y \,.$$

Die Lösung dieser Gleichung ergibt für die Sprungantwort für den Fall unterschiedlicher Zeitkonstanten ($T_1 \neq T_2$)

$$x(t) = K_\text{P}\left(1 - \frac{T_1}{T_1 - T_2}\text{e}^{-t/T_1} + \frac{T_2}{T_1 - T_2}\text{e}^{-t/T_2}\right).$$

Für den Sonderfall identischer Zeitkonstanten ($T_1 = T_2 = T$) ergibt sich

$$x(t) = K_\text{P}\left(1 - \text{e}^{-t/T} - \frac{t}{T}\text{e}^{-t/T}\right).$$

Während sich beim P-T_1-Glied die Zeitkonstante wie an früherer Stelle beschrieben sehr einfach grafisch aus der Sprungantwort bestimmen lässt, ist dies beim P-T_2-Glied leider nicht mehr ohne Weiteres möglich. Es existieren allerdings einige Näherungsverfahren zur Bestimmung der Zeitkonstanten, die wir an späterer Stelle noch kennenlernen werden. Alternativ zu den Zeitkonstanten selbst werden jedoch in der Praxis häufig zwei „Ersatz-Zeitkennwerte“ benutzt, die sich unmittelbar aus der Sprungantwort ablesen lassen (**Bild 2.39**):

- Die *Verzugszeit* T_e.[10] Diese entspricht dem Schnittpunkt der Wendetangente an die Sprungantwort mit der Zeitachse. Die Verzugszeit ist ein Maß dafür, wie lange es dauert, bis die Ausgangsgröße merklich auf den Eingangssprung reagiert.
- Die *Ausgleichszeit* T_b.[11] Zu ihrer Bestimmung lotet man den Schnittpunkt der Wendetangente mit dem stationären Endwert auf die Zeitachse und subtrahiert davon die zuvor ermittelte Verzugszeit. Die Ausgleichszeit ist ein Maß dafür, wie lange es dauert, bis der Übergangsvorgang im Wesentlichen abgeschlossen ist.

Diese Vorgehensweise wird als *Wendetangentenverfahren* bezeichnet.

Beispiel: Nachfolgendes **Bild 2.40** zeigt die Sprungantwort eines P-T_2-Glieds mit einem Proportionalbeiwert von $K_\text{P} = 1$ und den Zeitkonstanten $T_1 = 3$ s und $T_2 = 5$ s. Für die Verzugszeit können wir einen Wert ablesen von

$$T_\text{e} = 1\text{ s}$$

und für die Ausgleichszeit einen Wert von

---

[10] früher: T_u

[11] früher: T_g

$$T_b = 12\ \text{s} - 1\ \text{s} = 11\ \text{s}\,.$$

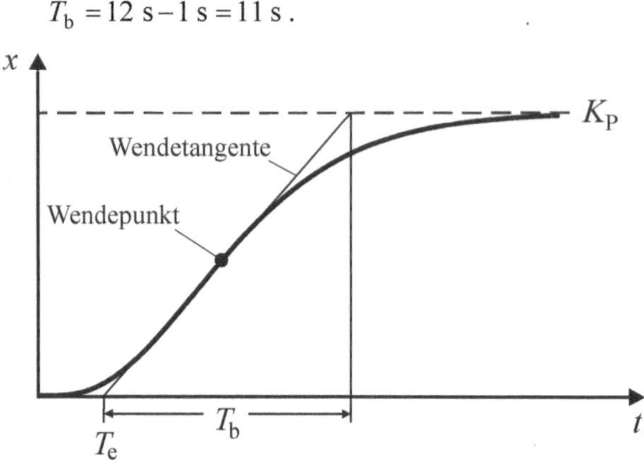

Bild 2.39 Bestimmung von Verzugs- und Ausgleichszeit

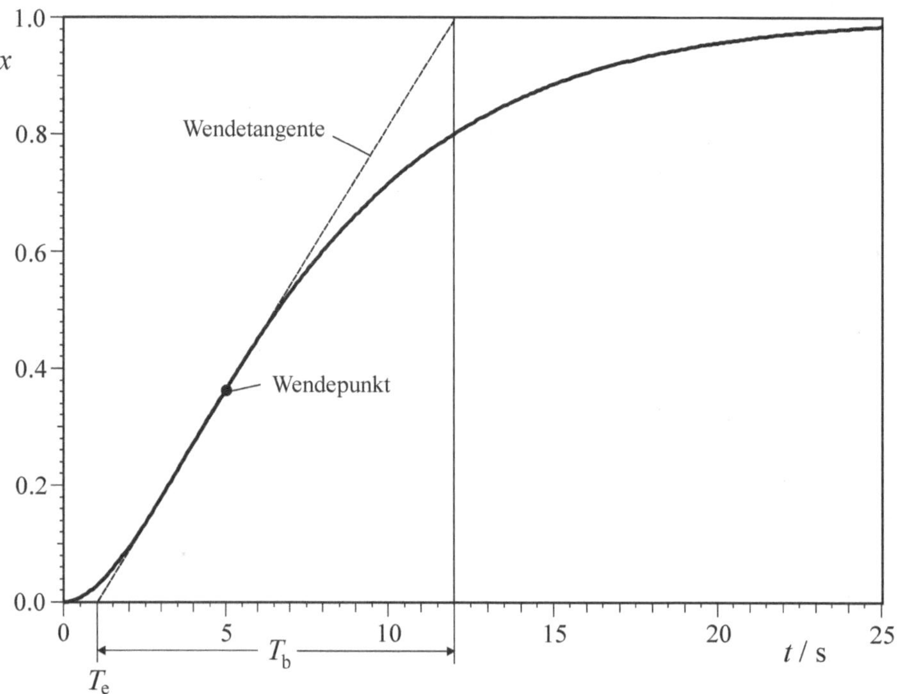

Bild 2.40 Bestimmung von Verzugs- und Ausgleichszeit für Beispiel

P-T_2-Glieder entstehen häufig durch Reihenschaltung zweier Speicherglieder. **Bild 2.41** zeigt dazu als Beispiel die Reihenschaltung zweier *RC*-Glieder, die jeweils für sich betrachtet ein P-T_1-Glied darstellen. Dabei ist zu beachten, dass sich zwar die Zeitkonstanten der beiden separaten *RC*-Glieder zu $T_1 = R_1 \cdot C_1$ bzw. $T_2 = R_2 \cdot C_2$ ergeben. Diese beiden Werte stellen aber *nicht* die Zeitkonstanten der Reihenschaltung dar, d. h. des resultierenden P-T_2-Glieds! Dies liegt darin begründet, dass die Reihenschaltung der beiden *RC*-Glieder nicht rückwirkungsfrei ist, da das hintere *RC*-Glied das vordere belastet. Die beiden Zeitkonstanten der Reihenschaltung weichen daher je nach Wahl der verwendeten Widerstände und Kapazitäten mehr oder weniger stark von den Zeitkonstanten der Einzelglieder ab.

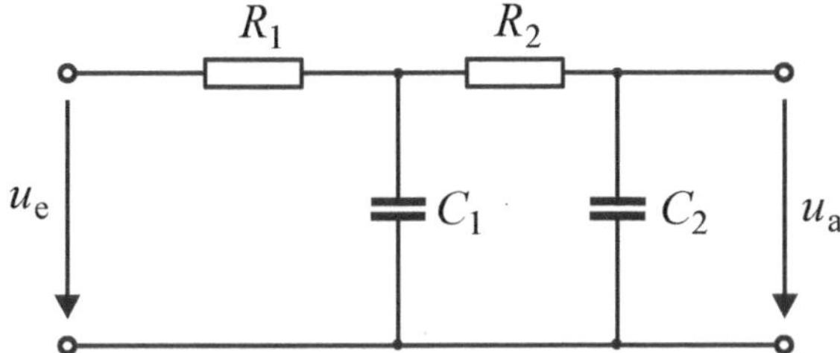

Bild 2.41 Reihenschaltung zweier *RC*-Glieder als Beispiel für ein P-T_2-Glied

Völlig analoge Verhältnisse ergeben sich bei der Reihenschaltung zweier Druckbehälter, die für sich betrachtet jeweils P-T_1-Charakteristik besitzen (**Bild 2.42**). Der Druck p_1 im ersten Behälter wird an den zweiten Behälter weitergeleitet, dessen Druck p_2 diesem dann ebenfalls verzögert folgt. Zwischen p_0 (Eingangsgröße der Reihenschaltung) und p_2 (Ausgangsgröße) liegt also P-T_2-Verhalten vor.

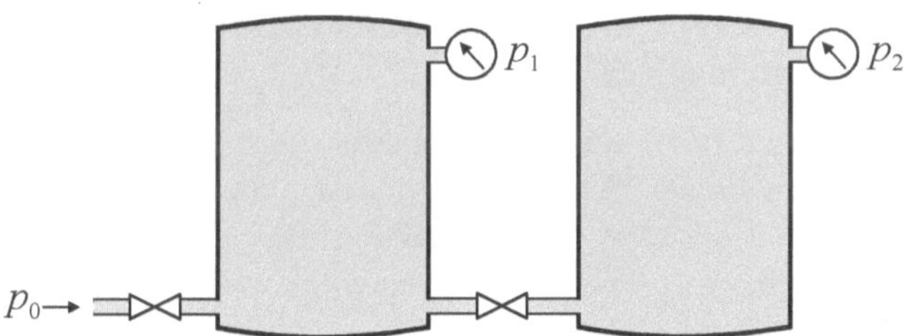

Bild 2.42 Reihenschaltung zweier Druckbehälter

Wir wollen an dieser Stelle noch kurz auf das Problem der *Unabhängigkeit* von Energiespeichern eingehen und betrachten dazu die Schaltung im linken Teil von **Bild 2.43**. Diese enthält zwar wie das Netzwerk in Bild 2.41 zwei Kondensatoren und somit zwei Energiespeicher, diese sind in diesem Fall aber nicht unabhängig voneinander, da sie nicht unterschiedliche Spannungen führen können. Vielmehr lässt sich die Parallelschaltung der beiden Kondensatoren ersetzen durch einen einzigen Kondensator mit der Kapazität $C = C_1 + C_2$ (Bild 2.43 rechts), sodass es sich bei dem Netzwerk natürlich um ein P-T_1-Glied und nicht etwa um ein P-T_2-Glied handelt.

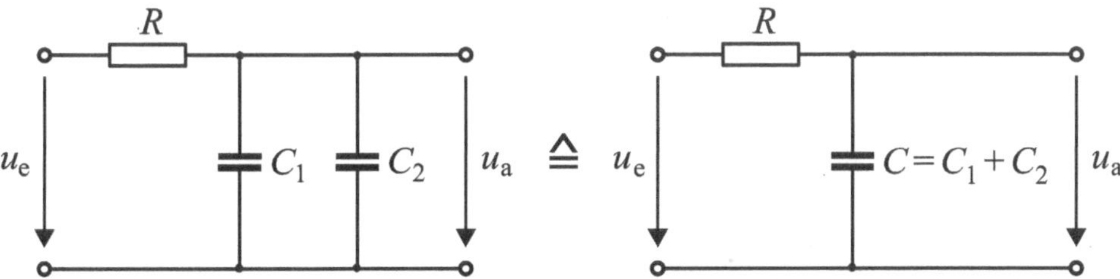

Bild 2.43 Zur Unabhängigkeit von Energiespeichern

Das P-T_2-Glied ist ein lineares Übertragungsglied mit Ausgleich, das zwei unabhängige Energiespeicher besitzt. Kenngrößen sind der *Proportionalbeiwert* K_P und die *Zeitkonstanten* T_1 und T_2. Anstelle der Zeitkonstanten werden zur Charakterisierung des Glieds häufig *Verzugszeit* T_e und *Ausgleichszeit* T_b benutzt, die sich mithilfe des Wendetangentenverfahrens grafisch aus der Sprungantwort ermitteln lassen.

Die Datei *PT2-Glied.bsy* enthält die Simulationsstruktur zur Ermittlung der Sprungantwort eines P-T_2-Glieds. Ermitteln Sie die Sprungantwort für verschiedene Werte der beiden Zeitkonstanten!

2.3.4 P-T$_2$S-Glied

Während das im vorangegangenen Abschnitt besprochene P-T_2-Glied als Reihenschaltung zweier P-T_1-Glieder grundsätzlich einen aperiodischen (d. h. kriechenden) Verlauf der Sprungantwort aufweist, können P-T_2-Glieder mit zwei *verschiedenartigen* Energiespeichern (also Kapazität und Induktivität in einem elektrischen Netzwerk oder Feder-Masse-Systeme) ein *schwingungsfähiges* P-T_2-Glied bilden, das zur Unterscheidung vom P-T_2-Glied mit aperiodischem Verlauf als P-T_2**S**-Glied bezeichnet werden soll. Das Schwingverhalten dieses Glieds kommt durch den periodischen Energieaustausch zwischen den beiden unterschiedlichen Energiespeichern zustande.

Als erstes Beispiel betrachten wir den elektrischen Reihenschwingkreis nach **Bild 2.44**. Der Energieaustausch findet hier periodisch zwischen der Induktivität L, die Energie in ihrem Magnetfeld speichert, und der Kapazität C statt, bei der das elektrische Feld zur Energiespeicherung dient. Der ohmsche Widerstand setzt dabei den ihn durchfließenden Strom i in Wärmeenergie, d. h. Verlustleistung, um und sorgt damit für eine zeitlich abklingende Schwingung (Dämpfung).

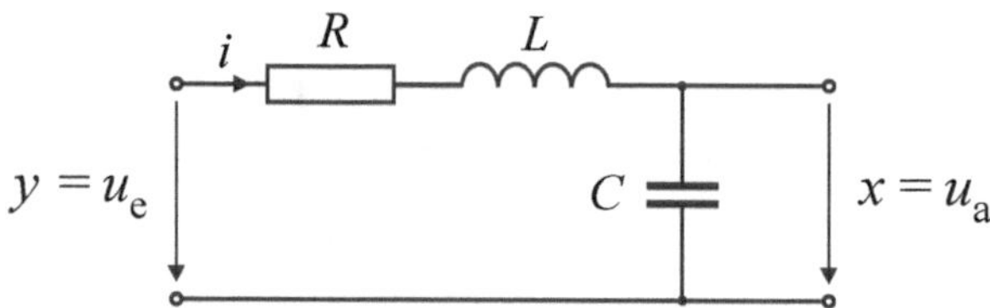

Bild 2.44 Elektrischer Reihenschwingkreis als Beispiel für ein P-T_2S-Glied

Legen wir an die Schaltung zum Zeitpunkt $t = 0$ bei vollständig entladenem Kondensator eine konstante Eingangsspannung $u_e = u_{e0}$, so ist die Ausgangsspannung u_a zunächst null. Der Kondensator beginnt sich anschließend allmählich aufzuladen und erreicht im stationären Zustand den Wert der angelegten Eingangsspannung. Durch den ständigen Energieaustausch zwischen Kondensator und Spule hat die Sprungantwort dabei den in **Bild 2.45** dargestellten Verlauf.

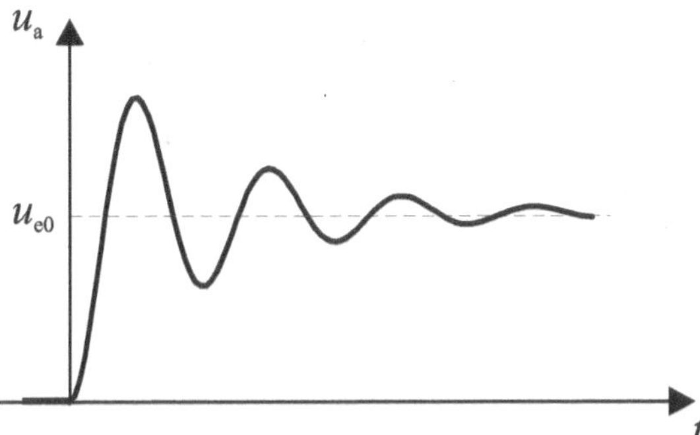

Bild 2.45 Sprungantwort des Reihenschwingkreises

Kenngrößen des schwingungsfähigen P-T_2-Glieds sind neben dem bereits bekannten Proportionalbeiwert der *Dämpfungsgrad D* sowie die *Kennkreisfrequenz* ω_0. Der Dämpfungsgrad ist ein Maß dafür, wie schnell die Amplitude der Schwingung abnimmt, während die Kennkreisfrequenz die Frequenz der Schwingung bestimmt. Für den hier betrachteten Reihenschwingkreis lassen sich die Beziehungen

$$D = \frac{R}{2}\sqrt{\frac{C}{L}}, \quad \omega_0 = \frac{1}{\sqrt{L \cdot C}}$$

herleiten.

Ob die Sprungantwort eines schwingungsfähigen P-T_2-Glieds tatsächlich einen periodischen Verlauf aufweist, hängt vom Wert des Dämpfungsgrads ab. Hier sind zwei Fälle zu unterscheiden:[12]

$0 \le D < 1$: Es liegt der Schwingfall vor. Die Sprungantwort des Systems verläuft also oszillatorisch, wobei die Schwingung umso schneller abklingt, je näher D bei 1 liegt. Im Grenzfall $D = 0$ verläuft die Schwingung ungedämpft.

$D \ge 1$: Es liegt aperiodisches Verhalten vor. Das P-T_2S-Glied kann in diesem Fall als Reihenschaltung zweier P-T_1-Glieder aufgefasst werden. In diesem Fall kann das Glied statt über Kennkreisfrequenz und Dämpfungsgrad auch über die beiden Zeitkonstanten T_1 und T_2 charakterisiert werden. Für $D = 1$ liegt der aperiodische Grenzfall vor, beide Zeitkonstanten sind in diesem Fall identisch.

Bild 2.46 zeigt Sprungantwort und Blocksymbol für die beiden Fälle.

[12] Theoretisch ist auch noch der Fall $D < 0$ (aufklingende Schwingung) möglich. Dieser ist aber für die Praxis nicht relevant.

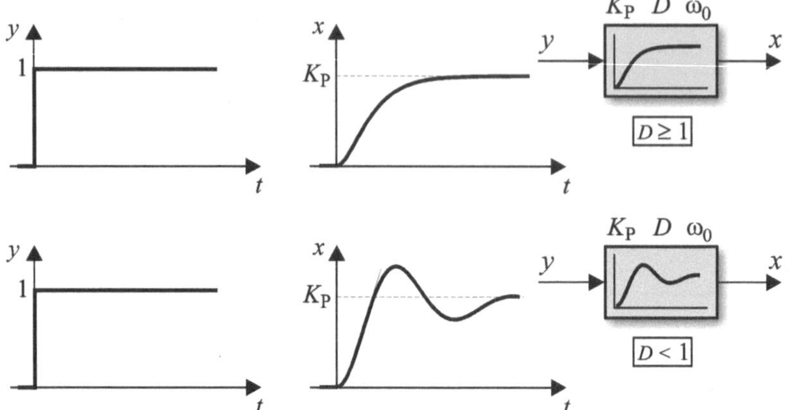

Bild 2.46 Sprungantwort und Blocksymbol des P-T_2S-Glieds (oben: aperiodisch, unten: oszillatorisch)

Zur Verdeutlichung des Einflusses von Dämpfungsgrad und Kennkreisfrequenz zeigt **Bild 2.47** die Sprungantwort des Glieds für unterschiedliche Dämpfungsgrade bei konstanter Kennkreisfrequenz. **Bild 2.48** zeigt die Verhältnisse bei konstantem Dämpfungsgrad und Variation der Kennkreisfrequenz. Der Proportionalbeiwert hat in beiden Fällen den Wert eins.

Das schwingungsfähige P-T_2-Glied (P-T_2S-Glied) besitzt zwei Energiespeicher unterschiedlichen Typs und die Kenngrößen *Proportionalbeiwert* K_P, *Dämpfungsgrad* D und *Kennkreisfrequenz* ω_0. Der Schwingfall, d. h. ein periodischer Verlauf der Sprungantwort, tritt für $0 \leq D < 1$ auf.

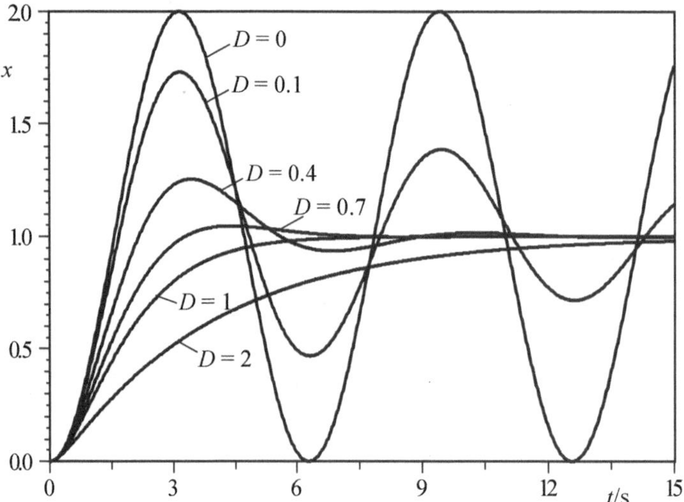

Bild 2.47 Sprungantwort für verschiedene Werte des Dämpfungsgrads D bei einer konstanten Kennkreisfrequenz von $\omega_0 = 1\ \text{s}^{-1}$

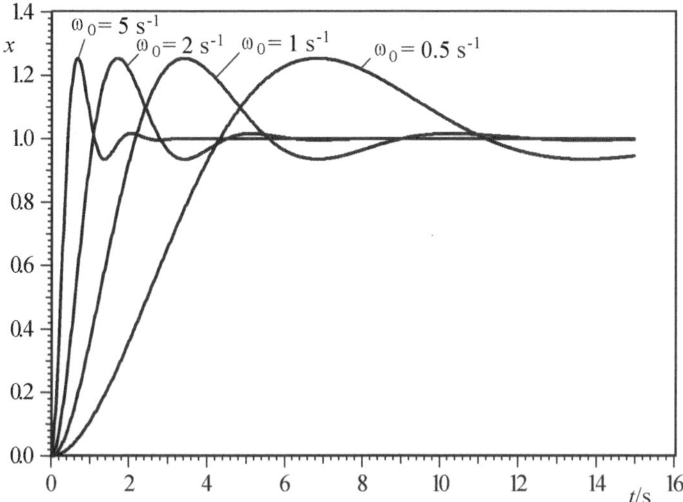

Bild 2.48 Sprungantwort für verschiedene Werte der Kennkreisfrequenz bei einem konstanten Dämpfungsgrad von $D = 0.4$

Die Datei *PT2S-Glied.bsy* enthält die Simulationsstruktur zur Ermittlung der Sprungantwort eines P-T_2S-Glieds. Ermitteln Sie die Sprungantwort für unterschiedliche Werte von Kennkreisfrequenz und Dämpfungsgrad!

Mathematisch wird das schwingungsfähige P-T_2-Glied beschrieben durch die Differentialgleichung

$$\frac{1}{\omega_0^2}\ddot{x} + 2\frac{D}{\omega_0}\dot{x} + x = K_\mathrm{P}\, y\,. \tag{2.11}$$

Für den Schwingfall $0 \le D < 1$ lautet die Sprungantwort

$$x(t) = K_\mathrm{P}\left\{1 - \mathrm{e}^{-D\omega_0 t}\left[\cos\left(\sqrt{1-D^2}\,\omega_0 t\right) + \frac{D}{\sqrt{1-D^2}}\sin\left(\sqrt{1-D^2}\,\omega_0 t\right)\right]\right\}.$$

Für den aperiodischen Fall ergeben sich die Zeitkonstanten des entsprechenden P-T_2-Glieds zu

$$T_1 = \frac{D + \sqrt{D^2 - 1}}{\omega_0}, \quad T_2 = \frac{D - \sqrt{D^2 - 1}}{\omega_0}.$$

Bild 2.49 zeigt als zweites Beispiel ein mechanisches P-T_2S-Glied, bestehend aus Feder, Masse und Dämpfer, das über eine eingeprägte Kraft F angeregt wird. Masse und Feder stellen in diesem Fall die Energiespeicher dar, wobei die Feder mechanische Energie in

Form der Federspannung speichert, die Masse hingegen kinetische Energie (Bewegungsenergie).

Für die Kenngrößen gilt hier der Zusammenhang

$$K_\mathrm{P} = \frac{1}{c}, \quad \omega_0 = \sqrt{\frac{c}{m}}, \quad D = \frac{r}{2\sqrt{m\,c}}.$$

Je nach Wahl von Masse, Feder- und Dämpfungskonstante weist das dargestellte System also periodisches oder auch aperiodisches Verhalten auf.

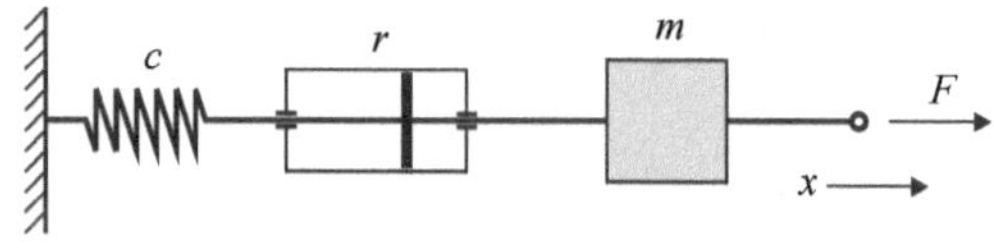

Bild 2.49 Beispiel für ein mechanisches P-T_2S-Glied

Zur Herleitung der zugehörigen Differentialgleichung stellen wir die Summe F_ges aller auf die Masse m wirkenden Kräfte auf; diese Kräftesumme bewirkt die Beschleunigung $\ddot{x}$ der Masse. Es gilt

$$m \cdot \ddot{x} = F_\mathrm{ges} = F - F_\mathrm{D} - F_\mathrm{F}. \tag{2.12}$$

Dabei ist die Federkraft F_F der Auslenkung x proportional, d. h., es gilt

$$F_\mathrm{F} = c \cdot x, \tag{2.13}$$

wobei c die Federkonstante darstellt. Die Dämpferkraft F_D, die der eingeprägten Kraft ebenfalls entgegenwirkt (negatives Vorzeichen in Gl. (2.12)), ist proportional zur Geschwindigkeit $\dot{x}$, d. h., mit der Dämpfungskonstanten r gilt

$$F_\mathrm{D} = r \cdot \dot{x}. \tag{2.14}$$

Setzen wir die beiden letzten Gleichungen in Gl. (2.12) ein, so erhalten wir

$$m \cdot \ddot{x} = F - r \cdot \dot{x} - c \cdot x \tag{2.15}$$

und durch Umstellung

$$\frac{m}{c}\ddot{x} + \frac{r}{c}\dot{x} + x = \frac{1}{c}F. \tag{2.16}$$

Diese Differentialgleichung 2. Ordnung entspricht Gl. (2.11), wobei die Analogien

$$\omega_0 = \sqrt{\frac{c}{m}}, \quad D = \frac{r}{2\sqrt{m\,c}}, \quad K_\mathrm{P} = \frac{1}{c} \tag{2.17}$$

gelten.

Für den Schwingfall lassen sich die Kenngrößen des P-T_2S-Glieds grafisch aus der Sprungantwort ermitteln. Dazu bestimmen wir zunächst den ersten bzw. zweiten Überschwinger Δ_1 bzw. Δ_2 sowie die Schwingungsdauer τ (**Bild 2.50**).

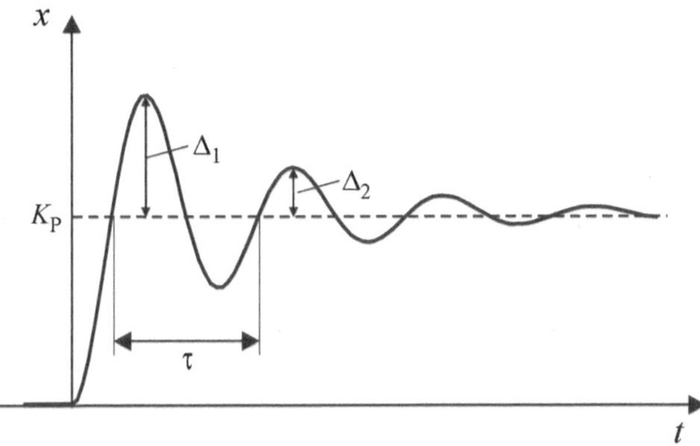

Bild 2.50 Bestimmung der Kenngrößen des P-T_2S-Glieds im Schwingfall

Aus diesen Größen lassen sich nun Dämpfungsgrad und Kennkreisfrequenz ermitteln. Es gilt für den Dämpfungsgrad

$$D = \frac{\vartheta}{\sqrt{4\pi^2 + \vartheta^2}}$$

mit

$$\vartheta = \ln \frac{\Delta_1}{\Delta_2}$$

und für die Kennkreisfrequenz

$$\omega_0 = \frac{2\pi}{\tau\sqrt{1 - D^2}} .$$

Der Proportionalbeiwert ergibt sich wie bei den zuvor besprochenen Übertragungsgliedern aus dem stationären Endwert der Ausgangsgröße.

Beispiel: Wir betrachten die Sprungantwort eines P-T_2S-Glieds nach **Bild 2.51**. Ihr entnehmen wir für die ersten beiden Überschwinger die Werte

$$\Delta_1 = 0.37$$
$$\Delta_2 = 0.05$$

und erhalten damit für den Dämpfungsgrad

$$D = \frac{\vartheta}{\sqrt{4\pi^2 + \vartheta^2}} = \frac{\ln\frac{\Delta_1}{\Delta_2}}{\sqrt{4\pi^2 + \left(\ln\frac{\Delta_1}{\Delta_2}\right)^2}} = \frac{2}{\sqrt{4\pi^2 + 4}} = \frac{2}{6.6} = 0.3\,.$$

Für die Periodendauer τ erhalten wir

$$\tau = 3.2 \text{ s}\,.$$

Daraus ergibt sich für die Kennkreisfrequenz ein Wert von

$$\omega_0 = \frac{2\pi}{\tau\sqrt{1-D^2}} = \frac{2\pi}{3.05} \approx 2 \text{ s}^{-1}\,.$$

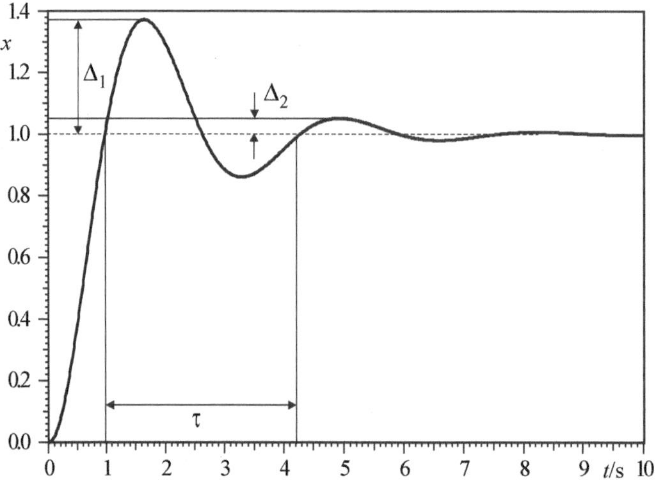

Bild 2.51 Ermittlung der Kenngrößen für Beispiel

2.3.5 P-T$_n$-Glied (Verzögerungsglied *n*-ter Ordnung)

Übertragungsglieder mit Ausgleich mit n unabhängigen Energiespeichern werden als P-T$_n$-Glieder oder Verzögerungsglieder n-ter Ordnung bezeichnet. **Bild 2.52** zeigt Sprungantwort und Blocksymbol dieses Übertragungsglieds.

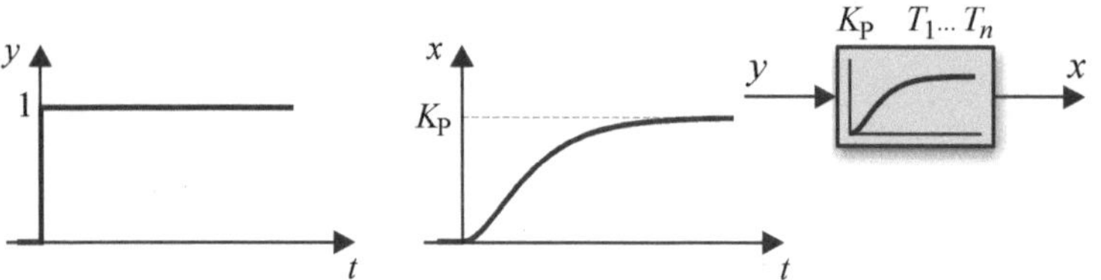

Bild 2.52 Sprungantwort und Blockschaltbild des P-T$_n$-Glieds

Wie beim aperiodischen P-T_2-Glied verläuft auch die Sprungantwort des P-T_n-Glieds zunächst waagrecht und strebt dann über einen Wendepunkt ihrem stationären Endwert zu. Je höher die Ordnung des Glieds ist (d. h. je mehr Zeitkonstanten es besitzt) und je größer die Zeitkonstanten sind, umso länger dauert es, bis die Ausgangsgröße auf eine Eingangsgrößenänderung merklich reagiert. **Bild 2.53** zeigt dazu die Sprungantwort eines P-T_n-Glieds mit n identischen Zeitkonstanten bei Variation der Ordnung. Wie unmittelbar zu erkennen ist, wird die Zeitspanne, in der die Sprungantwort zunächst „flach" (d. h. mit nahezu verschwindender Steigung) verläuft, mit zunehmender Ordnung immer größer. Die exakte Bestimmung der Zeitkonstanten des P-T_n-Glieds ist wie beim aperiodischen P-T_2-Glied anhand der Sprungantwort in der Regel nicht möglich. Man charakterisiert das P-T_n-Glied daher in der Praxis meist ebenfalls durch Verzugs- und Ausgleichszeit, die sich – wie bei der Besprechung des P-T_2-Glieds gezeigt – mithilfe des Wendetangentenverfahrens unmittelbar aus der Sprungantwort ermitteln lassen.

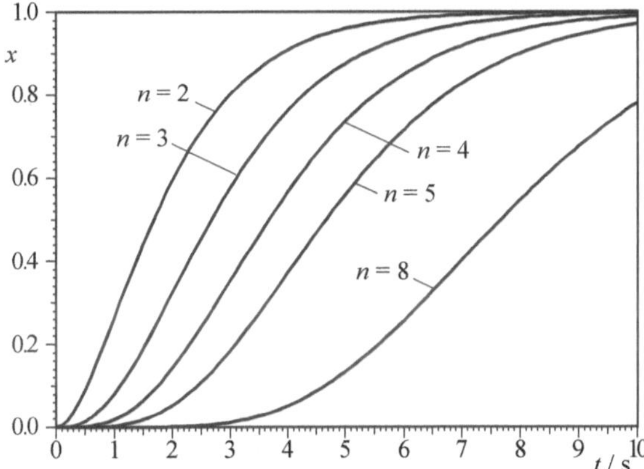

Bild 2.53 Sprungantwort eines P-T_n-Glieds mit n gleichen Zeitkonstanten von 1 s in Abhängigkeit von der Ordnung

Das P-T_n-Glied ist ein lineares Übertragungsglied mit Ausgleich, das n unabhängige Energiespeicher besitzt. Kenngrößen sind der *Proportionalbeiwert* K_P und die *Zeitkonstanten* T_1 ... T_n. Anstelle der Zeitkonstanten werden zur Charakterisierung des Glieds häufig *Verzugszeit* T_e und *Ausgleichszeit* T_b benutzt, die sich mithilfe des Wendetangentenverfahrens grafisch aus der Sprungantwort ermitteln lassen.

Ein praktisches Beispiel für eine P-T_n-Regelstrecke stellt die Warmwasser-Zentralheizungsanlage eines Wohnhauses dar, bestehend aus den Komponenten *Brenner*, *Kessel*, *Rohrleitung*, *Heizkörper* und *Wohnraum*. Jede dieser Komponenten stellt eine Wärmekapazität dar und weist eine mehr oder weniger große Verzögerung (Zeitkonstante) auf, sodass sich für das Gesamtsystem Verzugs- und Ausgleichszeiten ergeben, die im zwei- bis dreistelligen Minutenbereich liegen.

Die Datei *PTN-Glied.bsy* enthält die Simulationsstruktur zur Ermittlung der Sprungantwort eines P-T_n-Glieds mit n identischen Zeitkonstanten. Ermitteln Sie die Sprungantwort für verschiedene Werte der Ordnung n!

2.3.6 Totzeitglied (P-T_t-Glied)

Das Totzeitglied (P-T_t-Glied) ist ein für Transportvorgänge typisches Übertragungsglied; es weist ebenso wie P-T_1- und P-T_n-Glied eine Verzögerung auf, diese ist jedoch anderer Natur. Ausgangsgröße x und Eingangsgröße y sind vom Verlauf her (abgesehen von der Amplitude) identisch, es ergibt sich lediglich eine zeitliche Verschiebung gemäß der Beziehung

$$x(t) = K_P \cdot y(t - T_t),$$

jedoch keine Verformung des Eingangssignals. Die zeitliche Verschiebung T_t zwischen Ein- und Ausgangsgröße wird als *Totzeit* bezeichnet. **Bild 2.54** zeigt Sprungantwort und Blocksymbol des Totzeitglieds.

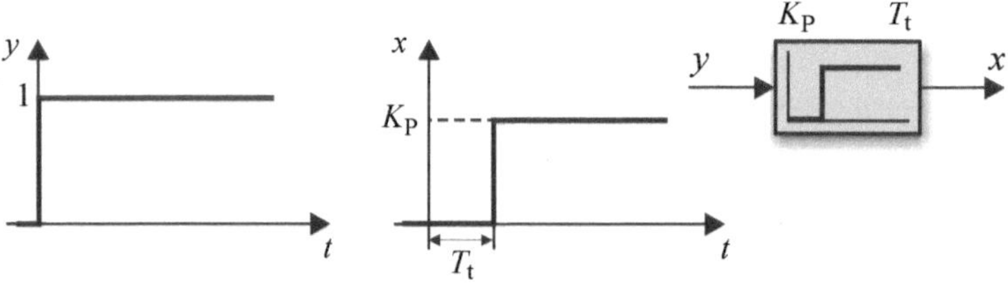

Bild 2.54 Sprungantwort und Blocksymbol des Totzeitglieds

Totzeitglieder treten in der Praxis überall dort auf, wo Laufzeiten (z. B. in Zusammenhang mit Stofftransporten) vorhanden sind. **Bild 2.55** zeigt als Beispiel ein Förderband mit der Eingangsgröße x_e und der Ausgangsgröße x_a. Das Band hat die Länge l und läuft mit der konstanten Geschwindigkeit v.

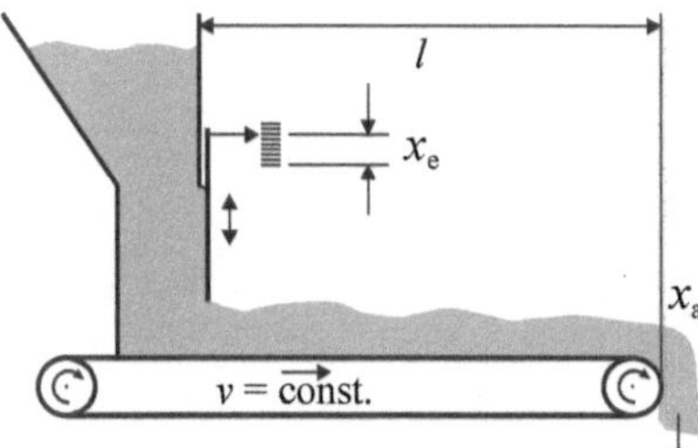

Bild 2.55 Förderband als Beispiel für ein Totzeitglied

Durch Öffnen bzw. Schließen des Schiebers lässt sich dabei die Schütthöhe x_e am Anfang des Laufbands regulieren. Nach der Totzeit T_t, die sich aus Bandlänge und Bandgeschwindigkeit mit der Formel

$$T_t = \frac{l}{v}$$

berechnen lässt, tritt diese Schütthöhe dann am Bandende in Form der Ausgangsgröße x_a auf.

Ein anderes typisches Beispiel für das Auftreten von Totzeiten sind Rohrleitungssysteme. Außerdem treten Totzeiten überall dort auf, wo Signale mittels eines Digitalrechners verarbeitet werden, da dieser Eingangssignale immer nur taktweise einlesen kann und die anschließende Verarbeitung je nach der Komplexität der Verarbeitungsvorschrift sowie der Rechengeschwindigkeit eine gewisse Zeit beansprucht. Diesen Punkt werden wir in Kapitel 7 im Zusammenhang mit der digitalen Regelung noch näher betrachten.

Das Totzeitglied (P-T_t-Glied) ist ein lineares Übertragungsglied mit Ausgleich, das durch die Kenngrößen *Proportionalbeiwert* K_P und *Totzeit* T_t charakterisiert wird und eine zeitliche Verschiebung des Eingangssignals ohne Verformung bewirkt.

Die Datei *PTt-Glied.bsy* enthält die Simulationsstruktur zur Ermittlung der Sprungantwort eines P-T_t-Glieds. Ermitteln Sie die Sprungantwort für verschiedene Werte der Totzeit!

2.3.7 Allpass-Glieder

Sogenannte *Allpass-Glieder* (häufig auch als *Nicht-Minimalphasenglieder* bezeichnet) sind dadurch charakterisiert, dass ihre Sprungantwort zunächst in den negativen Bereich läuft, nach einer gewissen Zeit dann eine „Kehrtwende" vollführt und anschließend gegen ihren (positiven) stationären Endwert strebt. **Bild 2.56** zeigt die typische Sprungantwort eines nicht schwingfähigen (linkes Teilbild) bzw. schwingfähigen Allpass-Glieds (rechtes Teilbild).

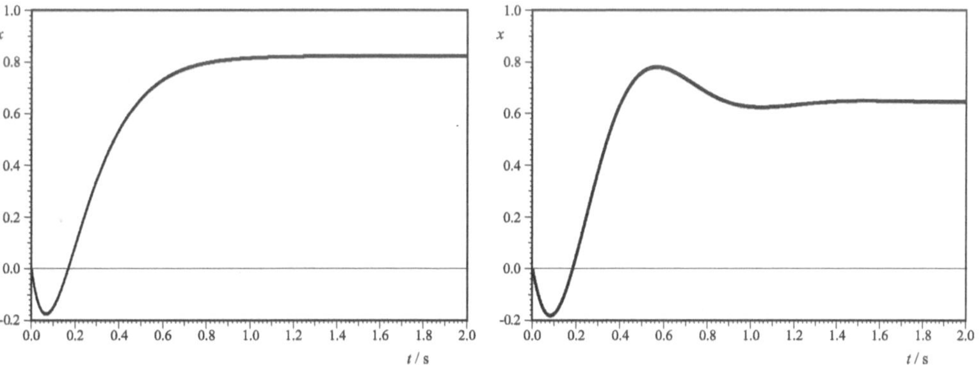

Bild 2.56 Mögliche Sprungantworten von Allpass-Gliedern

Solche Allpass-Glieder treten zum Beispiel bei Staustufenregelungen oder bestimmten Verbrennungsvorgängen auf. Dass eine Regelstrecke mit Allpass-Verhalten auf eine Änderung der Stellgröße zunächst also quasi „mit dem falschen Vorzeichen" reagiert, macht sie für den Reglerentwurf natürlich ausgesprochen unangenehm. Wir werden diese Streckentypen daher im Folgenden auch nicht weiter betrachten.

2.3.8 Regelbarkeit

Je größer die Verzugszeit im Verhältnis zur Ausgleichszeit ist, umso „träger" reagiert eine Regelstrecke auf Eingangsgrößenänderungen und umso schwerer ist sie erfahrungsgemäß zu regeln. Dies liegt daran, dass der Regeleinrichtung während der Verzugszeit praktisch noch keine nennenswerte Information über die Reaktion der Regelstrecke vorliegt, ihr andererseits aber während des Übergangsverhaltens der Strecke (charakterisiert durch die Ausgleichszeit) noch genügend Zeit zum Eingreifen bleibt. In der Praxis nimmt man das Verhältnis von Verzugszeit zur Ausgleichszeit daher häufig zur Hand, um bereits vor einem Reglerentwurf die Regelbarkeit der Strecke und damit den Aufwand für die Regeleinrichtung abzuschätzen. **Tabelle 2.2** gibt dazu einen Überblick.

Tabelle 2.2 Regelbarkeit einer Regelstrecke und Aufwand für die Regeleinrichtung in Abhängigkeit von T_e / T_b

T_e / T_b	Regelbarkeit	Aufwand für Regeleinrichtung
< 0.1	sehr gut regelbar	gering
0.1 ... 0.2	gut regelbar	mittel
0.2 ... 0.4	mäßig regelbar	groß
0.4 ... 0.8	schwer regelbar	sehr groß
> 0.8	sehr schwer regelbar	spezielle Maßnahmen erforderlich

Nachfolgende Grafik verdeutlicht die Zusammenhänge anhand verschiedener Sprungantworten [RZ17]. Während die Verzugszeit bei einer reinen P-Strecke (linkes Diagramm) bzw. einer P-T_1-Strecke (zweites Diagramm von links) den Wert null hat und diese Streckentypen daher sehr gut regelbar sind, sind Strecken höherer Ordnung mit im Verhältnis zur Ausgleichszeit sehr großen Verzugszeiten (zweites Diagramm von rechts) und als „worst case" reine Totzeitstrecken (rechtes Diagramm) nur schwer bis sehr schwer regelbar. Diese reagieren nämlich auf eine Eingangsgrößenänderung erst sehr spät, dann aber sehr „heftig" und „überraschen" den Regler damit praktisch. Regelstrecken höherer Ordnung mit T_e/T_b-Werten unterhalb von 0.4 (mittleres Diagramm) sind hingegen sehr gut bis mäßig regelbar.

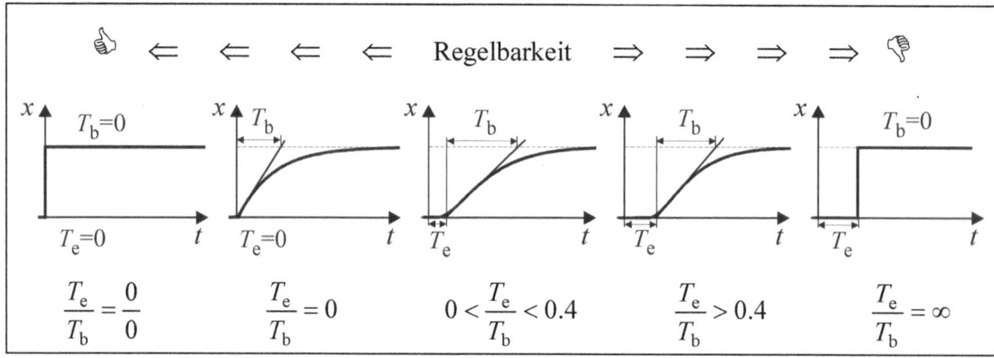

Beispiel: Bild 2.57 zeigt die Sprungantwort einer P-T_3-Regelstrecke mit den Zeitkonstanten $T_1 = 3$ s, $T_2 = 5$ s und $T_3 = 10$ s. Nach Einzeichnen von Wendepunkt und Wendetangente erhalten wir für Verzugs- und Ausgleichszeit die Werte

$$T_e = 4\,\mathrm{s}$$
$$T_b = 26\,\mathrm{s} - 4\,\mathrm{s} = 22\ \mathrm{s}.$$

Damit ergibt sich für die Regelbarkeit ein Wert von

$$\frac{T_e}{T_b} = \frac{4}{22} = 0.18\,.$$

Die Regelstrecke ist somit gut regelbar.

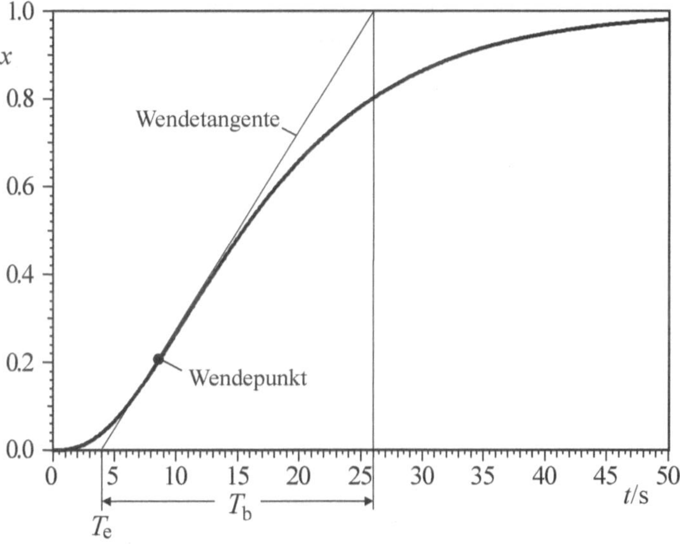

Bild 2.57 Beispiel-Sprungantwort einer P-T_3-Regelstrecke

Die in der Praxis häufig auftretenden Temperaturstrecken haben in der Regel ein T_e/T_b zwischen 0.05 und 0.1 und sind damit sehr gut regelbar bei geringem Aufwand für die Regeleinrichtung.

2.3.9 Integrier-Glied (I-Glied)

Das Integrier-Glied (I-Glied) ist das einfachste Übertragungsglied ohne Ausgleich; nach Anlegen einer konstanten Eingangsgröße strebt die Ausgangsgröße also keinem stationären Endwert zu. Als Beispiel betrachten wir den Tank nach **Bild 2.58**, der die Grundfläche A besitzen möge.

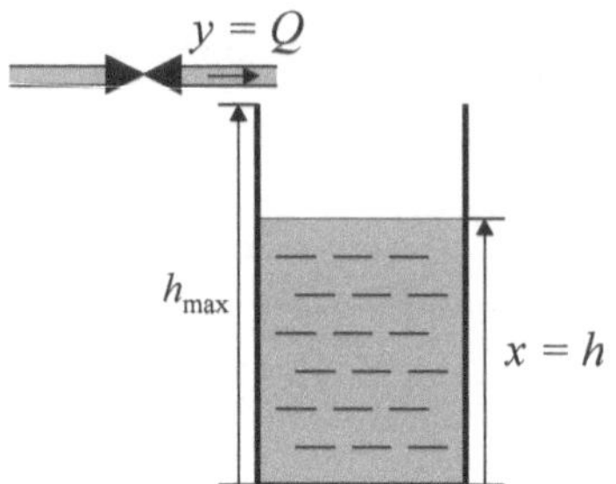

Bild 2.58 Wassertank mit Zulauf als Beispiel für ein I-Glied

Eingangsgröße des Tanks ist der *Volumenstrom* Q, Ausgangsgröße die *Füllhöhe* h des Tanks. Bei einem zeitlich konstanten Zufluss $y_0 = Q_0$ füllt sich der Tank mit konstanter Geschwindigkeit, d. h., die Füllhöhe steigt linear mit der Zeit an, bis die maximale Füllhöhe erreicht ist. Bei einem zeitlich konstanten „negativen" Zufluss (also Abfluss) hingegen würde die Füllhöhe linear abfallen, bis der Tank vollständig geleert ist. Zum Zeitpunkt $t = 0$ sei der Tank leer ($h = 0$). Dann gilt bei zeitlich konstantem Zufluss Q_0 für den Verlauf der Füllhöhe h die Beziehung

$$h(t) = \frac{1}{A} \cdot Q_0 \cdot t\,.$$

Bild 2.59 zeigt Sprungantwort und Blocksymbol des I-Glieds. Der Parameter K_I wird als *Integrierbeiwert* bezeichnet und gibt die Steigung der Sprungantwort an. Ersatzweise kann auch die *Integrierzeit* $T_\mathrm{I} = 1/K_\mathrm{I}$ als Kenngröße verwendet werden; sie gibt die Zeit an, die die Sprungantwort benötigt, um den Wert eins zu erreichen.

Die Sprungantwort strebt also keinem konstanten Wert zu. Vielmehr ergibt sich nach Aufschalten des Sprungs am Ausgang unmittelbar (d. h. ohne weitere Verzögerung) eine linear ansteigende Ausgangsgröße. Das I-Glied ist daher ein Übertragungsglied *ohne Ausgleich* und *ohne Verzögerung.*

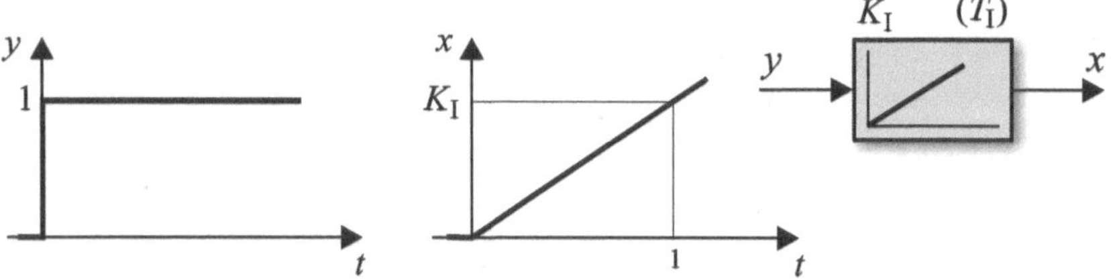

Bild 2.59 Sprungantwort und Blocksymbol des I-Glieds

Der Anstieg der Füllhöhe bei unserem Beispielsystem *Wassertank* verläuft bei konstantem Zufluss umso schneller, je geringer die Grundfläche A des Tanks ist. Der Integrierbeiwert ergibt sich daher gemäß der zuvor hergeleiteten Gleichung zu

$$K_\mathrm{I} = \frac{1}{A}\,.$$

Wir können an diesem Beispiel erkennen, dass die Integrier*zeit* $T_I = 1/K_I$ trotz ihres Namens *nicht* zwangsläufig tatsächlich eine Zeiteinheit besitzen muss; in diesem Fall hat sie vielmehr die Dimension einer Fläche! Es gilt allgemein

$$[T_I] = \frac{[y]}{[x]}[t].$$

im Fall unseres Wassertanks also

$$[T_I] = \frac{\mathrm{m}^3/\mathrm{s}}{\mathrm{m}}\mathrm{s} = \mathrm{m}^2,$$

sofern der Zufluss-Volumenstrom in m^3/s und die Füllhöhe in m gegeben sind.

Das Integrier-Glied (I-Glied) ist ein lineares Übertragungsglied erster Ordnung ohne Ausgleich, das durch die Kenngröße *Integrierbeiwert* K_I bzw. *Integrierzeit* T_I charakterisiert ist.

Beim Integrier-Glied sind Ausgangsgröße x und Eingangsgröße y allgemein verknüpft über die Gleichung

$$x(t) = K_I \int y(t)\,\mathrm{d}t$$

bzw. nach Differentiation beider Seiten durch die Differentialgleichung

$$\dot{x} = K_I\, y.$$

Die Ausgangsgröße $x(t)$ entsteht also – daher der Name des Glieds – durch Integration der Eingangsgröße $y(t)$. I-Glieder sind Systeme 1. Ordnung, da die Ausgangsgröße x in obiger Differentialgleichung nur in einfacher Ableitung auftritt.

Ein Beispiel für ein elektrisches I-Glied ist ein Kondensator, bei dem als Eingangsgröße der Ladestrom und als Ausgangsgröße die Kondensatorspannung gewählt wird: Bei konstantem Ladestrom steigt die Kondensatorspannung linear an – theoretisch bis über alle Grenzen. In der Realität gibt es aber auch beim Kondensator eine maximal mögliche Ausgangsgröße – überschreitet die Kondensatorspannung einen bestimmten Grenzwert, so wird der Kondensator „durchbrennen“.

Tank und Kondensator sind nur zwei Beispiele für I-Glieder. Generell treten I-Glieder überall dort auf, wo eine physikalische Größe durch Integration (Aufsummation) in die entsprechende Speichergröße überführt wird: Beim Tank wird der Durchfluss (Volumenstrom) überführt in das Speichervolumen (Tankinhalt bzw. Füllhöhe), beim Kondensator der Strom in die gespeicherte elektrische Ladung. Analog dazu entstehen I-Glieder auch z. B. beim Übergang von

- Beschleunigung auf Geschwindigkeit,
- Geschwindigkeit auf Weg,
- Drehzahl auf Drehwinkel,
- Impulsfrequenzen auf Impulszählerstände

sowie in vielen weiteren Fällen.

Die Datei *I-Glied.bsy* enthält die Simulationsstruktur zur Ermittlung der Sprungantwort eines I-Glieds. Ermitteln Sie die Sprungantwort für verschiedene Werte des Integrierbeiwerts bzw. der Integrierzeit!

2.3.10 I-T_1-Glied

Schaltet man einem P-T_1-Glied ein I-Glied nach, so entsteht ein System 2. Ordnung ohne Ausgleich, ein sogenanntes I-T_1-Glied. **Bild 2.60** zeigt Sprungantwort und Blocksymbol dieses Glieds. Für große Zeiten steigt die Ausgangsgröße linear mit der Steigung K_I an.

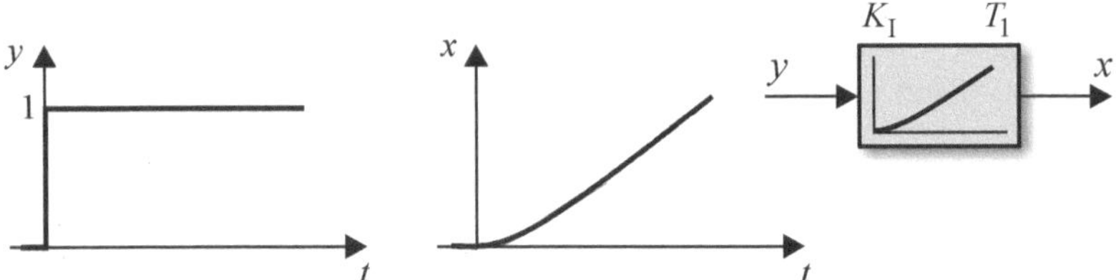

Bild 2.60 Sprungantwort und Blocksymbol des I-T_1-Glieds

Als Beispiel für ein I-T_1-Glied betrachten wir den Gleichstrommotor aus Abschnitt 2.3.2, den wir seinerzeit als P-T_1-Glied identifiziert hatten. Wir nutzen diesen Motor nunmehr aber als Spindelantrieb zur Positionierung des Schlittens einer Werkzeugmaschine gemäß **Bild 2.61**. Eingangsgröße des Antriebs ist die Ankerspannung u_A, Ausgangsgröße die Schlittenposition x. Bei Anlegen einer konstanten Ankerspannung läuft der Motor nach Beendigung des Übergangsvorgangs mit konstanter Drehzahl und bewegt den Schlitten mit gleichbleibender Geschwindigkeit nach vorn. Die Schlittenposition x steigt somit mit der Zeit linear an, bis der Schlitten irgendwann seinen Anschlag (Spindelende) erreicht.

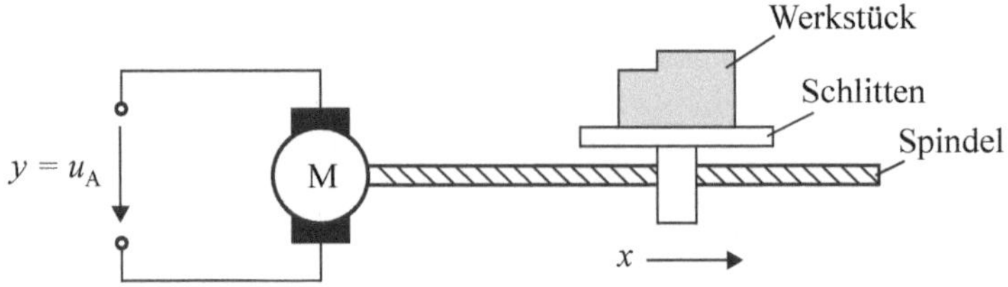

Bild 2.61 Positionierantrieb als Beispiel für ein I-T_1-Glied

Ein weiteres Beispiel für I-T_1-Verhalten stellt die aus zwei Tanks bestehende Füllstandsregelstrecke nach **Bild 2.62** dar. Eingangsgröße (Stellgröße) ist der dem oberen Tank zugeführte Volumenstrom Q_{zu}, Ausgangsgröße (Regelgröße) der Füllstand h im unteren Tank. Den oberen Tank mit Auslass hatten wir in Abschnitt 2.3.2 (Bild 2.34) bereits als (näherungsweises) P-T_1-Glied identifiziert, den unteren Tank ohne Auslass in Abschnitt 2.3.9 (Bild 2.58) als I-Glied, sodass das Gesamtsystem I-T_1-Charakteristik aufweist.

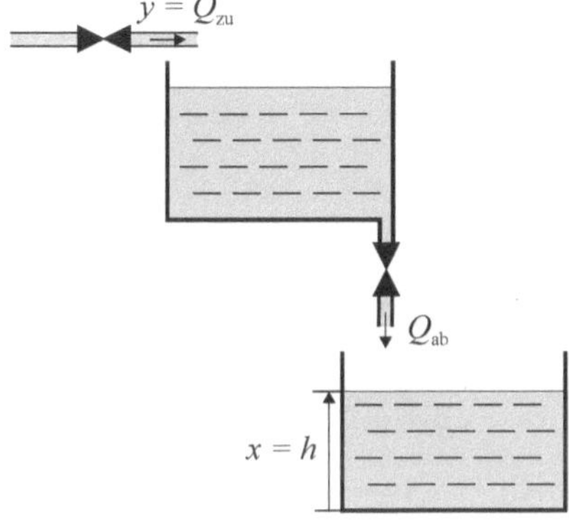

Bild 2.62 Füllstandsregelstrecke

Mathematisch wird das I-T_1-Glied beschrieben durch die lineare Differentialgleichung 2. Ordnung

$$T_1 \ddot{x} + \dot{x} = K_I \, y \, .$$

Die Datei *IT1-Glied.bsy* enthält die Simulationsstruktur zur Ermittlung der Sprungantwort eines I-T_1-Glieds. Ermitteln Sie die Sprungantwort für verschiedene Werte der Zeitkonstante des Glieds!

2.3.11 Weitere Übertragungsglieder ohne Ausgleich

Durch die Eigenschaft, keinen Beharrungszustand zu besitzen, verhalten sich Regelstrecken ohne Ausgleich bezüglich ihrer Regelbarkeit zumeist ungünstiger als solche mit Ausgleich. So wie aus dem P-T_1-Glied durch Hinzufügung eines I-Glieds ein Übertragungsglied ohne Ausgleich entsteht – nämlich das zuvor besprochene I-T_1-Glied – lassen sich auch aus den Übertragungsgliedern höherer Ordnung mit Ausgleich durch Hinzufügen eines I-Glieds jeweils die entsprechenden Glieder ohne Ausgleich erzeugen. Analoges gilt auch für totzeitbehaftete Glieder mit Ausgleich. **Bild 2.63** zeigt dazu einige Beispiele.

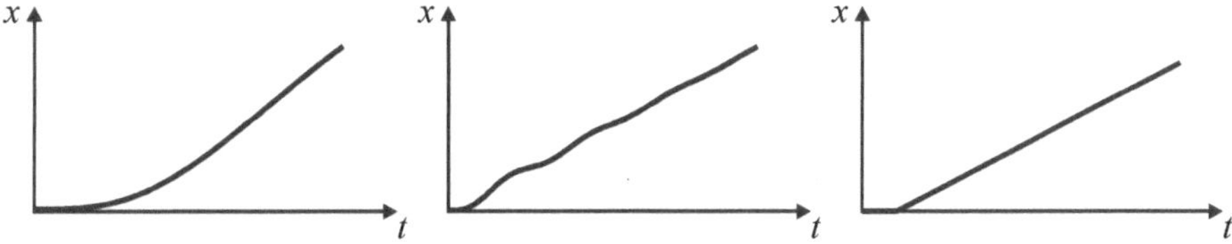

Bild 2.63 Sprungantworten von I-T_2-Glied (links), I-T_2S-Glied (Mitte) und I-T_t-Glied (rechts)

Alle Sprungantworten zeichnen sich dadurch aus, dass sie für große Zeiten linear mit dem Integrierbeiwert K_I ansteigen. Da sich – wie auch bei den Gliedern mit Ausgleich – die Zeitkonstanten der Glieder höherer Ordnung ohne Ausgleich nicht unmittelbar aus den Sprungantworten entnehmen lassen, arbeitet man in der Praxis in der Regel mit einer Ersatz-Kenngröße, nämlich der *Verzugszeit* T_e. Diese entspricht dem Schnittpunkt der Tangente an die Sprungantwort für große Zeiten mit der Zeitachse (**Bild 2.64**).

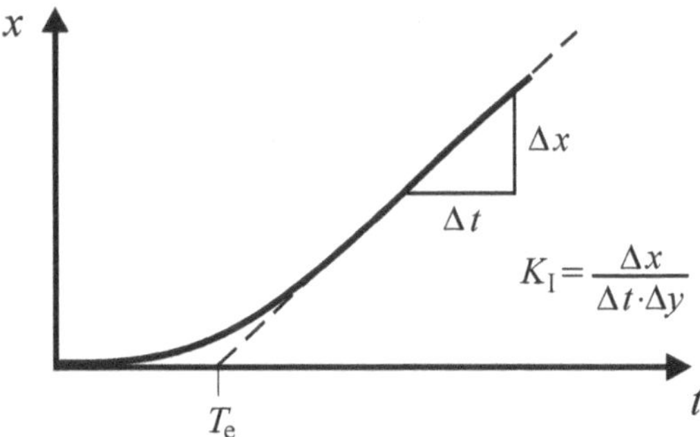

Bild 2.64 Ermittlung von Integrierbeiwert und Verzugszeit eines Übertragungsglieds ohne Ausgleich aus der Sprungantwort

Im Falle des I-T_1-Glieds entspricht diese Verzugszeit der Zeitkonstante T_1 des Glieds, im Falle des I-T_t-Glieds der Totzeit T_t.

Übertragungsglieder ohne Ausgleich können charakterisiert werden durch den *Integrierbeiwert* K_I und die *Verzugszeit* T_e. Beide Kenngrößen können grafisch aus der Sprungantwort ermittelt werden.

Beispiel 1: **Bild 2.65** zeigt als Teil eines Regelkreises einen Ofen, in dem die Temperatur ϑ_{ist} über den Brennstoffzufluss gesteuert wird. Der Zufluss selbst wird über ein elektrisches Stellventil variiert, das über die Motorspannung u_M verstellt werden kann. Zur Messung der Ofentemperatur wird ein temperaturabhängiger Widerstand (R_3) benutzt, der Teil einer Messbrücke ist. Die Differenzspannung u_D ist dann ein Maß für die Differenz zwischen Temperatur-Istwert und Temperatur-Sollwert; Letzterer wird über den einstellbaren Widerstand R_1 vorgegeben. Es soll der Zusammenhang zwischen der Motorspannung u_M und der Differenzspannung u_D ermittelt werden.

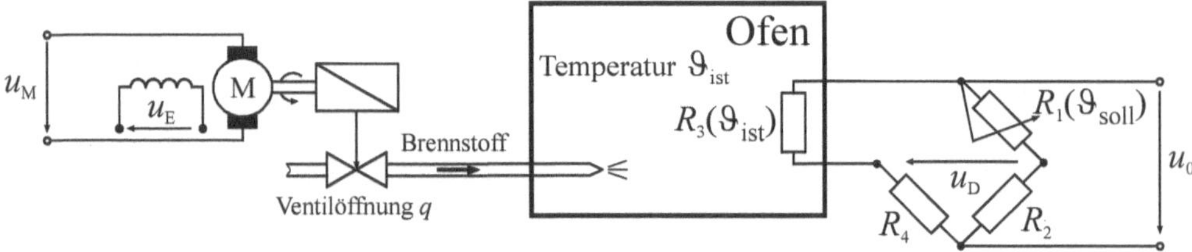

Bild 2.65 Ofensystem (siehe auch [MA98])

Wir wollen zunächst die einzelnen Komponenten des Ofensystems beschreiben. Das Stellglied besteht aus Gleichstrommotor, Getriebe und Stellventil. Eingangsgröße dieses Teilsystems ist die Motorspannung u_M, Ausgangsgröße die Ventilöffnung q. Das Stellglied entspricht bezüglich seines dynamischen Verhaltens dem zuvor bereits vorgestellten Spindelantrieb und weist folglich I-T_1-Verhalten auf. Integrierbeiwert und Zeitkonstante des Stellglieds seien gegeben durch die Werte

$$K_M = 0.2 \text{ cm/V s}, \quad T_M = 0.05 \text{ s}.$$

Betrachten wir als nächstes den Ofen selbst. Eingangsgröße des Ofens ist die Ventilöffnung q, Ausgangsgröße die Temperatur ϑ_{ist}. Wir nehmen an, dass der Ofen P-T_1-Verhalten besitze mit den Parametern

$$K_O = 5 \text{ °C/cm}, \quad T_O = 2 \text{ s}.$$

Die Messbrücke schließlich verarbeitet die Eingangsgröße ϑ_{ist} zur Differenzspannung u_D. Dies möge gemäß der Gleichung

$$u_D = K_B(\vartheta_{soll} - \vartheta_{ist}), \quad K_B = 1 \text{ V/°C}$$

geschehen. Die Messbrücke stellt damit ein P-Glied dar.

Das Blockschaltbild des gesamten Ofensystems ergibt sich nun unmittelbar durch Hintereinanderschaltung der drei Teilsysteme Stellglied, Ofen und Messbrücke (**Bild 2.66**). Das Gesamtsystem weist somit I-T_2-Verhalten auf und ist damit ein System 3. Ordnung.

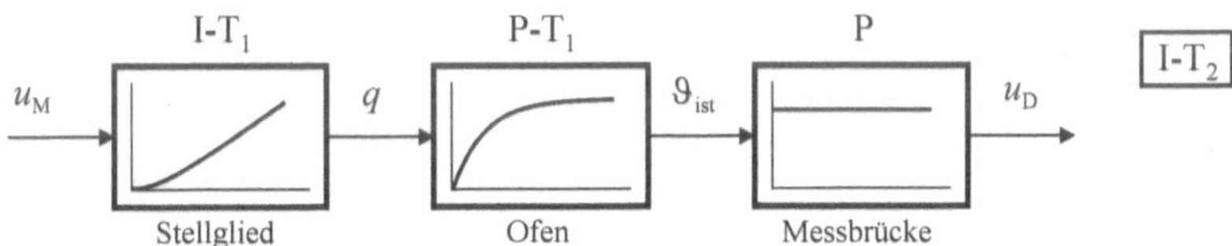

Bild 2.66 Blockschaltbild des Ofensystems

Bild 2.67 zeigt die Sprungantwort des Ofens. Da das Stellglied ein System ohne Ausgleich ist, gilt dies auch für das Gesamtsystem; die Ausgangsgröße u_D strebt also keinem Endwert zu, sondern steigt für große Zeiten linear an.

Integrierbeiwert und Verzugszeit des Systems lassen sich nun in einfacher Weise aus der Sprungantwort ablesen; wir erhalten

$$K_I = 1 \text{ s}^{-1}, \quad T_e = 2 \text{ s}.$$

Dabei gilt

$$K_I = K_M \cdot K_O \cdot K_B$$
$$T_e \approx T_O \quad (\text{da } T_M \ll T_O).$$

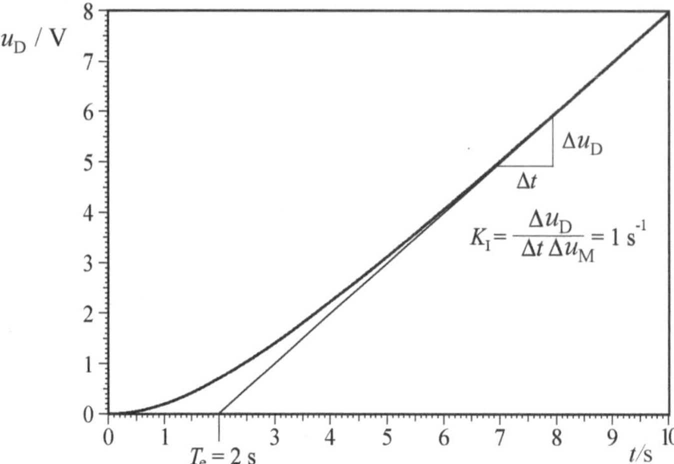

Bild 2.67 Sprungantwort des Ofens (Δu_M = 1 V)

Beispiel 2: Bild 2.68 zeigt die Sprungantwort einer I-T_2-Regelstrecke mit einem Integrierbeiwert von 5 s^{-1} und Zeitkonstanten von 5 s und 10 s. Zu ermitteln ist die Verzugszeit der Strecke. Der Eingangsgrößensprung möge einen Wert von $\Delta y = 1$ besitzen.

Wir entnehmen der Sprungantwort für die Verzugszeit einen Wert von

$$T_e = 14 \text{ s} .$$

Zur Kontrolle ermitteln wir auch den Integrierbeiwert und erhalten dafür

$$K_I = \frac{\Delta x}{\Delta t \cdot \Delta y} = \frac{175 - 150}{(50 - 45) \cdot 1} \text{ s}^{-1} = \frac{25}{5} \text{ s}^{-1} = 5 \text{ s}^{-1} .$$

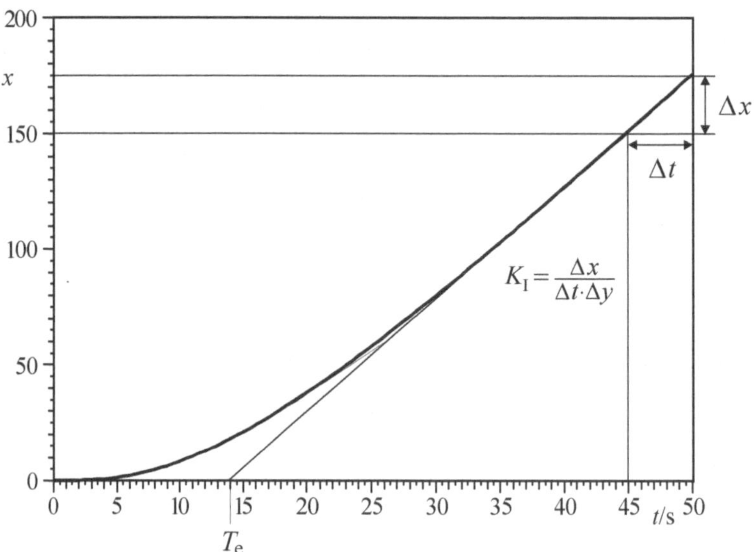

Bild 2.68 Sprungantwort mit Ermittlung der Kenngrößen

2.3.12 Doppelt-integrierende Regelstrecken

Alle bisher betrachteten Regelstrecken ohne Ausgleich wiesen lediglich *ein* I-Glied auf. Die Sprungantwort stieg daher für große Zeiten linear mit der Zeit an. Noch ungünstigere Verhältnisse bezüglich der Regelbarkeit ergeben sich bei Regelstrecken mit *doppelt-integrierendem* Verhalten (I_2-Strecken, Strecken mit Doppel-I-Verhalten), bei denen zwei I-Glieder in Reihe geschaltet sind. Die Sprungantwort solcher Strecken steigt für große Zeiten nicht linear, sondern *quadratisch* an. Eine Stabilisierung der Regelstrecke über einen geeigneten Regler ist daher wesentlich aufwendiger als bei Strecken mit P- oder I-Verhalten.

Die Datei *I2-Glied.bsy* enthält die Simulationsstruktur zur Ermittlung der Sprungantwort eines I_2-Glieds. Ermitteln Sie die Sprungantwort und überprüfen Sie, welchen Verlauf sie für große Zeiten annimmt!

I_2-Strecken findet man häufig dort, wo als Eingangsgröße der Strecke (Stellgröße) eine Kraft oder Beschleunigung und als Ausgangsgröße (Regelgröße) ein Weg oder ein Winkel auftritt, da der Weg sich durch zweimalige Integration aus der Beschleunigung ergibt. Wir betrachten dazu drei typische Beispiele.

Bild 2.69 zeigt zunächst eine Verladebrücke, die die Aufgabe hat, eine Last über einen Greifer aufzunehmen und dann zu einer vorgegebenen Sollposition zu fahren, wo die Last wieder abgelegt wird [KA04]. Stellgröße ist hier die auf die Laufkatze ausgeübte Kraft *F*, Regelgröße die horizontale Position *x* der Last.

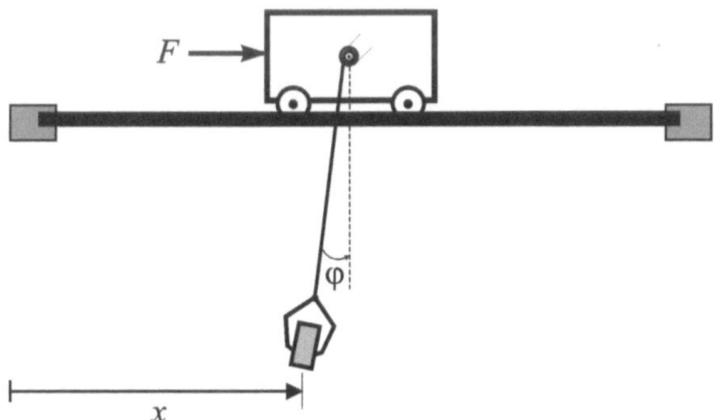

Bild 2.69 Verladebrücke

Bild 2.70 zeigt die Sprungantwort der Verladebrücke bei Aufschalten einer Kraft F = 100 N. Neben der eigentlichen Regelgröße, der horizontalen Lastposition *x* (obere Teilgrafik), ist in der unteren Teilgrafik der Verlauf des Auslenkwinkels φ des Krans dargestellt. Wir können erkennen, dass die Lastposition quadratisch mit der Zeit ansteigt. Erschwerend kommt für die Regelung hinzu, dass – wie der Verlauf des Auslenkwinkels erkennen lässt – der Greifer ungedämpft schwingt. Neben dem exakten Erreichen der Sollposition liegt die spätere Regelungsaufgabe dann insbesondere auch darin, das Schwingen des Krans möglichst weitgehend zu unterdrücken.

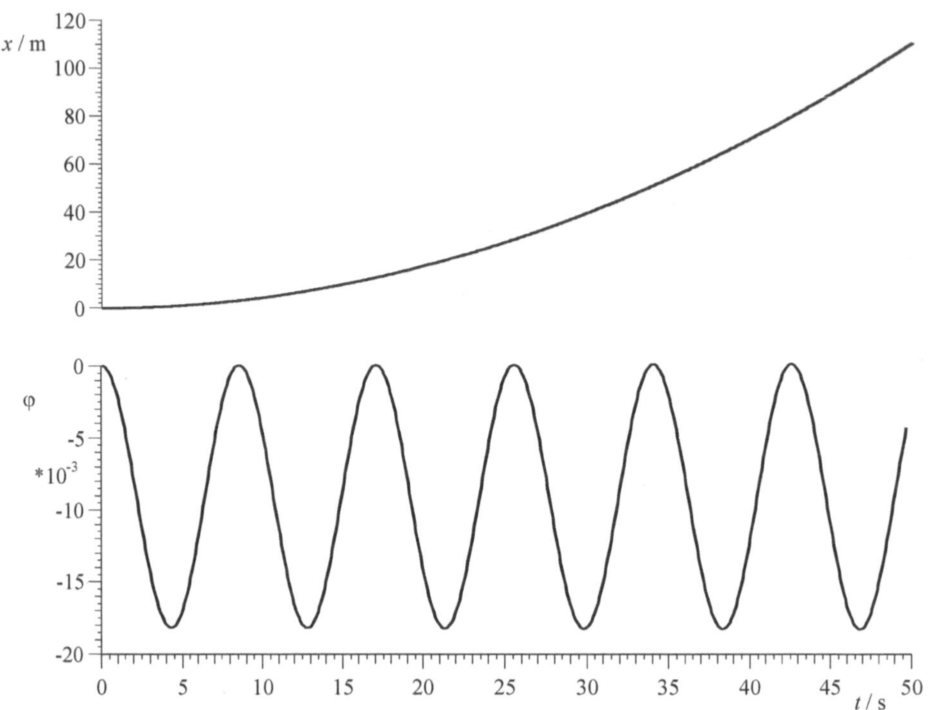

Bild 2.70 Sprungantwort der Verladebrücke

Bild 2.71 zeigt als weiteres Beispiel für eine doppelt-integrierende Regelstrecke ein sogenanntes *inverses Pendel*, einen senkrecht stehenden Stab auf einem Wagen, der durch horizontale Wagenbewegungen stabilisiert werden soll. Bei stehendem Wagen fällt der Stab bei geringster Auslenkung aus der Ruhelage $\varphi = 0$ unter dem Einfluss der Erdanziehung (Gewichtskraft F_G) unmittelbar um, wobei sich der Auslenkwinkel näherungsweise quadratisch mit der Zeit vergrößert. Stellgröße ist hier die auf den Wagen ausgeübte Kraft F, Regelgröße der Auslenkwinkel φ des Stabs.

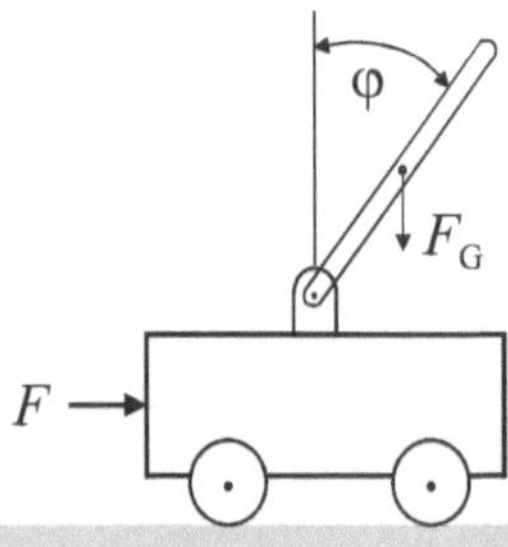

Bild 2.71 Inverses Pendel

Als abschließendes Beispiel betrachten wir den in **Bild 2.72** dargestellten *Magnetschwebekörper*: Eine Kugel soll durch eine Magnetspule in einer bestimmten vertikalen Sollposition gehalten werden. Dazu muss die (durch den Spulenstrom I_m bewirkte) Magnetkraft F_m (Stellgröße) gerade die auf die Kugel wirkende Gewichtskraft F_G kompensieren. Regelgröße ist die vertikale Position x der Kugel. Wie schon beim inversen Pendel kommt die Instabilität der Regelstrecke hier durch die Erdanziehung zustande.

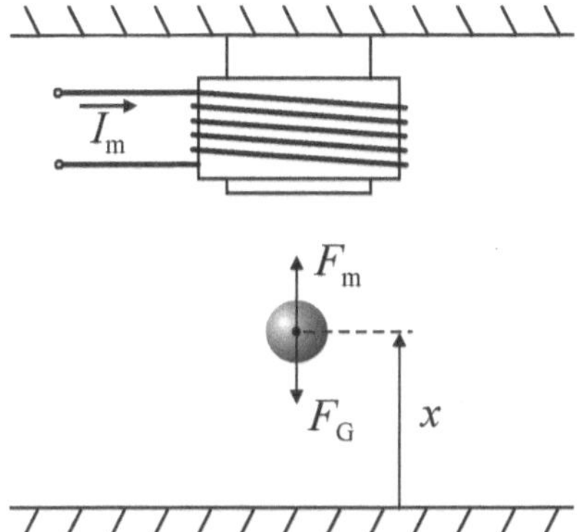

Bild 2.72 Magnetschwebekörper

Die vorgestellten Beispiele sind keineswegs ohne praktischen Bezug; sie sind beispielsweise von Bedeutung beim Transport einer aufrecht stehenden Last, beim Anfahren einer Magnetschwebebahn oder beim Beladen eines Schiffs oder Güterzugs ohne Überschwingen. Eine Herleitung der entsprechenden Modellgleichungen bzw. Blockschaltbilder findet man z. B. in [RZ12].

2.3.13 Zeit-Kennwerte gebräuchlicher Regelstrecken

Zur groben Orientierung zeigt nachfolgende **Tabelle 2.3** typische Zeit-Kennwerte der in der Praxis am häufigsten auftretenden Regelstrecken. Aufgeführt sind jeweils Totzeit T_t bzw. Verzugszeit T_e der Regelstrecke sowie ihre Zeitkonstante T_1 bzw. ihre Ausgleichszeit T_b.

Tabelle 2.3 Zeit-Kennwerte gebräuchlicher Regelstrecken

Regelgröße	Art der Regelstrecke	T_t bzw. T_e	T_1 bzw. T_b
Temperatur	Kleiner, elektrisch beheizter Ofen	0.5 ... 1 min	5 ... 15 min
	Großer, elektrisch beheizter Glühofen	1 ... 5 min	10 ... 60 min
	Großer, gasbeheizter Glühofen	0.2 ... 5 min	3 ... 60 min
	Destillationskolonne	1 ... 7 min	40 ... 60 min
	Hochdruckautoklav	12 ... 15 min	200 ... 230 min
	Raumheizung	1 ... 5 min	10 ... 60 min
	Lötkolbenspitze	15 s	3 ... 5 min
Durchfluss	Flüssigkeiten	≈ 0	≈ 0
	Gase	0 ... 5 s	0.2 ... 10 s
Füllstand	Dampfkessel	30 ... 60 s	-
Druck	Gasrohrleitung	≈ 0	0.1 s

	Dampfkessel	≈ 0	1 ... 10 min
Drehzahl	Kleiner elektrischer Antrieb	≈ 0	0.2 ... 10 s
	Großer elektrischer Antrieb	≈ 0	5 ... 40 s
	Dampfturbine	≈ 0	-
Elektr. Spannung	Kleiner Generator	≈ 0	1 ... 5 s
	Großer Generator	≈ 0	5 ... 10 s
	Elektronisches Netzgerät	≈ 0	µs ... ms
Position	Schreibende Messgeräte	≈ 0	10 ... 100 ms

2.4 Experimentelle Ermittlung von Strecken-Kenngrößen aus der Sprungantwort

Die Ermittlung von Verzugs- und Ausgleichszeit (Letztere nur bei Strecken mit Ausgleich) als Strecken-Kenngrößen ist mithilfe der in den vorangegangenen Abschnitten mehrfach erwähnten Wendetangentenmethode sehr einfach grafisch anhand der Sprungantwort möglich. Diese Vorgehensweise liefert jedoch keinerlei Informationen über die *Struktur* der Regelstrecke (d. h. den Typ des entsprechenden Übertragungsglieds), sodass z. B. eine Simulation der Regelstrecke nicht ohne Weiteres möglich ist. In den nachfolgenden Abschnitten werden daher einige Verfahren vorgestellt, die durch Analyse der (in der Praxis meist durch eine Messung gewonnenen) Sprungantwort der Regelstrecke sowohl den „passenden" Streckentyp als auch die dazu gehörenden originären Kennwerte (Zeitkonstanten) liefern. Man bezeichnet diese Vorgehensweise als *experimentelle Identifikation* der Regelstrecke.

2.4.1 Verfahren nach *Küpfmüller*

Beim Verfahren nach *Küpfmüller* wird die Sprungantwort der Regelstrecke approximiert durch diejenige eines Verzögerungsglieds 1. Ordnung mit Totzeit (P-T_1-T_t-Strecke). Dazu werden zunächst Verzugszeit T_e und Ausgleichszeit T_b der Strecke nach dem Wendetangentenverfahren ermittelt. Zeitkonstante und Totzeit des P-T_1-T_t-Modells werden dann zu

$$T_t := T_e$$
$$T_1 := T_b$$

gewählt. **Bild 2.73** zeigt den Verlauf der gemessenen Sprungantwort (ausgezogene Kurve) und der Sprungantwort des P-T_1-T_t-Modells mit den auf diese Weise festgelegten Kenngrößen (strichpunktierte Kurve). Der Proportionalbeiwert K_P des P-T_1-T_t-Modells ergibt sich in einfacher Weise aus dem stationären Endwert der gemessenen Sprungantwort.

Der Vergleich beider Sprungantworten lässt erkennen, dass die nach diesem Verfahren ermittelte Approximation nur sehr mäßig ist; diese recht unbefriedigende Übereinstimmung kommt insbesondere dadurch zustande, dass die Sprungantwort der Approximation vollständig „unterhalb“ der gemessenen Sprungantwort liegt. Im folgenden Abschnitt wird ein Verfahren vorgestellt, das dieses „Manko“ ein wenig behebt.

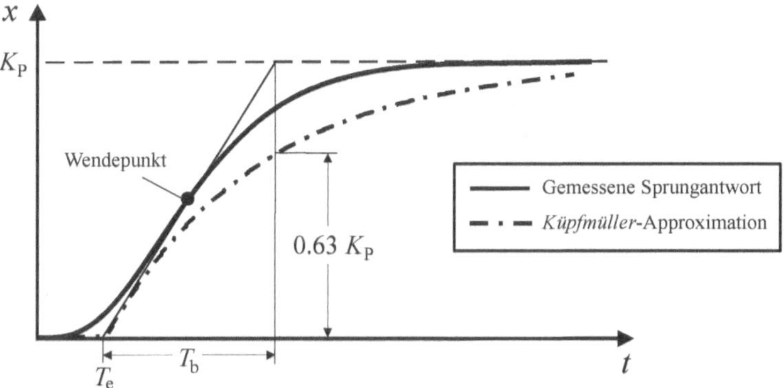

Bild 2.73 P-T_1-T_t-Approximation nach *Küpfmüller*

2.4.2 Verfahren nach *Strejc*

Das Verfahren nach *Strejc* geht von demselben Modellansatz aus wie das *Küpfmüller*-Verfahren (also einem P-T_1-T_t-Glied), liefert aber – verbunden mit ein wenig Mehraufwand – „passendere“ Werte für Zeitkonstante und Totzeit der Modellstrecke. Die Grundidee dieses Verfahrens liegt darin, die Kenngrößen der Modellstrecke so zu wählen, dass sich deren Sprungantwort mit der gemessenen in zwei Punkten A und B schneidet. Hierdurch ergibt sich eine wesentlich bessere Approximation der gemessenen Sprungantwort als beim *Küpfmüller*-Verfahren (**Bild 2.74**).

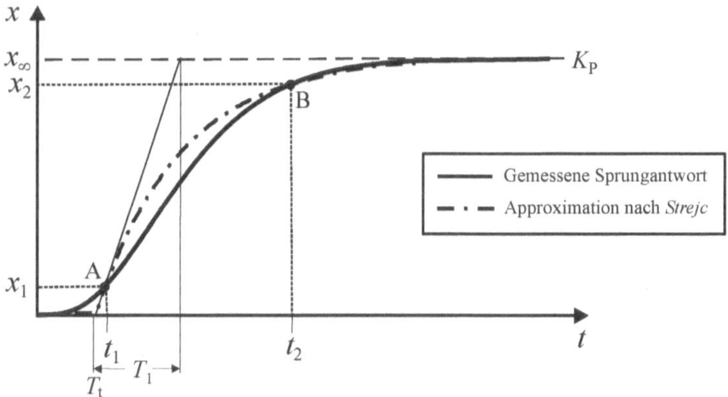

Bild 2.74 P-T_1-T_t-Approximation nach *Strejc*

Zur Bestimmung der Kenngrößen T_1 und T_t der Modellstrecke wird gefordert, dass die gemessene Sprungantwort $x_{\text{Mess}}(t)$ und die Modell-Sprungantwort $x_{\text{Mod}}(t)$ zu zwei Zeitpunkten übereinstimmen, dass also gilt

$$x_1 = x_{\text{Mess}}(t_1) = x_{\text{Mod}}(t_1)$$
$$x_2 = x_{\text{Mess}}(t_2) = x_{\text{Mod}}(t_2).$$

Die Amplitudenwerte x_1 und x_2 sind prinzipiell beliebig wählbar; man kann sie z. B. (wie in Bild 2.74 dargestellt) als 10 % bzw. 90 % des stationären Endwerts ansetzen, d. h.

$$x_1 = 0.1 x_\infty$$
$$x_2 = 0.9 x_\infty .$$

Die Sprungantwort für die Modellstrecke lautet wie beim *Küpfmüller*-Verfahren

$$x_{\text{Mod}}(t) = K_{\text{P}}\left(1 - \mathrm{e}^{-\frac{t - T_{\text{t}}}{T_1}}\right) = x_\infty\left(1 - \mathrm{e}^{-\frac{t - T_{\text{t}}}{T_1}}\right) .$$

Setzen wir in diese Gleichung die beiden Zeitwerte t_1 und t_2 ein, so erhalten wir zwei Gleichungen, die wir jeweils nach T_1 auflösen können:

$$x_1 = x_\infty\left(1 - \mathrm{e}^{-\frac{t_1 - T_{\text{t}}}{T_1}}\right) \Rightarrow T_1 = -\frac{t_1 - T_{\text{t}}}{\ln\left(1 - \frac{x_1}{x_\infty}\right)}$$

$$x_2 = x_\infty\left(1 - \mathrm{e}^{-\frac{t_2 - T_{\text{t}}}{T_1}}\right) \Rightarrow T_1 = -\frac{t_2 - T_{\text{t}}}{\ln\left(1 - \frac{x_2}{x_\infty}\right)} .$$

Gleichsetzen der beiden erhaltenen Ausdrücke liefert

$$\frac{t_1 - T_{\text{t}}}{\ln\left(1 - \frac{x_1}{x_\infty}\right)} = \frac{t_2 - T_{\text{t}}}{\ln\left(1 - \frac{x_2}{x_\infty}\right)} .$$

Lösen wir diese Gleichung nun nach T_{t} auf, so erhalten wir

$$T_{\text{t}} = \frac{t_2 \ln\left(1 - \frac{x_1}{x_\infty}\right) - t_1 \ln\left(1 - \frac{x_2}{x_\infty}\right)}{\ln\left(1 - \frac{x_1}{x_\infty}\right) - \ln\left(1 - \frac{x_2}{x_\infty}\right)} .$$

Zusammenfassend lauten die Bestimmungsgleichungen für die beiden Modellparameter also

$$T_t = \frac{t_2 \ln\left(1 - \frac{x_1}{x_\infty}\right) - t_1 \ln\left(1 - \frac{x_2}{x_\infty}\right)}{\ln\left(1 - \frac{x_1}{x_\infty}\right) - \ln\left(1 - \frac{x_2}{x_\infty}\right)}$$

$$T_1 = -\frac{t_1 - T_t}{\ln\left(1 - \frac{x_1}{x_\infty}\right)} .$$

Beispiel: Wir betrachten die gemessene Sprungantwort einer Regelstrecke nach **Bild 2.75**. Für die Amplitudenwerte der beiden Schnittpunkte A und B wählen wir 10 % bzw. 90 % des stationären Endwerts von $x_\infty = 1$. Als zugehörige Zeitwerte erhalten wir dann aus dem Diagramm $t_1 = 3.8$ s und $t_2 = 29.5$ s.

Damit ergibt sich aus der zuvor hergeleiteten Bestimmungsgleichung für die Kenngrößen der Modellstrecke

$$T_t = \frac{t_2 \ln\left(1 - \frac{x_1}{x_\infty}\right) - t_1 \ln\left(1 - \frac{x_2}{x_\infty}\right)}{\ln\left(1 - \frac{x_1}{x_\infty}\right) - \ln\left(1 - \frac{x_2}{x_\infty}\right)} = \frac{29.5 \ln(0.9) - 3.8 \ln(0.1)}{\ln(0.9) - \ln(0.1)} \text{s} = \frac{5.64}{2.20} \text{s} = 2.56 \text{ s}$$

$$T_1 = -\frac{t_1 - T_t}{\ln\left(1 - \frac{x_1}{x_\infty}\right)} = -\frac{1.24}{-0.105} \text{s} = 11.8 \text{ s} .$$

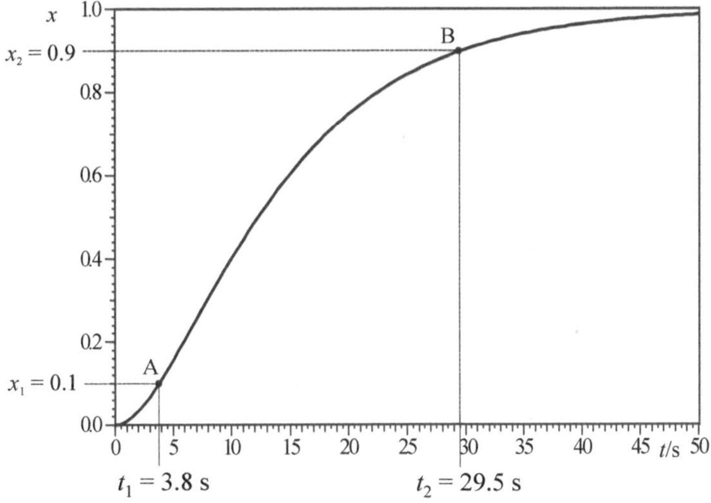

Bild 2.75 Gemessene Sprungantwort für Beispiel

Bild 2.76 zeigt die Sprungantwort der zu diesen Kenngrößen gehörenden P-T_1-T_t-Modellstrecke im Vergleich mit der gemessenen Sprungantwort. Die Übereinstimmung ist in diesem Fall einigermaßen akzeptabel.

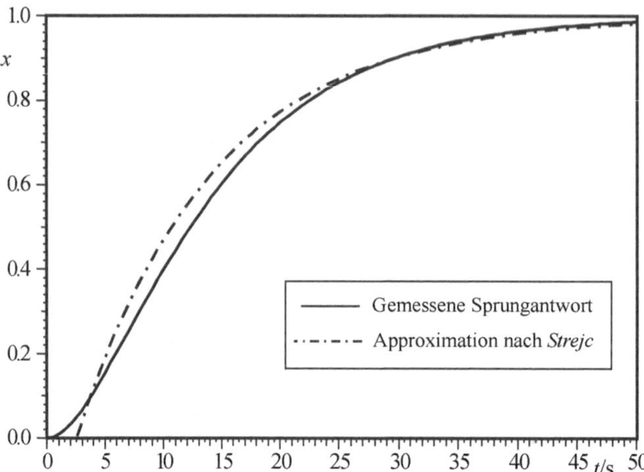

Bild 2.76 Modell-Sprungantwort nach *Strejc* im Vergleich zur gemessenen Sprungantwort

Die Identifikationsverfahren nach *Küpfmüller* bzw. *Strejc* verwenden als Modellansatz für die Regelstrecke ein P-T_1-T_t-Glied. Das Verfahren von *Strejc* liefert bei etwas mehr Aufwand bessere Ergebnisse, beide Verfahren sind jedoch zur Approximation von Sprungantworten von Verzögerungsgliedern höherer Ordnung nur bedingt geeignet.

Das Verfahren nach *Strejc* liefert im Vergleich zum *Küpfmüller*-Verfahren zwar bessere Ergebnisse, die Übereinstimmung zwischen Modell und gemessener Sprungantwort ist aber insbesondere für kleinere Zeiten nur mäßig, da durch den P-T_1-T_t-Modellansatz nach Verstreichen der Totzeit ein „abrupterer" Anstieg der Sprungantwort stattfindet, als er bei realen Regelstrecken höherer Ordnung auftritt. Zur Erzielung einer besseren Übereinstimmung in diesem Bereich muss man daher zu Modellansätzen mit Verzögerungsgliedern höherer Ordnung übergehen, so wie es bei den in den nachfolgenden Abschnitten vorgestellten Verfahren der Fall ist.

2.4.3 Verfahren nach *Naslin*

Beim Verfahren nach *Naslin* wird die durch die gemessene Sprungantwort charakterisierte Regelstrecke approximiert durch ein Verzögerungsglied zweiter Ordnung (P-T_2-Glied) mit unterschiedlichen Zeitkonstanten T_1 und T_2 und dem Proportionalbeiwert K_P. Die Sprungantwort des Modellansatzes lautet dann (vgl. Abschnitt 2.3.3)

$$x_{\mathrm{Mod}}(t) = K_P \left(1 - \frac{T_1}{T_1 - T_2} \mathrm{e}^{-t/T_1} + \frac{T_2}{T_1 - T_2} \mathrm{e}^{-t/T_2} \right).$$

Damit System- und Modell-Sprungantwort denselben stationären Endwert besitzen, wählen wir zunächst wieder $K_P = x_\infty$. Wir können die Sprungantwort dann schreiben in der Form

$$x_{\mathrm{Mod}}(t) = x_\infty - A \cdot \mathrm{e}^{-t/T_1} + B \cdot \mathrm{e}^{-t/T_2} \qquad (2.18)$$

mit den Beziehungen

$$A = x_\infty \frac{T_1}{T_1 - T_2}, \quad B = x_\infty \frac{T_2}{T_1 - T_2}.$$

Das Verfahren von *Naslin* zur Bestimmung der Zeitkonstanten T_1 und T_2 beruht auf der Logarithmierung der System-Sprungantwort. Dazu nehmen wir an, dass die Zeitkonstante T_1 wesentlich größer als die Zeitkonstante T_2 sei ($T_1 \gg T_2$). Für große Zeiten kann dann der hintere Exponentialterm in Gl. (2.18) gegenüber dem vorderen Term vernachlässigt werden, und wir erhalten als Näherung für die Sprungantwort

$$x_\infty - x_{\text{Mess}}(t) \approx A \cdot \mathrm{e}^{-t/T_1}.$$

Logarithmieren wir diese Gleichung, so erhalten wir

$$\log\left(x_\infty - x_{\text{Mess}}(t)\right) \approx \log(A) - \frac{t}{T_1}\log(\mathrm{e}).$$

Die rechte Seite dieser Gleichung stellt nun die Gleichung für eine Gerade dar mit der Steigung

$$m_1 = -\frac{\log(\mathrm{e})}{T_1} = -\frac{0.4343}{T_1},$$

die die Ordinate an der Stelle $\log(A)$ schneidet (**Bild 2.77**).

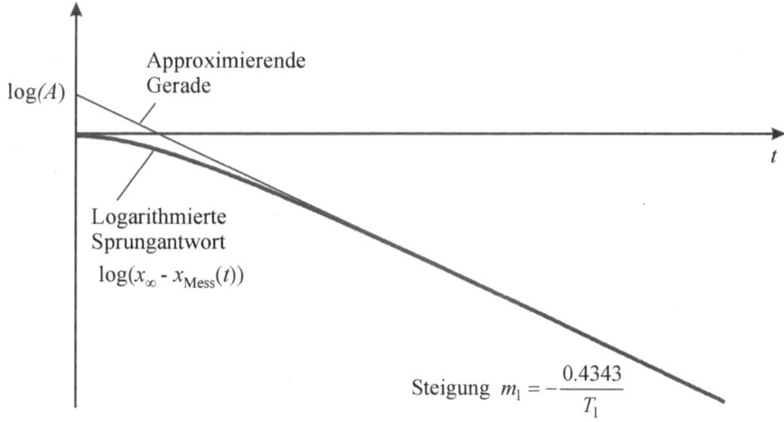

Bild 2.77 Verfahren von *Naslin*

Nachdem wir auf diese Weise die Größen A und T_1 ermittelt haben, setzen wir den zugehörigen Exponentialterm in die Modell-Sprungantwort ein und lösen diese nun nach dem zur Zeitkonstante T_2 gehörenden Exponentialterm auf. Wir erhalten

$$x_{\text{Mess}}(t) - x_\infty + A \cdot \mathrm{e}^{-t/T_1} = B \cdot \mathrm{e}^{-t/T_2}. \qquad (2.19)$$

Auf analoge Weise wie zuvor A und T_1 ermitteln wir jetzt die Parameter B und T_2. Wir logarithmieren also Gl. (2.19) und erhalten

$$\log(x_{\text{Mess}}(t) - x_\infty + A \cdot \mathrm{e}^{-t/T_1}) = \log(B) - \frac{t}{T_2}\log(\mathrm{e}) .$$

Die rechte Seite dieser Gleichung stellt wiederum eine Geradengleichung dar; die Steigung der Geraden beträgt jetzt

$$m_2 = -\frac{\log(\mathrm{e})}{T_2} = -\frac{0.4343}{T_2},$$

und die Gerade schneidet die Ordinate an der Stelle $\log(B)$.

Fassen wir die Vorgehensweise nach *Naslin* noch einmal zusammen:

1. Ermittlung der Strecken-Sprungantwort $x_{\text{Mess}}(t)$, $K_{\text{P}} = x_\infty$
2. Logarithmisches Auftragen von $x_\infty - x_{\text{Mess}}(t)$
3. Annähern der erhaltenen Kurve durch eine Gerade, Ablesen von T_1 und A
4. Logarithmisches Auftragen von $x_{\text{Mess}}(t) - x_\infty + A \cdot \mathrm{e}^{-t/T_1}$
5. Annähern der erhaltenen Kurve durch eine Gerade, Ablesen von T_2

Beispiel: Wir betrachten die gemessene Sprungantwort $x_{\text{Mess}}(t)$ einer Regelstrecke nach **Bild 2.78**.

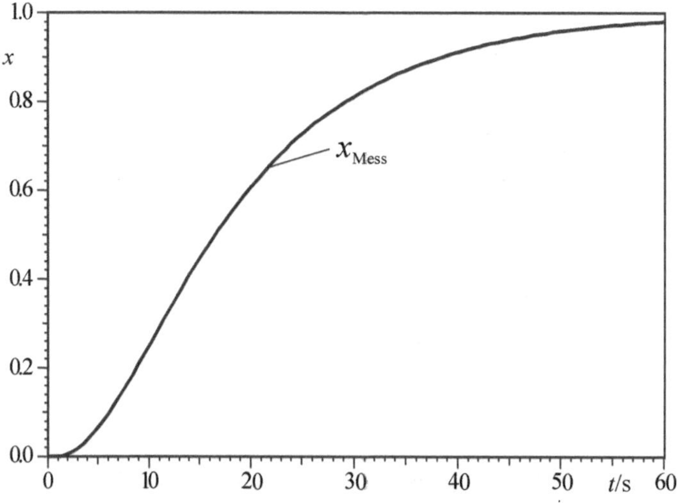

Bild 2.78 Strecken-Sprungantwort für Anwendungsbeispiel des *Naslin*-Verfahrens

Zunächst müssen wir aus der Sprungantwort den Verlauf von $\log(x_\infty - x_{\text{Mess}}(t))$ ermitteln. Das Ergebnis zeigt **Bild 2.79**. Die Tangente an die Kurve liefert uns

$$\log(A) = 0.3$$

und damit für A einen Wert von

$$A = 2\,.$$

Für die Steigung m_1 der Kurve können wir ablesen:

$$m_1 = \frac{-1.75 - 0.3}{60 - 0} = -0.034\ \mathrm{s}^{-1}\,.$$

Damit erhalten wir für die erste Zeitkonstante

$$T_1 = -\frac{0.4343}{m_1} = 12.8\ \mathrm{s}\,.$$

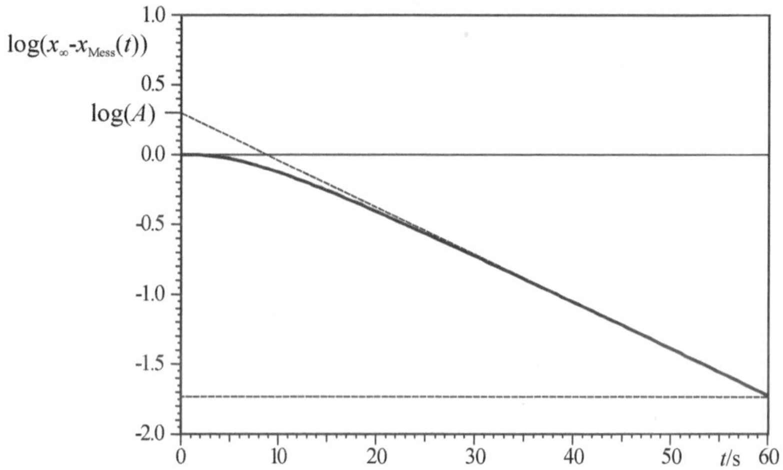

Bild 2.79 Ermittlung von A und T_1

Nun tragen wir den Verlauf $x_{\text{Mess}}(t) - x_\infty + A \cdot \mathrm{e}^{-t/T_1}$ logarithmisch auf; **Bild 2.80** zeigt das resultierende Ergebnis (man beachte den geänderten Zeitmaßstab!).

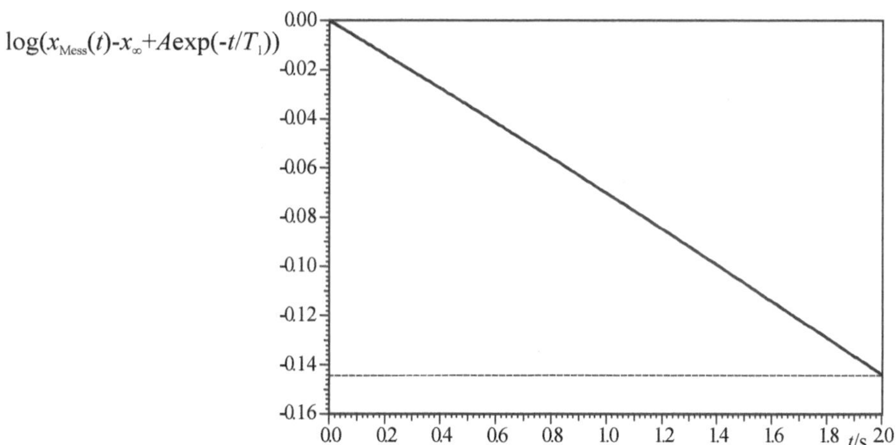

Bild 2.80 Ermittlung von T_2

Für die Steigung m_2 dieser Kurve können wir ablesen:

$$m_2 = \frac{-0.144 - 0}{2 - 0} = -0.072 \text{ s}^{-1}.$$

Damit erhalten wir für die zweite, kleinere Zeitkonstante

$$T_2 = -\frac{0.4343}{m_2} = 6 \text{ s}.$$

Bild 2.81 zeigt das Ergebnis der Approximation durch ein P-T_2-Glied nach *Naslin* im Vergleich mit der gemessenen Sprungantwort. Man erkennt die relativ gute Übereinstimmung der Kurven.

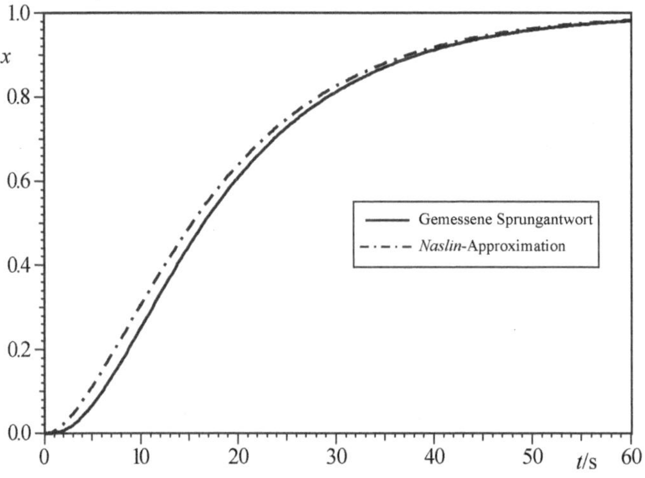

Bild 2.81 Approximationsergebnis

2.4.4 Verfahren nach *Ormanns*

Beim Verfahren nach *Ormanns* wird ebenfalls ein P-T_2-Modellansatz benutzt. Aus der gemessenen Sprungantwort werden die Zeitwerte $t_{30\,\%}$ und $t_{70\,\%}$ ermittelt; dies sind die Zeiträume, die die Sprungantwort benötigt, um 30 % bzw. 70 % ihres stationären Endwerts zu erreichen. Die beiden gesuchten Zeitkonstanten T_1 und T_2 ergeben sich dann aus den Gleichungen

$$T_1 + T_2 = \frac{t_{70\%}}{1.2}$$

$$T_1 - T_2 = \frac{t_{30\%} + t_{70\%}}{0.6}\sqrt{0.45 - \frac{t_{30\%}}{t_{70\%}}}$$

zu

$$T_1 = 0.5\left(\frac{t_{70\%}}{1.2} + \frac{t_{30\%} + t_{70\%}}{0.6}\sqrt{0.45 - \frac{t_{30\%}}{t_{70\%}}}\right)$$

$$T_2 = \frac{t_{70\%}}{1.2} - T_1 \, .$$

Wie den Gleichungen zu entnehmen ist, ist das Verfahren nur anwendbar für

$$\frac{t_{30\%}}{t_{70\%}} < 0.45 \, .$$

Beispiel: Wir betrachten die gemessene Sprungantwort $x_{\text{Mess}}(t)$ einer Regelstrecke nach **Bild 2.82**. Dieser können wir die Zeitwerte

$$t_{30\%} = 7.7 \text{ s}, \quad t_{70\%} = 17.5 \text{ s}$$

entnehmen. Damit erhalten wir für die beiden Zeitkonstanten des P-T_2-Modells

$$T_1 = 0.5\left(\frac{t_{70\%}}{1.2} + \frac{t_{30\%} + t_{70\%}}{0.6}\sqrt{0.45 - \frac{t_{30\%}}{t_{70\%}}}\right) = 9.4 \text{ s}$$

$$T_2 = \frac{t_{70\%}}{1.2} - T_1 = 5.2 \text{ s} \, .$$

Bild 2.83 zeigt das Ergebnis der Approximation durch ein P-T_2-Glied nach *Ormanns* im Vergleich mit der gemessenen Sprungantwort. Die Übereinstimmung ist – zumindest für das betrachtete Beispiel – recht gut.

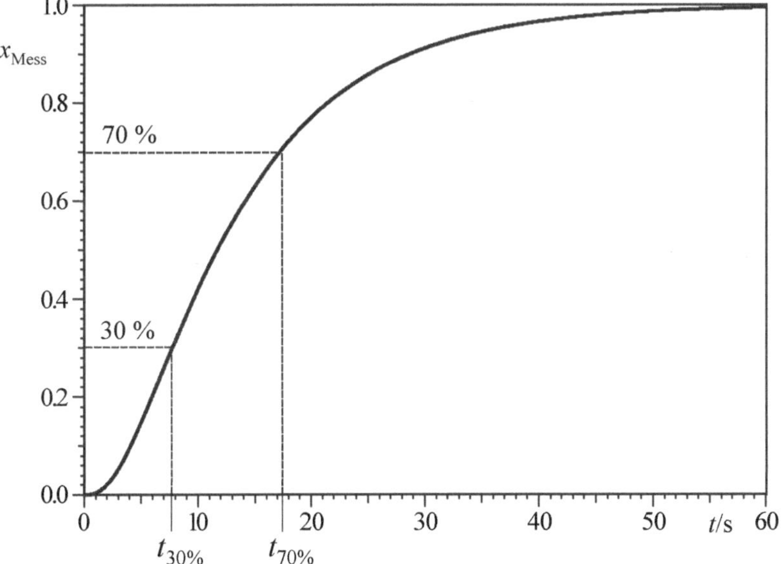

Bild 2.82 Verfahren nach *Ormanns*

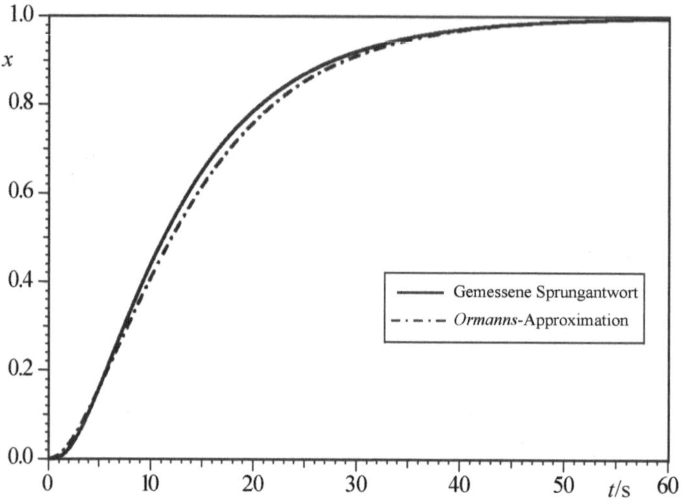

Bild 2.83 Approximationsergebnis

2.4.5 Wendetangentenverfahren

Beim Wendetangentenverfahren wird wie bei den Verfahren von *Naslin* und *Ormanns* ein P-T$_2$-Modellansatz benutzt. Zunächst werden aus der gemessenen Sprungantwort der Regelstrecke die Verzugszeit T_e und die Ausgleichszeit T_b bestimmt. Das Verfahren ist anwendbar für

$$\frac{T_b}{T_e} \geq 9.64 \,.$$

Nachfolgende **Tabelle 2.4** gibt den Zusammenhang zwischen den Modell-Zeitkonstanten T_1 und T_2 auf der einen Seite und Verzugs- und Ausgleichszeit auf der anderen Seite wieder.

Tabelle 2.4 Ermittlung der Zeitkonstanten aus Verzugs- und Ausgleichszeit

$\mu = T_2/T_1$	T_b/T_1	T_b/T_e
0.1	1.29	20.09
0.2	1.50	13.97
0.3	1.68	11.91
0.4	1.84	10.91
0.5	2.00	10.35
0.6	2.15	10.03
0.7	2.30	9.83

0.8	2.44	9.72
0.9	2.58	9.66
0.99	2.70	9.65
1.11	2.87	9.66
1.2	2.99	9.70
2.0	4.00	10.35
3.0	5.20	11.50
4.0	6.35	12.73
5.0	7.48	13.97
6.0	8.59	15.22
7.0	9.68	16.45
8.0	10.77	17.67
9.0	11.84	18.88
10.0	12.92	20.09

Nach der Bestimmung von Verzugs- und Ausgleichszeit und dem Verhältnis T_b/T_e liefert die zweite Spalte der Tabelle zunächst die Zeitkonstante T_1 und die erste Spalte anschließend die Zeitkonstante T_2.

Beispiel: Wir betrachten die gemessene Sprungantwort $x_{Mess}(t)$ einer Regelstrecke nach **Bild 2.84**. Dieser können wir für Verzugs- und Ausgleichszeit die Werte

$$T_e \approx 1.6 \text{ s}, \quad T_b \approx 20 \text{ s}$$

entnehmen. Daraus erhalten wir für den Quotienten beider Zeitwerte

$$\frac{T_b}{T_e} = 12.5 \ .$$

Dieser Wert liegt in obiger Tabelle zwischen den Werten 11.91 (mit $\mu = 0.3$) und 13.97 (mit $\mu = 0.2$); wir interpolieren daher grob und wählen einen Wert von

$$\mu = \frac{T_2}{T_1} = 0.275 \ .$$

Für das Verhältnis T_b/T_1 wählen wir entsprechend einen Wert von 1.63 und erhalten damit für die erste Zeitkonstante den Wert

$$T_1 = \frac{T_b}{1.63} = 12.3 \text{ s}$$

und folglich für die zweite Zeitkonstante einen Wert von

$$T_2 = \mu \cdot T_1 = 3.4 \text{ s} .$$

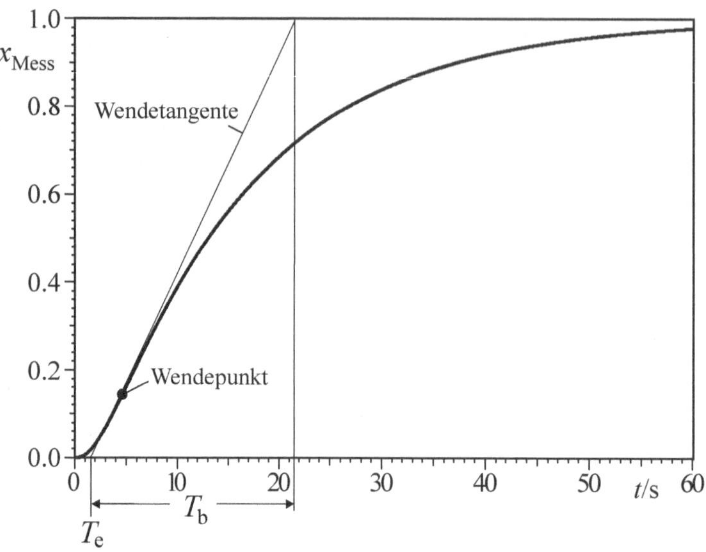

Bild 2.84 Wendetangentenverfahren

Bild 2.85 zeigt das Approximationsergebnis im Vergleich mit der gemessenen Sprungantwort. Die Übereinstimmung ist einigermaßen akzeptabel.

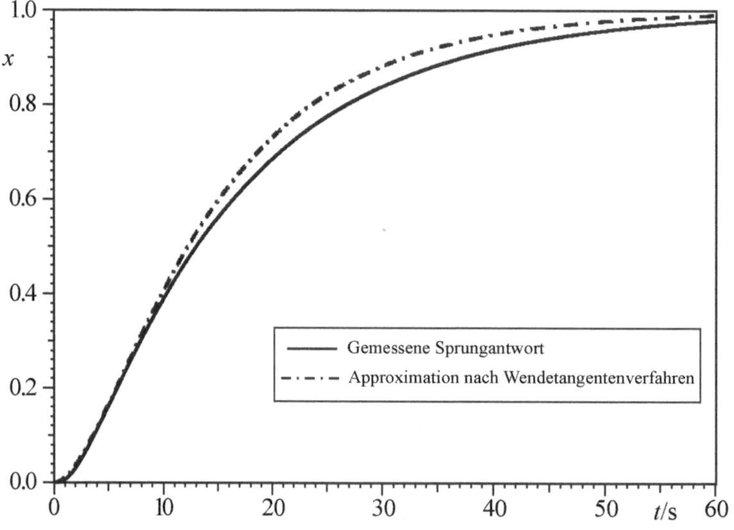

Bild 2.85 Approximationsergebnis

Die Identifikationsverfahren nach *Naslin* bzw. *Ormanns* sowie das Wendetangentenverfahren verwenden als Modellansatz für die Regelstrecke ein P-T_2-Glied. Alle Verfahren beruhen auf der grafischen Auswertung der gemessenen Sprungantwort der Strecke und liefern brauchbare Ergebnisse, sofern die Regelstrecke tatsächlich P-T_2- oder maximal P-T_3-Charakteristik besitzt.

2.4.6 Verfahren der Zeitprozentkennwerte

Beim Verfahren der Zeitprozentkennwerte wird die Regelstrecke approximiert durch ein P-T_n-Glied mit n gleichen Zeitkonstanten T. Dazu werden aus der Sprungantwort zunächst die Zeitwerte $t_{10\,\%}$, $t_{50\,\%}$ und $t_{90\,\%}$ ermittelt, bei denen die Strecken-Ausgangsgröße 10 %, 50 % bzw. 90 % ihres Endwerts erreicht hat. Aus diesen wird dann der Parameter μ gemäß

$$\mu = \frac{t_{10\%}}{t_{90\%}}$$

berechnet. Mithilfe dieses Parameters lassen sich anschließend die Parameter α_{10}, α_{50} und α_{90} sowie die Streckenordnung n aus nachfolgender **Tabelle 2.5** ermitteln.

Tabelle 2.5 Verfahren der Zeitprozentkennwerte

μ	n	α_{10}	α_{50}	α_{90}
0.046	1	9.491	0.1443	0.434
0.137	2	1.880	0.596	0.257
0.207	3	0.907	0.374	0.188
0.261	4	0.573	0.272	0.150
0.304	5	0.411	0.214	0.125
0.340	6	0.317	0.176	0.108
0.370	7	0.257	0.150	0.095
0.396	8	0.215	0.130	0.085
0.418	9	0.184	0.115	0.077
0.438	10	0.161	0.103	0.070

Die Zeitkonstante T ergibt sich dann aus der Gleichung

$$T = \frac{1}{3}\,(\alpha_{10} t_{10\%} + \alpha_{50} t_{50\%} + \alpha_{90} t_{90\%})\,.$$

Beispiel: Wir betrachten die gemessene Sprungantwort einer Regelstrecke nach **Bild 2.86**. Wir entnehmen der Sprungantwort zunächst die Zeitwerte

$$t_{10\%} = 7\text{ s},\ t_{50\%} = 17\text{ s},\ t_{90\%} = 33.5\text{ s}$$

und erhalten für μ damit einen Wert von

$$\mu = \frac{t_{10\%}}{t_{90\%}} = 0.21\ .$$

Für die Ordnung der Regelstrecke ergibt sich damit gemäß Tabelle 2.5 ein Wert von

$$n = 3$$

und für die Koeffizienten

$$\alpha_{10} = 0.907,\ \alpha_{50} = 0.374,\ \alpha_{90} = 0.188\ .$$

Damit erhalten wir für die gesuchte Zeitkonstante des P-T_3-Streckenmodells einen Wert von

$$T = \frac{1}{3}\left(\alpha_{10}t_{10\%} + \alpha_{50}t_{50\%} + \alpha_{90}t_{90\%}\right) = 6.3\ \text{s}\,.$$

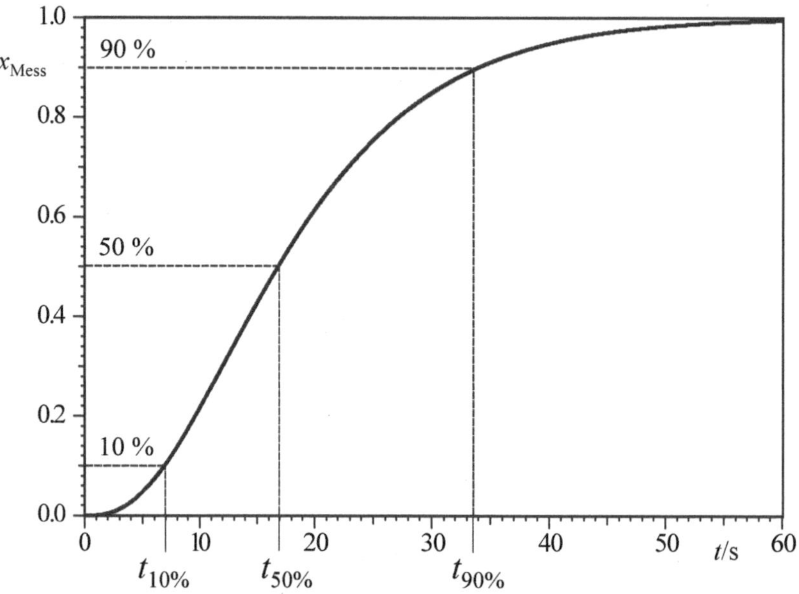

Bild 2.86 Verfahren der Zeitprozentkennwerte

Bild 2.87 zeigt das Approximationsergebnis im Vergleich mit der gemessenen Sprungantwort. Die Übereinstimmung ist in diesem Fall nahezu perfekt.

Das Verfahren der *Zeitprozentkennwerte* verwendet als Modellansatz für die Regelstrecke ein P-T_n-Glied mit n gleichen Zeitkonstanten und beruht auf der grafischen Auswertung der gemessenen Sprungantwort der Strecke. Es liefert sehr gute Ergebnisse, sofern die Zeitkonstanten der Regelstrecke nicht allzu unterschiedliche Werte aufweisen.

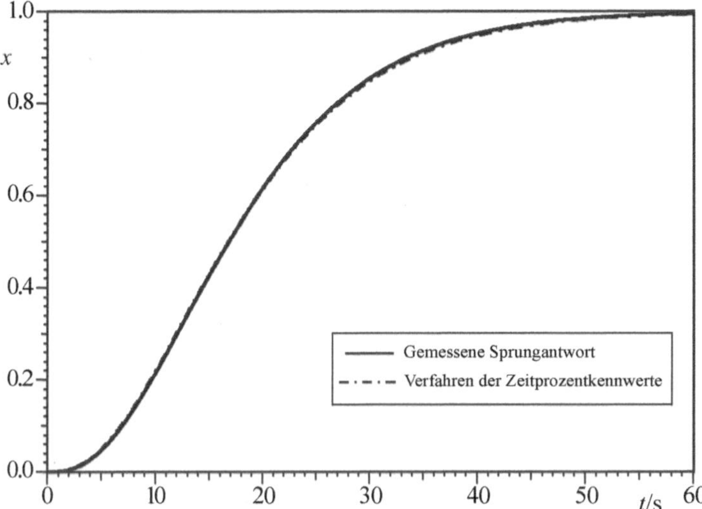

Bild 2.87 Approximationsergebnis

2.4.7 Verfahren nach *Thal-Larsen*

Das Verfahren von *Thal-Larsen* arbeitet mit einem P-T_3-T_t-Modellansatz, wobei für die drei Zeitkonstanten die Beziehung

$$T_2 = T_3 = \mu \cdot T_1$$

gilt, d. h., die beiden (als kleiner angenommenen) Zeitkonstanten T_2 und T_3 werden als identisch vorausgesetzt. Das Verfahren arbeitet grafisch, wobei die Vorgehensweise wie folgt ist: Aus der Sprungantwort der Regelstrecke werden zunächst die Zeitwerte $t_{10\,\%}$, $t_{40\,\%}$ und $t_{80\,\%}$ ermittelt, bei denen die Strecken-Ausgangsgröße 10 %, 40 % bzw. 80 % ihres Endwerts erreicht hat. Aus diesen wird dann der Quotient

$$\frac{t_{80\%} - t_{10\%}}{t_{40\%} - t_{10\%}}$$

berechnet. Aus dem nachfolgend dargestellten Diagramm (**Bild 2.88**, obere Kurve) wird nun der Parameter $\mu = T_2 / T_1$ ermittelt.

Mit dem auf diese Weise ermittelten Wert für μ geht man anschließend in die Kennlinie nach **Bild 2.89** und ermittelt die Zeitdifferenz $\bar{t}_{80\%} - \bar{t}_{10\%}$.

Die gesuchten Zeitkonstanten ergeben sich dann zu

$$T_1 = \frac{t_{80\%} - t_{10\%}}{\bar{t}_{80\%} - \bar{t}_{10\%}}$$

$$T_2 = T_3 = \mu T_1$$

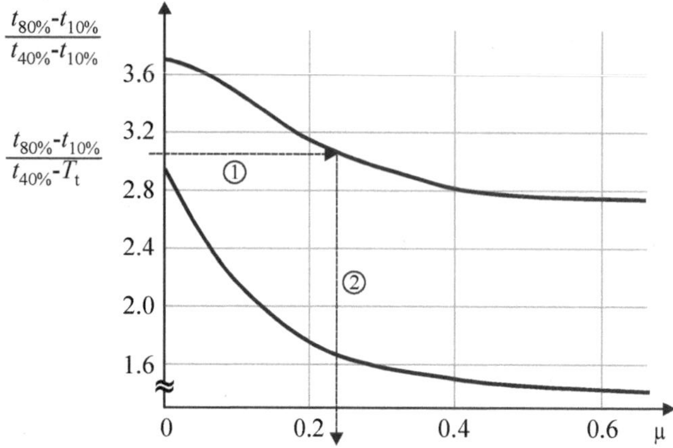

Bild 2.88 Verfahren nach *Thal-Larsen* (Schritte ① und ②)

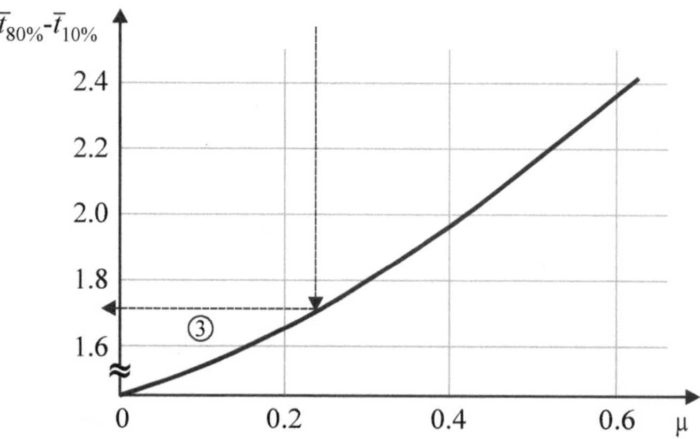

Bild 2.89 Verfahren nach *Thal-Larsen* (Schritt ③)

Zur Bestimmung der Totzeit T_t ermittelt man aus der in **Bild 2.90** gezeigten Kennlinie zunächst die Größe $\bar{t}_{40\%}$.

Die Totzeit ergibt sich dann zu

$$T_t = t_{40\%} - \bar{t}_{40\%} T_1 ,$$

sofern diese Differenz größer null ist.

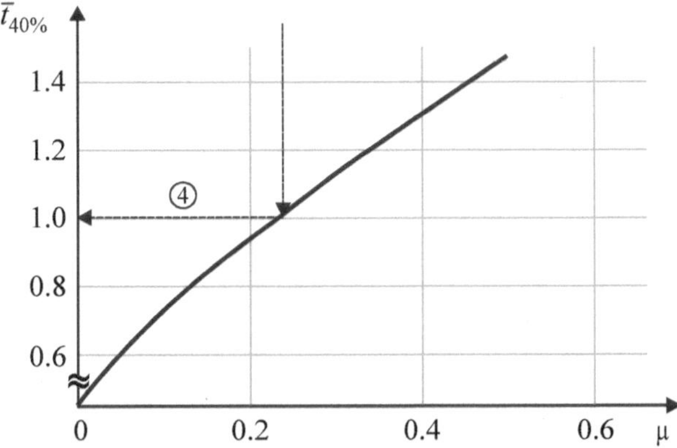

Bild 2.90 Verfahren nach *Thal-Larsen* (Schritt ④)

Beispiel: Wir betrachten die gemessene Sprungantwort einer Regelstrecke nach **Bild 2.91**. Ihr können wir zunächst die Zeitwerte

$$t_{10\%} = 7.5 \text{ s},\ t_{40\%} = 13.5 \text{ s},\ t_{80\%} = 24.5 \text{ s}$$

entnehmen.

Daraus erhalten wir den Quotienten

$$\frac{t_{80\%} - t_{10\%}}{t_{40\%} - t_{10\%}} = 2.8 \ .$$

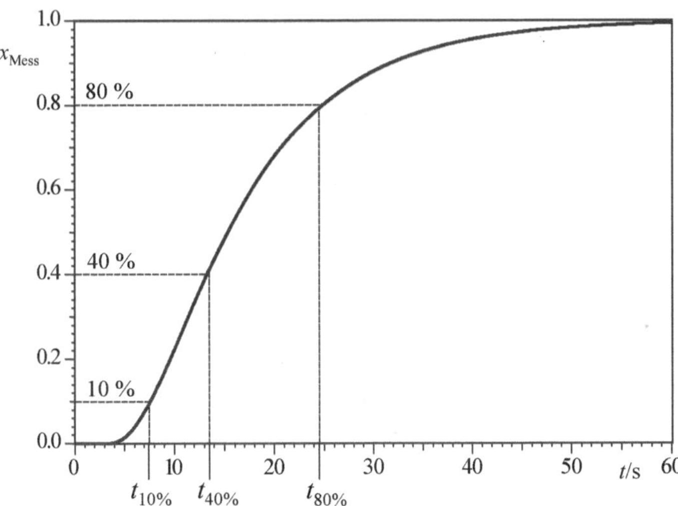

Bild 2.91 Sprungantwort der Regelstrecke für Beispiel

Hieraus wird nun der Parameter $\mu = T_2/T_1$ ermittelt (**Bild 2.92**). Wir erhalten einen Wert von

$$\mu = 0.4 \ .$$

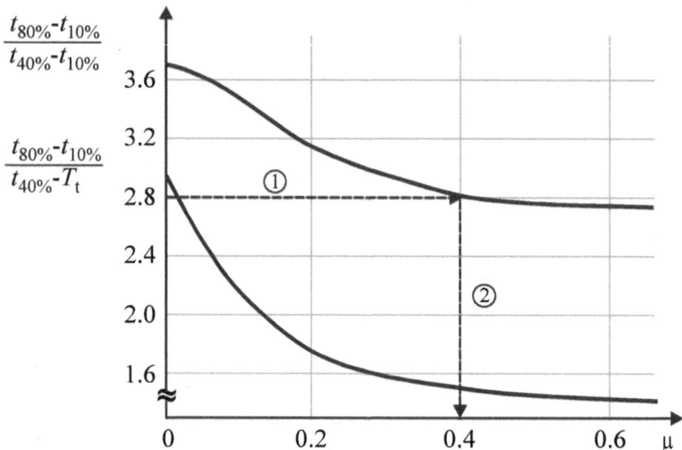

Bild 2.92 Anwendung des Verfahrens nach *Thal-Larsen* (Schritte ① und ②)

Mit dem auf diese Weise ermittelten Wert für μ können wir nun die Zeitdifferenz $\bar{t}_{80\%} - \bar{t}_{10\%}$ ermitteln (**Bild 2.93**). Es ergibt sich ein Wert von

$$\bar{t}_{80\%} - \bar{t}_{10\%} = 1.98 .$$

Die gesuchten Zeitkonstanten ergeben sich somit zu

$$T_1 = \frac{t_{80\%} - t_{10\%}}{\bar{t}_{80\%} - \bar{t}_{10\%}} = 8.6 \text{ s}$$

$$T_2 = T_3 = \mu T_1 = 3.4 \text{ s} .$$

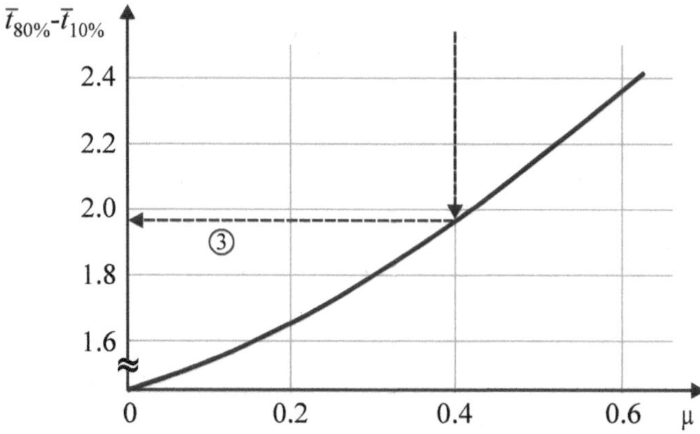

Bild 2.93 Anwendung des Verfahrens nach *Thal-Larsen* (Schritt ③)

Zur Bestimmung der Totzeit T_t ermitteln wir wie in **Bild 2.94** gezeigt zunächst die Größe $\bar{t}_{40\%}$. Wir erhalten einen Wert von

$$\bar{t}_{40\%} = 1.3 .$$

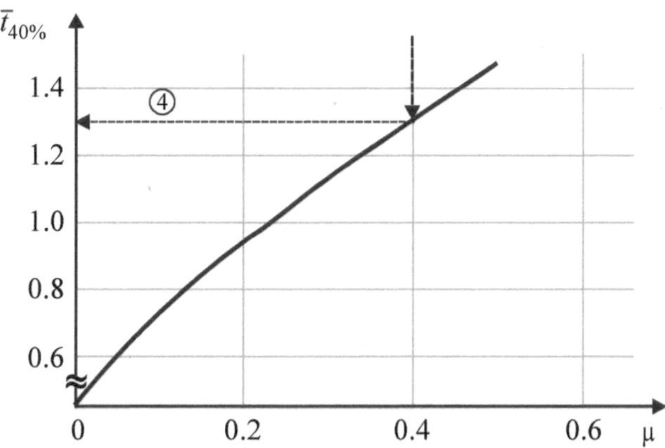

Bild 2.94 Anwendung des Verfahrens nach *Thal-Larsen* (Schritt ④)

Die Totzeit ergibt sich dann zu

$$T_t = t_{40\%} - \bar{t}_{40\%} T_1 = 3.1\ \text{s}\ .$$

Bild 2.95 zeigt das Approximationsergebnis im Vergleich mit der gemessenen Sprungantwort. Die Übereinstimmung ist relativ gut.

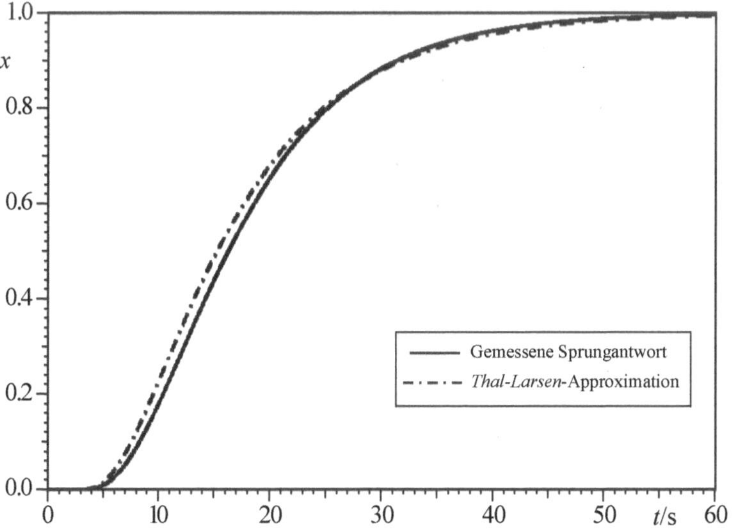

Bild 2.95 Approximationsergebnis

Das Verfahren nach *Thal-Larsen* verwendet als Modellansatz für die Regelstrecke ein P-T_3-T_t-Glied mit zwei identischen (kleineren) Zeitkonstanten und einer größeren Zeitkonstante. Das Verfahren beruht auf der grafischen Auswertung der gemessenen Sprungantwort der Strecke in mehreren Schritten.

2.4.8 Identifikation durch numerische Parameteroptimierung

Während sich die bisher beschriebenen Identifikationsverfahren immer nur für einen speziellen Modellansatz eignen, erlauben numerische Parameteroptimierungsverfahren die Identifikation von Regelstrecken *beliebiger* Struktur. Wir werden das Prinzip der numerischen Parameteroptimierung in Abschnitt 4.8 noch detailliert erläutern und dort zum Reglerentwurf nutzen, sodass auf eine ausführliche Beschreibung an dieser Stelle zunächst verzichtet werden soll. Die Grundidee dieses Verfahrens im Zusammenhang mit der Identifikation von Regelstrecken besteht darin, zunächst einen zur Regelstrecke „passenden" Modellansatz auszuwählen und dann – ausgehend von vorzugebenden Startwerten – die Modellparameter schrittweise zu optimieren, bis eine hinreichende Übereinstimmung zwischen dem Modellverhalten (also z. B. seiner Sprungantwort) und dem Verhalten der realen Strecke erreicht ist.

Als Beispiel greifen wir die in vorangegangenem Abschnitt im Zusammenhang mit der Methode nach *Thal-Larsen* bereits herangezogene gemessene Sprungantwort nach Bild 2.91 auf. Um die Ergebnisse vergleichen zu können, wählen wir wie beim Verfahren nach *Thal-Larsen* einen P-T_3-T_t-Modellansatz, sodass insgesamt drei Zeitkonstanten sowie die Totzeit zu bestimmen sind. Als Startwerte für unsere numerische Optimierung wählen wir alle Werte zu 1, d. h.

$$T_1 = T_2 = T_3 = T_t = 1\,\text{s}.$$

Bild 2.96 zeigt zunächst den Modellansatz mit diesen Startwerten im Vergleich zur gemessenen Sprungantwort. Wie an der großen Abweichung zwischen beiden Sprungantworten unschwer zu erkennen ist, liegen die Startwerte von den optimalen Modellparametern noch sehr weit entfernt.

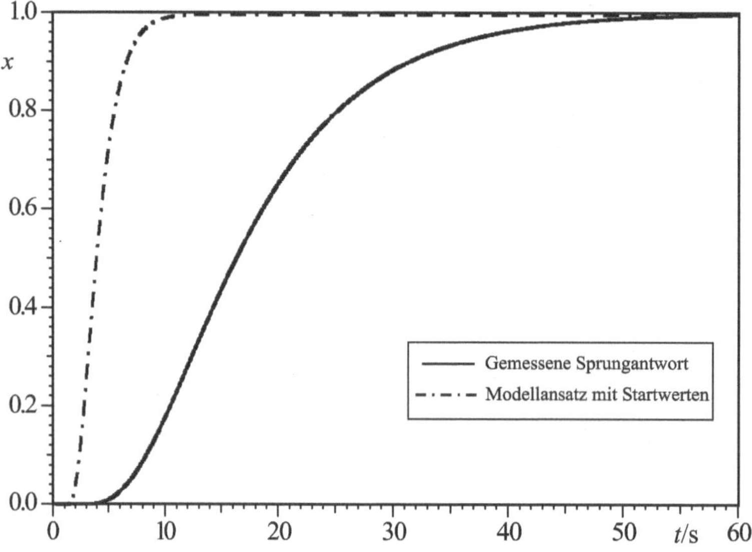

Bild 2.96 Vergleich zwischen Modellansatz mit Startwerten für Modellparameter und gemessener Sprungantwort

Diese Startwerte wurden nun mit Hilfe einer numerischen Parameteroptimierung auf der Basis von Evolutionsstrategien (siehe Abschnitt 4.8) über 100 Generationen optimiert. Als Gütekriterium wurde dabei die Fläche zwischen beiden Sprungantworten benutzt. **Bild 2.97** zeigt das Optimierungsergebnis: Gegenüber dem Verfahren von *Thal-Larsen* (Bild 2.95) ergibt sich noch einmal eine deutliche Verbesserung, beide Sprungantworten sind praktisch deckungsgleich. Die optimalen Modellparameter ergeben sich zu

$$T_1 = 5.2 \text{ s}, \; T_2 = 0.89 \text{ s}, \; T_3 = 8.8 \text{ s}, \; T_t = 2.97 \text{ s}.$$

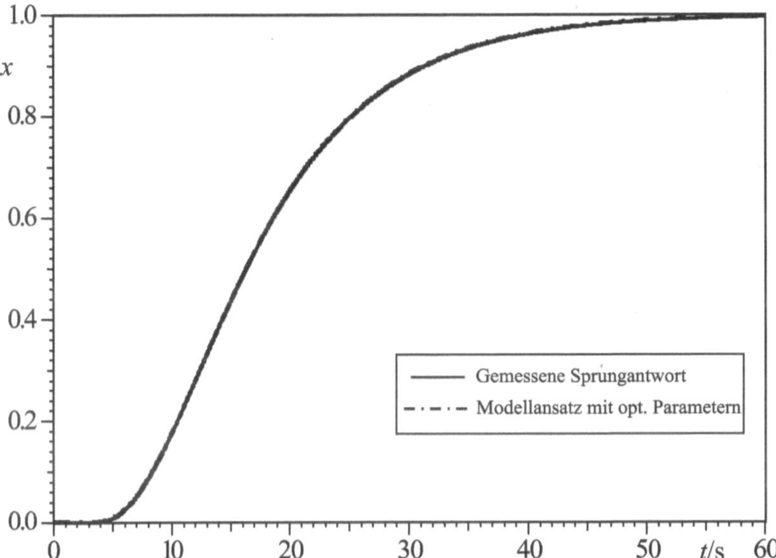

Bild 2.97 Vergleich zwischen Modellansatz mit optimierten Modellparametern und gemessener Sprungantwort

2.4.9 Identifikation von Regelstrecken ohne Ausgleich

Die in den vorangegangenen Abschnitten beschriebenen Verfahren lassen sich auch ohne großen Mehraufwand auf die Identifikation von Regelstrecken mit I-Verhalten (Strecken ohne Ausgleich) anwenden, da man sich diese einfach durch Nachschalten eines Integrierers zu der entsprechenden P-Strecke entstanden vorstellen kann. So entsteht beispielsweise aus einer P-T_2-Strecke durch Integration der Ausgangsgröße (d. h. Hinzufügen eines I-Glieds) eine I-T_2-Strecke mit identischen Zeitkonstanten. Dies bedeutet, dass man zur Identifikation einer Regelstrecke mit I-Verhalten vorab lediglich den I-Anteil abspalten muss, was bezüglich der Sprungantwort einer Differentiation entspricht – die Amplitudenwerte der ursprünglichen Sprungantwort der I-Strecke werden also ersetzt durch die jeweiligen Steigungswerte der Sprungantwort. Die sich dadurch ergebende Sprungantwort der analogen P-Strecke kann dann mit einem der vorgestellten Verfahren modelliert werden.

Wir betrachten dazu als Beispiel die Sprungantwort einer Regelstrecke ohne Ausgleich nach **Bild 2.98**. Ersetzen wir alle Amplitudenwerte dieser Sprungantwort durch die entsprechenden Steigungswerte, so erhalten wir die Sprungantwort der durch Abspaltung des I-Anteils entstehenden P-Regelstrecke gemäß **Bild 2.99**.

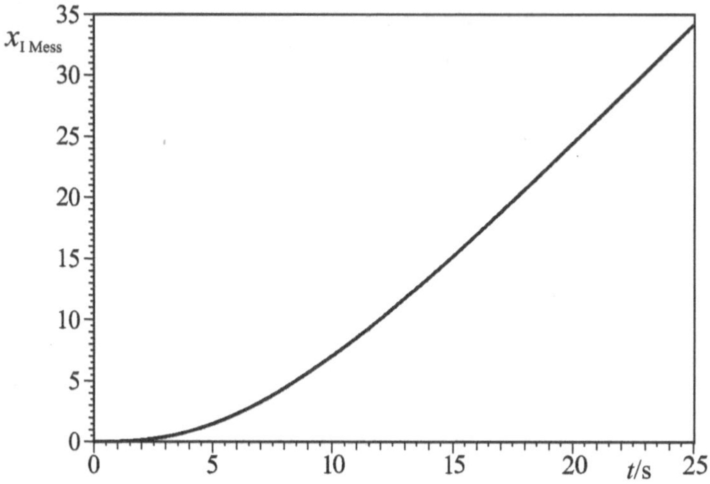

Bild 2.98 Gemessene Sprungantwort einer Regelstrecke ohne Ausgleich

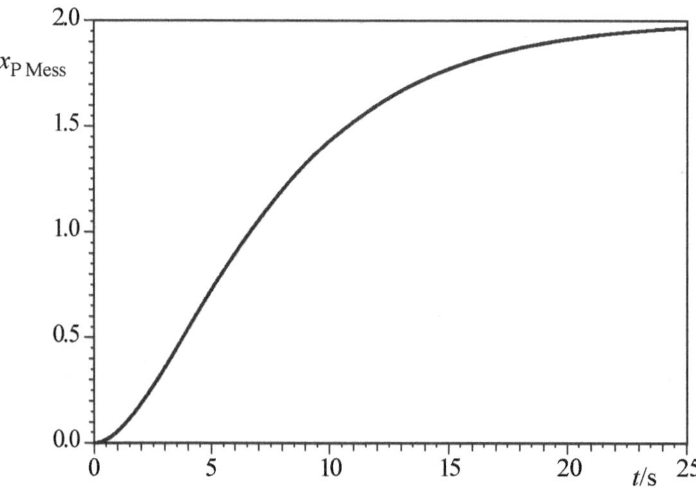

Bild 2.99 Sprungantwort der entsprechenden P-Regelstrecke

Diese P-Regelstrecke können wir nun beispielsweise durch einen P-T_2-Modellansatz approximieren. Das Verfahren nach *Ormanns* liefert dafür – wie hier ohne Herleitung angegeben werden soll – die Streckenkenngrößen

$$K_\mathrm{P} = 2$$
$$T_1 = 4.7\ \mathrm{s}$$
$$T_2 = 3.2\ \mathrm{s}\,.$$

Die ursprüngliche I-Regelstrecke lässt sich also modellieren durch einen I-T_2-Modellansatz mit den Kenngrößen

$$K_I = 2\ s^{-1}$$
$$T_1 = 4.7\ s$$
$$T_2 = 3.2\ s\ .$$

3 Regelungen mit PID-Reglern

3.1 Typen von Reglern

Stimmen Soll- und Istwert (d. h. Führungs- und Regelgröße) in einem Regelkreis nicht überein, so tritt eine Regeldifferenz auf. Der Regler hat nun die Aufgabe, diese Regeldifferenz in möglichst „intelligenter“ Weise in eine Stellgröße umzusetzen, die dafür sorgt, dass die Regeldifferenz verschwindet oder zumindest doch verringert wird. Zur Lösung dieser Aufgabe steht eine Vielzahl unterschiedlicher Reglertypen zur Verfügung, die sich – zunächst einmal unabhängig von ihrer technischen Ausführung (z. B. als Analog-, Digital- oder SPS-Regler, siehe Kapitel 10) – grob in drei Typklassen unterteilen lassen:

- *Stetige Regler* können innerhalb ihres Stellbereichs jeden beliebigen Stellgrößenwert liefern; bei einer stetigen Änderung der Regeldifferenz ändert sich daher im Allgemeinen auch die Stellgröße stetig. Der in der Praxis am weitesten verbreitete Reglertyp dieser Klasse ist der PID-Regler mit seinen Untertypen. Seine Besprechung bildet den Schwerpunkt dieses Kapitels.
- *Unstetige Regler* können nur zwischen einigen wenigen (meist zwei oder drei) unterschiedlichen Stellgrößenwerten umschalten und werden daher auch als *schaltende* Regler bezeichnet. Die wichtigsten Vertreter dieser Typklasse sind Zwei- und Dreipunkt-Regler, die wir in Kapitel 5 betrachten werden.
- *Quasistetige Regler* sind ebenfalls unstetige Regler, die jedoch durch spezielle äußere Beschaltung (Rückführungen) ein Verhalten besitzen, das demjenigen stetiger Regler ähnlich ist. Diese Reglertypen werden wir ebenfalls in Kapitel 5 analysieren.

3.2 Der Proportional-Regler (P-Regler)

Der *Proportional-Regler* oder kurz *P-Regler* stellt den einfachsten stetigen Reglertyp dar. Für den Zusammenhang zwischen der Regeldifferenz $e(t)$ (Eingangsgröße des Reglers) und der Stellgröße $y(t)$ (Ausgangsgröße) gilt die Beziehung

$$y(t) = K_{\mathrm{P(R)}}\, e(t)\,. \tag{3.1}$$

Der P-Regler erzeugt also eine der aktuellen Regeldifferenz proportionale Stellgröße. Der Parameter K_{P} wird als *Proportionalbeiwert* (Reglerverstärkung) des P-Reglers bezeichnet. Um ihn vom Proportionalbeiwert des allgemeinen P-Glieds oder auch der Regelstrecke zu unterscheiden, bezeichnet man den Parameter häufig auch als K_{PR} oder auch einfach nur als K_{R}. Der Proportionalbeiwert gibt also an, wie stark der Regler auf eine bestimmte Regeldifferenz reagiert.

Der P-Regler erzeugt eine der Regeldifferenz proportionale Stellgröße. Sein einziger Kennwert (Reglerparameter) ist der Proportionalbeiwert K_{PR}.

Bild 3.1 zeigt die Sprungantwort und zwei alternative Blocksymbole[13] des P-Reglers.

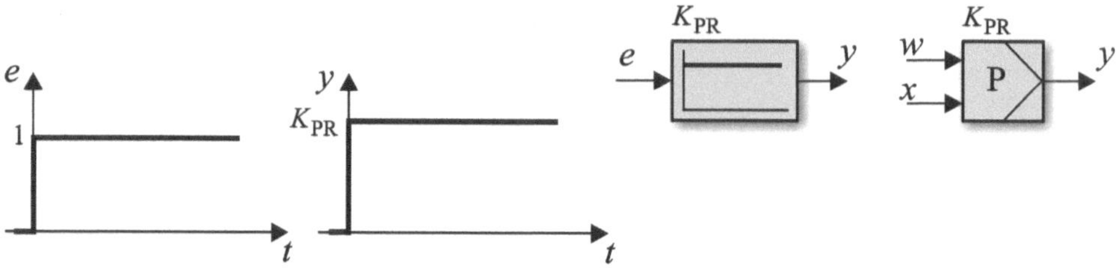

Bild 3.1 Sprungantwort und Blocksymbole des P-Reglers

Der P-Regler wird häufig in einfachen Regelungen mit nur geringen Anforderungen eingesetzt. Sein wesentlicher Nachteil liegt darin, dass er an den meisten Regelstrecken zu einer bleibenden Regeldifferenz führt, d. h. der Istwert den Sollwert auch nach sehr langer Zeit nicht exakt erreicht. Wir wollen dazu das Verhalten des P-Reglers an einer Reihe unterschiedlicher Regelstrecken untersuchen. Zunächst soll er an einer P-T_1-Strecke mit den Parametern

$$K_{PS} = 1, \; T_1 = 1 \text{ s}$$

gemäß **Bild 3.2** zum Einsatz kommen.[14]

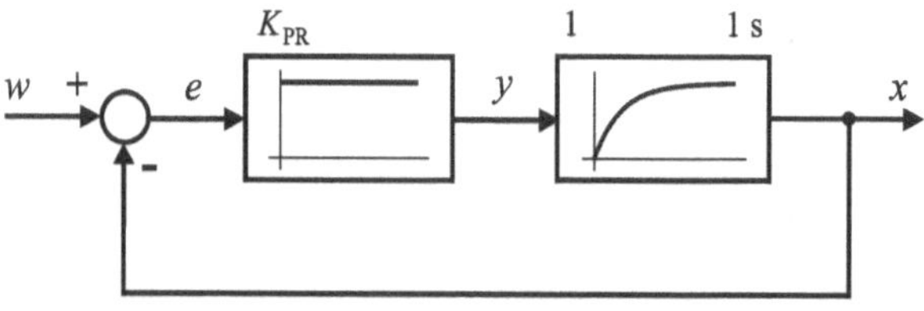

Bild 3.2 P-Regelung einer P-T_1-Strecke

Zur Beurteilung der Regelkreisdynamik ermitteln wir den Verlauf der Regelgröße x bei Aufschalten eines Führungsgrößensprungs auf $w = 1$ für verschiedene Werte des Reglerparameters K_{PR}. **Bild 3.3** zeigt die zugehörigen Simulationsergebnisse (Regel- und Stellgröße).

Wir erkennen, dass der stationäre Endwert der Regelgröße generell *nicht* dem Sollwert von $w = 1$ entspricht, sondern eine bleibende Regeldifferenz vorliegt; dieser Regelkreis weist demnach keine stationäre Genauigkeit auf. Die bleibende Regeldifferenz ist aber umso geringer, je größer der Proportionalbeiwert K_{PR} des Reglers gewählt wird. Außerdem er-

---

[13] Wir werden in unseren Blockschaltbildern bei der Darstellung von Reglern ausschließlich das jeweils *linke* Blocksymbol benutzen, das die Regeldifferenz e als Eingangsgröße besitzt.

[14] Um die Proportionalbeiwerte von Regler und Strecke eindeutig unterscheiden zu können, bezeichnen wir sie nachfolgend mit K_{PR} (Regler) bzw. K_{PS} (Strecke).

kennen wir, dass der geschlossene Regelkreis umso schneller auf den Führungssprung reagiert, je größer K_{PR} ist.

Bei Aufschalten des Führungssprungs zum Zeitpunkt $t = 0$ hat die Regelgröße x noch den Wert 0, sodass die Stellgröße wegen

$$y(t=0) = K_{PR} \cdot e(t=0) = K_{PR} \cdot \big(w(t=0) - x(t=0)\big) = K_{PR} \cdot (1-0) = K_{PR}$$

mit dem Wert K_{PR} startet (Bild 3.3, untere Grafik). Für große Zeiten strebt die Stellgröße dann gegen einen Wert $y(t \to \infty) > 0$, der abhängig vom Proportionalbeiwert des Reglers ist.

Wir wollen versuchen, diese anhand einer Simulation gezogenen Schlüsse mathematisch zu untermauern. Dazu ermitteln wir die Differentialgleichung, die den Zusammenhang zwischen Führungsgröße w und Regelgröße x beschreibt. Die Differentialgleichung für die Regelstrecke lautete

$$T_1\,\dot{x} + x = K_{PS}\,y\,. \tag{3.2}$$

Für den P-Regler gilt die Beziehung

$$y = K_{PR}\,e \tag{3.3}$$

und für die Regeldifferenz die Gleichung

$$e = w - x\,. \tag{3.4}$$

Setzen wir die beiden letzten Gleichungen in Gl. (3.2) ein, so erhalten wir für den geschlossenen Regelkreis die Differentialgleichung

$$\begin{aligned} & T_1\,\dot{x} + x = K_{PS}\,y = K_{PS}\,K_{PR}\,(w-x) \\ \Rightarrow\; & T_1\,\dot{x} + (1 + K_{PS}\,K_{PR})\,x = K_{PS}\,K_{PR}\,w \\ \Rightarrow\; & \underbrace{\frac{T_1}{1+K_{PS}\,K_{PR}}}_{T_1^*}\dot{x} + x = \underbrace{\frac{K_{PS}\,K_{PR}}{1+K_{PS}\,K_{PR}}}_{K_P^*}w\,. \end{aligned} \tag{3.5}$$

Vergleichen wir diese Gleichung mit der allgemeinen Gleichung des P-T_1-Glieds, so erkennen wir, dass auch der geschlossene Regelkreis wieder P-T_1-Verhalten aufweist, wobei der Proportionalbeiwert des geschlossenen Regelkreises gegeben ist durch

$$K_P^* = \frac{K_{PS}\,K_{PR}}{1+K_{PS}\,K_{PR}} \tag{3.6}$$

und seine Zeitkonstante durch

$$T_1^* = \frac{T_1}{1+K_{PS}\,K_{PR}}\,. \tag{3.7}$$

Lassen wir also den Proportionalbeiwert K_{PR} des Reglers sehr groß werden, so strebt der Proportionalbeiwert K_P^* des geschlossenen Regelkreises gemäß Gl. (3.6) gegen 1 und die bleibende Regeldifferenz somit wie beobachtet gegen 0. Die Zeitkonstante T_1^* strebt in diesem Fall nach Gl. (3.7) gegen 0, d. h., der Regelkreis wird theoretisch unendlich schnell.

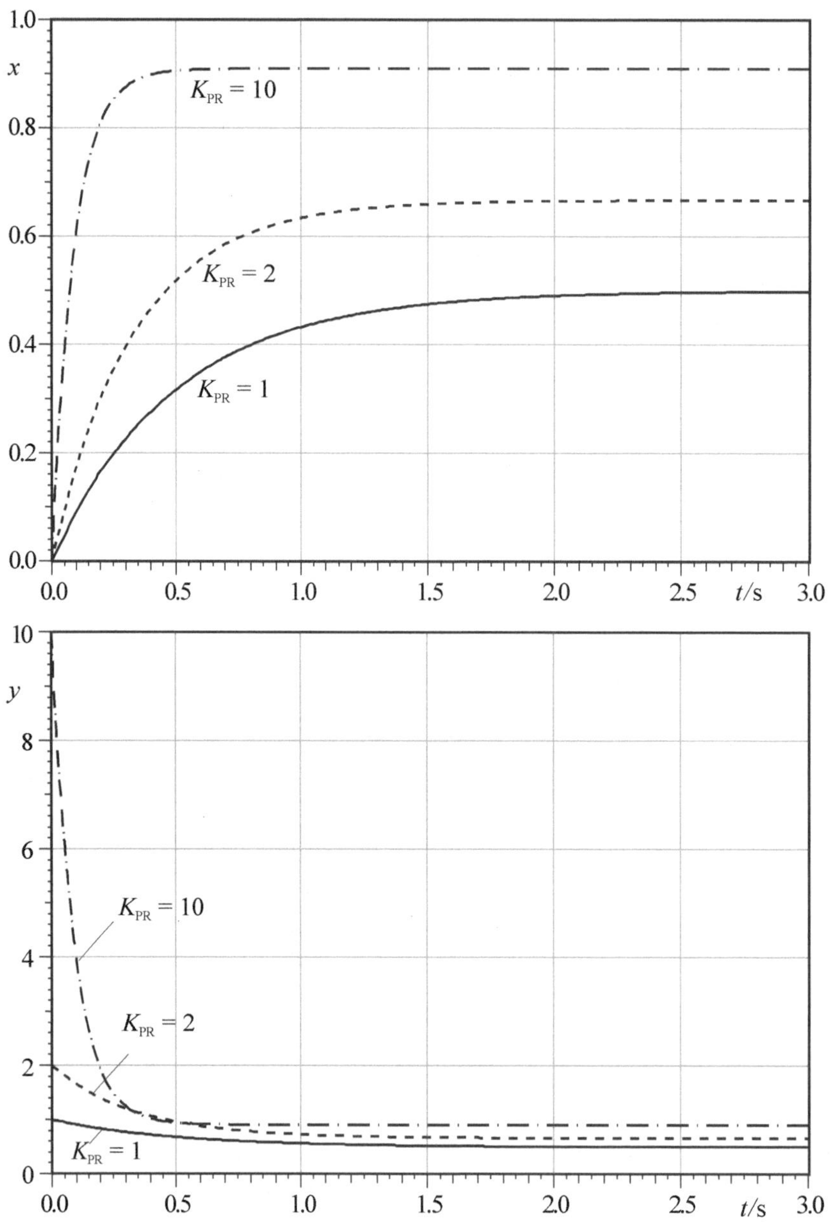

Bild 3.3 Führungssprungantwort des Regelkreises für verschiedene Werte von K_{PR} (oben: Verlauf der Regelgröße, unten: Verlauf der Stellgröße)

Die Datei *PReglerAnPT1Strecke.bsy* enthält die Simulationsstruktur zur P-Regelung der P-T_1-Strecke. Versuchen Sie die angegebenen Ergebnisse nachzuvollziehen!

In der Praxis lässt sich K_{PR} allerdings nicht beliebig vergrößern: Die Stellgröße eines realen Reglers kann aus technischen Gründen nicht beliebige Werte annehmen; vielmehr gibt es in der Regel eine Unter- und Obergrenze. Der Bereich zwischen diesen Grenzen wird als *Stellbereich* Y_h bezeichnet. Die Stellgröße verhält sich daher nur in einem bestimmten Bereich der Eingangsgröße – dem sogenannten *Proportionalbereich* X_P – proportional zur Eingangsgröße. Außerhalb dieses Bereichs ändert sich die Stellgröße dann nicht mehr, sondern bleibt konstant. Die nachfolgend dargestellte Kennlinie eines realen P-Reglers (**Bild 3.4**) verdeutlicht diesen Zusammenhang.

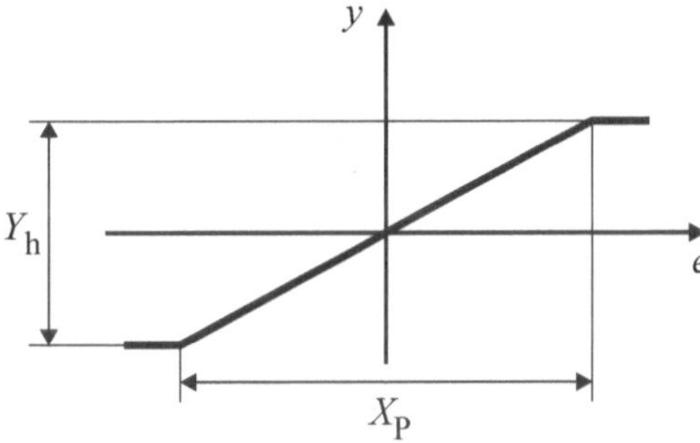

Bild 3.4 Kennlinie eines realen P-Reglers

Da die Steigung der Kennlinie dem Proportionalbeiwert K_{PR} des Reglers entspricht, wird der untere bzw. der obere Grenzwert der Stellgröße umso schneller erreicht, je größer der K_{PR}-Wert des Reglers ist; der Proportionalbereich des Reglers wird dementsprechend kleiner. **Bild 3.5** zeigt die Kennlinie für drei verschiedene K_{PR}-Werte: Der größte K_{PR}-Wert führt zur steilsten Kennlinie und damit zum kleinsten Proportionalbereich. Macht man den K_{PR}-Wert unendlich groß (was natürlich nur theoretisch möglich ist), so wird die Kennlinie im Ursprung unendlich steil und entspricht damit derjenigen des in Kapitel 5 noch ausführlich behandelten Zweipunkt-Reglers.

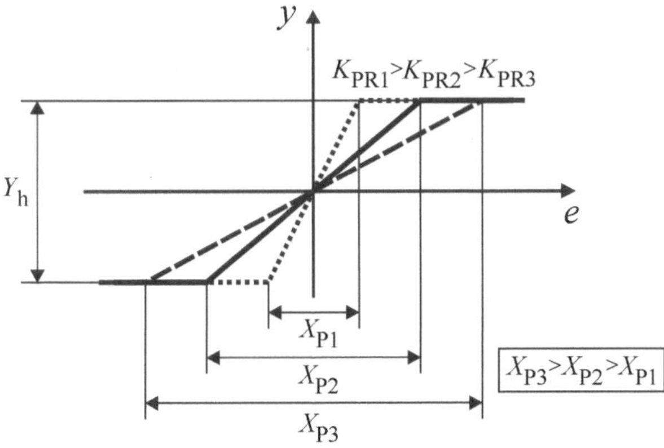

Bild 3.5 Proportionalbereich des P-Reglers

Wir wollen zur Verdeutlichung der Zusammenhänge noch einmal die Füllstandsregelung nach Bild 1.13 heranziehen. **Bild 3.6** zeigt zwei Modifikationen der Anlage, wobei der Hebel-Drehpunkt im linken Teilbild nach links und im rechten Teilbild nach rechts verschoben wurde. Im linken Teilbild ist das Verhältnis der Hebellängen l_2/l_1 und damit der Proportionalbeiwert des Füllstandsreglers sehr klein. Der Regler reagiert also sehr unempfindlich auf Abweichungen vom Sollwert, besitzt dadurch aber einen sehr großen Proportionalbereich. Im rechten Teilbild haben wir genau die umgekehrten Verhältnisse: Das Verhältnis der Hebellängen l_2/l_1 und damit der Proportionalbeiwert ist hier sehr groß. Der Regler reagiert also sehr stark auf Abweichungen vom Sollwert. Eine geringe Abweichung vom Sollwert führt bereits zu einer großen Änderung des Ventilhubs, der Regler besitzt dementsprechend einen sehr kleinen Proportionalbereich, d. h., das Ventil gelangt sehr schnell „an den Anschlag".

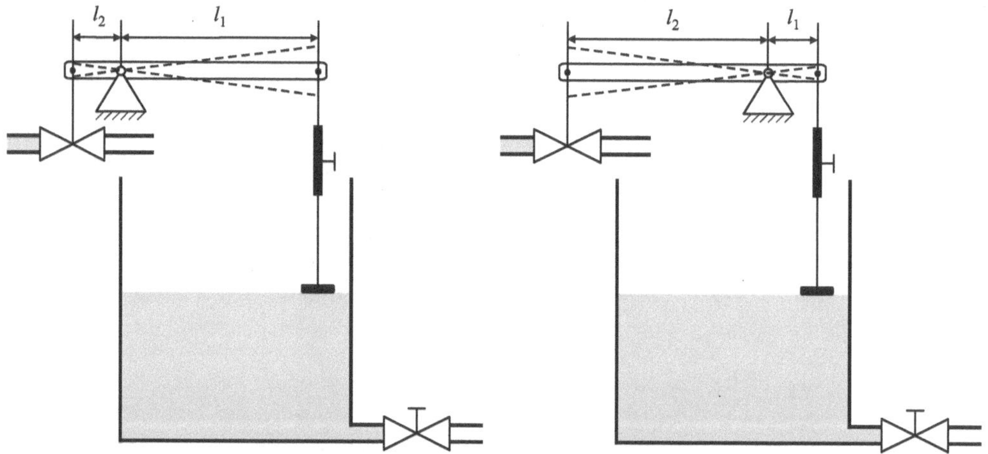

Bild 3.6 Füllstandsregler mit unterschiedlichen Proportionalbereichen

Betrachten wir den P-Regler nunmehr an einer P-T_3-Strecke gemäß **Bild 3.7**. Wir ermitteln wiederum die Führungssprungantwort des geschlossenen Regelkreises für verschiedene Werte des Reglerparameters K_{PR}. **Bild 3.8** zeigt die zugehörigen Simulationsergebnisse (Verlauf der Regelgröße).

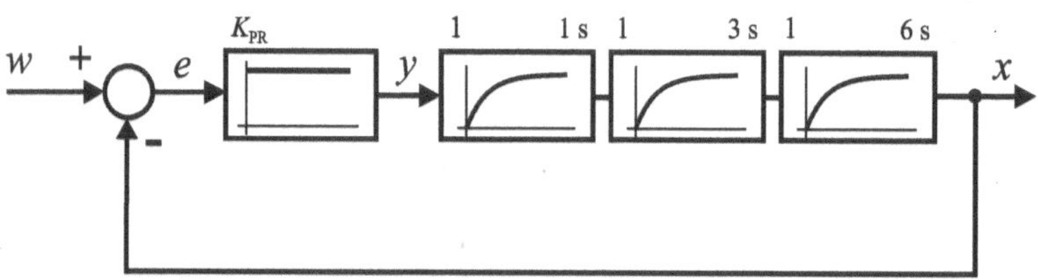

Bild 3.7 P-Regelung einer P-T_3-Strecke

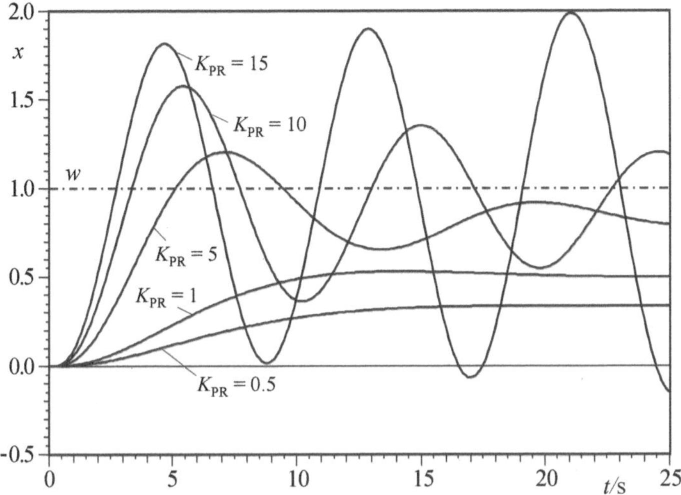

Bild 3.8 Führungssprungantwort des Regelkreises für verschiedene Werte von K_{PR}

Wie beim Einsatz des P-Reglers an der P-T_1-Strecke erkennen wir auch hier eine bleibende Regeldifferenz (der Sollwert ist zur Verdeutlichung strichpunktiert eingezeichnet), die mit steigendem K_{PR} geringer wird. Bei größeren Werten von K_{PR} ergibt sich jetzt aber ein oszillierender Verlauf der Regelgröße, der umso schwächer gedämpft ist, je größer K_{PR} wird. Die höhere Schnelligkeit des Regelkreises „erkaufen" wir uns hier also mit einer verstärkten Schwingneigung – ein Zusammenhang, der typisch ist für Regelkreise höherer Ordnung. Wird K_{PR} zu groß gewählt, wird der Regelkreis sogar instabil, d. h., die Schwingung der Regelgröße klingt für große Zeiten nicht mehr ab, sondern ihre Amplitude nimmt vielmehr immer weiter zu (im Beispiel etwa für einen K_{PR}-Wert von 15 zu beobachten).

Ein P-Regler führt an Verzögerungsstrecken höherer Ordnung zu einer bleibenden Regeldifferenz. Diese kann zwar durch Vergrößerung des Proportionalbeiwerts K_{PR} des Reglers verringert werden, allerdings auf Kosten einer verstärkten Schwingneigung des Regelkreises bis hin zur Instabilität.

Die Datei *PReglerAnPT3Strecke.bsy* enthält die Simulationsstruktur zum untersuchten Beispiel. Versuchen Sie, die Stabilitätsgrenze experimentell zu ermitteln!

Die sich einstellende bleibende Regeldifferenz beim Einsatz eines P-Reglers an einer Regelstrecke mit Ausgleich lässt sich auch ohne allzu großen mathematischen Aufwand analytisch herleiten. Im stationären Zustand, d. h. für $t \to \infty$, gilt für die Regelgröße x z. B. nach Bild 3.7

$$x = K_{PS} y \,.$$ [15]

[15] K_{PS} ist hier der Proportionalbeiwert der Gesamtstrecke und ergibt sich als Produkt der Proportionalbeiwerte der einzelnen P-T_1-Teilstrecken.

Für die Stellgröße y gilt beim Einsatz eines P-Reglers

$$y = K_{PR} e$$

und damit wegen

$$e = w - x$$

die Beziehung

$$\begin{aligned} x &= K_{PS} y \\ &= K_{PS} K_{PR} e \\ &= K_{PS} K_{PR} (w - x) \\ &= K_{PS} K_{PR} w - K_{PS} K_{PR} x \,. \end{aligned}$$

Umstellen der Gleichung liefert

$$x(1 + K_{PS} K_{PR}) = K_{PS} K_{PR} w$$

und schließlich

$$x = \frac{K_{PS} K_{PR}}{1 + K_{PS} K_{PR}} w \,. \tag{3.8}$$

Da beim Faktor

$$\frac{K_{PS} K_{PR}}{1 + K_{PS} K_{PR}}$$

der Nenner immer um 1 größer ist als der Zähler, ist der Quotient immer kleiner als eins, d. h., die Regelgröße erreicht den Sollwert niemals exakt, kommt aber für große Werte von $K_{PS} K_{PR}$ sehr nahe an ihn heran. Die bleibende Regeldifferenz ergibt sich wegen $e = w - x$ dann zu

$$e_\infty = w - \frac{K_{PS} K_{PR}}{1 + K_{PS} K_{PR}} w = \frac{1}{1 + K_{PS} K_{PR}} w \,. \tag{3.9}$$

Wir überprüfen unsere Herleitung beispielhaft für einen K_{PR}-Wert des P-Reglers von 1. Da der Proportionalbeiwert K_{PS} der Regelstrecke ebenfalls 1 beträgt und wir einen Sollwert von $w = 1$ auf unseren Regelkreis geschaltet haben, gilt für den stationären Endwert der Regelgröße

$$x(t \to \infty) = \frac{K_{PS} K_{PR}}{1 + K_{PS} K_{PR}} w = \frac{1}{1+1} 1 = 0.5.$$

Dies entspricht genau demjenigen Wert, den wir Bild 3.8 entnehmen können.

Die bleibende Regeldifferenz bei Auftreten einer Störgröße lässt sich in analoger Weise ermitteln. Dazu betrachten wir **Bild 3.9**, das den zuvor betrachteten Regelkreis unter Einwirkung einer Störgröße $\pm z$ am Streckeneingang zeigt (die Führungsgröße w ist in diesem Fall zu null gesetzt).

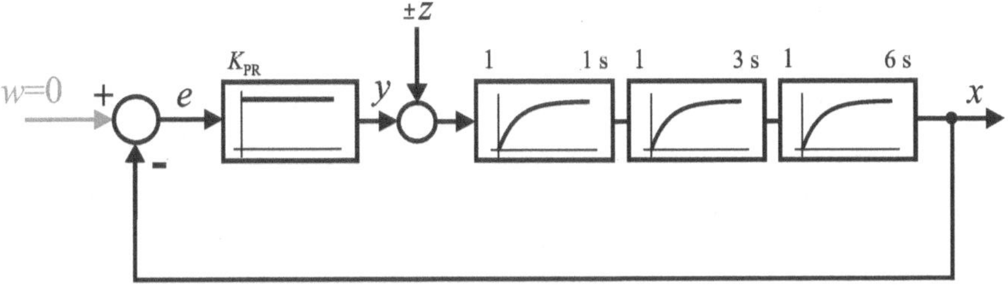

Bild 3.9 Regelkreis unter Einwirkung einer Störgröße $\pm z$

Im stationären Zustand gilt jetzt

$$\begin{aligned} x &= K_{PS}(y \pm z) \\ &= K_{PS}K_{PR}e \pm K_{PS}z \\ &= -K_{PS}K_{PR}x \pm K_{PS}z\,. \end{aligned}$$

Umstellen der Gleichung liefert

$$x\left(1 + K_{PS}K_{PR}\right) = \pm K_{PS}z$$

und damit

$$x = \frac{K_{PS}}{1 + K_{PS}K_{PR}} \cdot (\pm z) \tag{3.10}$$

bzw. wegen $e = -x$ für die bleibende Regeldifferenz

$$e_\infty = -\frac{K_{PS}}{1 + K_{PS}K_{PR}} \cdot (\pm z)\,. \tag{3.11}$$

Wir können aus dieser Gleichung ablesen, dass sich auch bei Vorliegen einer Störgröße die bleibende Regeldifferenz durch Vergrößerung von K_{PR} verringern lässt, aber niemals zu null werden kann.

Tritt sowohl eine Führungsgröße als auch eine Störgröße auf, so müssen wir aufgrund des Überlagerungsprinzips lediglich die beiden erhaltenen Ergebnisse (Gln. 3.8 und 3.10) addieren. Wir erhalten für den stationären Endwert der Regelgröße dann also

$$x = \frac{K_{PS}K_{PR}}{1 + K_{PS}K_{PR}} \cdot w + \frac{K_{PS}}{1 + K_{PS}K_{PR}} \cdot (\pm z) \tag{3.12}$$

bzw. für die bleibende Regeldifferenz

$$e_\infty = \frac{1}{1 + K_{PS}K_{PR}} \cdot w - \frac{K_{PS}}{1 + K_{PS}K_{PR}} \cdot (\pm z)\,. \tag{3.13}$$

Der Faktor

$$R = \frac{1}{1 + K_{PS} K_{PR}} \tag{3.14}$$

wird auch als *Regelfaktor* bezeichnet. Er ist ein Maß für die statische Güte des Regelkreises. Je kleiner der Regelfaktor R ist, umso geringer ist die bleibende Regeldifferenz, die sich bei einer konstanten Führungsgröße und/oder konstanten Störgröße einstellt.

Wir wollen den Regelkreis aus Bild 3.7 noch im Hinblick auf eine Folgeregelung betrachten. Dazu wählen wir für den P-Regler beispielhaft einen Proportionalbeiwert von $K_{PR} = 1$ und schalten anstelle des Führungsgrößensprungs nunmehr eine linear mit der Zeit ansteigende Führungsgröße (Anstiegsfunktion) auf den Kreis. **Bild 3.10** zeigt den resultierenden Verlauf der Regelgröße (Anstiegsantwort). Wir können erkennen, dass der Regelkreis nicht in der Lage ist, dem Führungsgrößenverlauf zu folgen. Vielmehr wächst die Differenz zwischen Führungs- und Regelgröße (d. h. die Regeldifferenz) mit zunehmender Zeit immer mehr an. Dies gilt – wie sich z. B. experimentell leicht überprüfen lässt – auch für andere Werte von K_{PR}. An der gewählten Regelstrecke ist der P-Regler daher für eine Folgeregelung ungeeignet.

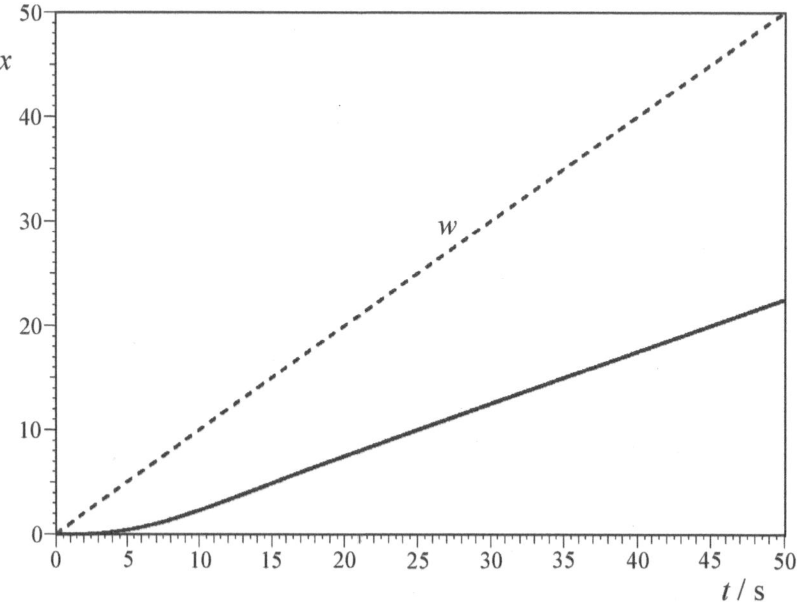

Bild 3.10 Anstiegsantwort des Regelkreises für $K_{PR} = 1$

Als letztes Beispiel für den Einsatz eines P-Reglers betrachten wir nunmehr ein I-Glied, d. h. eine Strecke ohne Ausgleich. Dazu wählen wir eine Füllstandsregelung, bei der die Füllhöhe eines Tanks über einen als Regler fungierenden Hebelmechanismus mit Schwimmer reguliert werden soll (vgl. Abschnitt 1.4.1). **Bild 3.11** zeigt noch einmal das Technologieschema des Regelkreises, **Bild 3.12** seinen Wirkungsplan.

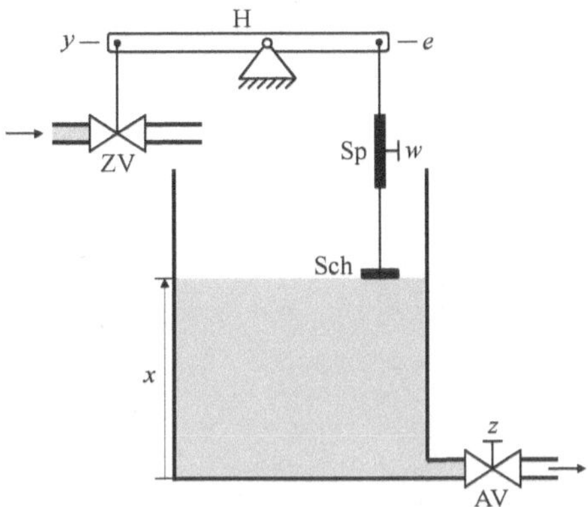

Bild 3.11 Technologieschema des Füllstandsregelkreises

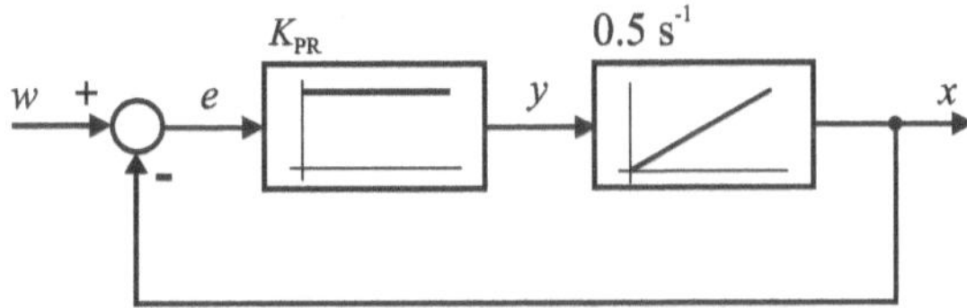

Bild 3.12 Blockschaltbild des Füllstandsregelkreises (ohne Störgröße)

Bild 3.13 zeigt die zugehörigen Führungssprungantworten für unterschiedliche Werte von K_{PR}. Der geschlossene Regelkreis scheint P-T_1-Verhalten zu besitzen; die Regelgröße läuft dabei umso schneller gegen ihren stationären Endwert, je größer K_{PR} gewählt wird. Bemerkenswert ist nun jedoch, dass *unabhängig* vom Wert von K_{PR} der Regelkreis in jedem Fall stationäre Genauigkeit besitzt, d. h. die bleibende Regeldifferenz zu null wird.

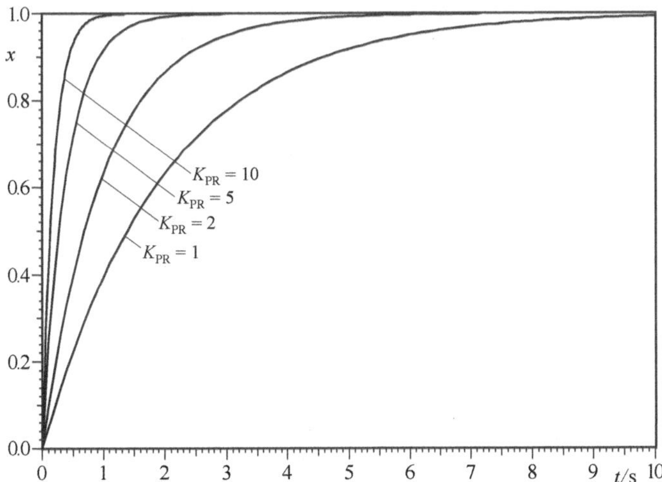

Bild 3.13 Führungssprungantwort des Regelkreises für verschiedene Werte von K_{PR} (Verlauf der Regelgröße)

Wir wollen auch hier wieder versuchen, den Regelkreis mathematisch zu analysieren, um auf diese Weise die exemplarisch erhaltenen Ergebnisse zu manifestieren. Dazu setzen wir in die Gleichung der Regelstrecke, d. h. des I-Glieds,

$$\dot{x} = K_{\mathrm{IS}}\, y \tag{3.15}$$

die Gleichung des P-Reglers sowie des Soll-Istwert-Vergleichers ein und erhalten für den geschlossenen Regelkreis

$$\begin{aligned} &\dot{x} = K_{\mathrm{IS}}\, y = K_{\mathrm{IS}}\, K_{\mathrm{PR}} (w - x) \\ &\Rightarrow \dot{x} + K_{\mathrm{IS}}\, K_{\mathrm{PR}}\, x = K_{\mathrm{IS}}\, K_{\mathrm{PR}}\, w \\ &\Rightarrow \underbrace{\frac{1}{K_{\mathrm{IS}}\, K_{\mathrm{PR}}}}_{T_1^*} \dot{x} + x = \frac{K_{\mathrm{IS}}\, K_{\mathrm{PR}}}{K_{\mathrm{IS}}\, K_{\mathrm{PR}}} w = \underbrace{1}_{K_{\mathrm{P}}^*} \cdot w\,. \end{aligned} \tag{3.16}$$

Dies ist also tatsächlich die Differentialgleichung eines P-T_1-Glieds mit dem Proportionalbeiwert

$$K_{\mathrm{P}}^* = 1 \tag{3.17}$$

und der Zeitkonstante

$$T_1^* = \frac{1}{K_{\mathrm{IS}}\, K_{\mathrm{PR}}}\,. \tag{3.18}$$

Der Proportionalbeiwert des geschlossenen Regelkreises liegt also *unabhängig von der Wahl des Reglerparameters* immer bei 1, sodass der Regelkreis keine bleibende Regeldifferenz besitzt.

Dieser Zusammenhang gilt bezüglich des Führungsverhaltens (sprungförmige Änderung der Führungsgröße) grundsätzlich beim Einsatz eines P-Reglers an einer Strecke ohne Ausgleich.

> An Regelstrecken ohne Ausgleich führt ein P-Regler bezüglich des Führungsverhaltens (d. h. im störungsfreien Fall) bei sprungförmigen Änderungen der Führungsgröße zu keiner bleibenden Regeldifferenz.

Tritt eine Störung auf, so kann der P-Regler diese allerdings nicht vollständig ausregeln. Dazu wollen wir annehmen, dass (z. B. aufgrund eines Defekts des Ablaufventils AV) auch bei nichtbetätigter Spültaste ein konstanter Ablaufvolumenstrom (Störgröße z) auftritt. **Bild 3.14** zeigt zunächst den entsprechenden Regelkreis. Da es sich bei der Störgröße um einen *ab*fließenden Volumenstrom handelt, wird sie mit negativem Vorzeichen auf die Regelstrecke (Spülkasten) geschaltet.

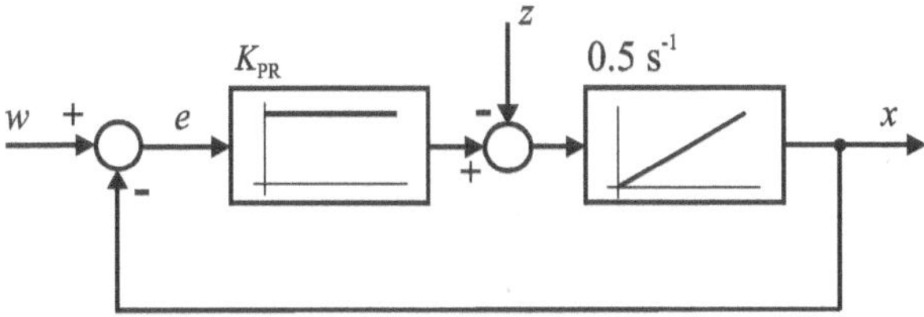

Bild 3.14 Blockschaltbild des Füllstandsregelkreises mit Störgröße

Durch die Störung kommt es zu einem Absinken des Schwimmers Sch und damit einem Öffnen des Zulaufventils. Solange der Zulaufstrom noch geringer als der Ablaufstrom ist, sinkt der Schwimmer weiter und der Zulaufstrom steigt. Ist das Zulaufventil auf diese Weise gerade so weit geöffnet, dass Zu- und Ablaufvolumenstrom gleich sind, hat der Regelkreis seinen neuen stationären Zustand erreicht und der Füllstand bleibt konstant. Die Störgröße wird vom P-Regler also *nicht* ausgeregelt, sondern es tritt eine bleibende Regeldifferenz auf, d. h., der neue stationäre Füllstand liegt unterhalb des Sollwerts.

Bild 3.15 verdeutlicht die Zusammenhänge anhand der Störsprungantwort des Regelkreises beispielhaft für K_{PR} = 1 bzw. K_{PR} = 5. Dabei war der Spülkasten zunächst komplett gefüllt, d. h., die Regelgröße entsprach dem Sollwert von 1. Zum Zeitpunkt t = 1 s wurde nun eine konstante Störgröße mit einer Amplitude von 0.5 aufgeschaltet, d. h. das Ablaufventil teilweise geöffnet. Wir können erkennen, dass es wie bereits dargelegt zu einem Absinken des Füllstands kommt, welches auch nicht wieder ausgeregelt wird. Es entsteht eine bleibende Regeldifferenz, die allerdings umso geringer ist, je größer K_{PR} gewählt wird.

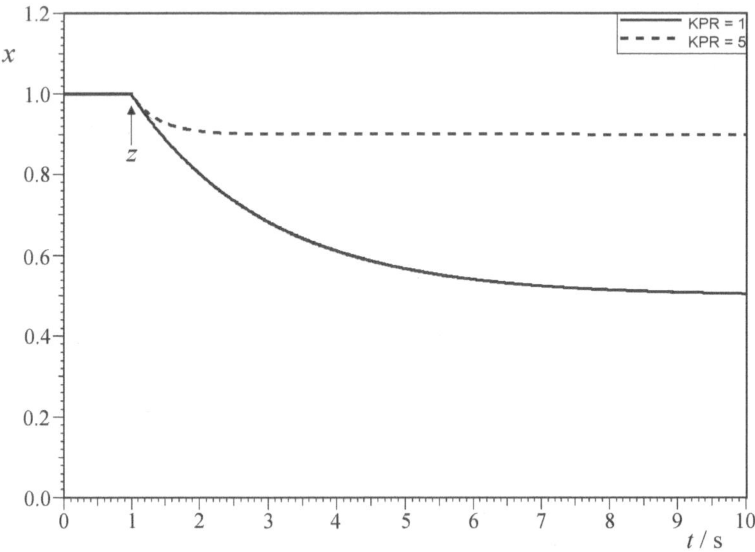

Bild 3.15 Störsprungantwort des Regelkreises für verschiedene Werte von K_{PR} (Verlauf der Regelgröße)

Um die Sache noch ein wenig komplizierter zu machen: Die gerade gemachte Beobachtung bezüglich des Störverhaltens einer P-Regelung an Strecken ohne Ausgleich gilt nicht in allen Fällen, aber zumindest immer dann, wenn die Störgröße wie in Bild 3.14 am *Eingang* der Regelstrecke angreift. Greift die Störgröße hingegen am *Ausgang* der Regelstrecke an, so kann sie vom P-Regler komplett ausgeregelt werden. Um dies genauer zu untersuchen, verlassen wir kurzzeitig unsere Füllstandsregelung und betrachten den Regelkreis nach **Bild 3.16**. Dieser besteht aus einer I-T_1-Regelstrecke (Reihenschaltung aus P-T_1- und I-Glied) sowie einem P-Regler mit den angegebenen Parametern. Neben der Führungsgröße sollen auf den Regelkreis wahlweise Störgrößen an drei unterschiedlichen Punkten angreifen können, nämlich am Eingang bzw. Ausgang (z_1 bzw. z_3) sowie innerhalb der Regelstrecke (z_2).

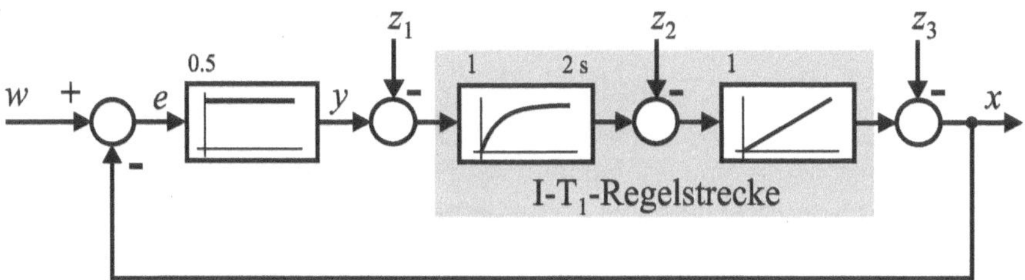

Bild 3.16 Regelkreis mit P-Regler und I-T_1-Strecke sowie unterschiedlichen Störgrößen

Bild 3.17 zeigt die zugehörigen Simulationsergebnisse. Dabei wurde zunächst der ungestörte Fall mit einem Sollwertsprung auf $w = 1$ betrachtet (ausgezogene Kurve), anschließend wurde zusätzlich nach 25 s jeweils eines der drei Störsignale als Sprungfunktion mit einer Amplitude von 0.2 aktiviert (gestrichelte bzw. strichpunktierte Kurven).

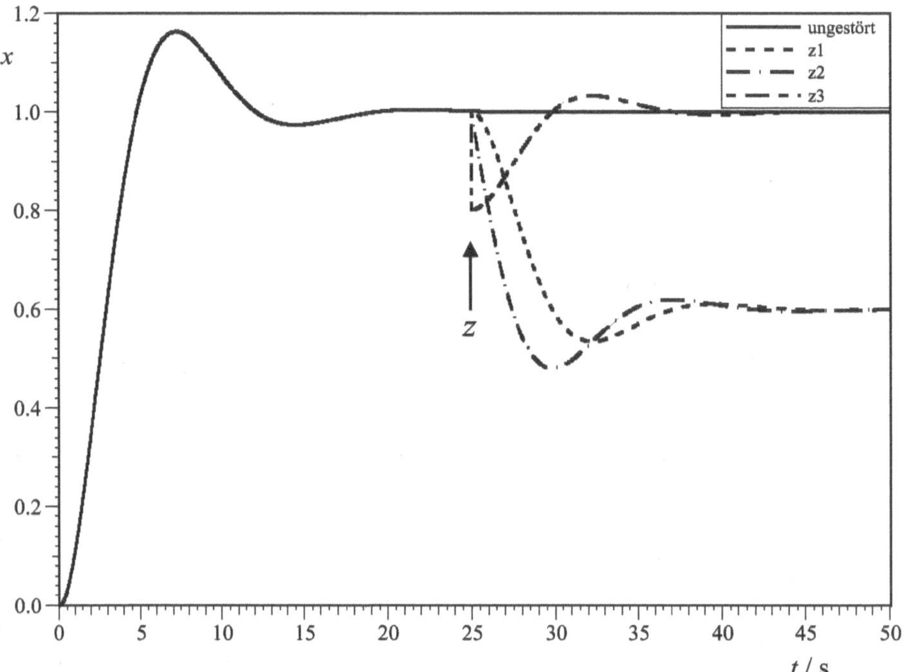

Bild 3.17 Simulationsergebnisse

Wie wir unmittelbar erkennen können, führen die Störungen z_1 (Eingang der Regelstrecke) und z_2 (innerhalb der Regelstrecke vor dem I-Glied) jeweils zu einer bleibenden Regeldifferenz (die in diesem Beispiel denselben Wert hat), während die Störung z_3 (Ausgang der Regelstrecke) vollständig kompensiert wird. Diese Beobachtung gilt generell und lässt sich wie folgt verallgemeinern:

Wirkt auf einen Regelkreis mit einer Regelstrecke ohne Ausgleich eine sprungförmige Störgröße ein, so kann diese genau dann vom P-Regler komplett ausgeregelt werden, wenn sie *hinter* dem I-Glied angreift. Tritt sie hingegen *vor* dem I-Glied auf, kann sie *nicht* vollständig kompensiert werden.

Kehren wir nunmehr noch einmal zurück zu unserer Füllstandsregelung nach Bild 3.12. Wir wollen auch diesen Regelkreis abschließend bezüglich seines Verhaltens bei einer Folgeregelung betrachten und schalten dazu wiederum eine Anstiegsfunktion als Führungsgröße auf den Kreis. Für den P-Regler wählen wir beispielhaft einen Proportionalbeiwert von $K_{PR} = 1$ bzw. $K_{PR} = 2$. **Bild 3.18** zeigt die resultierenden Ergebnisse. Wir können erkennen, dass die Regelgröße der Führungsgröße für große Zeiten mit zeitlich konstantem Abstand folgt; es entsteht also eine bleibende Regeldifferenz, die aber – im Gegensatz zur Folgeregelung bei der P-T_3-Strecke – zumindest nicht zunimmt. Diese Regeldifferenz wird im Zusammenhang mit Folgeregelungen auch als *Schleppfehler* bezeichnet. Wie wir außerdem erkennen können, kann der Schleppfehler durch Vergrößerung von K_{PR} verringert werden.

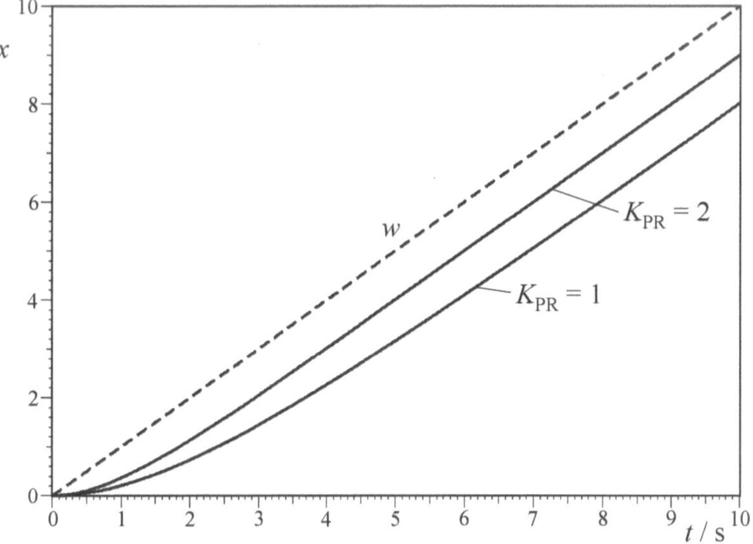

Bild 3.18 Anstiegsantwort des Füllstandsregelkreises für $K_{PR} = 1$ bzw. $K_{PR} = 2$

Die Datei *PReglerAnIStrecke.bsy* enthält die Simulationsstruktur zum untersuchten Beispiel. Überprüfen Sie die angegebenen Ergebnisse!

Die in diesem Abschnitt gewonnenen Erkenntnisse bezüglich der bleibenden Regeldifferenz bei Einsatz eines P-Reglers und sprungförmigen Führungsgrößenänderungen lassen sich auch ohne großen mathematischen Aufwand nachvollziehen: Bei einem P-Regler ist die erzeugte Stellgröße y der Regeldifferenz e proportional. Um überhaupt eine Stellgröße zu erzeugen, benötigt der P-Regler also zwingend eine Regeldifferenz an seinem Eingang – ist diese null, wird auch die Stellgröße zu null. Eine Regelstrecke mit Ausgleich benötigt aber zur Erzeugung einer Regelgröße größer null an ihrem Eingang eine Stellgröße größer null, sodass sich zwangsläufig eine bleibende Regeldifferenz ergeben *muss*. Eine Regelstrecke ohne Ausgleich hingegen weist integrierendes Verhalten auf, d. h., sie behält bei einer Stellgröße von null ihren aktuellen Ausgangswert bei. Im stationären Zustand hat die Stellgröße bei einer Strecke ohne Ausgleich im störungsfreien Fall daher immer den Wert null (ansonsten würde sich die Regelgröße ändern, und es läge kein stationärer Zustand vor) und damit auch die Regeldifferenz.

3.3 Der Integral-Regler (I-Regler)

Wie die Untersuchungen im vorangegangenen Abschnitt gezeigt haben, führt der P-Regler an einer Regelstrecke mit Ausgleich bezüglich des Führungsverhaltens zu einer bleibenden Regeldifferenz, da er aufgrund seines Proportionalverhaltens für die Erzeugung einer Stellgröße das Vorhandensein einer (wenn auch geringen) Regeldifferenz zwingend voraussetzt. Um die bleibende Regeldifferenz zum Verschwinden zu bringen, ist ein Regler erforderlich, der bei einer gleichbleibenden Regeldifferenz mit einer immer stärkeren Stellgröße reagiert und auch dann noch eine Stellgröße liefert, wenn die Regeldifferenz zu null geworden ist. Diese Aufgabe erfüllt der *Integral-Regler* oder kurz *I-Regler*. Für den Zusammenhang zwischen der Regeldifferenz $e(t)$ und der Stellgröße $y(t)$ gilt dabei die Beziehung

$$y(t) = K_{\mathrm{I(R)}} \int e(t)\,\mathrm{d}t\,. \qquad (3.19)$$

Bild 3.19 zeigt die Sprungantwort und alternative Blocksymbole des I-Reglers.

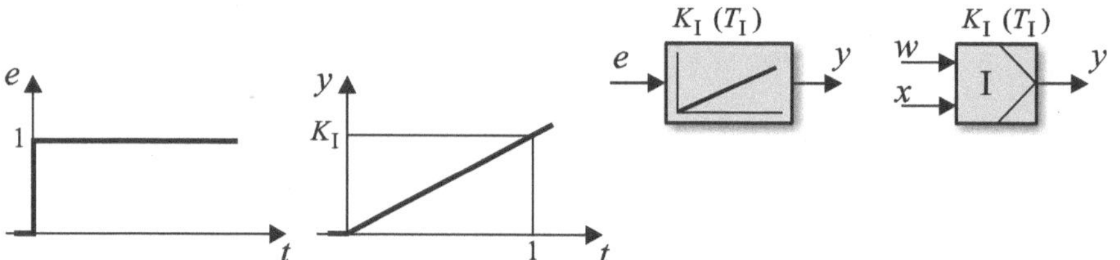

Bild 3.19 Sprungantwort und Blocksymbole des I-Reglers

Der Parameter K_I wird als *Integrierbeiwert* des I-Reglers bezeichnet. Um ihn vom Integrierbeiwert des allgemeinen I-Glieds zu unterscheiden, bezeichnet man den Parameter häufig auch als K_{IR}. Er entspricht dem Wert der Sprungantwort nach der Zeit $t = 1$ s. Seinen Kehrwert, die Zeit T_I, nennt man *Integrations-Zeitkonstante* oder auch nur *Integrierzeit*. Sie gibt die Zeitspanne an, nach der die Sprungantwort des Reglers einen Wert von 1 erreicht hat.

Leiten wir in Reglergleichung (3.19) beide Seiten nach der Zeit ab, so fällt auf der rechten Seite das Integral weg, während auf der linken Seite die zeitliche Ableitung der Stellgröße auftritt:

$$\dot{y}(t) = K_\mathrm{I} \cdot e(t) \ . \tag{3.20}$$

Beim I-Regler ist also die *Änderung* $\dot{y}(t)$ der Stellgröße – die *Stellgeschwindigkeit* – proportional zur aktuellen Regeldifferenz. Verschwindet die Regeldifferenz, so wird die Stellgeschwindigkeit zu null, d. h., die Stellgröße selbst behält ihren aktuellen Wert bei.

Der I-Regler erzeugt eine der Regeldifferenz proportionale Stellgeschwindigkeit, bei Anliegen einer konstanten Regeldifferenz also eine linear ansteigende Stellgröße. Sein einziger Kennwert (Reglerparameter) ist der Integrierbeiwert $K_{\mathrm{I(R)}}$.

Der I-Regler findet in der Praxis nur in sehr seltenen Fällen Verwendung. Warum dies so ist, wollen wir an einem Beispiel aufzeigen. Dazu setzen wir den I-Regler an einer P-T_1-Strecke gemäß **Bild 3.20** ein.

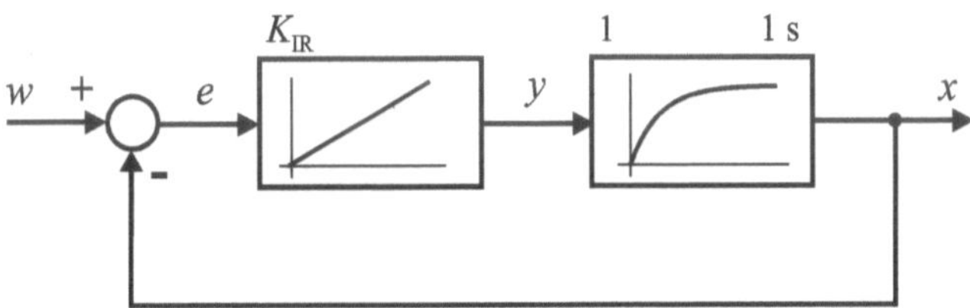

Bild 3.20 I-Regler an P-T_1-Strecke

Wir ermitteln die Führungssprungantwort für unterschiedliche Werte des Integrierbeiwerts K_{IR}. **Bild 3.21** zeigt die Verläufe von Regelgröße (oberes Diagramm) und Stellgröße (unteres Diagramm).

Wir können aus den Ergebnissen folgende Schlussfolgerungen ziehen:

- Der Regelkreis weist unabhängig von K_{IR} stationäre Genauigkeit auf. Dies liegt im integrierenden Verhalten des I-Reglers begründet, der im Gegensatz zum P-Regler zur Erzeugung einer Stellgröße *keine* Regeldifferenz benötigt, sondern bei einer Regeldifferenz von null den aktuellen Stellgrößenwert beibehält. Die Stellgröße strebt daher für große Zeiten einem von K_{IR} unabhängigen Wert ungleich null zu.
- Je größer K_{IR} gewählt wird, umso größer ist die jeweils erzeugte Stellgröße, d. h. umso schneller arbeitet die Regelung; sie ist aber in jedem Fall wesentlich langsamer als beim an früherer Stelle betrachteten Regelkreis mit P-Regler, wie der Vergleich mit Bild 3.3 zeigt. Dies liegt daran, dass der P-Regler bei Auftreten einer Regeldifferenz sofort mit einer entsprechenden Stellgröße reagiert, der I-Regler aber – wie an seiner

Sprungantwort zu erkennen – erst allmählich eine Stellgröße aufbaut. Außerdem erhöht sich mit zunehmendem Wert von K_{IR} die Schwingneigung des Regelkreises.

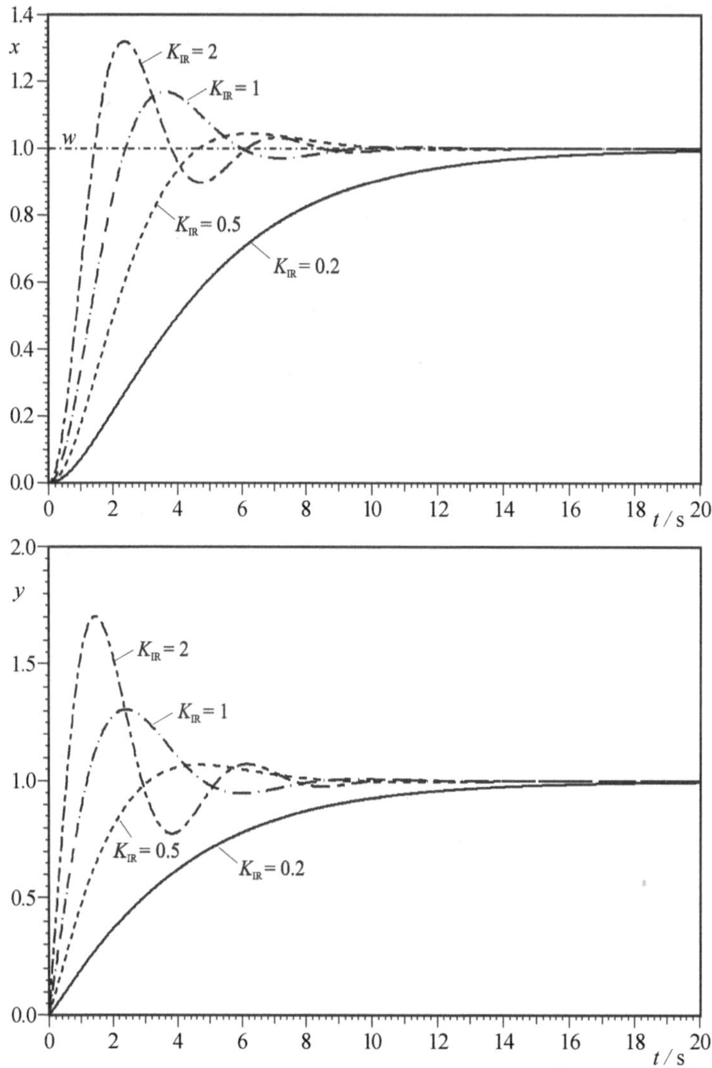

Bild 3.21 Führungssprungantwort des Regelkreises für verschiedene Werte von K_{IR} (oben: Verlauf der Regelgröße, unten: Verlauf der Stellgröße)

Darüber hinaus sei angemerkt, dass der I-Regler für den Einsatz an Strecken *ohne* Ausgleich nicht geeignet ist, da er dort zusammen mit dem integrierenden Verhalten der Regelstrecke praktisch immer zu einem instabilen Regelkreis führt. Die Sprungantwort des geschlossenen Regelkreises strebt in einem solchen Fall keinem stationären Endwert zu, sondern geht in eine ungedämpfte oder sogar aufklingende Schwingung über bzw. steigt aperiodisch an.

Laden Sie die Datei *IReglerAnIT1Strecke.bsy* und ermitteln Sie die Sprungantwort des Regelkreises für unterschiedliche Werte der Integrierzeit T_I des I-Reglers sowie der Zeitkonstante der Regelstrecke. Lässt sich für irgendeine Kombination ein stabiler Regelkreis erzeugen?

3.4 Der Proportional-Integral-Regler (PI-Regler)

Während der P-Regler aufgrund seines Proportionalverhaltens zwar schnell auf auftretende Regeldifferenzen reagiert, dafür aber in vielen Fällen zu einer bleibenden Regeldifferenz führt, weist ein Regelkreis mit I-Regler zwar stationäre Genauigkeit auf, reagiert dafür aber sehr träge. Es liegt daher nahe, beide Regler miteinander zu kombinieren, in der Hoffnung, einen Reglertyp zu erhalten, der – richtige Einstellung vorausgesetzt – die Vorzüge beider Anteile vereinigt. Dieser Reglertyp wird folgerichtig als *Proportional-Integral-Regler* (PI-Regler) bezeichnet. **Bild 3.22** zeigt zunächst die Struktur des PI-Reglers.

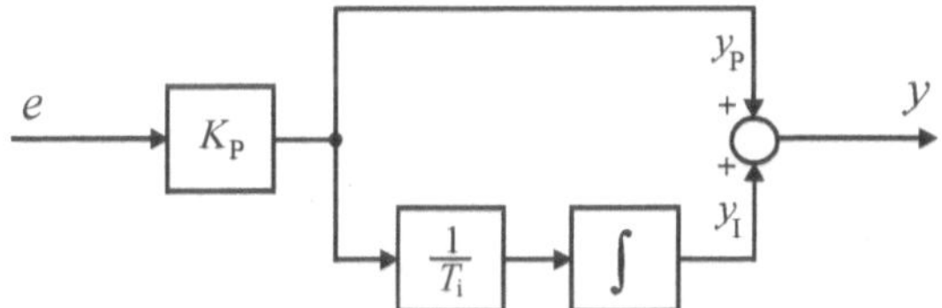

Bild 3.22 Struktur des PI-Reglers

Wie zu erkennen ist, setzt sich die Stellgröße y aus zwei Anteilen zusammen: dem Proportionalanteil y_P (oberer Zweig) und dem Integralanteil y_I (unterer Zweig). Für den Zusammenhang zwischen der Regeldifferenz $e(t)$ und der Stellgröße $y(t)$ gilt demnach die Beziehung

$$\begin{aligned} y(t) &= y_P + y_I = K_{P(R)} \cdot e(t) + \frac{K_{P(R)}}{T_i} \int e(t)\,dt \\ &= K_{P(R)} \left(e(t) + \frac{1}{T_i} \int e(t)\,dt \right). \end{aligned} \tag{3.21}$$

Der Parameter K_P bzw. K_{PR} wird als *Proportionalbeiwert* des PI-Reglers bezeichnet, der Parameter T_i[16] als *Nachstellzeit.* Der Integrierbeiwert K_I des I-Reglers findet hier aus Gründen der einfacheren mathematischen Darstellbarkeit also keine Verwendung; an seine Stelle tritt zur Charakterisierung des I-Anteils die Nachstellzeit.

Während der P-Anteil also die aktuelle Regeldifferenz in eine proportionale Stellgröße umsetzt, bewertet der I-Anteil *zeitlich zurückliegende* Werte der Regeldifferenz. Durch Aufintegration dieser Werte erzeugt er auch bei nur sehr geringen Regeldifferenzen eine zunehmende Stellgröße und bekämpft damit die bleibende Regeldifferenz.

---

[16] früher: T_N bzw. T_n

Der PI-Regler besitzt zwei Kennwerte: den Proportionalbeiwert $K_{P(R)}$ sowie die Nachstellzeit T_i. Der P-Anteil des PI-Reglers bewertet die Regeldifferenz „in der Gegenwart“, der I-Anteil den Verlauf der Regeldifferenz „in der Vergangenheit“.

Bild 3.23 zeigt Sprungantwort und alternative Blocksymbole des PI-Reglers.

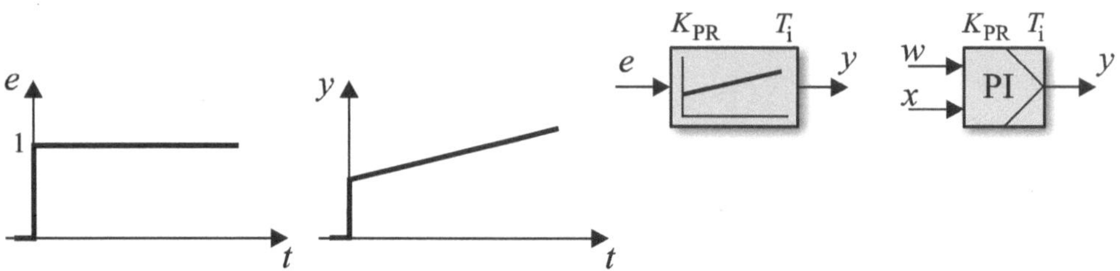

Bild 3.23 Sprungantwort und Blocksymbole des PI-Reglers

Bild 3.24 verdeutlicht noch einmal, wie sich die Sprungantwort durch Addition von P-Anteil (Sprung) und I-Anteil (zeitlinearer Anstieg) ergibt (linkes Teilbild). Die Nachstellzeit T_i des PI-Reglers ist diejenige Zeitspanne, die der I-Anteil benötigt, um die gleiche Änderung (d. h. den gleichen Stellgrößenanteil) hervorzurufen wie der P-Anteil direkt nach Aufschalten des Sprungs. Beide Parameter lassen sich daher auf einfache Weise grafisch aus der Sprungantwort ermitteln, indem man den zeitlinearen Abschnitt in die linke Halbebene verlängert und den Schnittpunkt mit der Zeitachse bestimmt (rechtes Teilbild).

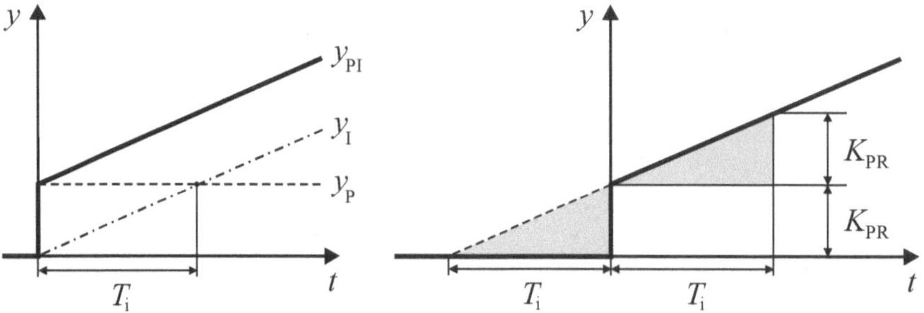

Bild 3.24 Ermittlung der PI-Reglerparameter aus der Sprungantwort

Bei konstantem Proportionalbeiwert steigt die Stellgröße also umso schneller an, je kleiner die Nachstellzeit ist. Dieser Zusammenhang lässt sich auch aus Funktionsgleichung (3.21) unmittelbar ablesen, da die Nachstellzeit dort im Nenner des I-Anteils auftritt. Der Anfangswert der Sprungantwort – d. h. der Stellgrößenwert zum Zeitpunkt $t = 0$ – ist hingegen nur vom Proportionalbeiwert des Reglers abhängig, da der I-Anteil zu diesem Zeitpunkt noch keinen Beitrag liefert.

Beispiel: Bild 3.25 zeigt die experimentell ermittelte Sprungantwort eines PI-Reglers. Nach der in Bild 3.24 skizzierten Vorgehensweise können wir der Sprungantwort einen Proportionalbeiwert von $K_{PR} = 3$ und eine Nachstellzeit von $T_i = 5$ s entnehmen.

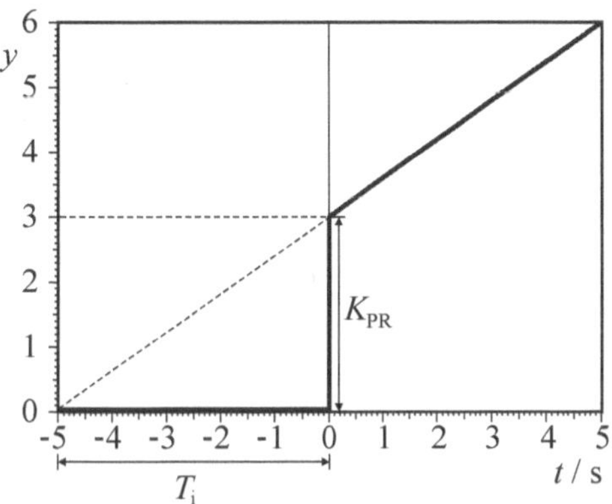

Bild 3.25 Ermittlung der Reglerparameter für Beispiel

Laden Sie die Datei *SprungantwortPIRegler.bsy*, und ermitteln Sie die Sprungantwort des PI-Reglers für unterschiedliche Werte des Proportionalbeiwerts und der Nachstellzeit. Beobachten Sie den Einfluss der Parameter auf den Anfangswert der Stellgröße und die Steigung der Sprungantwort für $t > 0$!

Auch die Funktionsweise des PI-Reglers wollen wir zunächst wieder an der altbekannten P-T_1-Strecke untersuchen. **Bild 3.26** zeigt den zugehörigen Regelkreis.

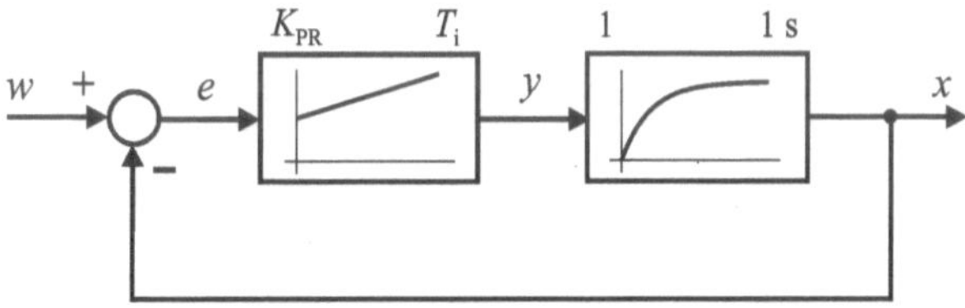

Bild 3.26 PI-Regler an P-T_1-Strecke

Da der PI-Regler zwei freie Parameter (nämlich Proportionalbeiwert und Nachstellzeit) besitzt, wollen wir den Einfluss beider getrennt voneinander untersuchen. **Bild 3.27** zeigt dazu zunächst die Führungssprungantwort des Regelkreises für verschiedene Werte der Nachstellzeit bei einem konstanten Proportionalbeiwert von $K_{PR} = 5$, **Bild 3.28** die Führungssprungantwort für verschiedene Werte von K_{PR} bei einer konstanten Nachstellzeit von $T_i = 0.5$ s.

Wir können aus den erhaltenen Ergebnissen folgende Schlussfolgerungen ziehen:

- Eine geringere Nachstellzeit führt (da T_i in Gl. (3.21) im Nenner steht) zu einer höheren Stellgröße und damit zu einem schnelleren Anstieg der Regelgröße; wird die Nachstellzeit aber sehr klein, erhöht sich die Schwingneigung des Regelkreises.
- Ein größerer Proportionalbeiwert führt ebenfalls zu einem schnelleren Anstieg der Regelgröße; allerdings kann er – wie wir bereits beim P-Regler gesehen hatten – bei Strecken höherer Ordnung zu mehr oder weniger starkem Überschwingen oder sogar Instabilität führen.

- Unabhängig von der Wahl der Reglerparameter weist der Regelkreis immer stationäre Genauigkeit auf, d. h., die Regelgröße strebt für große Zeiten gegen die Führungsgröße (Sollwert).

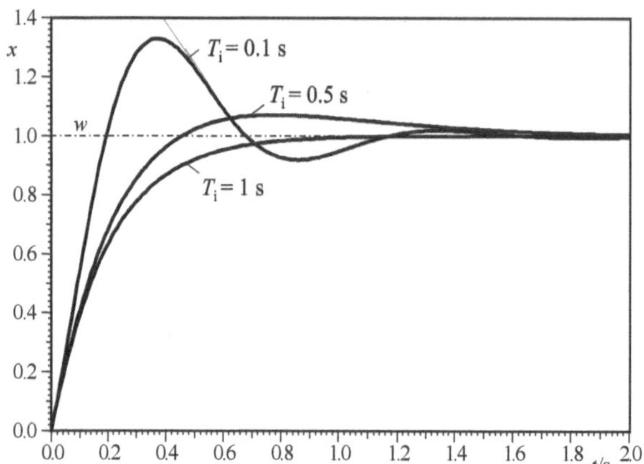

Bild 3.27 Führungssprungantwort in Abhängigkeit von T_i für $K_{PR} = 5$

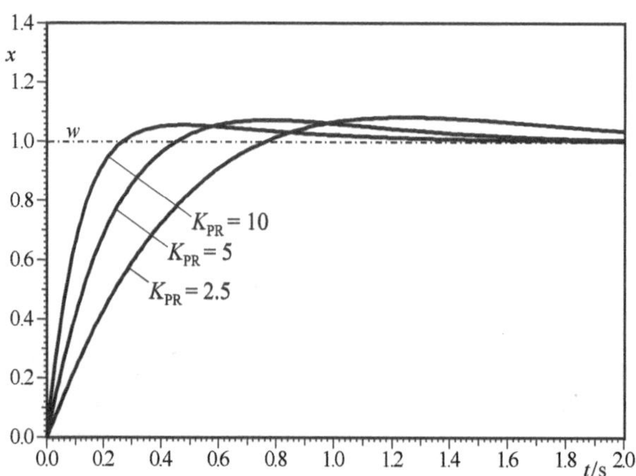

Bild 3.28 Führungssprungantwort in Abhängigkeit von K_{PR} für $T_i = 0.5$ s

Der PI-Regler führt an Regelstrecken mit Ausgleich bei sprungförmigen Führungsgrößenänderungen zu einem Verschwinden der bleibenden Regeldifferenz. Zu große Werte des Proportionalbeiwerts sowie zu kleine Werte der Nachstellzeit können aber zu einer erhöhten Schwingneigung des geschlossenen Regelkreises bis hin zur Instabilität führen.

Wie sollte man die Reglerparameter nun wählen? Für das von uns gewählte Beispiel wäre etwa die Einstellung $K_{PR} = 5$, $T_i = 0.5$ s eine vernünftige Wahl; die Regelgröße läuft in diesem Fall recht schnell und mit nur geringem Überschwingen gegen den Sollwert. Für $K_{PR} = 10$, $T_i = 0.5$ s ergibt sich sogar noch ein etwas besseres Regelverhalten, allerdings erzeugt dieser Regler wegen des größeren K_{PR}-Werts auch wesentlich größere Stellgrößenwerte; dies erhöht die Gefahr, dass das dem Regler nachgeschaltete Stellglied in seine Begrenzung fährt (siehe auch Abschnitt 3.9!).

Betrachten wir den PI-Regler an der gewählten P-T_1-Regelstrecke nun bezüglich seines Verhaltens bei einer Folgeregelung, beispielhaft für die Reglerparameter $K_{PR} = 5$, $T_i = 0.5$ s. **Bild 3.29** zeigt die Anstiegsantwort des Regelkreises. Wir erhalten das bereits bei der P-Regelung einer I-Strecke beobachtete Ergebnis: Für große Zeiten stellt sich ein konstanter Schleppfehler ein. Während bei der P-Regelung der I-Strecke der I-Anteil in der Strecke dafür sorgte, dass die Regeldifferenz für große Zeiten zumindest nicht ansteigt, ist in diesem Fall der I-Anteil im Regler dafür verantwortlich.

Das hier beispielhaft beobachtete Verhalten gilt generell bei Einsatz eines PI-Reglers an einer Regelstrecke mit Ausgleich.

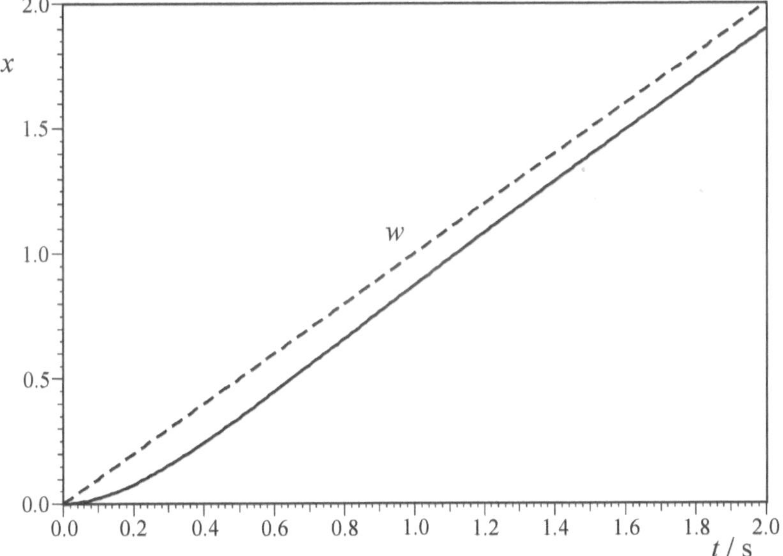

Bild 3.29 Anstiegsantwort des Regelkreises für $K_{PR} = 5$, $T_i = 0.5$ s

Der PI-Regler führt an Regelstrecken mit Ausgleich bei einer Folgeregelung mit einer *Anstiegsfunktion* als Führungsgröße für große Zeiten zu einer zeitlich konstanten Regeldifferenz (Schleppfehler). Diese lässt sich durch Vergrößerung des Regler-Proportionalbeiwerts K_{PR} verringern.

Um auch bei einer Anstiegsfunktion die Regeldifferenz komplett zum Verschwinden zu bringen, benötigt man – wie wir gleich sehen werden – insgesamt *zwei* I-Glieder im Regelkreis. Diese finden wir in der Regel nur dann vor, wenn sowohl die Regelstrecke einen I-Anteil hat (es sich also um eine Regelstrecke ohne Ausgleich handelt) als auch der Regler. Als Beispiel betrachten wir den Spindelantrieb nach Bild 2.61, den wir seinerzeit als I-T_1-Regelstrecke identifiziert hatten. Der Spindelantrieb möge die folgenden Kennwerte besitzen:

$$K_{\text{IS}} = 1\,\frac{\text{m}}{\text{V s}},\; T_1 = 1 s \;.$$

Es ergibt sich dann der Regelkreis nach **Bild 3.30**.

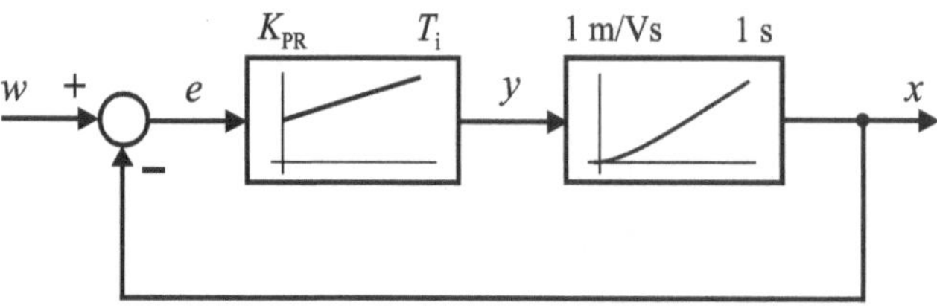

Bild 3.30 PI-Regler an I-T_1-Strecke (Spindelantrieb)

Wir wollen eine Folgeregelung betrachten, bei der der Schlitten die Sollposition w = 10 m zunächst mit einer konstanten Geschwindigkeit von 1 m/s anfahren und dann in dieser Position verharren soll. Unsere Führungsgröße ist demnach eine Anstiegsfunktion, die nach 10 s den Wert 10 m erreicht und diesen Wert dann beibehält.

Zunächst soll die Regelung mit einem reinen P-Regler mit K_{PR} = 2 durchgeführt werden (der I-Anteil werde also zunächst abgeschaltet). **Bild 3.31** zeigt den resultierenden Verlauf von Regelgröße (ausgezogene Kurve) und Führungsgröße (gestrichelte Kurve). Wie bei der in Abschnitt 3.2 bereits untersuchten P-Regelung einer I-Strecke stellt sich während des Anstiegs der Führungsgröße ein konstanter Schleppfehler ein, der – verbunden mit einem leichten Überschwingen – erst ausgeregelt wird, nachdem die Führungsgröße ihren Endwert von 10 m angenommen hat.

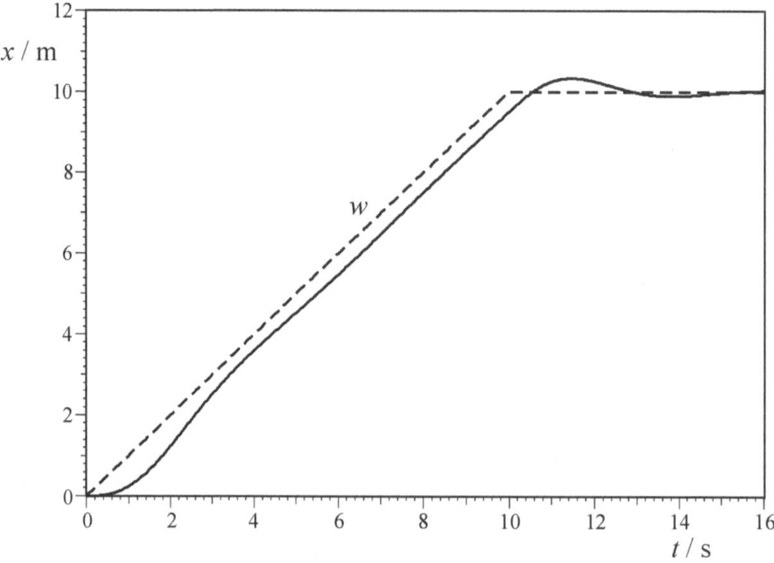

Bild 3.31 Verlauf von Führungs- und Regelgröße bei P-Regelung mit K_{PR} = 2

Nunmehr reaktivieren wir den I-Anteil des Reglers und wählen eine Nachstellzeit von T_i = 4 s. **Bild 3.32** zeigt die resultierenden Verläufe. Wir erkennen, dass die Regelgröße nunmehr auch während der Anstiegsphase der Führungsgröße dieser nach einer gewissen Zeit (etwa 8 s) exakt zu folgen vermag, also kein Schleppfehler mehr auftritt. Dieser Effekt wird durch den doppelten I-Anteil im Regelkreis bewirkt. Dennoch sollte ein PI-Regler an einer Regelstrecke ohne Ausgleich mit Vorsicht eingesetzt werden: Im Gegensatz zur P-Regelung erkennen wir nach Erreichen des Endwerts der Führungsgröße ein deutlich stärkeres Überschwingen der Regelgröße. Generell gilt, dass jeder I-Anteil im Regelkreis – gleichgültig, ob im Regler oder in der Regelstrecke – die Schwingneigung des Regelkreises erhöht und zur Instabilität führen kann. In Kapitel 8 werden wird diesen Punkt noch eingehender betrachten.

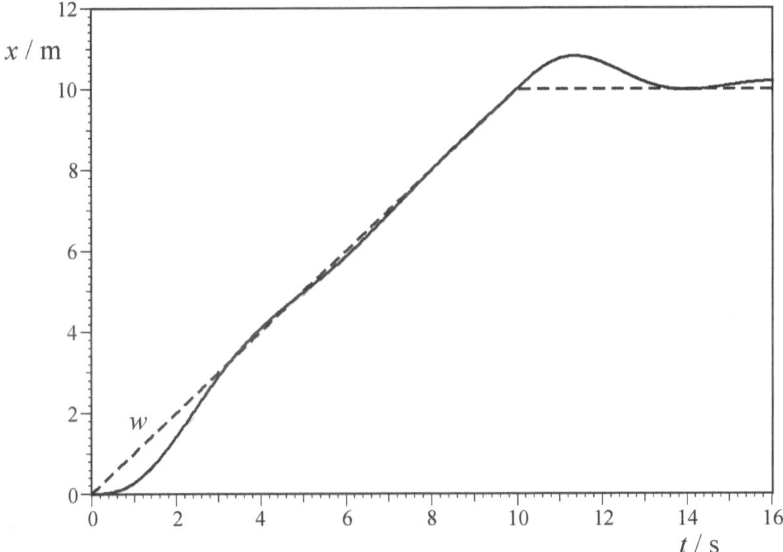

Bild 3.32 Verlauf von Führungs- und Regelgröße bei PI-Regelung mit K_{PR} = 2, T_i = 4 s

Der PI-Regler ist an Regelstrecken ohne Ausgleich in der Lage, einer Anstiegsfunktion (Rampe) als Führungsgröße nach einer gewissen Zeit exakt, d. h. ohne Schleppfehler, zu folgen. Allerdings erhöht sich durch den doppelten I-Anteil im Regelkreis die Schwingneigung und die Gefahr der Instabilität.

Tabelle 3.1 gibt noch einmal eine Übersicht über die bleibende Regeldifferenz bei den wichtigsten Regler-/Streckenkombinationen sowie unterschiedlichen Führungs- bzw. Störgrößen. Hierin sind auch die in den folgenden Abschnitten noch vorzustellenden PD- und PID-Regler bereits aufgenommen. K_{PS} bzw. K_{IS} sind Proportional- bzw. Integrierbeiwert der Regelstrecke, K_{PR} ist der Proportionalbeiwert des Reglers. w_0 ist die Amplitude des Führungsgrößensprungs bzw. die Steigung der Führungsrampe. z_{10} und z_{20} sind die Amplituden der Störsignalsprünge, wobei z_1 am Streckeneingang, z_2 am Streckenausgang angreift. Beide Störungen wurden mit negativem Vorzeichen angenommen.

Tabelle 3.1 Übersicht zur bleibenden Regeldifferenz

Reglertyp	Streckentyp	Regeldifferenz bei Sprung w	Regeldifferenz bei Rampe w	Regeldifferenz bei Sprung z_1	Regeldifferenz bei Sprung z_2
P, PD	P, P-T$_1$, P-T$_n$	$\frac{w_0}{1+K_{PR}K_{PS}}$	∞	$\frac{-K_{PS}z_{10}}{1+K_{PR}K_{PS}}$	$\frac{-z_{20}}{1+K_{PR}K_{PS}}$
I, PI, PID	P, P-T$_1$, P-T$_n$	0	$\frac{w_0}{\frac{K_{PR}}{T_i}K_{PS}}$	0	0
P, PD	I, I-T$_1$, I-T$_n$	0	$\frac{w_0}{K_{PR}K_{IS}}$	$\frac{-z_{10}}{K_{PR}}$	0
I, PI, PID	I, I-T$_1$, I-T$_n$	0	0	0	0

Auf die Herleitung der Gleichungen soll an dieser Stelle verzichtet werden.

3.5 Der Proportional-Integral-Differential-Regler (PID-Regler)

Tritt in einem von Hand geregelten Regelkreis plötzlich eine größere Störung auf, sodass sich die Regelgröße und damit auch die Regeldifferenz schnell ändert, so wird ein erfahrener Bediener versuchen, die Auswirkung der Störung dadurch zu kompensieren, dass er zunächst das Stellglied besonders kräftig verstellt, diese starke Verstellung dann aber relativ schnell wieder zurücknimmt. Diese Vorgehensweise kann man in einem Regler dadurch nachbilden, dass man einen Stellgrößenanteil hinzunimmt, der die *Änderungsgeschwindigkeit* der Regeldifferenz (d. h. ihre zeitliche Ableitung) bewertet. Fügt man einen solchen differenzierenden Anteil – ein sogenanntes *D-Glied* – einem PI-Regler hinzu, so entsteht dadurch ein *Proportional-Integral-Differential-Regler* (PID-Regler). **Bild 3.33** zeigt zunächst die Struktur dieses Reglertyps. Er besteht aus einer Parallelschaltung eines Proportional-, Integral- und Differentialanteils. $e(t)$ ist dabei die Regeldifferenz und $y(t)$ die vom Regler generierte Stellgröße.

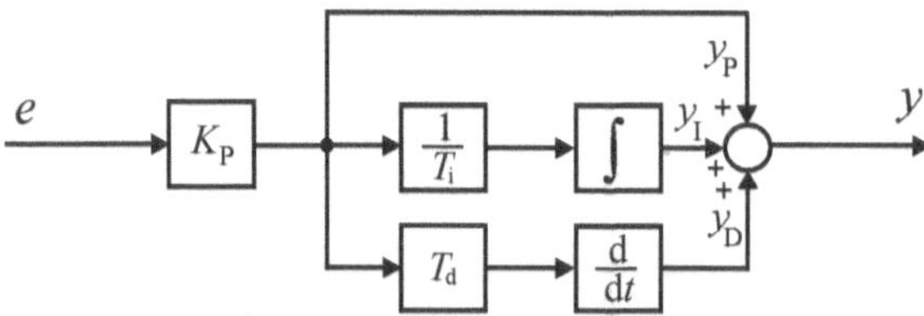

Bild 3.33 Struktur des PID-Reglers

Für den Zusammenhang zwischen der Regeldifferenz $e(t)$ und der Stellgröße $y(t)$ gilt demnach die Beziehung

$$
\begin{aligned}
y(t) &= y_\mathrm{P} + y_\mathrm{I} + y_\mathrm{D} \\
&= K_\mathrm{P(R)} \cdot e(t) + \frac{K_\mathrm{P(R)}}{T_\mathrm{i}} \int e(t)\,\mathrm{d}t + K_\mathrm{P(R)} \cdot T_\mathrm{d} \frac{\mathrm{d}e(t)}{\mathrm{d}t} \\
&= K_\mathrm{P(R)} \left(e(t) + \frac{1}{T_\mathrm{i}} \int e(t)\,\mathrm{d}t + T_\mathrm{d} \frac{\mathrm{d}e(t)}{\mathrm{d}t} \right).
\end{aligned}
\tag{3.22}
$$

Man erkennt, dass der Proportionalbeiwert K_P bei dieser auch als *Technischer PID-Regler* bezeichneten Struktur in alle drei Teil-Stellgrößen einfließt. **Bild 3.34** zeigt Sprungantwort und alternative Blocksymbole des PID-Reglers.

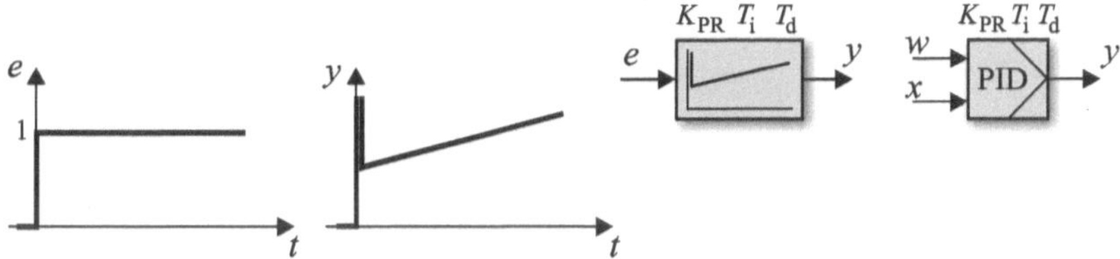

Bild 3.34 Sprungantwort und Blocksymbole des PID-Reglers

Der Parameter $K_\mathrm{P(R)}$ wird als *Proportionalbeiwert* des PID-Reglers bezeichnet, der Parameter T_i als *Nachstellzeit* und der Parameter T_d[17] als *Vorhaltezeit*. Die vom PID-Regler im Moment des Aufschaltens des Sprungs generierte Stellgröße ist wegen der Differentiation (unendlich steile Flanke der Sprungfunktion) theoretisch unendlich groß.

Während der P-Anteil also die aktuelle Regeldifferenz und der I-Anteil zeitlich zurückliegende Werte bewertet, versucht der D-Anteil bereits Änderungs*tendenzen* der Regeldifferenz zu erkennen und durch einen entsprechenden Stellgrößenanteil zu bekämpfen; er schaut also gewissermaßen „in die Zukunft".

Der PID-Regler besitzt drei Kennwerte: den Proportionalbeiwert $K_\mathrm{P(R)}$, die Nachstellzeit T_i sowie die Vorhaltezeit T_d. Der P-Anteil des PID-Reglers bewertet die Regeldifferenz „in der Gegenwart", der I-Anteil den Verlauf der Regeldifferenz „in der Vergangenheit" und der D-Anteil den Verlauf „in der Zukunft".

Wir wollen die Entstehung der Sprungantwort des PID-Reglers aus den Sprungantworten der einzelnen Anteile noch ein wenig genauer betrachten. **Bild 3.35** zeigt dazu noch einmal die Reaktion von P-, I- und D-Anteil auf eine sprungförmig auftretende Regeldifferenz. Der P-Anteil erzeugt aufgrund seines Proportionalverhaltens ebenfalls eine Sprungfunktion, er reagiert also *schnell*, aber *gleichbleibend*. Dies führt dazu, dass – wie wir bereits in Abschnitt 3.2 gesehen hatten – ein reiner P-Regler zwar schnell ist, aber an Regelstrecken mit Ausgleich zu einer bleibenden Regeldifferenz führt. Der I-Anteil hingegen reagiert zwar *langsam*, dafür aber mit *zunehmender* Stellgröße und sorgt damit für stationäre Genauigkeit, d. h. das Verschwinden der bleibenden Regeldifferenz. Der D-Anteil erzeugt im Moment des Sprungs der Regeldifferenz (theoretisch) einen unendlich schmalen, unendlich

[17] früher: T_V bzw. T_v

hohen Stellgrößenimpuls – er reagiert also *kurz* und *heftig*. Dadurch kann er – wie wir in Kapitel 4 noch sehen werden – dem Regelkreis bei korrekter Einstellung noch einmal zusätzliche Schnelligkeit verleihen.

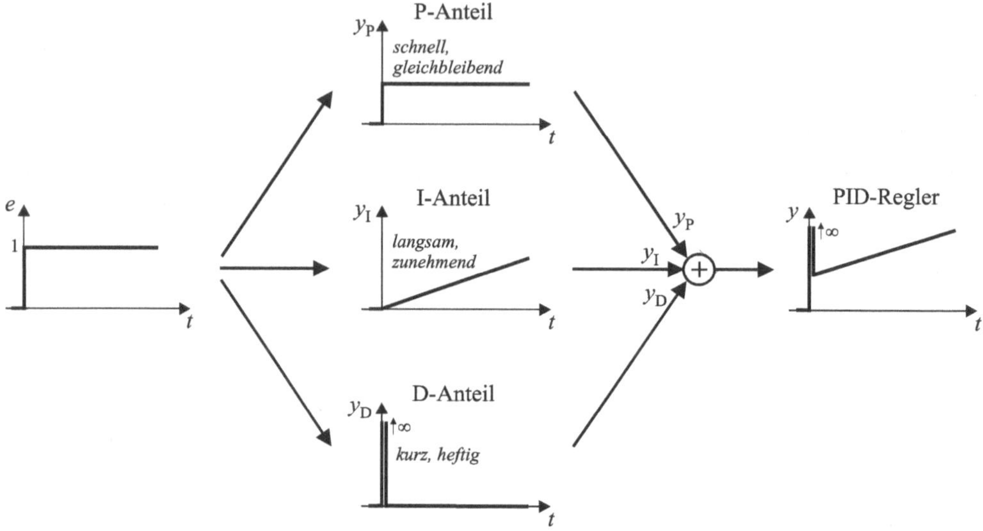

Bild 3.35 Zur Entstehung der Sprungantwort des PID-Reglers

Der PID-Regler ermöglicht bei „vernünftiger" Einstellung der Reglerparameter die Regelung nahezu aller Typen von Regelstrecken. Da wir auf den Entwurf dieses Reglertyps in Kapitel 4 noch detailliert eingehen werden, soll an dieser Stelle zunächst auf ein Beispiel verzichtet werden.

3.6 Der Proportional-Differential-Regler (PD-Regler)

Bei Regelstrecken ohne Ausgleich kann auf den I-Anteil des PID-Reglers zur Beseitigung der bleibenden Regeldifferenz in vielen Fällen verzichtet werden; es verbleibt dann ein *Proportional-Differential-Regler* oder kurz *PD-Regler*, dessen Struktur in **Bild 3.36** gezeigt ist.

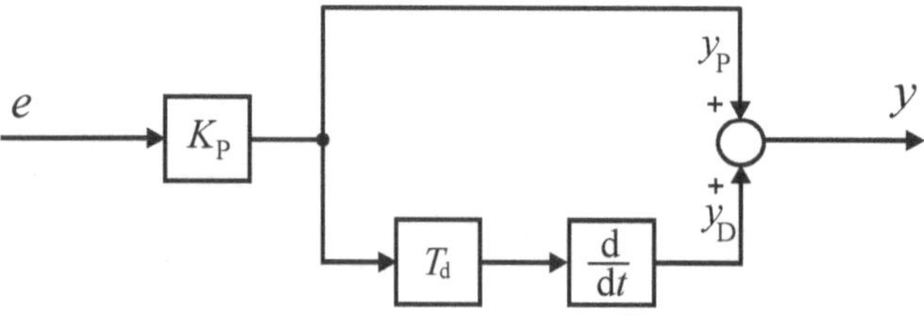

Bild 3.36 Struktur des PD-Reglers

Für den Zusammenhang zwischen der Regeldifferenz $e(t)$ und der Stellgröße $y(t)$ gilt demnach die Beziehung

$$\begin{aligned} y(t) &= y_{\mathrm{P}} + y_{\mathrm{D}} \\ &= K_{\mathrm{P(R)}} \cdot e(t) + K_{\mathrm{P(R)}} \cdot T_{\mathrm{d}} \frac{\mathrm{d}e(t)}{\mathrm{d}t} \\ &= K_{\mathrm{P(R)}} \left(e(t) + T_{\mathrm{d}} \frac{\mathrm{d}e(t)}{\mathrm{d}t} \right). \end{aligned} \tag{3.23}$$

Bild 3.37 zeigt Sprungantwort und alternative Blocksymbole des PD-Reglers.

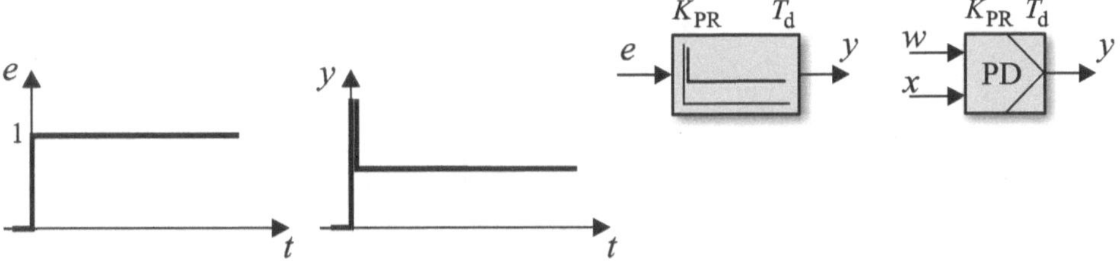

Bild 3.37 Sprungantwort und Blocksymbole des PD-Reglers

Der PD-Regler besitzt zwei Kennwerte: den Proportionalbeiwert $K_{\mathrm{P(R)}}$ sowie die Vorhaltezeit T_{d}.

Die Bedeutung der bereits bei der Vorstellung des PID-Reglers eingeführten Vorhaltezeit T_{d} lässt sich erkennen, wenn wir die Anstiegsantwort (Rampenantwort) des PD-Reglers, d. h. die Antwort auf eine linear (also mit konstanter Geschwindigkeit) ansteigende Eingangsgröße, betrachten (**Bild 3.38**). Die Vorhaltezeit ist dabei nämlich genau diejenige Zeitspanne, um welche die Anstiegsantwort des PD-Reglers einen bestimmten Wert der Stellgröße früher erreicht, als sie es ohne D-Anteil tun würde. Dazu zeigt Bild 3.38 neben der Gesamtstellgröße (ausgezogene Kurve) einerseits den P-Anteil der Stellgröße (strichpunktierte Kurve), andererseits den D-Anteil (punktierte Kurve). Nach Ablauf der Vorhaltezeit schneiden sich beide Kurven, d. h., beide Regleranteile liefern denselben Stellgrößenwert.

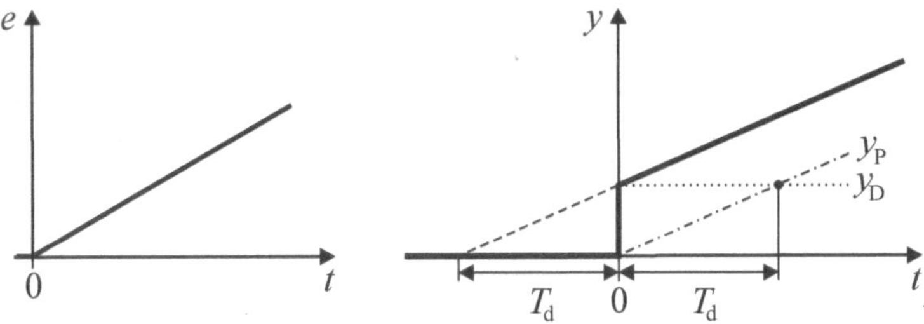

Bild 3.38 Anstiegsantwort des PD-Reglers

Da der PD-Regler keinen I-Anteil besitzt, führt er an einer Regelstrecke mit Ausgleich wie der reine P-Regler zu einer bleibenden Regeldifferenz. Wir wollen den Regler dazu beispielhaft an der bereits vom P-Regler bekannten P-T_3-Strecke einsetzen (**Bild 3.39**).

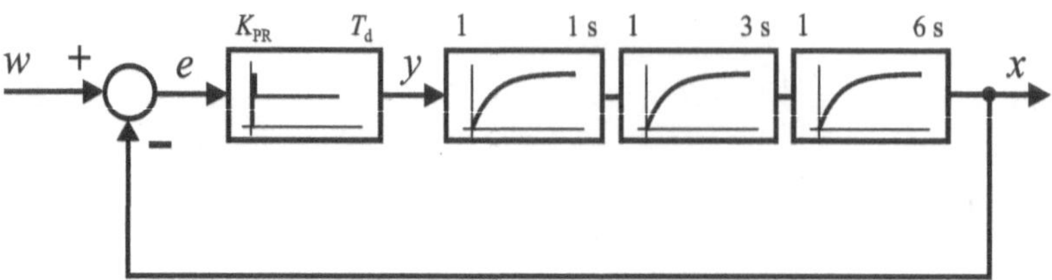

Bild 3.39 PD-Regler an P-T_3-Strecke

Bei der Analyse des P-Reglers im Zusammenspiel mit dieser Regelstrecke hatten wir festgestellt, dass sich für einen Proportionalbeiwert von $K_{PR} = 5$ ein relativ starkes Überschwingen ergab und eine weitere Erhöhung von K_{PR} schließlich zur Instabilität des Regelkreises führte (Bild 3.8). **Bild 3.40** zeigt nunmehr die Führungssprungantwort des geschlossenen Regelkreises bei Einsatz eines PD-Reglers mit den Parametern $K_{PR} = 5$, $T_d = 2$ s bzw. $K_{PR} = 10$, $T_d = 2$ s im Vergleich mit der reinen P-Regelung.

Wir erkennen unschwer, dass der Regelkreis mit PD-Regler bei gleichem Wert für K_{PR} im Gegensatz zum Kreis mit P-Regler nahezu ohne Überschwingen arbeitet; allerdings ergibt sich wegen des identischen Regler-Proportionalbeiwerts in beiden Fällen dieselbe bleibende Regeldifferenz. Beim PD-Regler lässt sich allerdings – wie die zweite Kurve zeigt – K_{PR} auf z. B. einen Wert von 10 erhöhen (und die bleibende Regeldifferenz entsprechend verringern), ohne dass die Schwingneigung des Kreises wesentlich zunimmt. Der D-Anteil wirkt sich also (zumindest beim hier betrachteten Streckentyp) positiv auf die Stabilitätseigenschaften des Regelkreises aus. Wegen der bleibenden Regeldifferenz an Strecken mit Ausgleich wird der PD-Regler allerdings bevorzugt an Strecken eingesetzt, die einen I-Anteil enthalten (Strecken ohne Ausgleich).

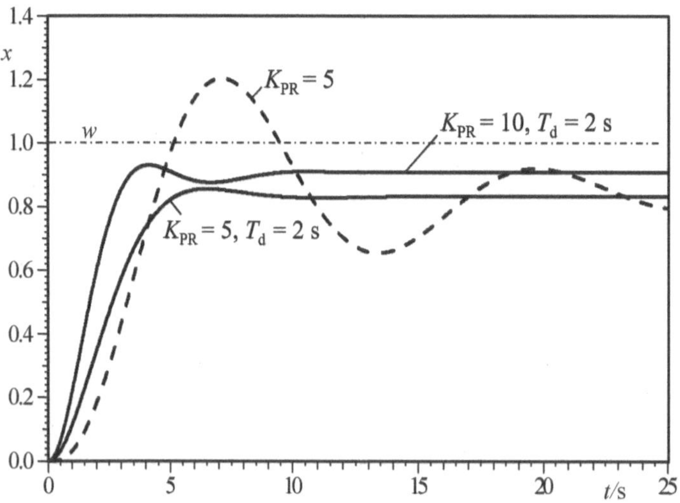

Bild 3.40 Führungssprungantwort mit PD-Regler im Vergleich zum P-Regler (gestrichelte Kurve)

3.7 PID-T_1- und PD-T_1-Regler

Problematisch ist der Einsatz des D-Anteils im PD- bzw. PID-Regler im Hinblick auf Störungen, die auf den Regelkreis einwirken (z. B. Messrauschen). Besitzen diese Störungen Anteile hoher Frequenz, so generiert der D-Anteil daraus sehr hohe Stellgrößen-Anteile. Aus diesem Grunde ist es beim Einsatz eines D-Anteils grundsätzlich ratsam, Vorsicht walten zu lassen. Hinzu kommt, dass eine echte (d. h. ideale) Differentiation technisch gar nicht realisierbar ist. Vielfach wird in der Praxis daher nicht ein reiner D-Anteil (ideale Differentiation), sondern ein verzögernd wirkender D-Anteil, ein sogenanntes D-T_1-Glied (Differenzierer mit P-T_1-Glied, „realer" Differenzierer) eingesetzt. Der komplette Regler wird dann auch als PID-T_1- bzw. PD-T_1-Regler („realer" P(I)D-Regler) bezeichnet.

Bild 3.41 verdeutlicht die Zusammenhänge. Das obere Teilbild zeigt zunächst Sprungantwort und Blocksymbol des idealen Differenzierers (D-Glieds). Dieser erzeugt im Moment des Aufschaltens des Sprungs (theoretisch) einen unendlich hohen, unendlichen schmalen Stellgrößenimpuls. Durch Nachschalten eines P-T_1-Glieds (unteres Teilbild) erhalten wir ein D-T_1-Glied; der Impuls wird nun „abgeschliffen", d. h., die Anfangshöhe ist jetzt endlich und die Stellgröße sinkt nicht sofort wieder auf null, sondern verläuft asymptotisch. Das D-T_1-Glied wird in der Praxis häufig auch als *Vorhalteglied* bezeichnet.

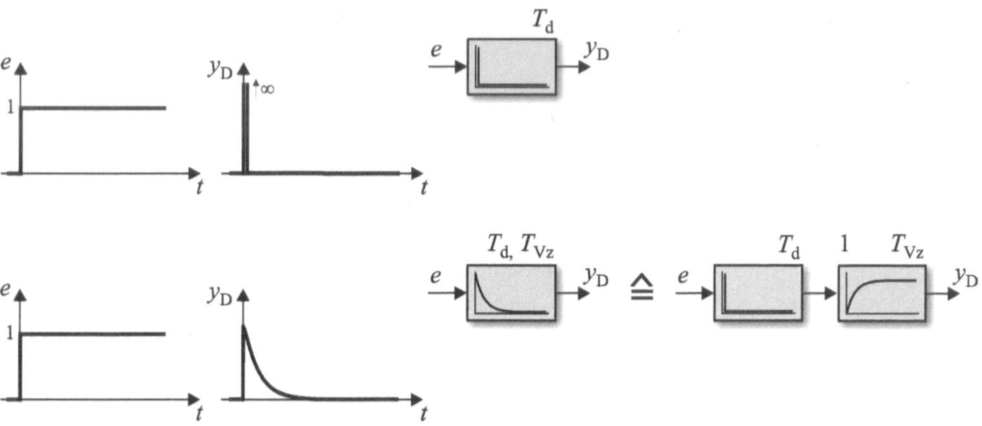

Bild 3.41 D-T_1-Glied als Reihenschaltung von D-Glied und P-T_1-Glied

Über die Zeitkonstante des zur Verzögerung eingesetzten P-T_1-Glieds – wir wollen sie mit T_{Vz} bezeichnen – lässt sich die Stärke der Verzögerung einstellen. Je größer T_{Vz} gewählt wird, umso stärker wird die Wirkung des D-Anteils abgeschwächt; für $T_{Vz} \to \infty$ wird der D-Anteil wirkungslos. Für $T_{Vz} \to 0$ hingegen ergibt sich ideale Differentiation, d. h., der P(I)D-T_1-Regler geht in einen P(I)D-Regler über. **Bild 3.42** zeigt die Sprungantwort eines idealen PID-Reglers ($T_{Vz} = 0$, linkes Teilbild) im Vergleich mit der Sprungantwort des PID-T_1-Reglers für zwei unterschiedliche Werte von T_{Vz} (mittleres bzw. rechtes Teilbild). Wie wir erkennen können, wird der beim idealen PID-Regler unendlich hohe Nadelimpuls beim Aufschalten des Sprungs umso stärker verschliffen, je größer T_{Vz} gewählt wird. Der Anfangswert der Sprungantwort ist beim PID-T_1-Regler endlich und vom Verhältnis T_d / T_{Vz} abhängig; es gilt nämlich

$$y(t=0) = K_{PR}\left(1+\frac{T_d}{T_{Vz}}\right). \tag{3.24}$$

In der Praxis wird die Zeitkonstante T_{Vz} daher meist auf die Vorhaltezeit bezogen (z. B. $T_{Vz} = 0.001\ T_d$).

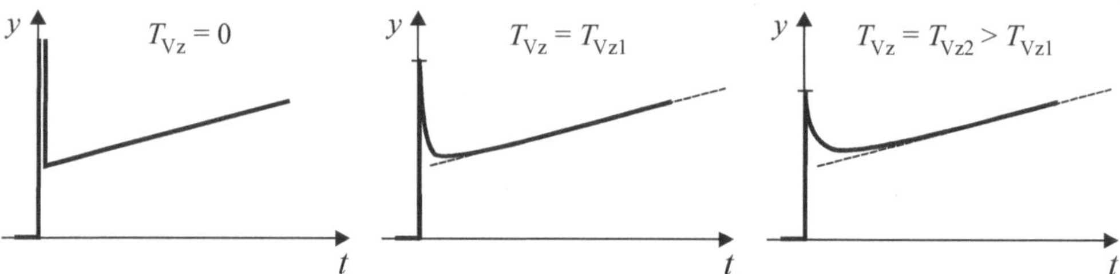

Bild 3.42 Sprungantwort des PID-T_1-Reglers für unterschiedliche Werte von T_{Vz}

Für den realen PD-Regler, d. h. den PD-T_1-Regler, gelten die Überlegungen sinngemäß.

Laden Sie die Datei *SprungantwortPIDT1Regler.bsy* und ermitteln Sie die Sprungantwort des PID-T_1-Reglers für unterschiedliche Werte der Zeitkonstante T_{Vz} bei ansonsten unveränderten Reglerparametern. Beobachten Sie den Einfluss von T_{Vz} auf den Anfangswert der Sprungantwort und den Verlauf unmittelbar danach!

3.8 Anti-Windup-Maßnahmen

Der I-Anteil im PI(D)-Regler, der zur Beseitigung der bleibenden Regeldifferenz dient, kann zu einer als *Windup-Effekt* bezeichneten, unerwünschten „Begleiterscheinung" führen. Diese tritt dann auf, wenn die Regeldifferenz über einen längeren Zeitraum dasselbe Vorzeichen besitzt. Der I-Anteil nimmt in diesem Fall mit der Zeit sehr große Werte an, selbst dann, wenn die Gesamtstellgröße des Reglers bereits in die Begrenzung gelaufen ist. Wechselt zu einem späteren Zeitpunkt die Regeldifferenz dann ihr Vorzeichen, bleibt der Regler noch längere Zeit in der Begrenzung, da der I-Anteil von seinem hohen aktuellen Wert zunächst erst wieder „herunterintegrieren" muss. Hierdurch kann es naturgemäß zu einer erheblichen Verschlechterung der Regelgüte kommen, die sich meist in Form eines starken Überschwingens bemerkbar macht.

Zur Verhinderung dieses Effekts gibt es verschiedene Möglichkeiten, die allgemein als *Anti-Windup* bezeichnet werden. Die einfachste Methode ist die numerische Begrenzung des I-Anteils (*Anti-Windup-Halt*). Dies entspricht dem Verhalten eines auf Basis eines Operationsverstärkers realisierten I-Anteils (siehe Abschnitt 10.1).

Bei der als *Clamping* bezeichneten Vorgehensweise wird der I-Anteil konstant gehalten, solange sich die Stellgröße in der Begrenzung befindet und aktueller I-Anteil und Regeldifferenz dasselbe Vorzeichen besitzen.

Ein schnelleres Verlassen des Sättigungsbereichs erzielt man, indem man den I-Anteil bei Ansprechen der Begrenzung nicht anhält, sondern ihn sogar herabsetzt – beispielsweise auf die Differenz aus aktueller Stellgröße und P-Anteil (*Anti-Windup-Reset*). Eine besonders leistungsfähige Anpassung des I-Anteils liefert das *Back Calculation*-Verfahren.

Ein etwas komplexeres, aber auch effektiveres Verfahren besteht darin, den I-Anteil so lange abzuschalten, bis die Regeldifferenz ein vorgegebenes Toleranzband unterschreitet. Wird das Toleranzband allerdings ungünstig gewählt, kann es zu einer bleibenden Regeldifferenz kommen.

Die Umsetzung der jeweiligen Maßnahme hängt davon ab, ob der Regler als Analog- oder Digitalregler realisiert wird [RZ12].

3.9 Berücksichtigung von Stellgrößenbeschränkungen

Wir hatten bereits in Abschnitt 3.2 bei der Vorstellung des P-Reglers sowie an einigen anderen Stellen ein Problem angeschnitten, das allen realen Regelkreisen innewohnt: die Beschränkung der zur Verfügung stehenden Stellgröße. Ein realer Regler – gleichgültig, welchen Typs – kann aus technischen Gründen niemals eine beliebig große Stellgröße erzeugen; und selbst, wenn dies nicht der Fall wäre, könnte das nachgeschaltete Stellglied diese Stellgröße in der Regel gar nicht verarbeiten, da es selbst nur einen eingeschränkten Stellbereich aufweist. Wird der Regler beispielsweise als elektronischer Analogregler realisiert, so ist – wie wir in Abschnitt 10.3 noch sehen werden – die mögliche Ausgangsspannung des Reglers auf die Betriebsspannung der verwendeten Operationsverstärker begrenzt. Betrachten wir ein Ventil als typisches Beispiel für ein Stellglied, so ist ein weiteres Öffnen nicht mehr möglich, wenn es bereits komplett geöffnet ist; das Gleiche gilt sinngemäß für das Schließen des Ventils. Auch ein Stellmotor kann nicht beliebig schnell verfahren werden, sondern besitzt in der Realität aufgrund seiner Drehzahlbegrenzung eine maximale Positioniergeschwindigkeit. Mathematisch gehen solche Begrenzungen immer mit Nichtlinearitäten einher, deren Behandlung eher „unangenehm“ ist.

Diesen Umstand gilt es beim Reglerentwurf und bei der Beurteilung des Regelkreisverhaltens (insbesondere im Rahmen von Simulationen) im Auge zu behalten; dies gilt insbesondere dann, wenn im realen Betrieb später größere Sollwertänderungen oder stärkere Störungen zu erwarten sind, da diese typischerweise dafür verantwortlich sein können, dass Regler und/oder Stellglied an ihre Grenzen kommen. Zur Verdeutlichung betrachten wir als Beispiel den Regelkreis nach **Bild 3.43**, bestehend aus einer P-T_3-Regelstrecke mit den angegebenen Parametern und einem PI-Regler, der die Kennwerte $K_{PR} = 40$ und $T_i = 50$ s aufweisen möge.

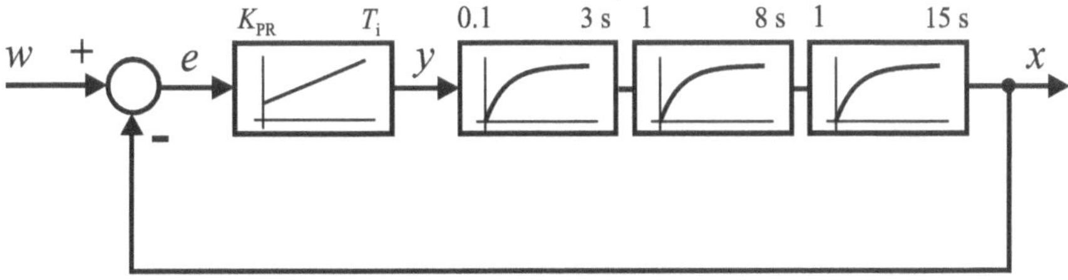

Bild 3.43 Regelkreis mit P-T_3-Strecke und PI-Regler

Bild 3.44 zeigt den Verlauf von Regel- und Stellgröße bei Aufschalten eines Führungsgrößensprungs auf einen Sollwert von 1. Dabei zeigen die gestrichelten Kurven zunächst den Fall, dass keinerlei Stellgrößenbeschränkung berücksichtigt wurde, also beliebig viel Stellgröße zur Verfügung steht. Wir können erkennen, dass die maximal benötigte Stellgröße kurz nach Aufschalten des Sollwertsprungs auftritt und einen Wert von etwas mehr als 40 aufweist.

Die ausgezogenen Kurven zeigen nun die Verhältnisse unter der Annahme, dass die Stellgröße einer Beschränkung $|y| < 20$ unterliegt. In diesem Fall verharrt die Stellgröße nach dem Aufschalten des Sollwertsprungs zunächst eine ganze Weile auf ihrem Grenzwert von 20, bevor sie dann abfällt. Der Regelkreis wird dadurch – wie der Verlauf der Regelgröße zeigt – deutlich langsamer (schwingt allerdings auch nicht so stark über). Generell wirkt sich eine Stellgrößenbeschränkung also negativ auf die Regelkreisdynamik aus, und zwar um so stärker, je geringer der mögliche Stellbereich ist.

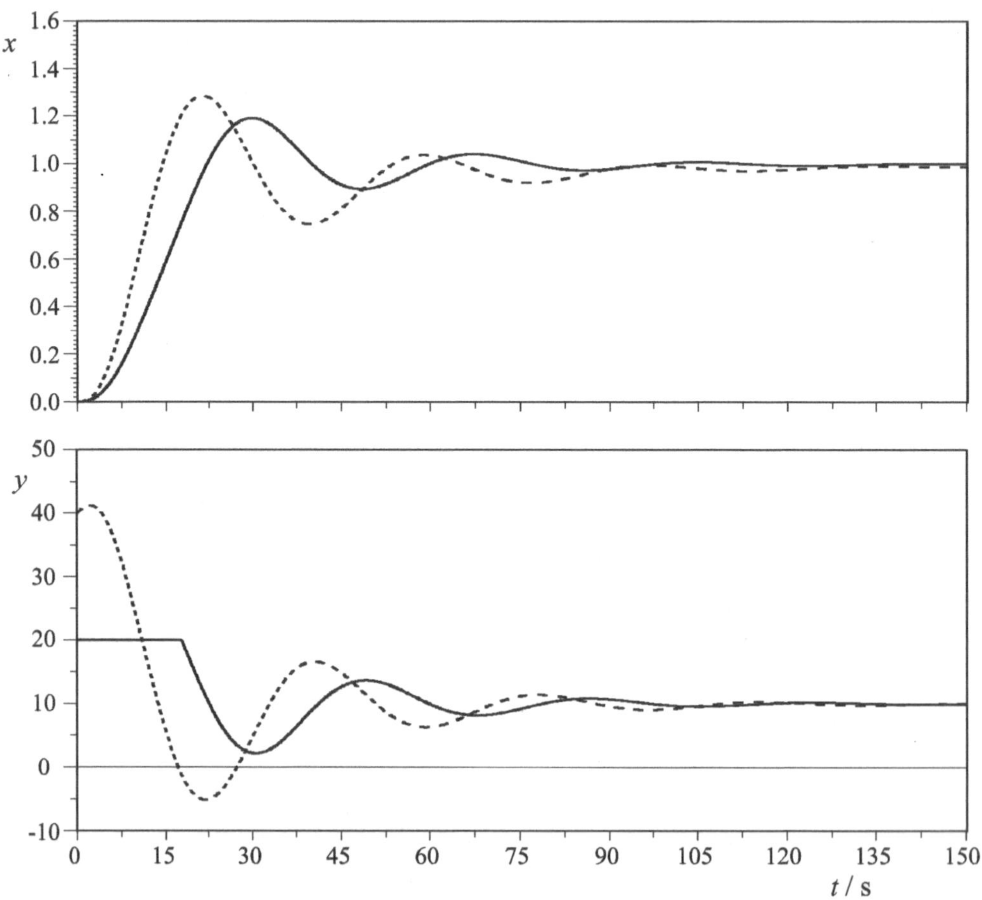

Bild 3.44 Verlauf von Regelgröße (oben) und Stellgröße (unten) ohne (gestrichelte Kurven) bzw. mit Berücksichtigung einer Stellgrößenbeschränkung (ausgezogene Kurven)

4 Entwurf von PID-Reglern

Im vorangegangenen Kapitel wurde das Zusammenspiel unterschiedlicher Strecken- und Reglertypen bereits an einer Reihe von Kombinationen exemplarisch dargestellt, ohne dass jedoch detailliert auf die Wahl geeigneter Reglertypen und vor allem Reglerparameter eingegangen wurde. Dies wird im Rahmen dieses Kapitels nunmehr nachgeholt. Dabei werden eine Reihe unterschiedlicher Entwurfsverfahren für PID-Regler vorgestellt und anhand von Beispielen erprobt, die sich grob in drei Gruppen einteilen lassen:

- Entwurfsverfahren, die ohne jegliche Kenntnis von Kennwerten der Regelstrecke auskommen und die Reglereinstellung anhand einer experimentellen Analyse des geschlossenen Regelkreises vornehmen. Zu diesen Entwurfsmethoden zählt das *Verfahren des Stabilitätsrands* von *Ziegler/Nichols*.
- Entwurfsverfahren auf Basis von Strecken-Kennwerten, die aus einer experimentellen Ermittlung der Sprungantwort der Regelstrecke hervorgehen. Dies sind in der Regel Proportional- bzw. Integrierbeiwert der Strecke sowie ihre Verzugszeit und (bei Strecken mit Ausgleich) ihre Ausgleichszeit. Als Vertreter dieser größten Klasse von Entwurfsverfahren werden der Reglerentwurf nach *Chien*, *Hrones* und *Reswick* sowie die Einstellregeln nach *Oppelt* vorgestellt.
- Entwurfsverfahren, die eine Kenntnis der Zeitkonstanten der Regelstrecke voraussetzen. Diese Verfahren liefern in der Regel die besten Ergebnisse. Zu ihnen gehört beispielsweise der Reglerentwurf nach dem *Betragsoptimum* sowie das *Frequenzkennlinien-Verfahren*, das Gegenstand von Kapitel 8 sein wird.

4.1 Anforderungen an den Regelkreis

4.1.1 Führungs- und Störverhalten

Grundlegende qualitative Anforderungen an den geschlossenen Regelkreis sind diejenigen nach gutem *Führungsverhalten* und gutem *Störverhalten*. Gutes Führungsverhalten bedeutet dabei, dass die Regelgröße Änderungen der Führungsgröße (d. h. des Sollwerts) „möglichst gut“ folgen soll (Folgeverhalten). Gutes Störverhalten liegt dann vor, wenn der Regelkreis auftretende Störungen „möglichst gut“ unterdrückt (Störgrößenkompensation). **Bild 4.1** zeigt zunächst einen einschleifigen Standardregelkreis in etwas detaillierterer Darstellung unter Einwirkung einer Führungsgröße w und verschiedener Störgrößen z_i. Die Regelstrecke besteht in diesem Fall aus drei Teilkomponenten.

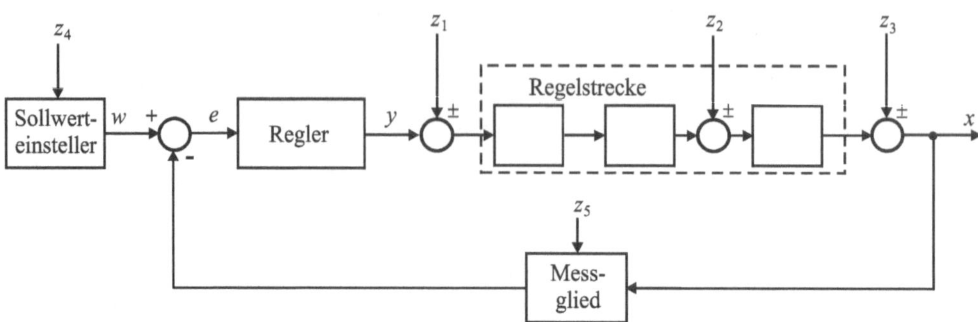

Bild 4.1 Regelkreis mit unterschiedlichen Störgrößen

Bei der Beurteilung des Störverhaltens ist zu berücksichtigen, dass Störgrößen sich nicht nur bezüglich der Art des Störsignals (z. B. konstante Störung oder Rauschen) unterscheiden, sondern – wie wir bereits an früherer Stelle gesehen hatten – auch an unterschiedlichen Stellen im Regelkreis auftreten können und ihre Auswirkung somit je nach Angriffsort unterschiedlich sein kann. Betrachten wir zunächst die Störgrößen z_1, z_2 und z_3, die am Eingang der Regelstrecke (z_1), innerhalb der Regelstrecke (z_2) bzw. an ihrem Ausgang angreifen (z_3). Beispiele für derartige Störgrößen sind das Einschalten von Beleuchtungsanlagen bei einer Raumtemperaturregelung, ein Lastwechsel an der Antriebsachse bei einer Drehzahlregelung oder auch eine Brennwertänderung bei einer temperaturgeregelten Gasheizung [UP11]. Diese Störgrößen wirken sich je nach Angriffsort und Struktur der Regelstrecke mehr oder weniger zeitlich verzögert auf die Regelgröße aus, werden dadurch vom Regler erkannt und können dann – die Wahl eines geeigneten Reglertyps vorausgesetzt – ausgeregelt oder zumindest teilweise kompensiert werden.

Anders sieht es mit Störungen aus, die z. B. auf den Sollwerteinsteller (z_4) oder das Messglied (z_5) einwirken. Diese führen zwangsläufig zu einer Fehlfunktion der Regelung, da dem Regler in diesen Fall ein fehlerhafter Sollwert bzw. Istwert „vorgegaukelt“ wird. Derartige Störgrößen werden daher als *nicht ausregelbar* bezeichnet und sollten durch andere konstruktive Maßnahmen erfasst werden.

Zur Untersuchung des Führungs- bzw. Störverhaltens wird jeweils die nicht interessierende Einflussgröße auf null gesetzt. Soll das Führungsverhalten untersucht werden, setzt man daher die Störgröße(n) $z_i = 0$ und bestimmt den Verlauf der Regelgröße bei Variation der Führungsgröße. Häufig wählt man dabei eine sprungförmige Änderung der Führungsgröße; den resultierenden Verlauf der Regelgröße bezeichnet man dann als *Führungssprungantwort*. Bei der Beurteilung des Störverhaltens setzt man entsprechend die Führungsgröße auf null (bzw. einen konstanten Wert) und schaltet die interessierende Störgröße, z. B. eine Sprungfunktion, auf; den resultierenden Verlauf der Regelgröße bezeichnet man in diesem Fall als *Störsprungantwort*.

Der erste Fall (Führungsverhalten) ist von Bedeutung für instationäre Prozessfahrweisen (An- und Abfahren, Umsteuern), bei denen der Übergang der Regelgröße von einem Arbeitspunkt in einen anderen Arbeitspunkt betrachtet wird. Das Störverhalten hingegen interessiert insbesondere im stationären Zustand des Prozesses, d. h. bei konstanter Führungsgröße.

4.1.2 Generelle Anforderungen an eine Regelung

An eine „gute“ Regelung werden generell folgende Anforderungen gestellt:

Stabilität Eine Regelung arbeitet dann *stabil*, wenn sie auf beliebige begrenzte Eingangsgrößen (d. h. Führungs- oder Störgrößen) mit einer begrenzten Ausgangsgröße reagiert, d. h. der Regelkreis nicht in Dauerschwingung gerät oder es zu aufklingenden Schwingungen kommt (Bounded-Input-Bounded-Output-Stabilität, siehe Abschnitt 8.6).

Genauigkeit Eine Regelung arbeitet *genau*, wenn die Regelgröße (Istwert) im stationären Zustand (Beharrungszustand) die Führungsgröße (Sollwert) exakt erreicht, also keine bleibende Regeldifferenz auftritt.

Schnelligkeit Eine Regelung arbeitet dann *schnell*, wenn sie nach Auftreten einer Störung oder Führungsgrößenänderung zügig reagiert und der neue stationäre Zustand in kurzer Zeit eingenommen wird.

Dämpfung Eine Regelung arbeitet dann *gedämpft*, wenn die Regelgröße nach einer Störung oder Führungsgrößenänderung den neuen stationären Endwert ohne allzu großes Überschwingen annimmt.

Robustheit Eine Regelung wird dann als *robust* bezeichnet, wenn sie auch weit außerhalb ihres normalen Arbeitspunkts oder bei Änderungen von Parametern der Regelstrecke (z. B. aufgrund von Verschleißerscheinungen) ohne allzu großen Qualitätsverlust arbeitet.

Bild 4.2 verdeutlicht die einzelnen Kriterien anhand verschiedener Beispiele. Dargestellt ist jeweils der Verlauf der Regelgröße x nach einer sprungförmigen Änderung der Führungsgröße w (Führungssprungantwort). Die Skalierung der Zeitachse möge für alle Diagramme identisch sein.

Diagramm a) zeigt zunächst den idealen (aber aus unterschiedlichen Gründen nicht realisierbaren) Regelkreis. Die Regelgröße folgt der Führungsgröße hier ohne jegliche Verzögerung deckungsgleich.

Diagramm b) zeigt zwei instabile Regelkreise. Die Regelgröße strebt in beiden Fällen keinem stationären Endwert zu. Man spricht hierbei von *monotoner* bzw. *oszillatorischer Instabilität.*

Der Regelkreis nach Diagramm c) reagiert sehr schnell und ohne Überschwingen, aber weist eine bleibende Regeldifferenz auf; ihm fehlt es also an Genauigkeit. Regelkreis d) weist zwar stationäre Genauigkeit auf, reagiert aber sehr träge – es fehlt ihm an Schnelligkeit. Regelkreis e) wiederum ist stationär genau, reagiert sehr schnell – aber mit sehr starkem Überschwingen. Ihm fehlt es also an hinreichender Dämpfung. Diagramm f) schließlich zeigt einen in der Praxis häufig gewählten Kompromiss: Der Regelkreis ist stationär genau, reagiert relativ schnell und weist nur ein geringes Überschwingen auf.

In den nachfolgenden Abschnitten lernen wir Kennwerte kennen, durch die sich diese qualitativen Anforderungen quantifizieren lassen.

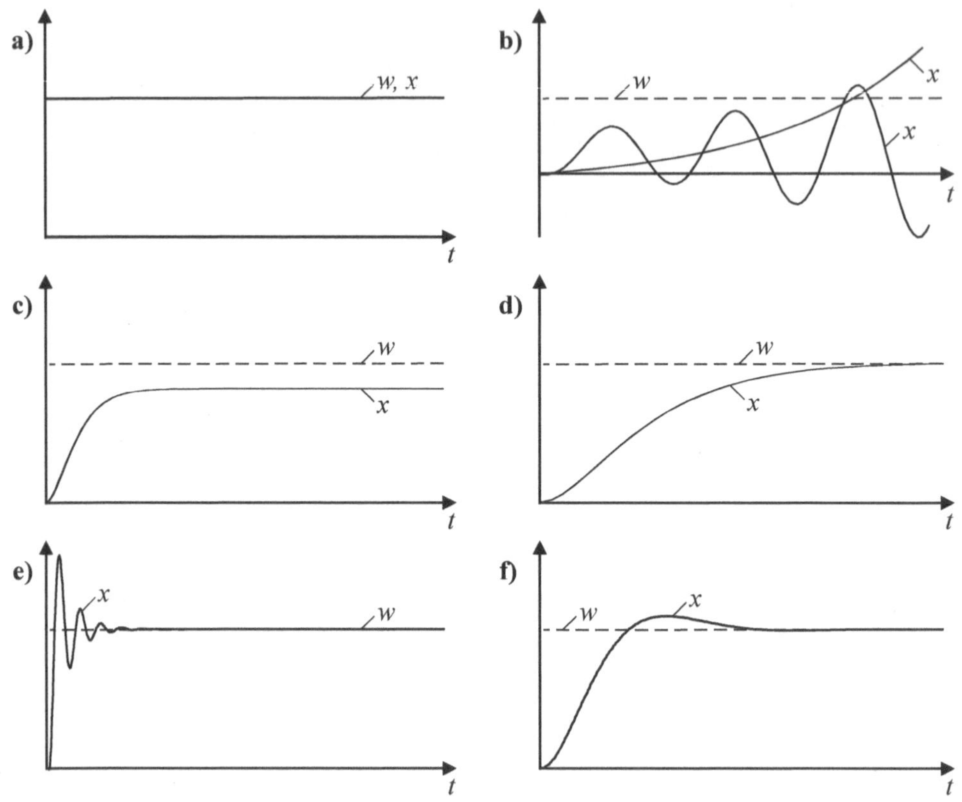

Bild 4.2 Güteanforderungen an einen Regelkreis

4.1.3 Gütekriterien für das Führungsverhalten

Die meisten bekannten quantitativen Gütekriterien für das Führungs- oder Störverhalten von Regelkreisen beziehen sich auf *sprungförmige* Änderungen der Führungs- bzw. Störgröße. **Bild 4.3** zeigt eine typische Führungssprungantwort eines geschlossenen Regelkreises mit den gebräuchlichsten Gütekriterien.

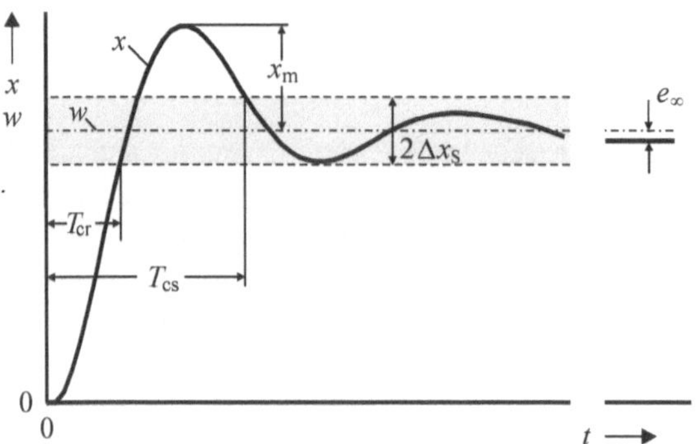

Bild 4.3 Gütekriterien für Führungsverhalten

Die dargestellten Kennwerte haben die folgende Bedeutung:

T_{cr} Die *Anregelzeit* T_{cr} ist die Zeitdauer bis zum erstmaligen Eintreten der Regelgröße in eine bestimmte Einschwingtoleranz $2\Delta x_S$. Die Einschwingtoleranz wird manchmal auch als „Fehlerschlauch" bezeichnet; sie wird häufig auf den Sollwert bezogen (z. B. ±10 % um den Sollwert). Dieser Kennwert ist ein Maß für die Schnelligkeit des Einschwingvorgangs.

T_{cs} Die *Ausregelzeit* T_{cs} ist die Zeitdauer, bis die Regelgröße letztmalig in die Einschwingtoleranz $2\Delta x_S$ eingetreten ist, diesen Bereich also nicht mehr verlässt. Dieser Kennwert ist ebenfalls ein Maß für die Schnelligkeit des Einschwingvorgangs.

x_m Die *Überschwingweite* x_m gibt den größten Wert an, um den die Regelgröße über den Sollwert w hinaus überschwingt. Sie wird meist bezogen auf den Sollwert angegeben. Beispiel: Bei einem Sollwert von 10 bedeutet eine Überschwingweite von 20 %, dass der Maximalwert der Regelgröße bei 12 liegt. Dieser Kennwert ist ein Maß für die Dämpfung des Einschwingvorgangs.

e_∞ Die *bleibende Regeldifferenz* e_∞ ist die Abweichung zwischen Führungs- und Regelgröße nach Abklingen des Einschwingvorgangs. Dieser Kennwert ist somit ein Maß für die stationäre Genauigkeit des Regelkreises.

In der Regel lassen sich auch bei bestmöglicher Wahl der Reglerparameter nicht alle Gütekriterien *gleichzeitig* optimieren, sondern eine Verbesserung eines Kriteriums (z. B. eine Verringerung der Anregelzeit) führt zu einer Verschlechterung eines anderen (z. B. einer Vergrößerung der Überschwingweite). Die Einstellung der Reglerparameter stellt daher immer eine Kompromissbildung dar. Auch Führungs- und Störverhalten selbst lassen sich meist nicht gleichzeitig optimieren, sodass hier ebenfalls Prioritäten gesetzt werden müssen.

4.1.4 Gütekriterien für das Störverhalten

Bei der Beurteilung des Störverhaltens anhand der Störsprungantwort können prinzipiell dieselben Kennwerte wie bei der Führungssprungantwort herangezogen werden. **Bild 4.4** zeigt eine typische Störsprungantwort mit den entsprechenden Gütekriterien.

Da die Führungsgröße, d. h. der Sollwert, bei der Störsprungantwort in der Regel null ist, liegt die Einschwingtoleranz hier symmetrisch um den Nullpunkt. Die Überschwingweite x_m wird in diesem Fall als Absolutwert (Maximalbetrag x_{max} der Regelgröße) angegeben. Die bleibende Regeldifferenz wird hier mit x_∞ bezeichnet und gibt entsprechend den stationären Endwert der Regelgröße an.

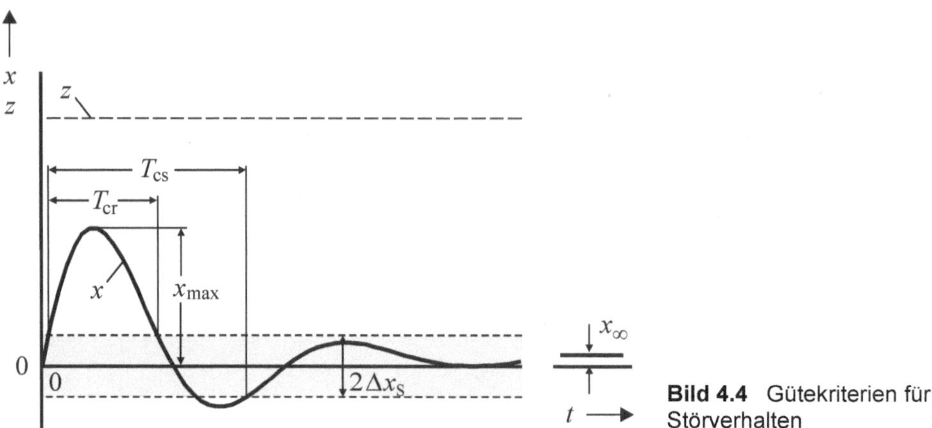

Bild 4.4 Gütekriterien für Störverhalten

4.1.5 Problem der bleibenden Regeldifferenz

Tritt bei der Regelung eine bleibende Regeldifferenz auf, so bedeutet dies, dass die Regelgröße den Sollwert im stationären Zustand nicht exakt erreicht. Ist die Regeldifferenz im stationären Zustand nur gering, so kann dies in Einzelfällen (z. B. bei sehr „anspruchslosen“ Regelungen) akzeptabel sein; in den meisten Fällen ist man aber daran interessiert, die bleibende Regeldifferenz zum Verschwinden zu bringen. Inwieweit dies gelingt, hängt einerseits vom Typ des eingesetzten Reglers (Regler mit oder ohne I-Anteil), andererseits aber auch vom Typ der Regelstrecke (mit oder ohne Ausgleich) ab. Wir hatten diese Problematik bereits in Kapitel 3 angedeutet und werden dazu später im Zusammenhang mit dem Reglerentwurf noch eine Reihe von Beispielen betrachten.

4.2 Geeignete Regler-Strecken-Kombinationen

Wie wir bereits an einer Reihe von Beispielen im vorangegangenen Kapitel gesehen hatten, muss die Wahl des geeigneten Reglertyps (P, I, PI, PD oder PID) in Abhängigkeit vom Typ der Regelstrecke erfolgen. Nachfolgende **Tabelle 4.1** gibt eine Übersicht über die Eignung der verschiedenen Reglertypen an unterschiedlichen Streckentypen.

Dabei bedeuten:

+ Regler geeignet

– Regler ungeeignet oder Kreis instabil

Man erkennt, dass nicht jeder Reglertyp für jeden Streckentyp geeignet ist. Gewisse Regler-Strecken-Kombinationen sind sogar „gänzlich ungeeignet“. So führt beispielsweise ein I-Regler an einer I-T_1-Strecke unabhängig von der Wahl des Reglerparameters K_{IR} immer zu einem instabilen Regelkreis; man bezeichnet solche Regler-Strecken-Kombinationen als *struktur-instabil*.

Tabelle 4.1 Geeignete Regler-Strecken-Kombinationen

Streckentyp		Reglertyp				
		P	I	PI	PD	PID
	P-Strecke	–	+	+	–	–
	reine Totzeit ($P-T_t$)	–	+	+	–	–
	Verzögerung 1. Ordnung ($P-T_1$)	+	+	+	+	+
	Verzögerung 1. Ordnung + Totzeit ($P-T_1-T_t$)	–	+	+	–	+
	Verzögerung 2. Ordnung ($P-T_2$)	+	–	+	–	+
	Verzögerung höherer Ordnung ($P-T_n$)	+	–	+	+	+
	ohne Ausgleich ($I-T_1$)	+	–	+	+	+
	ohne Ausgleich (I_2)	–	–	–	+	+

4.3 PID-Entwurf nach *Ziegler/Nichols*

Für den Entwurf von PID-Reglern nach *Ziegler/Nichols* existieren zwei unterschiedliche Verfahren: der Entwurf anhand eines Schwingversuchs und der Entwurf anhand der Sprungantwort.

4.3.1 Verfahren des Stabilitätsrands (Schwingversuch)

Das von *Ziegler/Nichols* bereits 1942 vorgestellte *Verfahren des Stabilitätsrands* basiert auf einer Ermittlung bestimmter Strecken-Kennwerte anhand eines Experiments (Schwingversuch) am Prozess. Dieses Verfahren ist in der Praxis besonders geeignet für Regelungen mit unübersichtlichen Mess- und Stellgeräteketten, da deren Eigenschaften im Schwingversuch automatisch miterfasst werden. Die Vorgehensweise bei diesem Verfahren ist wie folgt:

- Aufbau eines geschlossenen Regelkreises, bestehend aus Regelstrecke und einem (zunächst reinen) P-Regler,
- Ermittlung (irgend)einer Reglereinstellung, die zu einem stabilen Regelkreis führt (z. B. durch „Ausprobieren"),
- schrittweise Erhöhung des Proportionalbeiwerts K_{PR} des Reglers, bis der Regelkreis den Stabilitätsrand erreicht, d. h. die Regelgröße eine ungedämpfte Dauerschwingung

ausführt; der entsprechende K_{PR}-Wert wird als kritische Reglerverstärkung $K_{PR\,krit}$ bezeichnet,

- Ermittlung der zugehörigen Periodendauer T_{krit} der Dauerschwingung,
- Ermittlung der (endgültigen) Reglerparameter anhand der nachfolgenden Einstellregeln.

Die eigentlichen Einstellregeln für die unterschiedlichen Reglertypen zeigt nachfolgende **Tabelle 4.2**.

Tabelle 4.2 Einstellregeln nach *Ziegler/Nichols* (Schwingversuch)

	K_{PR}	T_i	T_d
P	$0.5 \cdot K_{PR\,krit}$	–	–
PI	$0.45 \cdot K_{PR\,krit}$	$0.85 \cdot T_{krit}$	–
PID	$0.6 \cdot K_{PR\,krit}$	$0.5 \cdot T_{krit}$	$0.12 \cdot T_{krit}$

Wie unmittelbar einleuchtet, ist dieses Verfahren nur für solche Regelstrecken geeignet, die an den Stabilitätsrand gefahren werden dürfen, ohne dadurch Schaden zu nehmen oder irgendwelche Gefahren auszulösen.

Wir wollen den Reglerentwurf auf Basis des Schwingversuchs am Beispiel einer PI-geregelten P-T_3-Strecke nach **Bild 4.5** durchführen.

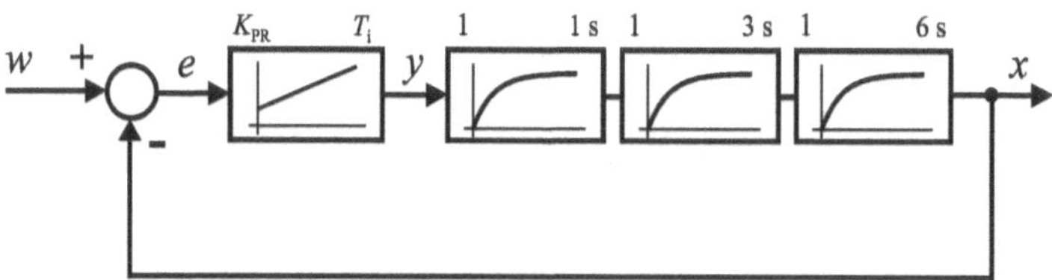

Bild 4.5 Regelkreis mit P-T_3-Strecke und PI-Regler

Zunächst ersetzen wir den PI-Regler durch einen P-Regler und ermitteln die Führungssprungantwort beginnend bei $K_{PR} = 1$ für schrittweise steigende Werte von K_{PR}. **Bild 4.6** zeigt die zugehörigen Ergebnisse. Für die kritische Reglerverstärkung und die zugehörige Periodendauer erhalten wir die Ergebnisse

$$K_{PR\,krit} = 14,\; T_{krit} = 8.4\,\text{s}\,. \tag{4.1}$$

Daraus ergeben sich die Reglerparameter

$$\begin{aligned} K_{PR} &= 0.45 \cdot K_{PR\,krit} = 6.1 \\ T_i &= 0.85 \cdot T_{krit} = 7.14\,\text{s}\,. \end{aligned} \tag{4.2}$$

Bild 4.7 zeigt die Führungssprungantwort des zugehörigen geschlossenen Regelkreises. Die Regelgröße weist zwar einen sehr schnellen Anstieg auf, dieser ist aber verbunden mit einem starken Überschwingen von mehr als 70 %.

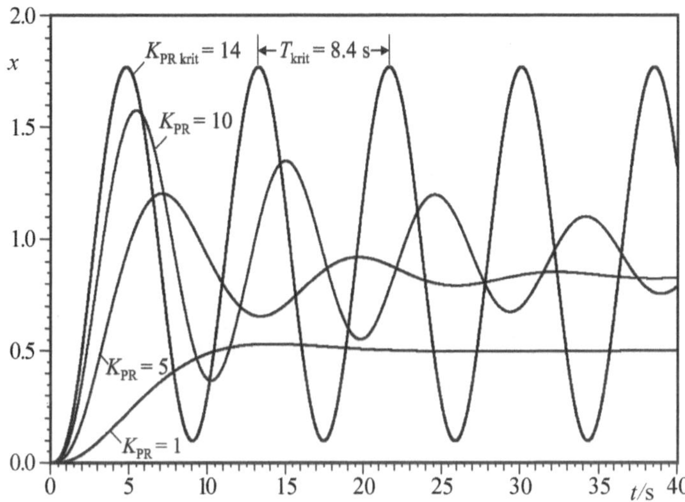

Bild 4.6 Ergebnisse des Schwingversuchs

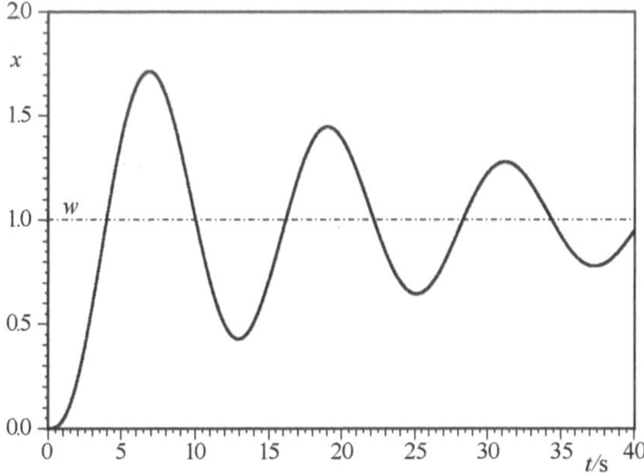

Bild 4.7 Führungssprungantwort des geschlossenen Kreises mit PI-Regler nach Schwingversuch

Da die Einstellregeln anhand des Schwingversuchs generell zu eher mäßig gedämpften Regelkreisen führen, finden sie weniger in solchen Fällen Anwendung, wo die Priorität auf gutem Führungsverhalten liegt, als vielmehr dann, wenn gutes Störverhalten gewünscht ist.

4.3.2 Verfahren der Sprungantwort-Analyse

Beim zweiten Verfahren nach *Ziegler/Nichols* werden – wie auch in zahlreichen anderen Einstellregeln – die Strecken-Kennwerte direkt aus der Sprungantwort der Strecke entnommen. Anwendbar ist dieses Verfahren bei nicht schwingfähigen Strecken mit Ausgleich (**Bild 4.8**). Grundlage des Entwurfs sind neben dem Proportionalbeiwert der Strecke die bereits an früherer Stelle vorgestellten Kenngrößen Verzugszeit und Ausgleichszeit.

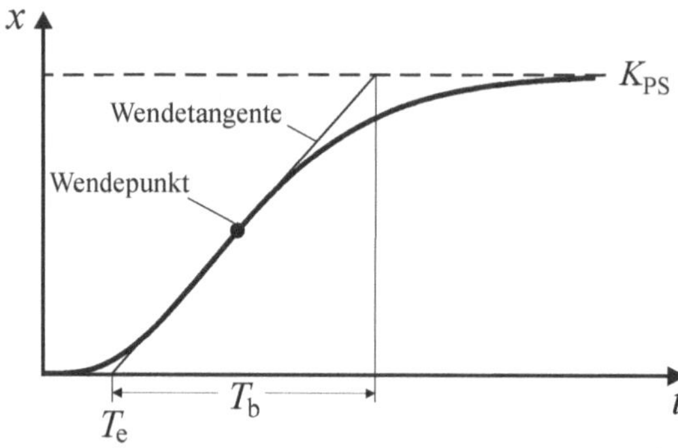

Bild 4.8 Sprungantwort-Analyse

Zur Bestimmung der Strecken-Kennwerte nutzen wir das bereits aus Abschnitt 2.3.3 bekannte Wendetangentenverfahren. Der Schnittpunkt der Wendetangente mit der Zeitachse liefert dabei die Verzugszeit T_e der Strecke. Die Ausgleichszeit T_b der Strecke erhält man, indem man den Schnittpunkt der Wendetangente mit dem stationären Endwert K_{PS} der Sprungantwort, d. h. dem Proportionalbeiwert der Strecke, auf die Zeitachse lotet und den Abstand zu T_e bildet. Die drei Strecken-Kennwerte K_{PS}, T_e und T_b sind dann Grundlage des Reglerentwurfs. Sie werden in die entsprechende Einstellregel der nachfolgend dargestellten **Tabelle 4.3** eingesetzt, um die Parameter des gewünschten Reglertyps zu ermitteln.

Da die Vorgehensweise in dem im nachfolgenden Abschnitt beschriebenen Verfahren identisch ist, wollen wir an dieser Stelle zunächst auf einen Beispielentwurf verzichten.

Tabelle 4.3 Einstellregeln nach *Ziegler/Nichols* (Sprungantwort-Analyse)

	K_{PR}	T_i	T_d
P	$\frac{T_b}{K_{PS} \cdot T_e}$	–	–
PI	$0.9\frac{T_b}{K_{PS} \cdot T_e}$	$3.3 \cdot T_e$	–
PID	$1.2\frac{T_b}{K_{PS} \cdot T_e}$	$2 \cdot T_e$	$0.5 \cdot T_e$

4.4 Einstellregeln nach *Chien*, *Hrones* und *Reswick*

Die Einstellregeln nach *Chien*, *Hrones* und *Reswick* stammen aus dem Jahr 1952. Sie sind sowohl auf nicht schwingfähige Strecken mit Ausgleich als auch auf Strecken ohne Ausgleich anwendbar und basieren auf Strecken-Kennwerten, die aus der Sprungantwort der Strecke entnommen werden können.

4.4.1 Einstellregeln für Strecken mit Ausgleich

Wie beim Sprungantwort-Verfahren nach *Ziegler/Nichols* sind auch beim Verfahren nach *Chien*, *Hrones* und *Reswick* die Strecken-Kennwerte K_{PS} (Proportionalbeiwert), T_e (Verzugszeit) und T_b (Ausgleichszeit) aus der Sprungantwort der Strecke zu ermitteln. Basis dafür ist wiederum die Wendetangente an die Sprungantwort (Bild 4.8). Aus den Strecken-Kennwerten können dann über entsprechende Tabellen die Reglerparameter ermittelt werden. Dabei kann berücksichtigt werden, ob der spätere geschlossene Regelkreis möglichst aperiodisch (d. h. ohne signifikantes Überschwingen) arbeiten oder ob ein etwa 20 %iges Überschwingen akzeptiert werden soll. Ferner kann die Priorität auf gutes Führungsverhalten oder aber gutes Störverhalten gelegt werden. Dementsprechend existieren für jeden Reglertyp jeweils vier alternative Einstellregeln. Nachfolgende **Tabelle 4.4** fasst alle Einstellregeln für Strecken mit Ausgleich zusammen.

Die Einstellregeln liefern in der Regel brauchbare Ergebnisse für

$$T_b > 3\,T_e\,, \tag{4.3}$$

d. h. für Strecken ohne ausgeprägtes Totzeitverhalten.

Wir überprüfen das Verfahren wiederum anhand der bereits beim Schwingversuch nach *Ziegler/Nichols* herangezogenen P-T_3-Strecke und bestimmen dazu zunächst die Strecken-Kennwerte aus ihrer Sprungantwort (**Bild 4.9**).

Wir können der Grafik die Werte

$$K_{PS} = 1,\ T_e \approx 2\text{ s},\ T_b \approx 12.5\text{ s} \Rightarrow T_e / T_b \approx 1/6 \tag{4.4}$$

entnehmen, das Verfahren sollte somit brauchbare Ergebnisse liefern. Wir wollen nun einen PI-Regler für gutes Führungsverhalten entwerfen, und zwar einerseits für aperiodisches Verhalten ohne Überschwingen und andererseits für einen Regelgrößenverlauf mit Überschwingen. Für aperiodischen Verlauf liefern die Entwurfstabellen die Werte

$$K_{PR} = 0.34 \frac{1}{K_{PS}} \frac{T_b}{T_e} = 2.1, \quad T_i = 1.2 \cdot T_b = 15\text{ s} \tag{4.5}$$

und für den Regler mit Überschwingen

$$K_{PR} = 0.59 \frac{1}{K_{PS}} \frac{T_b}{T_e} = 3.7, \quad T_i = T_b = 12.5\text{ s}\,. \tag{4.6}$$

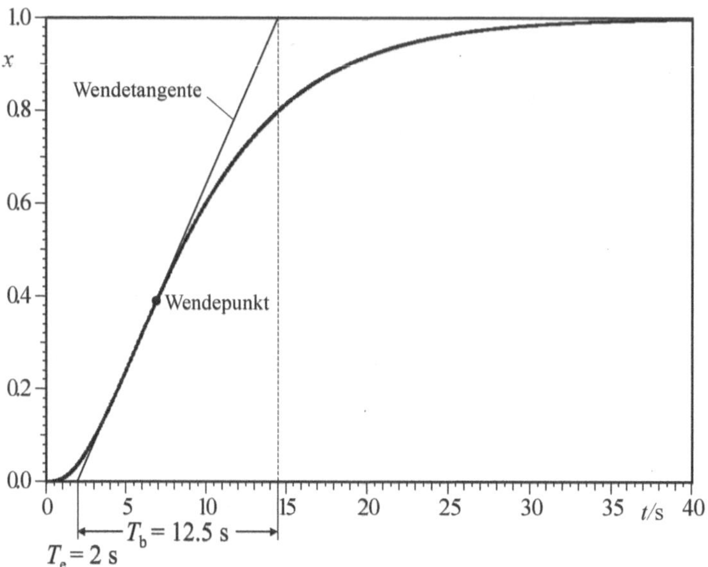

Bild 4.9 Bestimmung der Strecken-Kennwerte für P-T_3-Strecke

Bild 4.10 zeigt die Führungssprungantworten der zugehörigen geschlossenen Regelkreise. Der für aperiodisches Verhalten entworfene Regler führt zwar zu einem langsameren Anstieg der Regelgröße, dafür tritt aber praktisch kaum Überschwingen auf, während die Überschwingweite beim für Überschwingen entworfenen Regler bei etwa 30 % liegt; dafür verläuft der Anstieg der Regelgröße in diesem Fall deutlich steiler.

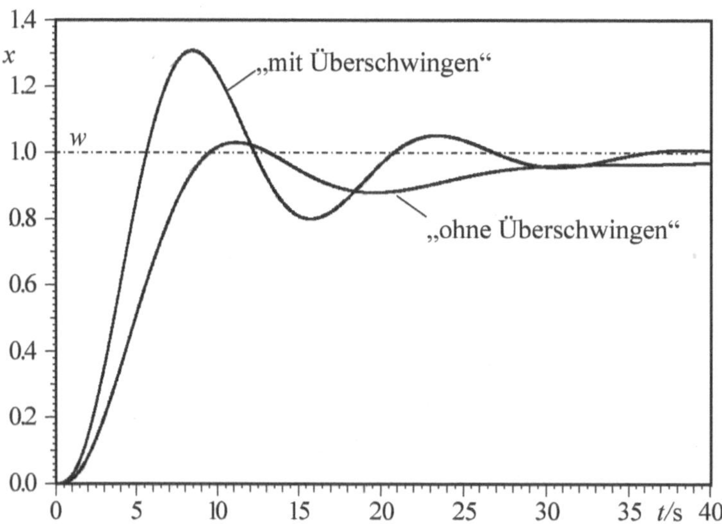

Bild 4.10 Führungssprungantworten der geschlossenen Regelkreise

Tabelle 4.4 Einstellregeln nach *Chien*, *Hrones* und *Reswick* für Strecken mit Ausgleich mit Überschwingen (oben) bzw. ohne Überschwingen der Regelgröße (unten)

Typ	mit Überschwingen	
	Störung	Führung
P	$K_{PR}=0.71\dfrac{T_b}{K_{PS}\cdot T_e}$	$K_{PR}=0.71\dfrac{T_b}{K_{PS}\cdot T_e}$
PI	$K_{PR}=0.71\dfrac{T_b}{K_{PS}\cdot T_e}$ $T_i=2.3\cdot T_e$	$K_{PR}=0.59\dfrac{T_b}{K_{PS}\cdot T_e}$ $T_i=T_b$
PID	$K_{PR}=1.2\dfrac{T_b}{K_{PS}\cdot T_e}$ $T_i=2.3\cdot T_e$ $T_d=0.42\cdot T_e$	$K_{PR}=0.95\dfrac{T_b}{K_{PS}\cdot T_e}$ $T_i=1.35\cdot T_b$ $T_d=0.47\cdot T_e$

Typ	ohne Überschwingen	
	Störung	Führung
P	$K_{PR}=0.3\dfrac{T_b}{K_{PS}\cdot T_e}$	$K_{PR}=0.3\dfrac{T_b}{K_{PS}\cdot T_e}$
PI	$K_{PR}=0.59\dfrac{T_b}{K_{PS}\cdot T_e}$ $T_i=4\cdot T_e$	$K_{PR}=0.34\dfrac{T_b}{K_{PS}\cdot T_e}$ $T_i=1.2\cdot T_b$
PID	$K_{PR}=0.95\dfrac{T_b}{K_{PS}\cdot T_e}$ $T_i=2.4\cdot T_e$ $T_d=0.42\cdot T_e$	$K_{PR}=0.59\dfrac{T_b}{K_{PS}\cdot T_e}$ $T_i=T_b$ $T_d=0.5\cdot T_e$

Wir wollen überprüfen, ob sich das Regelverhalten durch Hinzunahme eines D-Anteils noch verbessern lässt und entwerfen einen PID-Regler für gutes Führungsverhalten ohne Überschwingen. Wir erhalten

$$K_{PR}=0.59\frac{1}{K_{PS}}\frac{T_b}{T_e}=3.68,\quad T_i=T_b=12.5\,\text{s},\quad T_d=0.5\,T_e=1\,\text{s}. \tag{4.7}$$

Bild 4.11 zeigt die Führungssprungantwort bei Einsatz dieses Reglers im Vergleich zum entsprechenden PI-Regler nach Gl. (4.6). Wir erkennen, dass der PID-Regler (allerdings auf Kosten eines etwas stärkeren Überschwingens) eine erhebliche Beschleunigung des Ausregelvorgangs bewirkt.

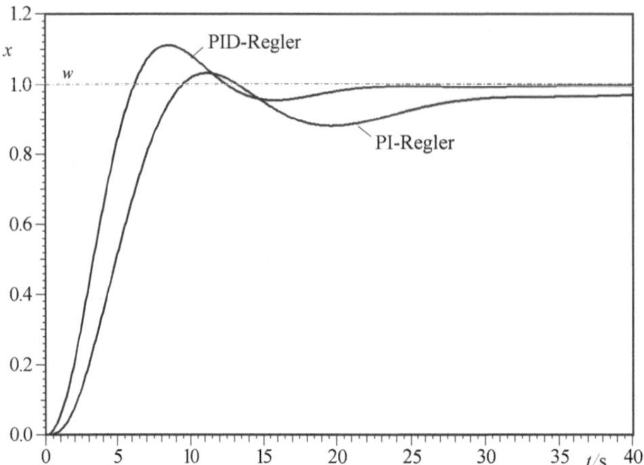

Bild 4.11 Vergleich zwischen PI- und PID-Regler

Betrachten wir nun einmal das Störverhalten des Regelkreises. Dazu wollen wir annehmen, dass hinter dem ersten P-T_1-Glied der Regelstrecke eine Störgröße z angreift; die Führungsgröße w setzen wir jetzt zu null (**Bild 4.12**).

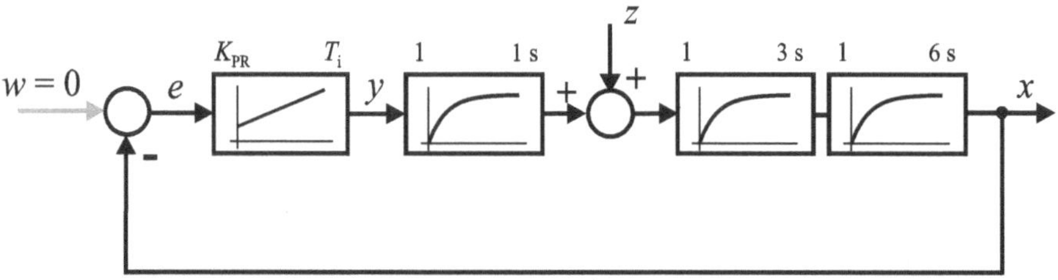

Bild 4.12 Regelkreis unter Einwirkung einer Störung

Wir entwerfen einen PI-Regler für gutes Störverhalten ohne Überschwingen und erhalten

$$K_{\mathrm{PR}} = 0.59 \frac{1}{K_{\mathrm{PS}}} \frac{T_{\mathrm{b}}}{\mathrm{T_e}} = 3.68$$
$$T_{\mathrm{i}} = 4 \cdot T_{\mathrm{e}} = 8\ \mathrm{s}\,. \tag{4.8}$$

Im Vergleich zum Regler für gutes Führungsverhalten (Gl. (4.5)) erhalten wir also einen größeren Proportionalbeiwert und eine kleinere Nachstellzeit. **Bild 4.13** zeigt die Störsprungantworten für beide Regler im Vergleich. Wir erkennen, dass der auf gutes Störverhalten ausgelegte Regler tatsächlich zu einer wesentlich schnelleren Kompensation der Störung (allerdings verbunden mit einem geringen Unterschwingen) führt. Wegen des I-Anteils im Regler wird die Störung aber in beiden Fällen für große Zeiten vollständig kompensiert.

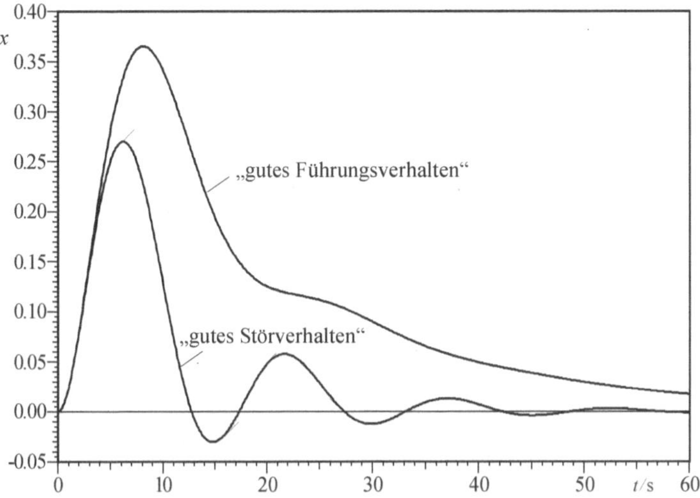

Bild 4.13 Störsprungantwort des Regelkreises

4.4.2 Einstellregeln für Strecken ohne Ausgleich

Bei Regelstrecken ohne Ausgleich strebt die Ausgangsgröße nach Aufschalten der Sprungfunktion am Streckeneingang keinem stationären Endwert zu; die Ausgleichszeit T_b existiert bei diesem Streckentyp daher nicht. Aus der Sprungantwort lassen sich in diesem Fall nur der Integrierbeiwert der Strecke (hier mit K_{IS} bezeichnet) und die Verzugszeit T_e bestimmen. **Bild 4.14** zeigt noch einmal, wie die Kennwerte definiert sind. Statt einer Wendetangente ist in diesem Fall die Tangente an die Sprungantwort für große Zeiten zu legen. Auch bei Strecken ohne Ausgleich existieren für jeden Reglertyp vier alternative Einstellregeln, die in **Tabelle 4.5** zusammengefasst sind.

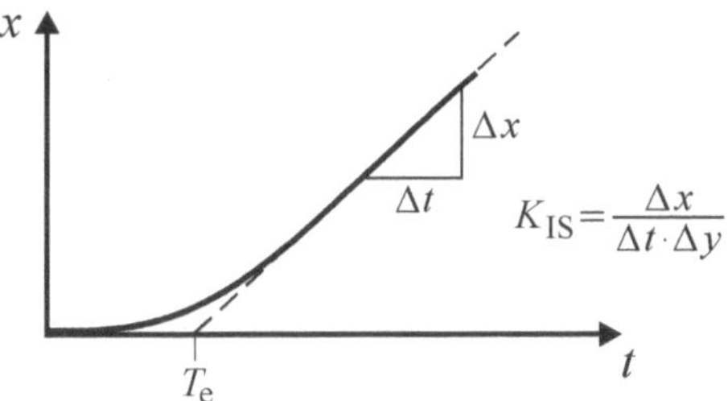

Bild 4.14 Analyse von Strecken ohne Ausgleich

Als Anwendungsbeispiel betrachten wir den Ofen aus Abschnitt 2.3.11. **Bild 4.15** zeigt noch einmal die zugehörige Sprungantwort. Dieser entnehmen wir die Strecken-Kennwerte

$$K_{IS} = 1\ \text{s}^{-1},\ T_e = 2\ \text{s}\ . \tag{4.9}$$

Tabelle 4.5 Einstellregeln nach *Chien*, *Hrones* und *Reswick* für Strecken ohne Ausgleich

	mit Überschwingen	
	Störung	Führung
P	$K_{PR} = 0.71 \frac{1}{K_{IS} \cdot T_e}$	$K_{PR} = 0.71 \frac{1}{K_{IS} \cdot T_e}$
PI	$K_{PR} = 0.71 \frac{1}{K_{IS} \cdot T_e}$ $T_i = 2.3 \cdot T_e$	$K_{PR} = 0.59 \frac{1}{K_{IS} \cdot T_e}$ $T_i = \infty$
PID	$K_{PR} = 1.2 \frac{1}{K_{IS} \cdot T_e}$ $T_i = 2 \cdot T_e$ $T_d = 0.42 \cdot T_e$	$K_{PR} = 0.95 \frac{1}{K_{IS} \cdot T_e}$ $T_i = \infty$ $T_d = 0.47 \cdot T_e$

	ohne Überschwingen	
	Störung	Führung
P	$K_{PR} = 0.3 \frac{1}{K_{IS} \cdot T_e}$	$K_{PR} = 0.3 \frac{1}{K_{IS} \cdot T_e}$
PI	$K_{PR} = 0.59 \frac{1}{K_{IS} \cdot T_e}$ $T_i = 4 \cdot T_e$	$K_{PR} = 0.34 \frac{1}{K_{IS} \cdot T_e}$ $T_i = \infty$
PID	$K_{PR} = 0.95 \frac{1}{K_{IS} \cdot T_e}$ $T_i = 2.4 \cdot T_e$ $T_d = 0.42 \cdot T_e$	$K_{PR} = 0.59 \frac{1}{K_{IS} \cdot T_e}$ $T_i = \infty$ $T_d = 0.5 \cdot T_e$

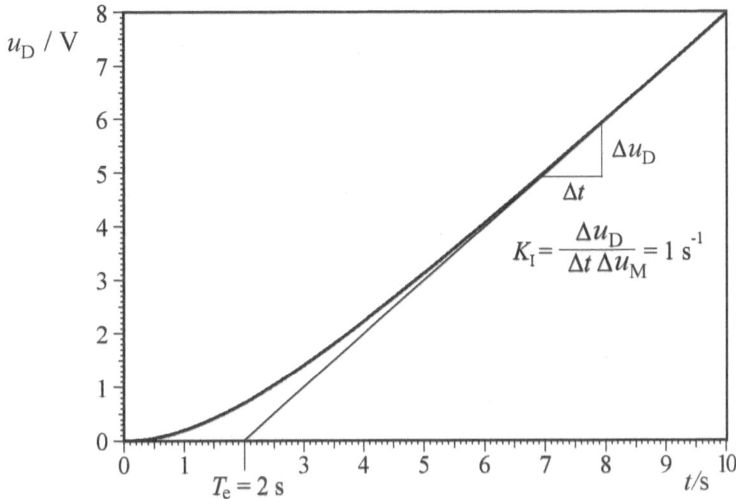

Bild 4.15 Ermittlung der Strecken-Kennwerte (Δu_M = 1 V)

Da die Strecke bereits I-Verhalten aufweist, wählen wir als Reglertyp einen PD-Regler. Da dieser Reglertyp in den Entwurfstabellen nicht explizit auftritt, wählen wir die Einstellregeln für den PID-Regler. Wir können ablesen, dass für die Nachstellzeit dort ein Wert von unendlich angegeben ist, was nichts anderes bedeutet, als dass der I-Anteil ohnehin deaktiviert ist. Wir erhalten für gutes Führungsverhalten ohne Überschwingen damit die Reglerparameter

$$\begin{aligned} K_{PR} &= 0.59 \frac{1}{K_{IS} \cdot T_e} = 0.295 \\ T_d &= 0.5 \cdot T_e = 1\ \text{s} \end{aligned} \tag{4.10}$$

und für gutes Führungsverhalten mit Überschwingen die Parameter

$$\begin{aligned} K_{PR} &= 0.95 \frac{1}{K_{IS} \cdot T_e} = 0.475 \\ T_d &= 0.47 \cdot T_e = 0.94\ \text{s}\,. \end{aligned} \tag{4.11}$$

Bild 4.16 zeigt die Führungssprungantworten der zugehörigen geschlossenen Regelkreise (man beachte den im Vergleich zu Bild 4.15 geänderten Zeitmaßstab!).

Wie beim Reglerentwurf für die Beispielstrecke mit Ausgleich führt auch hier der für aperiodisches Verhalten entworfene Regler zu einem langsameren Anstieg der Regelgröße mit geringerem Überschwingen, während der auf Überschwingen entworfene Regler zu einem Überschwingen der Regelgröße von etwa 10 % bei allerdings schnellerem Anstieg führt.

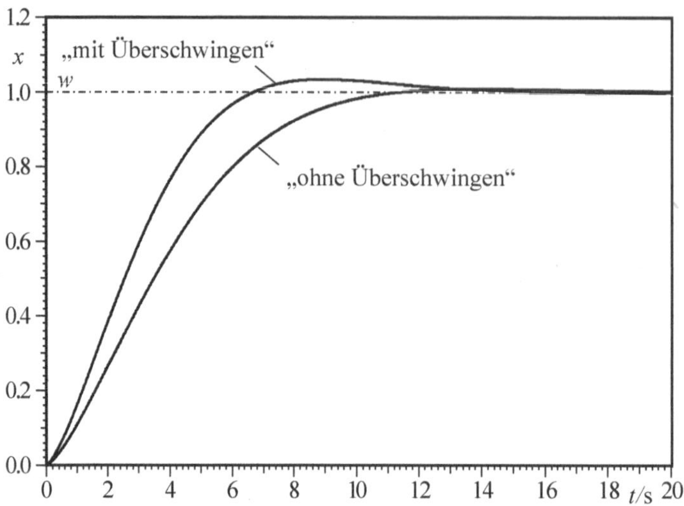

Bild 4.16 Führungssprungantworten der geschlossenen Regelkreise

4.5 Einstellregeln nach *Oppelt*

Die von *Oppelt* angegebenen Einstellregeln basieren ebenfalls auf den Strecken-Kennwerten Proportionalbeiwert, Verzugszeit und – bei Strecken mit Ausgleich – Ausgleichszeit. Sie finden vorzugsweise in der Chemietechnik Anwendung, wo das Anfahren von Anlagen in der Regel nicht sprungförmig erfolgt. Die Einstellregeln sind daher im Hinblick auf gutes Störverhalten optimiert und führen aus diesem Grund auf eine relativ geringe Dämpfung. **Tabelle 4.6** zeigt die Regeln im Überblick.

Tabelle 4.6 Einstellregeln nach *Oppelt* für Strecken mit Ausgleich (oben) bzw. ohne Ausgleich (unten)

Reglertyp	Reglerparameter
P	$K_{PR} = \frac{T_b}{K_{PS} \cdot T_e}$
PI	$K_{PR} = 0.8 \frac{T_b}{K_{PS} \cdot T_e}$ $T_i = 3 \cdot T_e$
PD	$K_{PR} = 1.2 \frac{T_b}{K_{PS} \cdot T_e}$ $T_d = 0.22 \ldots 0.5 \cdot T_e$
PID	$K_{PR} = 1.2 \frac{T_b}{K_{PS} \cdot T_e}$ $T_i = 2 \cdot T_e$ $T_d = 0.42 \cdot T_e$

Reglertyp	Reglerparameter
P	$K_{PR} = \frac{0.5}{K_{IS} \cdot T_e}$
PI	$K_{PR} = \frac{0.42}{K_{IS} \cdot T_e}$ $\quad T_i = 5.8 \cdot T_e$
PD	$K_{PR} = \frac{0.5}{K_{IS} \cdot T_e}$ $\quad T_d = 0.5 \cdot T_e$
PID	$K_{PR} = \frac{0.4}{K_{IS} \cdot T_e}$ $\quad T_i = 3.2 \cdot T_e \quad T_d = 0.8 \cdot T_e$

Beispiel: Wir erproben die Einstellregeln nach *Oppelt* anhand des Entwurfs eines PI-Reglers für eine P-T_2-Regelstrecke mit einem Proportionalbeiwert von $K_{PS} = 1$ und Zeitkonstanten von $T_1 = 3$ s und $T_2 = 10$ s. **Bild 4.17** zeigt zunächst die Sprungantwort der Strecke, der wir wie dargestellt die Kennwerte

$$T_e = 1.5 \text{ s}, T_b = 16 \text{ s}$$

entnehmen können.

Damit erhalten wir für die Parameter des PI-Reglers die Werte

$$K_{PR} = 0.8 \frac{T_b}{K_{PS} \cdot T_e} = 8.5, \quad T_i = 3 \cdot T_e = 4.5 \text{ s}.$$

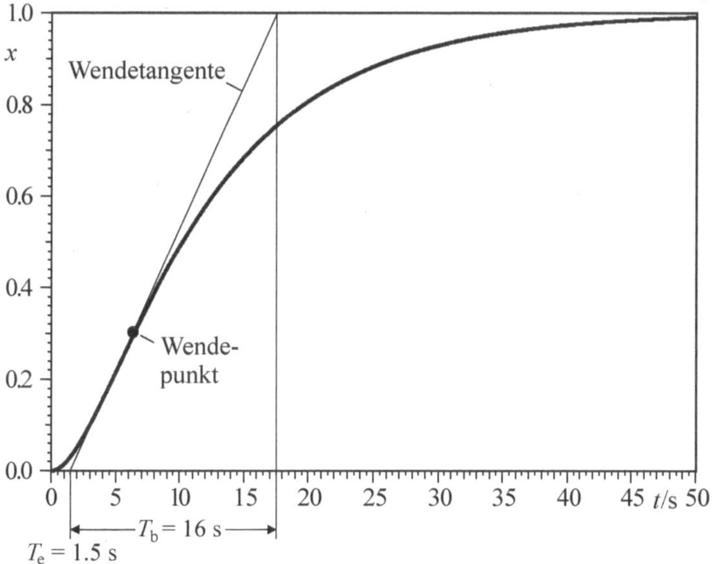

Bild 4.17 Sprungantwort der Regelstrecke mit Kennwertermittlung für Reglerentwurf nach *Oppelt*

Bild 4.18 zeigt den Verlauf der Regelgröße im geschlossenen Regelkreis im Vergleich zur Regelstrecke. Dabei wurde zum Zeitpunkt $t = 0$ zunächst ein Führungsgrößensprung aufgeschaltet, nach Abklingen des Einschwingvorgangs zum Zeitpunkt $t = 60$ s dann eine sprungförmige Störgröße. Wir können unschwer erkennen, dass das Führungsverhalten des Regelkreises aufgrund der geringen Dämpfung nur mäßig ist, die Störgrößenkompensation hingegen sehr schnell erfolgt.

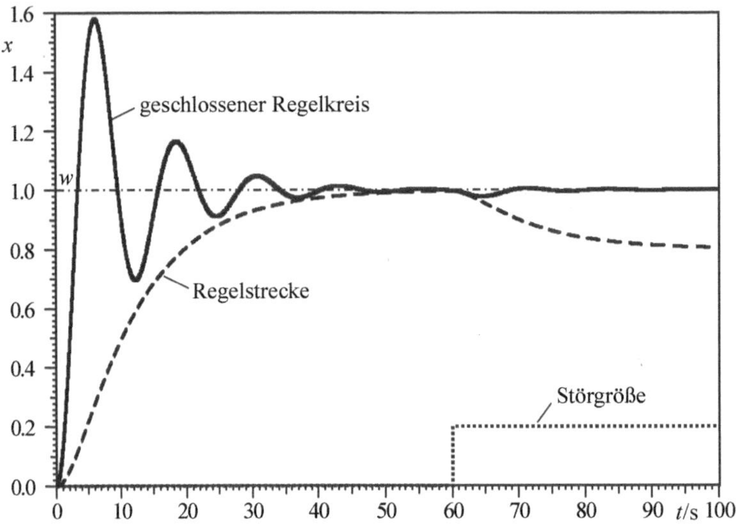

Bild 4.18 Sprungantwort des geschlossenen Regelkreises

Das Beispiel befindet sich unter dem Namen *Oppelt.bsy* auf der dem Buch beiliegenden CD. Laden Sie die Datei, und überprüfen Sie die erhaltenen Ergebnisse!

4.6 PID-Entwurf nach der T-Summen-Regel

Das von *Kuhn* 1995 vorgestellte Entwurfsverfahren nutzt anstelle von Verzugs- und Ausgleichszeit die sogenannte *Summen-Zeitkonstante* T_Σ als Strecken-Kennwert für den Reglerentwurf [KU95]. Diese entspricht bei den von uns ausschließlich betrachteten reinen Verzögerungsstrecken der Summe aller Strecken-Zeitkonstanten, zuzüglich einer eventuell vorhandenen Strecken-Totzeit. Sie lässt sich grafisch aus der Sprungantwort der Regelstrecke ermitteln, indem man eine zur x-Achse parallele Gerade so weit verschiebt, bis die Flächen A_1 und A_2 gerade gleich groß sind (**Bild 4.19**).

Kuhn gibt zwei Sätze von Einstellregeln an, die einerseits eine eher „vorsichtige" Reglereinstellung ermöglichen (normaler Regelverlauf), andererseits einen relativ schnellen Regelverlauf. **Tabelle 4.7** enthält beide Einstellsätze.

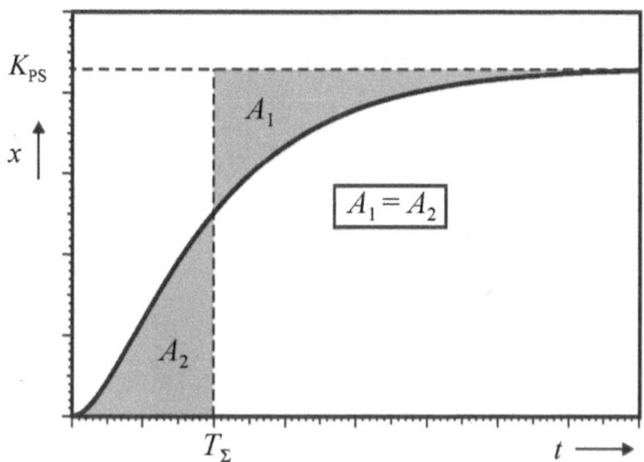

Bild 4.19 Grafische Bestimmung der Summen-Zeitkonstante

Tabelle 4.7 Einstellregeln nach *Kuhn*

	normaler Regelverlauf	**schneller Regelverlauf**
P	$K_{PR} = 1/K_{PS}$	–
PD	$K_{PR} = 1/K_{PS}$ $T_d = 0.33 \cdot T_\Sigma$	–
PI	$K_{PR} = 0.5/K_{PS}$ $T_i = 0.5 \cdot T_\Sigma$	$K_{PR} = 1/K_{PS}$ $T_i = 0.7 \cdot T_\Sigma$
PID	$K_{PR} = 1/K_{PS}$ $T_i = 0.66 \cdot T_\Sigma$ $T_d = 0.167 \cdot T_\Sigma$	$K_{PR} = 2/K_{PS}$ $T_i = 0.8 \cdot T_\Sigma$ $T_d = 0.194 \cdot T_\Sigma$

Wir wollen beispielhaft einen PI-Regler für die bereits mehrfach betrachtete P-T_3-Strecke mit den Zeitkonstanten $T_1 = 1$ s, $T_2 = 3$ s und $T_3 = 6$ s und dem Proportionalbeiwert $K_{PS} = 1$ entwerfen. Da wir die Zeitkonstanten als bekannt voraussetzen, können wir auf die grafische Bestimmung der Summen-Zeitkonstanten verzichten und sie berechnen. Wir erhalten

$$T_\Sigma = T_1 + T_2 + T_3 = 10 \text{ s} . \tag{4.12}$$

Für den PI-Regler mit normalem Regelverlauf erhalten wir also die Parameter

$$K_{PR} = \frac{0.5}{K_{PS}} = 0.5, \quad T_i = 0.5 \cdot T_\Sigma = 5 \text{s} \tag{4.13}$$

und für den Regler mit schnellem Regelverlauf

$$K_{PR} = \frac{1}{K_{PS}} = 1, \quad T_i = 0.7 \cdot T_\Sigma = 7 \text{s} . \tag{4.14}$$

Bild 4.20 zeigt die Führungssprungantwort des geschlossenen Regelkreises für beide Fälle. Der Regler für schnellen Regelverlauf führt (bei einem geringfügig stärkeren Überschwingen) zu einer deutlich geringeren Anregelzeit.

Da die Einstellregeln nach *Kuhn* tendenziell zu Regelkreisen mit nur geringer Schwingneigung führen, werden sie insbesondere in der Verfahrenstechnik bevorzugt eingesetzt, da dort ein starkes Überschwingen in der Regel vermieden werden muss.

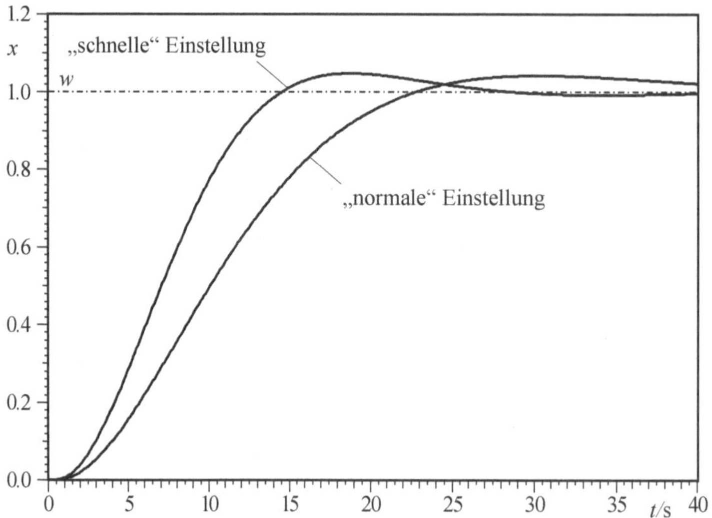

Bild 4.20 Führungssprungantwort des geschlossenen Regelkreises für normale und schnelle Reglerauslegung

4.7 PID-Entwurf nach dem Betragsoptimum

Der Entwurf von PID-Reglern nach dem Verfahren des Betragsoptimums basiert auf Einstellregeln, die aus der Analyse von Regelkreisen im Frequenzbereich (siehe Kapitel 8) stammen. Das Verfahren ist anwendbar auf nicht schwingfähige Regelstrecken mit Ausgleich und liefert dann besonders brauchbare Ergebnisse, wenn die Regelstrecke eine oder zwei Zeitkonstanten besitzt, die im Verhältnis zur Summe T_Σ der übrigen Strecken-Zeitkonstanten als sehr groß angesetzt werden können („dominante" Zeitkonstanten). Im Falle *einer* großen Zeitkonstante T_1 muss also gelten

$$T_1 \gg T_\Sigma = \sum_{j=2}^{n} T_j \,, \tag{4.15}$$

bei Strecken mit zwei großen Zeitkonstanten T_1 und T_2 entsprechend

$$T_1 \,, T_2 \gg T_\Sigma = \sum_{j=3}^{n} T_j \,. \tag{4.16}$$

Wir betrachten zunächst den Fall einer großen Zeitkonstante. Das Verfahren des Betragsoptimums liefert in diesem Fall Einstellregeln für P- und PI-Regler, die in **Tabelle 4.8** aufgeführt sind.

Tabelle 4.8 Einstellregeln nach dem Betragsoptimum für Strecken mit einer großen Zeitkonstante T_1

Reglertyp	Reglerparameter
P	$K_{PR} = \dfrac{T_1}{2\,K_{PS} T_\Sigma}, \quad T_1 \gg T_\Sigma = \sum_{j=2}^{n} T_j$
PI	$K_{PR} = \dfrac{T_1}{2\,K_{PS} T_\Sigma}, \quad T_i = T_1, \quad T_1 \gg T_\Sigma = \sum_{j=2}^{n} T_j$

Beispiel: Wir erproben die Einstellregeln anhand des Entwurfs eines PI-Reglers für eine P-T$_3$-Strecke mit einem Proportionalbeiwert von $K_{PS} = 1$ und den Zeitkonstanten $T_1 = 10$ s, $T_2 = 1$ s und $T_3 = 0.1$ s. Mit

$$T_\Sigma = T_2 + T_3 = 1.1 \text{ s}$$

erhalten wir für die Reglerparameter die Werte

$$K_{PR} = \frac{T_1}{2\,K_{PS} T_\Sigma} = 4.55, \quad T_i = T_1 = 10 \text{ s}.$$

Bild 4.21 zeigt die Führungssprungantwort des zugehörigen geschlossenen Regelkreises im Vergleich zur Sprungantwort der Regelstrecke selbst. Der Entwurf nach dem Betragsoptimum führt erkennbar zu einer recht schnellen Reglereinstellung mit nur geringem Überschwingen.

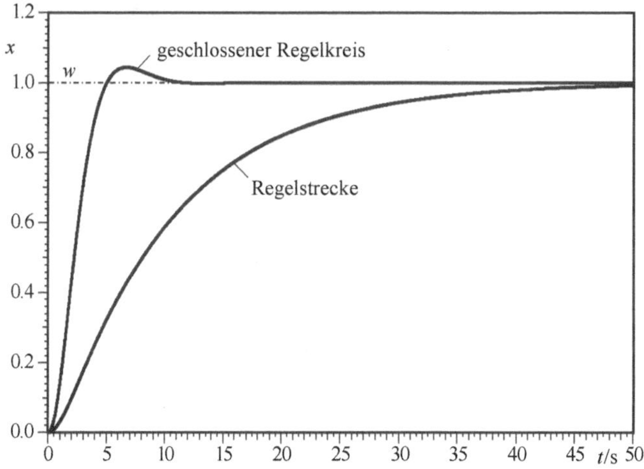

Bild 4.21 Führungssprungantwort des geschlossenen Regelkreises

Das Beispiel befindet sich unter dem Namen *Betragsoptimum1.bsy* auf der Begleit-CD dieses Buchs. Laden Sie die Datei, und überprüfen Sie die erhaltenen Ergebnisse!

Für Regelstrecken mit *zwei* großen Zeitkonstanten liefert das Verfahren des Betragsoptimums Einstellregeln für PI- und PID-Regler, die in **Tabelle 4.9** aufgeführt sind.

Tabelle 4.9 Einstellregeln nach dem Betragsoptimum für Strecken mit zwei großen Zeitkonstanten T_1 und T_2

Reglertyp	Reglerparameter
PI	$K_{\mathrm{PR}} = \dfrac{T_1^2 + T_2^2}{2\,K_{\mathrm{PS}} T_1 T_2}, \quad T_{\mathrm{i}} = \dfrac{(T_1^2 + T_2^2)(T_1 + T_2)}{T_1^2 + T_1 T_2 + T_2^2}$ $T_1, T_2 \gg T_\Sigma = \sum_{j=3}^{n} T_j$
PID	$K_{\mathrm{PR}} = \dfrac{T_1}{2\,K_{\mathrm{PS}} T_\Sigma}, \quad T_{\mathrm{i}} = T_1, \quad T_{\mathrm{d}} = T_2$ $T_1, T_2 \gg T_\Sigma = \sum_{j=3}^{n} T_j$

Beispiel: Wir wollen auf Basis der aufgeführten Einstellregeln einen PID-Regler für eine P-T_4-Strecke mit einem Proportionalbeiwert von $K_{\mathrm{PS}} = 1$ und den Zeitkonstanten $T_1 = 10$ s, $T_2 = 8$ s und $T_3 = T_4 = 0.5$ s entwerfen. Mit

$$T_\Sigma = T_3 + T_4 = 1\ \mathrm{s}$$

erhalten wir für die Reglerparameter die Werte

$$K_{\mathrm{PR}} = \frac{T_1}{2\,K_{\mathrm{PS}} T_\Sigma} = 5$$

$$T_{\mathrm{i}} = 10\ \mathrm{s}$$

$$T_{\mathrm{d}} = 8\ \mathrm{s}\,.$$

Bild 4.22 zeigt wiederum die Führungssprungantwort des zugehörigen geschlossenen Regelkreises im Vergleich zur Sprungantwort der Regelstrecke selbst. Auch in diesem Fall erhalten wir einen schnellen Anstieg der Regelgröße mit nur geringem Überschwingen.

Das Beispiel befindet sich unter dem Namen *Betragsoptimum2.bsy* auf der Begleit-CD des Buchs. Laden Sie die Datei, und überprüfen Sie die erhaltenen Ergebnisse!

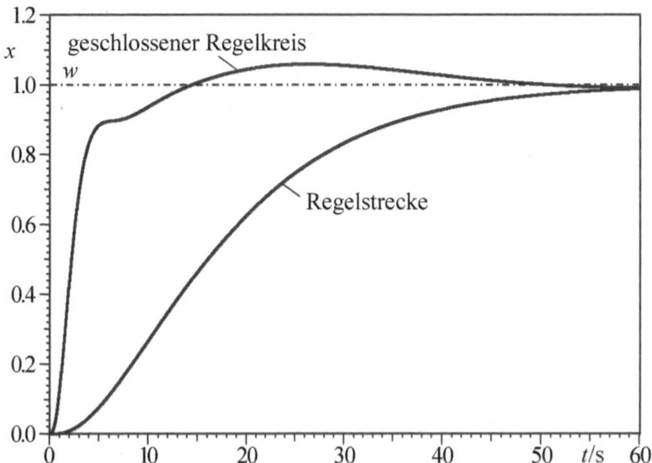

Bild 4.22 Führungssprungantwort des geschlossenen Regelkreises und Sprungantwort der Regelstrecke

4.8 Numerische Optimierung von Reglern

Klassische Einstellregeln für PID-Regler wie die zuvor vorgestellten Verfahren nach *Ziegler/Nichols* oder *Chien*, *Hrones* und *Reswick* sind nur für bestimmte Typen von Regelstrecken geeignet und liefern in der Regel auch nur eine suboptimale Einstellung des Reglers. Soll diese Einstellung nachoptimiert werden oder liegt ein spezieller Typ von Regelstrecke (z. B. eine schwingfähige Strecke) vor, so kann eine numerische Optimierung des Reglers erfolgen. Da diese in den meisten Fällen wegen des hohen Zeitaufwands und der eventuellen Herbeiführung von Gefahrensituationen nicht an der realen Strecke erfolgen kann, nutzt man ein entsprechendes Simulationsprogramm. Voraussetzung für eine rechnergestützte Parameteroptimierung des Reglers ist das Vorliegen eines mathematischen Modells der Regelstrecke (Typ der Regelstrecke und Kennwerte, z. B. Zeitkonstanten).

Ein wesentlicher Vorteil der numerischen Parameteroptimierung liegt darin, dass die Güteanforderungen an den geschlossenen Regelkreis sehr genau spezifiziert werden können. Prinzipiell sind beliebige Gütekriterien oder auch Kombinationen mehrerer Kriterien (man spricht dann von *vektorieller Optimierung*) denkbar. Besonders häufig wird als Gütekriterium die Fläche zwischen Soll- und Istwertverlauf der Führungssprungantwort („Regelfläche") gewählt, wie sie in **Bild 4.23** grau hinterlegt dargestellt ist.

Dabei ist darauf zu achten, dass sich die Flächenanteile ober- und unterhalb des Sollwerts nicht aufheben dürfen, sondern vielmehr aufsummiert werden müssen, da sich ansonsten auch bei einer schwach gedämpften Sprungantwort eine geringe Regelfläche ergeben würde. Dies kann man erreichen, indem man den Betrag der Regeldifferenz oder aber ihr Quadrat integriert. Möchte man erreichen, dass der Sollwert möglichst schnell angestrebt wird, so kann man zusätzlich eine Zeitgewichtung einführen. Diese sorgt dann dafür, dass Regeldifferenzen zu späteren Zeitpunkten eine stärkere Gewichtung erfahren. In der Praxis sind aus diesem Grunde vier unterschiedliche Varianten der Regelfläche gebräuchlich:

- Betragslineare Regelfläche (IAE-Kriterium, ***I**ntegral of **A**bsolute **E**rror*)

$$Q_{\mathrm{IAE}} = \int_0^{\infty} |e(t)| \, dt$$

- Quadratische Regelfläche (ISE-Kriterium, ***I**ntegral of **S**quared **E**rror*)

$$Q_{\mathrm{ISE}} = \int_0^{\infty} e(t)^2 \, dt$$

- Zeitgewichtete betragslineare Regelfläche (ITAE-Kriterium, ***I**ntegral of **T**ime-multiplied **A**bsolute **E**rror*)

$$Q_{\mathrm{ITAE}} = \int_0^{\infty} t \cdot |e(t)| \, dt$$

- Zeitgewichtete quadratische Regelfläche (ITSE-Kriterium, ***I**ntegral of **T**ime-multiplied **S**quared **E**rror*)

$$Q_{\mathrm{ITSE}} = \int_0^{\infty} t \cdot e(t)^2 \, dt$$

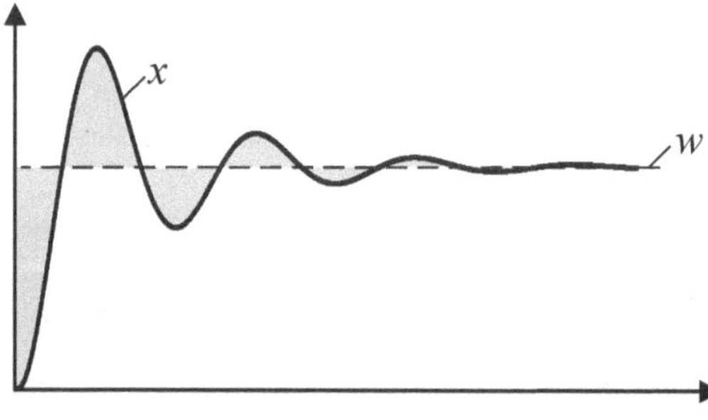

Bild 4.23 Regelfläche

Im (nicht realisierbaren) Idealfall wären Soll- und Istwertverlauf identisch, und alle Integralkriterien würden den Wert null liefern. Die Reglerparameter sind dann so einzustellen, dass das jeweilige Integral einen möglichst kleinen Wert annimmt.

Die entsprechenden numerischen Optimierungsverfahren verlangen allgemein die Spezifikation einer von den Reglerparametern abhängigen Gütefunktion Q (also z. B. der betragslinearen Regelfläche), die dann durch „intelligentes Ausprobieren", beginnend bei vorgegebenen Startwerten für die Reglerparameter, schrittweise (d. h. iterativ) minimiert wird, bis ein vorgegebenes Abbruchkriterium erfüllt ist. Als besonders effektiv haben sich in diesem Zusammenhang Optimierungsverfahren auf der Basis von *Evolutionsstrategien* erwiesen [SCH77, KA91].

Inwieweit das numerische Optimierungsverfahren tatsächlich in der Lage ist, die optimalen Reglerparameter in Bezug auf das gewählte Gütekriterium Q zu finden (also gegen das Optimum zu *konvergieren*), hängt wesentlich von der Wahl der Startwerte für die Parameter ab. Je näher diese bereits bei den optimalen Parametern liegen, umso genauer und schneller wird das Optimierungsverfahren diese lokalisieren. Man kann daher z. B. zunächst Reglerparameter nach einer der klassischen Einstellregeln bestimmen und diese Werte dann nachfolgend als Startwerte für die numerische Optimierung heranziehen.

Wir betrachten als Beispiel wiederum die P-T_3-Regelstrecke nach Bild 4.5. Für diese hatten wir in Abschnitt 4.4.1 nach dem Verfahren von *Chien*, *Hrones* und *Reswick* einen PID-Regler für gutes Führungsverhalten ohne Überschwingen entworfen und die Reglerparameter

$$K_{\mathrm{PR}} = 0.59 \frac{1}{K_{\mathrm{PS}}} \frac{T_{\mathrm{b}}}{T_{\mathrm{e}}} = 3.68, \quad T_{\mathrm{i}} = T_{\mathrm{b}} = 12.5\,\mathrm{s}, \quad T_{\mathrm{d}} = 0.5\, T_{\mathrm{e}} = 1\,\mathrm{s}$$

erhalten. Anhand einer Simulation des geschlossenen Regelkreises lassen sich für diese Reglereinstellung die Werte für die vier zuvor vorgestellten Regelflächen ermitteln. Es ergeben sich folgende Werte:

$Q_{\mathrm{IAE}} = 4.20$

$Q_{\mathrm{ISE}} = 2.55$

$Q_{\mathrm{ITAE}} = 18.98$

$Q_{\mathrm{ITSE}} = 4.40$

Hinweis: Alle nachfolgend beschriebenen Optimierungen wurden mithilfe des im Simulationsprogramm BORIS integrierten Optimierungsmoduls auf der Basis von Evolutionsstrategien durchgeführt. Dieses ist nur in der Vollversion von BORIS verfügbar, nicht aber in der diesem Buch zugehörigen Light-Version.

Ausgehend von den obigen Reglerparametern als Startwerten führen wir nun Optimierungen nach den vier Integralkriterien durch. **Tabelle 4.10** zeigt die erhaltenen Ergebnisse.

Tabelle 4.10 Optimierungsergebnisse für Integralkriterien

Kriterium	$K_{\mathrm{P\,opt}}$	$T_{\mathrm{i\,opt}}$	$T_{\mathrm{d\,opt}}$	Q_{opt}
IAE	10.8	27.9 s	1.67 s	2.67
ISE	11.1	27.5 s	1.37 s	1.96
ITAE	10.8	28.6 s	1.71 s	4.61
ITSE	11.2	27.4 s	1.50 s	2.28

Wie wir erkennen können, ergibt sich in allen Fällen durch die Optimierung eine wesentliche Verbesserung, d. h. Verringerung des entsprechenden Güteintegralwerts Q. Die sich als optimal ergebenden Reglereinstellungen sind für alle vier Varianten ähnlich, was sich auch in den entsprechenden Sprungantworten niederschlägt (**Bild 4.24**). Die Sprungantworten der optimierten Regelkreise sind nahezu identisch, wobei die zeitgewichteten Gütekriterien jeweils zu einem etwas geringeren Überschwingen führen als die nicht zeitgewichteten. In allen vier Fällen ergibt sich jedoch eine wesentliche Verbesserung der Regelkreisdynamik verglichen mit der Reglereinstellung nach *Chien*, *Hrones* und *Reswick* (ausgezogene Kurve).

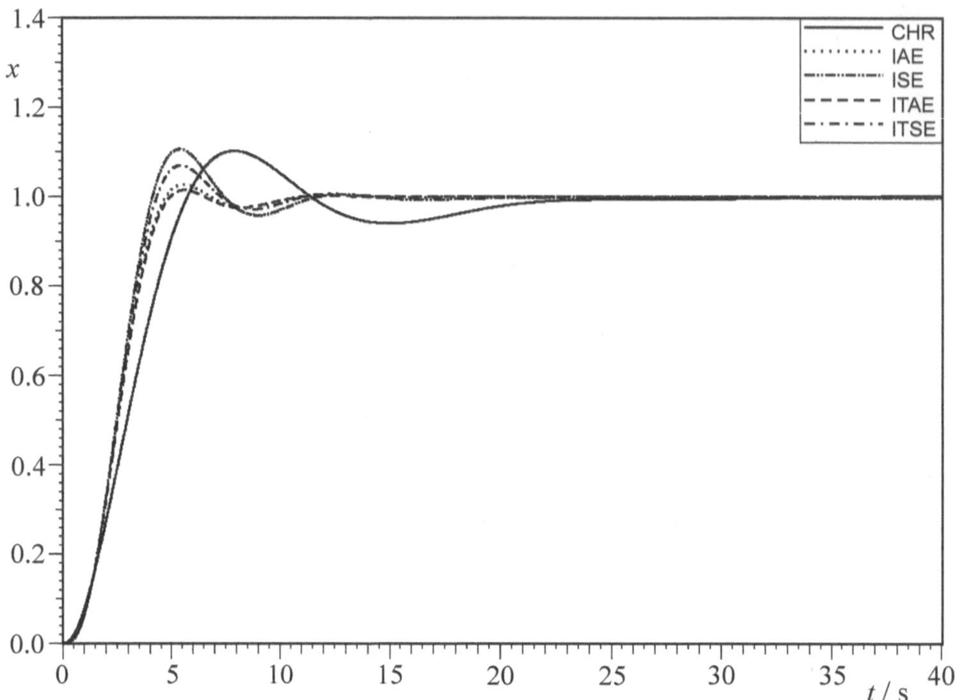

Bild 4.24 Führungssprungantwort der optimierten Regelkreise im Vergleich zum CHR-Entwurf

In Abschnitt 12.2.5 werden wir anhand der Optimierung eines Reglers für eine Drehzahlregelung aufzeigen, wie sich z. B. die Forderung einer maximalen Überschwingweite in das Gütekriterium einbringen lässt.

4.9 Selbsteinstellende und adaptive Regler

Ist die Regelstrecke hinreichend bekannt und bleiben ihre Kennwerte im Betrieb im Wesentlichen unverändert, so kann der zugehörige Regler nach einem der zahlreichen vorgestellten Entwurfsverfahren entworfen und dann entsprechend eingestellt werden. Ist die Regelstrecke jedoch einer Analyse aus irgendeinem Grunde unzugänglich (oder möchte man sich die für die Streckenanalyse anfallende Arbeit ersparen), so kann ein *selbsteinstellender Regler* zum Einsatz kommen. Dieser bestimmt während der Inbetriebnahme des Regelkreises oder auch später im laufenden Betrieb „auf Knopfdruck“ automatisch die optimalen (oder zumindest halbwegs akzeptable) Reglerparameter und übernimmt diese dann. Dazu schaltet der Regler z. B. eine geeignete Testfunktion (beispielsweise eine Sprungfunktion) auf die Regelstrecke und protokolliert den daraus resultierenden Verlauf der Regelgröße. Anhand dieser Daten werden dann die relevanten Strecken-Kennwerte ermittelt, ein geeigneter Reglertyp ausgewählt und die optimalen Reglerparameter bestimmt und übernommen. Nachfolgend bleiben die einmal eingestellten Reglerparameter dann konstant, bis eine erneute Selbsteinstellung initiiert wird.

Adaptive Regler gehen noch einen Schritt weiter: Sie beobachten die Regelstrecke *fortlaufend* während des normalen Betriebs durch Aufzeichnung der Stell- und Regelgrößenverläufe (**Bild 4.25**). Anhand dieser Daten wird periodisch eine Identifikation der Regelstrecke durchgeführt. Werden Änderungen von Strecken-Kennwerten (also Zeitkonstanten oder Übertragungsbeiwerten) festgestellt, so werden auf Basis der aktuellen Kennwerte neue, an die geänderten Strecken-Kennwerte angepasste Reglerparameter ermittelt und in den Regler übertragen (*Parameteradaption*). Adaptive Regler sind daher insbesondere für solche Regelungsprobleme geeignet, wo sich Strecken-Kennwerte (z. B. aufgrund von Verschleiß oder Austausch von Teilen) häufig ändern oder eine besonders hohe Regelgüte verlangt wird. Man denke hier etwa an ein Flugzeug, bei dem sich die Masse (und damit das dynamische Verhalten) aufgrund des Treibstoffverbrauchs während eines Flugs stetig ändert.

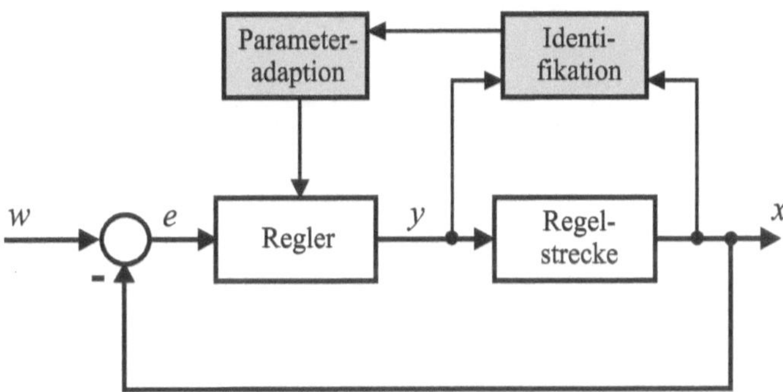

Bild 4.25 Struktur eines adaptiven Reglers

Da der Vorgang der Selbsteinstellung und erst recht der Adaptionsalgorithmus naheliegenderweise ein hohes Maß an „Reglerintelligenz" bzw. Rechenleistung verlangt, kommen zur Realisierung dieser Konzepte praktisch ausschließlich digitale Regler bzw. SPS-Regler zum Einsatz. Zumindest eine Option zur Selbsteinstellung wird dabei heutzutage praktisch in allen kommerziellen Reglern angeboten (siehe auch Abschnitt 10.5).

5 Regelungen mit unstetigen Reglern

5.1 Unstetige Regler ohne Rückführung

Im Gegensatz zu stetigen Reglern wie dem PID-Regler kann die Ausgangsgröße (Stellgröße) eines unstetigen Reglers nur wenige diskrete Werte innerhalb des Stellbereichs annehmen. Ändert man die Regeldifferenz $e(t)$ (Eingangsgröße des Reglers) stetig, so ändert sich die Stellgröße $y(t)$ (Ausgangsgröße des Reglers) bei bestimmten Eingangsgrößenwerten sprunghaft, d. h. unstetig. Man bezeichnet solche Reglertypen daher auch als *schaltende* Regler. Sie eignen sich insbesondere als kostengünstige Lösung für relativ anspruchslose Regelungsaufgaben (z. B. einfache Temperaturregelungen) oder zur Ansteuerung von Stellgliedern mit nur zwei Arbeitspunkten (z. B. „EIN“ und „AUS“ oder „AUF“ und „ZU“). Die wichtigsten Vertreter dieser Reglertypen sind Zwei- und Dreipunkt-Regler.

5.1.1 Zweipunkt-Regler ohne Hysterese

Die Ausgangsgröße des Zweipunkt-Reglers kann nur zwei Werte annehmen, nämlich y_{min} und y_{max}. Das Umschalten zwischen beiden Werten erfolgt bei $e(t) = 0$ bzw. $x(t) = w$. **Bild 5.1** zeigt die allgemeine Kennlinie und alternative Blocksymbole des Zweipunkt-Reglers, wobei die Kennlinie einmal über der Regeldifferenz e dargestellt ist (linkes Teilbild) und einmal über der Regelgröße x (rechtes Teilbild). Beide Darstellungsformen für die Kennlinie sind in der Praxis üblich.

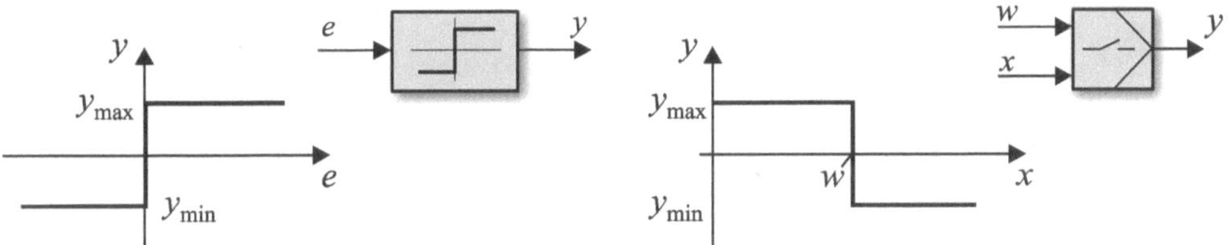

Bild 5.1 Kennlinien und Blocksymbole des Zweipunkt-Reglers

Häufig ist $y_{min} = 0$ (z. B. beim Temperaturregler im Bügeleisen oder Kühlschrank) oder oberer und unterer Stellgrößenwert sind symmetrisch ($y_{min} = -y_{max}$). **Bild 5.2** zeigt noch einmal die Kennlinien des Zweipunkt-Reglers für den in der Praxis zumeist auftretenden Fall $y_{min} = 0$. Der Stellbereich Y_h des Reglers entspricht in diesem Fall y_{max}.

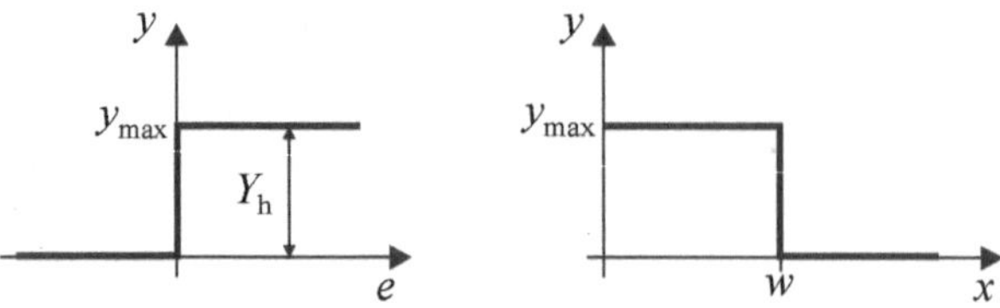

Bild 5.2 Kennlinien des Zweipunkt-Reglers für $y_{min} = 0$

Wird ein solcher Zweipunkt-Regler beispielsweise zur Temperaturregelung eingesetzt, so schaltet er die Energiezufuhr (z. B. Heizung) ein, solange der Temperatur-Istwert unter dem Sollwert liegt (d. h. die Regeldifferenz positiv ist); exakt beim Erreichen des Sollwerts schaltet er sie ab (**Bild 5.3**).

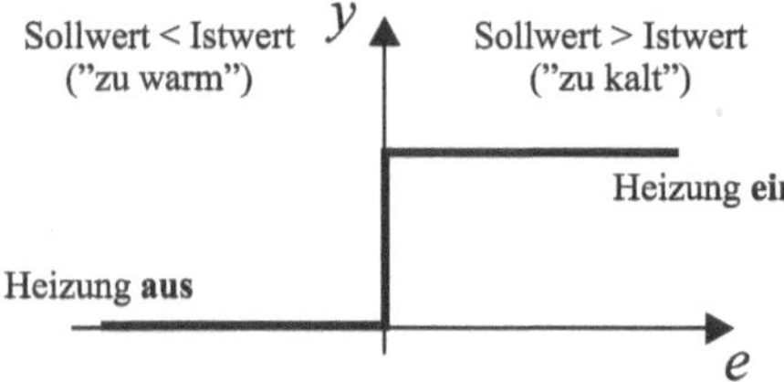

Bild 5.3 Zweipunkt-Temperaturregler

Liegt der Istwert aufgrund des Abschaltens der Heizung kurz darauf wieder minimal unter dem Sollwert, wird die Energiezufuhr wieder eingeschaltet und der Vorgang wiederholt sich zyklisch. Es kommt dadurch zu einem ständigen und unter Umständen hochfrequenten Ein-/Ausschalten der Energiezufuhr, das häufig mit Nachteilen für den Regler bzw. das Stellglied (schnelle Abnutzung der mechanischen Komponenten) verbunden ist; bei Regelstrecken mit nur einer Verzögerung (P-T_1-Strecken) erfolgt dieses Umschalten theoretisch sogar unendlich schnell. Daher kombiniert man den Zweipunkt-Regler in der Praxis häufig, wie in nachfolgendem Abschnitt gezeigt, mit einer sogenannten *Schaltdifferenz* (Hysterese), über die sich die Schalthäufigkeit beeinflussen lässt.

Der Zweipunkt-Regler ohne Hysterese kann lediglich zwei Stellgrößenalternativen liefern, nämlich y_{min} (meist 0) und y_{max}. Da er zumindest an Regelstrecken niedriger Ordnung zu hochfrequenten Dauerschwingungen der Regel- und Stellgröße führt, wird er in der Praxis nur selten eingesetzt.

Die Datei *Zweipunktregelung.bsy* enthält einen Regelkreis, bestehend aus einer P-T_1-Regelstrecke und einem Zweipunkt-Regler ohne Hysterese. Ermitteln Sie den Verlauf von Regel- und Stellgröße für einen Führungsgrößensprung. Wie groß ist die Schaltfrequenz des Reglers?

5.1.2 Zweipunkt-Regler mit Hysterese

Der Zweipunkt-Regler mit Hysterese besitzt gegenüber dem einfachen Zweipunkt-Regler eine (in der Regel einstellbare) *Schaltdifferenz* X_{sd}, die den ständigen Umschaltvorgang mehr oder minder stark unterdrückt. Kennlinien und Blocksymbole dieses Zweipunkt-Reglers mit Hysterese zeigt **Bild 5.4**.

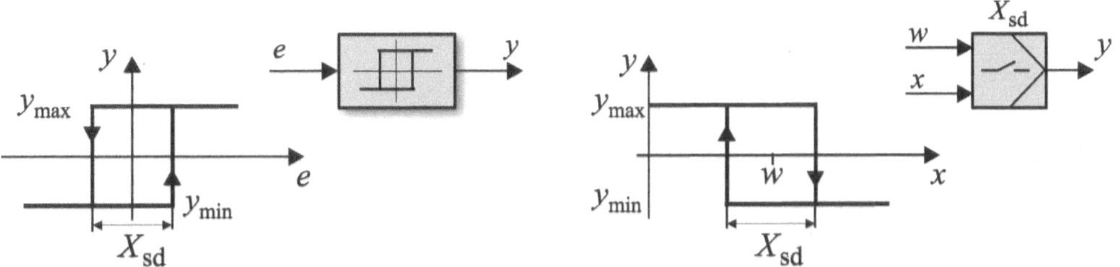

Bild 5.4 Kennlinien und Blocksymbole des Zweipunkt-Reglers mit Hysterese

Bild 5.5 zeigt als Beispiel wieder einen Zweipunkt-Temperaturregler, der im Gegensatz zum Regler nach Bild 5.3 jetzt aber eine Schaltdifferenz von X_{sd} = 10 °C aufweist. Das Umschalten findet jetzt also nicht mehr bei einer Regeldifferenz von 0 °C statt, sondern Ein- und Ausschaltzeitpunkt sind um 10 °C gegeneinander verschoben. Das Einschalten der Heizung erfolgt also erst bei Überschreiten einer Regeldifferenz von $e = +5$ °C, das Ausschalten bei Unterschreiten einer Regeldifferenz von $e = -5$ °C. Nehmen wir beispielhaft einen Sollwert von $w = 100$ °C an, so würde der dargestellte Zweipunkt-Temperaturregler die Heizung also erst bei Unterschreiten einer Temperatur von 95 °C einschalten und erst bei Überschreiten einer Temperatur von 105 °C wieder ausschalten.

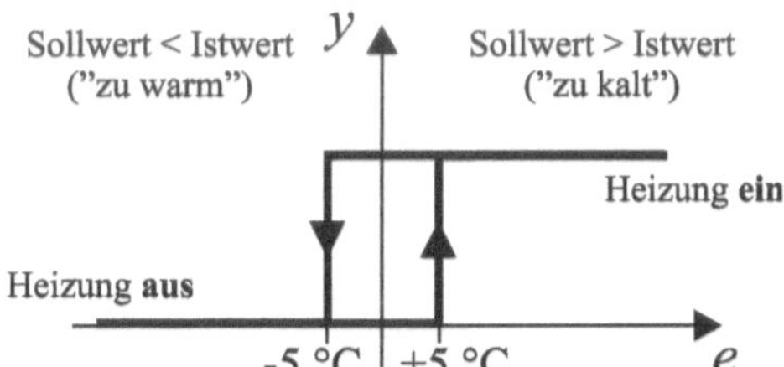

Bild 5.5 Zweipunkt-Temperaturregler mit einer Schaltdifferenz von X_{sd} = 10 °C

Wir wollen die Wirkungsweise des Zweipunkt-Reglers mit Hysterese zunächst an einer P-T_1-Strecke nach **Bild 5.6** untersuchen.

Bild 5.7 zeigt die zugehörige Führungssprungantwort des geschlossenen Regelkreises. Die Regelgröße (obere Grafik) steigt nach Aufschalten des Sprungs zunächst exponentiell an, bis sie gerade um die Hälfte der Schaltdifferenz (also $X_{sd}/2$) oberhalb des Sollwerts liegt (Punkt ①). Die Stellgröße (untere Grafik) hat während dieser Zeit den Wert y_{max}, d. h. 2. In diesem Moment schaltet der Regler auf die Stellgröße $y_{min} = 0$ um, und die Regelgröße fällt nunmehr exponentiell ab, bis sie um $X_{sd}/2$ unterhalb des Sollwerts liegt (Punkt ②). Jetzt erfolgt ein Wechsel zur Stellgröße y_{max}, und der Vorgang wiederholt sich; es entsteht eine für Regelkreise mit schaltenden Reglern typische Dauerschwingung von Regel- und Stellgröße.

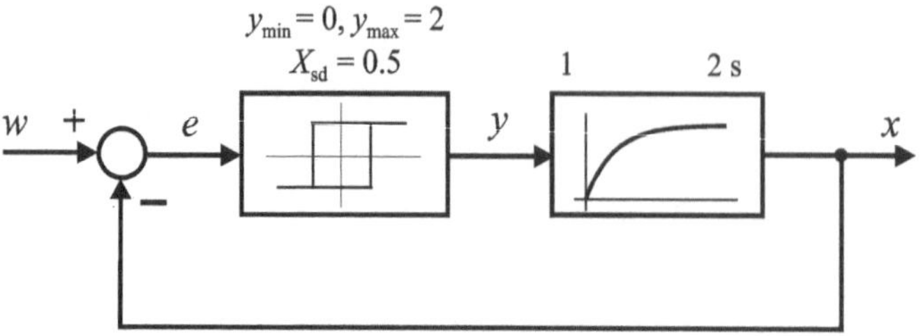

Bild 5.6 Zweipunkt-Regler mit Hysterese an P-T_1-Strecke

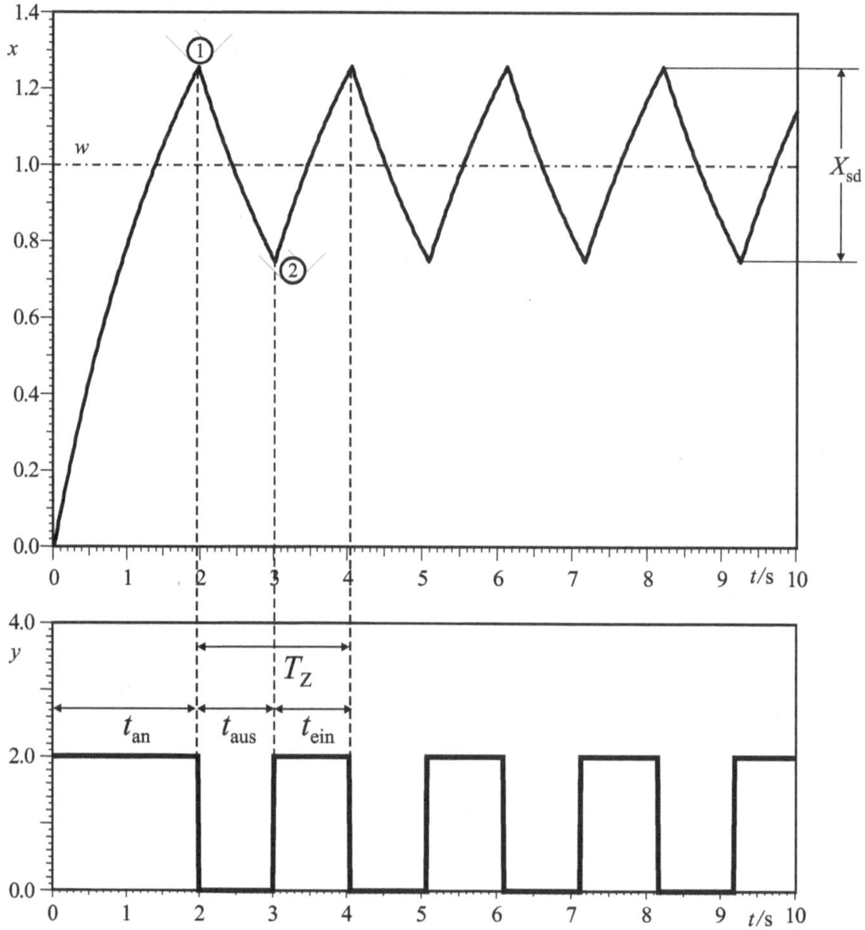

Bild 5.7 Führungssprungantwort des geschlossenen Regelkreises
(oben: Regelgröße, unten: Stellgröße)

Das Verhalten des Regelkreises kann durch folgende Kennwerte beschrieben werden:

t_{an} Die *Anlaufzeit* t_{an} ist die Zeitdauer bis zum erstmaligen Wechsel der Stellgröße vom Maximalwert auf den Minimalwert.

t_{aus} Die *Ausschaltzeit* t_{aus} ist die Zeitdauer, die die Stellgröße jeweils auf ihrem Minimalwert verbringt.

t_{ein} Die *Einschaltzeit* t_{ein} ist die Zeitdauer, die die Stellgröße jeweils auf ihrem Maximalwert verbringt.

T_z Die *Schaltzyklusdauer* T_z ist die Summe aus Aus- und Einschaltzeit.

f_z Die *Schalthäufigkeit* oder *Schaltfrequenz* f_z ist der Kehrwert der Schaltzyklusdauer.

Wir betrachten jetzt denselben Regelkreis, verringern aber die Schaltdifferenz des Zweipunkt-Reglers auf X_{sd} = 0.2. **Bild 5.8** zeigt die Verläufe von Regel- und Stellgröße. Wir können erkennen, dass die Schalthäufigkeit aufgrund der verringerten Schaltdifferenz erheblich zugenommen hat (bei einer Schaltdifferenz von 0 wäre sie theoretisch unendlich groß), dafür ist aber die Amplitude der entstehenden Dauerschwingung (d. h. die Schwankungsbreite der Regelgröße) wesentlich geringer. In der Praxis gilt es daher in der Regel, durch Wahl einer geeigneten Schaltdifferenz einen vernünftigen Kompromiss zu finden.

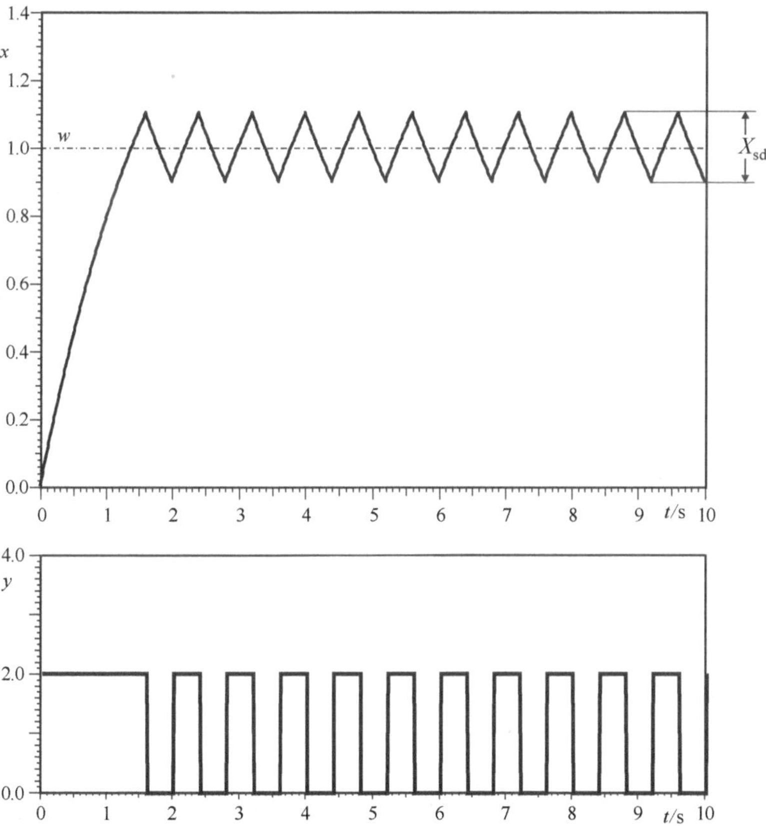

Bild 5.8 Verlauf von Regel- und Stellgröße bei verringerter Schaltdifferenz

Der Zweipunkt-Regler mit Hysterese kann lediglich zwei Stellgrößenalternativen liefern, nämlich y_{min} (meist 0) und y_{max}. Er besitzt eine Schaltdifferenz (Hysterese) X_{sd}, deren Vergrößerung zu einer Verringerung der Schalthäufigkeit führt und umgekehrt. Eine Verringerung der Schalthäufigkeit führt gleichzeitig jedoch zu einer Vergrößerung der Amplitude der Dauerschwingung der Regelgröße.

Die Schalthäufigkeit hängt aber nicht nur von der Schaltdifferenz ab, sondern auch vom Verhältnis zwischen der Stellgröße y_{max} im eingeschalteten Zustand und dem Sollwert, der auf den Regelkreis geschaltet wird. **Bild 5.9** zeigt dazu den Verlauf von Regel- und Stellgröße für denselben Regelkreis wie im vorangegangenen Beispiel, aber einen Führungsgrößensprung auf den Sollwert $w = 0.5$.

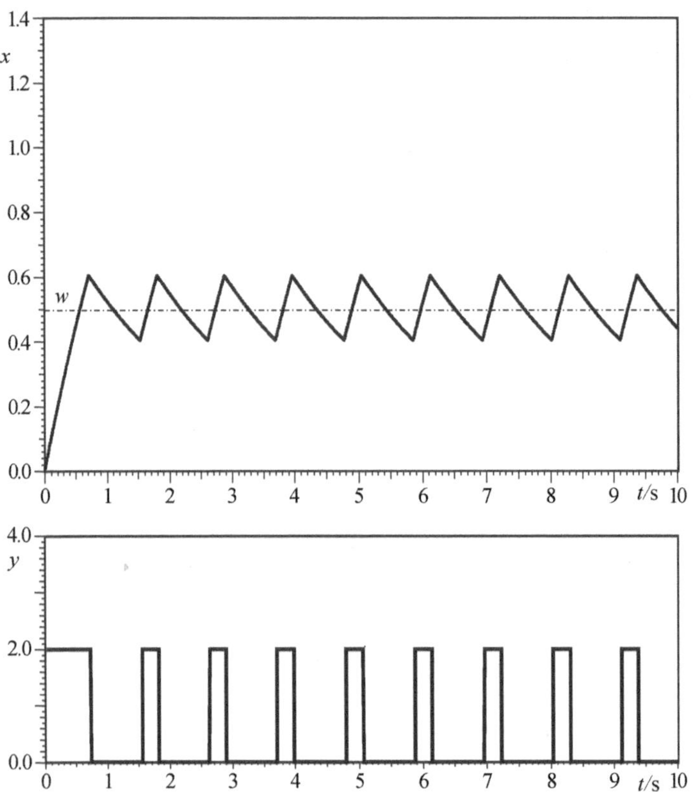

Bild 5.9 Verlauf von Regel- und Stellgröße bei verringertem Sollwert

Wie wir erkennen können, ist die Ausschaltzeit jetzt wesentlich größer als die Einschaltzeit. Dies liegt daran, dass der Regler mit einer Stellgröße von $y_{max} = 2$ im eingeschalteten Zustand für den hier vorgegebenen Sollwert von 0.5 viel zu viel Leistung aufweist, da zum Erreichen des Sollwerts bei einem Strecken-Proportionalbeiwert von $K_{PS} = 1$ (wie er hier vorliegt) eigentlich nur eine Stellgröße von $y_{max} = 0.5$ notwendig wäre. Man spricht in diesem Fall vom sogenannten *Leistungsüberschuss* $ü_L$ der Strecke. Formelmäßig ist dieser gegeben durch

$$\ddot{u}_L = \left(\frac{K_{PS} \cdot Y_h}{w} - 1 \right) \cdot 100\ \% . \tag{5.1}$$

Beim im ersten Beispiel betrachteten Sollwert von $w = 1$ ist die Stellgröße gerade doppelt so groß wie erforderlich; der Leistungsüberschuss beträgt in diesem Fall

$$\ddot{u}_L = \left(\frac{2}{1} - 1 \right) \cdot 100\ \% = 100\ \% . \tag{5.2}$$

Ein- und Ausschaltzeit sind in diesem Fall – wie die Bilder 5.7 und 5.8 zeigen – gerade gleich groß. Bei einem Sollwert von $w = 0.5$ beträgt der Leistungsüberschuss hingegen

$$\ddot{u}_L = \left(\frac{2}{0.5} - 1 \right) \cdot 100\ \% = 300\ \% . \tag{5.3}$$

Die Ausschaltzeit ist daher wesentlich größer als die Einschaltzeit – der Regler kann länger „Pause machen". Wird die Regelstrecke hingegen mit einem Leistungsüberschuss unter 100 % betrieben (was z. B. bei einem Sollwert $w > 1$ der Fall wäre), ist die Ausschaltzeit kleiner als die Einschaltzeit.

Das Verhältnis von Einschaltzeit zu Ausschaltzeit des Zweipunkt-Reglers hängt vom *Leistungsüberschuss* ab, mit dem der Regler betrieben wird. Je größer der Stellgrößenwert y_{max} im Verhältnis zum angestrebten Sollwert w ist, umso größer ist der Leistungsüberschuss und umgekehrt. Ein hoher Leistungsüberschuss verringert die Einschaltzeit im Verhältnis zur Ausschaltzeit, ein geringer Leistungsüberschuss hat die umgekehrte Wirkung.

Die Datei *ZweipunktregelungMitHysterese.bsy* enthält den in den vorangegangenen Beispielen betrachteten Regelkreis. Verkleinern Sie schrittweise die Zeitkonstante der P-T_1-Regelstrecke, und beobachten Sie den Einfluss auf den Verlauf von Regel- und Stellgröße!

Auch Streckenart und Streckenzeitkonstanten haben natürlich einen Einfluss auf das Regelkreisverhalten. Generell gilt, dass die Schalthäufigkeit sinkt, wenn die Streckenordnung zunimmt und/oder die Zeitkonstanten der Strecke bzw. ihre Totzeit vergrößert werden. **Bild 5.10** zeigt dazu den zuletzt betrachteten Zweipunkt-Regler an einer P-T_3-Strecke.

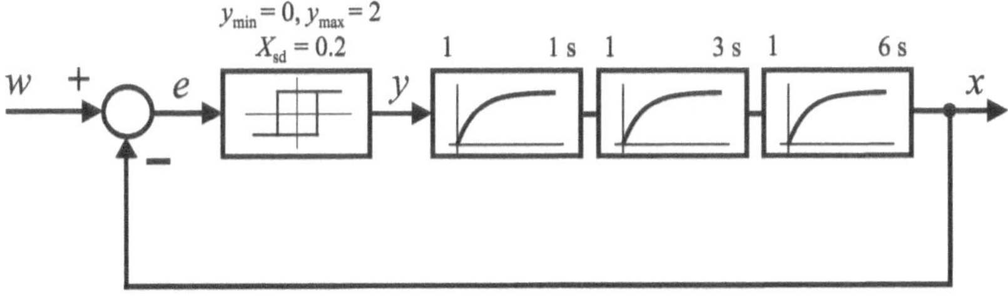

Bild 5.10 Zweipunkt-Regler mit Hysterese an P-T_3-Strecke

Bild 5.11 zeigt den Verlauf von Regel- und Stellgröße bei einem Führungsgrößensprung auf $w = 1$. Vergleichen wir die Kurven mit Bild 5.8 (gleicher Regler an P-T_1-Strecke), so erkennen wir, dass die Schalthäufigkeit durch die höhere Streckenordnung und die größeren Zeitkonstanten jetzt wesentlich geringer ist; dafür ist aber auch die Amplitude der Dauerschwingung größer als an der P-T_1-Strecke – insbesondere ist die Schwankungsbreite ΔX der Regelgröße hier größer als die Schaltdifferenz X_{sd}, da die Regelgröße nach dem Umschalten des Reglers auf die Stellgröße 0 nicht sofort sinkt, sondern aufgrund der höheren Streckenordnung zunächst noch eine gewisse Zeit lang weiter steigt. Strecken höherer Ordnung kann man aus diesem Grund bei Bedarf auch mit einem Zweipunkt-Regler *ohne* Hysterese betreiben. In der Praxis sollte die Schaltdifferenz so gewählt werden, dass bei mechanischen Schaltkontakten nicht mehr als zwei bis vier Schaltvorgänge pro Minute stattfinden, während bei elektronischen Stellgeräten ohne Weiteres auch wesentlich höhere Schaltfrequenzen zulässig sind.

Regelstrecken mit höherer Ordnung und/oder größeren Zeitkonstanten führen bei Zweipunkt-Regelung zu einer Verringerung der Schalthäufigkeit. Sie können daher mit einer geringeren Schaltdifferenz oder sogar gänzlich ohne betrieben werden.

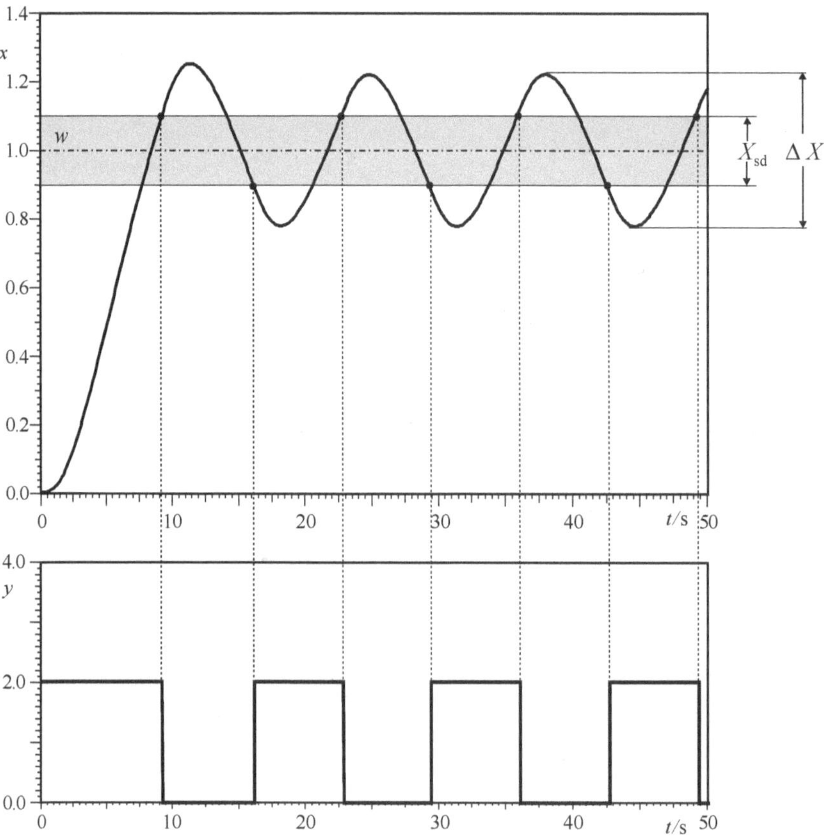

Bild 5.11 Verlauf von Regel- und Stellgröße

Die Datei *ZweipunktregelungMitHysteresePTN.bsy* enthält den in den vorangegangenen Beispielen betrachteten Zweipunkt-Regler mit Hysterese in einem Regelkreis mit einer P-T_n-Strecke mit einer n-fachen Zeitkonstante von 1 s. Ermitteln Sie die Führungssprungantwort des Regelkreises für verschiedene Werte der Streckenordnung n, und vergleichen Sie die jeweiligen Verläufe von Regel- und Stellgröße!

Für die Schwankungsbreite ΔX der Regelgröße lässt sich für den Fall eines Leistungsüberschusses von 100 % eine recht gute Näherungsformel ableiten, die als Kennwerte der Regelstrecke deren Verzugs- und Ausgleichszeit enthält [SB14].[18] Es gilt nämlich für eine Zweipunkt-Regelung ohne Hysterese die Beziehung

$$\Delta X \approx K_{\mathrm{PS}} \cdot Y_{\mathrm{h}} \frac{T_{\mathrm{e}}}{T_{\mathrm{b}}} \qquad (X_{\mathrm{sd}} = 0,\ \ ü_{\mathrm{L}} = 100\ \%)\,. \tag{5.4}$$

Die Schwankungsbreite ist also umso größer, je größer die Verzugszeit im Verhältnis zur Ausgleichszeit ist, je schlechter also die Regelbarkeit der Strecke ist. Für die Periodendauer der Dauerschwingung (Schaltzyklusdauer) gilt die Näherung

$$T_{\mathrm{z}} \approx 4 \cdot T_{\mathrm{e}} \qquad (X_{\mathrm{sd}} = 0,\ \ ü_{\mathrm{L}} = 100\ \%)\,, \tag{5.5}$$

d. h., die Schaltfrequenz f_z nimmt, wie bereits beobachtet, mit zunehmender Verzugszeit ab. Besitzt der Zweipunkt-Regler eine Hysterese, so addiert sich der Wert der Schaltdifferenz einfach zur Schwankungsbreite, und wir erhalten die Näherung

$$\Delta X \approx K_{\mathrm{PS}} \cdot Y_{\mathrm{h}} \frac{T_{\mathrm{e}}}{T_{\mathrm{b}}} + X_{\mathrm{sd}} \qquad (ü_{\mathrm{L}} = 100\ \%)\,. \tag{5.6}$$

Für die Schwingungsdauer gilt in diesem Fall die Näherung

$$T_{\mathrm{z}} \approx 4 \cdot T_{\mathrm{e}} + 4 \cdot T_{\mathrm{b}} \frac{X_{\mathrm{sd}}}{K_{\mathrm{PS}} \cdot Y_{\mathrm{h}}} \qquad (ü_{\mathrm{L}} = 100\ \%)\,. \tag{5.7}$$

Beispiel: Wir betrachten noch einmal den Regelkreis nach Bild 5.10. Für die P-T_3-Regelstrecke hatten wir bereits an früherer Stelle die Kennwerte

$$T_{\mathrm{e}} = 2\,\mathrm{s}, \quad T_{\mathrm{b}} = 12.5\,\mathrm{s}$$

ermittelt. Damit ergibt sich für die Schwankungsbreite ein Näherungswert von

$$\Delta X \approx K_{\mathrm{PS}} \cdot Y_{\mathrm{h}} \frac{T_{\mathrm{e}}}{T_{\mathrm{b}}} + X_{\mathrm{sd}} = 1 \cdot 2 \cdot \frac{2\,\mathrm{s}}{12.5\,\mathrm{s}} + 0.2 = 0.52\,.$$

Bild 5.11 (obere Teilgrafik) entnehmen wir für die tatsächliche Schwankungsbreite einen Wert von

---

[18] Diese wie auch die späteren Näherungsformeln für Zweipunkt-Regelungen wurden abgeleitet für eine P-T_1-T_t-Strecke, wobei die Totzeit der Verzugszeit und die Zeitkonstante des P-T_1-Glieds der Ausgleichszeit entspricht; für diesen Streckentyp liefern die Formeln sehr genaue Werte. Für P-T_n-Strecken (insbesondere solche höherer Ordnung) können die Näherungswerte – wie wir später an einer Reihe von Beispielen sehen werden – aber mehr oder weniger stark von den tatsächlichen Werten abweichen.

$$\Delta X = 1.22 - 0.78 = 0.44\,.$$

Für die Schwingungsdauer erhalten wir einen Näherungswert von

$$T_z \approx 4 \cdot T_e + 4 \cdot T_b \frac{X_{sd}}{K_{PS} \cdot Y_h} = 4 \cdot 2\ \text{s} + 4 \cdot 12.5\ \text{s}\ \frac{0.2}{1 \cdot 2} = 13\ \text{s}\,.$$

Bild 5.11 liefert einen tatsächlichen Wert von

$$T_z \approx 13.5\ \text{s}\,.$$

Die auf Basis der N120

äherungsformeln ermittelten Werte sind also akzeptabel.

Die Datei *ZweipunktregelungMitHysteresePT3.bsy* enthält den zu diesem Beispiel gehörenden Regelkreis. Überprüfen Sie die angegebenen Ergebnisse!

Wir wollen den Einfluss des Leistungsüberschusses bzw. Stellbereichs bei der Zweipunkt-Regelung von Strecken höherer Ordnung noch ein wenig genauer betrachten, weil dabei ein interessanter Aspekt auftritt. Dazu betrachten wir wiederum den Regelkreis nach Bild 5.10, wollen aber der Einfachheit halber annehmen, dass der Zweipunkt-Regler keine Hysterese besitzt ($X_{sd} = 0$). Wir betrachten das Verhalten des Regelkreises für einen konstanten Sollwert von $w = 1$, variieren jetzt aber den Stellbereich des Zweipunkt-Reglers und damit den Leistungsüberschuss. **Bild 5.12** zeigt den Verlauf von Regelgröße x (jeweils obere Teilgrafik) und Stellgröße y (jeweils untere Teilgrafik) für einen Leistungsüberschuss von 0 % (Stellbereich $Y_h = 1$, oben links), 20 % (Stellbereich $Y_h = 1.2$, oben rechts), 100 % (Stellbereich $Y_h = 2$, unten links) und 300 % (Stellbereich $Y_h = 4$, unten rechts). Beim bereits zuvor betrachteten Fall $ü_L = 100$ % sind Ein- und Ausschaltzeit jeweils gerade identisch, und die Regelgröße schwingt symmetrisch um den Sollwert. Wird der Leistungsüberschuss verringert, muss der Regler immer häufiger „aktiv werden", um den gewünschten Sollwert zu erreichen – das Verhältnis von Ein- zu Ausschaltzeit vergrößert sich also. Im Grenzfall $ü_L =$ 0 % reicht der Stellbereich Y_h des Reglers gerade aus, um den Sollwert (aperiodisch) zu erreichen; der Regler ist nun ständig eingeschaltet, und der Verlauf der Regelgröße entspricht der Sprungantwort der Regelstrecke selbst. Würde man den Stellbereich noch weiter verringern, wäre ein Erreichen des Sollwerts nicht mehr möglich. Bei einem Leistungsüberschuss von mehr als 100 % ist die Ausschaltdauer größer als die Einschaltdauer. Bei sehr kleinen oder aber sehr großen Werten des Leistungsüberschusses wächst also die Ein- bzw. Ausschaltzeit sehr stark an, sodass auch die Periodendauer der Dauerschwingung zunimmt. Bei einem Leistungsüberschuss von 100 % ist sie minimal.

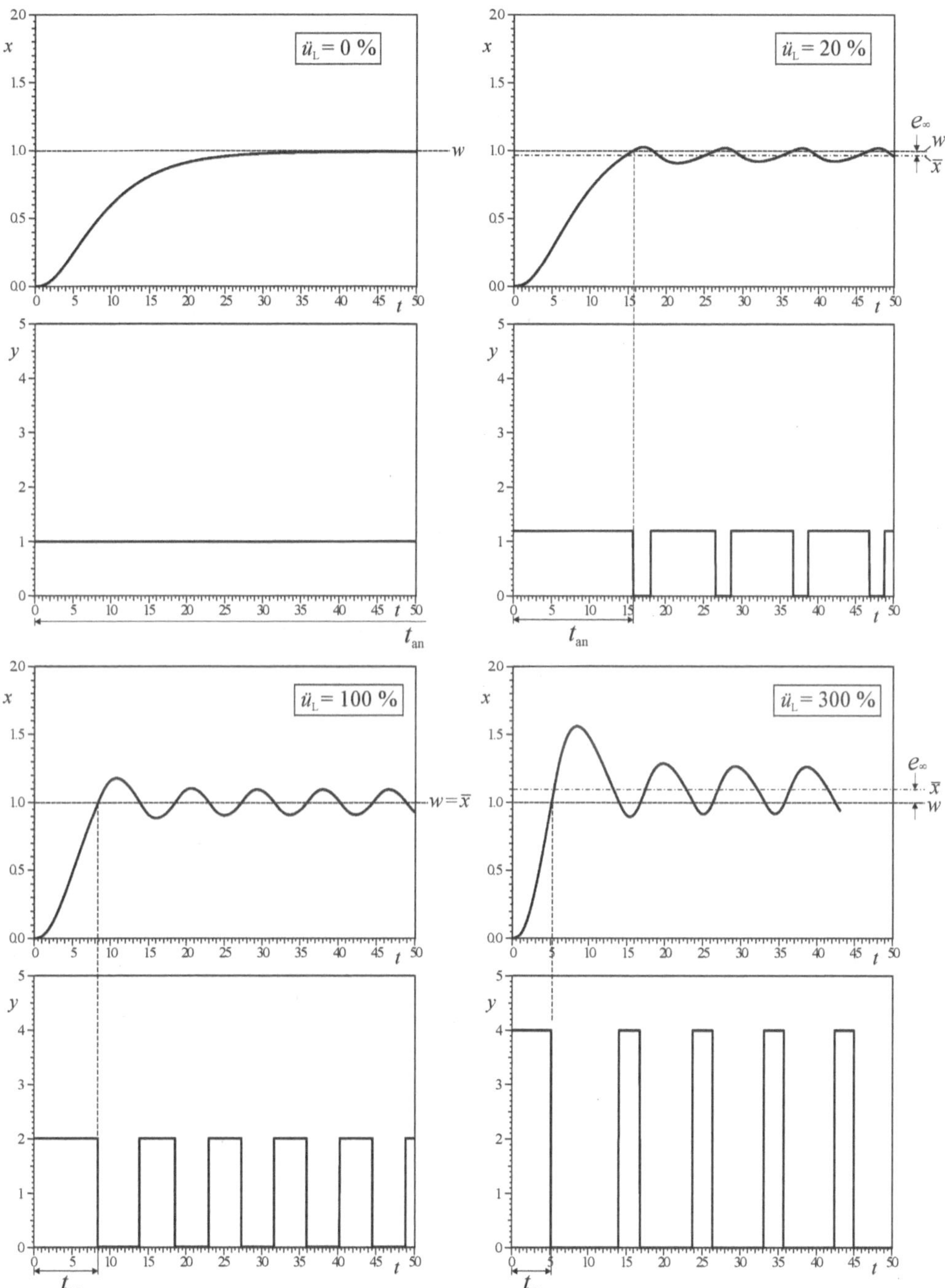

Bild 5.12 Verlauf von Regel- und Stellgröße in Abhängigkeit vom Leistungsüberschuss

Betrachten wir nun das Anfahrverhalten des Regelkreises: Die Regelgröße erreicht umso schneller das erste Mal den Sollwert, je „stärker“ der Regler ist, d. h. je größer der Stellbereich und damit der Leistungsüberschuss ist.

Die Anlaufzeit t_{an} sinkt mit zunehmendem Leistungsüberschuss $ü_L$.

Im Hinblick auf ein möglichst schnelles Anfahrverhalten ist also ein großer Leistungsüberschuss günstig. Wie Bild 5.12 zeigt, steigt mit zunehmendem Leistungsüberschuss aber die Schwankungsbreite ΔX der Regelgröße.

Die Schwankungsbreite ΔX der Regelgröße steigt mit zunehmendem Leistungsüberschuss $ü_L$.

Dabei gilt die Näherungsgleichung

$$\Delta X \approx K_{PS} \cdot Y_h \frac{T_e}{T_b}. \tag{5.8}$$

Betrachten wir nunmehr abschließend die Frage, ob der Regelkreis mit Zweipunkt-Regler eine bleibende Regeldifferenz aufweist oder nicht. Da die Regelgröße (sieht man vom Sonderfall $ü_L = 0$ % einmal ab) keinen stationären Endwert annimmt, sondern eine Dauerschwingung ausführt, erscheint es sinnvoll, den *Mittelwert* $\overline{x}$ dieser Dauerschwingung als „quasistationären Endwert“ zu betrachten. Dieser ist – wie Bild 5.12 zeigt – für einen Leistungsüberschuss von 100 % mit dem Sollwert identisch; in diesem Fall tritt also keine bleibende Regeldifferenz auf. Ändern wir den Leistungsüberschuss, so „wandert“ jedoch der Mittelwert der Regelgröße nun nach oben oder unten. Liegt der Leistungsüberschuss unter 100 %, so ist der Mittelwert $\overline{x}$ kleiner als der Sollwert w, liegt er oberhalb von 100 %, so liegt auch der Mittelwert oberhalb des Sollwerts. Wir erhalten in diesem Fall also – vergleichbar mit dem Einsatz eines P-Reglers – eine bleibende Regeldifferenz

$$e_\infty = w - \overline{x} .$$

Diese kann jedoch – und darin liegt ein wesentlicher Unterschied zur P-Regelung – nicht nur positive, sondern (bei $ü_L > 100$ %) auch *negative* Werte annehmen! Dabei gilt die Näherungsgleichung [SB14]

$$e_\infty \approx \left(w - \frac{K_{PS} \cdot Y_h}{2} \right) \cdot \frac{T_e}{T_b}. \tag{5.9}$$

Bei Zweipunkt-Regelung weicht der Mittelwert der sich einstellenden Dauerschwingung der Regelgröße für $ü_L \neq 100$ % vom Sollwert ab; für $ü_L < 100$ % liegt er unterhalb des Sollwerts, für $ü_L > 100$ % oberhalb.

Im Hinblick auf eine möglichst verschwindende bleibende Regeldifferenz empfiehlt sich also ein Leistungsüberschuss von $ü_L = 100$ %.

Beispiel: Wir betrachten wiederum den Regelkreis nach Bild 5.10, jetzt jedoch mit einem Zweipunkt-Regler ohne Hysterese ($X_{sd} = 0$) und mit einem Stellbereich von $Y_h = 4$, d. h. einem Leistungsüberschuss von 300 %. Für die P-T_3-Regelstrecke hatten wir im Rahmen eines früheren Beispiels bereits die Kennwerte

$$T_e = 2 \text{ s}$$
$$T_b = 12.5 \text{ s}$$

ermittelt. Damit ergibt sich für die Schwankungsbreite nach Gl. (5.8) ein Näherungswert von

$$\Delta X \approx K_{PS} \cdot Y_h \frac{T_e}{T_b} = 1 \cdot 4 \frac{2 \text{ s}}{12.5 \text{ s}} = 0.64$$

und für die bleibende Regeldifferenz nach Gl. (5.9) ein Wert von

$$e_\infty \approx \left(w - \frac{K_{PS} \cdot Y_h}{2} \right) \cdot \frac{T_e}{T_b} = \left(1 - \frac{1 \cdot 4}{2} \right) \cdot \frac{2 \text{ s}}{12.5 \text{ s}} = -0.16 \,.$$

Für die tatsächlichen Werte entnehmen wir Bild 5.12 (Teilgrafik unten rechts) in etwa die Werte

$$\Delta X \approx 1.3 - 0.9 = 0.4$$
$$e_\infty \approx 1 - 1.1 = -0.1 \,.$$

Die auf Basis der Näherungsgleichungen ermittelten Schätzwerte sind also einigermaßen genau.

Die Datei *ZweipunktregelungOhneHysteresePT3Yh4.bsy* enthält den zu diesem Beispiel gehörenden Regelkreis. Überprüfen Sie die angegebenen Ergebnisse!

Soll eine Regelstrecke *ohne* Ausgleich über einen Zweipunkt-Regler betrieben werden, so muss dieser sowohl eine positive als auch eine negative Stellgröße liefern können; typischerweise ist dann $y_{min} = -y_{max}$ (**Bild 5.13**).

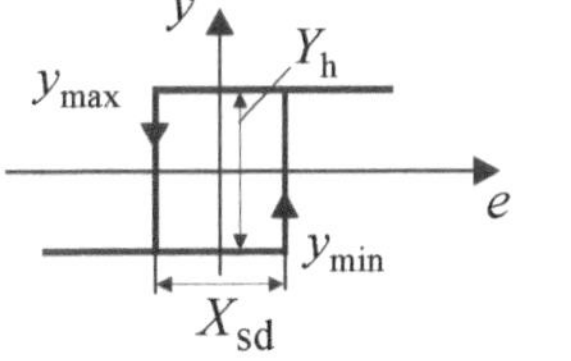

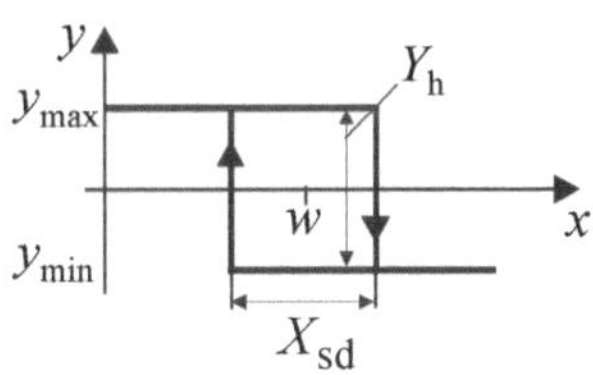

Bild 5.13 Kennlinien eines Zweipunkt-Reglers zur Regelung von Strecken ohne Ausgleich ($y_{min} = -y_{max}$)

In **Bild 5.14** betrachten wir als Beispiel die Zweipunkt-Regelung einer I-T_1-Strecke. **Bild 5.15** zeigt den Verlauf der Regelgröße für einen Führungssprung auf $w = 1$. Wie bei der Zweipunkt-Regelung von Strecken höherer Ordnung mit Ausgleich ergibt sich aufgrund der Verzugszeit T_e der I-T_1-Strecke auch hier eine Schwankungsbreite ΔX der Regelgröße, die (wesentlich) größer ist als die Schaltdifferenz X_{sd} des Reglers. Aufgrund der symmetrischen

Kennlinie des Reglers ($y_{min} = -y_{max}$) verläuft die Regelgröße – wie leicht überprüft werden kann – in diesem Fall unabhängig vom Sollwert immer symmetrisch um ihren Mittelwert.

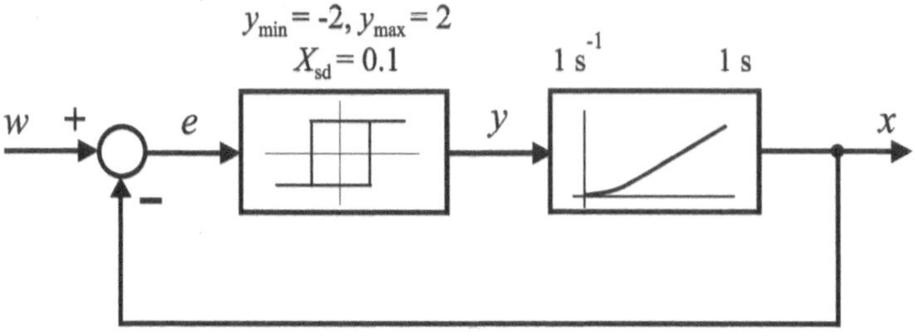

Bild 5.14 Zweipunkt-Regelung einer I-T_1-Strecke

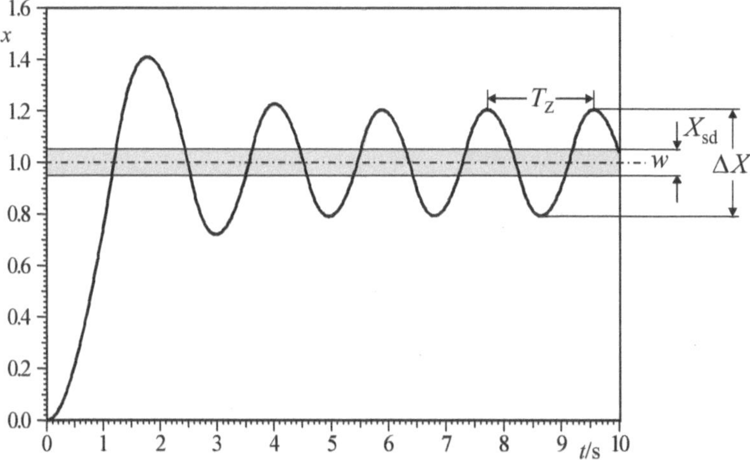

Bild 5.15 Führungssprungantwort des geschlossenen Regelkreises

Die Datei *ZweipunktregelungMitHystereseIT1.bsy* enthält den zu diesem Beispiel gehörenden Regelkreis. Überprüfen Sie die angegebenen Ergebnisse!

5.1.3 Drei- und Vierpunkt-Regler

Wie wir bei der Analyse des Zweipunkt-Reglers gesehen hatten, ist im Hinblick auf eine möglichst geringe bleibende Regeldifferenz ein Leistungsüberschuss von 100 % empfehlenswert, im Hinblick auf eine möglichst geringe Schwankungsbreite der Regelgröße aber ein möglichst geringer Leistungsüberschuss. Abhilfe schafft hier die Verwendung eines Reglers, der neben den Stellgrößenalternativen y_{min} und y_{max} einen weiteren, dritten Stellgrößenwert zwischen diesen beiden Werten auf die Regelstrecke schalten kann. Ein derartiger Regler wird folgerichtig als *Dreipunkt-Regler* bezeichnet.

Wir betrachten als Anwendungsbeispiel zunächst noch einmal die Regelung einer P-T_3-Strecke gemäß Bild 5.10, wobei als Regler jetzt jedoch ein Dreipunkt-Regler zum Einsatz kommen soll, der die in **Bild 5.16** dargestellte Kennlinie besitzt. Der Regler besitzt jetzt zwei Schaltpunkte, wobei der untere Schaltpunkt x_u wie beim Zweipunkt-Regler ohne Hysterese gerade dem Sollwert w entspricht. Beim Erreichen dieses Schaltpunkts wird nun aber zwischen dem oberen Stellgrößenwert y_{max} und einem mittleren Stellgrößenwert y_{mitt} umgeschaltet. Diese Stellgrößenwerte sind hier gerade so gewählt, dass sie symmetrisch um denjenigen Stellgrößenwert liegen, der bei Dauereinschaltung genau zum Erreichen des Sollwerts erforderlich wäre – bei einem Sollwert von 1 und einem Proportionalbeiwert der Regelstrecke von 1 also ein Stellgrößenwert von 1. Durch diese Symmetrie tritt dann im ungestörten Zustand keine bleibende Regeldifferenz auf. Erst wenn die Regelgröße – z. B. aufgrund einer Störung – den oberen Schaltpunkt x_o erreicht, wird die Stellgröße auf y_{min} = 0 abgesenkt.

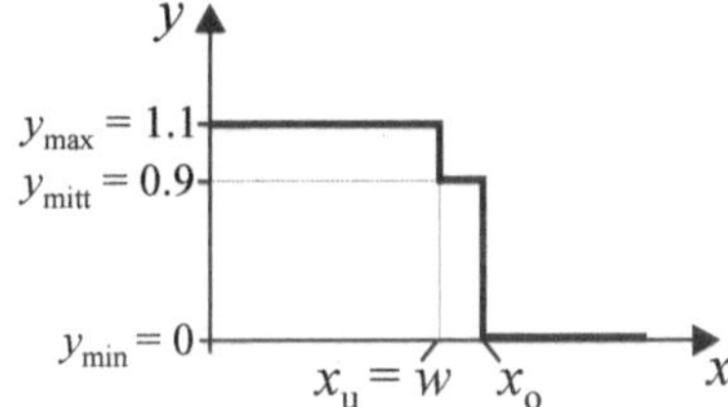

Bild 5.16 Kennlinie des Dreipunkt-Reglers

Bild 5.17 zeigt den Verlauf von Regel- und Stellgröße bei Aufschalten eines Sollwertsprungs auf $w = 1$, wobei nach 50 s zusätzlich eine sprungförmige Störgröße mit der Amplitude 0.25 additiv auf den Eingang der Regelstrecke geschaltet wird. Im störungsfreien Fall schwingt die Regelgröße zunächst wie erwartet symmetrisch (d. h. ohne bleibende Regeldifferenz) und mit geringer Amplitude um den Sollwert, wobei der Regler periodisch zwischen den Stellgrößen $y_{mitt} = 0.9$ und $y_{max} = 1.1$ wechselt. Erst nach Aufschalten der Störung überschreitet die Regelgröße den oberen Schaltpunkt, sodass eine Stellgröße von $y_{min} = 0$ aufgeschaltet wird. Solange die Störung anliegt, wechselt der Regler nun periodisch zwischen y_{min} und y_{mitt}, und es tritt eine bleibende Regeldifferenz auf.

Die Datei *DreipunktregelungPT3.bsy* enthält den zu diesem Beispiel gehörenden Regelkreis. Überprüfen Sie die angegebenen Ergebnisse!

Eine weitere wichtige Anwendung für Dreipunkt-Regler ist die Regelung von Strecken ohne Ausgleich, wobei in diesem Fall $y_{mitt} = 0$ und in der Regel auch $y_{min} = -y_{max}$ gilt. Ein typisches Beispiel ist die Ansteuerung eines Stellmotors (z. B. für einen Positionierantrieb) mit den drei Betriebsarten Vorwärtslauf, Stillstand und Rückwärtslauf. **Bild 5.18** zeigt Kennlinien und Blocksymbole dieses Dreipunkt-Reglers.

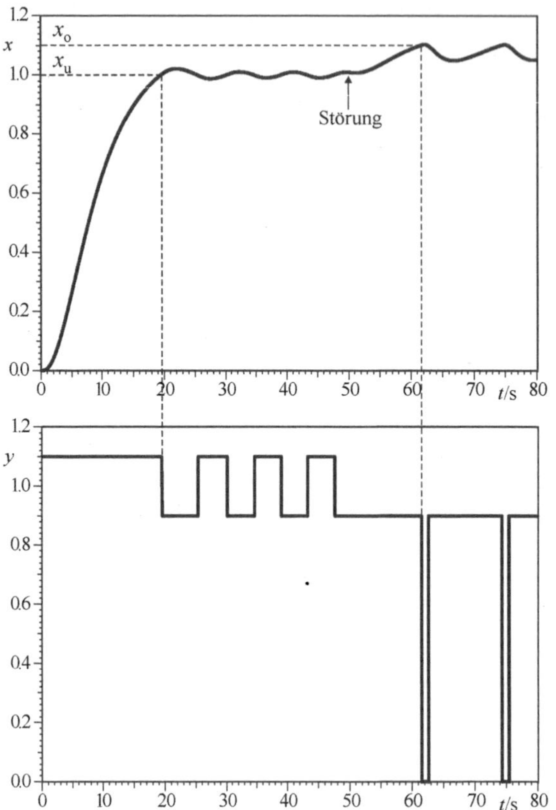

Bild 5.17 Verlauf von Regel- (oben) und Stellgröße (unten) bei Dreipunkt-Regelung der P-T_3-Strecke

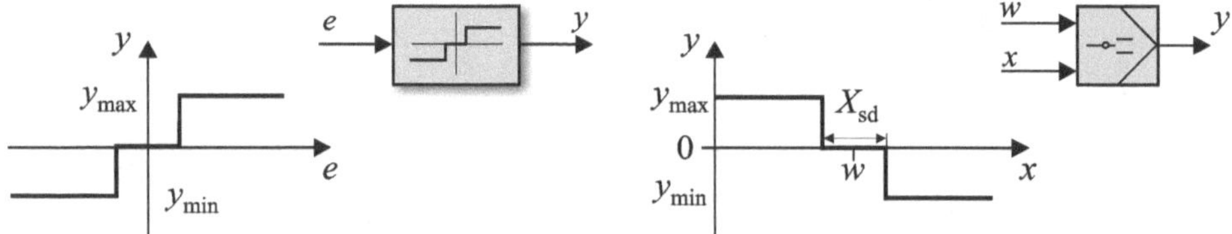

Bild 5.18 Kennlinien und Blocksymbole des Dreipunkt-Reglers mit symmetrischer Kennlinie

Der Bereich zwischen den Umschaltpunkten ($y_{mitt} = 0$) kann als *tote Zone* oder *Unempfindlichkeitszone* interpretiert werden und wird analog zur Schaltdifferenz beim Zweipunkt-Regler mit X_{sd} bezeichnet; sie ermöglicht im Gegensatz zum Zweipunkt-Regler an Strecken ohne Ausgleich die Einnahme eines Beharrungszustands. Wir betrachten dazu einen Spindelantrieb (Bild 2.61), der durch I-T_1-Charakteristik gekennzeichnet ist. **Bild 5.19** zeigt den entsprechenden Regelkreis mit Strecken- und Regler-Kennwerten.

Bild 5.20 zeigt den Verlauf von Regel- und Stellgröße bei einem beispielhaft angenommenen (ebenfalls dargestellten) Sollwertverlauf. Wie zu erkennen ist, nimmt die Regelgröße innerhalb der toten Zone einen Beharrungswert an, solange der Sollwert konstant bleibt und keine Störung auftritt. Wird der Sollwert geändert, folgt die Regelgröße, bis der Regler wieder seinen „Ruhezustand" einnimmt. Man bezeichnet derartige Regelkreise daher als *Nachlaufwerke* und setzt sie häufig als innere Regelkreise in größeren Regelkreisen (Kaskadenregelungen, siehe Abschnitt 6.3) ein. Durch die tote Zone des Reglers ergibt sich allerdings eine bleibende Regeldifferenz, die – wie Bild 5.20 zeigt – sowohl positiv als auch negativ sein kann.

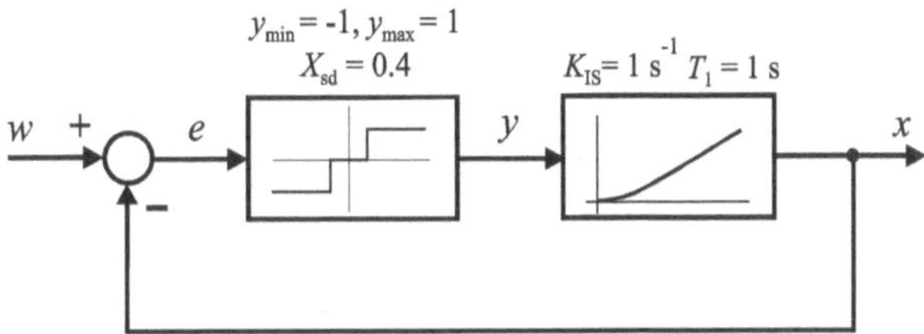

Bild 5.19 Dreipunkt-Regelung einer I-T_1-Strecke

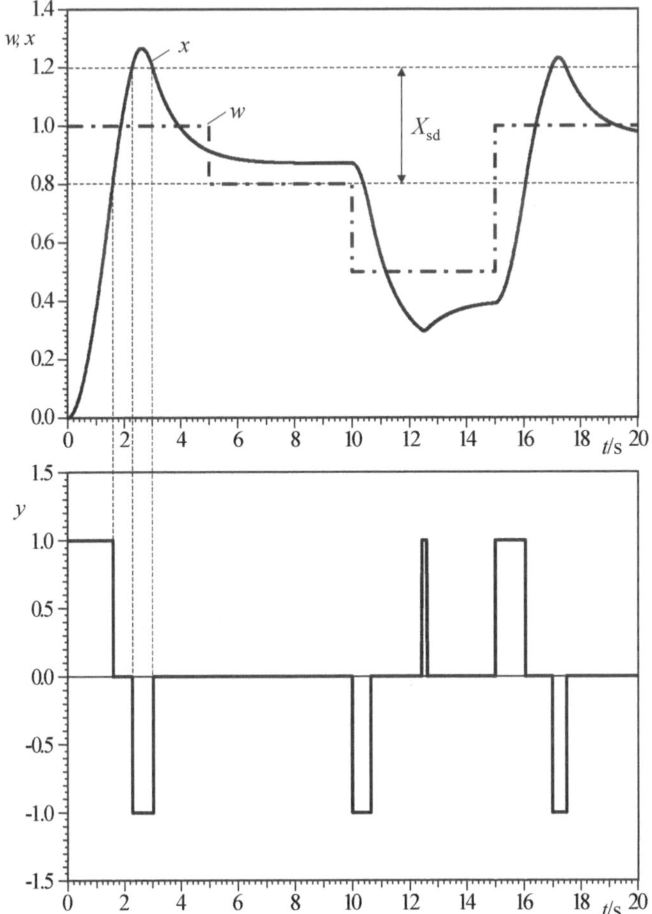

Bild 5.20 Verlauf von Sollwert, Regelgröße und Stellgröße

Die Datei *DreipunktregelungIT1.bsy* enthält den zu diesem Beispiel gehörenden Regelkreis. Überprüfen Sie die angegebenen Ergebnisse!

Auch der Dreipunkt-Regler kann an beiden Schaltpunkten mit einer Hysterese zur Verminderung der Schalthäufigkeit versehen werden.

Prinzipiell kann ein schaltender Regler nicht nur zwei oder drei, sondern beliebig viele mögliche Stellgrößenwerte aufweisen. Als praktisches Beispiel wollen wir die Temperaturregelung einer Sauna betrachten. Die Wärmeerzeugung erfolgt dabei typischerweise über einen elektrischen Saunaofen, der dreiphasig an einer Spannung von 400 V betrieben wird (**Bild 5.21**).

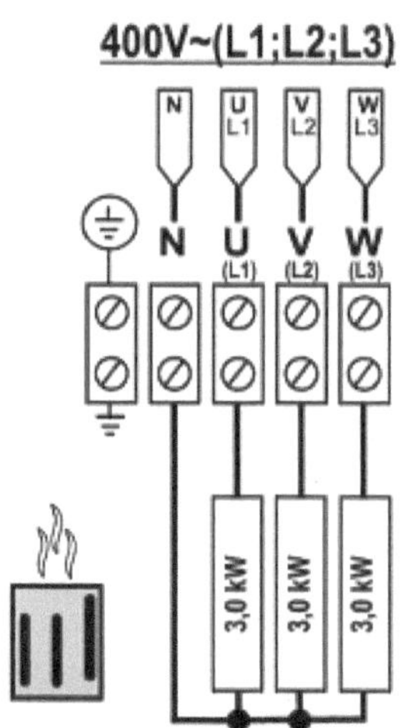

Bild 5.21 9 kW-Saunaofen (links, Fa. Uniprodo) mit Anschlussplan (rechts)

Zumeist besitzt ein solcher Ofen drei Heizstäbe, die an jeweils unterschiedliche Phasen angeschlossen sind (siehe Anschlussplan). Ein zugehöriges Steuergerät (entweder fest im Ofen verbaut oder extern an der Sauna montiert) erfasst die aktuelle Temperatur und erlaubt die Einstellung des Temperatur-Sollwerts. Abhängig von diesen beiden Werten erfolgt dann die Ansteuerung der Saunaofens. Dabei können intelligente Saunasteuerungen die einzelnen Heizstäbe unabhängig voneinander zu- oder abschalten, je nach aktueller Differenz zwischen Temperatursoll- und -istwert. Somit stehen zur Temperaturregelung insgesamt vier Heizstufen (d. h. Stellgrößenalternativen) zur Verfügung:

Stufe	Ansteuerung Heizstäbe	Heizleistung
0	alle Heizstäbe abgeschaltet	0
1	ein Heizstab eingeschaltet	1/3 P_{max}
2	zwei Heizstäbe eingeschaltet	2/3 P_{max}
3	alle Heizstäbe eingeschaltet	P_{max}

Hier liegt also der Fall einer *Vierpunkt-Regelung* vor.

5.2 Unstetige Regler mit Rückführung

Unstetige Regler zeichnen sich im Vergleich zu stetigen Reglern zwar durch einen kostengünstigen Aufbau und hohe Betriebssicherheit aus, die mit ihnen erreichbare Regelgüte ist aber in vielen Fällen nicht ausreichend. Durch das stoßweise Umschalten der Stellgröße ergibt sich, wie in den vorangegangenen Abschnitten gezeigt, in der Regel eine Dauerschwingung mit einer Schwankungsbreite ΔX, die insbesondere an Regelstrecken höherer Ordnung große Werte annehmen kann. Zudem tritt eine vom Leistungsüberschuss abhängige bleibende Regeldifferenz auf.

Während das stoßweise Umschalten der Stellgröße aufgrund der unstetigen Reglerkennlinie naturgemäß nicht verhindert werden kann, lassen sich die Schwankungsbreite der Regelgröße sowie die bleibende Regeldifferenz durch Einführung einer *inneren Rückführung* bekämpfen. Der Regler bekommt durch diese Rückführung – die unterschiedliche Charakteristiken aufweisen kann – ein völlig neues Verhalten, das, je nach Art der Rückführung, mit demjenigen verschiedener stetiger Reglertypen vergleichbar ist. Daher werden unstetige Regler mit Rückführung auch als *quasistetige Regler* bezeichnet.

5.2.1 Zweipunkt-Regler mit verzögerter Rückführung

Wird ein Zweipunkt-Regler an einer Regelstrecke mit vielen und/oder großen Verzögerungen eingesetzt, so führt die große Verzugszeit T_e der Strecke zum Entstehen einer Dauerschwingung mit einer langen Periodendauer und einer großen Schwankungsbreite ΔX der Regelgröße. Um diese zu verringern, muss dafür gesorgt werden, dass der Regler häufiger zwischen beiden Stellgrößenwerten umschaltet, als es durch die Dynamik der Regelstrecke allein geschieht. Dies kann erreicht werden, indem der Regler, wie in **Bild 5.22** gezeigt, mit einer verzögerten Rückführung mit P-T_1-Charakteristik versehen wird.

Die Schalthäufigkeit des Reglers wird bei dieser Struktur nun nicht mehr von der Dynamik der Regelstrecke selbst (d. h. von ihrer Verzugs- bzw. Ausgleichszeit) bestimmt, sondern vorwiegend von der Schaltdifferenz des Zweipunkt-Reglers und den Kenngrößen der Rückführung, d. h. ihrem Proportionalbeiwert K_r und ihrer Zeitkonstante T_r. Bemerkenswert ist dabei, dass diese Zeitkonstante wesentlich kleiner ist als die Ausgleichszeit der Regelstrecke, etwa um den Faktor 10 oder mehr.

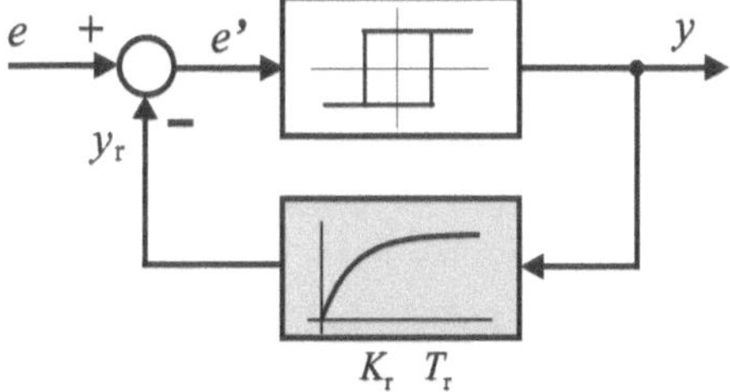

Bild 5.22 Zweipunkt-Regler mit P-T_1-Rückführung (grau unterlegt)

Wir wollen uns die Wirkungsweise der Rückführung an einem Beispiel vor Augen führen, das wir bereits an früherer Stelle betrachtet hatten. Dazu wählen wir wiederum den Regelkreis aus Bild 5.10, versehen den Zweipunkt-Regler aber nun mit einer P-T_1-Rückführung mit den Kenngrößen $K_r = 0.2$ und $T_r = 0.5$ s, sodass sich eine Struktur gemäß **Bild 5.23** ergibt.

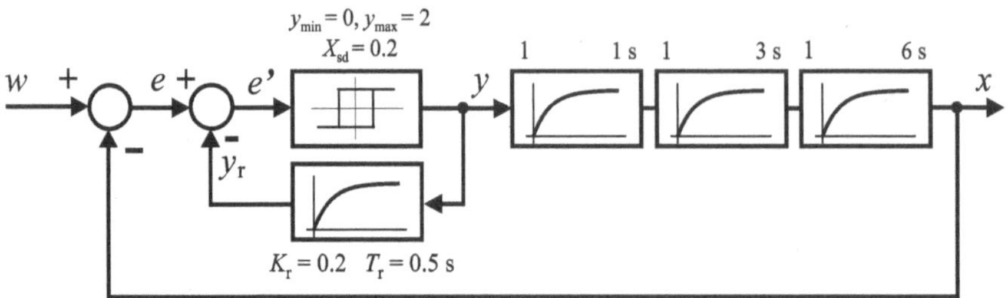

Bild 5.23 Zweipunkt-Regler mit P-T_1-Rückführung an P-T_3-Strecke

Wir wollen auf den Regelkreis einen Sollwert von $w = 1$ schalten, sodass die Regelstrecke mit einem Leistungsüberschuss von $ü_L = 100$ % betrieben wird. **Bild 5.24** zeigt den Verlauf von Regel- und Stellgröße im Vergleich zur Zweipunkt-Regelung ohne interne Rückführung. Ohne Rückführung (linke Teilgrafiken) ergibt sich eine Dauerschwingung mit einer relativ großen Schwankungsbreite, deren Mittelwert aufgrund des gewählten Leistungsüberschusses von 100 % dem Sollwert entspricht, sodass keine bleibende Regeldifferenz auftritt. Mit Rückführung (rechte Teilgrafiken) erhalten wir eine wesentlich höhere Schalthäufigkeit und daraus resultierend eine nur noch sehr geringe Schwankungsbreite der Regelgröße, die in der Grafik praktisch nicht mehr erkennbar ist. Allerdings entspricht der Mittelwert dieser Schwingung jetzt nicht mehr dem Sollwert, sondern liegt wesentlich darunter. Es entsteht also eine bleibende Regeldifferenz e_∞, die durch Addition der Rückführgröße y_r zur Regeldifferenz e entsteht (siehe Bild 5.23). Diese Rückführgröße y_r bestimmt bei diesem Reglertyp die Ein- und Ausschaltzeitpunkte der Stellgröße, während die Streckendynamik hierauf praktisch keinen Einfluss mehr hat.

Eine mathematisch-theoretische Analyse des Zweipunkt-Reglers mit verzögerter Rückführung ergibt, dass dieser näherungsweise PD-Verhalten aufweist, wobei die Rückführ-Zeitkonstante T_r der Vorhaltezeit T_d entspricht und der Kehrwert des Rückführ-Proportionalbeiwerts (also $1/K_r$) dem Proportionalbeiwert K_P des PD-Reglers [UN07]. Wie ein „echter" PD-Regler schaltet auch der Zweipunkt-Regler mit verzögerter Rückführung nach Aufschalten eines Sollwertsprungs die Stellgröße nicht erst beim Erreichen des Sollwerts ab, sondern bereits wesentlich früher (Bild 5.24 rechts). Dadurch wird ein Überschwingen der Regelgröße über den Sollwert vermieden. Die geringere Schwankungsbreite der Regelgröße wird allerdings erkauft durch die erhöhte Schalthäufigkeit und eine damit verbundene stärkere Belastung des Stellglieds.

Die Schwankungsbreite der Regelgröße bei Zweipunkt-Regelung kann durch eine reglerinterne P-T_1-Rückführung wesentlich verringert werden, allerdings auf Kosten einer erhöhten Schalthäufigkeit und einer zusätzlichen bleibenden Regeldifferenz. Ein derartiger Regler weist näherungsweise PD-Verhalten auf, wobei das Zeitverhalten des Regelkreises durch die Rückführparameter K_r und T_r festgelegt werden kann.

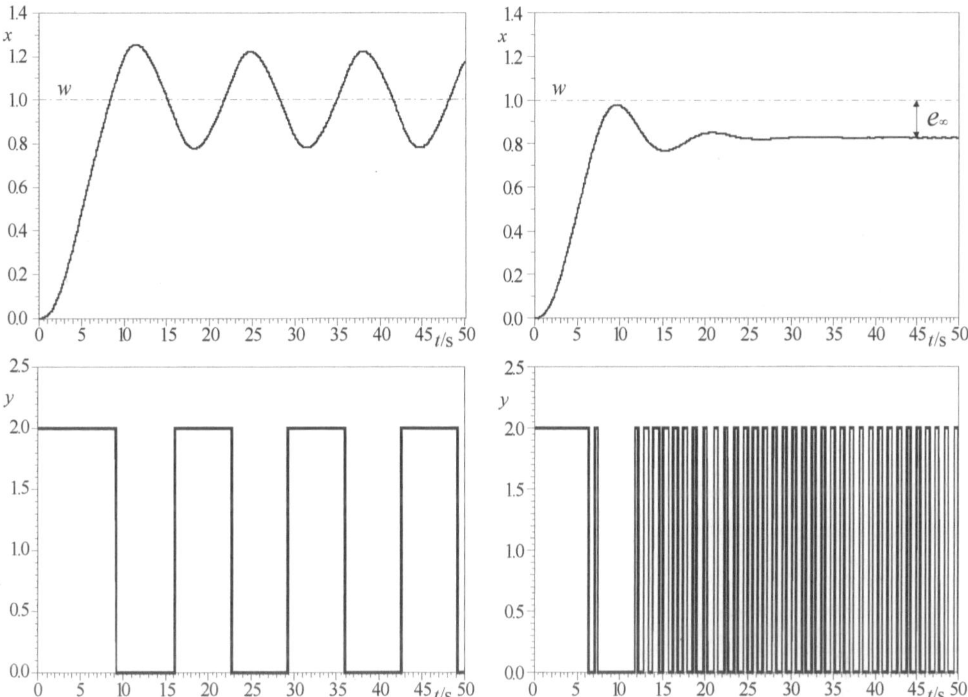

Bild 5.24 Verlauf von Regelgröße (oben) und Stellgröße (unten) bei Zweipunkt-Regelung ohne Rückführung (links) bzw. mit verzögerter Rückführung (rechts)

Die Datei *ZweipunktregelungMitPT1RueckPT3.bsy* enthält den zu Bild 5.23 gehörenden Regelkreis. Stellen Sie unterschiedliche Werte für die Rückführparameter K_r und T_r ein, und beobachten Sie die Auswirkung auf den Verlauf von Regel- und Stellgröße!

Um die sich bei einem Zweipunkt-Regler mit verzögerter Rückführung einstellende bleibende Regeldifferenz zu beseitigen, kann man die Rückführung statt wie in Bild 5.22 gezeigt einseitig auch *doppelseitig* ausführen. Bei entsprechender Parametrierung der beiden P-T_1-Rückführungen wird die bleibende Regeldifferenz dann exakt zu null. Allerdings gilt eine solche optimale Einstellung immer nur für einen bestimmten Leistungsbedarf der Regelstrecke (d. h. für einen bestimmten Leistungsüberschuss); ändert sich dieser z. B. aufgrund von Parametervariationen, so tritt auch wieder eine bleibende Regeldifferenz auf [SB14].

5.2.2 Zweipunkt-Regler mit verzögert nachgebender Rückführung

Wie ein „echter" (d. h. stetiger) PD-Regler führt auch der im vorangegangenen Abschnitt behandelte Zweipunkt-Regler mit verzögerter Rückführung wie gesehen zu einer (lastabhängigen) bleibenden Regeldifferenz, die durch die Rückführgröße y_r bewirkt wird. Sorgt man jedoch dafür, dass diese Rückführgröße mit zunehmender Zeit allmählich verschwindet, so sollte auch die bleibende Regeldifferenz verschwinden. Möglich wird dies durch eine *verzögert nachgebende* Rückführung der Stellgröße auf den Reglereingang, wie es **Bild 5.25** zeigt. Der Regler bekommt auf diese Weise PID-ähnliches Verhalten. Die Rückführung besteht in diesem Fall aus einer Reihenschaltung eines P-T_1-Glieds mit einem D-T_1-Glied; Letzteres hatten wir bereits in Kapitel 3 bei der Vorstellung des PID-T_1-Reglers kennengelernt, wo es zur Verringerung der Störempfindlichkeit des D-Anteils anstelle des idealen Differenzierers (D-Glieds) eingesetzt wurde.

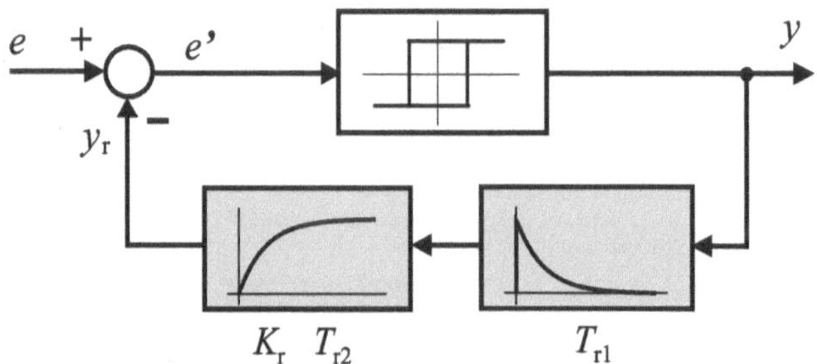

Bild 5.25 Zweipunkt-Regler mit verzögert nachgebender Rückführung (grau unterlegt)

Wir untersuchen exemplarisch wieder den Regelkreis nach Bild 5.23, setzen nunmehr aber eine verzögert nachgebende Rückführung mit den Parametern T_{r1} = 0.2 s, K_r = 0.5 und T_{r2} = 10 s ein. Den resultierenden Verlauf von Regel- und Stellgröße zeigt **Bild 5.26**.

Wie zu erwarten, tritt nun tatsächlich keine bleibende Regeldifferenz mehr auf, sondern die Regelgröße oszilliert mit sehr geringer (in Bild 5.26 nicht erkennbarer) Amplitude um den Sollwert; dies gilt unabhängig vom Leistungsüberschuss, mit dem die Regelstrecke betrieben wird. Der Einschwingvorgang entspricht qualitativ demjenigen mit einem stetigen PID-Regler.

Die Datei *ZweipunktregelungMitPT1DT1RueckPT3.bsy* enthält den zugehörigen Regelkreis. Stellen Sie unterschiedliche Werte für den Sollwert *w* ein, und überprüfen Sie, ob dies einen Einfluss auf die bleibende Regeldifferenz hat!

Ein Zweipunkt-Regler mit verzögert nachgebender Rückführung weist PID-ähnliches Verhalten auf. Es tritt unabhängig vom Lastfall keine bleibende Regeldifferenz auf, wobei die Regelgröße wie beim Zweipunkt-Regler mit verzögerter Rückführung mit nur geringer Schwankungsbreite oszilliert. Der Regler weist jedoch eine sehr hohe Schalthäufigkeit auf.

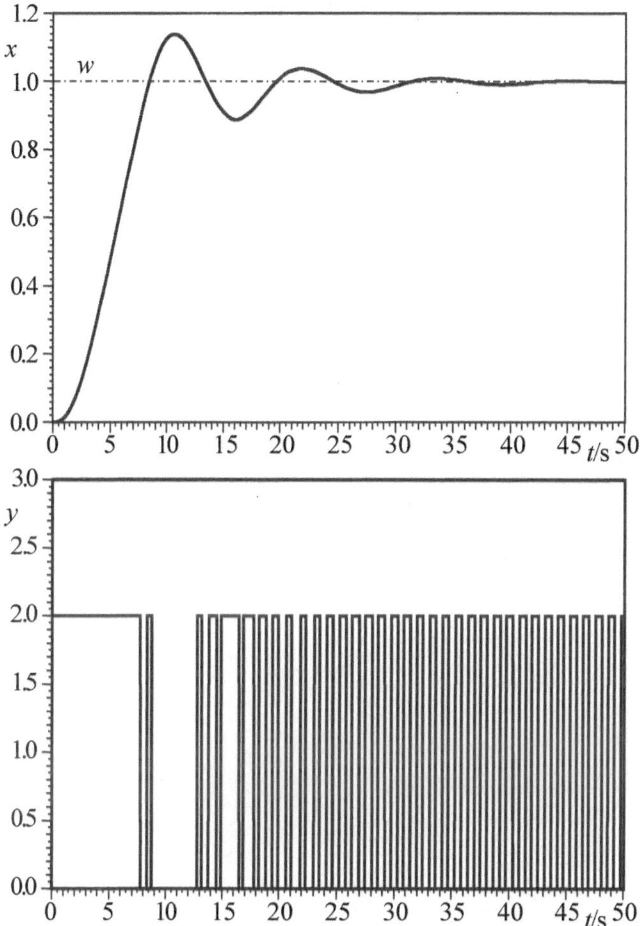

Bild 5.26 Verlauf von Regelgröße (oben) und Stellgröße (unten) bei Zweipunkt-Regelung mit verzögert nachgebender Rückführung

Für den Zusammenhang zwischen den Parametern des Rückführnetzwerks und denjenigen eines stetigen PID-Reglers gelten näherungsweise die Beziehungen [UN07]

$$K_{\mathrm{PR}} \approx \frac{T_{\mathrm{r1}} + T_{\mathrm{r2}}}{K_{\mathrm{r}} \cdot T_{\mathrm{r1}}}$$

$$T_{\mathrm{i}} \approx T_{\mathrm{r1}} + T_{\mathrm{r2}}$$

$$T_{\mathrm{d}} \approx \frac{T_{\mathrm{r1}} + T_{\mathrm{r2}}}{T_{\mathrm{r1}} \cdot T_{\mathrm{r2}}} \, .$$

Unter der Voraussetzung $T_{\mathrm{r1}} \gg T_{\mathrm{r2}}$ bestimmt also die Zeitkonstante T_{r1} des nachgebenden Netzwerks im Wesentlichen die Nachstellzeit, während die Zeitkonstante T_{r2} des verzögernden Netzwerks im Wesentlichen die Vorhaltezeit festlegt.

Beispiel: Ein Zweipunkt-Regler mit verzögert nachgebender Rückführung soll so parametriert werden, dass er näherungsweise das Verhalten eines PID-Reglers mit den Parametern

$$K_{PR} = 2.5,\ T_i = 10\ \text{s},\ T_d = 0.2\ \text{s}$$

aufweist. Dann ergeben sich die Parameter des Rückführnetzwerks näherungsweise zu

$$K_r \approx \frac{1}{K_{PR}} = 2.5$$
$$T_{r1} \approx T_i = 10\ \text{s}$$
$$T_{r2} \approx T_d = 0.2\ \text{s}\,.$$

Bild 5.27 zeigt die Sprungantworten der entsprechenden Regelkreise im Vergleich. Beide Reglertypen führen zu nahezu identischem Verlauf der Regelgröße.

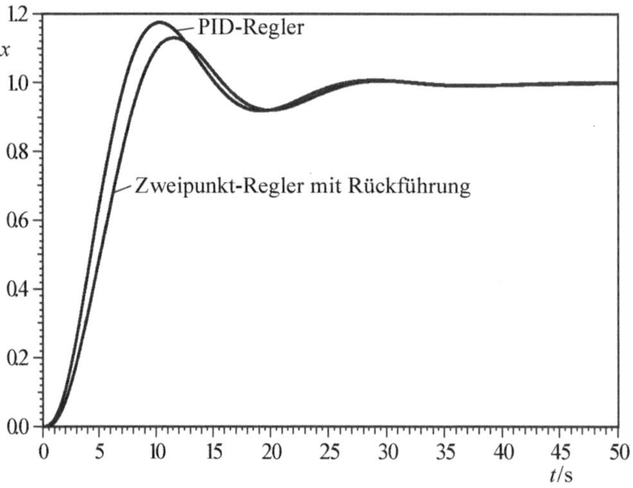

Bild 5.27 Sprungantwort des Regelkreises mit Zweipunkt-Regler mit verzögert nachgebender Rückführung bzw. mit stetigem PID-Regler

Die Datei *ZweipunktregelungMitPT1DT1RueckPIDVergleich.bsy* enthält die zugehörigen Regelkreise. Vergleichen Sie die Ergebnisse mit den hier angegebenen!

5.2.3 Dreipunkt-Regler mit verzögerter Rückführung (Schrittregler)

Für den Einsatz in Verbindung mit Stellmotoren sind Zweipunkt-Regler in der Regel nicht geeignet, da der Motor aufgrund der fehlenden Ruheposition ständig eingeschaltet wäre – entweder im Vorwärts- oder im Rückwärtslauf. Hier empfiehlt sich vielmehr der Einsatz eines Dreipunkt-Reglers, dessen mittlerer Arbeitspunkt der Ruheposition („Motor aus") entspricht. Im Vorwärts- und Rückwärtslauf läuft der Stellmotor dabei jeweils mit seiner Nenndrehzahl, jedoch je nach Einschaltdauer mehr oder weniger lange. **Bild 5.28** zeigt das Blockschaltbild sowie mögliche Signalverläufe. Der Stellmotor stellt das integrale Stellglied dar. Die Stellgeschwindigkeit y' wirkt wie eine Pulsweitenmodulation, der Stellmotor kann jede beliebige Position (Drehwinkel) y anfahren und dort verharren, sobald er abgeschaltet wird.

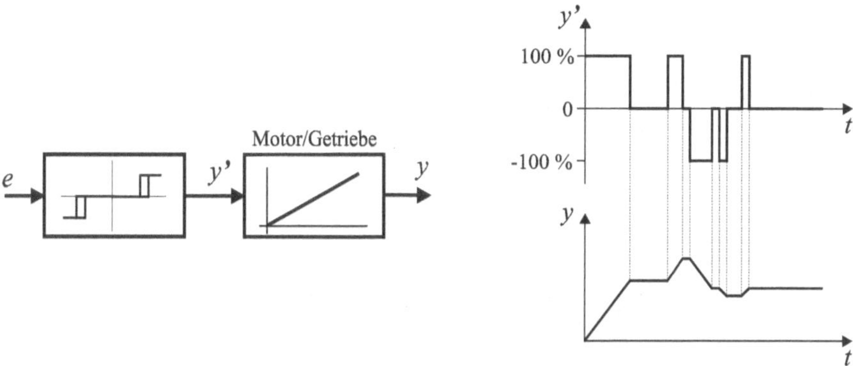

Bild 5.28 Dreipunkt-Regler mit Stellmotor als integralem Stellglied[19]

Zur Verbesserung der Regelgüte kann der Dreipunkt-Regler mit einer P-T_1-Rückführung versehen werden. Zusammen mit dem nachgeschalteten Stellmotor, der wie bereits erwähnt integrales Verhalten aufweist, entsteht auf diese Weise der in **Bild 5.29** gezeigte Dreipunkt-Regler mit verzögerter Rückführung und integralem Stellglied.

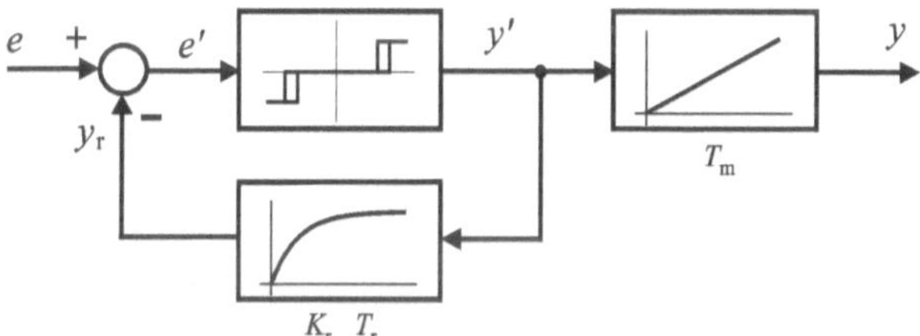

Bild 5.29 Dreipunkt-Regler mit verzögerter Rückführung und integralem Stellglied

Um das Verhalten dieses Reglertyps einordnen zu können, betrachten wir den Fall, dass auf den Regler eine sprungförmige Änderung der Regeldifferenz e geschaltet wird. **Bild 5.30** zeigt den resultierenden Verlauf der Stellgröße y (untere Teilgrafik) sowie des Ausgangs y' des Dreipunkt-Glieds (obere Teilgrafik); dieser stellt das Ansteuersignal für den Stellmotor und damit die Stellgeschwindigkeit dar.

Wie zu erkennen ist, erfolgt die Verstellung durch den Stellmotor in mehreren aufeinanderfolgenden Schritten; aus diesem Grund wird dieser in der industriellen Praxis weitverbreitete Reglertyp auch als *Schrittregler* bezeichnet. Die Sprungantwort ähnelt derjenigen eines stetigen PI-Reglers: Der erste, größere Schritt nach Auftreten der Regeldifferenz entspricht der P-Verstellung, die nachfolgenden, periodisch auftretenden Schritte dann dem I-Anteil.

Die Datei *DPReglerPT1Rueck.bsy* enthält die zugehörige Simulationsstruktur. Vergleichen Sie die Ergebnisse mit den hier angegebenen!

---

[19] Genau genommen stellt ein Stellmotor – wie wir in Abschnitt 2.3.10 gesehen hatten – ein I-T_1-Glied dar. Die Verzugszeit kann hier jedoch vernachlässigt werden, sodass das I-T_1-Glied wie im Blockschaltbild dargestellt in ein reines I-Glied übergeht.

Kombiniert man einen Dreipunkt-Regler mit verzögerter Rückführung mit einem integral wirkenden Stellglied wie einem Stellmotor, so entsteht ein sogenannter *Schrittregler*, der unter Einbeziehung des Stellglieds näherungsweise PI-Verhalten aufweist.

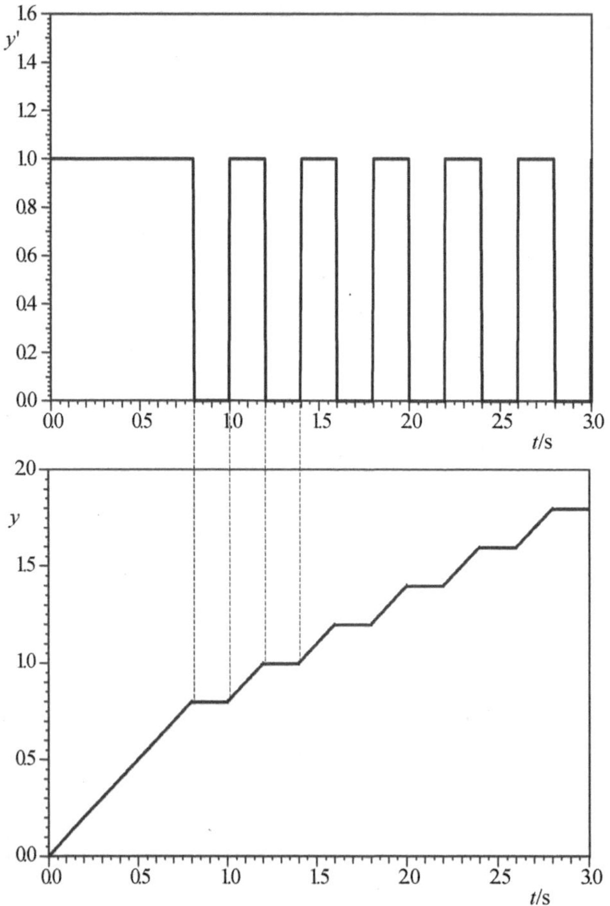

Bild 5.30 Verlauf von Stellgeschwindigkeit y' (oben) und Stellgröße y (unten) bei sprungförmiger Änderung der Regeldifferenz

Bild 5.31 zeigt das Verhalten des Reglers an der aus den vorangegangenen Abschnitten bekannten P-T_3-Strecke, wobei hier für Rückführung und Stellmotor die Parameter $K_r = 0.4$, $T_r = T_m = 10$ s angenommen wurden. Die Sprungantwort entspricht qualitativ derjenigen bei PI-Regelung; bedingt durch die tote Zone des Dreipunkt-Glieds (Ruheposition des Motors) wird der Sollwert allerdings nicht exakt eingenommen.

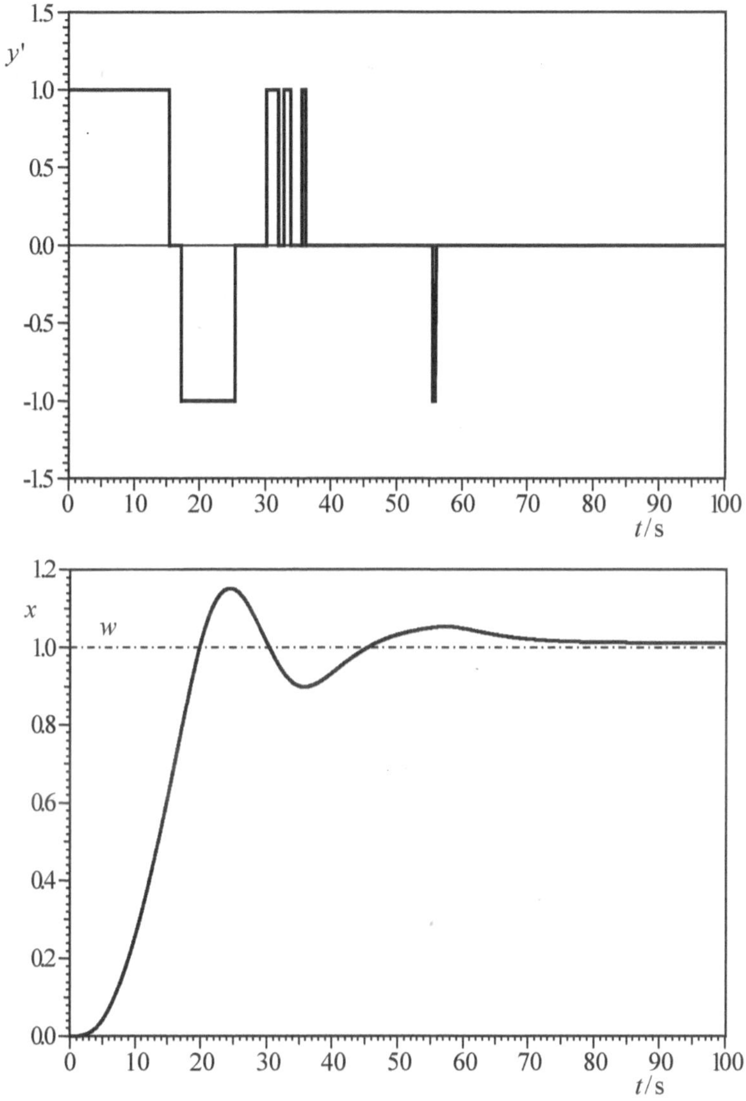

Bild 5.31 Verlauf von Stellgeschwindigkeit y' (oben) und Regelgröße x (unten) bei Regelung einer P-T_3-Strecke

Die Datei *DPReglerPT1RueckPT3Strecke.bsy* enthält die zugehörige Simulationsstruktur. Stellen Sie unterschiedliche Parameter für Stellmotor und Rückführung ein, und beobachten Sie den Einfluss auf die Regelkreisdynamik!

Der Schrittregler zeigt an vielen praktischen Regelstrecken bezüglich des Störverhaltens ein günstigeres Verhalten als ein stetiger Regler, da er solche Störungen „ignoriert", die lediglich zu einer Regeldifferenz innerhalb der toten Zone des Dreipunkt-Reglers führen.

6 Vermaschte Regelkreise

Die bisher ausschließlich betrachteten einschleifigen Standard-Regelkreise, bei denen lediglich die Regelgröße x gemessen und zurückgeführt wird, sind dadurch gekennzeichnet, dass sich Führungs- und Störverhalten in der Regel nicht gleichzeitig optimieren lassen. Abhilfe schaffen hier komplexere Regelkreisstrukturen, bei denen weitere Größen verarbeitet werden und die Regelkreisdynamik dadurch merklich verbessert werden kann. Die wichtigsten dieser Strukturen sollen in den folgenden Abschnitten kurz vorgestellt werden. Dies sind

- die *Störgrößenaufschaltung*,
- die *Hilfsgrößenaufschaltung*,
- die *Kaskadenregelung*,
- *Vorfilter* und *Vorsteuerung*.

6.1 Störgrößenaufschaltung

Wir haben uns in den vorangegangenen Kapiteln im Wesentlichen mit dem Führungsverhalten von Regelkreisen beschäftigt und das Störverhalten des Kreises dabei nur am Rande beachtet. Speziell zur Verbesserung des Störverhaltens steht mit der sogenannten *Störgrößenaufschaltung* ein der eigentlichen Regelung überlagertes Prinzip zur Verfügung, das dann zum Einsatz kommen kann, wenn die Störgröße messtechnisch erfassbar ist. **Bild 6.1** zeigt das Wirkprinzip der Störgrößenaufschaltung. Die Störgröße greift in diesem Fall innerhalb der Regelstrecke (zwischen den Streckenteilen I und II) an.

Die Grundidee bei diesem Prinzip besteht darin, den durch das Einwirken der Störung innerhalb der Regelstrecke bewirkten Effekt durch eine zusätzliche Korrekturgröße am Streckeneingang soweit wie möglich zu kompensieren. Dazu wird die Störgröße z einer *Korrektureinrichtung* (*Kompensationsglied*) zugeführt, die daraus eine der vom Regler ermittelten Stellgröße additiv (aber mit negativem Vorzeichen) überlagerte Korrekturgröße ermittelt. Je nach Auslegung dieser Korrektureinrichtung gelingt es dadurch, den Einfluss der Störung mehr oder weniger vollständig auszuschalten. Alternativ zur Aufschaltung auf die Stellgröße (d. h. den Reglerausgang) kann die Korrekturgröße auch auf die Regeldifferenz (d. h. den Reglereingang) aufgeschaltet werden (in Bild 6.1 gestrichelt dargestellt).

Die Störgrößenaufschaltung ist eine der eigentlichen Regelung überlagerte Steuerung. Dies bedeutet, dass sie *keinen* Einfluss auf das Führungsverhalten und die Stabilität des Regelkreises hat und somit unabhängig vom Reglerentwurf ausgelegt werden kann; umgekehrt kann der eigentliche Regler unabhängig von der Störgrößenaufschaltung auf optimales Führungsverhalten ausgelegt werden. Die Störgrößenaufschaltung ist besonders wirkungsvoll, wenn die Störung ziemlich am „Anfang“ der Regelstrecke einwirkt, da der Regler in diesem Fall wegen der Verzögerungen der dahinter liegenden Streckenteile erst sehr spät etwas von der Störung „merken“ würde und sie somit auch erst verspätet bekämpfen könnte. Allerdings sei nochmals angemerkt, dass dieses Prinzip nur anwendbar ist, wenn die Störgröße messbar ist und die Messung der Störgröße naturgemäß auch einen gerätetechnischen Mehraufwand bedeutet. Ein typisches Anwendungsbeispiel ist die Veränderung der Vorlauftemperatur einer Zentralheizungsanlage in Abhängigkeit von der Außentemperatur, die in diesem Fall die Störgröße darstellt.

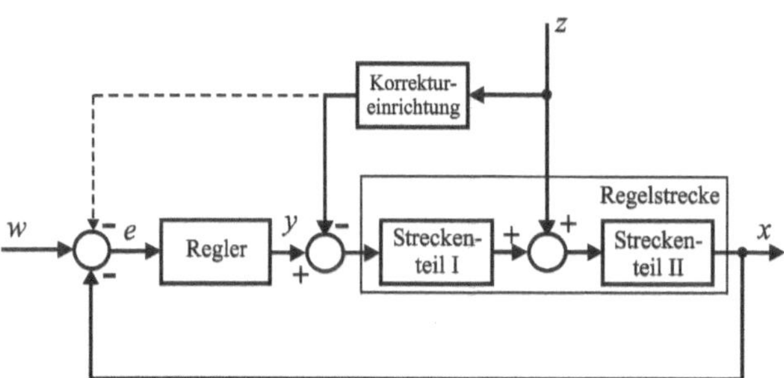

Bild 6.1 Prinzip der Störgrößenaufschaltung

Wir betrachten als Beispiel einen Regelkreis mit einer P-T_3-Strecke und einem P-Regler, bei dem die (als sprungförmig angenommene) Störgröße hinter dem ersten P-T_1-Glied angreift (**Bild 6.2**).

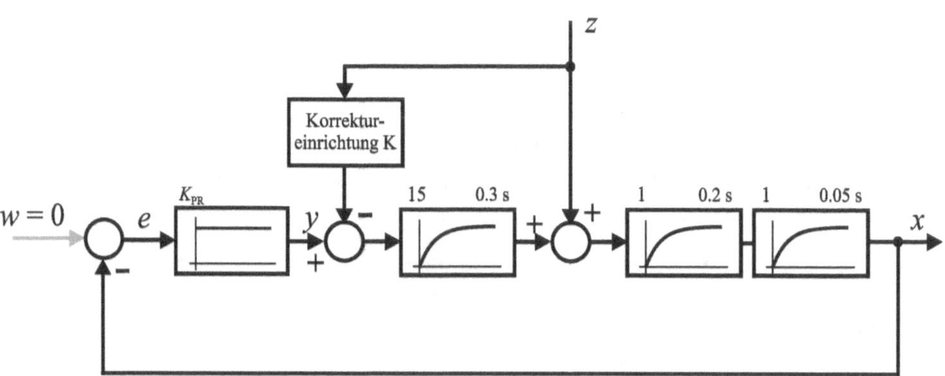

Bild 6.2 Störgrößenaufschaltung an P-geregelter P-T_3-Strecke

Da weder Regler noch Strecke ein I-Glied enthalten, ist bei Einwirken einer sprungförmigen Störung eine bleibende Regeldifferenz zu erwarten. Wir wollen die Korrektureinrichtung K nun zunächst so wählen, dass diese bleibende Regeldifferenz verschwindet. Dazu muss die Korrektureinrichtung im stationären Zustand gerade ein so großes Korrektursignal erzeugen, dass dieses nach Durchlaufen des ersten P-T_1-Glieds die Störgröße kompensiert. Wir können daher als Korrekturglied ein P-Glied wählen, dessen Proportionalbeiwert K_{PK} gerade dem Kehrwert des Proportionalbeiwerts des ersten P-T_1-Glieds entspricht, da das Produkt aus beiden dann (zusammen mit dem negativen Vorzeichen des Ausgangs der Korrektureinrichtung) den Wert -1 ergibt. Wir wählen also

$$K_{\mathrm{PK}} = \frac{1}{15} = 0.0667\,.$$

Da der Einfluss der Störgröße in diesem Fall nur im stationären Zustand vollständig kompensiert wird, bezeichnet man diese Vorgehensweise als *statische Kompensation.*

Wollen wir erreichen, dass der Einfluss der Störung vollständig eliminiert wird, müssen wir eine sogenannte *dynamische Kompensation* vornehmen. Dazu muss unser Korrekturglied so ausgelegt werden, dass es nicht nur den Proportionalbeiwert des ersten P-T_1-Glieds kompensiert, sondern auch dessen Zeitverhalten. Dies gelingt, indem wir als Korrektureinrichtung ein zum P-T_1-Glied „inverses" Glied wählen; dies ist – wie hier ohne Herleitung angegeben werden soll – ein PD-Glied. Dieses ist so auszulegen, dass sein Proportionalbeiwert wie bei der statischen Kompensation dem Kehrwert des Proportionalbeiwerts des ersten P-T_1-Glieds entspricht und seine Vorhaltezeit der Zeitkonstante dieses Glieds. Wir wählen also

$$K_{\mathrm{PK}} = \frac{1}{15} = 0.0667,\ T_{\mathrm{d}} = 0.3\ \mathrm{s}\,.$$

Bild 6.3 zeigt die Störsprungantwort des zugehörigen Regelkreises, wobei zum Zeitpunkt t = 1 s ein Störsprung der Amplitude 1 aufgeschaltet und die Führungsgröße w zu null gesetzt wurde. Ohne Kompensation ergibt sich wie erwartet eine bleibende Regeldifferenz, während diese bei statischer Kompensation verschwindet; die Störung wirkt sich in diesem Fall nur kurzzeitig in der Regelgröße aus. Bei dynamischer Kompensation wird der Einfluss der Störung vollständig eliminiert.

Wichtig ist an dieser Stelle die Tatsache, dass zumindest ein Teil der Streckenparameter (hier die Kennwerte des ersten Streckenteils) in den Entwurf der Korrektureinrichtung eingehen; ändern sich diese Parameter, muss die Korrektureinrichtung angepasst werden. Wird die Korrekturgröße auf den Regler*eingang* geschaltet, gehen zudem auch die Reglerparameter in den Entwurf der Korrektureinrichtung ein.

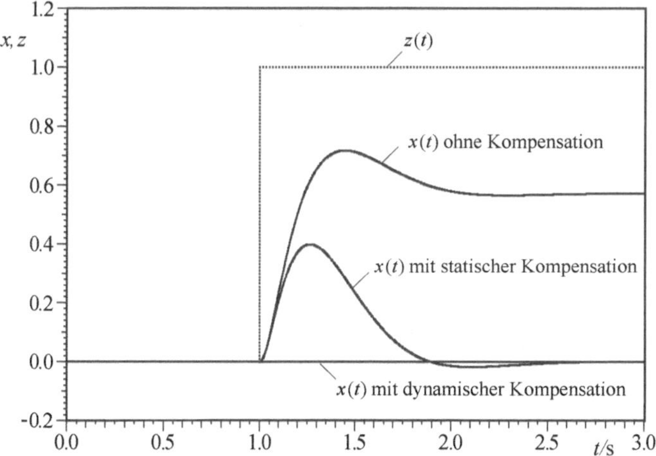

Bild 6.3 Störsprungantwort des Regelkreises

Die Datei *StörgrößenaufschaltungAnPT3-Strecke.bsy* enthält die zugehörige Simulationsstruktur für den Fall der statischen Kompensation. Überprüfen Sie zunächst die Funktionsweise der Korrekturschaltung, und erweitern Sie sie dann so, dass eine dynamische Kompensation vorgenommen wird!

Das Prinzip der *Störgrößenaufschaltung* ermöglicht (theoretisch) eine vollständige Kompensation messbarer Störgrößen. Die Störgrößenaufschaltung beeinflusst das Führungsverhalten des Regelkreises nicht, sodass Regler und Korrektureinrichtung unabhängig voneinander entworfen werden können.

Weist der Streckenteil, der vor dem Angriffspunkt der Störung liegt, eine höhere Ordnung auf (im von uns betrachteten Beispiel war er lediglich erster Ordnung), so muss die Korrektureinrichtung für eine dynamische Kompensation eine *mehrfache* Differentiation des Störsignals vornehmen. Dies ist insbesondere bei verrauschten Signalen mit erheblichen Problemen verbunden, sodass auf eine vollständige dynamische Kompensation in derartigen Fällen in der Regel verzichtet wird.

Als praktisches Beispiel für eine dynamische Störgrößenaufschaltung betrachten wir die Druckregelung in einem Erdgasnetz nach **Bild 6.4** [PH19]. Beim Zuschalten eines Brenners erfolgt ein Druckeinbruch in der Versorgungsleitung, wobei üblicherweise die Regelung den Druckverlust ausregelt. Die Information über das Ein- und Ausschalten der Brenner liegt aber dem Automatisierungssystem üblicherweise als Information vor und kann daher zur Störgrößenaufschaltung herangezogen werden. Als Korrektureinrichtung dient dabei ein D-T_1-Glied, das im Moment des Zu- bzw. Abschaltens eines Brenners (Störung) das Stellventil kurzzeitig etwas mehr öffnet bzw. schließt. Dadurch können Druckspitzen nahezu vollständig kompensiert werden und der Druckregler selbst muss sich lediglich um die Ausregelung der bleibenden Regeldifferenz kümmern.

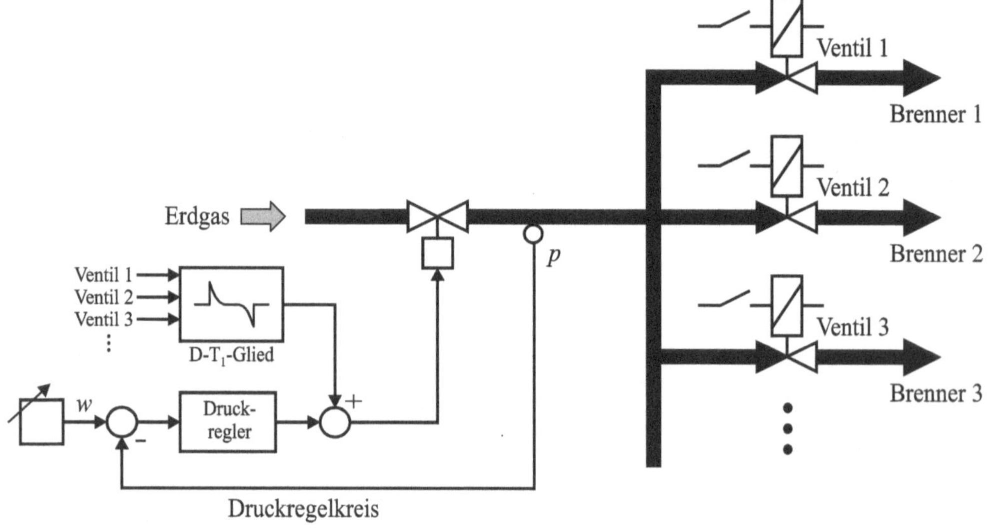

Bild 6.4 Störgrößenaufschaltung im Fall einer Druckregelung im Gasnetz [PH19]

6.2 Hilfsgrößenaufschaltung

Ist die Störgröße nicht messbar und das Prinzip der Störgrößenaufschaltung damit nicht anwendbar, kann man stattdessen eine messbare *Hilfsregelgröße* x_h erfassen und über einen *Hilfsregler* auf den Reglereingang schalten. **Bild 6.5** zeigt die Struktur eines solchen Regelkreises mit *Hilfsgrößenaufschaltung*.

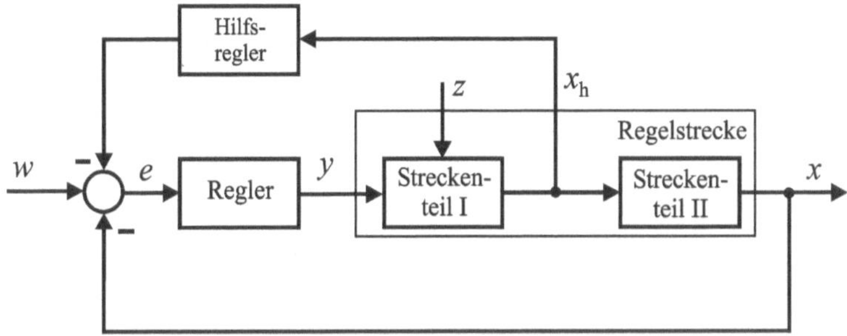

Bild 6.5 Prinzip der Hilfsgrößenaufschaltung

Wesentlich für die Wirksamkeit dieses Prinzips ist es, dass die Hilfsregelgröße möglichst unmittelbar hinter dem Angriffspunkt der Störung z entnommen wird, damit der Hilfsregler diese schnellstmöglich „bemerken" kann – jedenfalls wesentlich schneller, als sich die Störung in der Regelgröße x selbst bemerkbar machen würde. Dadurch wird es möglich, auftretende Störungen so früh wie möglich zu bekämpfen.

Um im stationären, d. h. ausgeregelten Zustand die Regelgröße nicht zu verfälschen, wird der Hilfsregler meist nachgebend ausgeführt. Weist der Streckenteil I beispielsweise P-T_1-Verhalten auf, so erhält der Hilfsregler D-T_1-Charakteristik, wobei Übertragungsbeiwert und Zeitkonstante des D-T_1-Hilfsreglers denjenigen des P-T_1-Streckenteils entsprechen. **Bild 6.6** demonstriert die Wirksamkeit der Hilfsgrößenaufschaltung anhand der aus Bild 6.2 bereits bekannten P-T_3-Regelstrecke. Als Hauptregler kommt hier ein PI-Regler zum Einsatz, die Störung greift am Reglerausgang an, und die Hilfsregelgröße wird hinter dem ersten P-T_1-Glied entnommen. Als Hilfsregler wird entsprechend den vorangegangenen Überlegungen ein D-T_1-Glied benutzt, dessen Kennwerte denen des ersten Streckenteils entsprechen. Wie unschwer zu erkennen ist, ergibt sich durch die Hilfsgrößenaufschaltung ein wesentlich verbessertes Störverhalten des Regelkreises.

Ein wesentlicher Punkt ist allerdings bei der Anwendung der Hilfsgrößenaufschaltung zu beachten: Da im Gegensatz zur Störgrößenaufschaltung durch die Rückführung der Hilfsregelgröße eine zweite Regelschleife entsteht, werden auch das Führungsverhalten und die Stabilität des Gesamtkreises beeinflusst. Der Hauptregler kann daher erst nach Parametrierung des Hilfsreglers eingestellt werden.

Durch *Hilfsgrößenaufschaltung* kann das Störverhalten eines Regelkreises verbessert werden, eine vollständige Kompensation der Störung ist jedoch nicht möglich. Zudem werden auch Führungsverhalten und Stabilität des Regelkreises durch den Hilfsregler beeinflusst.

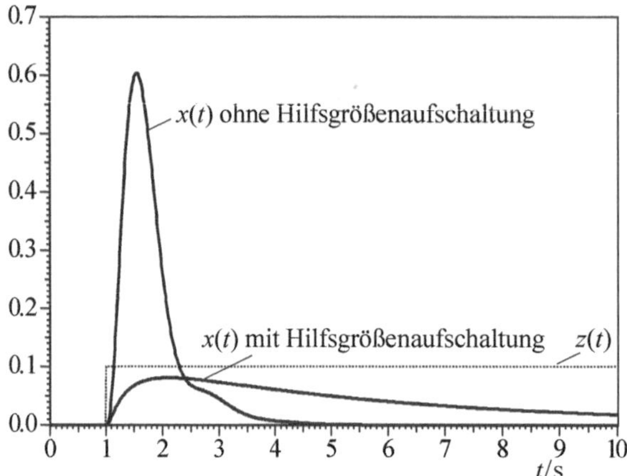

Bild 6.6 Verlauf der Regelgröße nach Aufschalten einer sprungförmigen Störung ohne bzw. mit Hilfsgrößenaufschaltung

Die Datei *HilfsgrößenaufschaltungAnPT3-Strecke.bsy* enthält die zugehörige Simulationsstruktur. Überprüfen Sie die angegebenen Ergebnisse!

6.3 Unterlagerte Regelung (Kaskadenregelung)

Ist die Störgröße nicht messbar bzw. ihr Angriffspunkt innerhalb der Regelstrecke nicht hinreichend bekannt, kann die Dynamik des Regelkreises durch eine *Kaskadenregelung* verbessert werden. **Bild 6.7** zeigt die Struktur eines derartigen Regelkreises. Wie die Hilfsgrößenaufschaltung nutzt auch die Kaskadenregelung eine oder auch mehrere Hilfsregelgrößen, die entsprechenden Regelschleifen sind aber in diesem Fall „ineinander verschachtelt", sodass man auch von einer *unterlagerten Regelung* spricht. Der äußere Regelkreis (Hauptregelkreis) mit dem Führungs- oder Hauptregler generiert den Sollwert für den inneren Regelkreis (Hilfsregelkreis), der aus dem Hilfsregler und Streckenteil I gebildet wird.

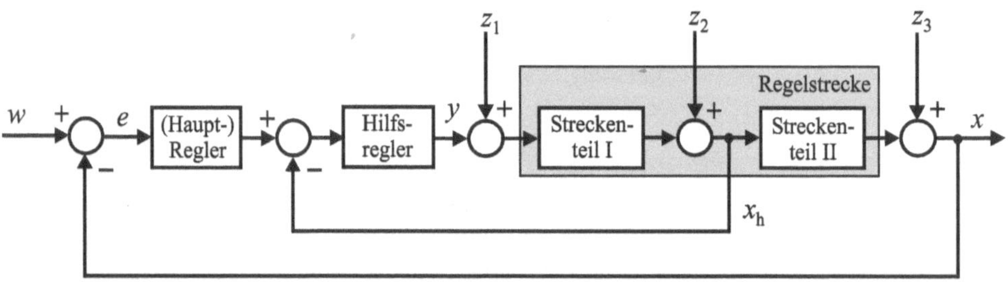

Bild 6.7 Struktur eines Kaskadenregelkreises mit mehreren Störgrößen

Der Vorteil einer solchen Regelkreisstruktur besteht u. a. darin, dass Störungen früher erkannt und bekämpft werden können. In obigem Bild gilt dies speziell für die Störgrößen z_1 und z_2, die sich bereits in der Hilfsregelgröße x_h widerspiegeln und durch den „inneren" Hilfsregler bekämpft werden können, bevor sie größeren Einfluss auf die eigentliche Regelgröße x nehmen und der Hauptregler im äußeren Regelkreis sie dadurch registriert. Auch das Führungsverhalten des Regelkreises verbessert sich durch die unterlagerte Regelung in den meisten Fällen. Der Hauptregler im äußeren Kreis liefert dabei den Sollwert für den inneren Kreis. Allerdings bedeutet die Messung der Hilfsregelgröße(n) wie auch bei der Hilfsgrößenaufschaltung einen gerätetechnischen Mehraufwand.

Der Entwurf einer Kaskadenregelung erfolgt grundsätzlich von innen nach außen, wobei die inneren Regelkreise in der Regel schneller eingestellt werden als die äußeren. Stationäre Genauigkeit hingegen ist für die inneren Regelkreise nicht unbedingt erforderlich, da diese durch den äußeren Kreis sichergestellt werden kann. Für den Entwurf können sowohl für den Hilfsregler als auch für den Hauptregler die bekannten Entwurfsverfahren herangezogen werden. Für einen zweischleifigen Regelkreis läuft der Entwurf also wie folgt ab:

1. Entwurf des Hilfsreglers so, dass der innere Kreis näherungsweise P- oder P-T_1-Verhalten hat (z. B. nach *Chien*, *Hrones* und *Reswick*)
2. Zusammenfassen des so gebildeten inneren Regelkreises zu einem einzigen „Streckenblock"
3. Entwurf des Hauptreglers für die Reihenschaltung aus dem in Schritt 2 ermittelten Streckenblock und dem hinteren Streckenteil II (z. B. ebenfalls nach *Chien*, *Hrones* und *Reswick*)

> Durch *Kaskadenregelung* wird sowohl das Führungsverhalten als auch das Störverhalten eines Regelkreises verbessert. Der Reglerentwurf erfolgt dabei immer von innen nach außen.

Als praktisches Beispiel betrachten wir den Rührkesselreaktor nach **Bild 6.8**, bei dem eine Flüssigkeit in einem Rührkessel indirekt über ein Heizmedium im Kesselmantel erwärmt wird.

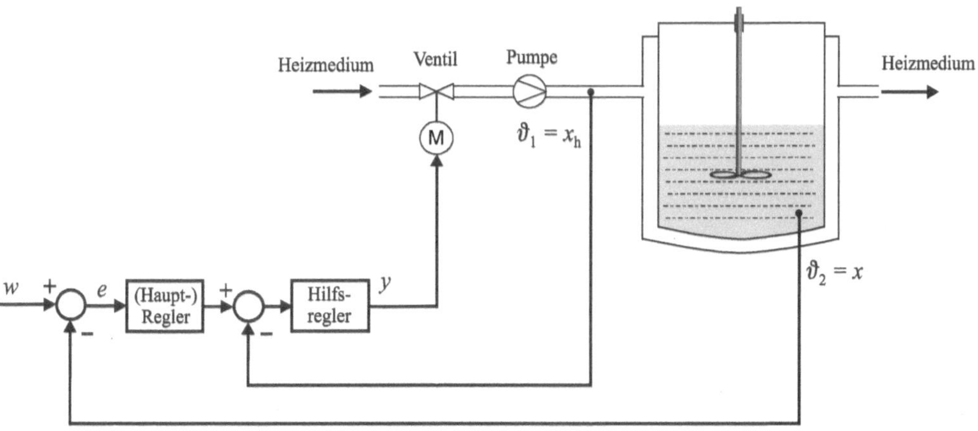

Bild 6.8 Rührkesselreaktor als Beispiel für eine Kaskadenregelung

Die eigentliche Regelgröße stellt hier die Kesseltemperatur ϑ_2 dar, Hilfsregelgröße ist die Manteltemperatur ϑ_1. Störungen im Regelkreis wirken sich zunächst auf die Manteltemperatur aus und können dann bereits durch den Hilfsregler bekämpft werden.

Ein anderes typisches Beispiel für eine Kaskadenregelung ist die Drehzahlregelung eines Gleichstrommotors über eine unterlagerte Stromregelung des Motors.

Die Datei *KaskadenregelungRührkessel.bsy* enthält einen Regelkreis mit einem Rührkesselreaktor als Regelstrecke, einem P-Hilfsregler und einem PID-Hauptregler. Stellen Sie unterschiedliche Werte für die Reglerparameter ein, und beobachten Sie den Einfluss auf die Regelkreisdynamik bezüglich des Führungs- und Störverhaltens!

6.4 Vorfilter und Vorsteuerung

Ein auf gutes Führungsverhalten ausgelegter Regler ist nicht zwangsläufig auch optimal für gutes Störverhalten (und umgekehrt); dies wird z. B. beim Entwurfsverfahren nach Chien, Hrones und Reswick (siehe Abschnitt 4.4) deutlich, wo jeweils unterschiedliche Einstellregeln für beide Optimierungsrichtungen existieren. Die auf gutes Störverhalten ausgelegten Regler weisen dabei in der Regel den größeren K_P-Wert auf (siehe Tabelle 4.4), sodass die resultierenden Regelkreise eher zum Überschwingen neigen als im Falle des auf gutes Führungsverhalten ausgelegten Reglers; andererseits sind die entsprechenden Regelkreise dann in den meisten Fällen um einiges schneller. Einen Ausweg aus diesem Dilemma für den Fall, dass keinerlei Hilfsregelgröße verfügbar ist und auch eine Störgrößenaufschaltung ausscheidet, kann die Verwendung eines *Vorfilters* nach **Bild 6.9** bieten.

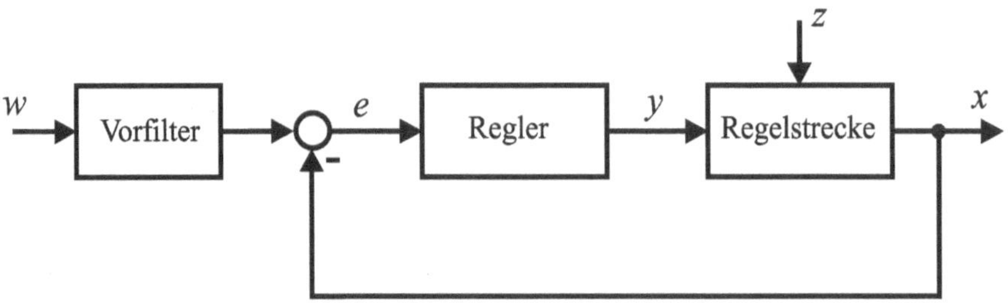

Bild 6.9 Regelkreis mit Vorfilter

Der Regler für den eigentlichen Regelkreis wird dabei zunächst im Hinblick auf das Störverhalten optimiert. Um das daraus möglicherweise resultierende starke Überschwingen der Führungssprungantwort zu begrenzen, wird dann der Vorfilter so ausgelegt, dass abrupte (z. B. sprungförmige) Änderungen der Führungsgröße „abgemildert“ werden. Dies kann im einfachsten Fall durch ein P-T_1-Glied realisiert werden, das in diesem Fall als Tiefpass-Filter 1. Ordnung wirkt und hohe Frequenzen somit dämpft.

Eine weitere Verbesserung kann durch Kombination des Vorfilters mit einer *Vorsteuerung* gemäß **Bild 6.10** erreicht werden.

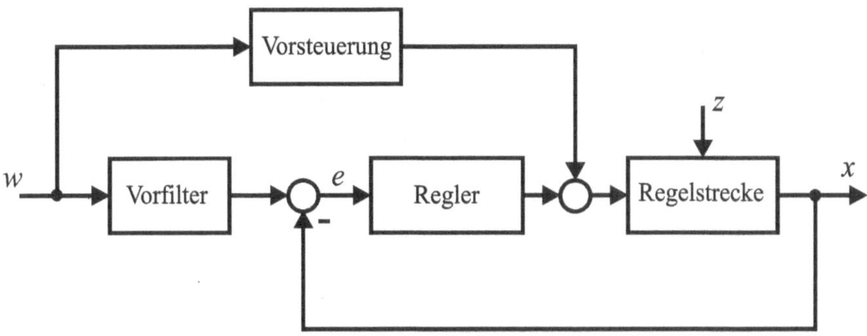

Bild 6.10 Regelkreis mit Vorfilter und Vorsteuerung

Mit dieser Struktur ist (zumindest theoretisch) eine komplette Entkopplung des Entwurfs im Hinblick auf Führungs- und Störverhalten möglich. Auch in diesem Fall wird der Regler selbst bezüglich des Störverhaltens optimiert. Durch Auslegung der Vorsteuerung kann anschließend das gewünschte Führungsverhalten erzielt werden. Dieser Entwurf ist allerdings recht aufwändig, da auch die Begrenzung der Stellgröße sowie die spätere Realisierbarkeit der Vorsteuerung im Auge behalten werden muss – für die Vorsteuerung können sich nämlich in Einzelfällen sehr komplexe Übertragungsglieder ergeben. Daher bedient man sich hierbei in der Regel entsprechender Simulations- und Entwurfsprogramme.

7 Digitale Regelung

7.1 Prinzip der digitalen Regelung

Der Regelalgorithmus eines konventionellen analogen Reglers wird komplett auf kontinuierlich wirkenden mechanischen, hydraulischen, pneumatischen oder elektronischen Bauelementen realisiert. Eine derartige Implementierung des Regelalgorithmus ist recht unflexibel und hat einige weitere Nachteile. Praktikabler sind deshalb Regeleinrichtungen, deren Regelalgorithmus sich je nach Bedarf leicht ändern lässt. Deshalb vollzieht sich in der Steuerungs- und Regelungstechnik seit einigen Jahren ein Wandel: Die analogen Regeleinrichtungen werden in zunehmendem Maße durch digitale, frei programmierbare Regler ersetzt, die in Form komplexer Prozessrechner, „handelsüblicher“ PCs oder einfacher Mikrocontrollermodule realisiert werden können. Diese digitalen Regler besitzen einerseits den Vorteil, neben einfachen PID-Algorithmen auch komplexere Regelstrategien wie adaptive Regler oder Fuzzy-Regler realisieren zu können, andererseits kann ein einziger digitaler Regler auch eine Vielzahl von Prozessen parallel bedienen.

Da die Regeldifferenz im Regelkreis gewöhnlich in analoger Form vorliegt, muss sie zur Verarbeitung im digitalen Regler zunächst über einen A/D-Wandler in eine digitale Größe überführt werden. Umgekehrt muss die vom Regler generierte, digitale Stellgröße zur Ansteuerung des nachgeschalteten Stellglieds über einen D/A-Wandler wieder in eine analoge Größe überführt werden. Da einerseits die A/D-Wandlung nicht kontinuierlich, d. h. beliebig schnell, erfolgen kann und andererseits auch der Regelalgorithmus im Regler je nach Komplexität eine bestimmte Rechenzeitspanne benötigt, liegt hier ein *zeitdiskreter* Regelkreis vor: Der Regler liest den aktuellen Wert der Regeldifferenz nicht kontinuierlich, sondern nur zu bestimmten – in der Regel äquidistanten – Zeitpunkten $t_k = k \cdot T$, $k = 0, 1, 2, \ldots$ ein, ermittelt den für diesen Wert der Regeldifferenz erforderlichen Wert der Stellgröße und gibt ihn über den D/A-Wandler an das Stellglied bzw. die Regelstrecke weiter. Die Zeitspanne T zwischen zwei solchen Abtastwerten wird als *Abtastzeit* bezeichnet; sie kann naturgemäß nicht kleiner sein als die Wandlungszeit des D/A-Wandlers zzgl. der Rechenzeit, die der digitale Regler für die Berechnung der Stellgröße benötigt. Im Folgenden soll – was in der Praxis im Allgemeinen gegeben ist – angenommen werden, dass diese Rechenzeit gegenüber der Abtastzeit vernachlässigt werden kann, sodass das Einlesen der aktuellen Regeldifferenz und das Ausgeben der zugehörigen Stellgröße quasi gleichzeitig geschieht. Es ergibt sich dann für den prinzipiellen Aufbau eines derartigen *Abtastregelkreises* eine Struktur gemäß **Bild 7.1**. Stellglied und Messeinrichtung wurden hier der Übersichtlichkeit wegen weggelassen.

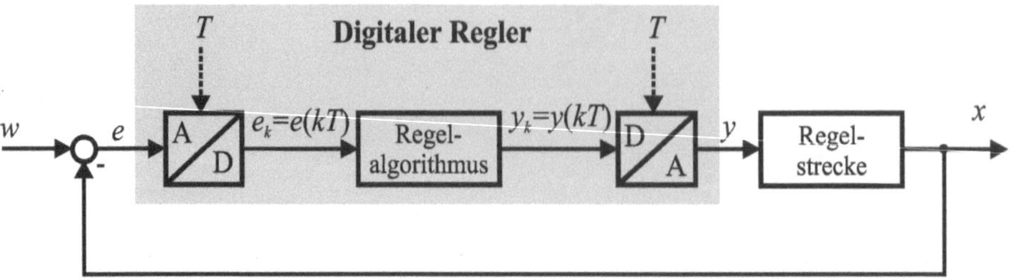

Bild 7.1 Prinzipieller Aufbau eines Abtastregelkreises

Wir wollen die Funktionsweise des Abtastreglers genauer analysieren. Der A/D-Wandler erzeugt zunächst aus der kontinuierlich erfassten Regeldifferenz $e(t)$ durch Abtastung mit der Abtastzeit T eine *zeitdiskrete Wertefolge*

$$e(t_k = kT) = \{e(0), e(T), e(2T), \ldots\} = \{e_0, e_1, e_2, \ldots\} \text{ mit } k = 0, 1, 2, \ldots \tag{7.1}$$

Wegen der begrenzten Auflösung (Bitzahl) des A/D-Wandlers tritt dabei naturgemäß auch eine Wertediskretisierung (Quantisierung) auf, die wir aber vernachlässigen wollen. Die A/D-Wandlung lässt sich dann interpretieren als ein reiner Abtastvorgang gemäß **Bild 7.2**.

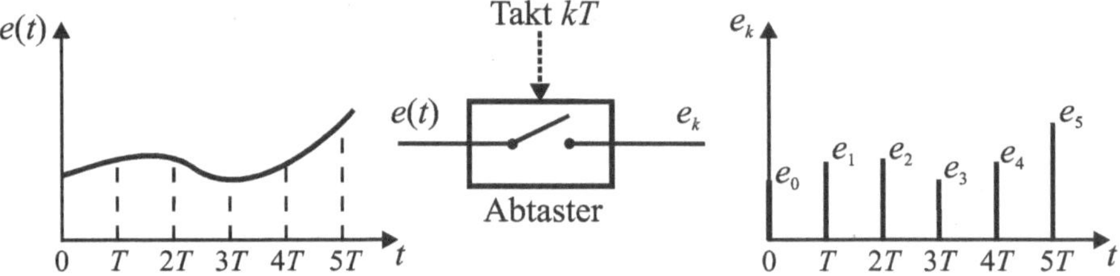

Bild 7.2 Abtastung einer kontinuierlichen Zeitfunktion

Der eigentliche Kern des digitalen Reglers, der Regelalgorithmus, ermittelt nun für jeden diskreten Zeitpunkt $t_k = k{\cdot}T$ aus dem aktuellen Wert e_k der Regeldifferenz und ggf. auch zeitlich zurückliegenden Werten einen „sinnvollen“ Wert y_k für die Stellgröße. Aus der Regeldifferenz-Wertefolge entsteht also eine Wertefolge für die Stellgröße. Da das Stellglied bzw. die Regelstrecke üblicherweise wieder eine kontinuierliche Eingangsgröße benötigt, hat der D/A-Wandler neben der eigentlichen Umwandlung des digitalen Werts in einen Analogwert (von der wir der Einfachheit halber wieder annehmen wollen, dass sie ohne Quantisierungsfehler vor sich geht) die Aufgabe, die Wertefolge in eine kontinuierliche Funktion zu überführen. Dies geschieht in einfacher Weise dadurch, dass der zum Zeitpunkt $k \cdot T$ generierte Stellgrößenwert y_k für den Zeitraum $k \cdot T \le t < (k+1) \cdot T$ *konstant gehalten*, d. h. gespeichert wird. Man spricht in diesem Fall daher auch von einem *Halteglied*. Am Ausgang des D/A-Wandlers entsteht somit ein zeitkontinuierlicher, treppenförmiger Stellgrößenverlauf. **Bild 7.3** verdeutlicht den kompletten Ablauf innerhalb des Abtastreglers.

Da alle auftretenden Signale nur zu den Abtastzeitpunkten betrachtet werden, lassen sich die einzelnen Arbeitsschritte des Abtastreglers vertauschen, ohne dass sich am Gesamtverhalten des Systems etwas ändert. Verschiebt man das Halteglied vor den eigentlichen Regelalgorithmus, so lassen sich Abtaster und Halteglied zu einem sogenannten *Abtast-Halteglied* zusammenfassen. Der einschleifige Abtastregelkreis mit einem digitalen Regler erhält damit die in **Bild 7.4** dargestellte Struktur.

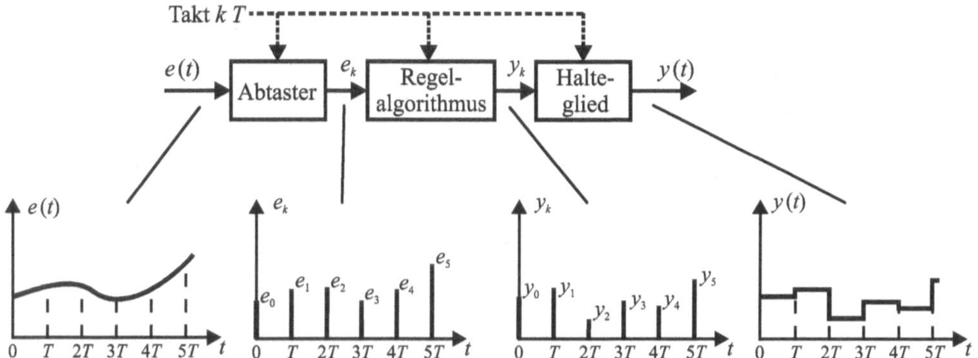

Bild 7.3 Arbeitsweise des digitalen Reglers (Abtastreglers)

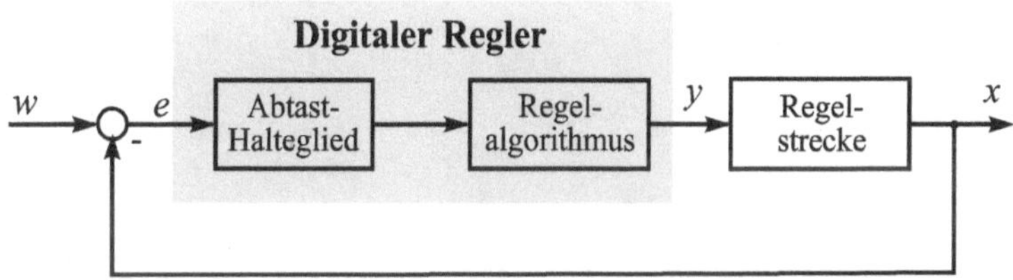

Bild 7.4 Struktur des einschleifigen Abtastregelkreises mit einem digitalen Regler

7.2 Der digitale PID-Regler

Prinzipiell lässt sich jeder zeitkontinuierliche Reglertyp ebenso als entsprechender Abtastregler realisieren. Auch bei den Abtastsystemen spielt hierbei der PID-Regler eine dominante Rolle. Wir wollen an ihm beispielhaft aufzeigen, wie sich ein zeitkontinuierlicher Regler in einen digitalen Regelalgorithmus überführen lässt. Dazu gehen wir zunächst aus von der bereits in Kapitel 3 eingeführten Gleichung des idealen PID-Reglers

$$y(t) = K_{\mathrm{PR}}\left(e(t) + \frac{1}{T_{\mathrm{i}}}\int e(t)\,\mathrm{d}t + T_{\mathrm{d}}\,\frac{\mathrm{d}\,e(t)}{\mathrm{d}t} \right). \tag{7.2}$$

Um zu einem im Digitalrechner verarbeitbaren Algorithmus zu gelangen, führen wir für die Regeldifferenz $e\,(t)$ und die Stellgröße $y\,(t)$ nun die Wertefolgen $e_k = e\,(k\cdot T)$ bzw. $y_k = y\,(k\cdot T)$ ein und ersetzen das Integral durch eine entsprechende Summe und den Differentialquotienten durch den Differenzenquotienten.

Betrachten wir zunächst den Integralterm. Dieser entspricht gerade der Fläche unter der Kurve *e*(*t*). Diese können wir durch eine einfache Rechtecknäherung gemäß **Bild 7.5** annähern. Wir erhalten

$$\begin{aligned}\int_0^{kT} e(t)\,\mathrm{d}t &\approx F_0 + F_1 + F_2 + \ldots + F_{k-1} \\ &= e(0)T + e(T)T + e(2T)T + \ldots + e((k-1)T)T \\ &= e_0 T + e_1 T + e_2 T + \ldots + e_{k-1}T \\ &= T\sum_{i=0}^{k-1} e_i \,.\end{aligned} \tag{7.3a}$$

Die Fläche zwischen e_{i-1} und e_i wird dabei angenähert durch ein Rechteck der Breite *T*, dessen Höhe durch die jeweils linke Intervallgrenze e_{i-1} gegeben ist (Rechtecknäherung Typ I).

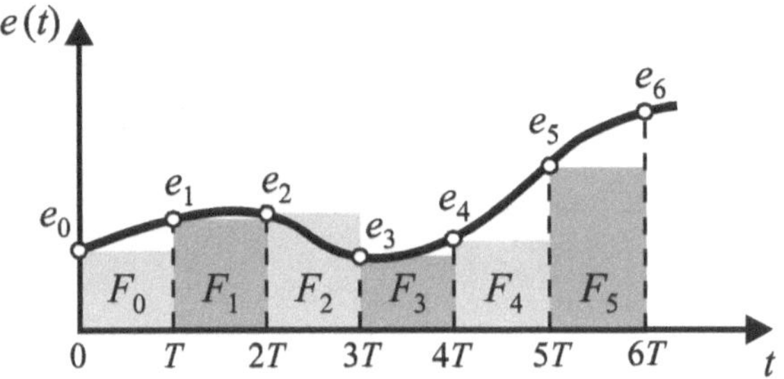

Bild 7.5 Rechtecknäherung mit linker Intervallgrenze (Typ I)

Alternativ können wir auch anstelle der linken die jeweils rechte Intervallgrenze heranziehen, wie es **Bild 7.6** zeigt (Rechtecknäherung Typ II). Wir erhalten für das Integral dann die Näherung

$$\begin{aligned}\int_0^{kT} e(t)\,\mathrm{d}t &\approx F_1 + F_2 + F_3 + \ldots + F_k \\ &= e(T)T + e(2T)T + e(3T)T + \ldots + e(kT)\,T \\ &= e_1 T + e_2 T + e_3 T + \ldots + e_k T \\ &= T\sum_{i=1}^{k} e_i \,.\end{aligned} \tag{7.3b}$$

Ein wenig genauer als die Rechtecknäherung ist die sogenannte *Trapezregel*, bei der anstelle des Rechtecks jeweils ein Trapez für die Approximation einer Teilfläche benutzt wird (**Bild 7.7**). In diesem Fall erhalten wir für das Gesamtintegral die Näherungsgleichung

$$\int_0^{kT} e(t)\,\mathrm{d}t \approx F_{01} + F_{12} + F_{23} + \ldots + F_{k-1k}$$

$$= T\left(\frac{e_0 + e_1}{2} + \frac{e_1 + e_2}{2} + \frac{e_2 + e_3}{2} + \ldots + \frac{e_{k-1} + e_k}{2}\right) \tag{7.3c}$$

$$= \frac{T}{2}\sum_{i=1}^{k}\left(e_{i-1} + e_i\right).$$

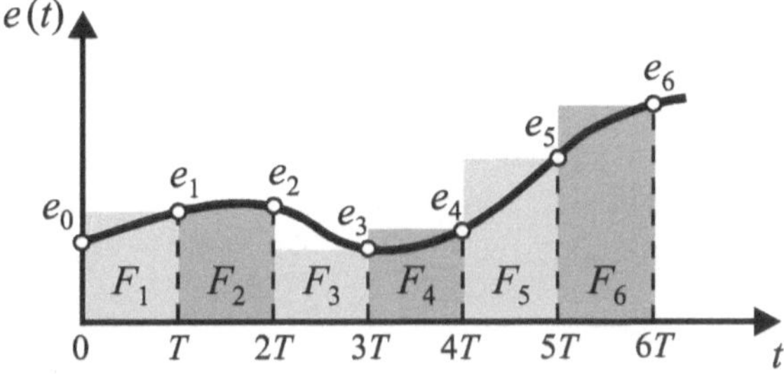

Bild 7.6 Rechtecknäherung mit rechter Intervallgrenze (Typ II)

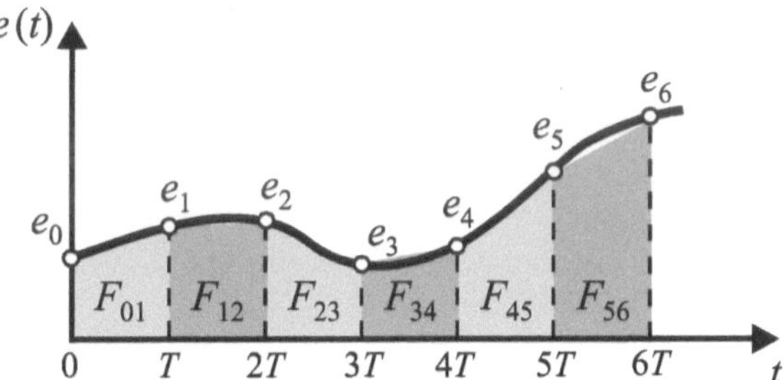

Bild 7.7 Trapezregel

In der Praxis ist die Rechtecknäherung in der Regel hinreichend genau, sodass wir nachfolgend ausschließlich die Rechtecknäherung Typ I (Gl. 7.3a) weiterverfolgen werden.

Betrachten wir nun die Approximation des D-Anteils. Für den Differenzenquotienten erhalten wir bei Rückwärtsdifferentiation

$$\frac{\mathrm{d}e(t)}{\mathrm{d}t} \approx \frac{e(kT) - e((k-1)T)}{T} = \frac{e_k - e_{k-1}}{T}. \tag{7.4}$$

Setzen wir diese Beziehung sowie die zuvor ermittelte Nachbildung des Integrals durch Rechtecknäherung Typ I in den kontinuierlichen PID-Algorithmus ein, so erhalten wir den sogenannten *PID-Stellungsalgorithmus*

$$y_k = K_{\mathrm{PR}}\left(e_k + \frac{T}{T_{\mathrm{i}}}\sum_{i=0}^{k-1} e_i + \frac{T_{\mathrm{d}}}{T}\left(e_k - e_{k-1}\right)\right) \qquad k = 0, 1, 2, \ldots \tag{7.5}$$

Für sehr kleine Abtastzeiten ($T \to 0$) geht dieser zeitdiskrete Algorithmus in die kontinuierliche PID-Gleichung über. Diese Bedingung ist so lange gegeben, wie die Abtastzeit T sehr klein verglichen mit den Zeitkonstanten des geschlossenen Regelkreises ist; man spricht in diesem Fall daher von einer *quasikontinuierlichen Regelung*. Der PID-Regler kann dann nach den bekannten Verfahren für zeitkontinuierliche Regelkreise eingestellt werden. Ist die Abtastzeit jedoch wesentlich größer, arbeitet der Regelkreis nicht mehr quasikontinuierlich; in diesem Fall muss er als echtes Abtastsystem betrachtet werden. Der PID-Entwurf muss dann nach speziellen Einstellregeln für zeitdiskrete PID-Regler erfolgen, die wir später vorstellen werden.

Abweichend von der obigen „Grundversion" des digitalen PID-Algorithmus existieren, wie auch beim kontinuierlichen PID-Regler, zahlreiche Variationen, beispielsweise zur verbesserten Störunterdrückung durch Verzögerung des D-Anteils. Dies soll jedoch hier nicht näher diskutiert werden. Wir wollen stattdessen den Stellungsalgorithmus noch etwas modifizieren. Dazu betrachten wir zunächst die Stellgrößenwerte zu den Zeitpunkten $(k-1)\cdot T$ und $k\cdot T$. Es ergibt sich

$$\begin{aligned} y_{k-1} &= K_{\mathrm{PR}}\left(e_{k-1} + \frac{T}{T_{\mathrm{i}}}\sum_{i=0}^{k-2} e_i + \frac{T_{\mathrm{d}}}{T}\left(e_{k-1} - e_{k-2}\right)\right) \\ y_k &= K_{\mathrm{PR}}\left(e_k + \frac{T}{T_{\mathrm{i}}}\sum_{i=0}^{k-1} e_i + \frac{T_{\mathrm{d}}}{T}\left(e_k - e_{k-1}\right)\right). \end{aligned} \tag{7.6}$$

Bilden wir nun durch Subtraktion die Differenz

$$\Delta y_k = y_k - y_{k-1}, \tag{7.7}$$

die die Änderung der Stellgröße vom Schritt $k-1$ auf den Schritt k beschreibt, so erhalten wir

$$\begin{aligned} \Delta y_k &= K_{\mathrm{PR}}\left(e_k + \frac{T}{T_{\mathrm{i}}}\sum_{i=0}^{k-1} e_i + \frac{T_{\mathrm{d}}}{T}\left(e_k - e_{k-1}\right)\right) - K_{\mathrm{PR}}\left(e_{k-1} + \frac{T}{T_{\mathrm{i}}}\sum_{i=0}^{k-2} e_i + \frac{T_{\mathrm{d}}}{T}\left(e_{k-1} - e_{k-2}\right)\right) \\ &= K_{\mathrm{PR}}\left(e_k - e_{k-1} + \frac{T}{T_{\mathrm{i}}} e_{k-1} + \frac{T_{\mathrm{d}}}{T}\left(e_k - 2e_{k-1} + e_{k-2}\right)\right) \qquad k = 0, 1, 2, \ldots \end{aligned} \tag{7.8}$$

Dieser Algorithmus wird als *PID-Geschwindigkeitsalgorithmus* bezeichnet. Er stellt eine Vorschrift dar, wie die Ausgangsfolge $y\,(k\cdot T)$ rekursiv aus der Eingangsfolge $e\,(k\cdot T)$ berechnet werden kann. Dabei liefert der Algorithmus jedoch nicht direkt den Stellgrößenwert y_k, sondern die *Änderung* der Stellgröße im Vergleich zum vorherigen Schritt.

Fassen wir zusammengehörige Terme zusammen, so ergibt sich die Beziehung

$$\Delta y_k = y_k - y_{k-1} = K_{\mathrm{PR}}\left(1 + \frac{T_{\mathrm{d}}}{T}\right) e_k + K_{\mathrm{PR}}\left(\frac{T}{T_{\mathrm{i}}} - 1 - 2\frac{T_{\mathrm{d}}}{T}\right) e_{k-1} + K_{\mathrm{PR}}\,\frac{T_{\mathrm{d}}}{T} e_{k-2}\,. \tag{7.9}$$

Diese Beziehung stellt mathematisch eine *Differenzengleichung* der Form

$$y_k + c_1\, y_{k-1} = d_0\, e_k + d_1\, e_{k-1} + d_2\, e_{k-2} \tag{7.10}$$

mit

$$c_1 = -1,\ d_0 = K_{\text{PR}}\left(1+\frac{T_{\text{d}}}{T}\right),\ d_1 = K_{\text{PR}}\left(\frac{T}{T_{\text{i}}}-1-2\frac{T_{\text{d}}}{T}\right),\ d_2 = K_{\text{PR}}\,\frac{T_{\text{d}}}{T} \tag{7.11}$$

dar. Derartige Differenzengleichungen bilden die allgemeine Beschreibungsform für zeitdiskrete Systeme und das Analogon zur Differentialgleichung linearer kontinuierlicher Systeme.

Bild 7.8 zeigt die Blockstruktur des digitalen PID-Reglers nach Gl. (7.10). Jeder mit T bezeichnete Block entspricht dabei einer Laufzeit des Signals um die Abtastzeit T.

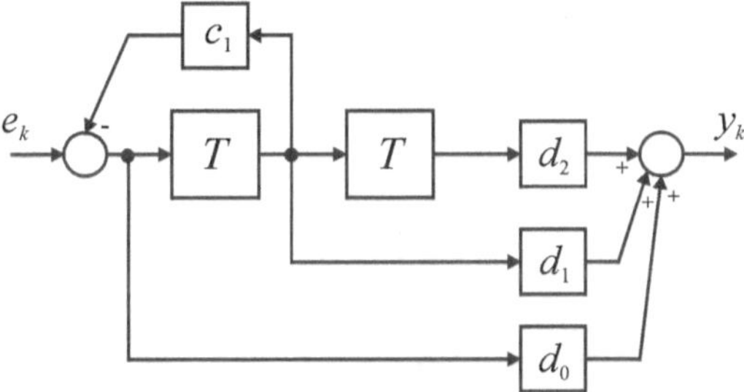

Bild 7.8 Blockstruktur des digitalen PID-Reglers

Beispiel: Ein analoger PI-Regler mit den Parametern $K_{\text{PR}} = 3$ und $T_{\text{i}} = 0.5$ s ($T_{\text{d}} = 0$) soll in einen digitalen PI-Regler mit einer Abtastzeit von $T = 0.1$ s überführt werden. Dann besitzt dieser gemäß Gl. (7.11) die Koeffizienten

$$c_1 = -1$$

$$d_0 = K_{\text{PR}}\left(1+\frac{T_{\text{d}}}{T}\right) = 3,\quad d_1 = K_{\text{PR}}\left(\frac{T}{T_{\text{i}}}-1-2\frac{T_{\text{d}}}{T}\right) = -2.4,\quad d_2 = K_{\text{PR}}\,\frac{T_{\text{d}}}{T} = 0\,.$$

Bild 7.9 zeigt die Sprungantworten von analogem und digitalem PI-Regler im Vergleich. Deutlich wird der stufenförmige Verlauf beim Digitalregler sichtbar, wobei die Stufenbreite gerade der Abtastzeit T entspricht. Zu den Abtastzeitpunkten $t = k \cdot T$ sind beide Verläufe jeweils deckungsgleich.

Die Datei *DigitalerPIRegler.bsy* enthält die zugehörige Simulationsstruktur. Überprüfen Sie die angegebenen Ergebnisse, und ermitteln Sie die Koeffizienten des Reglers auch für andere Werte von Proportionalbeiwert und Nachstellzeit!

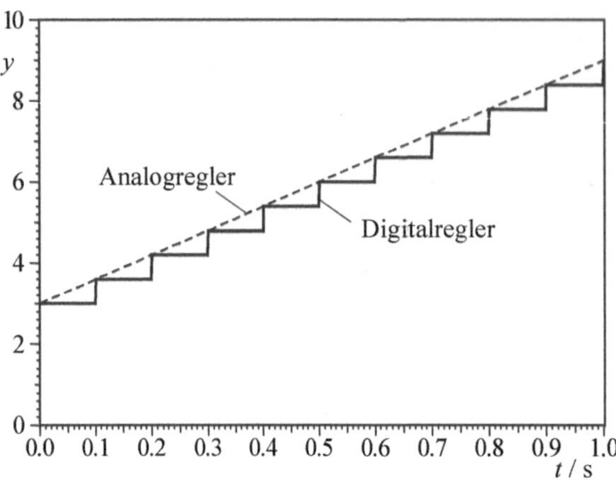

Bild 7.9 Vergleich der Sprungantworten von analogem und digitalem PI-Regler

7.3 Einstellregeln für digitale PID-Regler

In Anlehnung an die bekannten Entwurfsverfahren für kontinuierliche PID-Regler werden im Folgenden die Einstellregeln für digitale PID-Regler nach *Takahashi* vorgestellt. Ähnlich wie bei den Verfahren nach *Ziegler/Nichols* gibt es hierbei zwei unterschiedliche Varianten, die sich an den Kennwerten der Sprungantwort der Regelstrecke bzw. anhand eines Schwingversuchs orientieren.

Bei der Sprungantwort-Variante sind zunächst – wie im zeitkontinuierlichen Fall – aus der Sprungantwort der Regelstrecke auf Basis der Wendetangente Verzugszeit T_e und Ausgleichszeit T_b der Regelstrecke sowie ihr Proportionalbeiwert K_{PS} zu bestimmen (**Bild 7.10**).

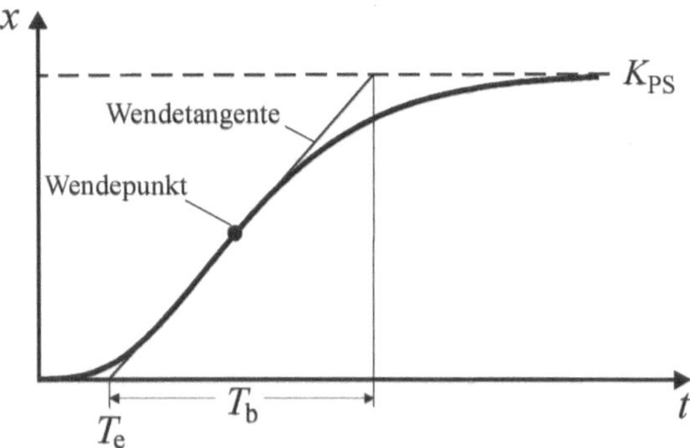

Bild 7.10 Kennwerte der Sprungantwort der Regelstrecke

Anhand dieser Werte werden dann gemäß **Tabelle 7.1** die Parameter eines digitalen P-, PI- oder PID-Reglers eingestellt. Man erkennt, dass hierbei naturgemäß auch die Abtastzeit T in die Berechnung der Reglerparameter einfließt. Zu beachten ist, dass die Einstellregeln für $T / T_b > 1/10$ nicht anwendbar sind.

Tabelle 7.1 Einstellregeln nach *Takahashi* (Sprungantwort-Verfahren)

	K_{PR}	T_i	T_d
P	$\frac{T_b}{K_{PS}\,T_e}$	–	–
PI	$\frac{1}{K_{PS}}\frac{0.9T_b}{T_e+T/2}$	$3.33(T_e+T/2)$	–
PID	$\frac{1}{K_{PS}}\frac{1.2T_b}{T_e+T}$	$2\frac{(T_e+T/2)^2}{T_e+T}$	$\frac{T_e+T}{2}$

Wir wollen beispielhaft einen digitalen PI-Regler für die aus vorangegangenen Kapiteln bereits bekannte P-T_3-Strecke entwerfen (**Bild 7.11**).

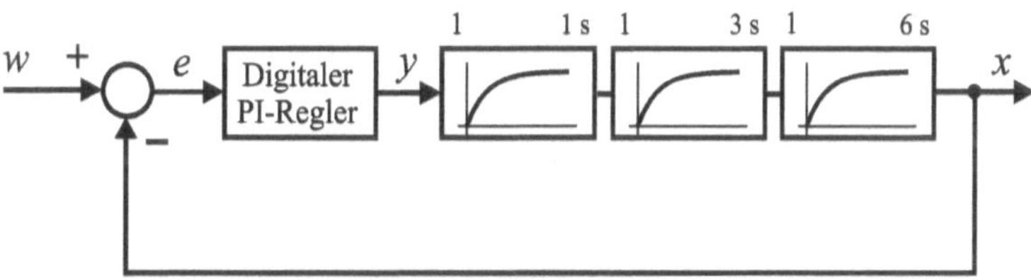

Bild 7.11 Digitale PI-Regelung einer PT_3-Strecke

Die Kennwerte der Strecke lauteten

$$K_{PS}=1,\ T_e=2\ \text{s},\ T_b=12.5\ \text{s}\,. \tag{7.12}$$

Wir wollen den PI-Regler für drei unterschiedliche Abtastzeiten, nämlich 0.1 s, 0.5 s und 5 s, entwerfen. Es ergeben sich die in **Tabelle 7.2** angegebenen Reglerparameter. **Bild 7.12** zeigt die Führungssprungantwort des Regelkreises (Verlauf von Regel- und Stellgröße) für die unterschiedlichen Abtastzeiten. Da es sich um einen digitalen Regler handelt, verläuft die Stellgröße stufenförmig, wobei die Stufenbreite der Abtastzeit entspricht (besonders gut erkennbar bei $T = 5$ s). Für $T = 0.1$ s ergibt sich das beste Regelverhalten, da die Abtastzeit in diesem Fall gegenüber den Zeitkonstanten der Regelstrecke vernachlässigbar klein ist; es liegt eine quasikontinuierliche Regelung vor. Auch für $T = 0.5$ s ergibt sich noch ein zufriedenstellendes Verhalten. Im Fall $T = 5$ s ist die Abtastzeit im Vergleich zu den Zeitkonstanten der Strecke viel zu groß; das Regelkreisverhalten ist in diesem Fall nicht mehr unbedingt zufriedenstellend.

Tabelle 7.2 Reglerparameter für Beispiel

Abtastzeit *T*	K_{PR}	T_i
0.1 s	5.5	6.8 s
0.5 s	5.0	7.5 s
5 s	2.5	15 s

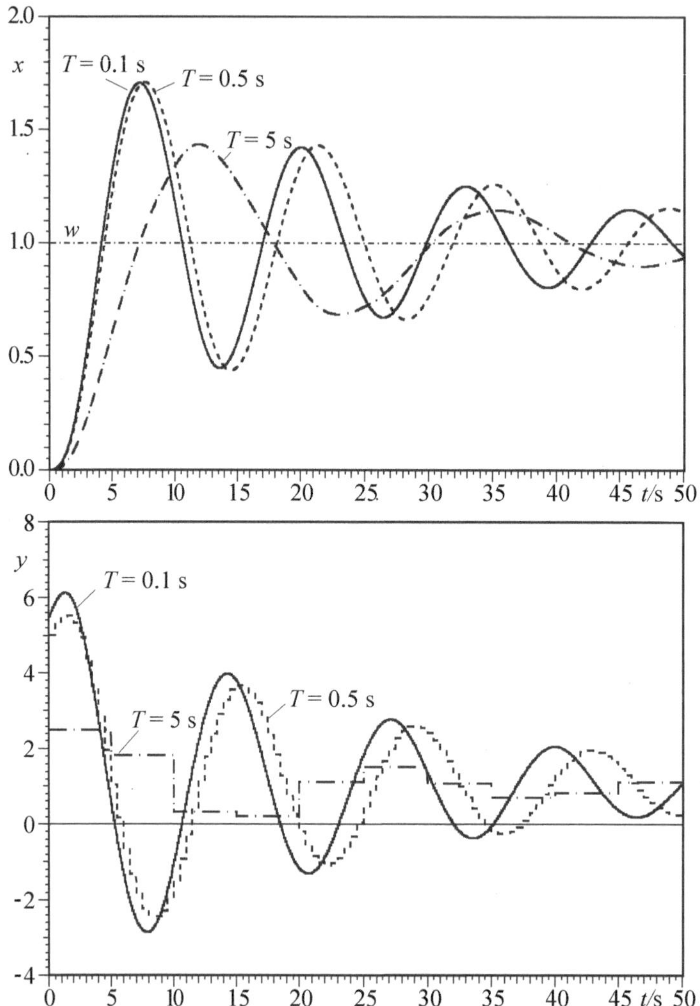

Bild 7.12 Führungssprungantwort des Regelkreises in Abhängigkeit von der Abtastzeit (oben: Verlauf der Regelgröße, unten: Verlauf der Stellgröße)

Die Datei *DigitalerPIReglerAnPT3Strecke.bsy* enthält die zugehörige Simulationsstruktur. Überprüfen Sie die angegebenen Ergebnisse!

Bei der Reglerauslegung anhand eines *Schwingversuchs* wird ebenfalls völlig analog zum kontinuierlichen Fall verfahren. Es wird also die Verstärkung eines digitalen P-Reglers bis zum kritischen Wert $K_{PR\ krit}$ erhöht, bei dem sich gerade eine ungedämpfte Dauerschwingung mit der Periodendauer T_{krit} ergibt. Die Reglerparameter werden dann anhand der nachfolgenden **Tabelle 7.3** eingestellt.

Tabelle 7.3 Einstellregeln nach *Takahashi* (Schwingversuch)

	K_{PR}	T_i	T_d
P	$0.5 \cdot K_{PR\,krit}$	–	–
PI	$0.45 \cdot K_{PR\,krit}$	$0.83 \cdot T_{krit}$	–
PID	$0.6 \cdot K_{PR\,krit}$	$0.5 \cdot T_{krit}$	$0.125 \cdot T_{krit}$

Auf ein Anwendungsbeispiel für das Verfahren soll an dieser Stelle verzichtet werden.

8 Reglerentwurf im Frequenzbereich

Wir haben Regelkreise und ihre einzelnen Komponenten bisher ausschließlich im *Zeitbereich* betrachtet, d. h. sie anhand des zeitlichen Verlaufs ihrer Ausgangsgrößen bei vorgegebenem Verlauf der Eingangsgrößen charakterisiert. Als Testsignal hatten wir dabei in den meisten Fällen ein sprungförmiges Eingangssignal gewählt, bei dem sich am Ausgang dann die sogenannte Sprungantwort des Systems ergibt. Daraus hatten wir im Falle der Regelstrecke spezifische Kennwerte (z. B. Verzugs- und Ausgleichszeit) entnommen und auf deren Basis anhand einfacher Einstellregeln beispielsweise einen geeigneten PI-Regler entworfen.

Einen wesentlich besseren Einblick in das Verhalten von Regelkreiskomponenten erhält man, wenn man diese nicht im Zeit-, sondern im *Frequenzbereich* analysiert. Diese Vorgehensweise erfordert zwar mehr mathematisches „Rüstzeug", liefert dann jedoch Modelle bzw. Kennwerte, auf deren Basis sich eine wesentlich differenziertere Einstellung von Reglern, verbunden mit einer höheren Regelgüte, erzielen lässt. Die dazu erforderlichen Grundlagen sollen im Rahmen dieses Kapitels grob erläutert werden.

8.1 Frequenzgang linearer Systeme

Wir betrachten für unsere nachfolgenden Überlegungen zunächst ein lineares System mit der Eingangsgröße $y(t)$ und der Ausgangsgröße $x(t)$; dabei kann es sich z. B. um eine Regelstrecke handeln, ebenso gut aber auch beispielsweise um einen PID-Regler. Auf dieses System schalten wir eine harmonische Eingangsgröße der Form

$$y(t) = y_0 \sin(\omega t)\,, \tag{8.1}$$

also ein sinusförmiges Signal mit der Amplitude y_0 und der (Kreis-)Frequenz ω. Betrachten wir den resultierenden Verlauf der Ausgangsgröße $x(t)$, so stellen wir fest, dass $x(t)$ nach einem Einschwingvorgang (dem sogenannten *transienten* Übergang, dessen Dauer und Charakteristik von der Systemdynamik, also insbesondere den Zeitkonstanten des Systems, sowie dem Arbeitspunkt des Systems beim Aufschalten des Sinussignals abhängen) ebenfalls in einen sinusförmigen Verlauf mit *derselben* Frequenz ω übergeht, allerdings in der Regel eine andere Amplitude und Phasenlage besitzt, d. h. gegenüber der Eingangsgröße phasenverschoben ist. Formelmäßig lässt sich die Ausgangsgröße dann also darstellen als

$$x(t) = x_0 \sin(\omega t + \varphi)\,. \tag{8.2}$$

Dabei ist x_0 die Amplitude der Ausgangsschwingung und der Winkel φ die Phasenverschiebung zwischen Ein- und Ausgangsgröße (**Bild 8.1**). Häufig eilt die Ausgangsgröße der Eingangsgröße hinterher, sodass φ negative Werte annimmt.

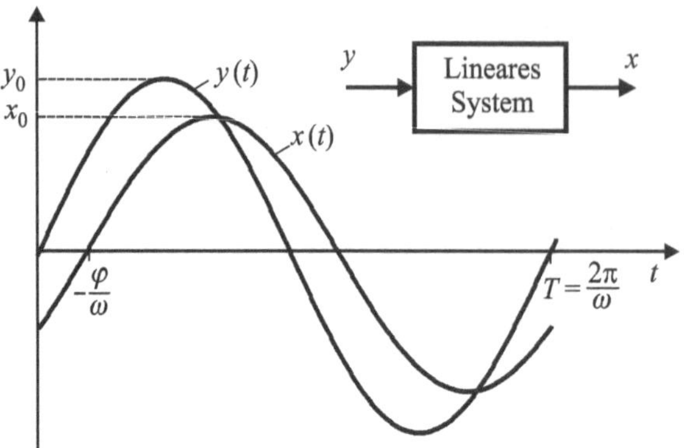

Bild 8.1 Typischer Verlauf von Ein- und Ausgangsgröße eines linearen Systems bei harmonischer Anregung nach Abklingen des Einschwingvorgangs

Wiederholen wir nun dieses Experiment für einen anderen Wert der Frequenz ω unter Beibehaltung der Eingangsamplitude y_0, so lässt sich erkennen, dass die Frequenz der Ausgangsschwingung *in jedem Fall* mit der Anregungsfrequenz identisch ist – eine Eigenschaft, die in der Linearität des untersuchten Systems begründet ist. Darüber hinaus lässt sich aber auch feststellen, dass die Amplitude x_0 der Ausgangsschwingung ebenso wie die Phasenverschiebung φ zwischen Ein- und Ausgangssignal in den meisten Fällen *frequenzabhängig* ist, sich also bei Variation der Anregungsfrequenz ändert. Diese Abhängigkeit wird als *Frequenzgang* des Systems bezeichnet.

Schaltet man auf ein lineares System ein sinusförmiges Eingangssignal, so nimmt auch das Ausgangssignal nach einem Einschwingvorgang sinusförmigen Verlauf an. Während die Frequenzen von Ein- und Ausgangssignal identisch sind, unterscheiden sich beide Signale in der Regel bezüglich Amplitude und Phasenlage. Amplitude und Phasenlage des Ausgangssignals sind dabei in den meisten Fällen frequenzabhängig.

Die Datei *FrequenzgangPT1.bsy* enthält eine Simulationsstruktur zur Untersuchung des Frequenzgangs eines P-T_1-Glieds. Stellen Sie am Sinusgenerator unterschiedliche Werte für die Kreisfrequenz ein, und vergleichen Sie Ein- und Ausgangssignal des P-T_1-Glieds jeweils bezüglich Amplitude und Phasenlage!

Der Frequenzgang besteht einerseits aus dem sogenannten *Amplitudengang*

$$A(\omega) = \frac{x_0}{y_0}, \tag{8.3}$$

der das Verhältnis der Amplituden von Aus- und Eingangssignal in Abhängigkeit von der Frequenz beschreibt. Er wird in der Regelungstechnik häufig in Dezibel (dB) angegeben, wobei die Umrechnung durch die Formel

$$A(\omega)\big|_{\mathrm{dB}} = 20 \cdot \log \frac{x_0}{y_0} \tag{8.4}$$

vorgenommen wird. **Tabelle 8.1** enthält dazu einige Beispielwerte.

Tabelle 8.1 Beispielwerte für die Umrechnung des frequenzabhängigen Amplitudengangs in Dezibel

$A(\omega)$	$A(\omega)\vert_{\mathrm{dB}}$
0.001	–60
0.01	–40
0.1	–20
0.5 (= 1/2)	–6
0.707 (= $1/\sqrt{2}$)	–3
1	0
1.414 (= $\sqrt{2}$)	3
2	6
10	20
100	40
1000	60

Andererseits umfasst der Frequenzgang auch den *Phasengang* $\varphi(\omega)$, der die Abhängigkeit der Phasenverschiebung zwischen Ein- und Ausgangssignal von der Frequenz beschreibt. Für die vollständige Beschreibung des Systems muss der Frequenzgang bei zahlreichen Frequenzwerten ermittelt und dann z. B. tabellarisch oder grafisch dargestellt werden.

Liegt ein analytisches Systemmodell – beispielsweise in Form einer linearen Differentialgleichung – vor, so kann daraus der zugehörige Frequenzgang direkt rechnerisch ermittelt werden. Dazu werden die harmonische Eingangsgröße

$$y(t) = y_0 \sin(\omega t)$$

und die resultierende harmonische Ausgangsgröße

$$x(t) = x_0 \sin(\omega t + \varphi)$$

des linearen Systems als mit der Frequenz ω rotierende *Zeiger* der Länge y_0 bzw. x_0 und der Phasenlage 0 bzw. φ in der *komplexen Ebene* dargestellt (**Bild 8.2**).

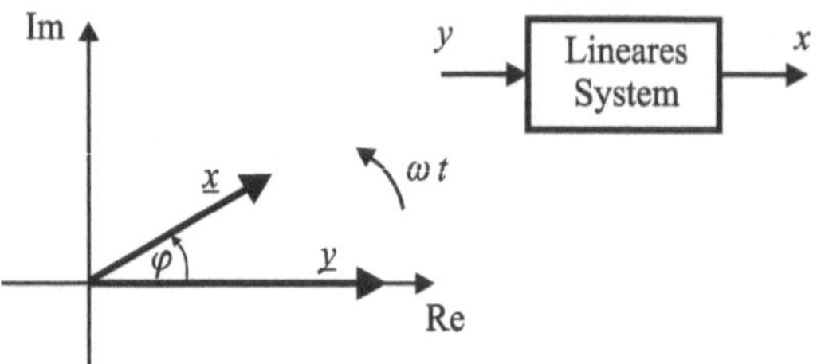

Bild 8.2 Zeigerdarstellung von Ein- und Ausgangssignal

Für die beiden Zeiger gilt dann

$$\begin{aligned} \underline{y} &= y_0 \, \mathrm{e}^{\mathrm{j}\omega t} \\ \underline{x} &= x_0 \, \mathrm{e}^{\mathrm{j}(\omega t+\varphi)} \; . \end{aligned} \tag{8.5}$$

Der (komplexe) *Frequenzgang* $F(\mathrm{j}\omega)$ des Systems ist nun definiert als das Verhältnis des Zeigers der harmonischen Ausgangsgröße zum Zeiger der harmonischen Eingangsgröße:

$$F(\mathrm{j}\omega) = \frac{\text{Zeiger der harmonischen Ausgangsgröße}}{\text{Zeiger der harmonischen Eingangsgröße}}$$

$$F(\mathrm{j}\omega) = \frac{\underline{x}}{\underline{y}} = \frac{x_0 \, \mathrm{e}^{\mathrm{j}(\omega t+\varphi)}}{y_0 \, \mathrm{e}^{\mathrm{j}\omega t}} = \frac{x_0}{y_0} \mathrm{e}^{\mathrm{j}\varphi} \; .$$

Der Frequenzgang lässt sich also zerlegen in den Betrag $|F(\mathrm{j}\omega)|$ (Amplitudengang) und die Phase $\angle F(\mathrm{j}\omega)$ (Phasengang) gemäß

$$F(\mathrm{j}\omega) = \underbrace{|F(\mathrm{j}\omega)|}_{A(\omega) = \frac{x_0}{y_0}} \, \mathrm{e}^{\mathrm{j}\overbrace{\angle F(\mathrm{j}\omega)}^{\varphi(\omega)}} \; . \tag{8.6}$$

Betrachten wir nun die allgemeine Differentialgleichung eines linearen Systems n-ter Ordnung

$$a_n x^{(n)} + a_{n-1} x^{(n-1)} + \ldots + a_1 \dot{x} + a_0 x = b_m y^{(m)} + b_{m-1} y^{(m-1)} + \ldots + b_1 \dot{y} + b_0 y \tag{8.7}$$

und setzen anstelle der Zeitsignale $y(t)$ und $x(t)$ die entsprechenden Zeiger $\underline{y}$ und $\underline{x}$ ein. Für die zeitlichen Ableitungen der Zeiger gilt:

$$\begin{aligned} \underline{y} &= y_0 \, \mathrm{e}^{\mathrm{j}\omega t} \\ \underline{\dot{y}} &= (\mathrm{j}\omega) y_0 \, \mathrm{e}^{\mathrm{j}\omega t} = (\mathrm{j}\omega)\underline{y} \\ \underline{\ddot{y}} &= (\mathrm{j}\omega)(\mathrm{j}\omega) y_0 \, \mathrm{e}^{\mathrm{j}\omega t} = (\mathrm{j}\omega)^2 \underline{y} \\ &\vdots \end{aligned}$$

bzw.

$$\underline{x} = x_0 \, e^{j(\omega t + \varphi)}$$
$$\underline{\dot{x}} = (j\omega) x_0 \, e^{j(\omega t + \varphi)} = (j\omega) \, \underline{x}$$
$$\underline{\ddot{x}} = (j\omega)(j\omega) x_0 \, e^{j(\omega t + \varphi)} = (j\omega)^2 \, \underline{x}$$
$$\vdots$$

Jede Differentiation entspricht also einer Multiplikation mit $j\omega$! Setzen wir diese Terme in die Differentialgleichung (8.7) ein, so erhalten wir

$$\begin{aligned} a_n (j\omega)^n \underline{x} + a_{n-1} (j\omega)^{n-1} \underline{x} + \ldots + a_1 (j\omega) \underline{x} + a_0 \underline{x} = \\ = b_m (j\omega)^m \underline{y} + b_{m-1} (j\omega)^{m-1} \underline{y} + \ldots + b_1 (j\omega) \underline{y} + b_0 \underline{y} \, . \end{aligned}$$

Für den Frequenzgang ergibt sich also

$$F(j\omega) = \frac{\underline{x}}{\underline{y}} = \frac{b_m (j\omega)^m + b_{m-1} (j\omega)^{m-1} + \ldots + b_1 (j\omega) + b_0}{a_n (j\omega)^n + a_{n-1} (j\omega)^{n-1} + \ldots + a_1 (j\omega) + a_0} \, . \tag{8.8}$$

Beispiel: Wir betrachten ein P-T_1-Glied mit der Differentialgleichung

$$T_1 \dot{x} + x = K_P \, y \ .$$

Der Vergleich mit Differentialgleichung (8.7) liefert

$$m = 0, \ n = 1, \ b_0 = K_P, \ \ a_0 = 1, \ a_1 = T_1 \, .$$

Für den Frequenzgang des P-T_1-Glieds ergibt sich also

$$F(j\omega) = \frac{K_P}{1 + j\omega T_1} \, .$$

Daraus folgt für den Betrag zunächst

$$A(\omega) = |F(j\omega)| = \frac{K_P}{\sqrt{1 + (\omega T_1)^2}} \, .$$

Zur Berechnung der Phase werden Zähler und Nenner zunächst mit $1 - j\omega T_1$ multipliziert und der Ausdruck dann in Real- und Imaginärteil aufgespaltet:

$$F(j\omega) = \frac{K_P (1 - j\omega T_1)}{(1 + j\omega T_1)(1 - j\omega T_1)} = \frac{K_P - jK_P \omega T_1}{1 + (\omega T_1)^2} = \underbrace{\frac{K_P}{1 + (\omega T_1)^2}}_{\text{Realteil}} + j \underbrace{\frac{-K_P \omega T_1}{1 + (\omega T_1)^2}}_{\text{Imaginärteil}} \, .$$

Für die Phase gilt dann

$$\varphi(\omega) = \angle F(j\omega) = \arctan \frac{\mathrm{Im}\{F(j\omega)\}}{\mathrm{Re}\{F(j\omega)\}} = \arctan(-\omega T_1) \, .$$

8.2 Grafische Darstellung des Frequenzgangs

Die Darstellung des Frequenzgangs eines Systems erfolgt in der Regel grafisch, wobei zwischen der Darstellung in Form des *Bode-Diagramms* und der *Nyquist-Ortskurve* zu unterscheiden ist.

Beim Bode-Diagramm werden Amplituden- und Phasengang als *Amplitudenkennlinie* (*Betragskennlinie*) und *Phasenkennlinie* über der logarithmisch geteilten Frequenzachse aufgetragen, wobei die Amplitudenkennlinie meist in dB angegeben wird. **Bild 8.3** zeigt ein solches Bode-Diagramm für ein (nicht schwingfähiges) P-T_2-Glied.

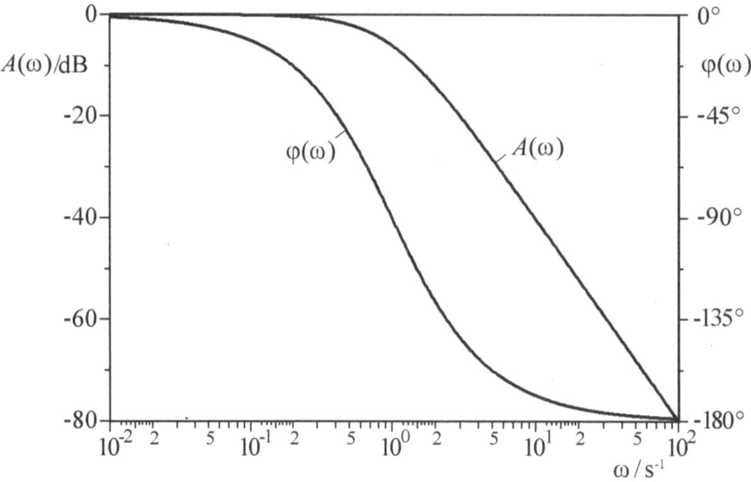

Bild 8.3 Bode-Diagramm eines P-T_2-Glieds, bestehend aus Betrags- und Phasenkennlinie

Wir wollen die charakteristischen Eigenschaften eines solchen Bode-Diagramms hier zunächst noch nicht genauer betrachten, sondern stattdessen einen kurzen Blick auf die zugehörige Nyquist-Ortskurve werfen, die in **Bild 8.4** gezeigt ist. In dieser ist der Frequenzgang in der komplexen Ebene dargestellt, d. h. aufgesplittet in Real- und Imaginärteil, wobei die Frequenz ω als Kurvenparameter fungiert. Die Ortskurve „startet" für $\omega = 0$ auf der reellen Achse im Punkt +1, durchläuft mit zunehmender Frequenz dann den vierten und dritten Quadranten und läuft für $\omega \to \infty$ in den Koordinatenursprung. Zusätzlich eingezeichnet ist der sogenannte *Einheitskreis*, den wir später insbesondere für den Reglerentwurf bzw. Stabilitätsbetrachtungen benötigen.

Bode-Diagramm und Nyquist-Ortskurve enthalten exakt dieselbe Information, sodass sich die eine Darstellungsform jeweils in die andere überführen lässt. So lassen sich Real- und Imaginärteil des Frequenzgangs $F(\mathrm{j}\omega)$ für eine bestimmte Frequenz ω_0 aus Betrag und Phase ermitteln aus den Umrechnungsformeln

$$\begin{aligned} \mathrm{Re}\{F(\mathrm{j}\omega_0)\} &= A(\omega_0)\cdot\cos(\varphi(\omega_0)) \\ \mathrm{Im}\{F(\mathrm{j}\omega_0)\} &= A(\omega_0)\cdot\sin(\varphi(\omega_0))\,, \end{aligned} \tag{8.9}$$

während sich umgekehrt Betrag und Phase aus Real- und Imaginärteil ergeben aus den Gleichungen

$$A(\omega_0) = \sqrt{\mathrm{Re}\{F(\mathrm{j}\omega_0)\}^2 + \mathrm{Im}\{F(\mathrm{j}\omega_0)\}^2}$$
$$\varphi(\omega_0) = \arctan\left(\frac{\mathrm{Im}\{F(\mathrm{j}\omega_0)\}}{\mathrm{Re}\{F(\mathrm{j}\omega_0)\}}\right). \tag{8.10}$$

Bild 8.5 verdeutlicht die Zusammenhänge noch einmal grafisch.

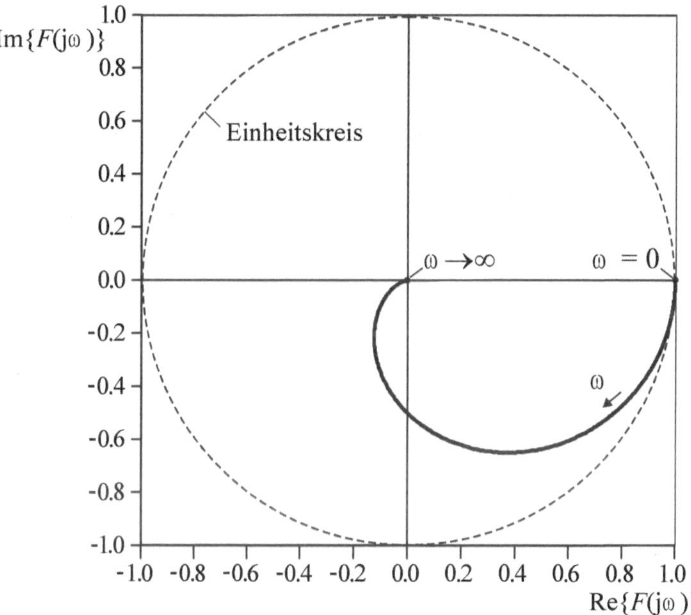

Bild 8.4 Nyquist-Ortskurve des P-T_2-Glieds mit dem Bode-Diagramm gemäß Bild 8.3

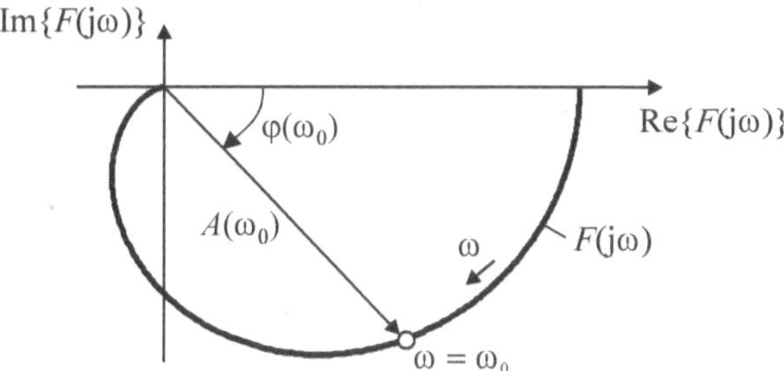

Bild 8.5 Zusammenhang zwischen Betrag/Phase und Real-/Imaginärteil des Frequenzgangs $F(\mathrm{j}\omega)$

Der Frequenzgang eines linearen Systems lässt sich grafisch als Bode-Diagramm oder aber als Nyquist-Ortskurve darstellen. Während das Bode-Diagramm die Betrags- und Phasenkennlinie des Systems über der logarithmischen Frequenzachse zeigt, ist der Frequenzgang in der Nyquist-Ortskurve in der komplexen Ebene mit der Frequenz als Kurvenparameter dargestellt.

Auch die Charakteristika einer Nyquist-Ortskurve wollen wir in diesem Abschnitt zunächst noch außer Acht lassen; wir werden im nachfolgenden Abschnitt die Frequenzgänge regelungstechnischer Standardglieder betrachten und in diesem Zusammenhang dann auch die erforderlichen Kennwerte kennenlernen.

8.3 Frequenzgang regelungstechnischer Grundglieder

8.3.1 P-Glied

Der Zusammenhang zwischen Ein- und Ausgangsgröße war beim P-Glied gegeben durch die Beziehung

$$x(t) = K_\mathrm{P} \cdot y(t)\,.$$

Die Ausgangsgröße ist also bis auf die Multiplikation mit dem Proportionalbeiwert K_P mit der Eingangsgröße identisch. Betrachten wir zunächst den praxisrelevanten Fall $K_\mathrm{P} > 0$. Das sinusförmige Eingangssignal erscheint dann um den Faktor K_P verstärkt (für $K_\mathrm{P} > 1$) bzw. abgeschwächt (für $K_\mathrm{P} < 1$) am Ausgang, wobei es identische Phasenlage wie das Eingangssignal besitzt. Für den Amplitudengang (Betragskennlinie) gilt dann also

$$A(\omega) = |F(\mathrm{j}\omega)| = \frac{x_0}{y_0} = K_\mathrm{P}$$

bzw. in dB

$$A(\omega)|_\mathrm{dB} = |F(\mathrm{j}\omega)|_\mathrm{dB} = 20 \cdot \log K_\mathrm{P}\,.$$

Da Ein- und Ausgangssignal unabhängig von der Frequenz phasensynchron verlaufen, gilt für den Phasengang (Phasenkennlinie)

$$\varphi(\omega) = \angle F(\mathrm{j}\omega) = 0°\,.$$

Bild 8.6 zeigt das Bode-Diagramm eines P-Glieds mit einem Proportionalbeiwert von $K_\mathrm{P} = 10 \mathrel{\hat{=}} 20$ dB.[20] Sowohl Betrags- als auch Phasenkennlinie verlaufen parallel zur ω-Achse: der Betrag bei einem konstanten Wert von $A(\omega) = 20$ dB, die Phase bei einem Wert von 0°.

---

20 Betrags- und Phasenkennlinie sind hier – wie auch in den meisten nachfolgenden Fällen – aus Gründen der Übersichtlichkeit in zwei getrennten Diagrammen dargestellt.

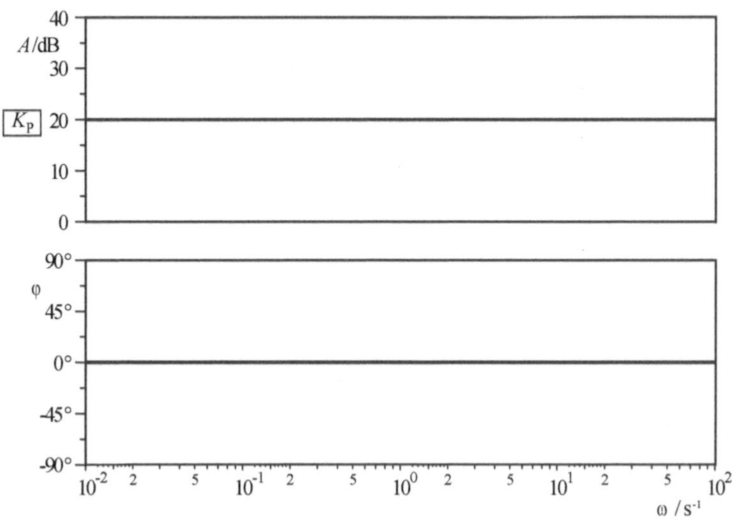

Bild 8.6 Bode-Diagramm eines P-Glieds mit $K_P = 10$

Ist der Proportionalbeiwert negativ ($K_P < 0$), so weisen Ein- und Ausgangssignal des P-Glieds umgekehrte Vorzeichen auf, d. h., die beiden Sinussignale sind um 180° phasenverschoben. Der Betrag ist in diesem für die Praxis wenig relevanten Fall durch den Betrag des Proportionalbeiwerts (also $|K_P|$) gegeben, während die Phasenkennlinie konstant bei −180° verläuft.

Die Betragskennlinie eines P-Glieds verläuft parallel zur ω-Achse auf dem durch den Proportionalbeiwert K_P gegebenen Wert. Die Phasenkennlinie verläuft für $K_P > 0$ auf einem konstanten Phasenwert von 0°, für $K_P < 0$ auf einem konstanten Phasenwert von −180°.

Da sowohl Betrag als auch Phase eines P-Glieds unabhängig von der Frequenz ω sind, besteht die Nyquist-Ortskurve lediglich aus einem einzigen Punkt. Der Realteil dieses Punkts entspricht dabei gerade dem Proportionalbeiwert K_P, der Imaginärteil beträgt 0 (d. h., der Punkt liegt auf der reellen Achse). **Bild 8.7** zeigt als Beispiel die Ortskurve eines P-Glieds mit einem Proportionalbeiwert von 0.5.

Die Datei *P-Glied.ufk* enthält ein P-Glied mit einem Proportionalbeiwert von 3. Lassen Sie sich Bode-Diagramm und Nyquist-Ortskurve des Glieds anzeigen, und untersuchen Sie, welchen Einfluss eine Änderung des Proportionalbeiwerts hat!

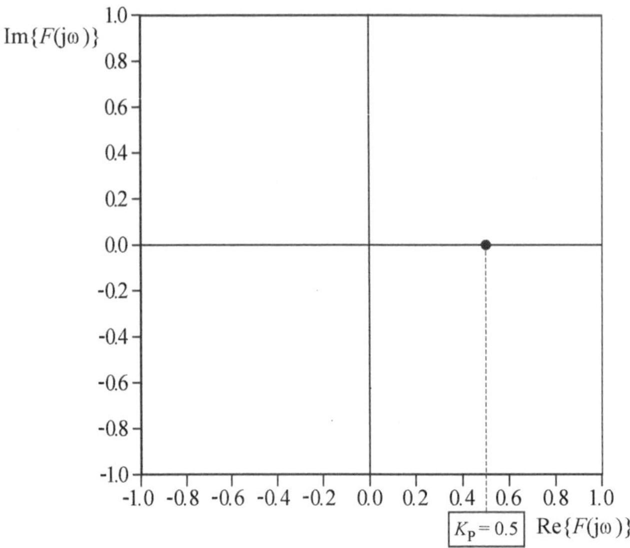

Bild 8.7 Nyquist-Ortskurve eines P-Glieds mit $K_P = 0.5$

8.3.2 P-T$_1$-Glied

Bild 8.8 zeigt das Bode-Diagramm eines P-T$_1$-Glieds mit einem Proportionalbeiwert von $K_P = 10$ und einer Zeitkonstante von $T_1 = 2$ s.

Wir können dem Bode-Diagramm folgende Merkmale entnehmen:

- Die Betragskennlinie startet für $\omega \to 0$ bei dem durch den Proportionalbeiwert gegebenen Wert (hier also einem Wert von 10 $\hat{=}$ 20 dB) und verläuft für niedrige Frequenzen dann zunächst parallel zur ω-Achse.
- Für sehr hohe Frequenzen fällt die Betragskennlinie mit 20 dB/Dekade ab. Das P-T$_1$-Glied weist also – wie praktisch alle Typen von Regelstrecken – *Tiefpassverhalten* auf, d. h., niedrige Frequenzen werden besser „durchgelassen" als hohe Frequenzen, die zunehmend gedämpft werden. Man bezeichnet das P-T$_1$-Glied daher speziell in der Nachrichtentechnik auch als *Tiefpass 1. Ordnung*.
- Bei der sogenannten *Eckfrequenz*[21] ω_1 (hier 0.5 s^{-1}) ist die Betragskennlinie gerade um 3 dB gegenüber ihrem Anfangswert abgefallen. Diese Eckfrequenz entspricht dabei dem Kehrwert der Zeitkonstante des P-T$_1$-Glieds, d. h. es gilt

$$\omega_1 = \frac{1}{T_1}\,.$$

- Die Phasenkennlinie startet bei einem Wert von 0° und strebt für hohe Frequenzen asymptotisch gegen einen Wert von –90°. Bei der Eckfrequenz beträgt der Wert gerade –45°, links und rechts davon verläuft die Kennlinie symmetrisch.

[21] genau genommen Eck*kreis*frequenz

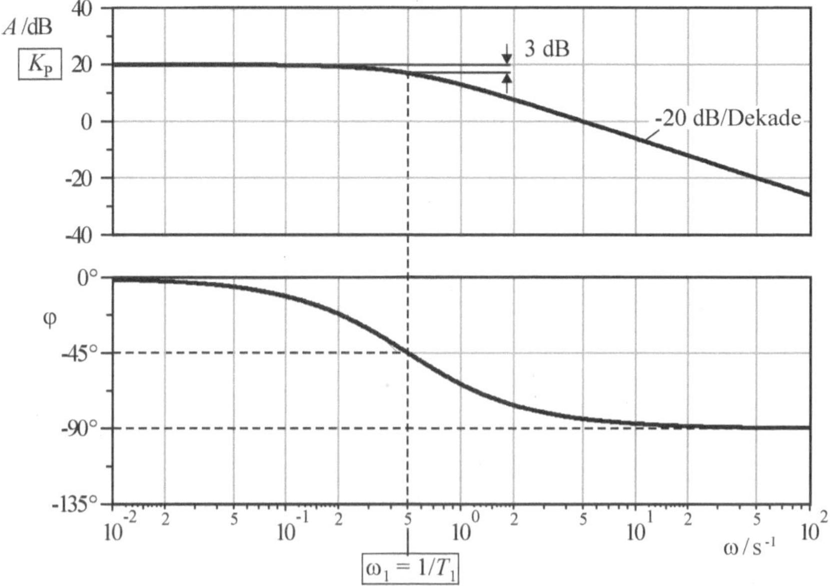

Bild 8.8 Bode-Diagramm eines P-T_1-Glieds mit K_P = 10 und T = 2 s

Wie **Bild 8.9** zeigt, lässt sich die Betragskennlinie sehr gut durch zwei Asymptoten annähern, die sich bei der Eckfrequenz treffen. Die maximale Abweichung zur exakten Kennlinie beträgt dann gerade 3 dB und tritt bei der Eckfrequenz auf. Insbesondere für den Fall, dass eine Betragskennlinie „per Hand" erstellt werden soll, empfiehlt sich diese asymptotische Näherung. Da die Betragskennlinie in asymptotischer Näherung bei ω_1 quasi „abknickt", wird die Eckfrequenz häufig auch als *Knickfrequenz* bezeichnet.

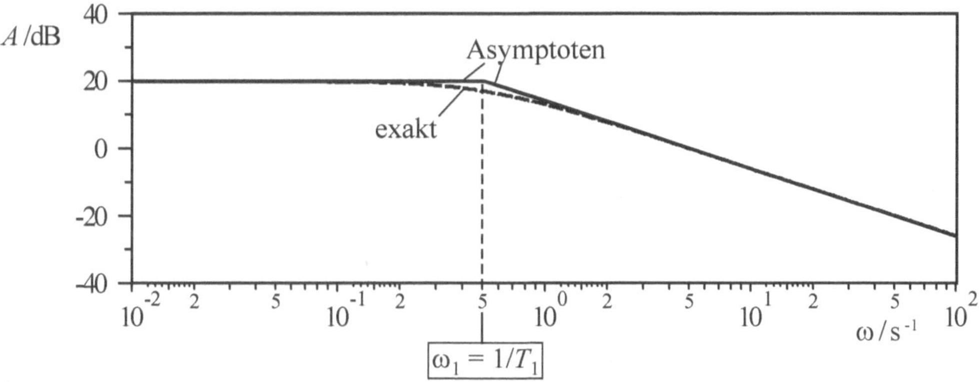

Bild 8.9 Asymptotische Näherung der Betragskennlinie

Die Betragskennlinie eines P-T_1-Glieds startet bei K_P und fällt dann bis zur Eckfrequenz $\omega_1 = 1/T_1$ um 3 dB ab. Für hohe Frequenzen fällt sie mit 20 dB/Dekade. Die Phasenkennlinie startet bei 0° und strebt für hohe Frequenzen gegen –90°. Bei der Eckfrequenz hat sie den Wert –45°.

Bild 8.10 zeigt die zugehörige Nyquist-Ortskurve des P-T_1-Glieds. Ihr lassen sich folgende Merkmale entnehmen:

- Die Ortskurve startet für $\omega = 0$ auf der reellen Achse im Punkt K_P.
- Im weiteren Verlauf beschreibt die Ortskurve einen Halbkreis im vierten Quadranten.
- Für $\omega \rightarrow \infty$ strebt die Ortskurve unter einem Winkel von –90° in den Ursprung der komplexen Ebene.

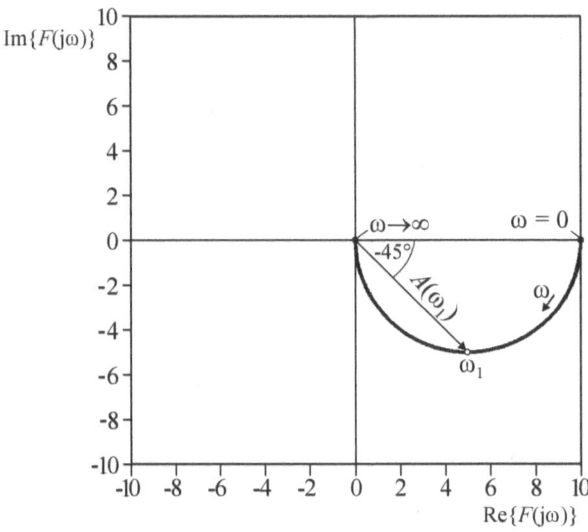

Bild 8.10 Nyquist-Ortskurve eines P-T_1-Glieds mit $K_P = 10$ und $T_1 = 2$ s

Die rechnerische Ermittlung des Frequenzgangs eines P-T_1-Glieds ist bereits in Abschnitt 8.1 erfolgt. Dabei ergab sich die Beziehung

$$F(\mathrm{j}\omega) = \frac{K_P}{1 + \mathrm{j}\omega T_1}$$

und damit für die Betragskennlinie

$$A(\omega) = |F(\mathrm{j}\omega)| = \frac{K_P}{\sqrt{1 + (\omega T_1)^2}}$$

und für die Phasenkennlinie

$$\varphi(\omega) = \angle F(\mathrm{j}\omega) = \arctan(-\omega T_1)\,.$$

Für Real- und Imaginärteil hatten wir erhalten

$$\mathrm{Re}\{F(\mathrm{j}\omega)\} = \frac{K_\mathrm{P}}{1+(\omega T_1)^2}$$

$$\mathrm{Im}\{F(\mathrm{j}\omega)\} = \frac{-K_\mathrm{P}\omega T_1}{1+(\omega T_1)^2}\,.$$

Aus diesen Beziehungen ergibt sich das zuvor bereits exemplarisch angegebene Bode-Diagramm bzw. die zugehörige Nyquist-Ortskurve.

Die Datei *P-T1-Glied.ufk* enthält das im Rahmen dieses Abschnitts betrachtete P-T_1-Glied. Ermitteln Sie Bode-Diagramm und Nyquist-Ortskurve für unterschiedliche Werte des Proportionalbeiwerts und der Zeitkonstante!

8.3.3 P-T_2S-Glied

Bild 8.11 zeigt das Bode-Diagramm eines P-T_2S-Glieds mit einem Proportionalbeiwert von $K_\mathrm{P} = 1$ und einer Kennkreisfrequenz von $\omega_0 = 2\ \mathrm{s}^{-1}$ für verschiedene Werte des Dämpfungsgrads D.

Das Bode-Diagramm weist nachfolgende Merkmale auf:

- Die Betragskennlinie startet bei dem zu K_P gehörigen Wert, hier also bei 0 dB $\mathrel{\hat{=}}$ 1.
- Für hohe Frequenzen weist das P-T_2S-Glied Tiefpassverhalten auf; die Betragskennlinie fällt in diesem Bereich um 40 dB/Dekade.
- Unterhalb eines bestimmten Dämpfungsgrads D (exakt für $D < 1/\sqrt{2}$) besitzt die Betragskennlinie jeweils einen Maximalwert, der bei der sogenannten *Resonanzfrequenz* ω_R liegt. Diese ist gegeben durch die Beziehung

  $$\omega_\mathrm{R} = \omega_0\sqrt{1-2D^2}\,.$$

  Für kleine Werte von D ist die Resonanzfrequenz nahezu identisch mit der Kennkreisfrequenz ω_0, ansonsten liegt sie mehr oder weniger weit „links“ davon. Eingangsgrößen in der Umgebung dieser Resonanzfrequenz werden bei geringem Dämpfungsgrad vom P-T_2S-Glied also extrem verstärkt; für $D \to 0$ strebt die Betragskennlinie bei der Resonanzfrequenz gegen ∞. Die für $D > 0$ maximal erreichte Amplitudenverstärkung liegt bei

  $$A(\omega)_\mathrm{max} = A(\omega_\mathrm{R}) = \frac{1}{2D\sqrt{1-2D^2}}\,.$$

- Die Phasenkennlinie startet bei 0° und läuft für große Frequenzen asymptotisch gegen −180°. Bei der Kennkreisfrequenz ω_0 beträgt der Phasenwert genau −90°. Links und rechts der Kennkreisfrequenz verläuft die Phase symmetrisch. Der Verlauf der Phasenkennlinie in der Umgebung der Kennkreisfrequenz ist umso steiler, je geringer der Dämpfungsgrad D ist. Für $D \to 0$ „springt“ die Phasenkennlinie bei der Kennkreisfrequenz von 0° auf −180°.

Die Betragskennlinie eines P-T_2S-Glieds startet bei K_P und fällt für hohe Frequenzen mit 40 dB/Dekade ab. Für einen Dämpfungsgrad $D < 1/\sqrt{2}$ weist die Kennlinie eine Resonanzüberhöhung auf, die umso ausgeprägter ist und umso näher bei der Kennkreisfrequenz ω_0 liegt, je geringer der Dämpfungsgrad ist. Die Phasenkennlinie verläuft zwischen 0° und −180° und weist bei der Kennkreisfrequenz einen Wert von −90° auf. Der Verlauf in der Umgebung der Kennkreisfrequenz ist umso steiler, je niedriger der Dämpfungsgrad ist.

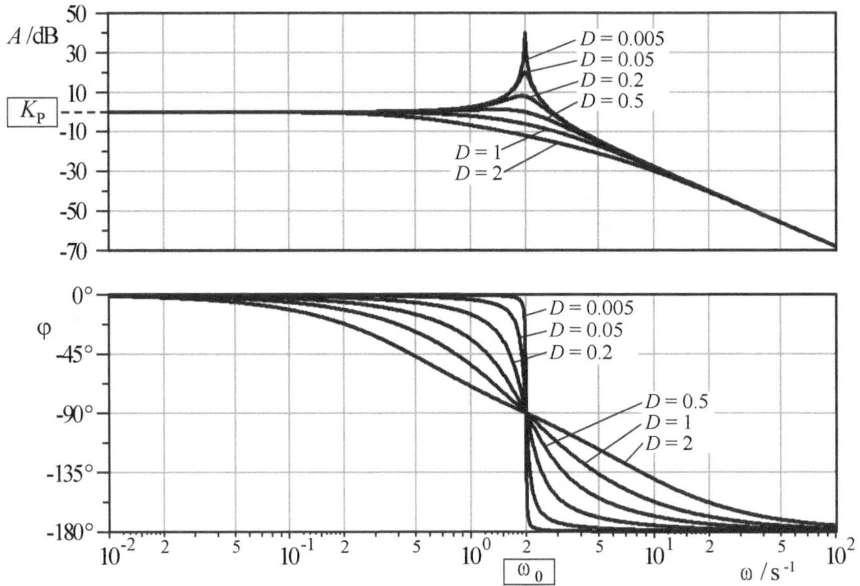

Bild 8.11 Bode-Diagramm eines P-T_2S-Glieds mit K_P = 1 und ω_0 = 2 s^{-1} für verschiedene Werte des Dämpfungsgrads D

Die Differentialgleichung des P-T_2S-Glieds lautete

$$\frac{1}{\omega_0^2}\ddot{x} + 2\frac{D}{\omega_0}\dot{x} + x = K_P\, y\,.$$

Daraus ergibt sich für den Frequenzgang die Beziehung

$$F(\mathrm{j}\omega) = \frac{K_P}{\dfrac{(\mathrm{j}\omega)^2}{\omega_0^2} + \dfrac{2D}{\omega_0}\mathrm{j}\omega + 1}\,.$$

Nach einigen Umrechnungen ergibt sich damit für den Amplitudengang

$$A(\omega) = |F(\mathrm{j}\omega)| = \frac{K_\mathrm{P}}{\sqrt{\left[1-\left(\frac{\omega}{\omega_0}\right)^2\right]^2 + \left(2D\frac{\omega}{\omega_0}\right)^2}}$$

und für den Phasengang die Beziehung

$$\varphi(\omega) = \angle F(\mathrm{j}\omega) = -\arctan\left(\frac{2D\frac{\omega}{\omega_0}}{1-\left(\frac{\omega}{\omega_0}\right)^2}\right).$$

Bild 8.12 zeigt die zum zuvor betrachteten P-T_2S-Glied gehörenden Nyquist-Ortskurven für zwei ausgewählte Dämpfungsgrade von 0.2 bzw. 0.5. Die Ortskurven starten jeweils auf der reellen Achse im Punkt $K_\mathrm{P} = 1$. Anschließend durchlaufen sie den vierten und dritten Quadranten und streben dann unter einem Winkel von $-180°$ in den Ursprung. Dabei wird die Ortskurve mit abnehmendem Dämpfungsgrad immer „umfangreicher", da die maximal auftretende Amplitudenverstärkung $A(\omega)_\mathrm{max}$ (Maximalwert der Betragskennlinie) mit abnehmendem Dämpfungsgrad ansteigt; die Resonanzfrequenz ω_R rückt dabei immer näher an die auf der negativen imaginären Achse bei einem Phasenwinkel von $-90°$ liegende Kennkreisfrequenz ω_0 heran.

Die Datei *P-T2S-Glied.ufk* enthält das im Rahmen dieses Abschnitts betrachtete P-T_2S-Glied. Ermitteln Sie Bode-Diagramm und Nyquist-Ortskurve für unterschiedliche Werte von Proportionalbeiwert, Kennkreisfrequenz und Dämpfungsgrad!

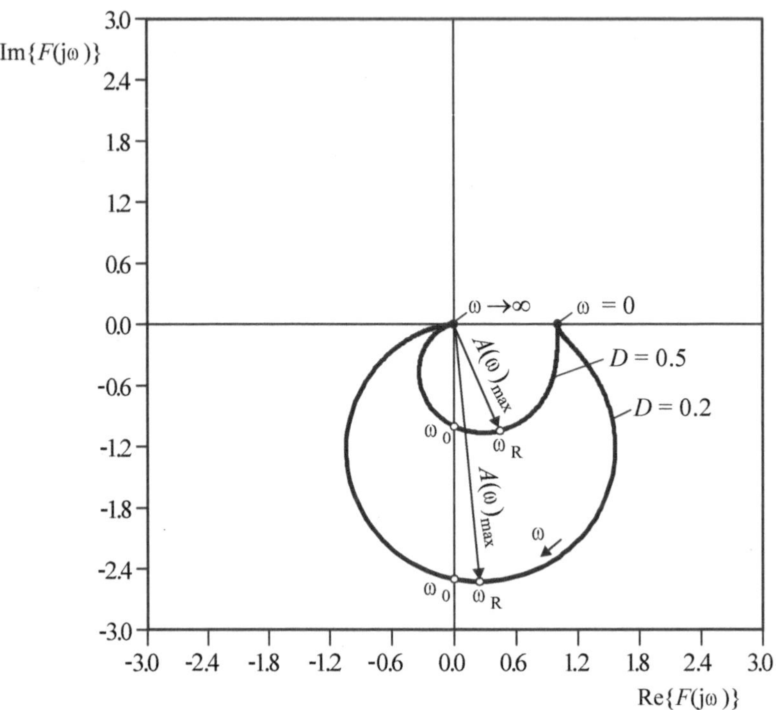

Bild 8.12 Nyquist-Ortskurve eines P-T$_2$S-Glieds mit K_P = 1 und ω_0 = 2 s^{-1} für Dämpfungsgrade von D = 0.2 bzw. 0.5

8.3.4 Totzeitglied

Beim Totzeitglied war der Zusammenhang zwischen Ein- und Ausgangsgröße gegeben durch die Beziehung

$$x(t) = K_P \cdot y(t - T_t) .$$

Schalten wir auf ein solches Übertragungsglied ein sinusförmiges Eingangssignal, so erscheint dieses um die Totzeit T_t verzögert und mit der K_P-fachen Amplitude am Ausgang. Der Amplitudengang des Totzeitglieds entspricht also demjenigen eines P-Glieds mit demselben Proportionalbeiwert; allerdings bewirkt das Totzeitglied zusätzlich eine Phasenverschiebung $\varphi(\omega)$, die von der Totzeit gemäß der Gleichung

$$\varphi(\omega) = -\omega \cdot T_t \tag{8.11}$$

abhängt; je größer die Totzeit und je höher die Frequenz ist, umso größer ist der Phasenwinkel, um den das Ausgangssignal dem Eingangssignal „hinterherläuft". Dabei ist zu beachten, dass der Phasenwinkel in obiger Gleichung im Bogenmaß gegeben ist. Für die Frequenz

$$\omega = \frac{1}{T_t}$$

ergibt sich im Bogenmaß also gerade ein Phasenwert von −1; in Grad entspricht dies einem Phasenwert von

$$\varphi(\omega = \frac{1}{T_t}) = -\frac{180°}{\pi} \approx -57° .$$

Bild 8.13 zeigt als Beispiel das Bode-Diagramm eines Totzeitglieds mit einem Proportionalbeiwert von $K_P = 1$ und einer Totzeit von 0.1 s bzw. 0.5 s. Die Betragskennlinie verläuft konstant auf dem Wert K_P (hier also 0 dB ≙ 1), während die Phasenkennlinie mit zunehmender Frequenz immer weiter abfällt, und zwar gemäß Gl. (8.11) umso steiler, je größer die Totzeit ist. Im Gegensatz zum P-T_1- und P-T_2S-Glied strebt die Phasenkennlinie beim Totzeitglied für hohe Frequenzen also *nicht* gegen einen Endwert.

Die Betragskennlinie eines Totzeitglieds entspricht derjenigen eines P-Glieds mit demselben Proportionalbeiwert. Die Phasenkennlinie des Totzeitglieds startet bei einem Wert von 0° und fällt dann mit zunehmender Frequenz immer weiter ab, und zwar umso steiler, je größer die Totzeit des Glieds ist.

Da das Totzeitglied eine konstante Amplitudenverstärkung aufweist, die Phase aber stetig abnimmt, stellt die Nyquist-Ortskurve einen Kreis dar, dessen Radius durch den Proportionalbeiwert gegeben ist. **Bild 8.14** zeigt die Nyquist-Ortskurve eines Totzeitglieds mit einem Proportionalbeiwert von $K_P = 0.5$. Die Totzeit hat auf die Form der Ortskurve keinen Einfluss, wohl aber auf die Parametrierung der Kurve in ω.

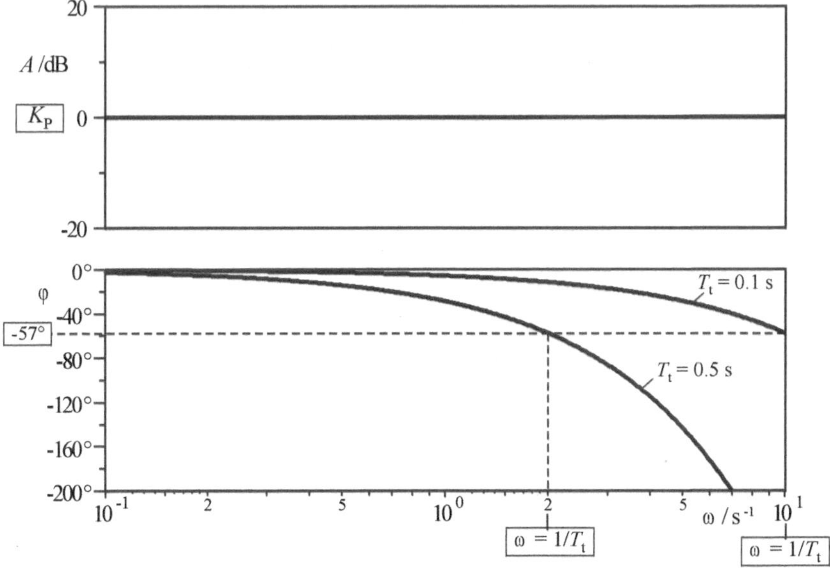

Bild 8.13 Bode-Diagramm eines Totzeitglieds mit $K_P = 1$ und einer Totzeit von 0.1 s bzw. 0.5 s

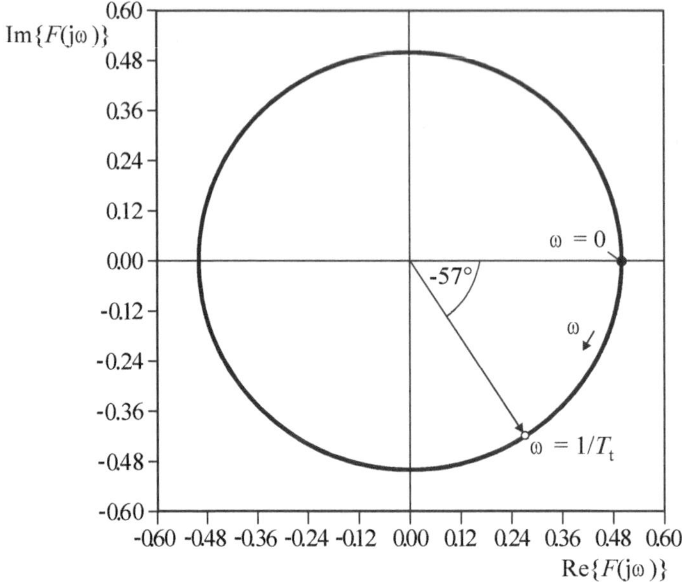

Bild 8.14 Nyquist-Ortskurve eines Totzeitglieds mit $K_P = 0.5$

Die Datei *P-Tt-Glied.ufk* enthält das im Rahmen dieses Abschnitts betrachtete Totzeitglied. Ermitteln Sie Bode-Diagramm und Nyquist-Ortskurve für unterschiedliche Werte von Proportionalbeiwert und Totzeit!

8.3.5 I-Glied

Das Integrierglied (I-Glied) integriert ein sinusförmiges Eingangssignal, sodass sich am Ausgang ein cosinusförmiges Signal ergibt, das dem Eingangssignal unabhängig von der Frequenz um 90° „hinterherläuft". Die Amplitude des Ausgangssignals ist proportional zum Integrierbeiwert K_I des I-Glieds sowie zum Kehrwert der Frequenz. **Bild 8.15** zeigt beispielhaft das Bode-Diagramm eines I-Glieds mit einem Integrierbeiwert von $K_I = 2\ s^{-1}$.

Für das I-Glied ergeben sich demnach folgende Merkmale:

Die Betragskennlinie eines I-Glieds fällt über den gesamten Frequenzbereich mit 20 dB/Dekade ab und schneidet die 0-dB-Achse bei der Frequenz $\omega = K_I = 1/T_I$. Die Phasenkennlinie verläuft konstant auf einem Wert von –90°.

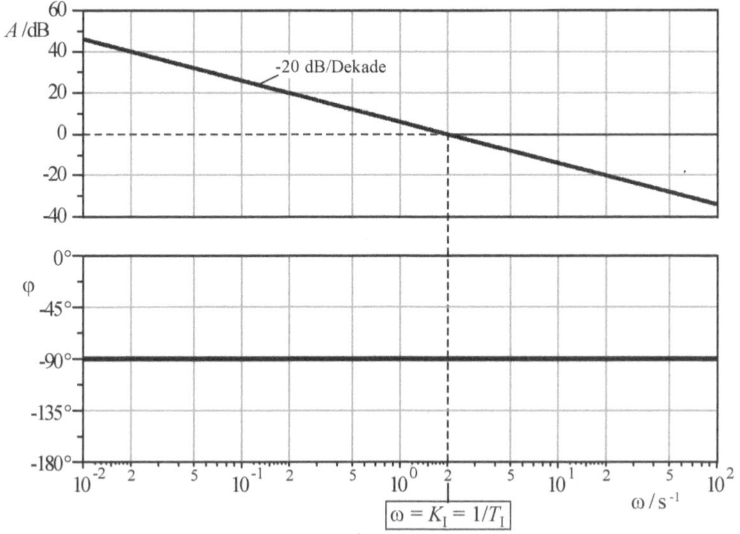

Bild 8.15 Bode-Diagramm eines I-Glieds mit $K_I = 2\ s^{-1}$

Die Differentialgleichung des I-Glieds lautete

$$\dot{x} = K_I\, y\,.$$

Daraus resultiert für den Frequenzgang die Beziehung

$$F(\mathrm{j}\omega) = \frac{K_I}{\mathrm{j}\omega}\,.$$

Für den Amplitudengang erhalten wir damit

$$A(\omega) = \left|F(\mathrm{j}\omega)\right| = \frac{K_I}{\omega}$$

und für den Phasengang

$$\varphi(\omega) = \angle F(\mathrm{j}\omega) = -90°\,.$$

Es ergibt sich also wie gesehen eine bei logarithmischer Frequenzachse linear abfallende Amplitudenkennlinie und eine konstante Phasenabsenkung von 90°.

Da das I-Glied eine konstante Phasenabsenkung von 90° bewirkt, verläuft die zugehörige Ortskurve auf der negativen imaginären Achse. Für $\omega \to 0$ nimmt die Amplitudenverstärkung den Wert unendlich an, für $\omega \to \infty$ strebt sie gegen 0. Die Ortskurve startet also im Unendlichen auf der negativen imaginären Achse und strebt dann mit zunehmender Frequenz in den Ursprung. Bei der Frequenz $\omega = K_I = 1/T_I$ beträgt die Amplitudenverstärkung

0 dB (d. h. 1), sodass die Ortskurve an dieser Stelle den Einheitskreis schneidet. **Bild 8.16** zeigt die Ortskurve für den Frequenzbereich $1 \leq \omega < \infty$.

Die Datei *I-Glied.ufk* enthält das im Rahmen dieses Abschnitts betrachtete I-Glied. Ermitteln Sie Bode-Diagramm und Nyquist-Ortskurve für unterschiedliche Werte des Integrierbeiwerts!

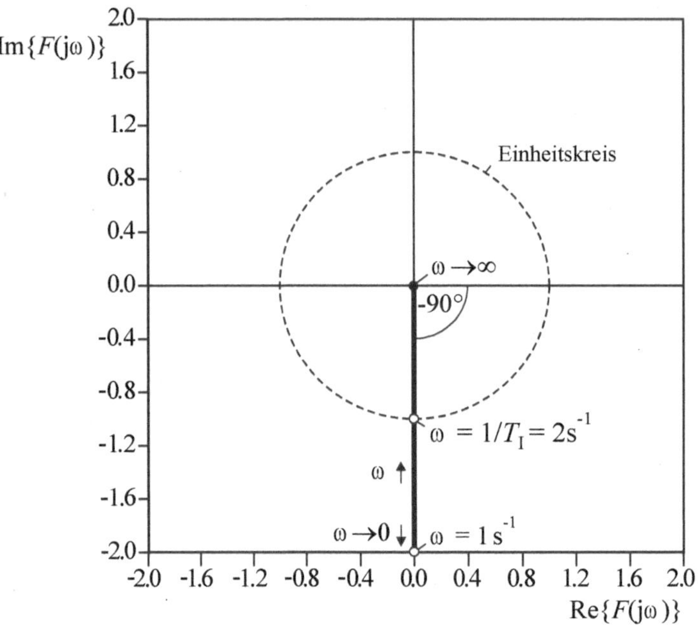

Bild 8.16 Nyquist-Ortskurve eines I-Glieds mit $K_I = 2\ s^{-1}$ (hier für $\omega \geq 1\ s^{-1}$)

8.3.6 D-Glied

Das Differenzierglied (D-Glied) hatten wir in Kapitel 2 noch nicht explizit vorgestellt, da es als Bestandteil einer Regelstrecke nur sehr selten auftritt. Wir hatten es in Kapitel 3 aber bereits als Komponente des PID-Reglers kennengelernt. Es differenziert ein sinusförmiges Eingangssignal, sodass sich am Ausgang ein cosinusförmiges Signal ergibt, das dem Eingangssignal unabhängig von der Frequenz um 90° „vorausläuft“. Die Amplitude des Ausgangssignals ist proportional zum Differenzierbeiwert K_D des D-Glieds sowie zur Frequenz. **Bild 8.17** zeigt beispielhaft das Bode-Diagramm eines D-Glieds mit einem Differenzierbeiwert von $K_D = 0.5$ s.

Das D-Glied weist gerade das zum I-Glied inverse Übertragungsverhalten auf. Für das Bode-Diagramm ergeben sich daher folgende Merkmale:

Die Betragskennlinie eines D-Glieds steigt im gesamten Frequenzbereich an mit 20 dB/Dekade und schneidet die 0-dB-Achse bei der Frequenz $\omega = 1/K_D = 1/T_D$. Die Phasenkennlinie verläuft konstant auf einem Wert von +90°.

Im Gegensatz zu den anderen bisher betrachteten Übertragungsgliedern weist das D-Glied *Hochpassverhalten* auf, d. h., hohe Frequenzen werden sehr stark verstärkt, während niedrige Frequenzen zunehmend gedämpft werden. In der Praxis ist ein solches als ideal angenommenes D-Glied allerdings nicht realisierbar, da reale technische Systeme *immer* Tiefpassverhalten besitzen, wenn auch ggf. erst ab einer sehr hohen Grenzfrequenz. Das unten dargestellte Bode-Diagramm beschreibt das reale D-Glied daher immer nur in einem bestimmten Frequenzbereich.

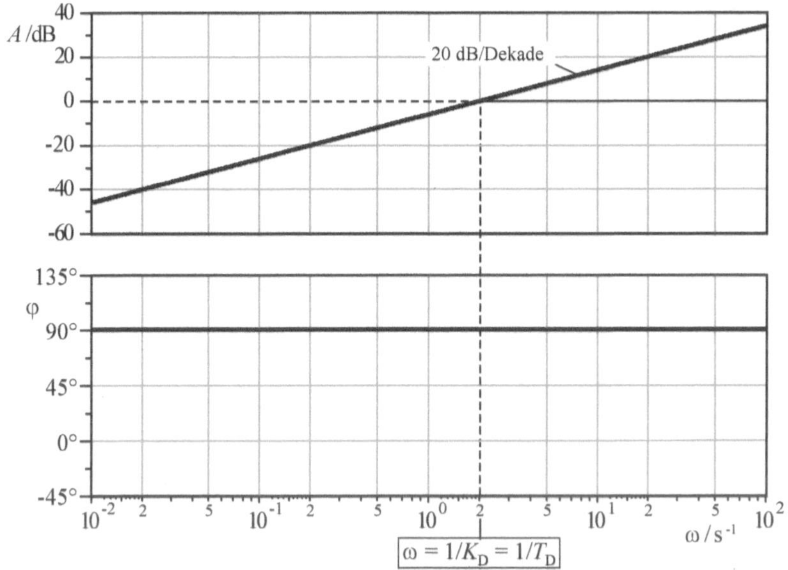

Bild 8.17 Bode-Diagramm eines D-Glieds mit $K_D = 0.5$ s

Die Differentialgleichung des D-Glieds lautet

$$x = K_{\mathrm{D}}\, \dot{y}\,.$$

Daraus resultiert für den Frequenzgang die Beziehung

$$F(\mathrm{j}\omega) = K_{\mathrm{D}} \cdot (\mathrm{j}\omega)\,.$$

Für den Amplitudengang erhalten wir damit

$$A(\omega) = |F(\mathrm{j}\omega)| = K_{\mathrm{D}}\, \omega$$

und für den Phasengang

$$\varphi(\omega) = \angle F(\mathrm{j}\omega) = +90^\circ\,.$$

Es ergibt sich also wie gesehen eine bei logarithmischer Frequenzachse linear ansteigende Amplitudenkennlinie und eine konstante Phasenanhebung von 90°.

Da das D-Glied eine konstante Phasenanhebung von 90° bewirkt, verläuft die zugehörige Ortskurve auf der positiven imaginären Achse. Für $\omega = 0$ nimmt die Amplitudenverstärkung den Wert 0 an, für $\omega \rightarrow \infty$ strebt sie gegen unendlich. Die Ortskurve startet also im Ursprung und strebt dann mit zunehmender Frequenz auf der positiven imaginären Achse ins Unendliche. Bei der Frequenz $\omega = 1/K_D = 1/T_D$ beträgt die Amplitudenverstärkung 0 dB (d. h. 1), sodass die Ortskurve an dieser Stelle den Einheitskreis schneidet. **Bild 8.18** zeigt die Ortskurve für den Frequenzbereich $0 \le \omega < 4\ \text{s}^{-1}$.

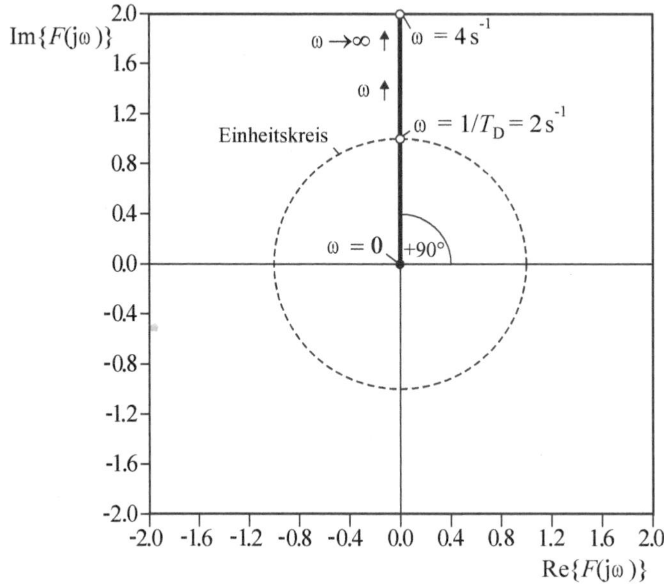

Bild 8.18 Nyquist-Ortskurve eines D-Glieds mit $K_D = 0.5$ s (hier für $0 \le \omega < 4\ \text{s}^{-1}$)

8.4 Frequenzgang von Reihenschaltungen

Wir wollen uns nun der Frage zuwenden, inwieweit wir bei einer Reihenschaltung mehrerer linearer Übertragungsglieder aus der Kenntnis der Frequenzgänge der Einzelglieder auf den Frequenzgang des Gesamtsystems schließen können. Dazu betrachten wir zunächst die Reihenschaltung zweier Glieder gemäß **Bild 8.19**. Das erste Glied möge den Amplitudengang $A_1(\omega)$ und den Phasengang $\varphi_1(\omega)$ besitzen, das zweite Glied den Amplitudengang $A_2(\omega)$ und den Phasengang $\varphi_2(\omega)$. Der Amplitudengang der Reihenschaltung sei $A(\omega)$ und ihr Phasengang $\varphi(\omega)$.

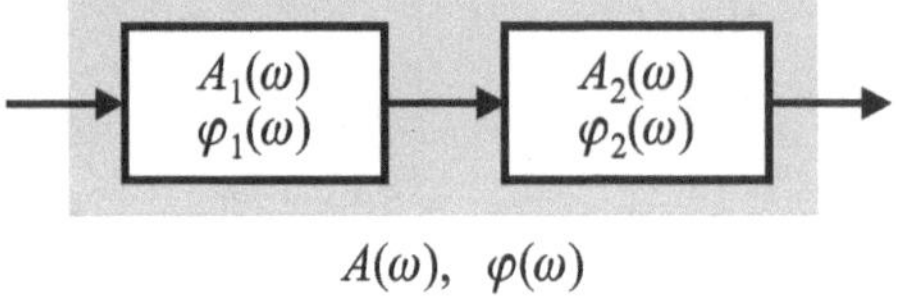

Bild 8.19 Reihenschaltung zweier linearer Übertragungslieder

Legen wir auf den Eingang der Reihenschaltung ein sinusförmiges Signal mit der Frequenz ω_0, so wird dieses vom ersten Glied um den Faktor $A_1(\omega_0)$ verstärkt und vom zweiten um den Faktor $A_2(\omega_0)$. Die Gesamt-Amplitudenverstärkung beträgt also

$$A(\omega_0) = A_1(\omega_0) \cdot A_2(\omega_0) .$$

Sind die einzelnen Amplitudenverstärkungen nunmehr aber in dB gegeben, so geht – da es sich bei der Einheit dB ja um ein logarithmisches Maß handelt – die Multiplikation der Einzelverstärkungen in eine *Addition* über, und wir erhalten

$$A(\omega_0)\big|_{\mathrm{dB}} = A_1(\omega_0)\big|_{\mathrm{dB}} + A_2(\omega_0)\big|_{\mathrm{dB}} .$$

Die Gesamt-Amplitudenverstärkung in dB erhalten wir also als Summe der ebenfalls in dB gegebenen Einzelverstärkungen.

Betrachten wir nun die Phasenverschiebung. Das erste Übertragungsglied verschiebt das Eingangssignal um $\varphi_1(\omega_0)$, das zweite nochmals um $\varphi_2(\omega_0)$. Die Gesamt-Phasenverschiebung ergibt sich also zu

$$\varphi(\omega_0) = \varphi_1(\omega_0) + \varphi_2(\omega_0) ,$$

also ebenfalls als Summe der Einzelwerte. Was bedeutet dies nun für die Praxis? Da im Bode-Diagramm der Amplitudengang in dB aufgetragen ist, lassen sich sowohl Betrags- als auch Phasenkennlinie einer Reihenschaltung von Übertragungsgliedern durch *Addition* der Einzelkennlinien ermitteln! Dies gilt selbstverständlich nicht nur bei einer Reihenschaltung aus zwei Gliedern, sondern für beliebig viele Teilglieder.

Betrags- und Phasenkennlinie einer Reihenschaltung von Übertragungsgliedern erhält man durch (grafische) Addition der entsprechenden Kennlinien der Einzelglieder, sofern die Betragskennlinie in dB aufgetragen ist.

Eine ähnlich einfache grafische Ermittlung der Nyquist-Ortskurve einer Reihenschaltung aus den einzelnen Ortskurven ist *nicht* möglich! Ebensowenig lassen sich aber auch anders strukturierte Schaltungen (z. B. Parallelschaltungen oder Schaltungen mit Rückkopplung) auf einfache Weise aus den einzelnen Bode-Diagrammen der verschalteten Glieder ermitteln.

Für die einzelnen Frequenzgänge einer Reihenschaltung aus zwei Übertragungsgliedern gilt

$$F_1(\mathrm{j}\omega) = |F_1(\mathrm{j}\omega)|\; \mathrm{e}^{\mathrm{j}\angle F_1(\mathrm{j}\omega)}$$

$$F_2(\mathrm{j}\omega) = |F_2(\mathrm{j}\omega)|\; \mathrm{e}^{\mathrm{j}\angle F_2(\mathrm{j}\omega)} .$$

Für den Frequenzgang $F(\mathrm{j}\omega)$ der Reihenschaltung gilt dann

$$\begin{aligned}F(\mathrm{j}\omega) &= F_1(\mathrm{j}\omega)\, F_2(\mathrm{j}\omega)\\ &= \left|F_1(\mathrm{j}\omega)\right| \mathrm{e}^{\mathrm{j}\angle F_1(\mathrm{j}\omega)} \left|F_2(\mathrm{j}\omega)\right| \mathrm{e}^{\mathrm{j}\angle F_2(\mathrm{j}\omega)}\\ &= \underbrace{\left|F_1(\mathrm{j}\omega)\right| \left|F_2(\mathrm{j}\omega)\right|}_{\left|F(\mathrm{j}\omega)\right|} \mathrm{e}^{\mathrm{j}\overbrace{(\angle F_1(\mathrm{j}\omega)+\angle F_2(\mathrm{j}\omega))}^{\angle F(\mathrm{j}\omega)}} .\end{aligned}$$

Für den Betrag des Gesamt-Frequenzgangs gilt also

$$A(\omega) = \left|F(\mathrm{j}\omega)\right| = \left|F_1(\mathrm{j}\omega)\right| \left|F_2(\mathrm{j}\omega)\right| .$$

Betrachten wir nun wie beim Bode-Diagramm den Betrag in dB, so gilt

$$\begin{aligned}A(\omega)\big|_{\mathrm{dB}} &= \left|F(\mathrm{j}\omega)\right|_{\mathrm{dB}} = 20 \log \left(\left|F_1(\mathrm{j}\omega)\right| \left|F_2(\mathrm{j}\omega)\right|\right)\\ &= 20 \log \left|F_1(\mathrm{j}\omega)\right| + 20 \log \left|F_2(\mathrm{j}\omega)\right|\\ &= \left|F_1(\mathrm{j}\omega)\right|_{\mathrm{dB}} + \left|F_2(\mathrm{j}\omega)\right|_{\mathrm{dB}} .\end{aligned}$$

Diese Erkenntnis über den Zusammenhang zwischen dem Bode-Diagramm einer Reihenschaltung und den Bode-Diagrammen der Einzelglieder hat weitreichende Konsequenzen: Sie ermöglicht es uns, die Bode-Diagramme praktisch aller Typen von Regelstrecken aus den zuvor betrachteten Grundgliedern zu ermitteln, indem Betrags- und Phasenkennlinien der jeweils relevanten Grundglieder grafisch addiert werden.

Beispiel: Wir betrachten ein (nicht schwingfähiges) P-T_2-Glied mit einem Proportionalbeiwert von $K_\mathrm{P} = 10$ und Zeitkonstanten von $T_1 = 5$ s und $T_2 = 10$ s. Dieses können wir uns entstanden denken aus einer Reihenschaltung zweier P-T_1-Glieder, wobei das erste P-T_1-Glied beispielsweise einen Proportionalbeiwert von $K_{\mathrm{P}1} = 10$ und eine Zeitkonstante von $T_1 = 5$ s aufweist und das zweite einen Proportionalbeiwert von $K_{\mathrm{P}2} = 1$ und eine Zeitkonstante von $T_2 = 10$ s. Um das Bode-Diagramm des P-T_2-Glieds zu erhalten, müssen wir also lediglich die (bereits bekannten) Bode-Diagramme der beiden P-T_1-Glieder zeichnen und dann Betrags- und Phasenkennlinien addieren. **Bild 8.20** zeigt die Vorgehensweise.

Die Betragskennlinie des ersten P-T_1-Glieds startet bei $K_{\mathrm{P}1} = 10$ (d. h. 20 dB) und fällt bis zur Eckfrequenz $\omega_1 = 1/T_1 = 0.1\ \mathrm{s}^{-1}$ um 3 dB ab; für hohe Frequenzen fällt sie dann mit 20 dB/Dekade. Die Betragskennlinie des zweiten Glieds startet bei $K_{\mathrm{P}2} = 1$ (d. h. 0 dB) und fällt bis zur Eckfrequenz $\omega_2 = 1/T_2 = 0.2\ \mathrm{s}^{-1}$ um 3 dB ab; für hohe Frequenzen fällt sie dann ebenfalls mit 20 dB/Dekade. Somit startet die Betragskennlinie des P-T_2-Glieds bei 20 dB + 0 dB = 20 dB und fällt für hohe Frequenzen mit 40 dB/Dekade. Die Phasenkennlinien beider P-T_1-Glieder starten jeweils bei 0° und streben für hohe Frequenzen gegen –90°; bei ihren Eckfrequenzen ergeben sich jeweils Phasenwerte von –45°. Die Phasenkennlinie des P-T_2-Glieds startet daher bei 0° und strebt für hohe Frequenzen gegen –180°.

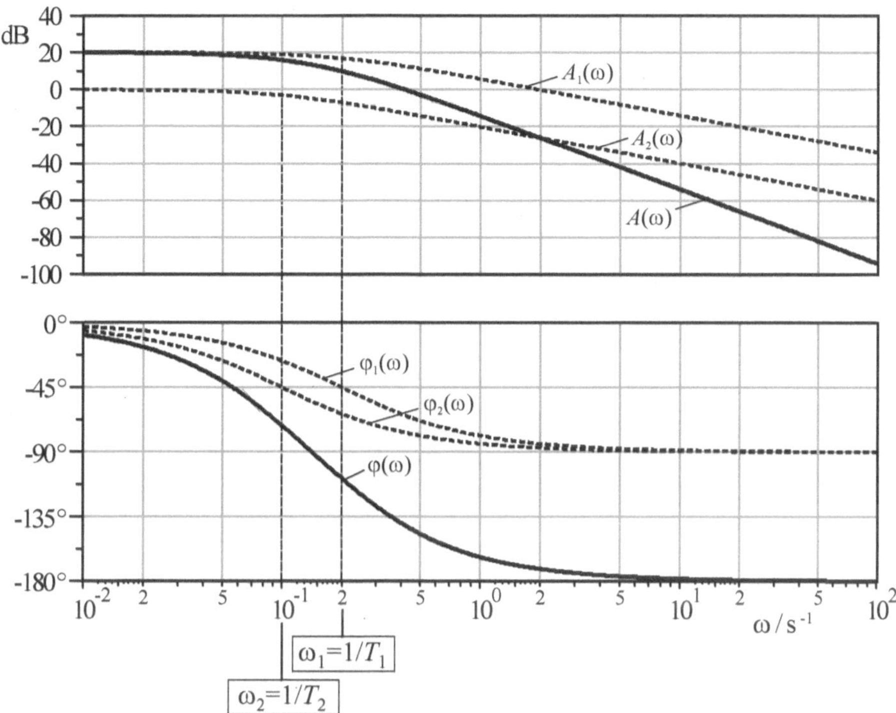

Bild 8.20 Ermittlung des Bode-Diagramms des P-T_2-Glieds

Die Datei *P-T2-Glied.ufk* enthält das im Rahmen des vorangegangenen Beispiels betrachtete P-T_2-Glied. Überprüfen Sie die erhaltenen Ergebnisse!

Die für das P-T_2-Glied beispielhaft ermittelten Ergebnisse lassen sich unmittelbar auf P-T_n-Glieder übertragen. Es gilt demnach:

Die Betragskennlinie eines P-T_n-Glieds startet bei dessen Proportionalbeiwert K_P und fällt für hohe Frequenzen mit $n \cdot 20$ dB/Dekade. Die Phasenkennlinie beginnt bei 0° und strebt für hohe Frequenzen gegen $n \cdot (-90°)$.

Wie beim P-T_1-Glied lässt sich auch die Betragskennlinie des P-T_n-Glieds durch Asymptoten annähern, indem einfach die asymptotischen Näherungen der Betragskennlinien der „beteiligten" P-T_1-Glieder addiert werden.

Selbstverständlich ist dieses „Überlagerungsprinzip" für Bode-Diagramme auch auf Regelstrecken ohne Ausgleich anwendbar.

Beispiel: Gesucht ist das Bode-Diagramm einer I-T_1-Regelstrecke mit einem Integrierbeiwert von $K_I = 5\ s^{-1}$ und einer Zeitkonstante $T_1 = 20$ s. Dazu denken wir uns die Strecke zusammengesetzt aus einem I-Glied mit einem Integrierbeiwert von $K_I = 5\ s^{-1}$ und einem P-T_1-Glied mit einem Proportionalbeiwert von $K_P = 1$ und einer Zeitkonstante $T_1 = 20$ s. **Bild 8.21** zeigt die zugehörigen Bode-Diagramme. Die Betragskennlinie des I-Glieds fällt im gesamten Frequenzbereich mit konstant 20 dB/Dekade und schneidet die 0-dB-Linie bei K_I. Die Betragskennlinie des P-T_1-Glieds startet bei 0 dB und verläuft dann bis zur Eckfrequenz nahezu auf der 0-dB-Linie; für hohe Frequenzen fällt sie dann mit 20 dB/Dekade. Die Betragskennlinie des I-T_1-Glieds startet daher mit einem „Anfangsgefälle" von 20 dB/Dekade und fällt für hohe Frequenzen dann mit 40 dB/Dekade ab. Die Phasenkennlinie des I-Glieds weist einen konstanten Wert von –90° auf, während die Phasenkennlinie des P-T_1-Glieds bei 0° beginnt und dann gegen –90° strebt. Als Phasenkennlinie des I-T_1-Glieds ergibt sich also die um 90° „nach unten" verschobene Phasenkennlinie des P-T_1-Glieds.

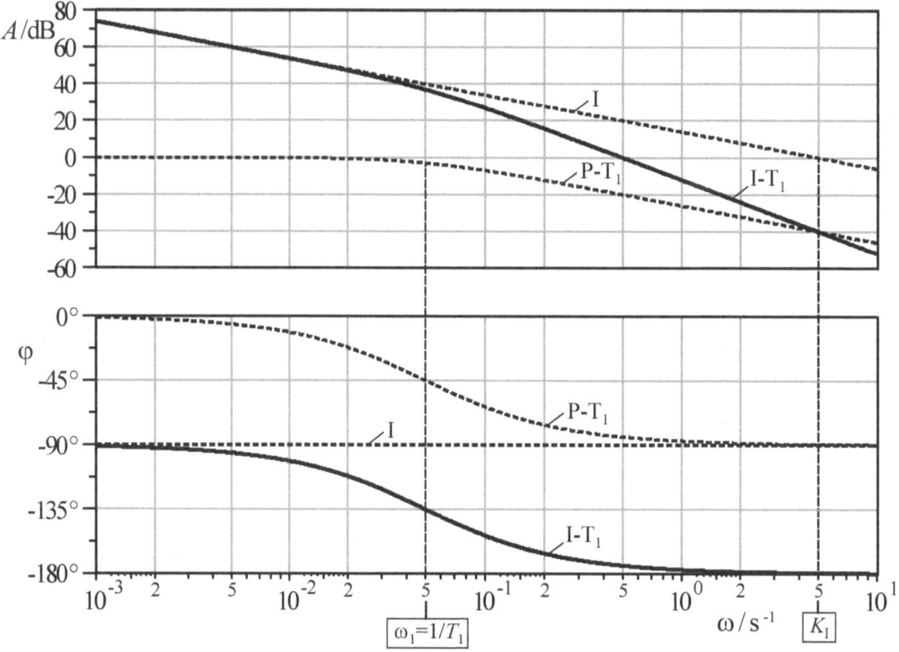

Bild 8.21 Ermittlung des Bode-Diagramms des I-T_1-Glieds

Die Datei *I-T1-Glied.ufk* enthält das im Rahmen des vorangegangenen Beispiels betrachtete I-T_1-Glied. Überprüfen Sie die erhaltenen Ergebnisse!

Natürlich lassen sich auch die Bode-Diagramme von Reglern nach demselben Prinzip ermitteln. Wir werden dies im nachfolgenden Abschnitt anhand des PID-Reglers tun.

8.5 Frequenzgang des PID-Reglers

Wie wir in Kapitel 3 gesehen hatten, besteht der (ideale) PID-Regler aus einer Parallelschaltung eines Proportional-, Integral- und Differentialglieds, sodass sich das Bode-Diagramm des Reglers zunächst nicht als Reihenschaltung von Einzelgliedern ermitteln lässt. Durch mathematische Umformung (s. u.) ist dies „auf Umwegen" aber dennoch möglich. Dabei zeigt sich, dass der PID-Regler für den in der Praxis häufig auftretenden Fall $T_d \ll T_i$

(Vorhaltezeit des Reglers wesentlich kleiner als Nachstellzeit) angenähert werden kann durch eine Reihenschaltung folgender Teilglieder:

- einem I-Glied mit dem Integrierbeiwert $K_I = K_{PR}/T_i$,
- einem inversen P-T_1-Glied mit der Eckfrequenz $\omega_1 = 1/T_i$,
- einem weiteren inversen P-T_1-Glied mit der Eckfrequenz $\omega_2 = 1/T_d$.

Dabei ist ein inverses P-T_1-Glied dadurch gekennzeichnet, dass sowohl seine Betragskennlinie als auch seine Phasenkennlinie gegenüber dem „normalen" P-T_1-Glied an der Frequenzachse *gespiegelt* sind; die Betragskennlinie eines solchen Glieds *steigt* daher für hohe Frequenzen mit 20 dB/Dekade an, während seine Phasenkennlinie bei 0° startet und dann für hohe Frequenzen gegen +90° strebt; bei der Eckfrequenz ergibt sich dementsprechend ein Phasenwert von +45°.

Für den Zusammenhang zwischen Ein- und Ausgangsgröße des idealen PID-Reglers galt die Beziehung

$$y(t) = K_{PR}\left(e(t) + \frac{1}{T_i}\int e(t)\,dt + T_d\,\frac{d\,e(t)}{dt}\right).$$

Daraus ergibt sich ein Frequenzgang von

$$F_{PID}(j\omega) = K_{PR}\left(1 + \frac{1}{j\omega T_i} + j\omega T_d\right).$$

Zur Darstellung als Bode-Diagramm bringen wir die Einzelterme zunächst auf einen gemeinsamen Nenner und erhalten so

$$F_{PID}(j\omega) = K_{PR}\,\frac{1 + j\omega T_i + (j\omega)^2 T_i T_d}{j\omega T_i}.$$

Unter der in den meisten Fällen zutreffenden Annahme $T_d \ll T_i$ kann man den Frequenzgang annähern durch

$$F_{PID}(j\omega) \cong K_{PR}\,\frac{(1 + j\omega T_i)(1 + j\omega T_d)}{j\omega T_i} = \frac{K_{PR}}{j\omega T_i}(1 + j\omega T_i)(1 + j\omega T_d),$$

d. h. einer Reihenschaltung aus einem I-Glied und zwei inversen P-T_1-Gliedern.

Unter Nutzung dieser Annäherung ergibt sich dann das in **Bild 8.22** dargestellte Bode-Diagramm des PID-Reglers, wobei die Betragskennlinie durch ihre Asymptoten angenähert wurde. Wir können ihr folgende Charakteristika entnehmen:

- Die Betragskennlinie des Reglers fällt für niedrige Frequenzen zunächst mit 20 dB/Dekade (I-Anteil des Reglers).

- Zwischen den beiden Eckfrequenzen der inversen P-T_1-Glieder, d. h. im Bereich $1/T_i < \omega < 1/T_d$, verläuft die Kennlinie dann auf dem Wert K_{PR} (in dB) parallel zur ω-Achse (P-Anteil des Reglers).
- Für Frequenzen oberhalb von $1/T_d$ steigt die Betragskennlinie schließlich mit 20 dB/Dekade an (D-Anteil des Reglers).
- Die Phasenkennlinie startet bei einem Wert von –90° und strebt für hohe Frequenzen gegen einen Wert von +90°.

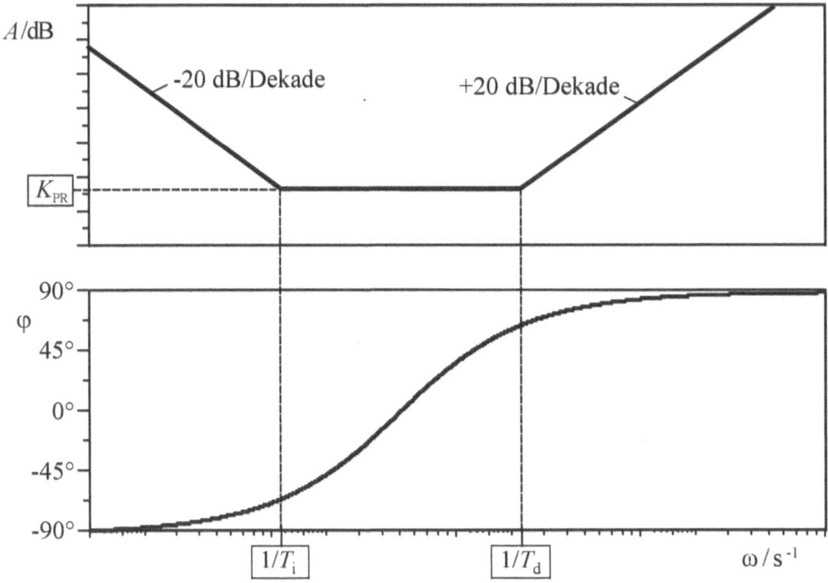

Bild 8.22 Bode-Diagramm des PID-Reglers mit asymptotischer Näherung für die Betragskennlinie

Beispiel: **Bild 8.23** zeigt das Bode-Diagramm eines idealen PID-Reglers mit den Parametern $K_{PR} = 10$, $T_i = 20$ s und $T_d = 2$ s, wobei die Betragskennlinie einerseits exakt (gestrichelte Kurve), andererseits asymptotisch angenähert (ausgezogene Kurve) dargestellt ist. Wir erkennen, dass die asymptotische Näherung recht genau und damit für die meisten praktischen Anwendungen hinreichend ist.

Unter der Bedingung $T_d \ll T_i$ lässt sich die Betragskennlinie des PID-Reglers in guter Näherung durch drei Asymptoten beschreiben. Für niedrige Frequenzen unterhalb von $1/T_i$ fällt die Betragskennlinie zunächst mit 20 dB/Dekade ab, für Frequenzen oberhalb von $1/T_d$ steigt sie mit 20 dB/Dekade. Zwischen diesen beiden Eckfrequenzen verläuft die Kennlinie auf dem Wert K_{PR} parallel zur ω-Achse. Die Phasenkennlinie startet bei –90° und strebt für hohe Frequenzen gegen +90°.

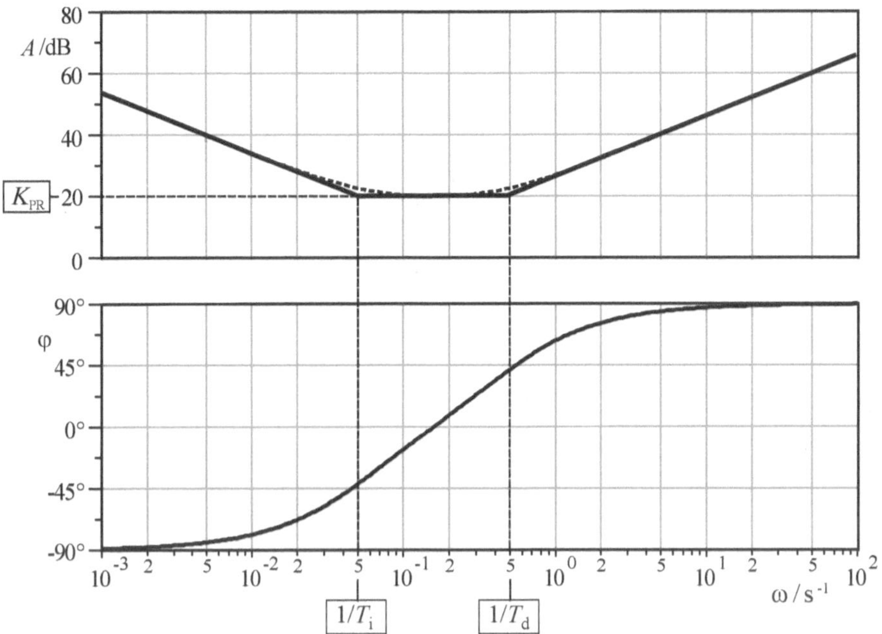

Bild 8.23 Bode-Diagramm des PID-Reglers aus Beispiel mit asymptotisch angenäherter Betragskennlinie (gestrichelt: exakte Betragskennlinie)

Die Datei *BodePID.bsy* enthält den im Rahmen des vorangegangenen Beispiels betrachteten PID-Regler. Überprüfen Sie die erhaltenen Ergebnisse!

Die Bode-Diagramme von PI- und PD-Regler lassen sich nun aus dem Bode-Diagramm des PID-Reglers unmittelbar ableiten, indem man die zur nicht vorhandenen Reglerkomponente gehörenden Asymptoten einfach „weglässt“. So zeigt **Bild 8.24** das Bode-Diagramm des aus dem im vorangegangenen Beispiel betrachteten PID-Regler entstehenden PI-Reglers, wenn der D-Anteil deaktiviert wird: Es existiert jetzt nur noch die „linke“ Eckfrequenz bei $1/T_i$, und die Betragskennlinie kann durch zwei Asymptoten angenähert werden. Die Phasenkennlinie verläuft jetzt von –90° nach 0° und besitzt an der Eckfrequenz einen Wert von –45°.

Die Betragskennlinie des PI-Reglers lässt sich in guter Näherung durch zwei Asymptoten beschreiben. Für niedrige Frequenzen unterhalb von $1/T_i$ fällt die Betragskennlinie zunächst mit 20 dB/Dekade ab, für Frequenzen oberhalb von $1/T_i$ verläuft die Kennlinie auf dem Wert K_{PR} parallel zur ω-Achse. Die Phasenkennlinie des Reglers startet bei –90° und strebt für hohe Frequenzen gegen 0°; bei $\omega = 1/T_i$ weist sie einen Wert von –45° auf.

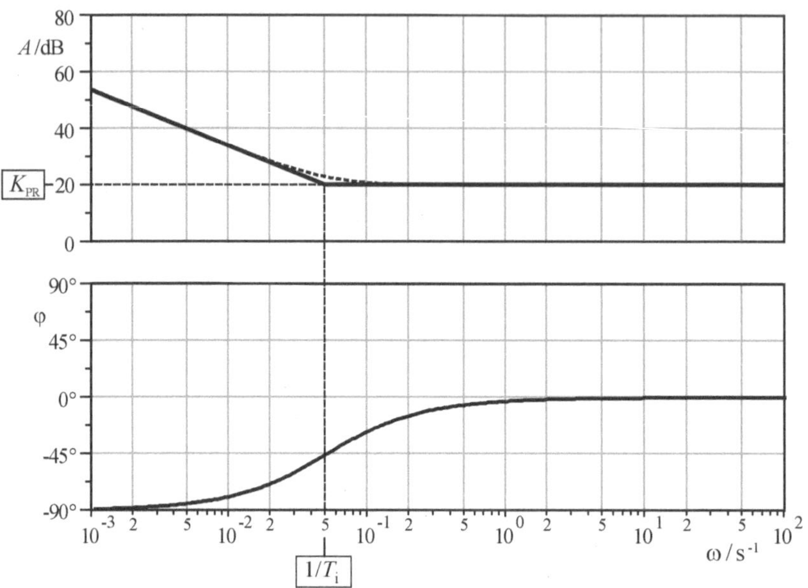

Bild 8.24 Bode-Diagramm des PI-Reglers mit K_{PR} = 10, T_i = 20 s mit asymptotisch angenäherter Betragskennlinie (gestrichelt: exakte Betragskennlinie)

Analog dazu zeigt **Bild 8.25** das Bode-Diagramm des aus dem im vorangegangenen Beispiel betrachteten PID-Regler entstehenden PD-Reglers, wenn der I-Anteil deaktiviert wird: Es existiert nun nur die „rechte" Eckfrequenz bei $1/T_d$. Die Phasenkennlinie verläuft jetzt von 0° nach +90° und besitzt an der Eckfrequenz einen Wert von +45°.

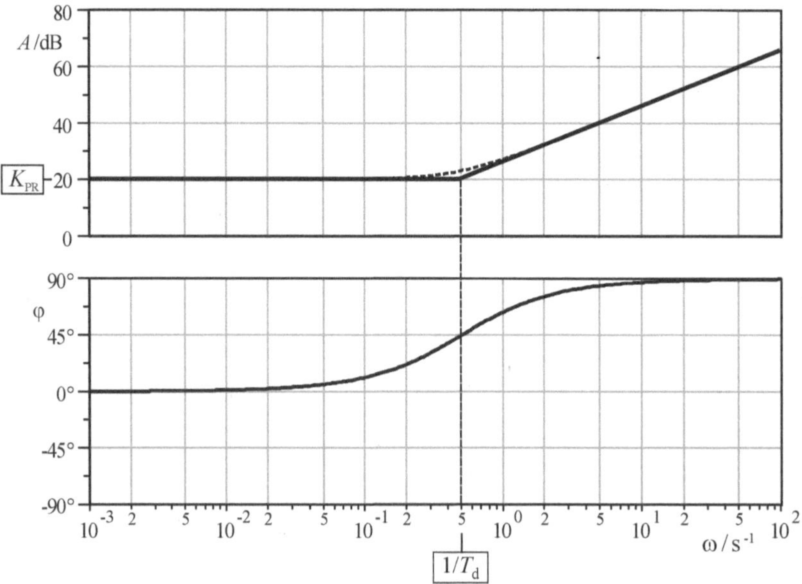

Bild 8.25 Bode-Diagramm des PD-Reglers mit K_{PR} = 10, T_d = 2 s mit asymptotisch angenäherter Betragskennlinie (gestrichelt: exakte Betragskennlinie)

Die Betragskennlinie des PD-Reglers lässt sich in guter Näherung durch zwei Asymptoten beschreiben. Für niedrige Frequenzen unterhalb von $1/T_d$ verläuft die Kennlinie auf dem Wert K_{PR} parallel zur ω-Achse, für Frequenzen oberhalb von $1/T_d$ steigt die Kennlinie mit 20 dB/Dekade. Die Phasenkennlinie des Reglers startet bei 0° und strebt für hohe Frequenzen gegen +90°; bei $\omega = 1/T_d$ weist sie einen Wert von +45° auf.

Als „Spezialfälle" des PID-Reglers verbleiben damit nur noch der P- und der I-Regler; die Frequenzgänge bzw. Bode-Diagramme dieser Reglertypen entsprechen aber naturgemäß denjenigen der in Abschnitt 8.2 bereits behandelten allgemeinen P- bzw. I-Glieder und müssen an dieser Stelle daher nicht noch einmal gesondert behandelt werden.

Tabelle 8.2 und **Tabelle 8.3** stellen noch einmal die Frequenzgänge aller in den vorangegangenen Abschnitten behandelten Übertragungsglieder in übersichtlicher Form dar. Die Betragskennlinien (Amplitudengänge) sind dabei in den meisten Fällen jeweils asymptotisch angenähert dargestellt.

Tabelle 8.2 Frequenzgang regelungstechnischer Grundglieder

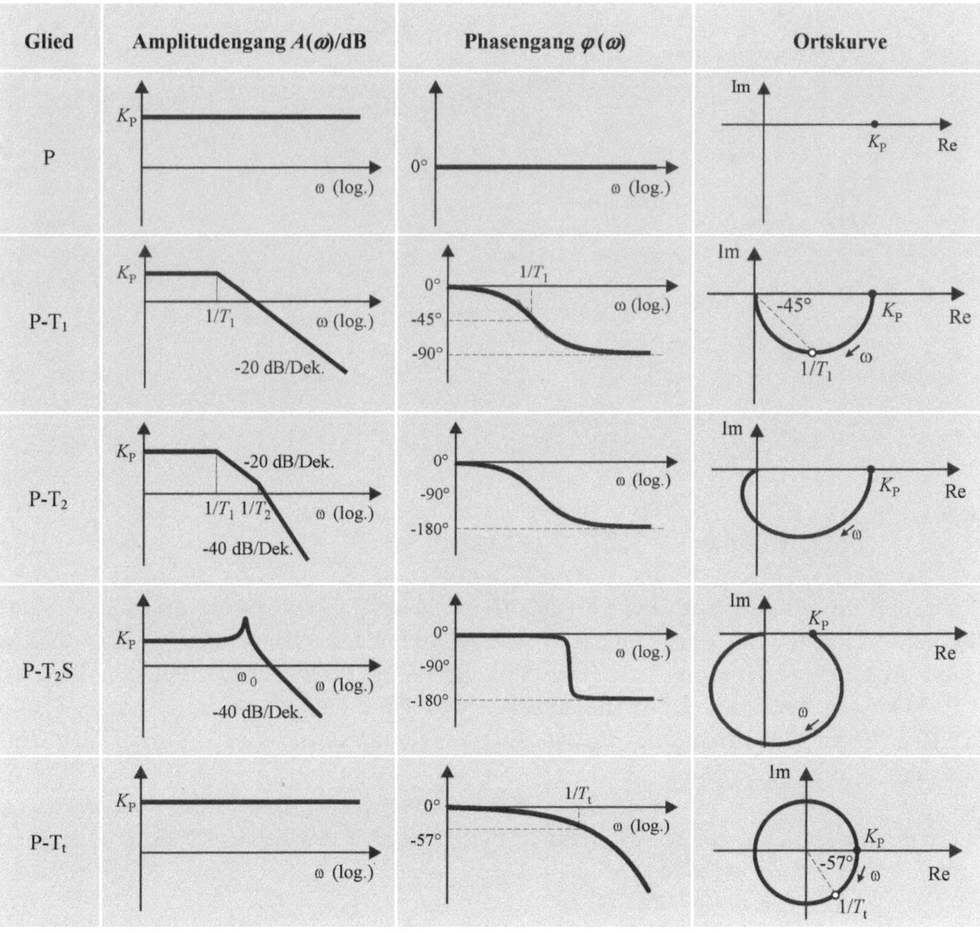

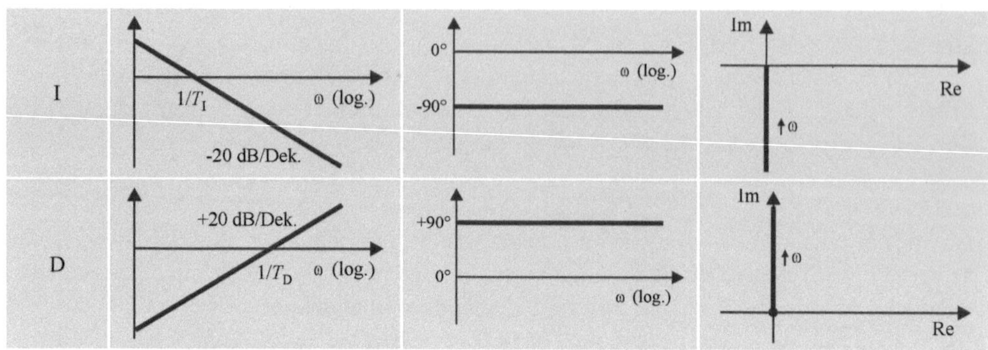

Tabelle 8.3 Frequenzgang von PI-, PD- und PID-Regler

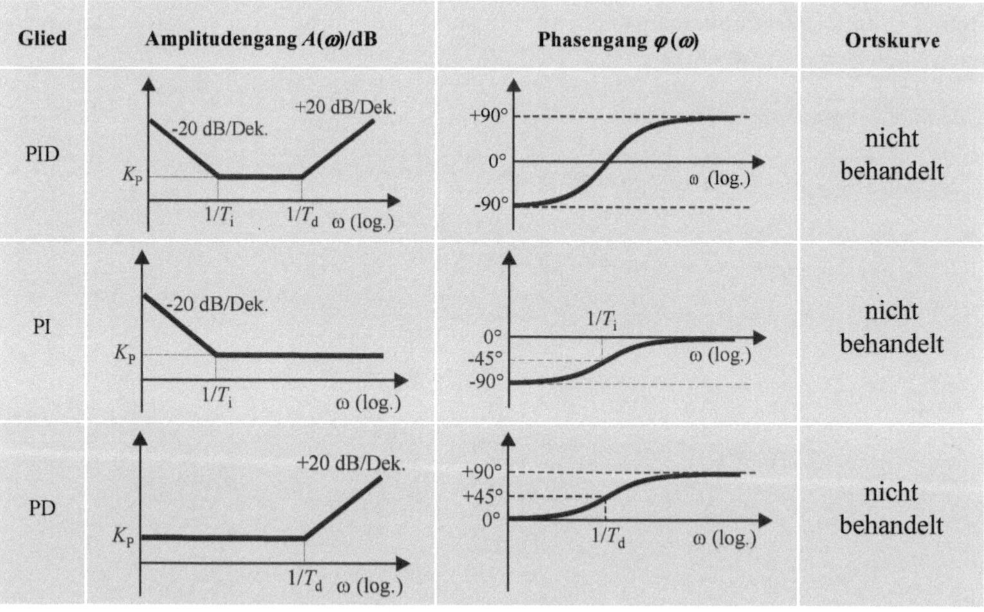

8.6 Stabilität von Regelkreisen

Wir hatten die Stabilität eines Regelkreises als Mindestanforderung schon an früherer Stelle formuliert, ohne dort allerdings eine genauere Definition des Stabilitätsbegriffs anzuführen. In der Regelungstechnik existieren eine Vielzahl unterschiedlicher Definitionen, die sich mehr oder weniger stark voneinander unterscheiden. Für die Praxis am wichtigsten ist wohl der Begriff der *BIBO-Stabilität*, den wir angewendet auf einen geschlossenen Regelkreis wie folgt formulieren können:

Ein Regelkreis heißt *stabil*, wenn er auf jede beschränkte Eingangsgröße (Führungs- oder Störgröße) mit einer beschränkten Ausgangsgröße (Regelgröße) reagiert (*Bounded Input – Bounded Output*).

Diese Art der Stabilität wird auch als *Eingangs-/Ausgangsstabilität* oder *Übertragungsstabilität* bezeichnet. Bei einem instabilen Regelkreis strebt die Regelgröße also zumindest bei bestimmten Verläufen der Führungsgröße gegen unendlich (d. h. sie „läuft weg"), wobei zwischen monotoner und oszillatorischer Instabilität zu unterscheiden ist (**Bild 8.26**).

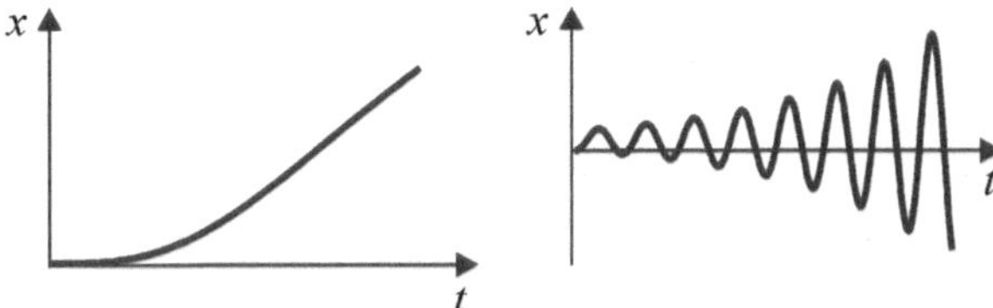

Bild 8.26 Monotone (links) und oszillatorische Instabilität (rechts)

Die Überprüfung, ob ein Regelkreis mit einer konkreten Reglereinstellung stabil ist oder nicht, konnten wir bisher nur experimentell (d. h. per „Trial and Error") durchführen; wir hatten uns beispielsweise beim Reglerentwurf nach dem Schwingversuch nach *Ziegler/Nichols* schrittweise an die Stabilitätsgrenze „herangetastet". Mit den in den vorangegangenen Abschnitten gewonnenen Kenntnissen über den Frequenzgang von Übertragungsgliedern können wir nunmehr aber auch unmittelbare quantitative Aussagen treffen, ob ein Regelkreis instabil ist bzw. „wie weit" er noch von der Stabilitätsgrenze entfernt ist. Dazu wollen wir ein Gedankenexperiment durchführen, das in **Bild 8.27** illustriert ist. Wir betrachten einen Regelkreis mit verschwindender Führungsgröße (w = 0), der über einen zunächst geöffneten Umschalter S zwischen Vergleichsglied und Regler aufgetrennt sei. Am Punkt ① werde in den Regler ein sinusförmiges Signal mit der Frequenz ω eingespeist.

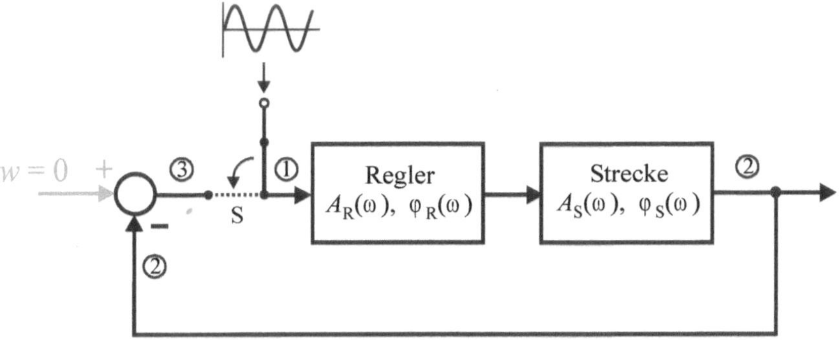

Bild 8.27 Aufgeschnittener Regelkreis mit Einspeisung eines Sinussignals

Nach dem Durchlaufen von Regler und Regelstrecke besitzt das Sinussignal am Streckenausgang ② eine Amplitude und Phasenlage, die von der Frequenz ω und den Frequenzgängen (Amplituden- und Phasengängen) von Regler und Strecke abhängt. Wir wollen annehmen, dass die Frequenz gerade so gewählt sei, dass das Signal am Streckenausgang gegenüber dem eingespeisten Signal eine Phasenverschiebung von −180° aufweist. Nach Durchlaufen des Vergleichsglieds erhalten wir dann an Punkt ③ aufgrund des negativen Vorzeichens in der Rückführung (die die −180°-Phasenverschiebung gerade kompensiert) wieder ein zum eingespeisten Signal phasen*gleiches* Signal. Was passiert nun, wenn wir den Schalter S umlegen, sodass das eingespeiste Signal abgetrennt und der Regelkreis wieder geschlossen wird? Das weitere Verhalten des Regelkreises hängt offensichtlich davon ab, welche Amplitude das im Moment des Umschaltens an ③ auftretende Signal hat. Wir können drei Fälle unterscheiden:

- Hat die Amplitudenverstärkung $A_0(\omega)$ des offenen Regelkreises – d. h. der Reihenschaltung von Regler und Strecke – für die gewählte Signalfrequenz gerade den Wert 1 (d. h. 0 dB), so sind die Signale an den Punkten ① und ③ nicht nur in Phase, sondern besitzen auch dieselbe Amplitude. Nach dem Umlegen des Schalters ändert sich also bezüglich der Signale gar nichts; wir haben jetzt einen geschlossenen Regelkreis (ohne äußere Einspeisung) vorliegen, der eine Dauerschwingung mit der Frequenz ω ausführt und sich daher *am Stabilitätsrand* befindet.
- Hat die Amplitudenverstärkung einen Wert kleiner als 1, so erhält der Regler nach Umlegen des Schalters ein Signal mit kleinerer Amplitude als zuvor, das nachfolgend beim weiteren Durchlaufen des Kreises immer weiter gedämpft wird, sodass die Schwingung allmählich abklingt. In diesem Fall ist der geschlossene Regelkreis also *stabil.*
- Hat die Amplitudenverstärkung hingegen einen Wert größer als 1, so erhält der Regler nach Umlegen des Schalters ein Signal mit größerer Amplitude als zuvor, das nachfolgend beim weiteren Durchlaufen des Kreises immer weiter verstärkt wird, sodass die Schwingung allmählich aufklingt. In diesem Fall ist der geschlossene Regelkreis also *instabil.*

Was können wir aus diesem Gedankenexperiment schlussfolgern? Um die Stabilität eines geschlossenen Regelkreises beurteilen zu können, benötigen wir das Bode-Diagramm des *offenen* Regelkreises, d. h. der Reihenschaltung aus Regler und Regelstrecke. Entscheidend für die Stabilität ist dann diejenige Frequenz, bei der die Phasenkennlinie den Wert $-180°$ annimmt; diese Frequenz heißt *Phasenschnittkreisfrequenz* und wird mit ω_π bezeichnet. Hat die Amplitudenverstärkung $A_0(\omega_\pi)$ an dieser Stelle einen Wert kleiner als 1 (d. h., liegt die Betragskennlinie an dieser Stelle unterhalb der 0-dB-Linie), so ist der Regelkreis stabil, anderenfalls instabil. Dieser Zusammenhang wird als *vereinfachtes Nyquist-Kriterium* bezeichnet:

> Ist die Amplitudenverstärkung $A_0(\omega_\pi)$ des offenen Regelkreises (d. h. der Reihenschaltung von Regler und Strecke) bei der Frequenz ω_π, bei der die Phasenkennlinie die $-180°$-Linie schneidet, kleiner als 1 (d. h. 0 dB), so ist der geschlossene Regelkreis stabil; anderenfalls ist er instabil.

Dieses Kriterium wird als *vereinfachtes* Nyquist-Kriterium bezeichnet, da es nur unter bestimmten Voraussetzungen bezüglich des Übertragungsverhaltens der Regelstrecke Gültigkeit hat; diese Voraussetzungen sind aber für die im Rahmen dieses Buchs betrachteten Streckentypen allesamt gegeben. Eine genauere Betrachtung der „Sonderfälle“ findet man z. B. in [UN08].

Bild 8.28 erläutert die Anwendung des Kriteriums anhand eines Beispiels. Gegeben sei ein Regelkreis, bestehend aus einer P-T_4-Regelstrecke und einem P-Regler, für den drei verschiedene Einstellungen (d. h. K_{PR}-Werte) untersucht werden sollen. Der offene Regelkreis hat dann je nach Reglereinstellung den Amplitudengang $A_{01}(\omega)$, $A_{02}(\omega)$ oder $A_{03}(\omega)$, während der Phasengang des offenen Kreises unabhängig von der Reglereinstellung ist, da der P-Regler unabhängig von K_{PR} immer eine konstante Phasenverschiebung von 0° aufweist.

Zur Beurteilung der Stabilität des geschlossenen Regelkreises bestimmen wir zunächst die $-180°$-Frequenz ω_π und überprüfen anschließend den Wert des Amplitudengangs an dieser Stelle. Für die erste Reglereinstellung (Amplitudengang $A_{01}(\omega)$) liegt die Betragskennlinie bei ω_π oberhalb der 0-dB-Linie, der geschlossene Regelkreis ist in diesem Falle also instabil. Für die zweite Reglereinstellung (Amplitudengang $A_{02}(\omega)$) schneidet die Betragskennlinie bei ω_π gerade die 0-dB-Linie, der geschlossene Regelkreis befindet sich also am Stabilitätsrand und wird daher als *grenzstabil* bezeichnet. Für die dritte Reglereinstellung (Amplitudengang $A_{03}(\omega)$) liegt die Betragskennlinie bei ω_π unterhalb der 0-dB-Linie, mit dieser Reglereinstellung erhalten wir also einen stabilen geschlossenen Regelkreis.

Liegt uns das Bode-Diagramm der Regelstrecke vor, so können wir das Nyquist-Kriterium auch benutzen, um z. B. die kritische Verstärkung $K_{PR\ krit}$ eines P-Reglers zu bestimmen, d. h. denjenigen Proportionalbeiwert, bei dem der geschlossene Regelkreis gerade instabil wird.

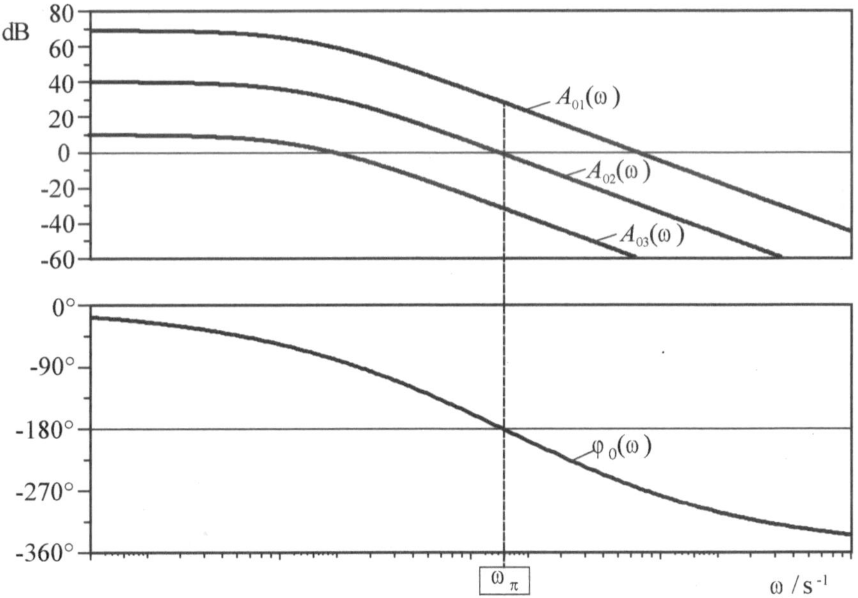

Bild 8.28 Nyquist-Kriterium im Bode-Diagramm

Beispiel: Wir betrachten die in Kapitel 4 bereits mehrfach untersuchte P-T_3-Regelstrecke mit den Kennwerten $K_{PS} = 1$, $T_1 = 1$ s, $T_2 = 3$ s, $T_3 = 6$ s, die durch einen P-Regler geregelt werden soll. Gesucht ist die kritische Verstärkung $K_{PR\ krit}$ des Reglers. Dazu benötigen wir zunächst das Bode-Diagramm der Regelstrecke, bestehend aus Amplitudengang $A_S(\omega)$ und Phasengang $\varphi_S(\omega)$. Dieses ist in **Bild 8.29** dargestellt. Wegen $K_{PS} = 1$ startet die Amplitudenkennlinie bei 0 dB und fällt für hohe Frequenzen mit 60 dB/Dekade. Der Phasengang beginnt bei 0° und strebt für hohe Frequenzen gegen $-270°$.

Das Einfügen des P-Reglers beeinflusst lediglich den Amplitudengang des offenen Kreises; dieser wird um den Wert K_{PR} (in dB) angehoben. Wir ermitteln daher zunächst wie in Bild 8.29 gezeigt die −180°-Frequenz ω_π und anschließend den Wert des Amplitudengangs an dieser Stelle. Dieser beträgt etwa −23 dB. Der P-Regler darf die Amplitudenkennlinie also maximal um +23 dB anheben, bevor der geschlossene Regelkreis instabil wird, da bei einer Anhebung um diesen Wert die Amplitudenkennlinie bei ω_π gerade die 0-dB-Linie schneidet. Die kritische Reglerverstärkung beträgt also

$$K_{\text{PR krit}} = 10^{23/20} = 14.1 \ .$$

Dieser Wert entspricht dem in Kapitel 4 bei der Anwendung des Schwingversuch-Verfahrens von *Ziegler/Nichols* auf experimentelle Weise gefundenen Wert.

Die Datei *NyquistBeispiel.bsy* enthält die zugehörige Simulationsstruktur. Überprüfen Sie das angegebene Ergebnis!

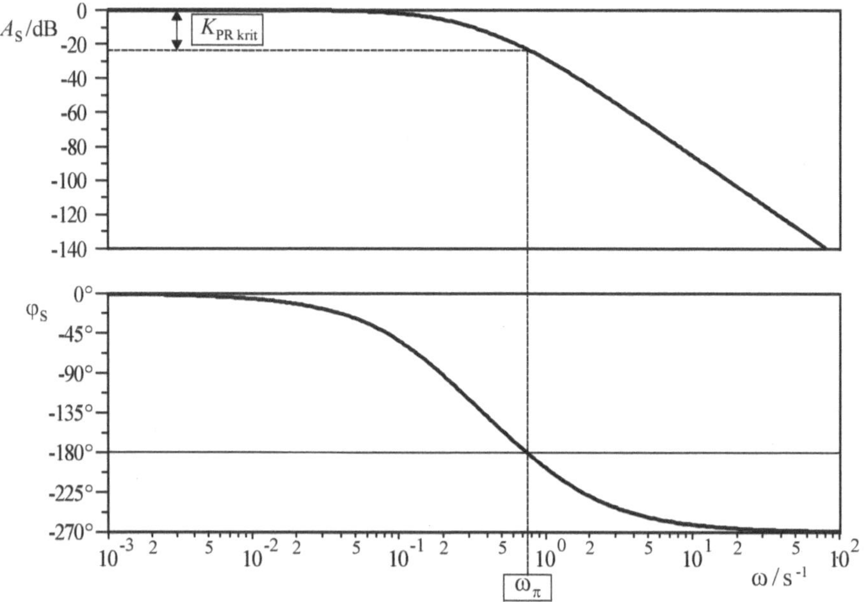

Bild 8.29 Bode-Diagramm der P-T_3-Regelstrecke

Statt die Amplitudenkennlinie bei der −180°-Frequenz ω_π zu begutachten, können wir alternativ auch die Phasenkennlinie bei derjenigen Frequenz betrachten, bei der die Amplitudenkennlinie gerade den Wert 1 annimmt, d. h. die 0-dB-Linie schneidet; diese Frequenz wird als *Durchtrittsfrequenz* ω_c bezeichnet. Wir erhalten dann folgende alternativ anwendbare Formulierung des vereinfachten Nyquist-Kriteriums im Bode-Diagramm:

Liegt die Phasenkennlinie des offenen Regelkreises bei der Durchtrittsfrequenz ω_c, bei der die Amplitudenkennlinie die 0-dB-Linie schneidet, oberhalb von −180°, so ist der geschlossene Regelkreis stabil; anderenfalls ist er instabil.

Bild 8.30 verdeutlicht diese Form des Kriteriums anhand des bereits bei der ersten Form des Nyquist-Kriteriums verwendeten Beispiels. Da sich die Amplitudenkennlinien für die drei Fälle unterscheiden, ergeben sich auch drei unterschiedliche Durchtrittsfrequenzen. Für die erste Reglereinstellung (Amplitudengang $A_{01}(\omega)$) liegt die Durchtrittsfrequenz am weitesten rechts; die Phasenkennlinie hat bei der Durchtrittsfrequenz in diesem Fall die −180°-Linie bereits unterschritten, d. h., der geschlossene Regelkreis ist instabil. Für die zweite Reglereinstellung (Amplitudengang $A_{02}(\omega)$) schneidet die Phasenkennlinie bei der zugehörigen Durchtrittsfrequenz gerade die −180°-Linie, der geschlossene Regelkreis befindet sich also am Stabilitätsrand. Bei der dritten Reglereinstellung (Amplitudengang $A_{03}(\omega)$) liegt die Phasenkennlinie bei der Durchtrittsfrequenz noch oberhalb von −180°, der geschlossene Regelkreis ist in diesem Fall also stabil.

Das vereinfachte Nyquist-Kriterium kann auch in der Ortskurvendarstellung formuliert werden, sofern die Ortskurve des offenen Regelkreises vorliegt. Der für die Stabilität entscheidende Punkt mit $\varphi_0(\omega_\pi) = -180°$, $A_0(\omega_\pi) = 1$ entspricht in der komplexen Ebene dem Punkt −1 auf der reellen Achse. Das Kriterium lautet dann wie folgt:

Wenn die Ortskurve des Frequenzgangs des offenen Regelkreises die reelle Achse nur rechts vom Punkt −1 schneidet, ist der geschlossene Regelkreis stabil, sonst instabil.

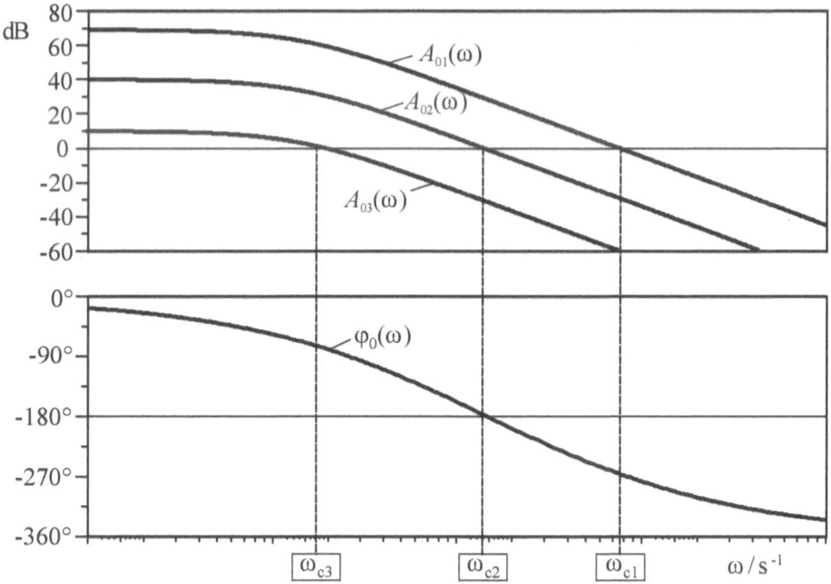

Bild 8.30 Nyquist-Kriterium im Bode-Diagramm (Methode II)

Bild 8.31 zeigt die Anwendung des vereinfachten Nyquist-Kriteriums in der Ortskurvendarstellung: Während die „innere" Ortskurve des offenen Regelkreises die reelle Achse rechts vom Punkt −1 schneidet und somit zu einem stabilen geschlossenen Regelkreis führt, schneidet die „äußere" Ortskurve die reelle Achse links vom Punkt −1 und führt damit zu einem instabilen geschlossenen Regelkreis. Die mittlere Ortskurve schneidet die reelle

Achse gerade im Punkt −1 und führt damit zu einem geschlossenen Regelkreis auf dem Stabilitätsrand.

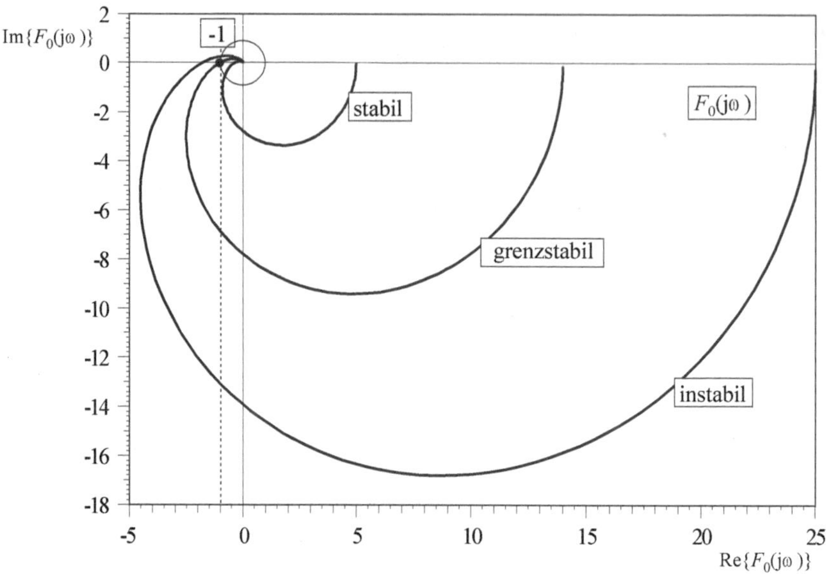

Bild 8.31 Nyquist-Kriterium in Ortskurvendarstellung

8.7 Reglerentwurf

8.7.1 Phasen- und Amplitudenreserve

Das Nyquist-Kriterium ermöglicht über die reine Entscheidung über Stabilität/Instabilität des geschlossenen Regelkreises hinaus auch eine erste Beurteilung der Regelkreisgüte („Stabilitätsgüte"). Die Grundidee liegt dabei darin, dass der geschlossene Regelkreis ein umso „besseres" Verhalten aufweisen wird, je weiter entfernt er sich vom Stabilitätsrand befindet. Dieser Stabilitätsrand war im Bode-Diagramm des offenen Kreises durch die Bedingung $A_0(\omega_\pi) = 1$ gekennzeichnet (Amplitudenkennlinie schneidet bei der −180°-Frequenz gerade die 0-dB-Linie), während er in der Ortskurvendarstellung dadurch charakterisiert war, dass die Ortskurve des offenen Regelkreises gerade durch den Punkt −1 auf der reellen Achse lief.

Der Abstand des Regelkreises vom Stabilitätsrand kann durch zwei Kenngrößen spezifiziert werden, die in **Bild 8.32** zunächst im Bode-Diagramm dargestellt sind:

- Die *Phasenreserve* φ_m entspricht dem Abstand der Phasenkennlinie von der −180°-Linie bei der Durchtrittsfrequenz ω_c. Sie gibt an, wie stark die Phase bei der Durchtrittsfrequenz noch abgesenkt werden darf, bevor der Regelkreis instabil wird; am Stabilitätsrand gilt gerade $\varphi_m = 0°$. Die Phasenreserve wird manchmal auch als *Phasenrand* bezeichnet.

- Die *Amplitudenreserve* A_m entspricht dem Abstand der Amplitudenkennlinie von der 0-dB-Linie bei der −180°-Frequenz ω_π. Sie gibt an, wie weit die Amplitudenkennlinie bei ω_π noch angehoben werden darf, bevor der Regelkreis instabil wird, d. h. wie stark der Proportionalbeiwert des offenen Regelkreises (also z. B. der K_P-Wert des Reglers) noch erhöht werden darf. Am Stabilitätsrand hat die Amplitudenreserve gerade den Wert 1 bzw. 0 dB. Die Amplitudenreserve wird manchmal auch als *Amplitudenrand* bezeichnet.

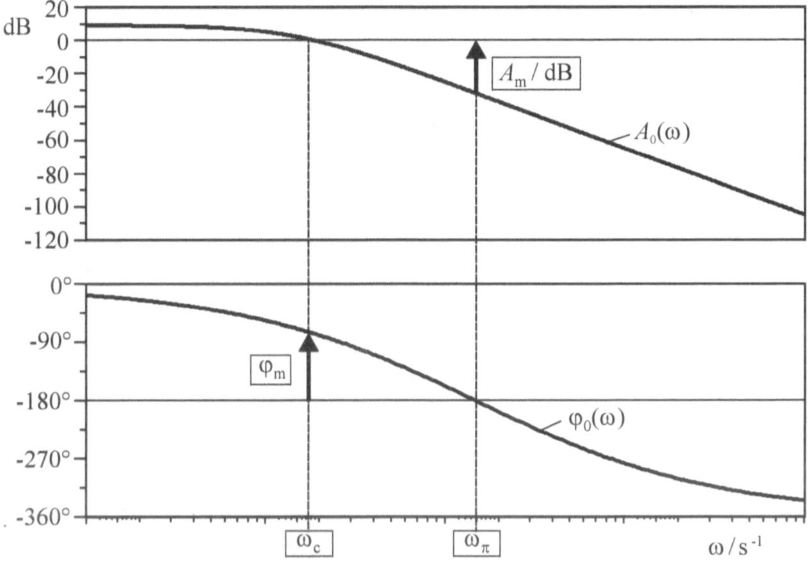

Bild 8.32 Phasenreserve φ_m und Amplitudenreserve A_m (in dB) im Bode-Diagramm

Bild 8.33 zeigt beide Kennwerte in der Ortskurvendarstellung. In dieser Darstellungsform lässt sich der Abstand des Regelkreises vom Stabilitätsrand besonders gut erkennen.

Anhand dieser Kennwerte kann das dynamische Verhalten des geschlossenen Regelkreises nun recht gut beurteilt werden:

- Sind Phasen- und Amplitudenreserve sehr gering, so befindet sich der Regelkreis sehr nahe am Stabilitätsrand. Derartige Regelkreise weisen eine geringe Dämpfung auf und können bei geringfügigen Änderungen einzelner Regelkreisglieder schnell instabil werden.
- Nehmen Phasen- und Amplitudenreserve hingegen sehr große Werte an, ist der Regelkreis zwar sehr weit vom Stabilitätsrand entfernt, dafür in der Regel aber auch sehr träge, da der entsprechende Verlauf des Frequenzgangs meist durch einen sehr kleinen Proportionalbeiwert des offenen Kreises erzielt wird. Erkennbar ist dies auch daran, dass die Durchtrittsfrequenz in solchen Fällen meist einen sehr niedrigen Wert hat, d. h. im Amplitudengang sehr weit links liegt. Der Regelkreis dämpft dann hohe Frequenzen sehr stark ab, was zu der angesprochenen Trägheit führt.

Wir erkennen auch hier wieder den Konflikt zwischen einer möglichst guten Dämpfung des Regelkreises (geringes Überschwingen) und einer möglichst schnellen Reaktion auf Führungsgrößenänderungen bzw. Störungen, den wir bereits bei unseren Betrachtungen im Zeitbereich kennengelernt hatten.

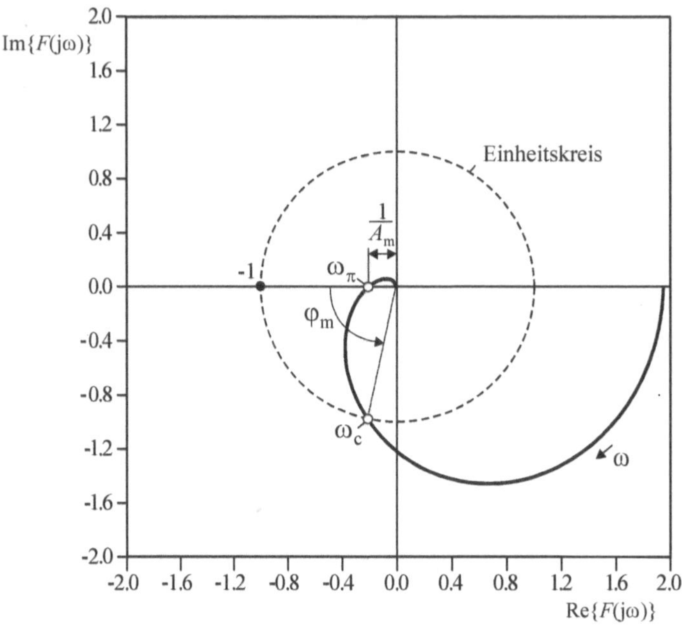

Bild 8.33 Phasenreserve φ_m und Amplitudenreserve A_m in der Ortskurve

Beispiel: Wir betrachten wieder die P-T_3-Regelstrecke mit den Kennwerten $K_{PS} = 1$, $T_1 = 1$ s, $T_2 = 3$ s, $T_3 = 6$ s, die durch einen P-Regler geregelt werden soll. Der Regler wird nacheinander mit einem Proportionalbeiwert von $K_{PR} = 2$, 5 und 10 betrieben. **Bild 8.34** zeigt die aus den jeweiligen Reglereinstellungen resultierenden Bode-Diagramme des offenen Regelkreises.

Wir können den Bode-Diagrammen folgende Werte für Durchtrittsfrequenz und Phasenreserve für die drei unterschiedlichen Reglereinstellungen entnehmen:

K_{PR}	ω_c	φ_m
2	$\approx 0.2\ s^{-1}$	$\approx 75°$
5	$\approx 0.4\ s^{-1}$	$\approx 35°$
10	$\approx 0.6\ s^{-1}$	$\approx 10°$

Der Regelkreis mit der „schwächsten" Reglereinstellung ($K_{PR} = 2$) besitzt also wie erwartet die größte Phasenreserve, jedoch die niedrigste Durchtrittsfrequenz; bei der stärksten Reglereinstellung ($K_{PR} = 10$) sind die Verhältnisse genau umgekehrt. **Bild 8.35** zeigt die zugehörigen Verhältnisse im Zeitbereich anhand der Sprungantworten der jeweiligen Regelkreise. Wie wir erkennen können, führt die größte Phasenreserve zur besten Dämpfung, d. h.

dem geringsten Überschwingen, aber auch dem langsamsten Anstieg der Sprungantwort. Umgekehrt führt eine geringere Phasenreserve zu einer stärkeren Schwingneigung, aber zu einem schnelleren Anstieg der Regelgröße.

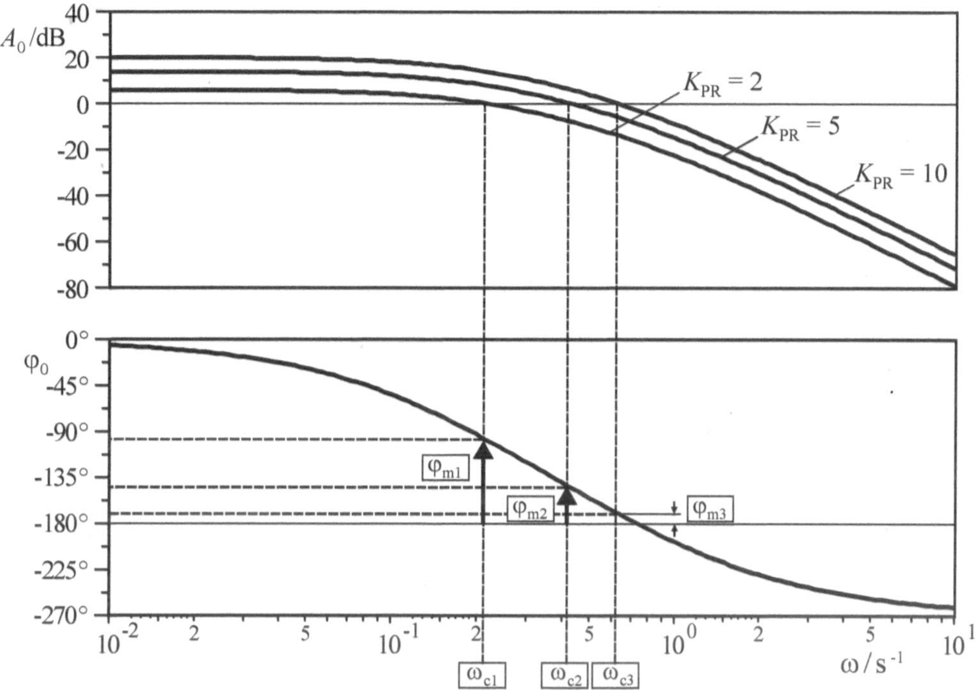

Bild 8.34 Bode-Diagramm des offenen Regelkreises für unterschiedliche Einstellungen des P-Reglers

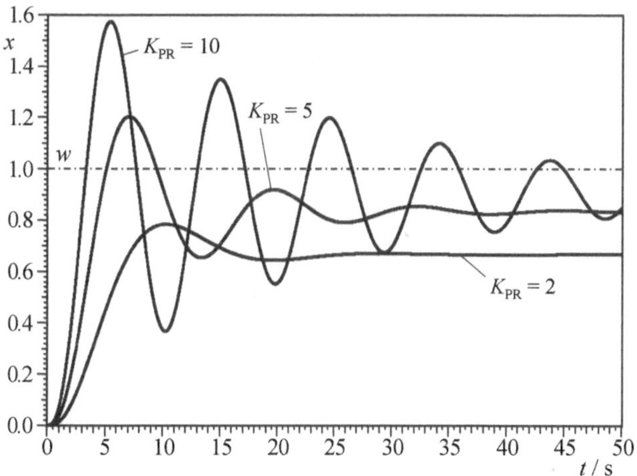

Bild 8.35 Sprungantworten der zugehörigen geschlossenen Regelkreise

Die Datei *Phasenreserve.bsy* enthält die zu diesem Beispiel gehörige Simulationsstruktur. Überprüfen Sie die angegebenen Ergebnisse!

Je größer die Phasenreserve φ_m eines Regelkreises ist, desto besser ist seine Dämpfung, d. h., desto geringer ist seine Schwingneigung. Die Schnelligkeit des Regelkreises verbessert sich mit steigender Durchtrittsfrequenz ω_c.

In der Praxis muss ein möglichst sinnvoller Kompromiss zwischen optimaler Dämpfung und optimaler Schnelligkeit gefunden werden. Bewährt haben sich nachfolgende Einstellregeln:

Für gutes *Führungsverhalten* des geschlossenen Regelkreises sollte die Phasenreserve im Bereich

$$40° < \varphi_m < 60°$$

und die Amplitudenreserve im Bereich

$$4 < A_m < 10 \quad \text{bzw.} \quad 12\text{ dB} < A_m < 20\text{ dB}$$

liegen.

Für gutes *Störverhalten* des geschlossenen Regelkreises sollte die Phasenreserve im Bereich

$$20° < \varphi_m < 70°$$

und die Amplitudenreserve im Bereich

$$1.5 < A_m < 3 \quad \text{bzw.} \quad 3.5\text{ dB} < A_m < 9.5\text{ dB}$$

liegen.

Die Einstellempfehlungen für gutes Führungsverhalten werden in der Regel durch eine schwächere Reglerauslegung erreicht als diejenigen für gutes Störverhalten, da Änderungen der Führungsgröße unmittelbar auf den Regler wirken, während Störungen in den meisten Fällen mehr oder weniger stark durch die Regelstrecke gedämpft werden; wir hatten beispielsweise bei den Einstellregeln nach *Chien*, *Hrones* und *Reswick* einen ähnlichen Zusammenhang beobachtet. Störungen am Ausgang der Regelstrecke wirken naturgemäß ebenfalls direkt auf den Regler; sollen diese primär durch die Regelung kompensiert werden, sind daher die Einstellregeln für gutes Führungsverhalten vorzuziehen.

Noch nicht betrachtet hatten wir im Zusammenhang mit der Frequenzgangdarstellung von Regelkreisen die Frage nach der stationären Genauigkeit des geschlossenen Regelkreises, d. h. nach dem eventuellen Vorliegen einer bleibenden Regeldifferenz e_∞. Bei der Regelkreisanalyse im Zeitbereich hatten wir gesehen, dass stationäre Genauigkeit bezüglich des Führungsverhaltens dann gegeben war, wenn sich im offenen Regelkreis (mindestens) ein I-Glied befand, d. h. entweder der Regler einen I-Anteil aufwies oder aber die Regelstrecke selbst integrierendes Verhalten besaß. In der Frequenzgangdarstellung ist für den stationären Zustand des Regelkreises die Frequenz 0 entscheidend: Besitzt der offene Regelkreis kein I-Glied, d. h., weist er stationär P-Verhalten auf, so startet die Amplitudenkennlinie des offenen Regelkreises bei einem endlichen Wert $A_0(0)$, der gerade dem Proportionalbeiwert des offenen Regelkreises entspricht; dies ist beispielsweise bei den in Bild 8.34 dargestellten Regelkreisen der Fall. In diesem Fall weist der geschlossene Regelkreis eine bleibende Regeldifferenz auf, die umso geringer ist, je größer der Proportionalbeiwert des offenen Regelkreises ist. Weist der offene Regelkreis jedoch I-Verhalten auf, so strebt die Amplitudenkennlinie des offenen Kreises für $\omega \rightarrow 0$ gegen unendlich, und die bleibende Regeldifferenz verschwindet. **Bild 8.36** zeigt dies am Beispiel eines offenen Regelkreises, bestehend aus einer P-T_2-Regelstrecke und einem PI-Regler.

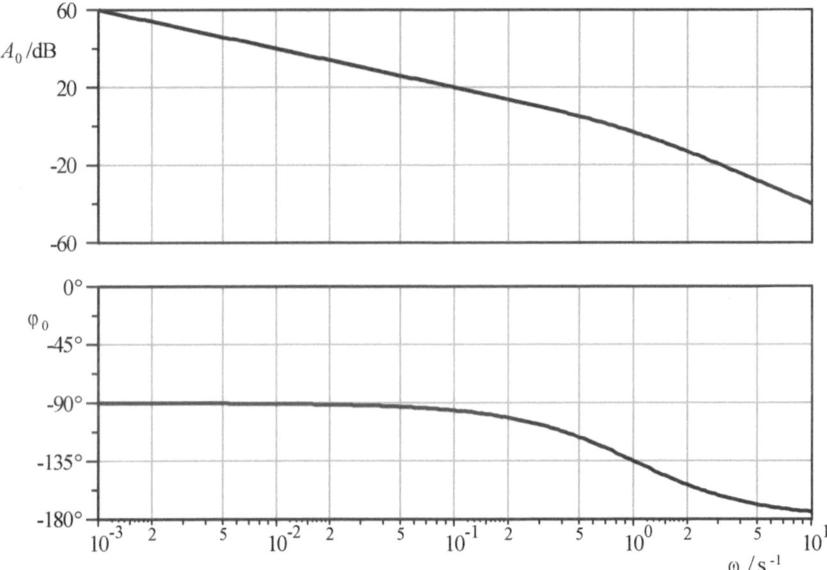

Bild 8.36 Bode-Diagramm eines offenen Regelkreises, bestehend aus P-T_2-Regelstrecke und PI-Regler

Um eine hinreichende stationäre Genauigkeit zu erreichen, muss also entweder der Proportionalbeiwert des offenen Regelkreises (Kreisverstärkung) hinreichend groß gewählt oder aber ein I-Glied eingefügt werden. Eine Erhöhung der Kreisverstärkung bewirkt aber eine Verschiebung der Amplitudenkennlinie „nach oben", wodurch die Durchtrittsfrequenz nach rechts verschoben wird und damit in den Bereich stärker abgesenkter Phase gelangt; es kommt also zu einer Verringerung der Phasenreserve und damit zu einer schlechteren Dämpfung des Regelkreises mit der Tendenz zur Instabilität. Das Einfügen des I-Glieds wiederum bewirkt eine Phasenabsenkung um 90° im gesamten Frequenzbereich und damit ebenfalls eine (erhebliche) Verringerung der Phasenreserve. Wir erkennen auch hier deutlich den Konflikt zwischen den Forderungen nach möglichst hoher Stabilitätsgüte auf der einen und hinreichender stationärer Genauigkeit auf der anderen Seite, den wir auch bei unseren Untersuchungen im Zeitbereich schon festgestellt hatten.

Der eigentliche Reglerentwurf hat nun also die Frage zu beantworten, wie bei einer bestimmten stationären Genauigkeit und genügend schneller Reaktion des Regelkreises dieser dennoch stabil und darüber hinaus hinreichend gedämpft eingestellt werden kann. Zur Verbesserung der Stabilitätsgüte gibt es gemäß den bisherigen Ergebnissen prinzipiell drei Möglichkeiten:

- Senken der Amplitudenkennlinie

  Hierdurch wird die Durchtrittsfrequenz ω_c nach links verschoben, also in einen Bereich, in dem in der Regel eine geringere Phasenabsenkung vorliegt, sodass die Phasenreserve vergrößert wird. Mit zunehmender Verschiebung der Durchtrittsfrequenz nach links wird der geschlossene Regelkreis jedoch immer träger.
- Anheben der Phasenkennlinie

  Ein Anheben der Phasenkennlinie bei gleichbleibender Durchtrittsfrequenz führt zu einer entsprechenden Vergrößerung der Phasenreserve.
- Gleichzeitiges Senken der Amplitudenkennlinie und Anheben der Phasenkennlinie in unterschiedlichen Frequenzbereichen

Wir werden in den folgenden Abschnitten sehen, dass die erste Vorgehensweise (Absenken der Amplitudenkennlinie) durch einen PI-Regler realisiert werden kann, während zum Anheben der Phasenkennlinie ein PD-Regler prädestiniert ist. Sollen beide Maßnahmen kombiniert werden, so bietet sich dafür ein PID-Regler an.

8.7.2 PI-Regler

Betrachten wir noch einmal das Bode-Diagramm des PI-Reglers (Tabelle 8.3), so erkennen wir, dass dieser die Betragskennlinie insbesondere im Bereich niedriger Frequenzen (d. h. für Werte unterhalb der Eckfrequenz $1/T_i$) zunehmend stark anhebt, für höhere Frequenzen aber je nach Wahl von K_{PR} nur zu einer geringen Anhebung oder sogar Absenkung der Betragskennlinie führt. Die Phasenkennlinie wird für niedrige Frequenzen durch den I-Anteil zwar um 90° abgesenkt, diese Absenkung geht im Bereich mittlerer und hoher Frequenzen dann aber gegen null, sodass die Stabilität nicht gefährdet wird.

Zur Festlegung der Reglerparameter K_{PR} (Proportionalbeiwert) und T_i (Nachstellzeit) geht man in der Praxis meist so vor, dass man zunächst die Nachstellzeit nutzt, um die größte Zeitkonstante der Regelstrecke (also den langsamsten Streckenanteil) zu kompensieren (*Kompensationsregler*). Bezeichnen wir diese mit T_{max}, so wählt man $T_i = T_{max}$; dies bedeutet nichts anderes, als dass die unterste Eckfrequenz $\omega_{min} = 1/T_{max}$ der Regelstrecke mit der Eckfrequenz $1/T_i$ des PI-Reglers übereinstimmt. Diese Vorgehensweise ist insbesondere deshalb sinnvoll, weil die größte Streckenzeitkonstante und damit die kleinste Streckeneckfrequenz zur „schnellsten" Phasenabsenkung führt und sich daher auf das Stabilitätsverhalten am ungünstigsten auswirkt. Im zweiten Schritt wird dann der Proportionalbeiwert K_{PR} des Reglers in der Weise bestimmt, dass sich für den offenen Regelkreis eine vorgegebene Phasenreserve φ_m einstellt.

Beispiel: Wir betrachten wiederum die P-T_3-Regelstrecke mit den Kennwerten $K_{PS} = 1$, $T_1 = 1\,s$, $T_2 = 3\,s$, $T_3 = 6\,s$, für die nunmehr ein PI-Regler entworfen werden soll. Gemäß den vorangegangenen Überlegungen setzen wir die Nachstellzeit gleich der größten Zeitkonstante, wählen also $T_i = 6$ s. Als Nächstes haben wir nun das Bode-Diagramm des offenen Regelkreises zu ermitteln, wobei wir den Proportionalbeiwert des Reglers zunächst noch zu 1 setzen. **Bild 8.37** zeigt die zugehörigen Kennlinien. Den K_{PR}-Wert des Reglers wollen wir nun so festlegen, dass eine Phasenreserve von $\varphi_m = 45°$ erreicht wird. Dazu bestimmen wir in der Phasenkennlinie des offenen Kreises zunächst diejenige Frequenz, bei der die Phase einen Wert von $-180° + \varphi_m = -135°$ aufweist; diese Frequenz muss später die Durchtrittsfrequenz ω_c des offenen Regelkreises darstellen. Wir können einen Wert von etwa $\omega_c = 0.2\ s^{-1}$ ablesen.

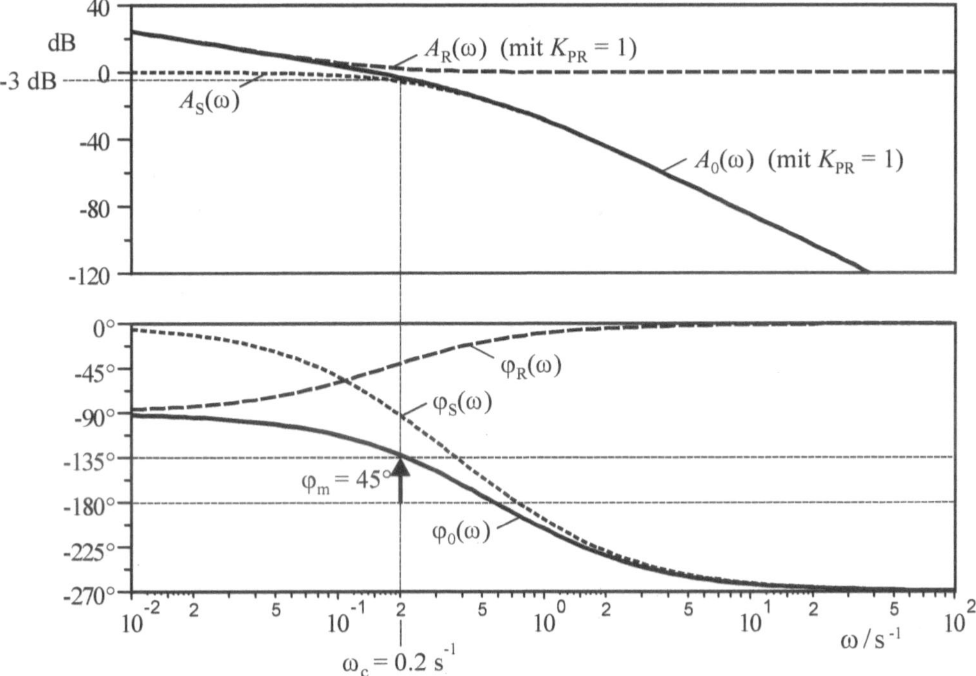

Bild 8.37 Bode-Diagramm von Regelstrecke, Regler und offenem Regelkreis, bestehend aus P-T_3-Regelstrecke und PI-Regler mit $K_{PR} = 1$

Nunmehr überprüfen wir, welchen Wert die Amplitudenkennlinie des offenen Kreises aktuell bei dieser Frequenz aufweist; wir ermitteln einen Wert von ungefähr –3 dB. Durch den K_{PR}-Wert des Reglers darf die Amplitudenkennlinie also um +3 dB angehoben werden; das entspricht einem Wert von ungefähr $K_{PR} = 1.41$. Unser PI-Regler ist damit vollständig bestimmt. **Bild 8.38** zeigt die Sprungantwort des zugehörigen geschlossenen Regelkreises. Da wir die Phasenreserve mit 45° relativ gering angesetzt hatten, erhalten wir ein Überschwingen von etwa 20 %, dafür jedoch ein relativ schnelles Ansteigen der Regelgröße.

Die Datei *PIanPT3Strecke.scl* enthält die zu diesem Beispiel gehörige Regelkreisstruktur. Überprüfen Sie die angegebenen Ergebnisse!

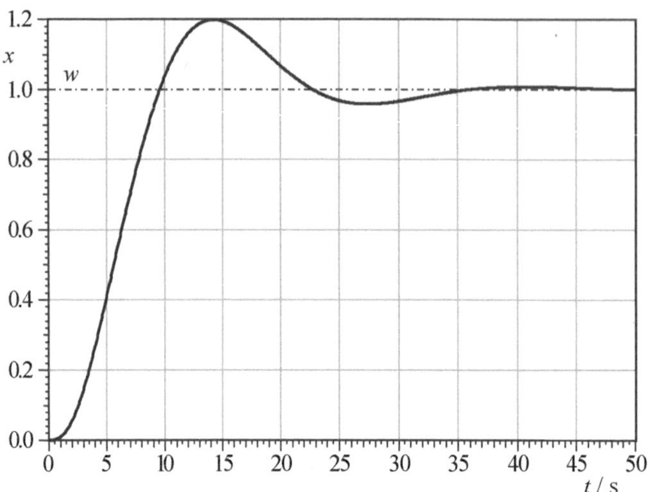

Bild 8.38 Sprunganwort des zugehörigen geschlossenen Regelkreises

Statt die Phasenreserve vorzugeben, kann man natürlich beispielsweise auch für die Durchtrittsfrequenz einen bestimmten Sollwert ansetzen; die Ermittlung des zugehörigen K_{PR}-Werts des Reglers erfolgt dann in völlig analoger Weise.

8.7.3 PID-Regler

Beim PID-Regler sorgt der D-Anteil dafür, dass die Amplitudenkennlinie für Frequenzen oberhalb der zweiten Eckfrequenz bei $1/T_d$ mit 20 dB/Dekade ansteigt und die Phasenkennlinie für hohe Frequenzen gegen +90° strebt; diese Tatsache wirkt sich zusätzlich stabilisierend auf den Regelkreis aus. Man kann daher im Vergleich zum PI-Regler die Durchtrittsfrequenz bei gleicher Phasenreserve weiter nach rechts legen, wodurch der Regelkreis an Schnelligkeit gewinnt.

Beim Entwurf kann man ähnlich vorgehen wie beim PI-Regler, wobei nun aber die *beiden* größten Zeitkonstanten der Regelstrecke kompensiert werden können.

Beispiel: Wir betrachten dieselbe Regelstrecke wie im vorangegangenen Abschnitt, wollen nun aber einen PID-Regler einsetzen. Da die beiden größeren Zeitkonstanten der Strecke bei 6 s bzw. 3 s liegen, setzen wir zunächst T_i = 6 s und T_d = 3 s und ermitteln dann wie gehabt das Bode-Diagramm des offenen Kreises für K_{PR} = 1 (**Bild 8.39**).

Unter Vorgabe einer Soll-Phasenreserve von 45° erhalten wir in diesem Fall für die Durchtrittsfrequenz einen einzustellenden Wert von ω_c = 1.3 s^{-1} – die Durchtrittsfrequenz liegt nun also wesentlich weiter rechts als beim Entwurf des PI-Reglers. Die Amplitudenkennlinie hat bei dieser Frequenz einen Wert von etwa –23 dB, sodass sich für den Proportionalbeiwert des Reglers ein Wert von K_{PR} = 14.1 (entsprechend +23 dB) ergibt.

Bild 8.40 zeigt die Sprungantwort des zugehörigen geschlossenen Regelkreises im Vergleich zur PI-Regelung aus dem vorangegangenen Abschnitt. Der PID-Regler führt bei nahezu gleichem Überschwingen zu einem wesentlich schnelleren Anstieg der Regelgröße als der PI-Regler; allerdings ist zu beachten, dass insbesondere aufgrund des um den Faktor 10 größeren Proportionalbeiwerts K_{PR} des Reglers der Stellgrößenbedarf beim Einsatz des PID-Reglers wesentlich größer ist als bei PI-Regelung. Zudem ist die Störanfälligkeit des PID-Reglers in der hier eingesetzten idealen Form (d. h. mit einer idealen Differentiation) höher als beim PI-Regler; aus diesem Grund wird der D-Anteil wie an früherer Stelle bereits erwähnt in der Praxis meist verzögert ausgeführt, statt des idealen PID-Reglers wird also ein realer PID-Regler (PID-T_1-Regler) eingesetzt.

Die Datei *PIDanPT3Strecke.scl* enthält die zum Beispiel gehörige Regelkreisstruktur. Überprüfen Sie die angegebenen Ergebnisse! Untersuchen Sie, welche Änderungen sich bezüglich der Sprungantwort des geschlossenen Regelkreises ergeben, wenn Sie dieVerzögerungszeitkonstante T_{Vz} des Regler-D-Anteils erhöhen!

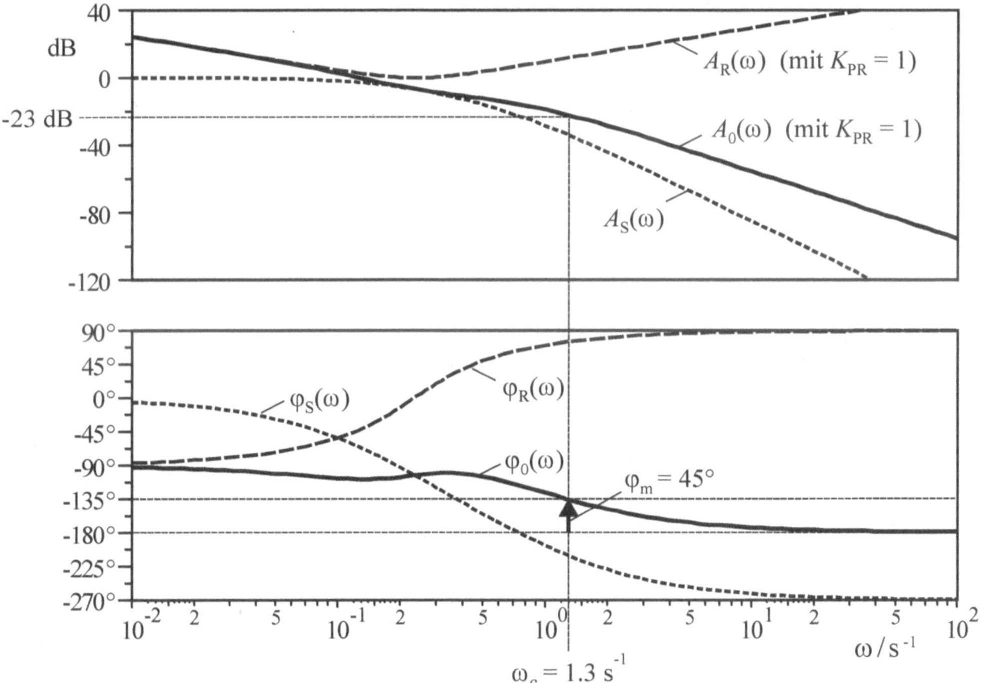

Bild 8.39 Bode-Diagramm von Regelstrecke, Regler und offenem Regelkreis, bestehend aus P-T_3-Regelstrecke und PID-Regler mit K_{PR} = 1

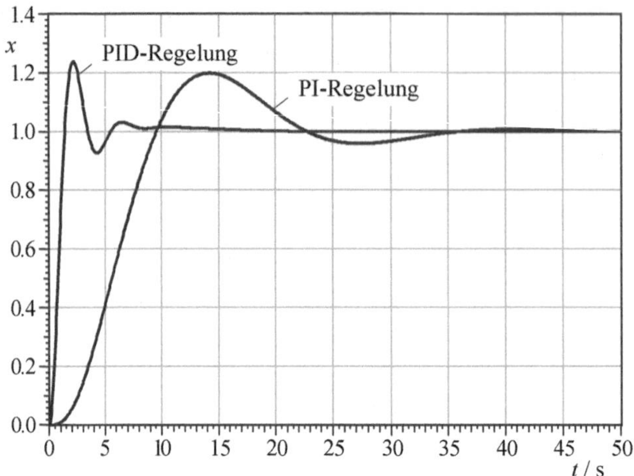

Bild 8.40 Sprunganwort des zugehörigen geschlossenen Regelkreises im Vergleich zur PI-Regelung

8.7.4 PD-Regler

Weist die Regelstrecke selbst bereits integrierendes Verhalten auf, so wird man normalerweise keinen Regler mit I-Anteil einsetzen, da dieser zusammen mit dem I-Glied in der Regelstrecke bereits zu einer Anfangsphase von $-180°$ führen und damit eine Stabilisierung des Regelkreises erheblich erschweren würde. Stattdessen kommt in solchen Fällen in der Regel ein PD-Regler zum Einsatz, dessen Amplitudenkennlinie oberhalb der Eckfrequenz von $1/T_d$ mit 20 dB/Dekade ansteigt und dessen Phasenkennlinie beginnend bei 0° für hohe Frequenzen gegen einen Wert von +90° strebt. Zusammen mit dem I-Anteil der Regelstrecke wirkt der PD-Regler dann wie ein PID-Regler an einer Regelstrecke mit P-Verhalten.

Die Reglereinstellung erfolgt analog zum PI- bzw. PID-Regler. Über die Vorhaltezeit T_d wird also zunächst die größte Streckenzeitkonstante kompensiert und über den Proportionalbeiwert K_{PR} anschließend die gewünschte Phasenreserve eingestellt.

Beispiel: Wir betrachten ein I-T_2-Glied mit einem Integrierbeiwert von $K_I = 5\ s^{-1}$ und den Zeitkonstanten $T_1 = 5$ s und $T_2 = 20$ s. Es soll ein PD-Regler entworfen werden, der zu einer Phasenreserve von $\varphi_m = 60°$ führt. Dazu setzen wir zunächst $T_d = T_2 = 20$ s und ermitteln dann den Frequenzgang des offenen Regelkreises für $K_{PR} = 1$ (**Bild 8.41**).

Die gewünschte Phasenreserve von 60° liefert eine Soll-Durchtrittsfrequenz von $\omega_c \approx 0.12\ s^{-1}$. Bei dieser Frequenz besitzt die Amplitudenkennlinie einen aktuellen Wert von ungefähr +31 dB, d. h., wir erhalten für K_{PR} einen Wert von ungefähr 0.028, entsprechend –31 dB.

Bild 8.42 zeigt die Sprungantwort des zugehörigen geschlossenen Regelkreises. Da wir eine relativ große Phasenreserve eingestellt haben, läuft die Regelgröße mit nur geringem Überschwingen gegen ihren stationären Endwert.

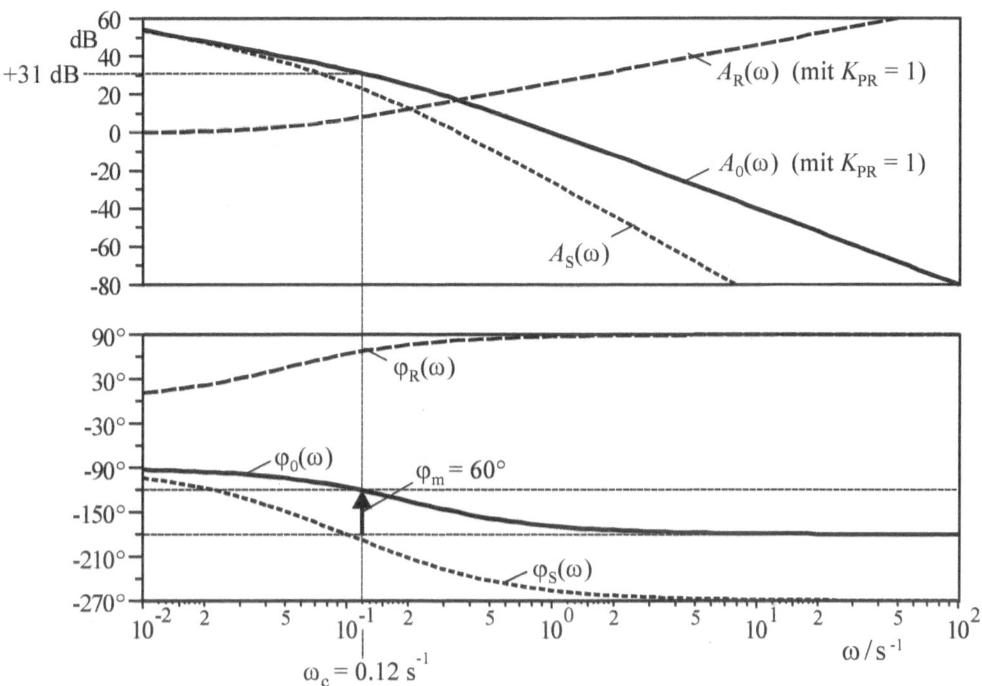

Bild 8.41 Bode-Diagramm von Regelstrecke, Regler und offenem Regelkreis, bestehend aus I-T_2-Regelstrecke und PD-Regler mit K_{PR} = 1

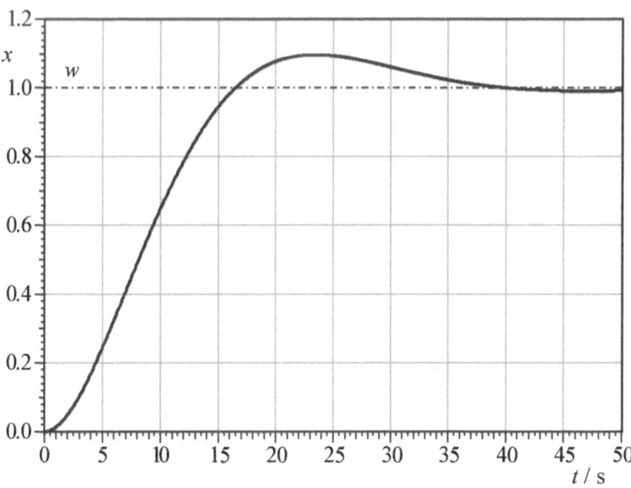

Bild 8.42 Sprunganwort des zugehörigen geschlossenen Regelkreises

Die Datei *PDanIT2Strecke.scl* enthält die zu diesem Beispiel gehörige Regelkreisstruktur. Überprüfen Sie die angegebenen Ergebnisse!

9 Unscharfe Regelung (Fuzzy Control)

Als *Unscharfe Regelung* (engl. *Fuzzy Control*) wird ein Regelungskonzept bezeichnet, das seit etwa 1990 wesentliche Bedeutung insbesondere im Bereich komplexerer (also beispielsweise stark vermaschter oder nichtlinearer) Regelungssysteme erlangt hat. Die Grundidee liegt dabei darin, menschliches Expertenwissen – etwa die in vielen Berufsjahren gesammelte Erfahrung eines Anlagenbedieners – in eine Steuerungs- oder Regelungsstrategie zu überführen, die dann automatisiert werden kann [DR96, KA94, KA95].

9.1 Der Mensch als Regler

Der Mensch ist in der Lage, auch relativ komplexe Vorgänge nach einer gewissen Lernphase zu beherrschen. Wir hatten dies in Abschnitt 1.5 bereits am Beispiel des Radfahrens erläutert. Betrachten wir als weiteres Beispiel nun das Fahren eines PKW: Aus regelungstechnischem Blickwinkel handelt es sich dabei um einen höchst diffizilen Regelungsvorgang, bei dem der Fahrer den Part des Reglers übernimmt. Er hat die Aufgabe, sein Fahrzeug gemäß einer Reihe verschiedenartigster Führungsgrößen fortzubewegen, wobei ihm diese Aufgabe durch vielfältige Störgrößen, Parametervariationen sowie einzuhaltende Nebenbedingungen erschwert wird. Primär haben wir es hierbei mit zwei Regelgrößen zu tun:

- Der *Position* des Wagens, die sich entsprechend dem vorgegebenen Straßenverlauf – sieht man von Sonderfällen wie Überholvorgängen oder unabdingbaren Ausweichmanövern einmal ab – stets zwischen Mittellinie und rechtem Fahrbahnrand zu befinden hat. Bei dieser Regelungsaufgabe handelt es sich also um eine Folgeregelung.
- Der *Geschwindigkeit* des Wagens. In der Regel wird der Fahrer versuchen, eine möglichst konstante Geschwindigkeit beizubehalten, da unnötige Brems- und Beschleunigungsmanöver einen erhöhten Treibstoffverbrauch sowie stärkeren Verschleiß von Fahrzeugkomponenten (beispielsweise Reifen oder Bremsbelägen) nach sich ziehen. Eine zu niedrige Geschwindigkeit hingegen kostet Zeit und behindert den Verkehr. Der einzuhaltende Geschwindigkeitswert liegt daher – je nach Temperament und Geldbeutel des Fahrers – mehr oder weniger oberhalb (oder auch unterhalb) der aktuell zulässigen Höchstgeschwindigkeit, solange nicht beispielsweise stark kurvenreiche Straßenverläufe oder Sichtbehinderungen eine Änderung dieser Strategie sinnvoll erscheinen lassen. Es handelt sich hierbei also wechselweise um eine Festwert- bzw. Folgeregelung.

Der Fahrer löst diese beiden (und die Vielzahl weiterer in diesem Zusammenhang anfallender, hier aber nicht explizit aufgeführter) Regelungsprobleme mit einer Mischung aus *Intuition* („Bauchgefühl"), *Erfahrung* und *fahrerischem Können*. Dabei handelt er regelbasiert:

WENN eine bestimmte Situation vorliegt,
DANN handle in einer bestimmten Art und Weise

oder abstrakt

WENN {Bedingung},
DANN {Schlussfolgerung}[22]

bzw.

{Bedingung} $\Rightarrow$ {Schlussfolgerung} .

Beispiele für solche „Fahrregeln“ könnten sein:

R1: „Tendiert die Wagenposition langsam zur Fahrbahnmitte hin, muss mit einer leichten Lenkbewegung nach rechts gegengesteuert werden.“

R2: „Tendiert die Wagenposition stark zur Fahrbahnmitte hin, muss mit einer starken Lenkbewegung nach rechts gegengesteuert werden.“

Die Regeln *R1* und *R2* betreffen beide die Ausrichtung der Wagenposition in der Mitte der rechten Fahrbahnseite, wobei sich die Handlungsanweisungen beider Regeln nur in der Stärke des Stelleingriffs unterscheiden. Für das *Anfahren am Berg* könnte beispielsweise die folgende Regel hinzukommen:

R3: „Beim Anfahren am steilen Berg ist der erste Gang einzulegen, die Kupplung langsam kommen zu lassen und gleichzeitig die Handbremse vorsichtig zu lösen.“

Betrachten wir die Regelungsaufgabe *Einhalten einer konstanten Geschwindigkeit*, so eignen sich dafür beispielsweise folgende Regeln:

R4: „Ist der Streckenverlauf geradlinig, die Fahrbahn trocken, die Sicht gut und liegt die aktuelle Geschwindigkeit in der Nähe oder nur unwesentlich oberhalb der zulässigen Höchstgeschwindigkeit, ändert sich aber nicht, dann kann das Gaspedal in der aktuellen Stellung belassen werden.“

R5: „Ist der Streckenverlauf geradlinig, die Fahrbahn trocken, die Sicht gut und liegt die aktuelle Geschwindigkeit in der Nähe oder nur unwesentlich oberhalb der zulässigen Höchstgeschwindigkeit, wird aber größer, dann sollte das Gaspedal etwas zurückgenommen werden.“

R6: „Ist der Streckenverlauf geradlinig, die Fahrbahn trocken, die Sicht gut und liegt die aktuelle Geschwindigkeit weit unterhalb der zulässigen Höchstgeschwindigkeit, kann das Gaspedal voll durchgetreten werden.“

Im Unterschied zu den Regeln *R1* ... *R3* sind im Bedingungsteil dieser Regeln jeweils *mehrere* Teilbedingungen miteinander verknüpft.

Die unscharfe Regelung oder Fuzzy Control stellt nun einen Ansatz dar, das menschliche Verhalten bei derartig gelagerten Problemstellungen zu *operationalisieren*, d. h. in einen

[22] Die Bedingung wird auch als *Prämisse*, die Schlussfolgerung als *Konklusion* bezeichnet.

auf herkömmlichen Rechnern abarbeitbaren Algorithmus zu überführen und damit einer Automatisierung zugänglich zu machen. Allen oben aufgeführten Regeln ist gemeinsam, dass man sie in die standardisierte Form

WENN {Bedingung 1} UND {Bedingung 2} UND ...
DANN {Handlungsanweisung 1} UND {Handlungsanweisung 2} UND ...

überführen kann. Die *Fuzzy-Logik* als mathematische Grundlage von Fuzzy Control erfüllt dabei folgende Aufgaben:

1. Schaffung einer Vorschrift, um unscharfe Begriffe wie „leichte Lenkbewegung nach rechts", „langsame Tendenz zur Fahrbahnmitte", „geradliniger Streckenverlauf" usw. durch geeignete mathematische Modelle nachzubilden. Diese Aufgabe übernehmen *Fuzzy-Mengen* (engl. *Fuzzy Sets*).
2. Festlegung einer Vorschrift für die Verknüpfung von unscharfen Begriffen über Operatoren wie UND oder ODER. Dies gelingt mithilfe einfacher mathematischer Verknüpfungen wie der Minimum- oder Maximumbildung.
3. Modellierung unscharfer WENN ... DANN ...-Regeln, die aus u. U. mehreren, verknüpften Bedingungs- bzw. Schlussfolgerungsteilen bestehen. Mehrere dieser Regeln müssen zu einer größeren Regelbasis zusammengesetzt werden können, die dann für konkrete Eingangssituationen ausgewertet wird und eine eindeutig umsetzbare Handlungsanweisung liefert. Diese Aufgabe übernehmen *Fuzzy-Inferenz* und *Defuzzifizierung*.

9.2 Grundlagen der Fuzzy-Logik

9.2.1 Fuzzy-Mengen

Das Grundprinzip der klassischen Mengenlehre ist das *Zweiwertigkeitsprinzip*: Ein Element *gehört* entweder zu einer Menge oder es gehört *nicht* dazu, eine Aussage ist entweder *wahr* oder *falsch*. Betrachten wir als einfaches Beispiel die Menge M_1 der positiven reellen Zahlen zwischen 3 und 4

$$M_1 := \left\{ x \,\middle|\, x \in R^+ , 3 \le x \le 4 \right\}.$$

Dann gilt z. B.

$x = 1$ ist nicht Element von M_1

$x = 2.9$ ist nicht Element von M_1

$x = 3$ ist Element von M_1

$x = 3.5$ ist Element von M_1

$x = 10$ ist nicht Element von M_1

Grafisch lässt sich eine solche Menge in Form einer sogenannten *Zugehörigkeitsfunktion* $\mu(x)$ darstellen, die den Wert 1 annimmt, wenn ein x-Wert zur Menge gehört, anderenfalls den Wert 0. **Bild 9.1** zeigt die Zugehörigkeitsfunktion zur Menge M_1.

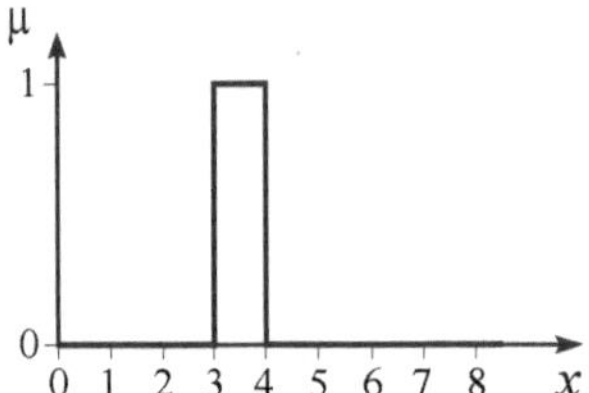

Bild 9.1 Zugehörigkeitsfunktion der Menge M_1

In der klassischen Mengenlehre nimmt die Zugehörigkeitsfunktion $\mu(x)$ nur die Werte 0 und 1 an.

Betrachten wir jetzt die Menge M_2 der positiven reellen Zahlen, die *viel größer* sind als 1

$$M_2 := \left\{ x \,\middle|\, x \in R^+,\ x \gg 1 \right\}$$

Wollen wir diese Menge durch eine Zugehörigkeitsfunktion beschreiben, so wird es schwierig: Sicherlich ist $x = 100\,000$ viel größer als 1 und gehört somit zu M_2; unbestritten ist auch $x = 0.5$ *nicht* viel größer als 1, da es kleiner als 1 ist. Was aber ist z. B. mit $x = 5$? Oder mit $x = 10$? Wir erkennen, dass sich die klassische Mengenlehre nicht zur Beschreibung von Ausdrücken wie „viel größer als" eignet. Abhilfe schafft hier die Modellierung als *unscharfe* Menge (Fuzzy-Menge, engl. *Fuzzy Set*). Dieser Mengentyp kennt nicht nur die Extremfälle „ist Element der Menge" oder „ist nicht Element der Menge", sondern auch „Zwischentöne". Dies zeigt sich in der Zugehörigkeitsfunktion darin, dass auch Zugehörigkeitsgrade *zwischen* 0 und 1 angenommen werden.

Bei unscharfen Mengen (Fuzzy-Mengen) sind auch Zugehörigkeitsgrade *zwischen* 0 und 1 zulässig.

Bild 9.2 zeigt, wie eine solche Fuzzy-Menge für unser Beispiel aussehen könnte. Wir erkennen, dass es Elemente gibt, die mit Sicherheit zur Menge gehören, also den Zugehörigkeitsgrad 1 besitzen (z. B. $x = 11$), ebenso wie Elemente, die mit Sicherheit nicht zur Menge gehören, also den Zugehörigkeitsgrad 0 besitzen (z. B. $x = 1$). Dazwischen gibt es bei einer Fuzzy-Menge aber Elemente, die „mehr oder weniger" zur Menge gehören; beispielsweise hat $x = 5$ einen Zugehörigkeitsgrad von $\mu(5) = 0.22$ und $x = 6$ einen Zugehörigkeitsgrad von $\mu(6) = 0.72$.

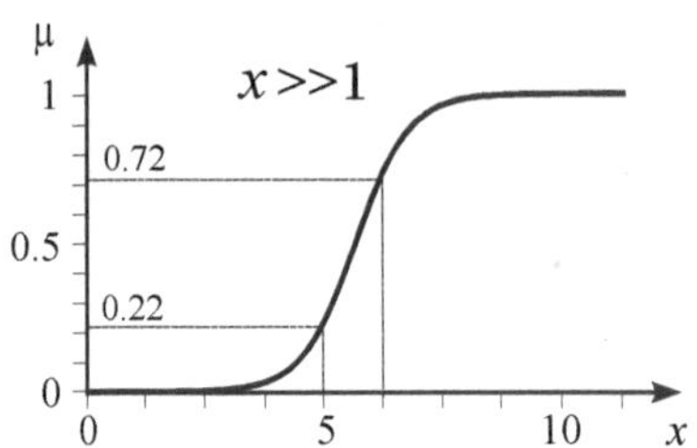

Bild 9.2 Mögliche Zugehörigkeitsfunktion der Menge M_2

9.2.2 Linguistische Variablen und Terme

Soll eine physikalische Größe statt durch „harte" Zahlenwerte durch umgangssprachliche, also „weiche" Ausdrücke beschrieben werden, so kann dies in Form von Fuzzy-Mengen für die einzelnen Ausdrücke geschehen. **Bild 9.3** zeigt dies am Beispiel der *Geschwindigkeit* eines Wagens. Man bezeichnet die physikalische Größe – hier also die Geschwindigkeit – in diesem Fall als *linguistische Variable* und ihre umgangssprachlichen Werte, d. h. Fuzzy-Mengen – hier *sehr_niedrig, niedrig, mittel, hoch* und *sehr_hoch* – als *linguistische Terme.*

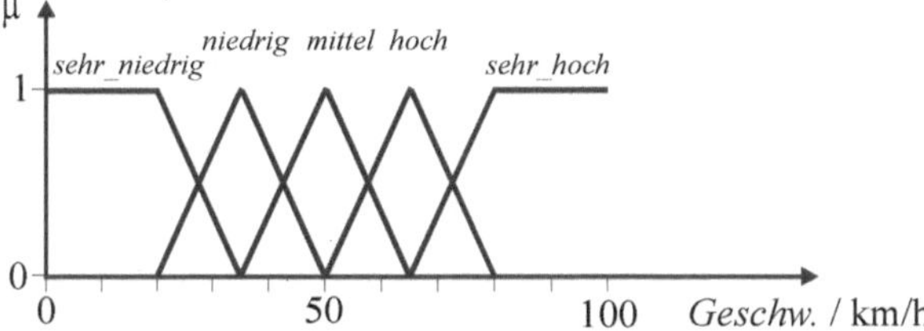

Bild 9.3 Linguistische Variable *Geschwindigkeit*

Im Bereich technischer Anwendungen weisen solche linguistischen Variablen in der Regel folgende Merkmale auf:

- Der Rand des Wertebereichs einer linguistischen Variablen wird meist durch trapezförmige Fuzzy-Mengen abgedeckt. Für den Zwischenbereich werden in vielen Fällen (symmetrische) dreiecksförmige Fuzzy-Mengen benutzt.
- Die Anzahl linguistischer Terme hängt vom Anwendungsfall ab; typisch sind Werte zwischen 2 und 7.
- Die Fuzzy-Mengen werden im Allgemeinen so gewählt, dass sich nebeneinanderliegende Fuzzy-Mengen mehr oder weniger stark überlappen.

Das letztgenannte Merkmal hat zur Konsequenz, dass ein scharfer, d. h. numerischer Wert der linguistischen Variablen auch zu mehreren Fuzzy-Mengen gleichzeitig gehören kann, wie es in obigem Bild beispielsweise für eine Geschwindigkeit von 60 km/h der Fall ist.

Scharfe Werte einer linguistischen Variablen lassen sich nun durch die sogenannte *Fuzzifizierung* auf den Bereich der linguistischen Werte abbilden. Dazu wird der Zugehörigkeitsgrad des scharfen Werts bezüglich der Fuzzy-Mengen aller linguistischen Werte gebildet. Nehmen wir beispielsweise einen scharfen Geschwindigkeitswert von $v' = 40$ km/h, so erhalten wir folgende Zugehörigkeitsgrade (**Bild 9.4**):

$$\mu_{sehr\_niedrig}(40\text{ km/h}) = 0$$

$$\mu_{niedrig}(40\text{ km/h}) = 0.67$$

$$\mu_{mittel}(40\text{ km/h}) = 0.33$$

$$\mu_{hoch}(40\text{ km/h}) = 0$$

$$\mu_{sehr\_hoch}(40\text{ km/h}) = 0$$

Umgangssprachlich würden wir einen solchen Wert also als *niedrig bis mittel, eher niedrig* bezeichnen.

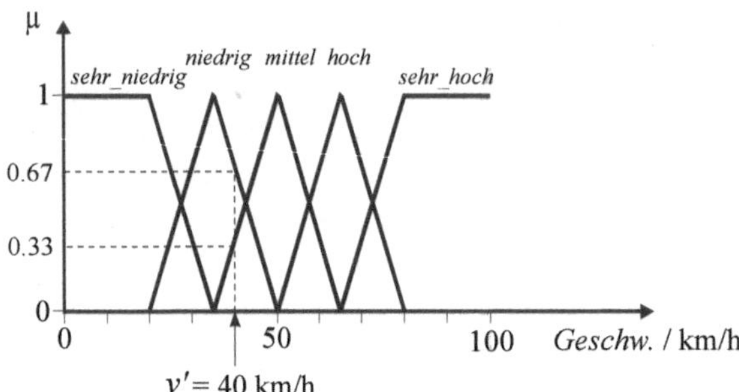

Bild 9.4 Fuzzifizierung eines scharfen Geschwindigkeitswerts

Die Fuzzifizierung stellt die erste Stufe eines Fuzzy-Systems (also z. B. eines Fuzzy-Reglers) dar.

Bei der *Fuzzifizierung* wird ein scharfer (numerischer) Wert einer Eingangsgröße eines Fuzzy-Systems in einen Satz von Zugehörigkeitsgraden zu den linguistischen Termen der Eingangsgröße überführt.

9.2.3 Fuzzy-Inferenz

Als *Fuzzy-Inferenz* wird die Auswertung von unscharfen WENN-DANN-Regeln (fuzzy-logisches Schließen) bezeichnet. Die Fuzzy-Inferenz stellt die zweite Stufe eines Fuzzy-Systems dar.

Wir betrachten als Beispiel aus dem täglichen Leben das *Erhitzen von Wasser*. Dabei soll die *Wärmezufuhr W* (Ausgangsgröße) in Abhängigkeit von der *Temperatur T* des Wassers (Eingangsgröße) erfolgen. Eine der dabei angewandten Regeln möge lauten

WENN	*Temperatur T = niedrig*
DANN	*Wärmezufuhr W = hoch*

Bild 9.5 zeigt die an dieser Regel „beteiligten" Fuzzy-Mengen bzw. ihre Zugehörigkeitsfunktionen.

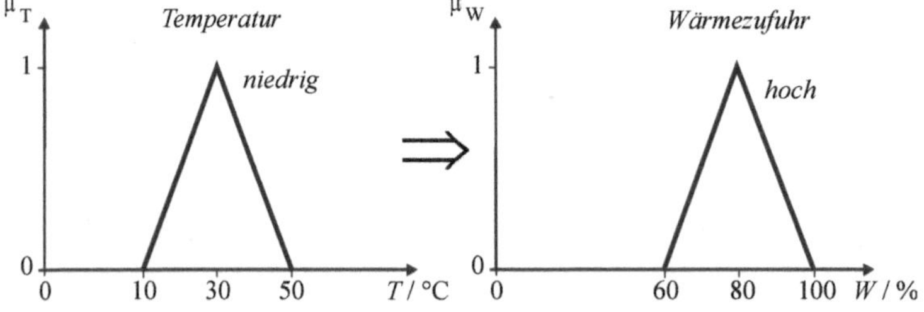

Bild 9.5 Zugehörigkeitsfunktionen für Beispiel *Erhitzen von Wasser*

Wie wird eine solche Regel nun für einen konkreten (d. h. scharfen) Temperaturwert von z. B. $T' = 20$ °C ausgewertet? Die Grundidee besteht darin, dass der Schlussfolgerungsteil der Regel (also der DANN-Teil) in demselben Maße zutreffen soll wie der Bedingungsteil (WENN-Teil). Wir ermitteln also zunächst den sogenannten *Erfüllungsgrad H* der Regel; dieser ist durch den Zugehörigkeitsgrad $\mu_T(T'=20\ °C)$ gegeben. Die Ausgangs-Fuzzy-Menge wird dann in der Höhe *H abgeschnitten* („geköpft", **Bild 9.6**). Die resultierende, abgeschnittene Fuzzy-Menge (grau hinterlegt) stellt das Ergebnis der Fuzzy-Inferenz für diese Regel dar.

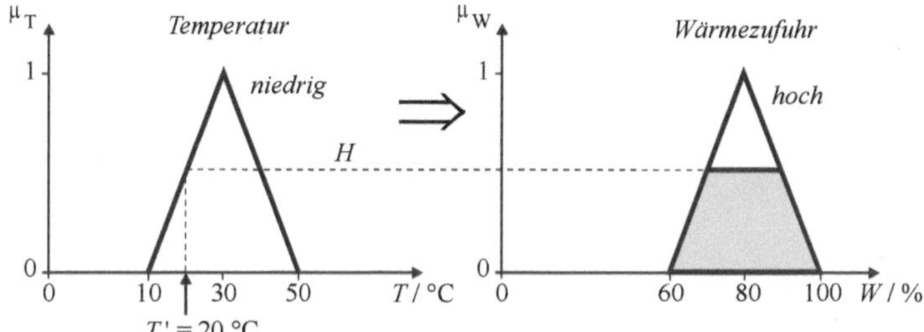

Bild 9.6 Auswertung der Regel für einen scharfen Temperaturwert *T '*

Soll – wie in der Praxis natürlich in den meisten Fällen gefordert – eine ganze *Regelbasis* ausgewertet werden, so werden alle Regeln einzeln (sequenziell oder auch simultan) ausgewertet und die Einzelergebnisse anschließend *überlagert*. Wir erweitern dazu unser Beispiel um die linguistischen Terme gemäß **Bild 9.7**, sodass der physikalische Wertebereich von Ein- und Ausgangsgröße nunmehr komplett von Fuzzy-Mengen überdeckt ist.

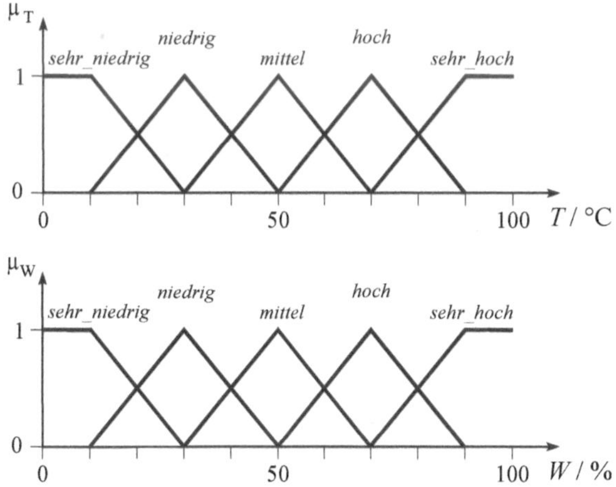

Bild 9.7 Linguistische Terme für Beispiel *Erhitzen von Wasser*

Die Regelbasis besteht jetzt aus fünf Regeln, nämlich

R_1:	WENN	T = *sehr_niedrig*	DANN W = *sehr_hoch*
R_2:	WENN	T = *niedrig*	DANN W = *hoch*
R_3:	WENN	T = *mittel*	DANN W = *mittel*
R_4:	WENN	T = *hoch*	DANN W = *niedrig*
R_5:	WENN	T = *sehr_hoch*	DANN W = *sehr_niedrig*

Wir wollen beispielhaft die Wärmezufuhr W für einen scharfen Temperaturwert von $T' = 45$ °C ermitteln. Dazu fuzzifizieren wir den Temperaturwert zunächst und erhalten gemäß **Bild 9.8** für die Zugehörigkeitsgrade des Temperaturwerts zu den linguistischen Termen die Werte

$$\mu_{T\,niedrig}(45\text{ °C}) = 0.25$$
$$\mu_{T\,mittel}(45\text{ °C}) = 0.75\,.$$

Die Zugehörigkeitsgrade bezüglich der anderen linguistischen Terme sind jeweils 0.

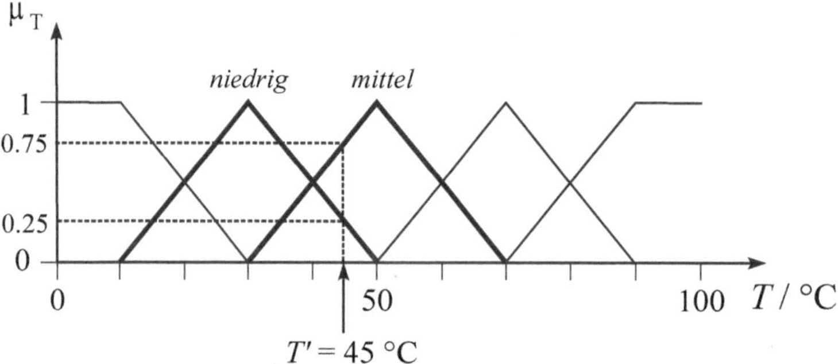

Bild 9.8 Fuzzifizierung des scharfen Temperaturwerts

Aus unserer Regelbasis sind daher lediglich die Regeln R_2 und R_3 aktiv, d. h. weisen einen Erfüllungsgrad größer null auf. Die Regel R_2 besitzt dabei den Erfüllungsgrad $H_2 = \mu_{T\,niedrig}$ (45 °C) = 0.25 und die Regel R_3 den Erfüllungsgrad $H_3 = \mu_{T\,mittel}$ (45 °C) = 0.75. Beide Regeln werten wir nun in der zuvor vorgestellten Weise aus (**Bild 9.9**). Wir erhalten als Teilergebnisse die in der Höhe $H_2 = 0.25$ abgeschnittene Wärmezufuhr-Fuzzy-Menge *hoch* und die in der Höhe $H_3 = 0.75$ abgeschnittene Wärmezufuhr-Fuzzy-Menge *mittel*.

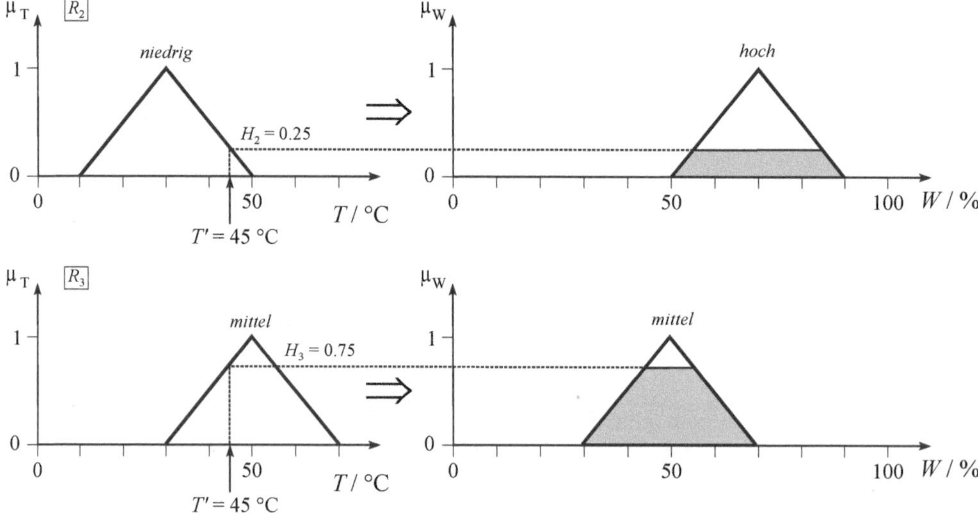

Bild 9.9 Auswertung der aktiven Regeln R_2 (oben) und R_3 (unten)

Die bei der Auswertung der Einzelregeln erhaltenen Teilergebnisse (Ergebnis-Fuzzy-Mengen) müssen wir nun zum Gesamtergebnis überlagern (**Bild 9.10**). Wir erhalten auf diese Weise eine Gesamtergebnis-Fuzzy-Menge mit der Zugehörigkeitsfunktion $\mu_{W\,res}$.

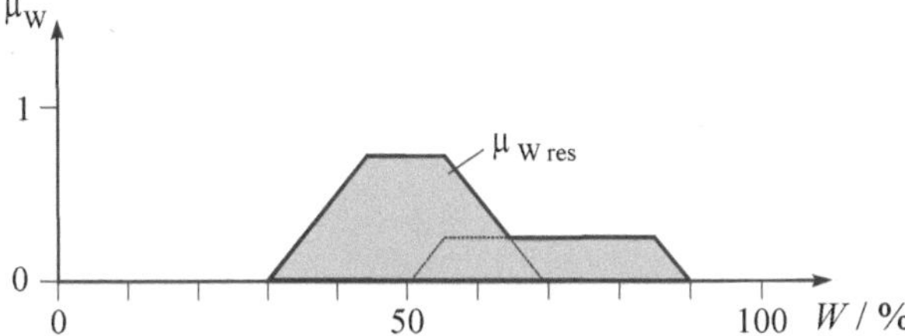

Bild 9.10 Überlagerung der Teilergebnisse zur Gesamtergebnis-Fuzzy-Menge $\mu_{W\,res}$

Betrachten wir die Auswertung der Regelbasis – also die Fuzzy-Inferenz – noch einmal mathematisch. Die Auswertung einer Einzelregel R_i hatten wir durch *Abschneiden* der Ausgangs-Fuzzy-Menge (Fuzzy-Menge des DANN-Teils) der Einzelregel in der Höhe H_i ihres Erfüllungsgrads vorgenommen. Mathematisch entspricht dieses Abschneiden gerade der Bildung des *Minimums* von Ausgangs-Fuzzy-Menge und Erfüllungsgrad H_i. Das Gesamtergebnis hatten wir durch *Überlagerung* der Teilergebnis-Fuzzy-Mengen ermittelt, was mathematisch nichts anderes ist als die Bildung des *Maximums* aller Teilergebnis-Fuzzy-Mengen. Aus diesem Grunde wird das Fuzzy-Inferenzschema in der hier vorgestellten Form kurz als *MAX-MIN-Inferenz* bezeichnet. Neben diesem MAX-MIN-Fuzzy-Inferenzschema existiert eine Reihe weiterer, mehr oder weniger abgewandelter Schemata, die wir an dieser Stelle aber nicht weiter betrachten wollen.

Bei der Fuzzy-Inferenz nach dem MAX-MIN-Inferenzschema erfolgt die Auswertung einzelner Regeln der Regelbasis durch Ermittlung des Erfüllungsgrads der jeweiligen Regel und Abschneiden der Ausgangs-Fuzzy-Menge (Fuzzy-Menge des DANN-Teils) dieser Regel in der Höhe des Erfüllungsgrads (MIN-Operation). Die Gesamtergebnis-Fuzzy-Menge erhält man anschließend durch Überlagerung aller Teilergebnis-Fuzzy-Mengen (MAX-Operation).

9.2.4 Defuzzifizierung

Das Ergebnis der Fuzzy-Inferenz ist zunächst wieder eine Fuzzy-Menge. Diese muss in der dritten und letzten Stufe des Fuzzy-Systems wieder in eine scharfe Ausgangsgröße (im Beispiel *Erhitzen von Wasser* also einen konkreten Zahlenwert für die Wärmezufuhr) „zurückverwandelt“ werden. Diesen Vorgang bezeichnet man als *Defuzzifizierung* (**Bild 9.11**).

Zur Defuzzifizierung steht eine Reihe unterschiedlicher Verfahren zur Verfügung, von denen zumindest im Bereich regelungstechnischer Anwendungen die *Schwerpunktmethode* (*Center of Gravity, COG*) die größte Bedeutung hat. Dabei wird der Abszissenwert y' des Flächenschwerpunkts S der Gesamtergebnis-Fuzzy-Menge als scharfer Ausgangsgrößenwert herangezogen (**Bild 9.12**).

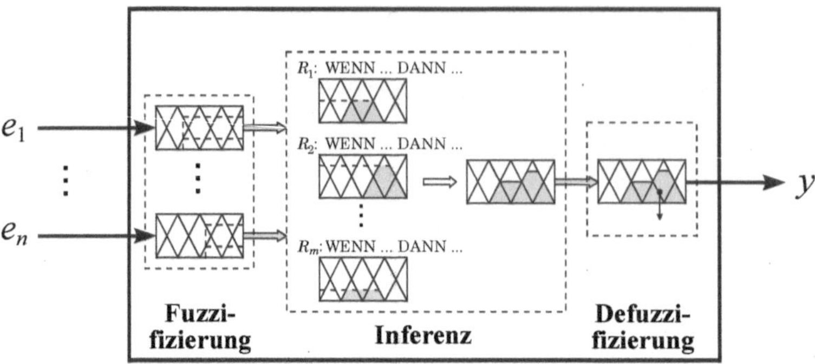

Bild 9.11 Fuzzy-System (z. B. Fuzzy Controller) mit n Eingangsgrößen $e_1 \dots e_n$ und einer Ausgangsgröße y

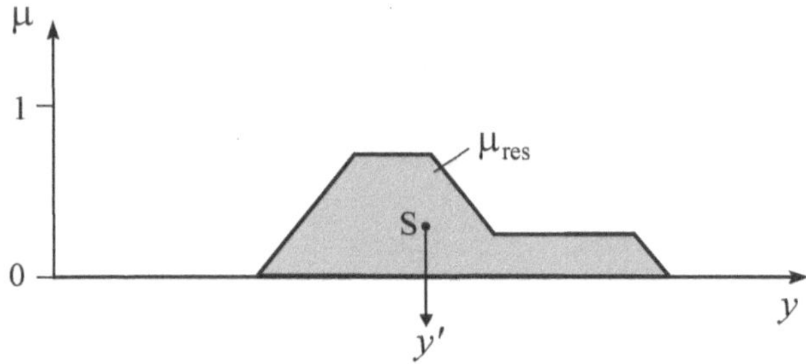

Bild 9.12 Defuzzifizierung nach der Schwerpunktmethode

Formelmäßig lautet die Bestimmungsgleichung für den scharfen Ausgangsgrößenwert

$$y' = \frac{\int_0^\infty y \cdot \mu_{\text{res}}(y)\,\mathrm{d}y}{\int_0^\infty \mu_{\text{res}}(y)\,\mathrm{d}y}.$$

Da die Auswertung dieser Gleichung recht aufwendig (und bei Realisierung auf einem Rechner damit rechenzeitintensiv) ist, setzt man in der Praxis anstelle der exakten Schwerpunktmethode häufig eine als *Höhenmethode* bezeichnete Näherung ein, die in **Bild 9.13** illustriert ist. Formelmäßig ergibt sich bei einer Regelbasis mit m Regeln der scharfe Ausgangsgrößenwert dabei zu

$$y' = \frac{\sum_{i=1}^{m} y_i \cdot H_i}{\sum_{i=1}^{m} H_i},$$

wobei H_i der Erfüllungsgrad der i-ten Regel ist und y_i der Modalwert[23] der zugehörigen Ausgangs-Fuzzy-Menge. Für die in Bild 9.13 dargestellte Ergebnis-Fuzzy-Menge ergibt sich also nach der Höhenmethode ein scharfer Ausgangsgrößenwert von

$$y' = \frac{y_1 \cdot H_1 + y_2 \cdot H_2}{H_1 + H_2}.$$

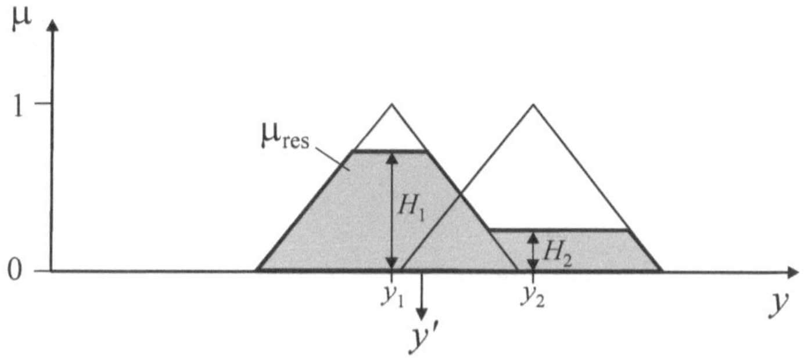

Bild 9.13 Defuzzifizierung nach der Höhenmethode

Die *Defuzzifizierung* der aus der Fuzzy-Inferenz ermittelten Ergebnis-Fuzzy-Menge, d. h. die Überführung in einen scharfen Ausgangsgrößenwert, wird im Bereich (regelungs)technischer Anwendungen meist nach der *Schwerpunktmethode* oder der als *Höhenmethode* bezeichneten Näherung vorgenommen. Als scharfer Ausgangsgrößenwert wird dabei der Abszissenwert des (angenäherten) Flächenschwerpunkts der Ergebnis-Fuzzy-Menge gewählt.

9.2.5 Fuzzy-Inferenz bei mehreren Eingangsgrößen

Bei Fuzzy-Systemen mit mehreren Eingangsgrößen (d. h. mehreren, über UND verknüpften Teilbedingungen im WENN-Teil der Regeln) ist die Vorgehensweise völlig analog zum Fall einer einzigen Eingangsgröße. Es ist lediglich zu beachten, dass sich der Gesamt-Erfüllungsgrad einer Regel als *Minimum* der Erfüllungsgrade der jeweiligen Teilbedingungen ergibt. Diese Minimumsbildung (MIN-Operation) entspricht im Falle unscharfer Logik gerade der UND-Verknüpfung in der klassischen zweiwertigen Logik.

Der Erfüllungsgrad einer Regel mit mehreren über UND verknüpften Teilbedingungen (Teilprämissen) ergibt sich als *Minimum* der Erfüllungsgrade der Teilbedingungen.

Als Beispiel betrachten wir einen *Bremsvorgang auf der Autobahn.* Dabei besteht die Aufgabe darin, abhängig vom *Abstand A* zum vorausfahrenden Fahrzeug und der *Geschwindig-*

[23] Bei den hier betrachteten dreiecksförmigen Ausgangs-Fuzzy-Mengen ist der Modalwert y_i derjenige y-Wert, an der die Zugehörigkeitsfunktion den Wert 1 annimmt.

keit G des eigenen Fahrzeugs (Eingangsgrößen des Fuzzy-Systems) die nötige *Bremskraft K* (Ausgangsgröße des Fuzzy-Systems) zu ermitteln. **Bild 9.14** zeigt zunächst die linguistischen Terme der Ein- und Ausgangsgrößen, die wir benutzen wollen.

Da beide Eingangsgrößen je fünf linguistische Terme aufweisen, besteht die Regelbasis aus insgesamt $5 \times 5 = 25$ Regeln, von denen nachfolgend zwei aufgeführt sind:

...

R_3: WENN $A = mittel$ UND $G = sehr\_hoch$ DANN $K = dreiviertel$

...

R_5: WENN $A = niedrig$ UND $G = sehr\_hoch$ DANN $K = voll$

...

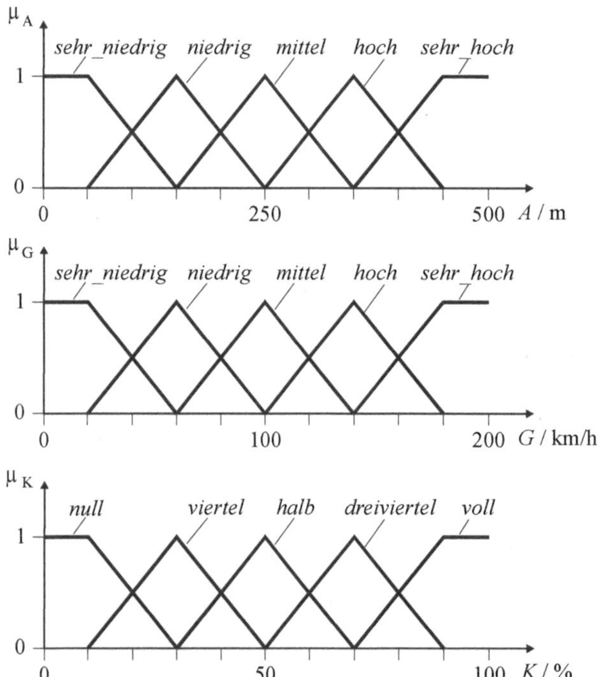

Bild 9.14 Linguistische Terme für Beispiel *Bremsvorgang auf Autobahn*

Die scharfen Eingangsgrößenwerte seien

$A' = 175$ m $\quad G' = 190$ km/h.

Das Inferenzschema läuft nun wie folgt ab. Zunächst fuzzifizieren wir die beiden scharfen Eingangsgrößenwerte (**Bild 9.15**). Wir erhalten für die relevanten Zugehörigkeitsgrade

$$A' = \begin{cases} mittel \text{ mit } \mu_{A\,mittel}(175\,\text{m}) = 0.25 \\ niedrig \text{ mit } \mu_{A\,niedrig}(175\,\text{m}) = 0.75 \end{cases}$$

$$G' = sehr\_hoch \text{ mit } \mu_{G\,sehr\_hoch}(190\,\text{km/h}) = 1.$$

Wir erkennen also, dass die beiden zuvor aufgeführten Regeln R_3 und R_5 aktiv sind; wir wollen davon ausgehen, dass dies die einzigen aktiven Regeln seien. Um die Erfüllungsgrade dieser beiden Regeln zu ermitteln, müssen wir nun jeweils die Teilerfüllungsgrade der beiden im WENN-Teil verknüpften Teilbedingungen bestimmen und daraus das Minimum wählen. Wir erhalten daher

$$H_3 = \min\left(\mu_{\mathrm{A}\,mittel}(175\,\mathrm{m}),\ \mu_{\mathrm{G}\,sehr\_hoch}(190\,\mathrm{km/h})\right) = \min(0.25,\ 1) = 0.25$$

$$H_5 = \min\left(\mu_{\mathrm{A}\,niedrig}(175\,\mathrm{m}),\ \mu_{\mathrm{G}\,sehr\_hoch}(190\,\mathrm{km/h})\right) = \min(0.75,\ 1) = 0.75.$$

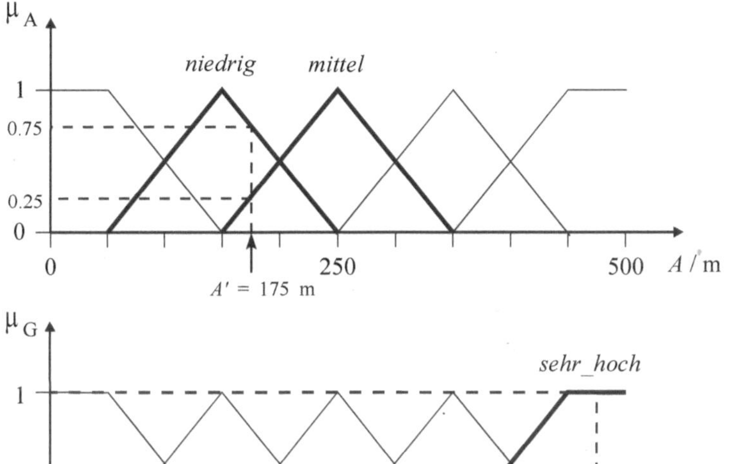

Bild 9.15 Fuzzifizierung der Eingangsgrößen

Die weitere Vorgehensweise ist nun völlig analog zum Fall *einer* Eingangsgröße. **Bild 9.16** bietet noch einmal einen Überblick über Fuzzifizierung, Fuzzy-Inferenz und Defuzzifizierung für das betrachtete Beispiel.

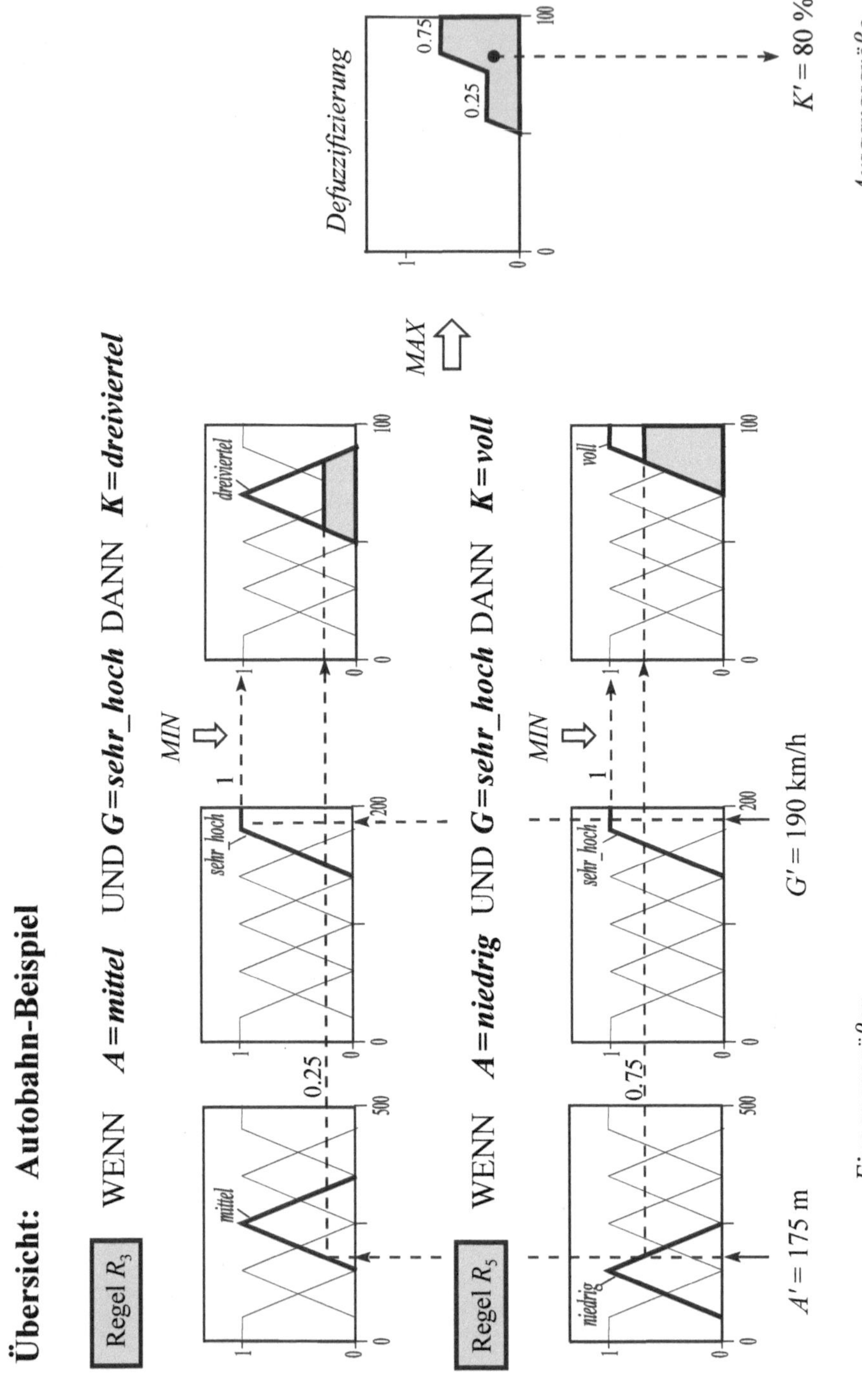

Bild 9.16 Übersicht für Beispiel *Bremsvorgang auf Autobahn*

9.3 Fuzzy Controller

Wird ein auf Fuzzy-Logik basierendes System als Regler eingesetzt, so spricht man von einem *Fuzzy-Regler* oder *Fuzzy Controller*. Sowohl die Eingangsgröße(n) des Fuzzy Controllers als auch seine Ausgangsgröße weisen *scharfe* Werte auf. Von außen als „Black Box“ betrachtet, unterscheidet er sich zunächst also in keinster Weise von klassischen Reglern wie dem PID-Regler oder einem Zweipunkt-Regler. Erst beim Eindringen in sein „Innenleben“ tritt seine Unschärfe zutage. Ein Fuzzy Controller weist dabei die in den vorangegangenen Abschnitten vorgestellten Komponenten eines Fuzzy-Systems auf:

- die *Fuzzifizierung* der scharfen Eingangsgrößen, d. h. die Überführung der scharfen Eingangswerte in die Zugehörigkeitsgrade bezüglich der linguistischen Terme der entsprechenden Eingangsgröße,
- den *Inferenzvorgang*, d. h. die Auswertung der Regelbasis für die aktuell vorliegenden fuzzifizierten Eingangsgrößen und die Überlagerung der einzelnen Ergebnis-Fuzzy-Mengen zur resultierenden Ausgangs-Fuzzy-Menge,
- die *Defuzzifizierung* der resultierenden Ausgangs-Fuzzy-Menge, d. h. die Rückwandlung in einen scharfen Wert der Stellgröße.

Wie lässt sich das Übertragungsverhalten eines Fuzzy Controllers nun charakterisieren? Betrachten wir noch einmal den Ablauf im Innern des Fuzzy Controllers mit den Schritten Fuzzifizierung, Inferenz und Defuzzifizierung, so wird schnell klar, dass der Stellgrößenwert y zum Zeitpunkt t vollständig und eindeutig bestimmt ist durch die Eingangsgrößenwerte zu diesem Zeitpunkt; zeitlich weiter zurückliegende Eingangsgrößenwerte werden zu seiner Berechnung nicht benötigt. Der Fuzzy Controller besitzt also keinerlei *Erinnerung* und stellt damit ein rein *statisches Übertragungsglied* dar. Er gehört somit der Gruppe der Kennlinien- bzw. Kennfeldregler an, deren einfachste Formen wie Zwei- oder Dreipunkt-Regler wir ja bereits ausführlich besprochen haben. Möchte man einem Fuzzy Controller dagegen z. B. PID-ähnliches Verhalten geben, so muss die Nachbildung des dynamischen Verhaltens *außerhalb* des eigentlichen Controllers in einer Art *Messwertaufbereitung* vonstatten gehen (**Bild 9.17**). Die Gesamtstruktur – bestehend aus Messgrößenaufbereitung und Fuzzy-Controller-Kern – stellt dann wiederum einen dynamischen Regler dar. Auf ähnliche Weise ist auch eine Stellgrößennachbereitung – etwa durch einen nachgeschalteten Integrierer – möglich.

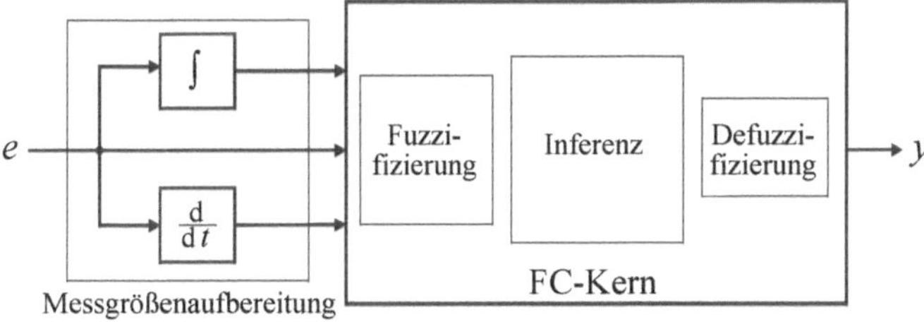

Bild 9.17 Erzeugung einer dynamischen Reglercharakteristik durch eine vorgeschaltete Messgrößenaufbereitung

Das Übertragungsverhalten eines Fuzzy Controllers wird im Allgemeinen mehr oder weniger nichtlinear sein, wobei Art und Ausprägung der Nichtlinearität durch die Freiheitsgrade des Reglers, im Wesentlichen also durch Zugehörigkeitsfunktionen und Regelbasis, bestimmt werden. Durch geeignete Modifikationen kann dem Fuzzy Controller im Prinzip beliebiges Übertragungsverhalten verliehen werden. Wir wollen dies an einem einfachen Beispiel eines Fuzzy Controllers mit einer Eingangsgröße (der Regeldifferenz e) und einer Ausgangsgröße (der Stellgröße y) demonstrieren. Dazu wählen wir für Regeldifferenz und Stellgröße jeweils lediglich drei linguistische Terme, die wir mit *Negative_Big* (*NB*), *Zero* (*ZO*) und *Positive_Big* (*PB*) bezeichnen wollen, sowie eine dementsprechend aus lediglich drei Regeln bestehende Regelbasis, nämlich

R_1: WENN $e = NB$ DANN $y = NB$

R_2: WENN $e = ZO$ DANN $y = ZO$

R_3: WENN $e = PB$ DANN $y = PB$

Diese Regelbasis bewirkt also qualitativ, dass die Stellgröße mit zunehmender Regeldifferenz ebenfalls zunimmt, also ein Verhalten ähnlich demjenigen eines konventionellen P-Reglers. Welches Übertragungsverhalten – d. h. welche Reglerkennlinie – sich nun aber konkret ergibt, hängt wesentlich vom Überlappungsgrad der Fuzzy-Mengen der Regeldifferenz ab (**Bild 9.18**). Überlappen sich diese vollständig wie im ersten Fall (obere Teilgrafik), so sind bei jedem scharfen Wert der Regeldifferenz immer genau zwei der drei Regeln aktiv, und es ergibt sich aufgrund der Schwerpunktbildung bei der Defuzzifizierung eine leicht „wellige“ Kennlinie, die näherungsweise derjenigen eines P-Reglers entspricht; man würde einen solchen Regler als *Fuzzy-P-Regler* bezeichnen. Überlappen sich die Fuzzy-Mengen nur teilweise wie im zweiten Fall (mittlere Teilgrafik), so gibt es Bereiche der Regeldifferenz, in denen nur eine Regel aktiv ist, sodass die Ausgangsgröße des Fuzzy Controllers, also die Stellgröße, konstant bleibt. Wir erhalten dann also eine abschnittsweise konstante Kennlinie mit näherungsweise linearen Übergängen zwischen den „Stufen“. Tritt zwischen den Fuzzy-Mengen der Regeldifferenz gar keine Überlappung auf (Fall 3, untere Teilgrafik), so ist unabhängig vom Wert der scharfen Regeldifferenz immer nur eine Regel aktiv, und wir erhalten eine stufenförmige Kennlinie wie bei einem Dreipunkt-Regler.

Die Datei *Fuzzy-P-Regler.fuz* enthält das zum behandelten Beispiel gehörige Fuzzy-System. Überprüfen Sie die angegebenen Ergebnisse!

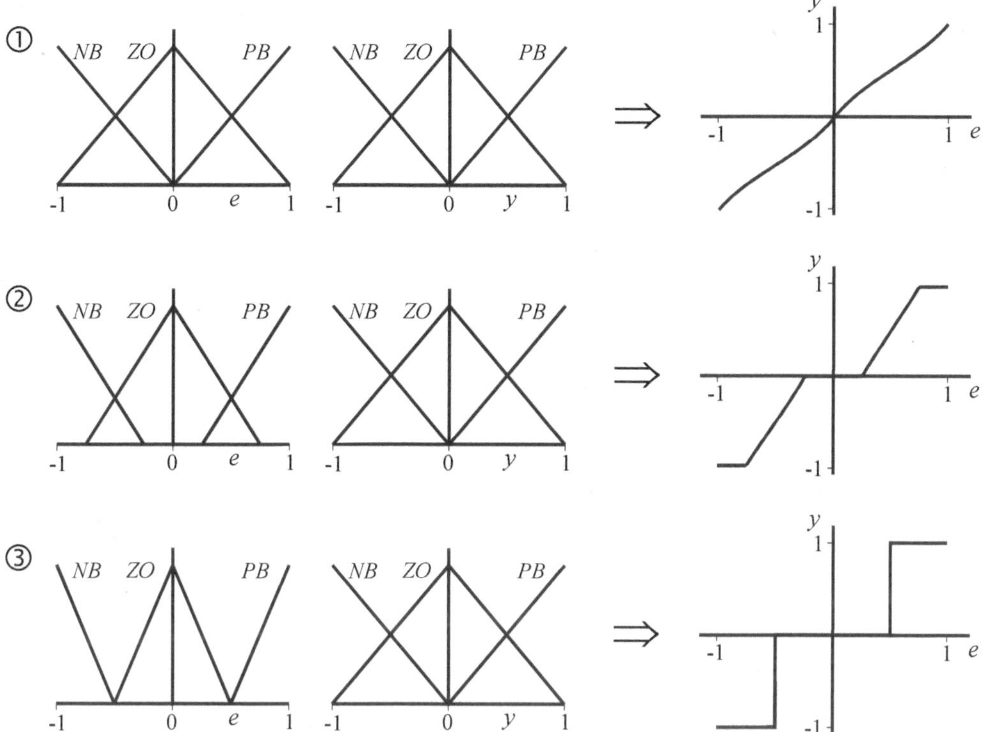

Bild 9.18 Resultierende Reglerkennlinie bei unterschiedlichen Überlappungsgraden der Regeldifferenz-Fuzzy-Mengen

Das Übertragungsverhalten von Fuzzy Controllern oder allgemein Fuzzy-Systemen mit zwei Eingangsgrößen kann als *Kennfeld* dargestellt werden, wobei die Stellgröße in einer 3D-Grafik über den beiden Eingangsgrößen des Reglers (z. B. der Regeldifferenz und ihrer zeitlichen Ableitung bei einem Fuzzy-PD-Regler) aufgetragen wird. Als Beispiel für eine solche Kennfelddarstellung greifen wir noch einmal auf den Bremsvorgang auf der Autobahn zurück, den wir bereits im vorangegangenen Abschnitt untersucht hatten. Wir wählen wiederum die in Bild 9.14 bereits dargestellten linguistischen Terme für die Eingangsgrößen *Abstand A* und *Geschwindigkeit G* sowie die Ausgangsgröße (Stellgröße) *Bremskraft K*. Nunmehr wollen wir aber die komplette Regelbasis aus 25 Regeln betrachten, die in **Bild 9.19** in Form einer *Regelmatrix* dargestellt ist. Die linguistischen Terme sind dabei aus Platzgründen durch Abkürzungen (*SH* = *sehr_hoch*, *H* = *hoch* etc.) ersetzt worden. Der hier beispielhaft angeführten Zelle (1) der Regelmatrix entspricht dabei die Regel

WENN *A* = *niedrig* UND *G* = *sehr_niedrig* DANN *K* = *viertel*

Der Zelle (2) entspricht die Regel

WENN *A* = *sehr_hoch* UND *G* = *niedrig* DANN *K* = *null*

		Geschwindigkeit *G*				
		SN	*N*	*M*	*H*	*SH*
Abstand *A*	*SN*	*VI*	*HA*	*DV*	*VO*	*VO*
	N	*VI* (1)	*HA*	*HA*	*DV*	*VO*
	M	*NU*	*VI*	*HA*	*HA*	*DV*
	H	*NU*	*NU*	*VI*	*HA*	*HA*
	SH	*NU*	*NU* (2)	*NU*	*VI*	*VI*

Bild 9.19 Regelbasis für Beispiel *Bremsvorgang auf Autobahn*

Bild 9.20 zeigt das aus dieser Regelmatrix resultierende Kennfeld. Wir erkennen, dass bei hohen Geschwindigkeitswerten in Verbindung mit geringem Abstand die maximale Bremskraft erzeugt wird („hinterer" Teil des Kennfelds), während die Bremskraft mit abnehmender Geschwindigkeit und zunehmendem Abstand immer geringer wird. Bei sehr geringer Geschwindigkeit und großem Abstand zum vorausfahrenden Fahrzeug ist die Bremskraft null („vorderer" Teil des Kennfelds).

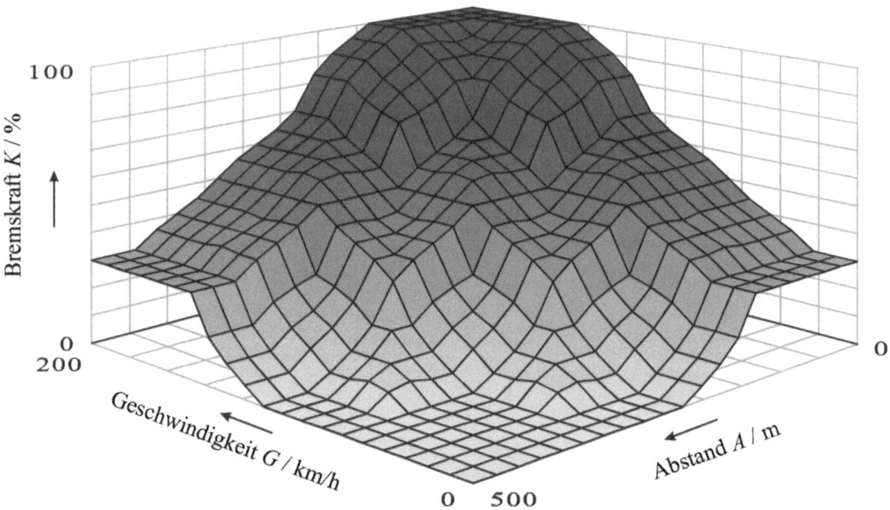

Bild 9.20 Resultierendes Kennfeld für Beispiel *Bremsvorgang auf Autobahn*

Reine Fuzzy Controller besitzen statisches Übertragungsverhalten, das mehr oder weniger stark nichtlinear ausgeprägt ist und durch Kennlinien bzw. Kennfelder dargestellt werden kann. Dynamisches Verhalten kann dem Fuzzy Controller durch vor- oder nachgeschaltete Dynamikglieder aufgeprägt werden.

Die Datei *Autobahn.fuz* enthält das zum behandelten Beispiel gehörige Fuzzy-System. Modifizieren Sie einzelne Regeln der Regelbasis, und beobachten Sie den Einfluss auf das Kennfeld!

9.4 Hybride und adaptive Fuzzy-Regelungssysteme

Als *hybride* Fuzzy-Regelungssysteme werden gewöhnlich solche Systeme bezeichnet, die neben einer Fuzzy-Komponente auch einen konventionellen Part besitzen. Dabei spielt es zunächst keinerlei Rolle, wie die Aufgabenteilung zwischen den einzelnen Komponenten aussieht – welche Komponente also für die eigentliche Regelung verantwortlich ist und welche übergeordnete Aufgaben übernimmt. Werden die Parameter des Reglers selbst während des Betriebs automatisch angepasst (beispielsweise bei Parametervariationen der Regelstrecke), so spricht man von einem *adaptiven* Regelungssystem. Derartige Regelungssysteme gelten – auch ohne dass sie Fuzzy-Komponenten aufweisen – als besonders „intelligent" und somit auch besonders leistungsfähig; verbunden damit ist jedoch in der Regel ein erhöhter (mathematischer) Aufwand für ihren Entwurf (siehe Abschnitt 4.9).

Hybride Regelungssysteme sind häufig adaptive Systeme – sie müssen es aber nicht sein. Bei einer Reihe von Strukturvarianten ist es ohnehin eine Interpretationssache, ob man sie bereits als adaptiv bezeichnen kann. Eine Vorstufe dazu stellen beispielsweise *selbsteinstellende* Regler dar, deren Parameter *einmal zu Beginn der Inbetriebnahme* automatisch ausgelegt werden, dann jedoch während des Betriebs festliegen. Ein anderer Sonderfall sind strukturvariable Regelungskonzepte bzw. Umschaltregler, bei denen während des Betriebs nicht die Parameter eines Reglers adaptiert werden, sondern zwischen mehreren Reglern gleichen Typs (mit unterschiedlichen Parametern) oder auch unterschiedlichen Typs umgeschaltet wird.

Die Bedeutung hybrider und adaptiver Strukturen ist keinesfalls sekundär. Vielmehr hat die Praxis gezeigt, dass einfache Fuzzy-Regelungen, bei denen lediglich der konventionelle Regler gegen einen Fuzzy Controller ausgetauscht wurde, häufig nicht die gewünschte Verbesserung bringen. Vielmehr bedarf es einer geeigneten Kombination aus Fuzzy-Komponenten und konventionellen Ansätzen, um die angestrebte Dynamik und Robustheit zu erreichen. In vielen Fällen mögen dabei auch psychologische Momente eine Rolle spielen: Einem Fuzzy Controller allein „traut man nicht so recht", vielmehr wünscht man sich für den „Standardbetrieb" den altbekannten und bewährten PID-Regler und für Ausnahmesituationen oder besondere Betriebsfälle eine zusätzliche Fuzzy-Controller-Option.

Wir wollen in den nachfolgenden Abschnitten die wichtigsten hybriden und adaptiven Strukturvarianten kurz vorstellen, ihre Einsatzmöglichkeiten besprechen und – wenn möglich – Hinweise zum Entwurf geben. Dabei werden wir zunächst mit einfachen Strukturen beginnen und uns dann an Systeme höheren Komplexitätsgrads wagen. Eine ganze Reihe weiterer Strukturvarianten ergibt sich durch die Hinzunahme von *Neuro-Komponenten*, die wir im Rahmen dieses Buchs jedoch nicht besprechen werden.

9.4.1 Nichtadaptive Systeme mit konventionellem Regler

Wir wollen zunächst Strukturen betrachten, bei denen die eigentliche Regelungsaufgabe einem konventionellen Regler (z. B. vom PID-Typ) zukommt und keine Adaption der Reglerparameter erfolgt.

Bild 9.21 zeigt den Einsatz einer Fuzzy-Komponente zur Sollwertgenerierung. Die Fuzzy-Komponente ermittelt dabei aus ihren aktuellen Eingangsgrößen einen geeigneten Sollwert für den nachfolgenden Regelkreis.

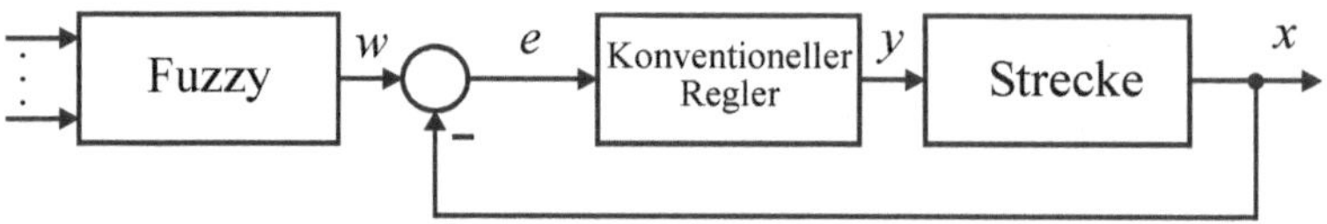

Bild 9.21 Sollwertgenerierung über eine Fuzzy-Komponente

Die Wahl der Eingangsgrößen ist prinzipiell beliebig und hängt vom Anwendungsfall ab. Wir wollen eine Struktur etwas näher betrachten, die man als „Fuzzy-Vorfilter" bezeichnen könnte und die in **Bild 9.22** skizziert ist. Die Fuzzy-Komponente generiert hier, basierend auf der Regeldifferenz $\tilde{e}$ zwischen der eigentlichen Führungsgröße $\tilde{w}$ und der Regelgröße x und ihrer zeitlichen Ableitung $\dot{\tilde{e}}$, eine modifizierte Führungsgröße w durch additive Aufschaltung der Komponente Δw. Ziel des Vorfilters ist es, die Dynamik des Regelkreises bei sprungförmigen Führungsgrößenänderungen zu verbessern sowie seine Robustheit gegenüber Parametervariationen zu erhöhen. Wie dies prinzipiell machbar ist, wollen wir an einem konkreten Beispiel aufzeigen.

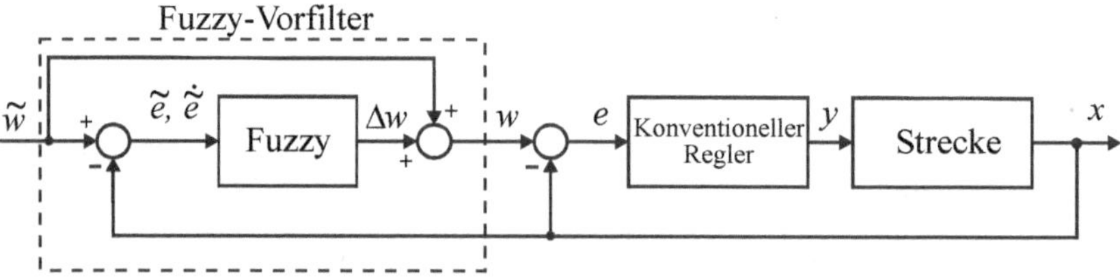

Bild 9.22 Regelkreis mit Fuzzy-Vorfilter

Dazu wählen wir eine Regelstrecke, die aus einem linearen Anteil, nämlich einem I-T_1-Glied mit dem Integrierbeiwert $K_I = 1\ s^{-1}$ und der Zeitkonstante $T_1 = 0.02$ s und einer vorgeschalteten toten Zone mit der Breite $2\cdot\Delta y$ und einer Verstärkung V besteht (**Bild 9.23**). Als Regler soll ein PI-Regler mit dem Proportionalbeiwert $K_{PR} = 10$ und der Nachstellzeit $T_i = 0.3$ s zum Einsatz kommen.

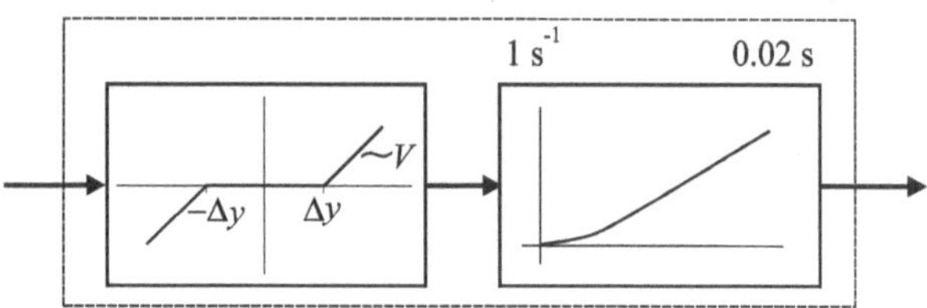

Bild 9.23 Struktur der Regelstrecke

Wir wollen zunächst den Regelkreis ohne Fuzzy-Vorfilter betrachten. Dazu wählen wir für die tote Zone die drei Parameterkombinationen

a) $\Delta y = 0,\ V = 1$

b) $\Delta y = 1,\ V = 0.5$

c) $\Delta y = 3,\ V = 0.25$

Bild 9.24 zeigt die zugehörigen Sprungantworten. Wir erkennen deutlich, dass die Systemdynamik mit zunehmender Breite der toten Zone und abnehmender Verstärkung erheblich schlechter wird.

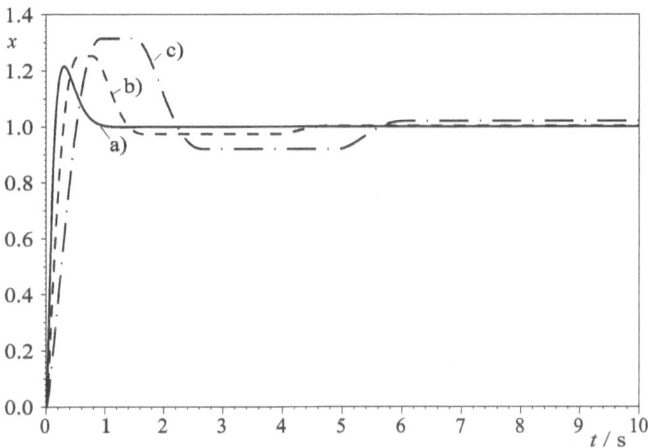

Bild 9.24 Sprungantworten des Regelkreises ohne Fuzzy-Vorfilter für verschiedene Totzonen

Zur Verbesserung von Dynamik und Robustheit fügen wir nun einen Fuzzy-Vorfilter ein, der in Abhängigkeit von $\tilde{e}$ und $\dot{\tilde{e}}$ einen Korrekturwert Δw für die Führungsgröße generiert. Wir wählen die Zugehörigkeitsfunktionen für die Eingangsgrößen dreiecksförmig in Standardform, diejenigen für die Ausgangsgröße als Singletons[24] (**Bild 9.25**).

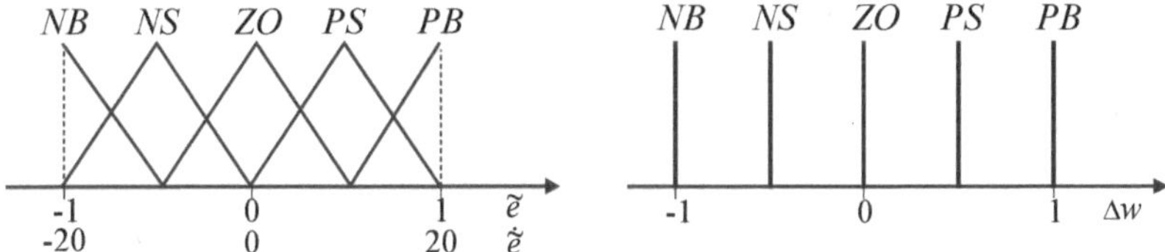

Bild 9.25 Zugehörigkeitsfunktionen des Fuzzy-Vorfilters

Die Regelbasis braucht nicht voll besetzt zu sein, da bei sprungförmigen Führungsgrößenänderungen, wie wir sie betrachten wollen, nur ein Teil der denkbaren Eingangsgrößenkombinationen auftreten kann. Eine geeignete Regelbasis sieht wie folgt aus:

---

24 Singletons sind „strichförmige" Fuzzy-Mengen, die in der Praxis häufig für die Ausgangsgröße(n) von Fuzzy-Systemen benutzt werden, wenn die Defuzzifizierung nach der Höhenmethode vorgenommen werden soll. Da bei der Höhenmethode nur die jeweilige Höhe der Teilergebnis-Fuzzy-Mengen entscheidend ist, macht es in diesem Fall wenig Sinn, dreiecks- oder trapezförmige Ausgangs-Fuzzy-Mengen zu benutzen.

		$\dot{\tilde{e}}$				
		NB	*NS*	*ZO*	*PS*	*PB*
$\tilde{e}$	*NB*			*NB*	*NS*	
	NS		*NS*	*NS*	*NS*	*ZO*
	ZO	*NB*	*NS*	*ZO*	*PS*	*PB*
	PS		*PS*	*PS*	*PS*	*PS*
	PB		*PB*	*PS*	*PB*	

Wir wollen stellvertretend zwei Regeln der Regelbasis kurz erläutern. Betrachten wir zunächst die Regel

$$\text{WENN } \tilde{e} = ZO \text{ UND } \dot{\tilde{e}} = NS \text{ DANN } \Delta w = NS$$

Sie beschreibt den Fall, dass die Regelgröße ihren Sollwert erreicht hat, die Änderung der Regeldifferenz aber negativ ist, d. h. die Regelgröße im Begriff ist, überzuschwingen. Daher wird mit einem negativen Korrekturwert gegengesteuert.

Nehmen wir als zweites die Regel

$$\text{WENN } \tilde{e} = PS \text{ UND } \dot{\tilde{e}} = PS \text{ DANN } \Delta w = PS$$

Diese Regel wird aktiv, wenn die Regelgröße unterhalb des Sollwerts liegt und kleiner wird, also ein Unterschwingen auftritt. Der Fuzzy-Vorfilter reagiert daher mit einer positiven Korrekturgröße.

Die Wirksamkeit des Fuzzy-Vorfilters zeigt **Bild 9.26**. Sie stellt jeweils die Führungssprungantwort des Regelkreises mit und ohne Vorfilter für die drei verschiedenen Totzonen gegenüber. Deutlich ist zu erkennen, dass mit der generellen Verbesserung der Dynamik auch eine Erhöhung der Robustheit einhergeht.

Die Datei *Fuzzy-Vorfilter.bsy* enthält die entsprechende Simulationsstruktur. Überprüfen Sie die angegebenen Ergebnisse!

Ein Sonderfall der obigen Struktur liegt vor, wenn der direkte Durchgriff der Führungsgröße $\tilde{w}$ auf den zweiten Summierer entfällt. In diesem Fall entsteht eine zweifach rückgekoppelte Struktur, d. h. eine Art Kaskadenregelkreis mit einem konventionellen Regler im inneren und einem Fuzzy Controller im äußeren Kreis.

Die Fuzzy-Komponente kann auch dazu benutzt werden, der Regelstrecke eine zusätzliche, additive Stellgröße Δy aufzuprägen. **Bild 9.27** zeigt eine derartige Struktur.

Auch bei dieser Struktur ist die Wahl der Eingangsgrößen der Fuzzy-Komponente anwendungsspezifisch. Naheliegend ist es natürlich, die Führungs- und Regelgröße sowie die Regeldifferenz und gegebenenfalls zeitliche Ableitungen oder Integrale dieser Größen zu benutzen. Prinzipiell sind aber auch andere Prozessgrößen oder aber (messbare) Störgrößen denkbar. Diese Struktur eignet sich wie die zuvor besprochene dafür, die Regelkreisdynamik beispielsweise bei sprungförmigen Führungsgrößenänderungen zu verbessern. Beschränkt man sich dabei auf die Verarbeitung der Führungsgröße selbst, so entsteht ein Regelkreis mit Fuzzy-Vorsteuerung (**Bild 9.28**).

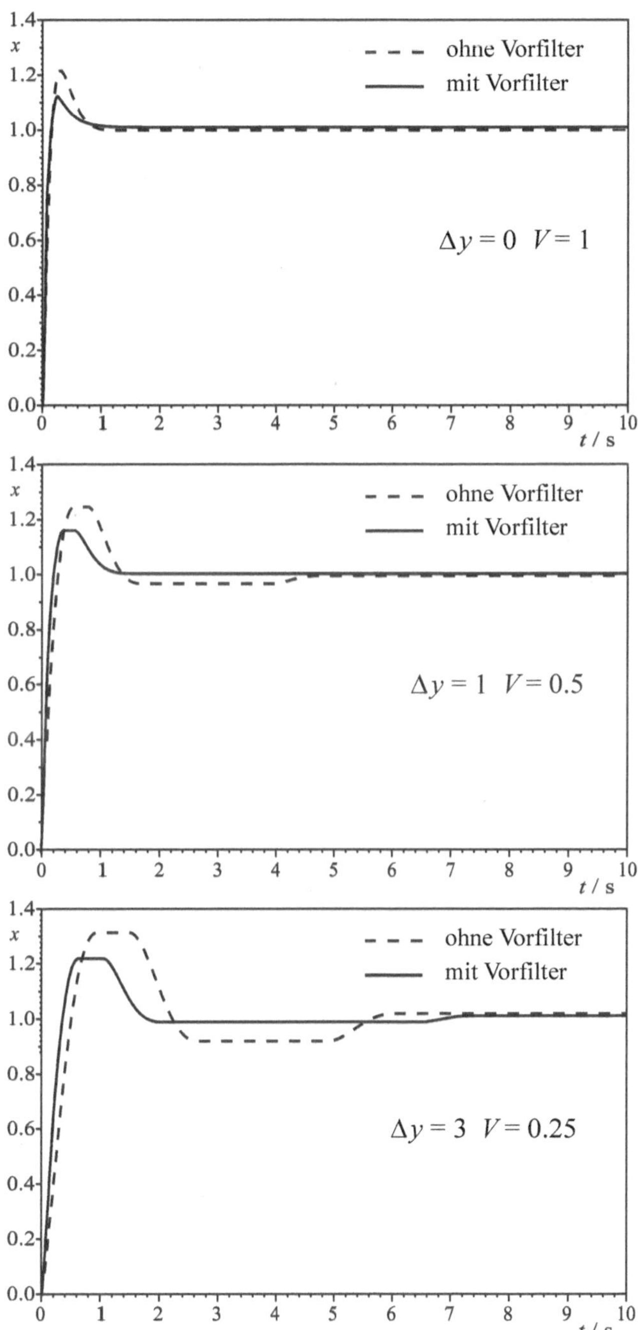

Bild 9.26 Vergleich der Regelkreisdynamik mit und ohne Vorfilter

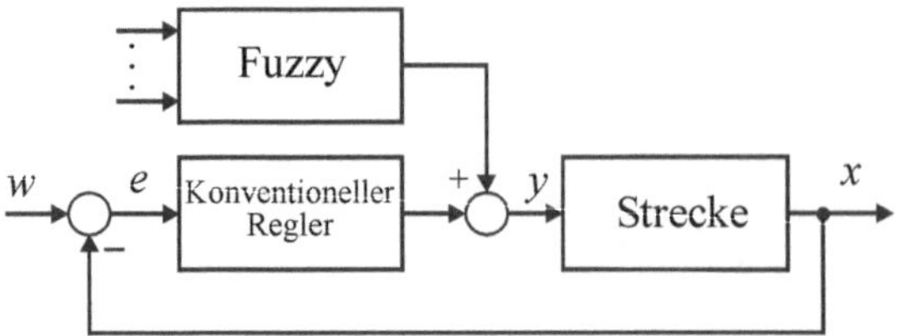

Bild 9.27 Einsatz der Fuzzy-Komponente zur Erzeugung einer additiven Stellgröße

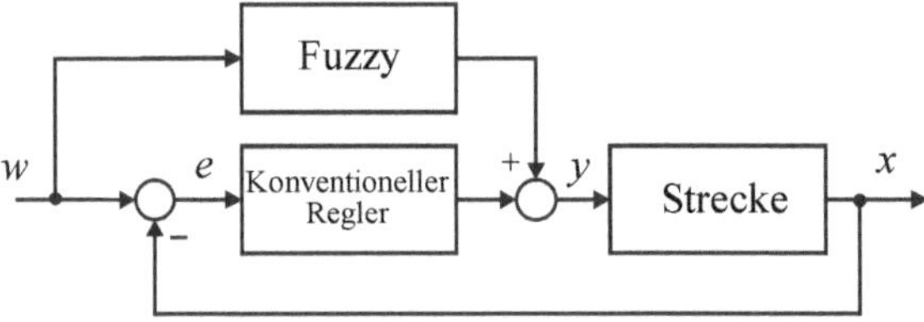

Bild 9.28 Regelkreis mit Fuzzy-Vorsteuerung

9.4.2 Umschaltregelungen mit Fuzzy-Komponente

Als *Umschaltregelungen* werden Systeme bezeichnet, bei denen in Abhängigkeit vom Arbeitspunkt der Strecke, ihren Parametern oder beispielsweise auch Störgrößen zwischen verschiedenen Reglern (z. B. „stärkeren" und „schwächeren" Reglern) umgeschaltet wird. Die einzelnen Regler sind dabei im Allgemeinen vom gleichen (konventionellen) Typ, weisen aber natürlich unterschiedliche Parameter auf. Die Umschaltstrategie ist regelbasiert in der Fuzzy-Komponente realisiert. Im Gegensatz zu echt adaptiven Reglern werden hier die Parameter also nicht gleitend variiert, sondern es findet eine harte Umschaltung statt. Der Vorteil dieses Konzepts liegt darin, dass die Einzelregler prinzipiell getrennt voneinander entworfen werden können und somit bei Bedarf auch eine jeweils separate Stabilitätsanalyse möglich ist. **Bild 9.29** zeigt die entsprechende Regelkreisstruktur. Die Eingangsgrößen der Fuzzy-Komponente sind wieder anwendungsspezifisch.

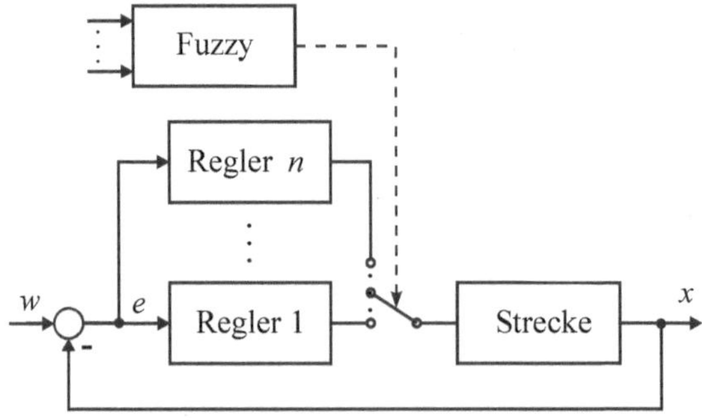

Bild 9.29 Fuzzy-basierte Umschaltregelung

9.4.3 Adaptive Konzepte

Adaptive Konzepte mit einer kontinuierlichen Anpassung der Reglerparameter sind prädestiniert für Prozesse, bei denen eine starke Abhängigkeit zwischen Prozessparametern und Arbeitspunkt besteht oder einzelne Parameter sogar unabhängig vom Arbeitspunkt zeitlich schwanken können (*zeitvariante* Prozesse). Voraussetzung einer jeden adaptiven Regelung ist daher die *qualitative Erkennung* und *quantitative Abschätzung* dieser Parametervariationen, um sie dann durch geeignete Modifikation der Reglerparameter möglichst optimal kompensieren zu können (siehe auch Abschnitt 4.9).

Bevor wir auf dieses Problem näher eingehen, wollen wir uns zunächst kurz mit der Frage befassen, welche Reglerparameter für eine solche Adaption überhaupt infrage kommen. Dies hängt natürlich wesentlich davon ab, um welchen Reglertyp es sich handelt. Kommt ein PID-Regler zum Einsatz, so stehen der Proportionalbeiwert K_{PR}, die Nachstellzeit T_i und die Vorhaltezeit T_d zur Disposition. In einfachen Fällen wird man sich dabei auf die Adaption des Proportionalbeiwerts beschränken, um damit die Gesamtverstärkung des Regelkreises bei Variation der Streckenverstärkung konstant zu halten. Reicht dies nicht aus, wird man versuchen, parallel dazu auch Nachstell- und/oder Vorhaltezeit zu variieren.

Wesentlich mehr Eingriffsmöglichkeiten bietet naturgemäß ein Fuzzy Controller. Hier stehen uns neben den Zugehörigkeitsfunktionen für die linguistischen Terme der Ein- und Ausgangsgrößen des Controllers auch die Regelbasis und die verschiedenen Verknüpfungsoperatoren sowie Inferenz- und Defuzzifizierungsmechanismen zur Auswahl. Dabei sind Modifikationen der Operatoren von gänzlich anderer Natur als solche der Regelbasis, die sich wiederum von denen der Zugehörigkeitsfunktionen unterscheiden. Wechseln wir beispielsweise während des Betriebs die Defuzzifizierungsmethode, so ändert sich das Übertragungsverhalten unseres Controllers *schlagartig* und *global*. Eine Änderung einer Regel hat hingegen mehr lokale Auswirkung, kann aber ebenfalls nur in diskreten Schritten (z. B. von ... DANN $y = NS$ auf ... DANN $y = ZO$) erfolgen. Änderungen einzelner Parameter von Zugehörigkeitsfunktionen können hingegen in beliebig kleinen Schritten erfolgen oder aber global durch Umskalierung einer Variable. Fuzzy Controller, bei denen eine Adaption der Zugehörigkeitsfunktionen vorgenommen wird, werden häufig auch als *selbsteinstellende Fuzzy Controller* bezeichnet, während solche, bei denen ein Eingriff über die Regelbasis erfolgt, *selbstorganisierende Fuzzy Controller* genannt werden. Eine Adaption von Operatoren oder Inferenz- bzw. Defuzzifizierungsmechanismen wird in der Praxis hingegen in der Regel nicht vorgenommen.

Kehren wir zurück zu unserem Anfangsproblem, der Erkennung von Parametervariationen. Diese kann – unabhängig davon, ob ein konventioneller Regler oder ein Fuzzy Controller adaptiert werden soll – prinzipiell auf zwei Weisen erfolgen:

- In *direkter* Weise durch eine ständige Online-Schätzung der Prozessparameter. Diese kann erfolgen durch Messung des Eingangs-/Ausgangsverhaltens der Strecke in Verbindung mit einem geeigneten Parameterschätzverfahren. Voraussetzung dafür ist natürlich, dass die Struktur des Prozessmodells (z. B. „P-T_1 mit Totzeit") bekannt ist. Gegebenenfalls kann das Modell auch ein Fuzzy-Modell sein, also in Form von WENN ... DANN ... -Regeln vorliegen.

- *Indirekt* durch eine Online-Gütebewertung der aktuellen Regelkreisdynamik. Verschlechtert sich die Güte, so deutet dies auf Parametervariationen hin. Als Gütekriterien können Kennwerte im Zeitbereich wie Überschwingweite, An- oder Ausregelzeit ebenso wie Frequenzbereichskriterien (Bandbreite, Resonanzüberhöhung) benutzt werden. Ebenso denkbar sind Integralkriterien sowie aus mehreren Einzelkriterien zusammengesetzte Maße.

Bild 9.30 bzw. **Bild 9.31** stellen die beiden Grundstrukturen einander gegenüber. In beiden Fällen existiert eine Reihe von Strukturvarianten, insbesondere bezüglich der im Parameterschätzer bzw. Güteindex verarbeiteten Eingangsinformationen; auch eine Kombination beider Vorgehensweisen ist denkbar.

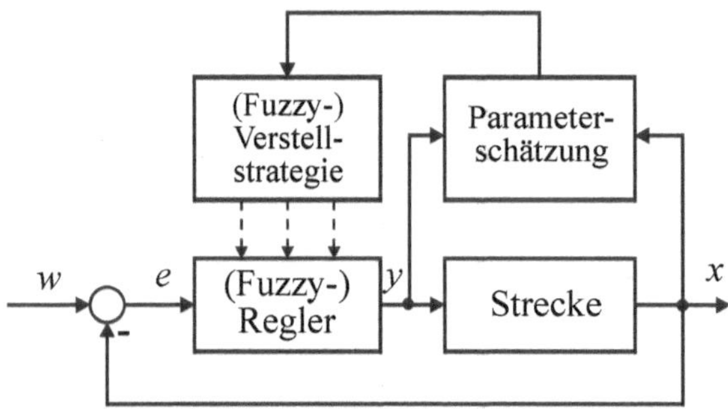

Bild 9.30 Adaption auf Basis einer Parameterschätzung

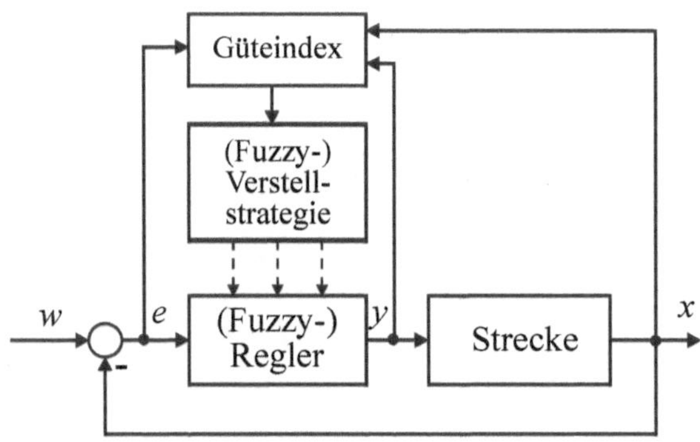

Bild 9.31 Güteindex-basierte Adaption

Eine einfache, aber für die Praxis außerordentlich interessante Variante der auf eine Parameterschätzung gestützten Adaption stellt die fuzzy-gesteuerte Adaption eines PID-Reglers dar. Die Grundidee besteht dabei darin, vorab – also offline – für einen hinreichend großen Satz von typischen Arbeitspunkten des Prozesses einen optimalen PID-Regler zu entwerfen (im Allgemeinen auf der Basis irgendwie gearteter Einstellregeln). Diese Regler bilden dann das „Stützstellengitter" für die spätere Adaption. Im Gegensatz zur Umschaltstrategie, wie sie in Bild 9.29 skizziert wurde, wird hier jedoch nicht hart zwischen den Einzelreglern umgeschaltet, sondern gleitend interpoliert. Dazu muss im Betrieb zunächst der aktuelle

Arbeitspunkt der Strecke ermittelt werden. Dies kann beispielsweise auf der Basis von Führungs- und Regelgröße oder auch ihrer zeitlichen Ableitungen erfolgen. Die Fuzzy-Komponente bildet dann für jeden zu adaptierenden Reglerparameter ein Kennfeld auf Basis des zuvor offline ermittelten Stützstellengitters, das den Reglerparameter in Abhängigkeit z. B. von Führungs- und Regelgröße liefert. Die Interpolation zwischen den Stützstellen erfolgt je nach Wahl von Inferenz- und Defuzzifizierungsmechanismus mehr oder weniger linear. Die Parametrierung der Fuzzy-Komponente erfolgt vollautomatisch; für die den Arbeitspunkt festlegenden Eingangsgrößen (also etwa Führungs- und Regelgröße) werden dreiecksförmige Zugehörigkeitsfunktionen in Standardform angesetzt, deren Modalwerte jeweils an den gewünschten Stützstellen liegen. Für die Reglerparameter können Singletons gewählt werden. Jede Regel der Regelbasis liefert dann gerade den optimalen Parameter für eine Stützstelle. Natürlich kann die Regelbasis statt der Absolutwerte für die Reglerparameter auch Skalierungsfaktoren enthalten, mit denen zuvor festgelegte Nennwerte multipliziert werden.

Bild 9.32 zeigt die Struktur dieses Regelungskonzepts für den Fall, dass lediglich Proportionalbeiwert und Nachstellzeit des PID-Reglers adaptiert werden. Die Bestimmung des aktuellen Arbeitspunkts erfolgt hier aus Führungs- und Regelgröße.

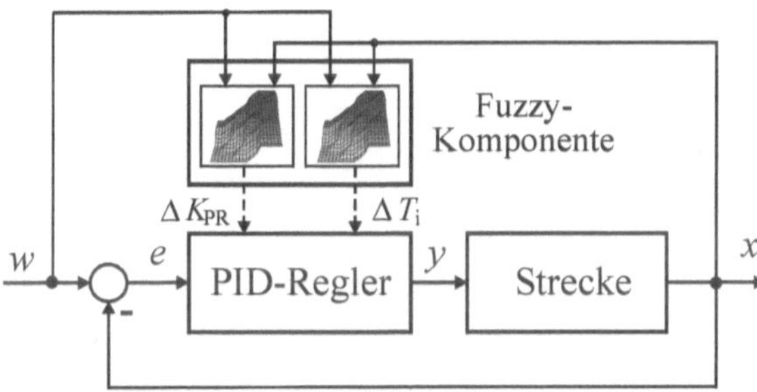

Bild 9.32 Fuzzy-gesteuerte Adaption eines PID-Reglers

Wir wollen die Auslegung der Fuzzy-Komponente zur Verdeutlichung an einem einfachen Beispiel erläutern. Dazu werde der mögliche Arbeitsbereich unseres Regelkreises beschrieben durch Führungsgrößen im Bereich $[w_{min}, w_{max}]$ und Regelgrößen im Bereich $[x_{min}, x_{max}]$. Wir wollen in beiden Bereichen fünf Stützpunkte festlegen, wobei wir die Bereichsmitte als Nennwert betrachten und mit (w_0, x_0) bezeichnen wollen. Die Stützstellen selbst nennen wir dann w_{-2}, w_{-1}, w_0, w_1, w_2 bzw. x_{-2}, x_{-1}, x_0, x_1, x_2. Wir wollen uns beschränken auf die Adaption des Regler-Proportionalbeiwerts. Dazu ermitteln wir für alle der 25 möglichen Kombinationen (w_i, x_j) nach einem geeigneten Entwurfsverfahren den optimalen PID-Regler, wobei alle Regler einen unterschiedlichen Proportionalbeiwert aufweisen können, aber gleiche Nachstell- und Vorhaltezeit besitzen müssen. Wir bezeichnen den Proportionalbeiwert im Nennarbeitspunkt (w_0, x_0) mit K_{PR0}. Für jeden anderen Arbeitspunkt (w_i, x_j) können wir dann einen Faktor ΔK_{PRij} angeben, mit dem der Nennwert zu multiplizieren ist. Diese Faktoren ordnen wir in Matrixform an, sodass wir beispielsweise folgende Regelmatrix erhalten könnten:

		x				
		x_{-2}	x_{-1}	x_0	x_1	x_2
w	w_{-2}	0.25	0.5	1	1.5	2
	w_{-1}	0.5	0.75	1	2	2.5
	w_0	0.75	1	1	2	2.5
	w_1	0.75	1	1	2	2.5
	w_2	0.75	1	1	2.5	3

Diese Matrix stellt unmittelbar unsere Regelbasis dar; z. B. lautet die Regel für die erste Zeile und erste Spalte

WENN w = „w_{-2}" UND x = „x_{-2}" DANN ΔK_{PR} = „0.25"

Bild 9.33 zeigt die zugehörigen Fuzzy-Mengen für Führungs- und Regelgröße sowie für die Variation des Regler-Proportionalbeiwerts. Wollen wir zusätzlich zum Proportionalbeiwert auch beispielsweise die Nachstellzeit variieren, so ist die Vorgehensweise völlig analog. In diesem Fall erhalten wir eine zweite Regelbasis für die Nachstellzeit und entsprechende Singletons für ihre Modifikationsfaktoren.

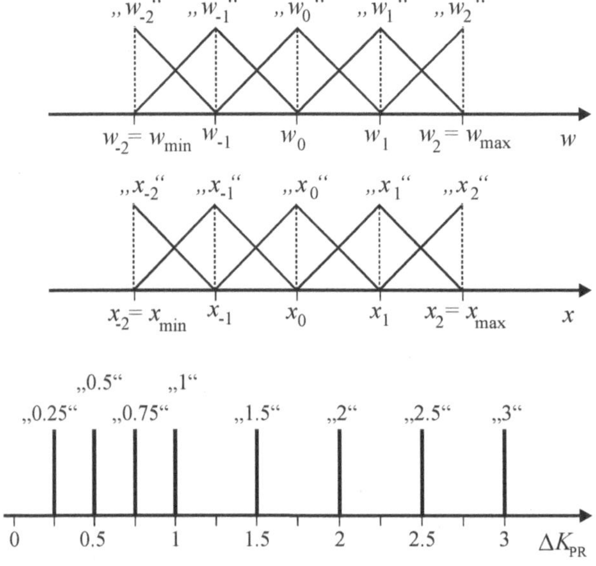

Bild 9.33 Zugehörigkeitsfunktionen für Adaption des PID-Reglers

Eine derartige, auf eine Art Lookup-Table gestützte Vorgehensweise ist bei der Adaption von Fuzzy Controllern nicht mehr möglich, es sei denn, man beschränkt sich auf die Adaption der Skalierungsfaktoren für die Ein- und Ausgänge des Controllers, was jedoch in der Praxis selten ausreichen wird. Fuzzy Controller weisen selbst bei wenigen Ein- und Ausgängen mit wenigen linguistischen Termen bereits eine hohe Anzahl von Freiheitsgraden auf. Prinzipiell können natürlich numerische Optimierungsverfahren (beispielsweise Gradientenverfahren oder Evolutionsstrategien) herangezogen werden, um den Fuzzy Controller online zu optimieren; in den allermeisten Fällen werden diese Algorithmen aber erheblich zu langsam für eine Optimierung in Echtzeit sein – sie eignen sich eher für eine Offline-Optimierung von Reglern (siehe Abschnitt 4.8).

Üblicher ist es daher, in diesem Fall die Verstellstrategie ebenfalls als Fuzzy-Komponente zu realisieren, also die Zugehörigkeitsfunktionen des Fuzzy Controllers regelbasiert in Abhängigkeit von einem oder mehreren Güteindizes zu modifizieren. Das Finden geeigneter Verstellregeln stellt hierbei das Hauptproblem dar, die Regeln sind naturgemäß in hohem Maße problemabhängig, sodass sich allgemeine Richtlinien dazu nicht angeben lassen. Stellt der Adaptionsalgorithmus beispielsweise fest, dass die stationäre Genauigkeit des Regelkreises zu wünschen übrig lässt (erkennbar z. B. an länger andauernden hohen Werten der Regeldifferenz), so kann er dem entgegensteuern, indem die Empfindlichkeit des Fuzzy Controllers um den Sollwert herum erhöht wird. Dies kann erreicht werden, indem die Einflussbreite der Zugehörigkeitsfunktion für $e = ZO$ verringert wird (**Bild 9.34**). Deuten die Gütemaße hingegen auf ein Absinken der Streckenverstärkung hin, so erhöht die Fuzzy-Verstellstrategie einfach den Skalierungsfaktor für die Zugehörigkeitsfunktionen der Stellgröße des Fuzzy Controllers (**Bild 9.35**).

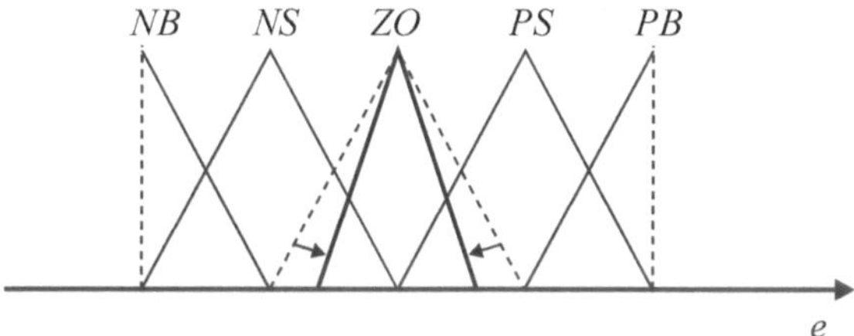

Bild 9.34 Erhöhung der Empfindlichkeit des Fuzzy Controllers bei geringen Regeldifferenzen

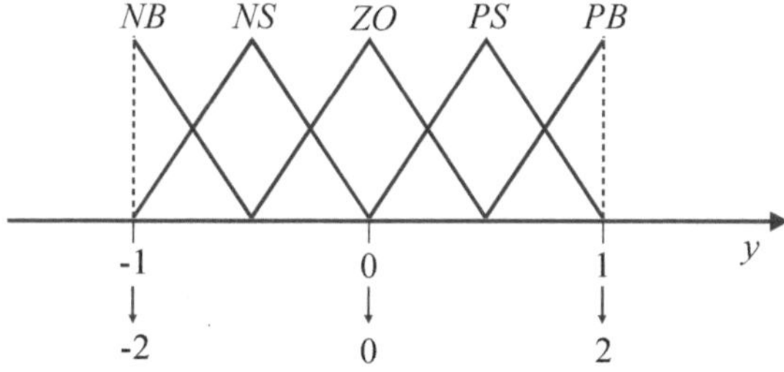

Bild 9.35 Erhöhung der Reglerverstärkung um den Faktor 2 durch Umskalierung der Zugehörigkeitsfunktionen der Stellgröße

10 Realisierung von Reglern

Wir haben die unterschiedlichen Reglertypen, die wir in den vorangegangenen Kapiteln kennengelernt haben, bisher ausschließlich durch ihren jeweiligen Regelalgorithmus – d. h. den mathematischen Zusammenhang zwischen der Regeldifferenz als Eingangsgröße und der Stellgröße als Ausgangsgröße des Reglers – charakterisiert. Thema dieses Kapitels soll nunmehr die Frage sein, auf welche Weise sich diese Reglertypen technisch realisieren lassen.

10.1 Mechanische Regler

Wie die einführenden Beispiele in Kapitel 1 gezeigt haben, dienten bei den ersten regelungstechnischen Anwendungen zunächst rein mechanische Konstruktionen wie Hebelmechanismen als Regler für z. B. Drehzahlregelungen (Fliehkraftregler für Dampfmaschine) oder auch Füllstandsregelungen. Da diese Regler – die auch heute noch in einfachen Regelungen (Beispiel Toilettenspülkasten) im Einsatz sind – keinerlei externe Energiequelle benötigen, sondern die zum Betrieb erforderliche Energie aus dem Regelungsprozess selbst beziehen, werden sie als Regler *ohne Hilfsenergie* bezeichnet.

Bild 10.1 zeigt einen typischen mechanischen Heizkörperthermostaten, wie man ihn auch heutzutage in älteren Wohnungen noch zur dezentralen Raumtemperaturregelung auf dem Eckventil von Heizkörpern vorfindet (linkes Bild), sowie seinen inneren Aufbau (rechte Grafik).

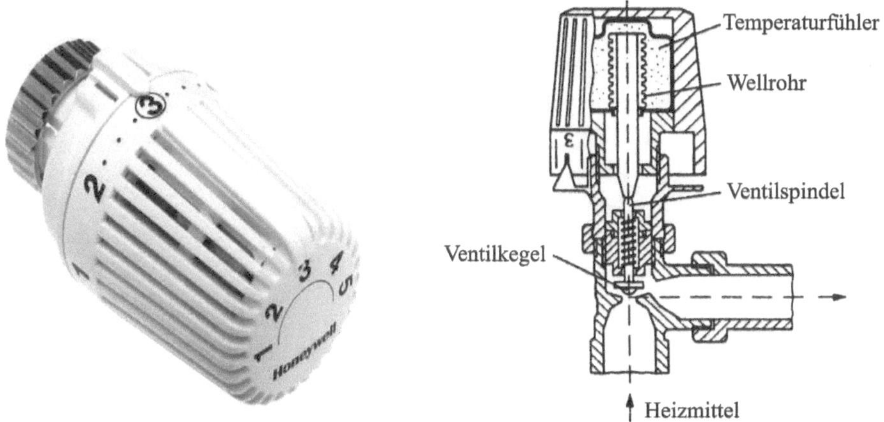

Bild 10.1 Mechanischer Heizkörperthermostat (Fa. Honeywell)

Durch Drehen des Thermostatkopfs (Sollwerteinsteller) erfolgt eine Verstellung der Ventilspindel, die über den Ventilkegel den Heizmitteldurchfluss steuert. Gleichzeitig wird die Ventilspindel aber auch in Abhängigkeit von der aktuellen Raumtemperatur (Istwert) verstellt: Bei zunehmender Temperatur dehnt sich die Flüssigkeit im integrierten Temperaturfühler mehr und mehr aus und die Ventilspindel wird über das Wellrohr nach unten gedrückt, sodass der Heizmitteldurchfluss verringert wird. Bei Abkühlung des Raums tritt der umgekehrte Vorgang auf, d. h., die Flüssigkeit zieht sich zusammen, die Ventilspindel bewegt sich nach oben und der Heizmitteldurchfluss steigt an. Es liegt hier also der für eine Regelung charakteristische geschlossene Wirkungsablauf vor.

In neueren Anlagen werden diese mechanischen Thermostate mehr und mehr durch elektronische Varianten ersetzt, die neben einer höheren Regelgüte häufig auch eine Vielzahl zusätzlicher Komfortmerkmale wie programmierbare Nachtabsenkung des Sollwerts oder Fernsteuerung über Internet oder Smartphone aufweisen (**Bild 10.2**).

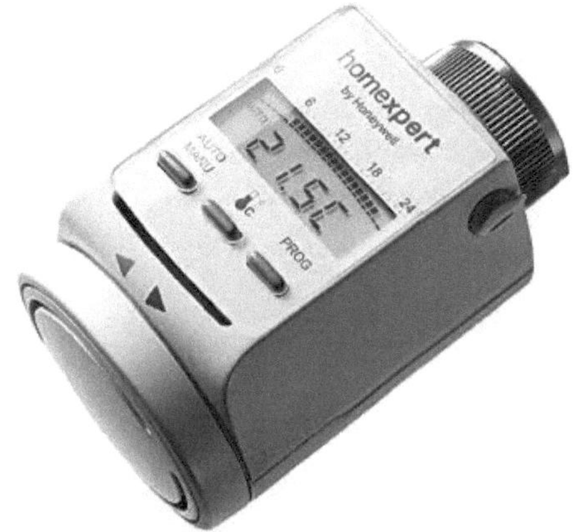

Bild 10.2 Elektronischer Heizkörperthermostat der Fa. Honeywell

Zweipunkt-Regler zur Temperaturregelung – beispielsweise in einem Bügeleisen – können auf einfache Weise, wie in **Bild 10.3** gezeigt, mithilfe einer Bimetallfeder realisiert werden. Im kalten Zustand sind die Kontakte und damit der Stromkreis geschlossen, sodass ein Strom durch die Heizwicklung fließt (linkes Teilbild). Mit zunehmender Erwärmung krümmt sich die Bimetallfeder nach oben und unterbricht den Stromkreis bei Erreichen einer bestimmten Temperatur (rechtes Teilbild). Bei geöffneten Kontakten kühlt sich das Bügeleisen und damit die Bimetallfeder ab, bis die Kontakte sich wieder schließen und ein erneuter Heizvorgang beginnt. Durch Drehen der Sollwertschraube nach oben erhält die Bimetallfeder eine größere Vorspannung und die Kontakte werden erst bei einer höheren Temperatur getrennt.

Mechanische Regler haben generell häufig Zweipunkt-Charakteristik oder näherungsweise P-Verhalten; die Realisierung eines I- oder D-Anteils gestaltet sich normalerweise schwierig bis unmöglich.

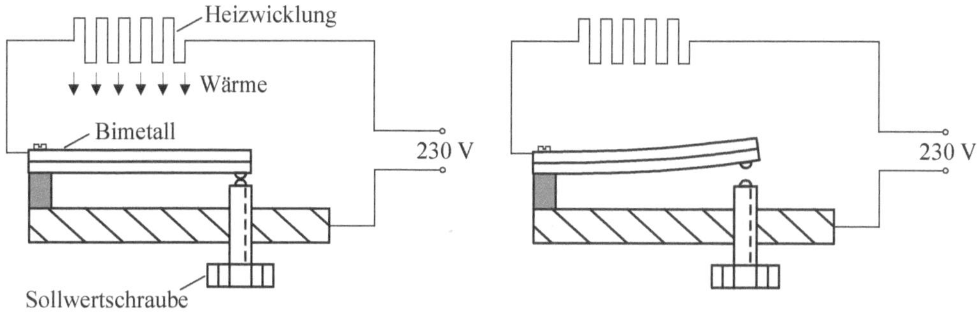

Bild 10.3 Bimetallregler zur Temperaturregelung

10.2 Hydraulische und pneumatische Regler

Im Gegensatz zu den im vorangegangenen Abschnitt vorgestellten mechanischen Reglern erfolgt die Energieübertragung bei hydraulischen und pneumatischer Reglern über ein flüssiges Medium (z. B. Öl) bzw. über Druckluft. **Bild 10.4** zeigt als Beispiel für einen hydraulischen Regler einen sogenannten *Strahlrohrregler* als Druckregler in einer Rohrleitung.

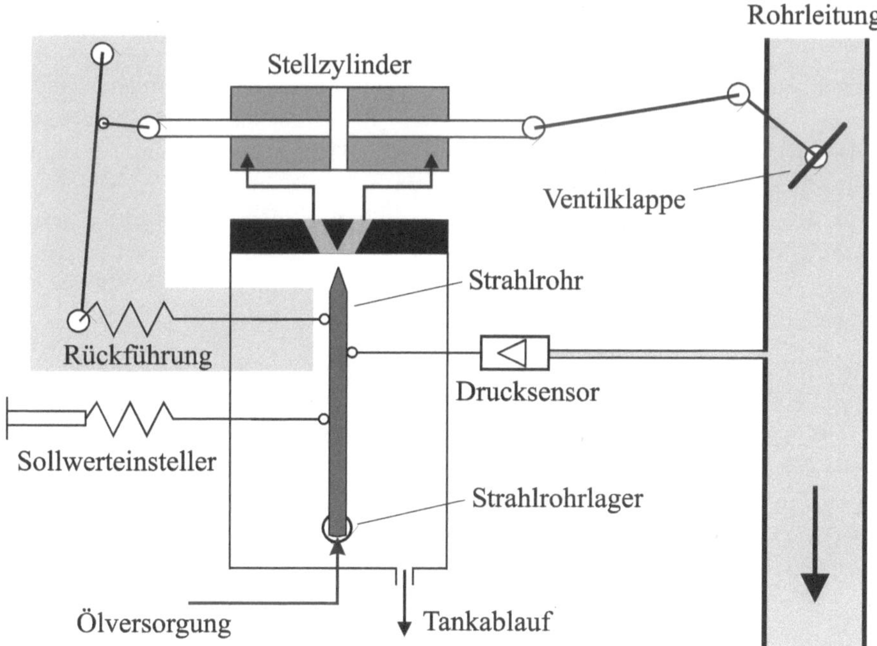

Bild 10.4 Strahlrohrregler als Druckregler mit optionaler Rückführung (grau hinterlegt)

Aus dem drehbar gelagerten Strahlrohr tritt ein Ölstrahl aus, dessen Impuls über die Bohrungen im Tankkopf je nach Strahlrohrwinkel auf die Kolbenflächen des hydraulischen Stellzylinders wirkt. Die Regeldifferenz entspricht der Summe der auf das Strahlrohr einwirkenden Kräfte. Bei verschwindender Regeldifferenz (Sollwert = Istwert) befindet sich das Strahlrohr gerade in der Mittelposition, sodass beide Zylinderseiten über den Ölstrahl mit demselben Druck beauftragt werden und sich der Stellzylinder in Ruhe befindet.

Ist eine Regeldifferenz vorhanden, überwiegt der Druck auf eine der beiden Zylinderseiten und der Zylinder entwickelt eine Geschwindigkeit, die in etwa proportional zur Regeldifferenz ist; der Regler arbeitet also in diesem Fall als reiner I-Regler (Stellgeschwindigkeit proportional zur Regeldifferenz, siehe Abschnitt 3.3!). Führt man die aktuelle Position des Stellzylinders über Federn zurück auf das Strahlrohr, so wie in Bild 10.4 grau hinterlegt eingezeichnet, bekommt der Regler P-T_1-Verhalten. Über eine nachgebende Rückführung (Dämpfer im Rückführkreis) kann dem Regler auch näherungsweises PI-Verhalten gegeben werden. Die Ansteuerung der Ventilklappe erfolgt jeweils in Abhängigkeit von der Position des Stellzylinders. Die Sollwerteinstellung kann durch Aufprägung einer Federvorspannung vorgenommen werden.

Strahlrohrregler wurden Mitte des 20. Jahrhunderts in der Kraftwerks- und Prozessindustrie für nahezu alle Regelungsaufgaben im Wasser-Dampf-Kreislauf eingesetzt.

Generell können hydraulische Regler ohne Zwischenschaltung eines Stellantriebs große Stellkräfte abgeben. Dies gilt gleichermaßen auch für pneumatische Regler, bei denen die zum Betrieb erforderliche Hilfsenergie durch Druckluft aufgebracht wird, die einem zentralen Versorgungsnetz entnommen wird. **Bild 10.5** zeigt als Beispiel einen pneumatischen PID-Druckregler [HE09], dessen Funktionweise wir hier nur grob analysieren wollen.

Wir betrachten zunächst nur die Anordnung im linken Teil der Grafik bestehend aus Hebel, Prallplatte, Düse, Faltenbalg und Feder. Die Differenz aus dem über Sollwertschraube und Feder eingestellten Solldruck p_w und dem Druck p in der Rohrleitung (Istdruck) steuert über die Prallplatte die Öffnung der Düse. Solange der Istdruck unterhalb des Solldrucks liegt, ist die Düse weitestgehend geöffnet und der Stelldruck p_S beträgt nahezu null. Sind Soll- und Istdruck gleich, wird die Düse verschlossen und der Stelldruck nimmt den Wert des Speisedrucks p_0 an. Dieser Teil der Anordnung entspricht somit einem Verstärker mit sehr hoher Verstärkung.

Durch die starre Rückführung über den Faltenbalg RFB entsteht nun zunächst ein P-Regler, dessen Proportionalbeiwert bzw. Proportionalbereich sich durch Verlagerung des Hebel-Drehpunkts einstellen lässt. Der I-Anteil wird durch eine nachgebende Rückführung realisiert, die aus einem Drosselventil (DrI) und einem Zusatzvolumen besteht. Auf ähnliche Weise ergibt sich der D-Anteil durch eine zusätzliche verzögerte Rückführung mit einem Drosselventil (DrD) und einem weiteren Zusatzvolumen. Über die Drosselventile lassen sich dann Nachstell- und Vorhaltezeit des Reglers einstellen.

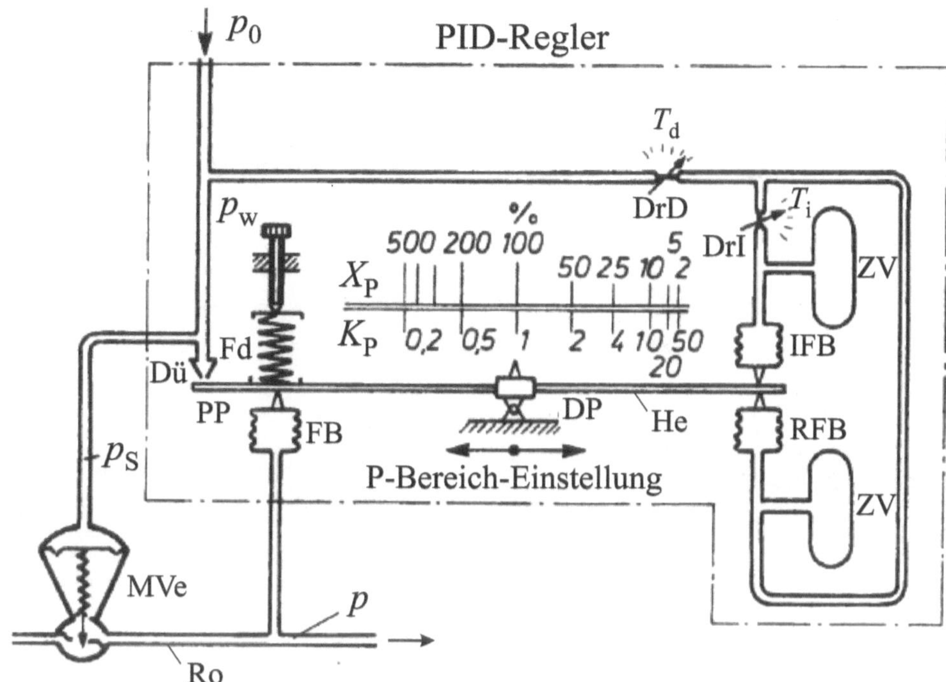

Bild 10.5 Pneumatischer PID-Druckregler (Ro: Rohrleitung, p_0: Speisedruck, p: Druck in Rohrleitung (Istdruck), p_w: Solldruck, p_S: Stelldruck, Mve: Membranventil, FB: Faltenbalg, Dü: Düse, PP: Prallplatte, Fd: Feder, DP: Drehpunkt, He: Hebel, IFB: Faltenbalg I-Anteil, RFB: Faltenbalg Rückführung, ZV: Zusatzvolumen, DrD: Drosselventil D-Anteil, Drosselventil I-Anteil) [HE09]

10.3 Analogregler auf Basis von Operationsverstärkern

10.3.1 Grundschaltung zur Realisierung von PID-Reglern

Analoge PID-Regler werden heutzutage in der Regel elektronisch in Form von *Operationsverstärkerschaltungen* realisiert. **Bild 10.6** zeigt zunächst die Grundschaltung eines invertierenden Verstärkers.

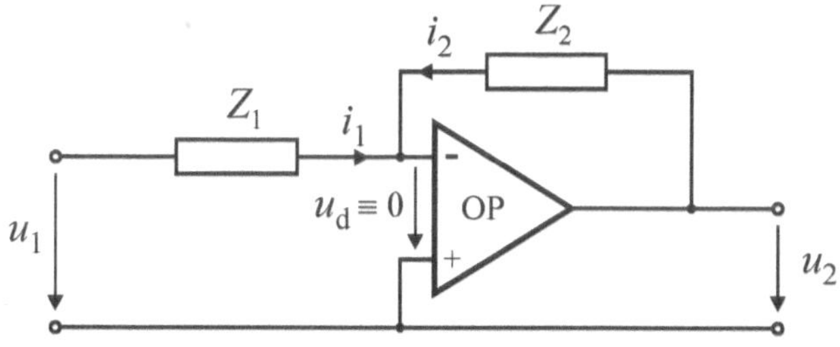

Bild 10.6 Invertierender Verstärker

Eingangsgröße der Schaltung ist die Spannung u_1, Ausgangsgröße die Spannung u_2. Ein Operationsverstärker ist ein aktives elektronisches Bauelement, das die Differenzspannung u_d zwischen invertierendem und nichtinvertierendem Eingang um einen sehr großen Faktor verstärkt und gleichzeitig einen sehr großen Eingangswiderstand besitzt. Betrachten wir den Operationsverstärker als ideal, so weist er eine Verstärkung von unendlich auf und der Eingangsstrom ist (wegen des hohen Eingangswiderstands) null. Die Differenzspannung u_d zwischen invertierendem und nichtinvertierendem Eingang des Operationsverstärkers muss dann verschwinden, damit sich eine endliche Ausgangsspannung ergibt; der invertierende Eingang befindet sich daher auf „virtueller Masse". Wegen des verschwindenden Eingangsstroms des Operationsverstärkers gilt für die Ströme

$$i_2 = -i_1 \tag{10.1}$$

und somit nach dem ohmschen Gesetz

$$\frac{u_2}{Z_2} = -\frac{u_1}{Z_1}. \tag{10.2}$$

Auflösen dieser Gleichung nach der Ausgangsspannung u_2 ergibt schließlich

$$u_2 = -\frac{Z_2}{Z_1} u_1. \tag{10.3}$$

Durch Wahl geeigneter Impedanzen Z_1 und Z_2 lassen sich nun die verschiedenen Reglertypen realisieren. Wegen der invertierenden Eigenschaft des Operationsverstärkers bei der hier gewählten Beschaltung hat die Verstärkung der Schaltung generell negatives Vorzeichen. Dieses kann aber durch einen vor- oder nachgeschalteten Inverter kompensiert werden, den wir aus der obigen Grundschaltung durch Wahl von $Z_1 = Z_2 = R$ erhalten (**Bild 10.7**). Aus Gl. (10.3) ergibt sich dann nämlich

$$u_2 = -u_1. \tag{10.4}$$

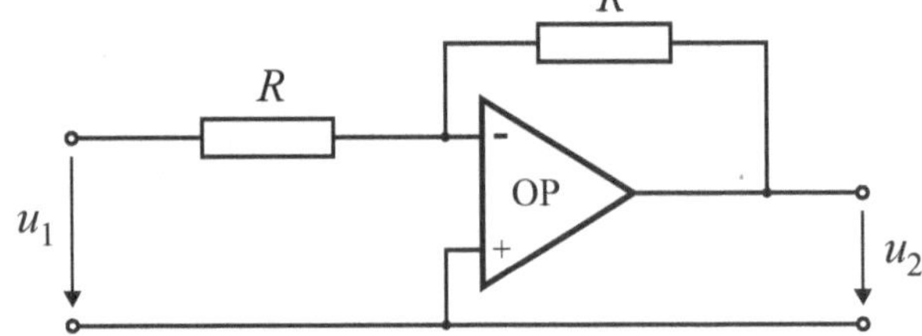

Bild 10.7 Inverter

10.3.2 Elektronischer P-Regler

Ersetzen wir in der Grundschaltung nach Bild 10.6 beide Impedanzen durch ohmsche Widerstände, so erhalten wir mit nachgeschaltetem Inverter gemäß **Bild 10.8** einen P-Regler mit der Gleichung

$$y = \frac{R_2}{R_1} e. \tag{10.5}$$

Der P-Regler besitzt also den Proportionalbeiwert

$$K_P = \frac{R_2}{R_1}, \tag{10.6}$$

der je nach Wahl der Widerstandswerte beliebige (positive) Werte annehmen kann.

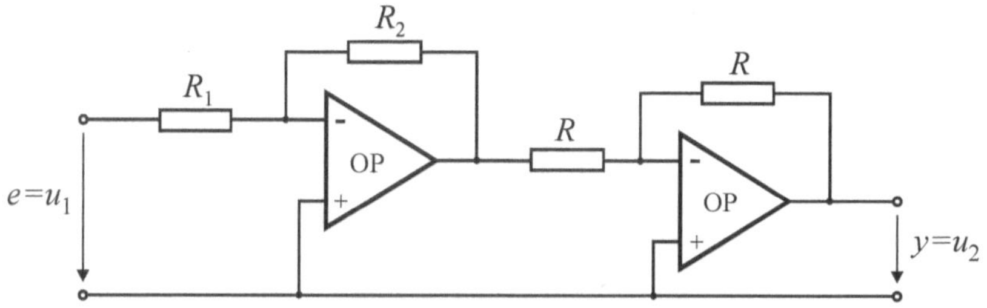

Bild 10.8 P-Regler

Eine alternative Realisierung, bei der auf den nachgeschalteten Inverter verzichtet werden kann, ergibt sich durch nichtinvertierende Beschaltung des Operationsverstärkers gemäß **Bild 10.9** (man beachte die vertauschten Anschlüsse am Operationsverstärker!).

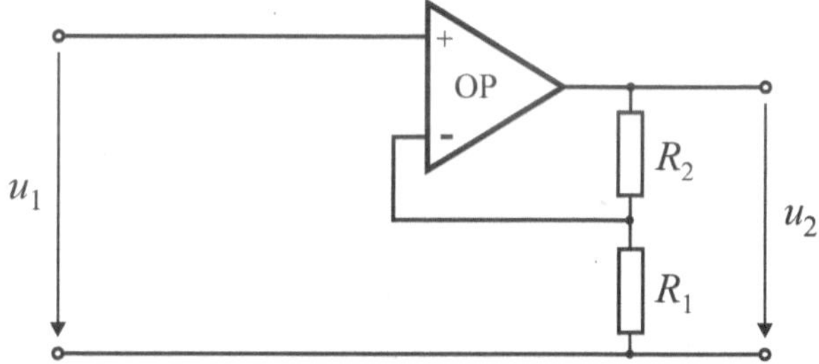

Bild 10.9 Nichtinvertierender Verstärker als P-Regler

Da die Differenzspannung zwischen beiden Eingängen des Operationsverstärkers wieder null sein muss, stellt sich am invertierenden Eingang die Eingangsspannung u_1 der Schaltung ein. Es gilt damit gemäß Spannungsteilerregel

$$u_1 = \frac{R_1}{R_1 + R_2} u_2$$

und damit nach Umstellung

$$u_2 = \underbrace{\left(1 + \frac{R_2}{R_1}\right)}_{K_P} u_1. \tag{10.7}$$

Der Proportionalbeiwert ist in diesem Fall also von Hause aus positiv, kann allerdings nur Werte größer als eins annehmen.

10.3.3 Elektronischer I-Regler

Einen elektronischen I-Regler erhalten wir, indem wir in der Grundschaltung Z_1 durch einen ohmschen Widerstand und Z_2 durch eine Kapazität ersetzen (**Bild 10.10**). Der Regler besitzt dann die Integrierzeit

$$T_{\mathrm{I}} = R_1 \cdot C \tag{10.8}$$

bzw. den Integrierbeiwert [25]

$$K_{\mathrm{I}} = \frac{1}{R_1 \cdot C}. \tag{10.9}$$

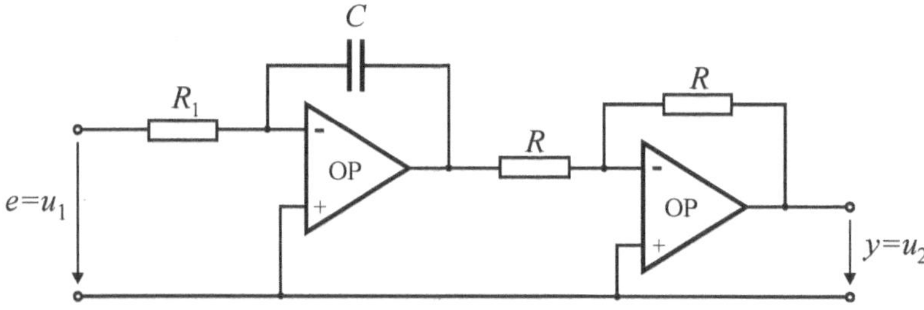

Bild 10.10 I-Regler

10.3.4 Elektronischer PI-Regler

Ersetzen wir in der Grundschaltung Z_1 durch einen ohmschen Widerstand und Z_2 durch eine Reihenschaltung aus ohmschem Widerstand und Kapazität, so erhalten wir den PI-Regler nach **Bild 10.11**.

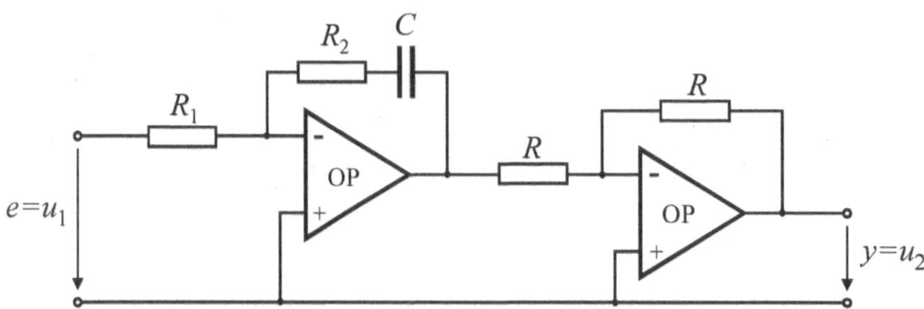

Bild 10.11 PI-Regler

[25] Auf die Herleitung der entsprechenden Parametergleichungen wird im Folgenden verzichtet. Man findet sie beispielsweise in [BU12].

Der Regler besitzt den Proportionalbeiwert

$$K_P = \frac{R_2}{R_1} \tag{10.10}$$

und die Nachstellzeit

$$T_i = R_2 \cdot C. \tag{10.11}$$

10.3.5 Elektronischer PD-Regler

Bild 10.12 zeigt die Realisierung eines PD-Reglers. Z_1 ist hierbei durch eine *RC*-Parallelschaltung und Z_2 durch einen ohmschen Widerstand ersetzt worden. Der Regler besitzt den Proportionalbeiwert

$$K_P = \frac{R_2}{R_1} \tag{10.12}$$

und die Vorhaltezeit

$$T_d = R_1 \cdot C. \tag{10.13}$$

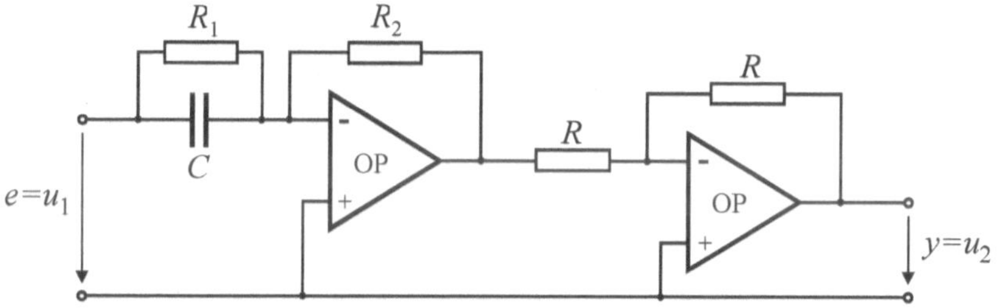

Bild 10.12 PD-Regler

Soll anstelle des idealen PD-Reglers ein PD-T_1-Regler realisiert werden, so kann dazu der Kapazität *C* ein Widerstand in Reihe geschaltet werden.

10.3.6 Elektronischer PID-Regler

Die elektronische Realisierung eines PID-Reglers zeigt **Bild 10.13**. Hier erkennen wir im Eingangszweig eine *RC*-Parallelschaltung und im Rückkopplungszweig eine *RC*-Reihenschaltung. Der Regler besitzt den Proportionalbeiwert

$$K_P = \frac{R_2}{R_1}, \tag{10.14}$$

die Nachstellzeit

$$T_i = R_2 \cdot C_2 \tag{10.15}$$

und die Vorhaltezeit

$$T_\mathrm{d} = R_1 \cdot C_1 \,. \tag{10.16}$$

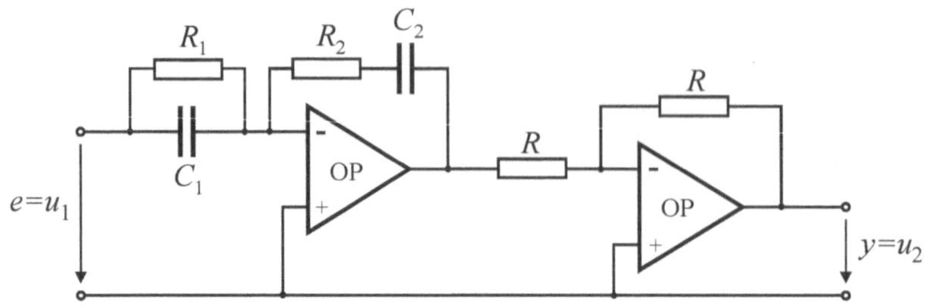

Bild 10.13 PID-Regler

Soll anstelle des idealen PID-Reglers ein PID-T_1-Regler realisiert werden, so kann dazu der Kapazität C_1 im Eingangszweig ein Widerstand in Reihe geschaltet werden.

Bild 10.14 zeigt ergänzend die Schaltung eines PID-Reglers mit weitgehend frei einstellbaren Parametern. Der obere Schaltungsteil stellt hierbei den D-Anteil (Einstellung über Potentiometer R_D), der mittlere Schaltungsteil den P-Anteil und der untere Schaltungsteil den I-Anteil (Einstellung über Potentiometer R_I) dar. Der Proportionalbeiwert des Reglers kann über das Potentiometer R_P festgelegt werden. Da die Operationsverstärker OP1 bis OP3 jeweils invertierend arbeiten, sorgt der nachgeschaltete Operationsverstärker OP4 für eine positive Gesamtverstärkung der Schaltung. Über den Tastschalter S im I-Anteil des Reglers kann der Kondensator C_I entladen und der I-Anteil damit zurückgesetzt werden.

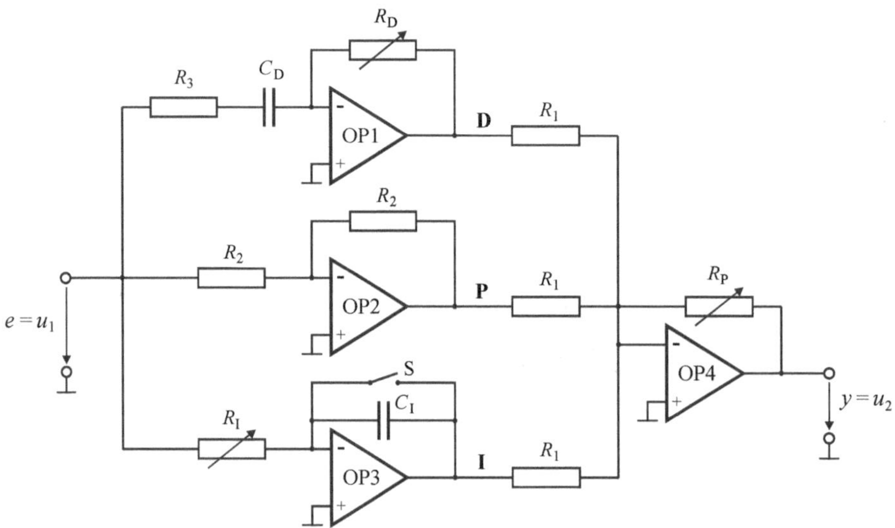

Bild 10.14 Elektronischer PID-Regler mit einstellbaren Parametern

10.3.7 Schaltende Regler

Wie wir in Abschnitt 10.3.1 bereits gesehen hatten, lassen sich z. B. Zweipunkt-Temperaturregler auf einfache Weise mechanisch mit Hilfe eines Bimetallkontakts realisieren. Bei anspruchsvolleren Regelungen werden heutzutage schaltende Regler jedoch zumeist auf elektrischer oder elektronischer Basis eingesetzt. **Bild 10.15** zeigt als Beispiel die elektronische Realisierung eines Zweipunkt-Reglers. Der linke Schaltungsteil dient zunächst als Soll-Istwert-Vergleicher. Die untere Teilschaltung invertiert die den Istwert repräsentierende Eingangsspannung u_x. Diese wird in der oberen, als Summierer arbeitenden Teilschaltung mit der den Sollwert repräsentierenden Eingangsspannung u_w verknüpft. Am Ausgang des linken Schaltungsteils erhalten wir dann die der Differenz $-(w-x)$ entsprechende Spannung.

Der rechte Schaltungsteil arbeitet als Schmitt-Trigger und übt damit die Funktion des eigentlichen Zweipunkt-Reglers aus. Über den einstellbaren Widerstand R_8 kann der Schaltpunkt des Reglers eingestellt werden, über R_9 die Hysteresebreite (Schaltdifferenz). Am Ausgang des Reglers wird das Signal zur Ansteuerung des Stellglieds in der Regel noch einmal verstärkt. Diese Ausgangsstufe kann ein Verstärker, aber auch ein Relais, ein Leistungs-Transistor, ein Thyristor oder ein Triac sein.

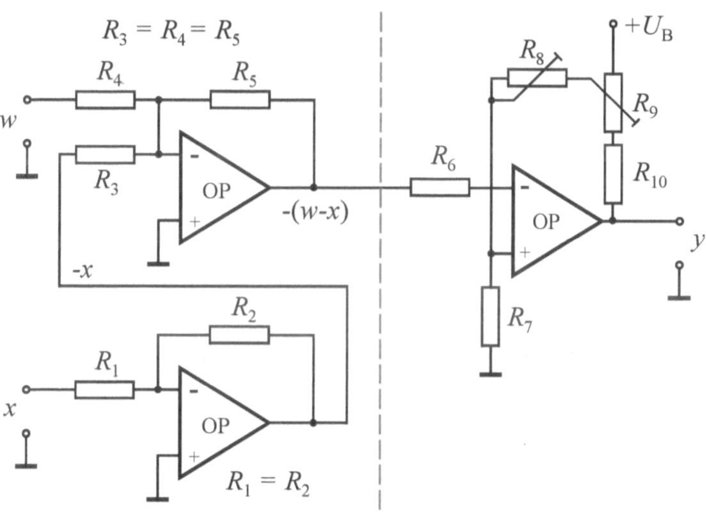

Bild 10.15 Elektronischer Zweipunkt-Regler mit einstellbarem Schaltpunkt und Hysterese

10.4 Digitalregler

Die Grundprinzipien der digitalen Regelung hatten wir bereits in Kapitel 7 eingehend erläutert. Kernbaustein eines Digitalreglers ist in den meisten Fällen ein Mikroprozessor oder Mikrocontroller, der mithilfe einer entsprechenden Entwicklungsumgebung in einer Hochsprache programmiert wird. Dabei können prinzipiell alle Reglerstrukturen umgesetzt werden, die auch als Analogregler realisierbar sind; darüber hinaus sind aufgrund der wesentlich größeren Flexibilität natürlich auch weitaus komplexere Regelstrategien durch einfache Modifikation oder Erweiterung der Software möglich. Da die den Regler betreffenden Signale im Regelkreis – Führungs- und Regelgröße bzw. Regeldifferenz sowie die Stellgröße – normalerweise als Analogsignale (d. h. zeit- und wertekontinuierlich) vorliegen, müssen sie zur Verarbeitung im Digitalregler in zeit- und wertediskrete Signale umgewandelt werden. Dazu dienen Analog-Digital-Wandler (ADC) auf der Eingangsseite des Digitalreglers bzw. Digital-Analog-Wandler (DAC) auf seiner Ausgangsseite.

Bild 10.16 zeigt als typischen Vertreter der universellen digitalen Kompaktregler den SIPART DR21 der Fa. Siemens.

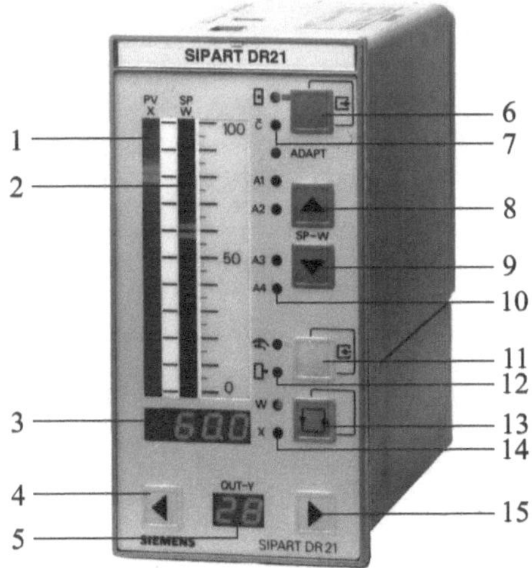

1 Grafische Anzeige Istwert
2 Grafische Anzeige Sollwert
3 Numerische Anzeige Sollwert/Istwert
4 Manuelle Verringerung Stellgröße
5 Numerische Anzeige Stellgröße
6 Umschaltung Sollwert intern/extern
7 Anzeige Sollwert intern/extern
8 Manuelle Erhöhung Sollwert
9 Manuelle Verringerung Sollwert
10 Anzeige Grenzüberschreitungen
11 Umschaltung Hand/Automatik
12 Anzeige Hand/Automatik
13 Umschaltung Sollwert/Istwert
14 Anzeige Sollwert/Istwert
15 Manuelle Vergrößerung Stellgröße

Bild 10.16 Digitaler Kompaktregler SIPART DR21 der Fa. Siemens

Aufgrund seiner Vielzahl von Funktionen und Einstellmöglichkeiten eignet sich dieser Reglertyp für eine große Zahl von regelungstechnischen Anwendungen. Die wichtigsten Leistungsmerkmale in Stichworten:

- Grafische und numerische Anzeige von Sollwert, Istwert und Stellgröße
- Sollwert intern oder über externen Eingang vorgebbar
- Umschaltung zwischen Automatik- und Handbetrieb (Stellgröße über Taster vorgebbar) möglich
- Frei programmierbare Grenzwerte für Prozessgrößen, Anzeige bei Überschreitung
- Analoge Eingänge für Strom, Spannung, Widerstandsthermometer und Thermoelemente, binäre Spannungseingänge
- Analoge/Binäre Ausgänge für Spannung/Strom, Relaisausgänge
- Reglertypen: P, PI, PD, PID, Zweipunkt ohne/mit Rückführung, Dreipunkt ohne/mit Rückführung, schaltender Split-Range-Regler, Gleich- und Verhältnislaufregler
- optionale Störgrößenaufschaltung vor/hinter dem Regler
- Kommunikationsschnittstelle

Die Geräte anderer Hersteller unterscheiden sich vom SIPART-Regler im Aussehen und Funktionsumfang nur unwesentlich.

Bild 10.17 zeigt beispielhaft einen digitalen PID-Temperaturregler der Firma JUMO, wie wir ihn etwa morgens bei jedem Bäcker in den Öfen hinter der Verkaufstheke wiederfinden. Auch dieser Regler ist über die entsprechenden Bedienelemente auf der Gerätefront vollständig parametrierbar. Eine Vielzahl anderer Hersteller bietet vergleichbare Geräte an.

Bild 10.17 Digitaler PID-Temperaturregler der Fa. JUMO

Wer seinen Regelalgorithmus selber programmieren möchte, findet dazu je nach Zielplattform die unterschiedlichsten Programmiersprachen vor. Das beliebte Arduino-Mikrocontrollerboard (**Bild 10.18**) beispielsweise kann über seine Programmieroberfläche in einer der klassischen Programmiersprache *C* eng verwandten Sprache programmiert werden.

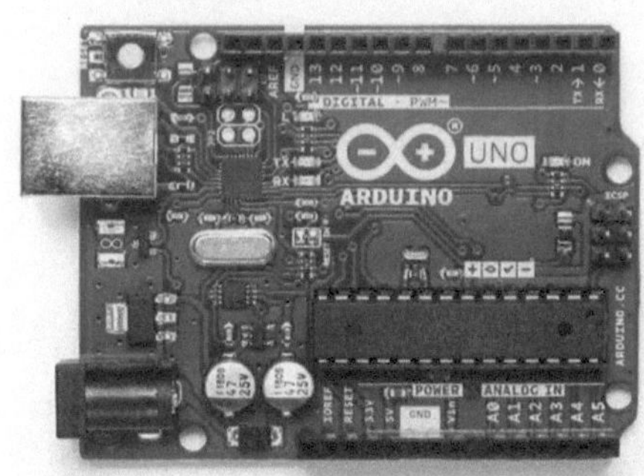

Bild 10.18 Arduino UNO (www.arduino.cc)

Listing 10.1 zeigt beispielhaft ein Programm zum Einsatz des Arduino als digitaler PID-Regler. Dabei erfolgt das Einlesen von Soll- und Istwert über die Analogeingänge A0 und A1, die Ausgabe der Stellgröße über PWM-Ausgang 3 (Zeilen (3) – (5)). Die `setup`-Routine in den Zeilen (20) – (29) wird einmalig nach dem Starten des Programms aufgerufen und enthält alle erforderlichen Initialisierungen. Hier wurde beispielhaft eine Abtastzeit von 100 ms, ein Proportionalbeiwert von 2, eine Nachstellzeit von 5 s und eine Vorhaltezeit von 0.5 s gewählt.

Die eigentliche Regelschleife, die nach der Initialisierung zyklisch aufgerufen wird, befindet sich in der `loop`-Routine. Für eine korrekte Arbeitsweise ist es zwingend erforderlich, dass der Regler in Echtzeit arbeitet, d. h. der zeitliche Abstand zwischen zwei Zyklen ziemlich exakt der gewählten Abtastzeit entspricht. Hierzu wird die Funktion `millis()` genutzt, die die Anzahl der Millisekunden angibt, die seit dem Starten des Programms vergangen sind (Zeile (32)). Ein einzelner Zyklus beginnt dann mit dem Einlesen von Soll- und Istwert und der Ermittlung der aktuellen Regeldifferenz (Zeilen (35) – (39)). Die Berechnung der Stellgröße erfolgt dann gemäß dem PID-Stellungsalgorithmus, den wir in Abschnitt 7.2 hergeleitet hatten (Gleichung 7.5), in den Zeilen (40) – (52). Als Anti-Windup-Maßnahme fungiert hier eine numerische Begrenzung des I-Anteils (Zeilen (46) – (47)). Die Begrenzung der Stellgröße und ihre Ausgabe erfolgt in den Zeilen (51) – (53). Für den nächsten Zyklus werden abschließend die aktuellen Werte von Regeldifferenz und I-Anteil auf die „alten" Werte umgespeichert (Zeilen (55) und (56)).

Listing 10.1 Arduino UNO als digitaler PID-Regler mit externer Sollwertvorgabe [26]

```
(1)  // Arduino als digitaler PID-Regler

(2)  // Globale Variablen
(3)  int W_PIN = A0;              // Pin für Einlesen von Sollwert w
(4)  int X_PIN = A1;              // Pin für Einlesen von Regelgröße x (Istwert)
(5)  int Y_PIN = 3;               // Pin für Ausgabe von Stellgröße y
(6)  unsigned long Startzeit;     // Startzeit für Zyklus in msec
(7)  float T;                     // Abtastzeit des Reglers in sec
(8)  float KP;                    // Proportionalbeiwert des Reglers
(9)  float Ti;                    // Nachstellzeit des Reglers in sec
(10) float Td;                    // Vorhaltezeit des Reglers in sec
(11) float w;                     // Führungsgröße w (Sollwert) in V
(12) float x;                     // Regelgröße x (Istwert) in V
(13) float y;                     // Stellgröße in V
(14) float yP;          // P-Anteil der Stellgröße in V
(15) float yD;          // D-Anteil der Stellgröße in V
(16) float yIk;         // I-Anteil der Stellgröße zum Zeitpunkt t = k*T in V
(17) float yIk1;        // I-Anteil der Stellgröße zum Zeitpunkt t = (k-1)*T in V
(18) float ek;          // Regeldifferenz zum Zeitpunkt t = k*T in V
(19) float ek1;         // Regeldifferenz zum Zeitpunkt t = (k-1)*T in V

(20) void setup() {
(21)   // Initialisierungen
(22)   Startzeit = millis();
(23)   T = 0.1;
(24)   KP = 2.0;
(25)   Ti = 5.0;
(26)   Td = 0.5;
(27)   ek1 = 0.0;
(28)   yIk1 = 0.0;
(29) }

(30) void loop() {
(31)   // Regelschleife
(32)   if ((millis() - Startzeit) > 1000*T)   // neuen Zyklus beginnen
(33)   {
```

[26] Die Zeilennummern dienen lediglich zur besseren Erläuterung des Programmlistings.

```
    Startzeit = millis();   // Startzeit zurücksetzen
    // Soll- und Istwert einlesen und umrechnen in V
    w = analogRead(W_PIN) * (5.0 / 1023.0);
    x = analogRead(X_PIN) * (5.0 / 1023.0);
    // Aktuelle Regeldifferenz berechnen
    ek = w - x;
    // P-Anteil berechnen
    yP = KP * ek;
    // D-Anteil berechnen
    yD = Td / T * (ek - ek1);
    // I-Anteil berechnen (Rechteckintegration) und ggf. begrenzen
    yIk = yIk1 + T / Ti * ek1;
    if (yIk < 0.0) {yIk = 0.0;}
    if (yIk > 5.0) {yIk = 5.0;}
    // Stellgröße berechnen, ggf. begrenzen, umrechnen in 0 ... 255 und
    // ausgeben
    y = yP + yIk + yD;
    if (y < 0.0) {y = 0.0;}
    if (y > 5.0) {y = 5.0;}
    analogWrite(Y_PIN, 255 / 5.0 * y);
    // Werte aktualisieren
    ek1 = ek;
    yIk1 = yIk;
  }
}
```

Da die Ausgabe der Stellgröße über einen PWM-Ausgang erfolgt, sind naturgemäß nur positive Stellgrößenwerte möglich. Sollen auch negative Werte realisiert werden können (z. B., um bei einer Temperaturregelung nicht nur heizen, sondern auch kühlen zu können), so kann dazu ein zweiter PWM-Ausgang herangezogen werden, der dann bei negativen Stellgrößenwerten angesteuert wird.

Listing 10.2 zeigt als weiteres Beispiel ein Arduino-Programm zur Realisierung eines Zweipunkt-Reglers mit Schaltdifferenz (Hysterese). Die grundsätzliche Struktur des Programms entspricht derjenigen aus Listing 10.1, die Schaltdifferenz wurde beispielhaft auf 0.5 V gesetzt (Zeile (18)). Die Nachbildung der Zweipunkt-Kennlinie nach Bild 5.5 erfolgt in den Zeilen (32) und (33): Liegt die aktuelle Regeldifferenz oberhalb der halben Schaltdifferenz, so wird der Reglerausgang eingeschaltet, liegt sie unterhalb der halben negativen Schaltdifferenz, wird er ausgeschaltet. Liegt die aktuelle Regeldifferenz zwischen diesen beiden Schaltpunkten, so passiert nichts, d. h., der Ausgang behält seinen aktuellen Zustand bei.

Listing 10.2 Arduino UNO als Zweipunkt-Regler mit Schaltdifferenz (Hysterese)

```
(1) // Arduino als Zweipunkt-Regler mit Schaltdifferenz (Hysterese)

(2) // Globale Variablen
(3) int W_PIN = A0;             // Pin für Einlesen von Sollwert w
(4) int X_PIN = A1;             // Pin für Einlesen von Istwert x
(5) int Y_PIN = 3;              // Pin für Ausgabe von Stellgröße y
(6) unsigned long Startzeit; // Startzeit für Zyklus in msec
```

```
float T;                        // Abtastzeit des Reglers in sec
float Xsd;                      // Schaltdifferenz des Reglers in V
float w;                        // Führungsgröße w (Sollwert) in V
float x;                        // Regelgröße x (Istwert) in V
float e;                        // Regeldifferenz in V
bool y;                         // Stellgröße (HIGH/LOW)

void setup() {
  // Initialisierungen
  pinMode(Y_PIN, OUTPUT);
  Startzeit = millis();
  T = 0.1;
  Xsd = 0.5;
  y = LOW;
}

void loop() {
  // Regelschleife
  if ((millis() - Startzeit) > 1000*T)   // neuen Zyklus beginnen
  {
    Startzeit = millis();    // Startzeit zurücksetzen
    // Soll- und Istwert einlesen und umrechnen in V
    w = analogRead(W_PIN) * (5.0 / 1023.0);
    x = analogRead(X_PIN) * (5.0 / 1023.0);
    // Aktuelle Regeldifferenz berechnen
    e = w - x;
    // Stellgröße berechnen und ausgeben
    if (e > Xsd/2)  {y = HIGH;}
    if (e < -Xsd/2) {y = LOW;}
    digitalWrite(Y_PIN, y);
  }
}
```

Zunehmender Beliebtheit erfreut sich auch die Sprache *Python*, die sowohl auf herkömmlichen PCs unter den Betriebssystemen Windows und Linux verfügbar ist als auch beispielsweise auf einem Raspberry Pi oder sogar als vorinstalliertes Betriebssystem (*MicroPython*) auf einem Pyboard-Mikrocontroller (**Bild 10.19**).

Bild 10.19 Pyboard (www.micropython.org)

Listing 10.3 zeigt beispielhaft die Simulation eines Regelkreises bestehend aus einem als P-T_1-Glied modellierten DC-Motor (Regelstrecke) und einem digitalen PI-Regler mit Anti-Windup-Einrichtung in Python [PH19]. Der eigentliche PI-Regelalgorithmus befindet sich dabei in der Funktion `PI_AWR_REGLER` in den Zeilen (4) – (19). Die Berechnung des I-Anteils der Stellgröße erfolgt in Zeile (9) gemäß der Trapezregel, die wir in Abschnitt 7.2 kennengelernt hatten. Falls sich der Regler in der Begrenzung befindet, wird gemäß des in diesem Beispiel verwendeten Anti-Windup-Verfahrens ein Korrekturterm zur Verringerung des I-Anteils subtrahiert. In Zeile (12) wird dann der P-Anteil addiert, in den Zeilen (13) – (18) erfolgt gegebenenfalls die eigentliche Begrenzung der Stellgröße, die dann in Zeile (19) an das aufrufende Programm zurückgegeben wird.

Die Simulation des geschlossenen Regelkreises erfolgt in den Zeilen (20) – (38). In Zeile (28) finden wir die Parameter des kontinuierlichen PI-Reglers (Proportionalbeiwert K_P und Nachstellzeit T_i), in Zeile (29) die Berechnung des Koeffizienten für den I-Anteil des digitalen Reglers. Die Zeilen (32) bis (38) bilden die eigentliche Simulationsschleife, wobei Zeile (34) jeweils den Aufruf der Reglerfunktion `PI_AWR_REGLER` enthält und Zeile (36) den Aufruf des Streckenmodells für den DC-Motor. Die abschließenden Zeilen (39) – (41) dienen zur grafischen Darstellung der Simulationsergebnisse, die uns an dieser Stelle aber nicht weiter interessieren soll.

Listing 10.3 Simulation eines Regelkreises mit P-T_1-Regelstrecke (DC-Motor) und digitalem PI-Regler mit Anti-Windup in Python [PH19]

```
(1)  import numpy as np
(2)  import control
(3)  import matplotlib.pyplot as plt

(4)  def PI_AWR_REGLER(ek,yminmax,Kp):
(5)      """ PI-Regler mit verbesserter AWR I-Rückführung """
(6)      global ykk , yk, Kid, Tikorr
(7)      global yi1, ek1
(8)      Intkorr = (ykk - yk)/Tikorr # Korrektur I-Anteil falls Begrenzung
(9)      yi = yi1 + Kid*ek + Kid*ek1 - Intkorr # Berechnung I-Anteil
(10)     ek1 = ek
(11)     yi1=yi
(12)     ykk =  Kp*ek + yi # Stellgroesse = P + I
(13)     if ykk < -yminmax : # Begrenzung Stellgroesse
(14)         yk = -yminmax
(15)     elif ykk > yminmax :
(16)         yk = yminmax
(17)     else:
(18)         yk = ykk # y ohne Begrenzung
(19)     return yk

(20) #   Simulation mit forced_response und digitalem PI-Regler
(21) n = 500 # Anzahl Schritte
(22) T0 = 0.01 # Abtastzeit
(23) xx = np.zeros(n)     # Regelgrößenvektor
(24) u = np.zeros(n)      # Stellgrößenvektor
(25) yyi = np.zeros(n)    # I-Anteil Stellgröße
```

```
tk= np.arange(0,T0*n,T0)      # k-Achse
DCmo = control.tf([5],[1.2, 1]) # Motormodell 1. Ordnung
Kp = 2; Ti = 1.4              # Proportionalbeiwert/Nachstellzeit d. Reglers
Kid=Kp*T0/(2*Ti)              # Ki diskretisiert
Tikorr = 0.96*Ti/T0           # Korrekturfaktor I-Anteil
ykk =0;  yk =0.0; yi1 = 0.0; ek1 = 0.0; Xvor = 0 # Anfangswerte
w = 20.0    #Sollwert
for i in range(1, n):
    e = w - xx[i-1]
    u[i] = PI_AWR_REGLER(ek=e,yminmax=10,Kp=Kp)
    yyi[i]=yi1
    tt, xxk , xk = control.forced_response(DCmo, [tk[i], tk[i]+T0],
                         [u[i], u[i]], X0=Xvor)
    xx[i] = xxk[1]
    Xvor = xk[1]

plt.plot(tk,xx, tk, u, tk,yyi)
plt.xlabel('t [s]'); plt.ylabel('x, y, yi')
plt.grid(b=True)
```

Auf der Ausgangsseite stehen bei Digitalreglern häufig alternativ mehrere Stellgrößensignale zur Verfügung. Dies können neben dem eigentlichen Stellausgang als analoges Signal auch schaltende Ausgänge oder pulsbreitenmodulierte Signale sein. Zudem sind die heutigen Industrieregler in der Regel modular erweiterbar und erlauben über entsprechende Baugruppen den Direktanschluss von Standardsensoren wie beispielsweise Pt-100-Temperaturfühlern oder Thermoelementen. Häufig können sie auch über Busschnittstellen (z. B. PROFIBUS oder MODBUS) in Automatisierungssysteme integriert werden.

10.5 SPS-Regler

Durch die Entwicklung immer leistungsfähigerer und kostengünstigerer Kleinsteuerungen (Mikro-SPS), beispielsweise der Siemens LOGO! (aktuelle Baureihe 0BA8), verlieren die klassischen Kompakt-Digitalregler zunehmend an Bedeutung. Praktisch alle speicherprogrammierbaren Steuerungen verfügen in ihrer Funktionsbibliothek mittlerweile über mindestens einen PI(D)-Baustein, der die vollständige Übernahme der Reglerfunktionalität durch die SPS erlaubt und den separaten Regler damit überflüssig macht. Der entsprechende Funktionsbaustein wird dabei wie ein „normaler" Funktionsbaustein in das SPS-Programm eingebunden und parametriert. **Bild 10.20** zeigt als Beispiel den PI-Regler-Baustein in der Entwicklungsumgebung *LOGO!Soft Comfort* der Firma Siemens.

Auch die Kleinsteuerung *easyE4* der Firma EATON verfügt über eine ganze Reihe leistungsfähiger Funktionsbausteine zur Steuerung und Regelung, darunter ein umfangreich parametrierbarer PID-Regler [KAN19]. **Bild 10.21** zeigt den Baustein in der entsprechenden Programmierumgebung. Im Gegensatz zur Siemens LOGO! kann die easyE4 auch in der Programmiersprache *Strukturierter Text* programmiert werden.

Die PID-Bausteine der „größeren" SPSen verfügen in der Regel über erweiterte Funktionen wie beispielsweise eine Selbsteinstellung (Autotuning), Störgrößenaufschaltung und vieles mehr. **Bild 10.22** zeigt den entsprechenden Baustein im *TIA Portal* von Siemens, welches z. B. zur Programmierung der SPS-Baureihe S7 benutzt werden kann. Eine noch umfangreichere Funktionalität bietet der zur Regelung häufig eingesetzte Standard-Funktionsbaustein FB 41. Auch in herstellerübergreifenden Programmierumgebungen wie CODESYS finden sich entsprechende Bausteine.

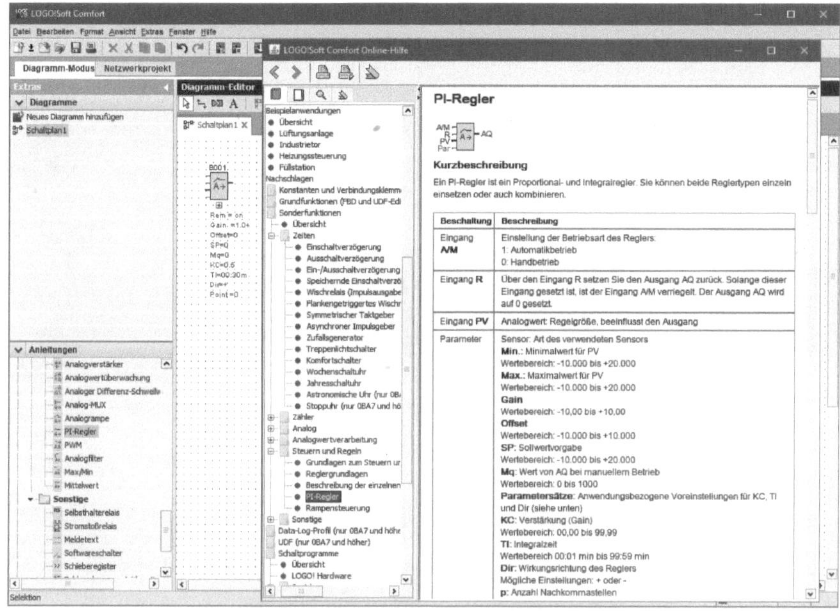

Bild 10.20 PI-Regler in der Entwicklungsumgebung *LOGO!Soft Comfort* der Fa. Siemens

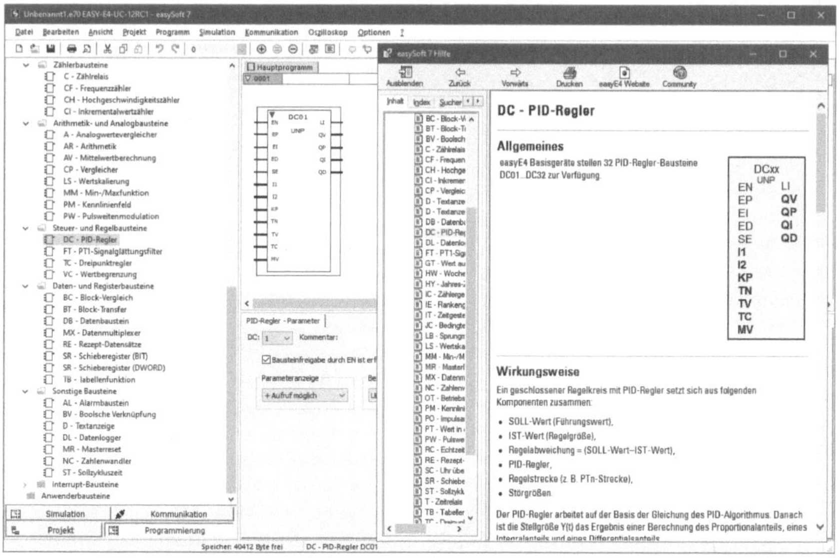

Bild 10.21 PID-Regler in der Entwicklungsumgebung *easy Soft* der Fa. EATON

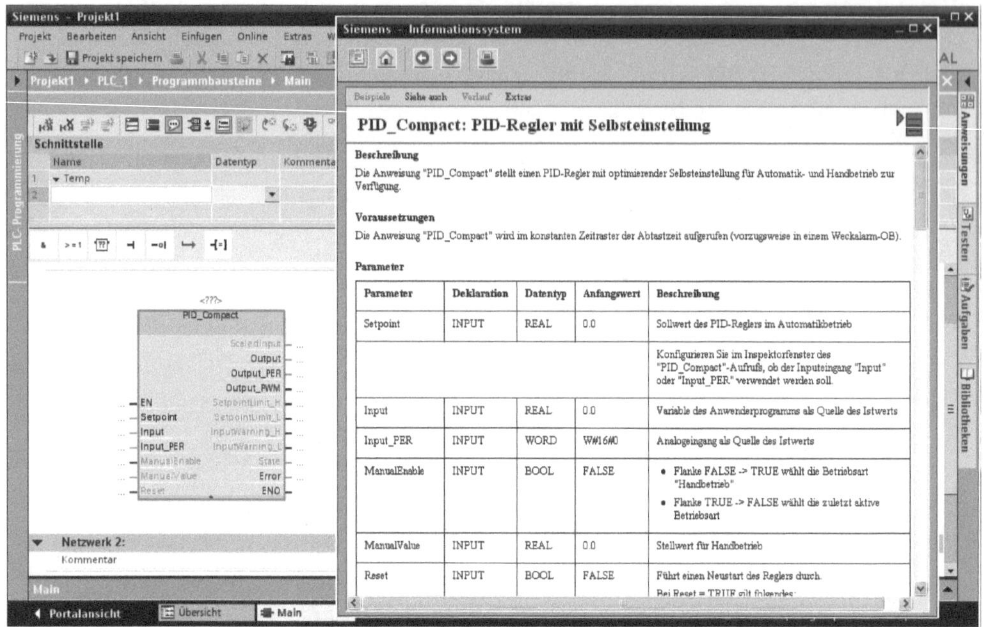

Bild 10.22 Selbsteinstellender PID-Regler im *TIA Portal* der Fa. Siemens

Für sehr schnelle Regelungen (z. B. Drehzahlregelungen) reichen die Softwarebausteine nicht aus. Für solche Fälle existieren aber spezielle Reglerbaugruppen wie die Funktionsbaugruppe FM 355 für die S7-300 der Fa. Siemens. Diese sind sowohl für stetige als auch für unstetige Regelungen verfügbar und bieten aufgrund einer Vielzahl möglicher Betriebsarten eine enorme Spannbreite an Anwendungsmöglichkeiten.

Auch SPSen lassen sich selbstverständlich durch entsprechende Programmierung als schaltende Regler mit oder ohne Schaltdifferenz einsetzen. Die Funktionsbibliotheken praktisch aller speicherprogrammierbaren Steuerungen enthalten vorkonfigurierte Bausteine für die wichtigsten Typen schaltender Regler.

11 Begleit-Software zum Buch

Die zum Buch gehörige Begleit-CD kann im Internet als ISO-Abbild in gezippter Form unter der Adresse https://www.vde-verlag.de/buecher/download/605838.zip heruntergeladen werden. Sie enthält eine *Light Edition* des regelungstechnischen Programmpakets WINFACT 2016 (www.winfact.de, [KA09]), mit der sich alle im Rahmen des Buchs vorgestellten Beispiele durcharbeiten und darüber hinausgehende Experimente durchführen lassen. In den nachfolgenden Abschnitten finden Sie **kurze** Beschreibungen der für die Buchthemen relevanten Programmmodule; die komplette Programmdokumentation bzw. Onlinehilfe wird zusammen mit WINFACT 2016 installiert.

Beachten Sie bitte, dass die Begleit-Software ausschließlich für private, nicht kommerzielle Zwecke eingesetzt werden darf, um die im Rahmen dieses Buchs vorgestellten Beispiele nachzuvollziehen und darüber hinausgehende eigene Experimente anzustellen. Für den kommerziellen oder ausbildungsbegleitenden Einsatz (z. B. im Rahmen von Lehrveranstaltungen) muss eine reguläre, kostenpflichtige Lizenz erworben werden.

11.1 Installation der Software

Nach dem Entpacken der ZIP-Datei und Aufruf des Programms *start.exe* wird eine Benutzeroberfläche gestartet, über die Sie auf einfache Weise WINFACT installieren können (**Bild 11.1**). Dazu wählen Sie den Menüpunkt SOFTWARE und dann die zu installierende Version aus und starten die Installation über die *Installieren*-Schaltfläche. Das abschließende Angebot, die aktuelle README-Datei zu lesen, sollten Sie unbedingt annehmen, um sich die letzten Informationen zur installierten Version anzeigen zu lassen (**Bild 11.2**)!

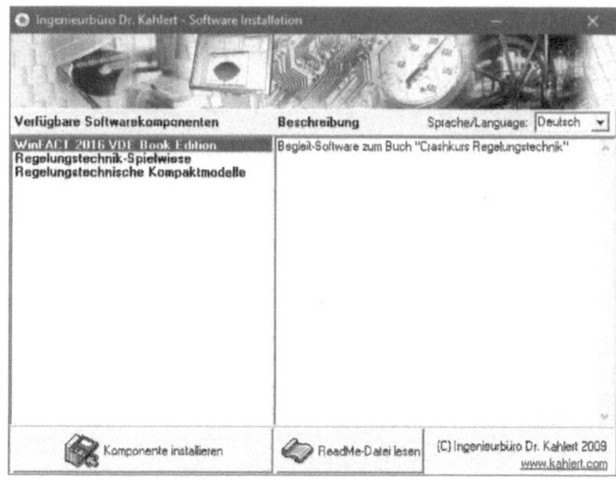

Bild 11.1 Benutzeroberfläche

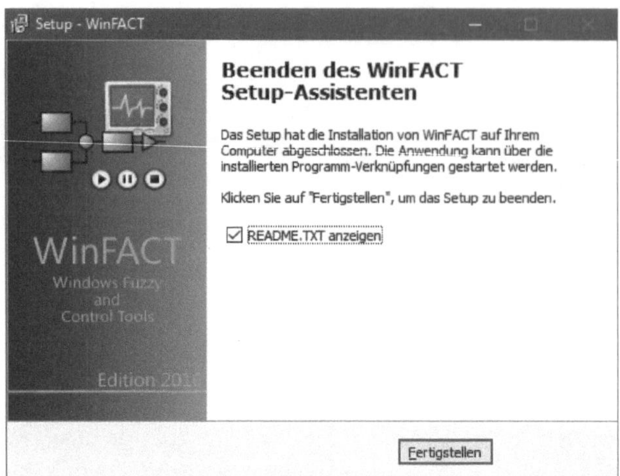

Bild 11.2 Lesen der README-Datei

11.2 Programmmodule von WINFACT 2016

Das Programmpaket WINFACT 2016 besteht aus folgenden Programmmodulen:

Programmname	Kurzbeschreibung
IDA	Identifikation linearer Systeme anhand gemessener Werte der Ein- und Ausgangsgröße
LISA (*)	Ermittlung von Sprungantwort, Bode-Diagramm, Nyquist-Ortskurve, Wurzelortskurve sowie Pol- und Nullstellen linearer Systeme
RESY (*)	Reglerentwurf im Frequenzbereich (Bode-Diagramm und Nyquist-Ortskurve)
SUSY	Simulation und Synthese linearer Systeme im Zustandsraum
FLOP (*)	Entwurf, Analyse und Simulation von Fuzzy-Systemen
FALCO	C-Code-Generierung für Fuzzy-Systeme
FUZZYPID	Entwurf und Simulation einfacher Fuzzy-Regelkreise
BORIS (*)	Blockorientierte Simulation (regelungs-)technischer Systeme
INGO	Darstellung und Weiterverarbeitung von Simulationsergebnissen

FRED	Experimentelle Ermittlung von Frequenzgängen
SIMTRAINER	Trainingsprogramm für Sprungantworten
BODETRAINER	Trainingsprogramm für Bode-Diagramme

Für die im Rahmen dieses Buchs behandelten Themen sind lediglich die mit einem Stern gekennzeichneten Module von Bedeutung; diese werden in den nachfolgenden Abschnitten kurz beschrieben.

11.3 Das blockorientierte Simulationssystem BORIS

11.3.1 Übersicht

Das blockorientierte Simulationssystem BORIS ermöglicht die Simulation nahezu beliebig strukturierter dynamischer Systeme mit und ohne Fuzzy-Komponenten. Die mit dem Buch gelieferte Version von BORIS bietet dazu u. a. folgende wesentlichen Leistungsmerkmale:

- umfangreiche Systembibliothek
- Definition hierarchischer Makros (Superblöcke)
- beliebige Platzierbarkeit von Systemblöcken; nahezu beliebig große, scrollfähige Arbeitsfläche
- verschiedene Integrationsverfahren
- Möglichkeit zur Echtzeitsimulation
- Automatischer oder halbautomatischer Entwurf von PID-Reglern anhand von Einstellregeln

In der vorliegenden Light Edition ist die Größe der Simulationsstruktur auf maximal 18 Systemblöcke beschränkt.

11.3.2 Komponenten des BORIS-Hauptfensters

Bild 11.3 zeigt das BORIS-Hauptfenster mit seinen Komponenten. Das Fenster enthält neben den Windows-Standardkomponenten die folgenden Bestandteile:

- **Eine erste horizontale Toolbar (System-Toolbar) unterhalb des Menüs**. Diese Toolbar enthält Schaltflächen für die am häufigsten benutzten Befehle.
- **Eine zweite horizontale Toolbar (Optionen-Toolbar)**. Sie ermöglicht u. a. die schnelle Suche nach Text- oder Systemblöcken innerhalb der aktuellen Systemstruktur sowie die Änderung von Blockgrößen.
- **Die Systemblock-Bibliothek**. Sie ermöglicht den direkten Zugriff auf alle Systemblöcke und wird standardmäßig in einem am linken Fensterrand angedockten Fenster angezeigt.

- **Das Konfigurierungsfenster der integrierten Projektverwaltung**. Diese ermöglicht die Zusammenfassung beliebig vieler Dateien unterschiedlichen Typs zu einem Projekt und wird in Form einer übersichtlichen Baumstruktur dargestellt.
- **Eine vertikale Toolbar am rechten Fensterrand (Farb-Toolbar)**. Über diese ist ein schnelles Ändern der Farbe von Verbindungen oder Kommentartexten möglich.
- **Eine Statuszeile am unteren Fensterrand**. Diese gibt die Anzahl der aktuell vorhandenen Systemblöcke, die Anzahl der selektierten bzw. passiv gesetzten Blöcke sowie die aktuellen Simulationsparameter in der Form $T = T_{\mathrm{Simu}}\ (\Delta T\ )$ an. Dabei ist T_{Simu} die Simulationsdauer und ΔT die Simulationsschrittweite. Das nachfolgende Kürzel kennzeichnet das aktive Integrationsverfahren (z. B. *RK* für *Runge-Kutta 4. Ordnung*). Wurde die Betriebsart *Echtzeitsimulation* aktiviert, wird im Anschluss daran zusätzlich das Kürzel *RT* (für *Real Time*) angezeigt.

  Während der Simulation zeigt die Statuszeile den Fortlauf der Simulation an, sofern diese Option nicht deaktiviert wurde. Am linken Rand der Statuszeile zeigen fünf Icons den aktuellen Systemzustand an:

  Autorouter aktiv

   System wurde seit der letzten Änderung noch nicht gespeichert

   Simulation läuft

   Breakpoint aktiv

   Optimierung läuft

   Warnung/Fehlermeldung
- **Ein als „Ereignisprotokoll" bezeichnetes Fenster unterhalb des BORIS-Hauptfensters**. Dieses protokolliert zur Entwicklungszeit und während einer Simulation alle relevanten Ereignisse.
- **Das eigentliche Zeichenfenster zur Anzeige der Systemstruktur**. Es ist über seine Bildlaufleisten sowohl in vertikaler als auch in horizontaler Richtung scrollbar; bei Mäusen mit Mausrad ist ein vertikales Scrollen auch über das Mausrad möglich. Zu Beginn befindet sich der sichtbare Ausschnitt in der linken oberen Ecke. Dieser Ausgangszustand kann jederzeit über OPTIONEN | BILDAUSSCHNITT IN URSPRUNG wiederhergestellt werden. Das Zeichenfenster weist standardmäßig ein Punktraster auf, an dem alle Systemblöcke mit der linken oberen Ecke ausgerichtet werden. Über die Menüfolge OPTIONEN | AN RASTER AUSRICHTEN lässt sich das automatische Ausrichten deaktivieren; die Systemblöcke sind dann beliebig platzierbar. Die Anzeige des Rasters selbst lässt sich über OPTIONEN | RASTER ANZEIGEN ausschalten.

Die gleichzeitige Bearbeitung beliebig vieler Systemdateien ist über entsprechende Registerkarten möglich, die unterhalb des Arbeitsblatts über ihre Tabs anwählbar sind. Dadurch ist auch ein schneller Wechsel zwischen den einzelnen Dateien eines Projekts möglich. Um weitere Registerkarten einzufügen oder zu schließen sowie die jeweilige Systemdatei dem Projekt hinzuzufügen oder aus diesem zu entfernen, können die entsprechenden Schaltflächen der Toolbar links neben den Registerkartentabs angeklickt werden.

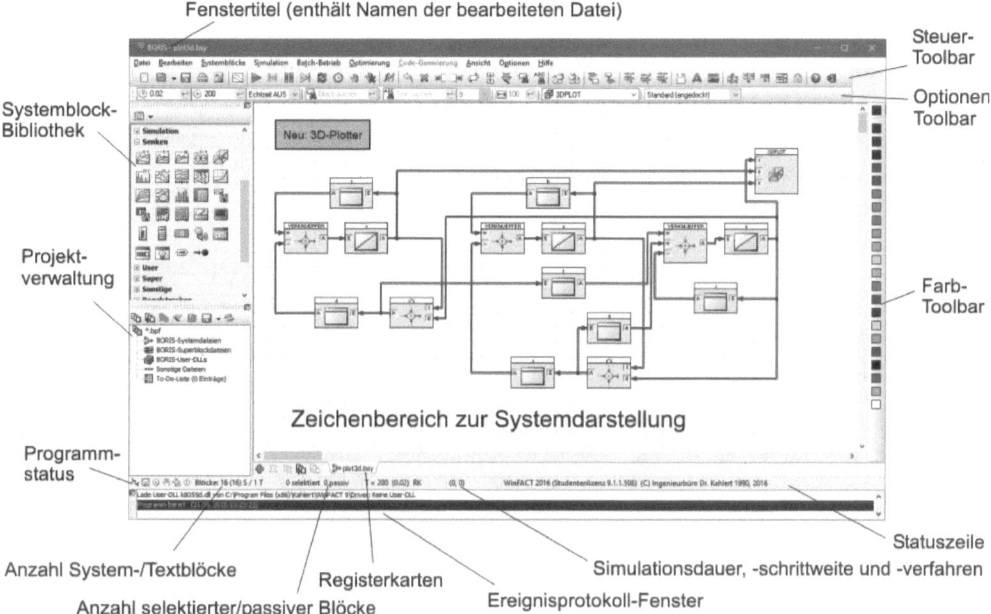

Bild 11.3 BORIS-Hauptfenster

11.3.3 Aufbau der Simulationsstruktur

Eine Simulationsstruktur besteht aus den benötigten *Systemblöcken*, den *Verbindungen* zwischen diesen Blöcken und ggf. *Kommentartexten*, *Bitmapgrafiken* und *Gruppenrahmen* zur übersichtlicheren Gestaltung der Struktur.

Das Einfügen eines Systemblocks wird am einfachsten durch Anklicken des entsprechenden Blocktyps in der Systemblock-Bibliothek vorgenommen; anschließend kann der Block dann mit der Maus an die gewünschte Position gezogen werden. Alternativ dazu kann der Block nach dem Anklicken mit festgehaltener Maustaste auch direkt an die gewünschte Zielposition gezogen werden. Durch Doppelklick auf einen Block gelangt man in den zugehörigen Parameterdialog, über den z. B. Zeitkonstanten oder andere Blockparameter spezifiziert werden können.

Alle Verbindungen zwischen Blöcken werden mausgesteuert gezogen. Da ein integrierter Autorouter automatisch für rechtwinklige, möglichst kreuzungsfreie Verbindungen sorgt, müssen in der Regel lediglich die beiden zu verbindenden Blöcke angewählt werden. Bei Bedarf kann der Autorouter über OPTIONEN | AUTOROUTER auch deaktiviert werden, sodass die Verbindungen auch manuell gelegt werden können. Der aktuelle Status wird in der Statuszeile grafisch angezeigt. Um eine automatische Verbindung zu ziehen, ist zunächst das Ausgangsfeld des Blocks, von dem die gewünschte Verbindung ausgehen soll, mit der linken Maustaste anzuklicken. Der Mauszeiger wechselt dadurch seine Form und stellt nunmehr einen stilisierten Lötkolben dar. Ein *A* neben dem Cursor weist auf den aktivierten Autorouter hin. Jetzt kann das Eingangsfeld des Zielblocks angewählt und durch einen

Mausklick mit der linken Taste bestätigt werden. Sobald Sie sich über einem zulässigen Eingangsfeld befinden, wechselt der Cursor seine Farbe auf Schwarz, und es erscheint zusätzlich ein stilisiertes Fadenkreuz. Während der Mausbewegung wird vom Ausgangsblock ein „Gummiband" nachgeführt. Bei Erreichen des Zeichenfensterrands erfolgt ein automatisches Scrollen. Soll eine begonnene Verbindung rückgängig gemacht werden, so erreicht man dies durch Anklicken einer beliebigen freien Stelle innerhalb des Zeichenfensters. Nach regulärer Beendigung der Verbindung wird diese automatisch mit entsprechender Bepfeilung eingezeichnet. Die Verbindungen werden so gelegt, dass möglichst keine anderen Systemblöcke geschnitten werden. Sollte dies dennoch einmal vorkommen, kann man in den meisten Fällen durch leichtes Verschieben einzelner Blöcke den gewünschten Zustand herstellen. Verbindungen, die von demselben Blockausgang stammen, werden vom Autorouter in der Regel automatisch zusammengefasst.

Kommentartexte, Bitmapgrafiken und Gruppenrahmen dienen lediglich der Illustration der Systemstruktur und haben auf die Funktionalität keinen Einfluss. Sie werden über folgende Schaltflächen der System-Toolbar eingefügt:

Schaltfläche	Funktion
	Fügt einen Kommentartext ein, der dann durch Doppelklick bearbeitet werden kann
	Fügt eine Bitmapgrafik ein, die dann bearbeitet werden kann
	Fügt um die zuvor selektierten Systemblöcke einen Gruppenrahmen ein, der anschließend bearbeitet werden kann

11.3.4 Steuerung der Simulation

Bevor die Simulation gestartet werden kann, müssen in der Regel die Simulationsparameter gewählt werden. Der Dialog zur Wahl der Simulationsparameter wird über SIMULATION | PARAMETER ... bzw. die Schaltfläche verfügbar und ist in drei Paletten aufgeteilt. Für einfachere Simulationen wie die im Rahmen dieses Buchs durchgeführten sind lediglich die Parameter *Simulationsdauer* und *Schrittweite* von Bedeutung, die auf der Palette *Grundeinstellungen* zu finden sind (**Bild 11.4**).

Die Simulationsdauer T_{Simu} gibt an, bis zu welchem Zeitpunkt die Simulation durchgeführt wird, sofern sie nicht vorher vom Anwender abgebrochen wird. Die Simulationsschrittweite ΔT gibt die Diskretisierungsschrittweite für die Simulation an und beeinflusst damit die Genauigkeit der erhaltenen Simulationsergebnisse. Wird ΔT zu groß gewählt, entstehen Diskretisierungsfehler, die im Extremfall zu einer völligen Verfälschung der Ergebnisse durch numerische Instabilität führen können. Als Anhaltspunkt für eine geeignete Wahl gilt, dass ΔT etwa 1/10 der kleinsten im System vorkommenden Zeitkonstante nicht überschreiten sollte.

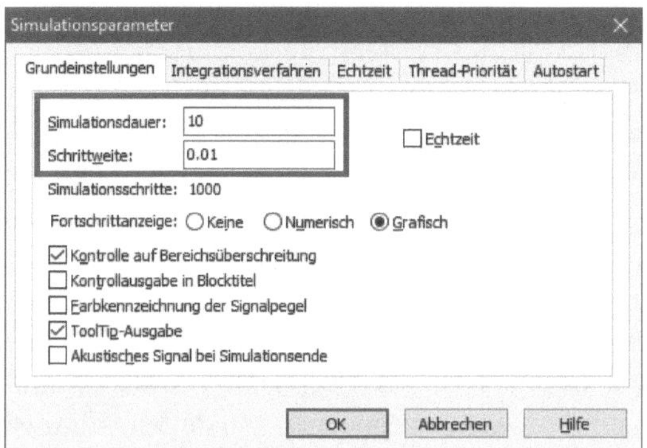

Bild 11.4 Einstellen der Simulationsparameter

Die Steuerung der Simulation erfolgt zweckmäßigerweise über die entsprechenden Schaltflächen der System-Toolbar, kann bei Bedarf aber auch über die jeweiligen Optionen des Untermenüs SIMULATION vonstatten gehen. Nachfolgende Tabelle gibt eine Übersicht über die entsprechenden Optionen.

Symbol	Menüoption SIMULATION |	Funktion
	START	Startet die Standard-Simulation
	STOPP	Stoppt die Simulation
	PAUSE | EINZELSCHRITTMODUS	Aktiviert bzw. deaktiviert den Einzelschrittmodus
	EINZELSCHRITT AUSFÜHREN	Führt einen Einzelschritt aus
	START ENDLOSSIMULATION	Startet eine Endlossimulation
	BREAKPOINT SETZEN ...	Setzt einen Breakpoint
	BREAKPOINT LÖSCHEN	Löscht einen Breakpoint

11.3.5 Ermittlung von Frequenzgängen

Neben der Berechnung von Zeitverläufen erlaubt BORIS auch die Ermittlung von Frequenzgängen linearer Systeme. Diese können in folgenden Formen dargestellt werden:

- Bode-Diagramm (Betrags- und Phasenkennlinie)
- Nyquist-Ortskurve (Real- und Imaginärteil)
- Übertragungsfunktion (Zähler- und Nennerpolynom)

Zur Ermittlung des Frequenzgangs einer Teilstruktur müssen zunächst die entsprechenden Blöcke selektiert werden. Anschließend erfolgt dann die Berechnung des Frequenzgangs, wobei – unabhängig von der tatsächlichen Verschaltung der Blöcke – immer von einer *Reihenschaltung* der Blöcke ausgegangen wird; d. h. beispielsweise, dass auch bei Selektion zweier parallel geschalteter Blöcke dennoch der Frequenzgang der Reihenschaltung beider Blöcke ermittelt wird. Weiterhin kann die Ermittlung des Frequenzgangs nur dann erfolgen, wenn ausschließlich Systemblöcke mit *linearem* Übertragungsverhalten selektiert wurden. Nach Anwahl der zu analysierenden Blöcke kann die Ermittlung des Frequenzgangs dann über die Menüoption BEARBEITEN | FREQUENZGANG ERMITTELN oder die Schaltfläche gestartet werden. Die Ausgabe des Frequenzgangs erfolgt in einem separaten Fenster, das eine eigene Palette für jede der drei oben angegebenen Darstellungsformen des Frequenzgangs besitzt. **Bild 11.5** zeigt als Beispiel das Bode-Diagramm eines offenen Regelkreises, bestehend aus einem PI-Regler und einer P-T_2-Strecke.

Neben dem Frequenzgang des offenen Regelkreises (d. h. der Reihenschaltung aller selektierten Blöcke) kann auch der Frequenzgang des zugehörigen geschlossenen Regelkreises ermittelt werden; zwischen beiden Darstellungsformen wird über die Schaltflächen L(jω) und T(jω) des Frequenzgang-Fensters umgeschaltet werden. Wurde eine neue Teilstruktur selektiert oder wurden Parameter einzelner Blöcke geändert, so muss der Inhalt des Frequenzgang-Fensters jeweils über die Schaltfläche aktualisiert werden. Über die Schaltfläche kann der dargestellte Frequenzbereich modifiziert werden. Daneben besitzt das Fenster eine Reihe weiterer Schaltflächen (z. B. zum Speichern oder Drucken von Ergebnissen), deren Funktion im Wesentlichen selbsterklärend ist.

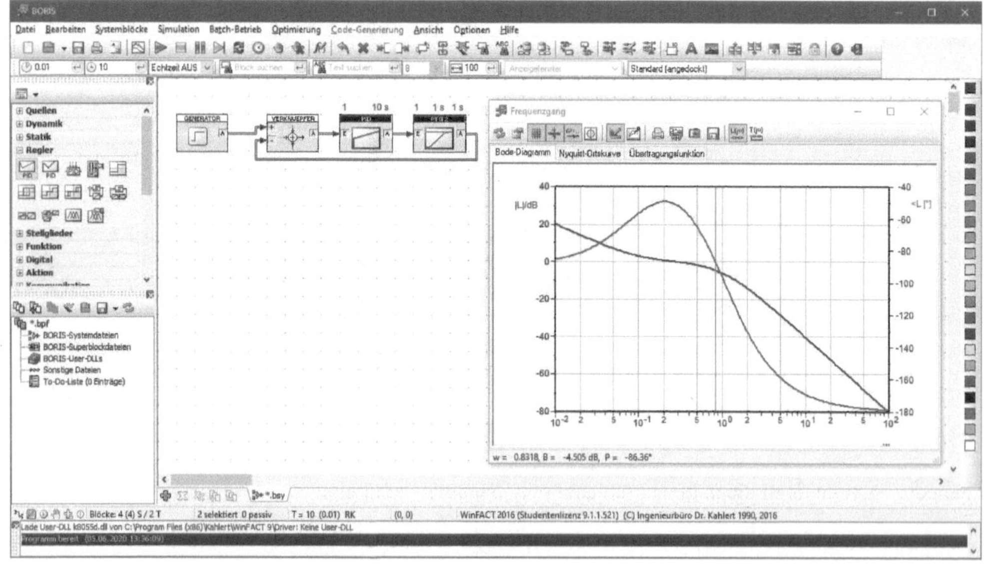

Bild 11.5 Frequenzgang-Ermittlung

11.4 Ermittlung von Frequenzgängen mit LISA

11.4.1 Übersicht

LISA ermöglicht die Analyse linearer Systeme, die in Form einer gebrochen rationalen Übertragungsfunktion mit Totzeit vorliegen. Alternativ dazu kann das zu analysierende System auch in Form einer Blockliste – d. h. einer Reihenschaltung linearer Standardglieder – konfiguriert werden, die dann programmintern in die resultierende Übertragungsfunktion umgerechnet wird. Die Systemanalyse umfasst folgende Punkte:

- Berechnung der Sprungantwort
- Darstellung des Frequenzgangs in Form des Bode-Diagramms
- Darstellung des Frequenzgangs in Form der Nyquist-Ortskurve
- Berechnung der Wurzelortskurve
- Berechnung von Pol- und Nullstellen

Das Programm verfügt über eine MDI-Schnittstelle, sodass ein und dasselbe System gleichzeitig in verschiedenen Darstellungsformen sowie mit unterschiedlichen Skalierungen usw. dargestellt werden kann.

11.4.2 Einlesen der Daten

Nach dem Aufruf des Programms wird automatisch ein (zunächst noch leeres) Dokumentfenster geöffnet. Das zu analysierende System kann wahlweise direkt als Übertragungsfunktion oder in Form einer Blockliste spezifiziert werden, die dann programmintern unmittelbar in die zugehörige Übertragungsfunktion umgerechnet wird. Zu diesem Zweck werden die Menüoptionen SYSTEMDATEI ÖFFNEN ..., SYSTEMDATEI SPEICHERN (UNTER) bzw. ÜBERTRAGUNGSFUNKTION BEARBEITEN ... oder BLOCKLISTE BEARBEITEN ... im Menü DATEI oder die entsprechenden Schaltflächen der Toolbar angewählt. Das entsprechende System wird dann im gerade aktiven Dokumentfenster dargestellt. Soll ein neues Dokumentfenster geöffnet werden, so ist zunächst die Menüoption DATEI | NEUES FENSTER anzuwählen.

Wird das System in Form einer Blockliste spezifiziert, so erscheint der in **Bild 11.6** dargestellte Dialog.

Im linken Dialogteil sind alle zur Verfügung stehenden Blocktypen aufgelistet; ein Block kann jeweils durch Doppelklick oder Anwahl des Blocktyps und Betätigen der Schaltfläche *Einfügen* >> in die Blockliste übernommen werden. Im rechten Teil des Dialogs werden alle in der aktuellen Blockliste geführten Blöcke mit ihrem Namen, dem Blocktyp und den Blockparametern aufgeführt. Durch Doppelklick auf einen Block innerhalb dieser Liste kann der Block bearbeitet werden (**Bild 11.7**). Über die Schaltfläche *Frequenzgang* kann das Bode-Diagramm des ausgewählten Blocks angezeigt werden. Die Schaltflächen am rechten Dialogrand erlauben u. a. das Laden und Speichern von Blocklisten in einer Blocklisten-Datei (Extension BL) oder der Windows-Zwischenablage.

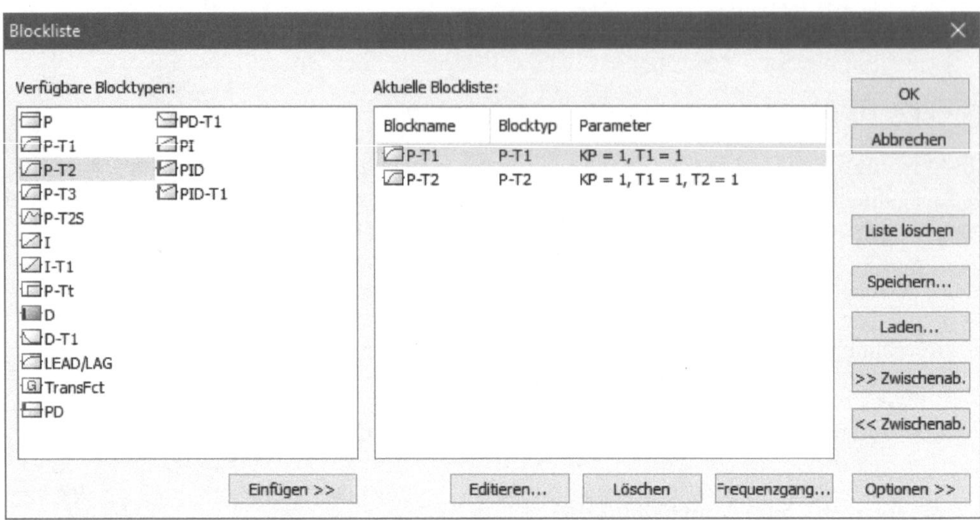

Bild 11.6 Editieren der Blockliste

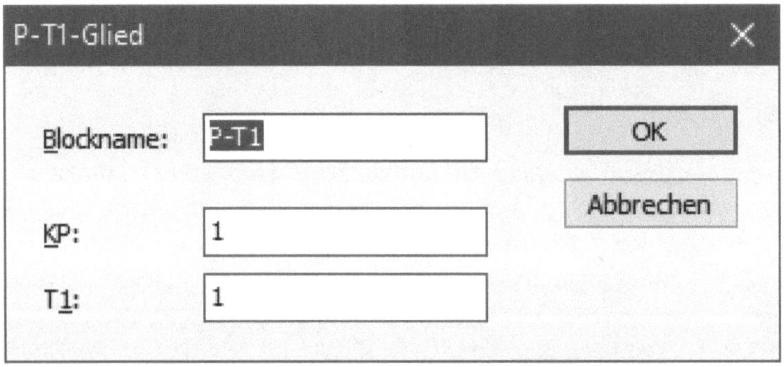

Bild 11.7 Beispiel: Dialog zur Bearbeitung eines P-T_1-Blocks

Nach dem Verlassen des Blocklisten-Dialogs wird die aktuelle Blockliste unmittelbar in die entsprechende Gesamt-Übertragungsfunktion umgerechnet und kann dann – was in der Regel jedoch nicht empfehlenswert ist – auch als solche weiterverarbeitet werden. Normalerweise sollte ein als Blockliste spezifiziertes System später immer auch als Blockliste weiterverarbeitet werden, da dieses die flexiblere Darstellungsform des Systems ist.

11.4.3 Darstellungsform und Speichern von Ergebnissen

Nach dem Aufruf eines neuen Dokumentfensters ist für dieses zunächst die Darstellungsform *Sprungantwort* eingestellt. Ein Wechsel der Darstellungsform für das aktive Dokumentfenster kann über das Menü ANZEIGE oder die entsprechenden Schaltflächen der Toolbar erfolgen. Sprungantworten, Bode-Diagramme und Ortskurven können in WINFACT-Dateien vom Typ SIM, BD bzw. OK abgespeichert werden. Dazu dient das Untermenü SPEICHERN. Ein Abspeichern von Wurzelortskurven und Pol-Nullstellen ist nicht möglich.

Die Skalierung von Koordinatenachsen sowie zusätzliche, von der Darstellungsform abhängige Parameter werden über die Menüoptionen SKALIERUNG bzw. PARAMETER beeinflusst.

Die über den Parameter-Dialog einstellbaren Größen sind für die Sprungantwort:

- die Simulationsdauer T_{Ende}
- die Anzahl der Simulationsschritte n

  Diese sollte so groß gewählt werden, dass die resultierende Schrittweite

  $$\Delta T = \frac{T_{\text{Ende}}}{n-1}$$

  maximal 10 % der kleinsten Systemzeitkonstante entspricht, um eine genügend genaue Simulation zu ermöglichen.

Für Bode-Diagramm und Ortskurve sind einstellbar:

- die kleinste berechnete Frequenz ω_{min}
- die Anzahl berechneter Frequenzdekaden
- die Anzahl der Mindestwerte pro Dekade

  Weist der Frequenzgang einen nicht hinreichend glatten Verlauf auf, kann dieser Wert u. U. vergrößert werden.
- der Winkel $\Delta\Phi$

  Er gibt an, wie stark sich der Phasenwinkel zwischen zwei Frequenzwerten maximal ändern darf, bevor zusätzliche Zwischenwerte berechnet werden. Weist der Frequenzgang einen nicht hinreichend glatten Verlauf auf, kann dieser Wert u. U. verkleinert werden.

Der Menüpunkt OPTIONEN erlaubt schließlich für jedes Dokumentfenster die Eingabe eines Titels, das Zu- und Abschalten des Koordinatenrasters sowie die Aktivierung eines Einheitskreises und der Kurvenparametrierung für Nyquist-Ortskurven. Außerdem können in der Darstellungsform *Bode-Diagramm* und *Nyquist-Ortskurve* Hilfslinien eingezeichnet werden, die eine Stabilitätsanalyse des Systems anhand von Phasen- und Amplitudenreserve ermöglichen. Für Ortskurven kann darüber hinaus eine Darstellung erzwungen werden, bei der der Einheitskreis unabhängig von der Bildschirmauflösung und der aktuellen Fenstergröße immer auch tatsächlich kreisförmig dargestellt wird (**Bild 11.8**). Diese Option ist bei allen im Rahmen dieses Buchs dargestellten Nyquist-Ortskurven gewählt worden.

Über die Option ANZEIGE | MESSMODUS AKTIVIEREN oder die Schaltfläche kann der Messmodus aktiviert werden. Ist dieser aktiv, wird beim Bewegen des Mauszeigers innerhalb des Koordinatensystems ständig ein kleines Hinweisfenster angezeigt, das die Koordinaten an der aktuellen Position des Mauszeigers enthält.

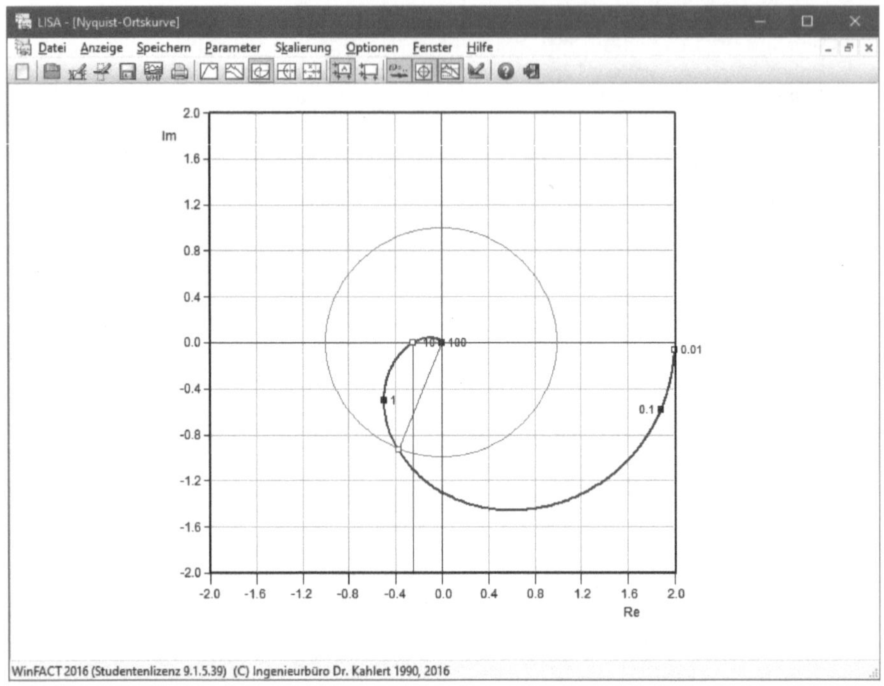

Bild 11.8 Beispiel: Parametrierte Ortskurve mit (kreisförmigem) Einheitskreis und Hilfslinien zur Stabilitätsanalyse

11.5 Reglerentwurf im Frequenzbereich mit RESY

11.5.1 Übersicht

RESY ermöglicht die Analyse, Synthese und Simulation linearer einschleifiger Regelkreise der in **Bild 11.9** dargestellten Struktur. [27]

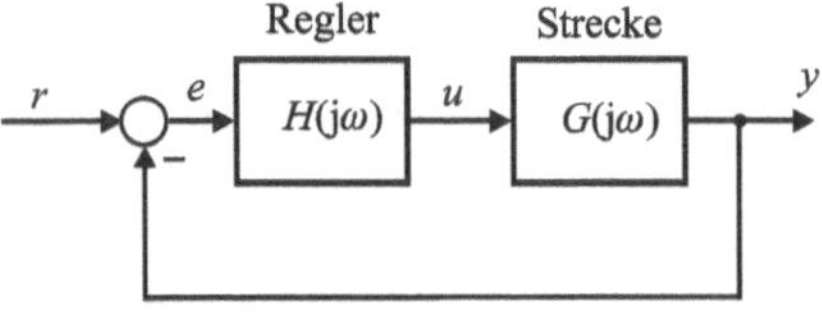

Bild 11.9 Zugrunde liegende Regelkreisstruktur

Regler und Regelstrecke können schrittweise aus linearen Standardkomponenten aufgebaut werden. Zur Verfügung stehen die in nachfolgender Tabelle aufgeführten Glieder.

[27] Die Größen im Regelkreis (Führungsgröße, Regelgröße etc.) sind in diesem Programmmodul gemäß *amerikanischer* Norm (z. B. *r* für die Führungsgröße) bezeichnet, die in praktisch allen Fällen von der deutschen Norm abweicht. Auch für die meisten Kenngrößen des Regelkreises werden nicht die deutschen Normbezeichnungen benutzt. Dies ist bei der Arbeit mit dem Programm zu beachten.

Kurzbez.	Übertragungsglied	Anmerkung
P	P-Glied	
P-T1	P-T_1-Glied	nur Strecke
P-T2	P-T_2-Glied	nur Strecke
P-T3	P-T_3-Glied	nur Strecke
P-T2S	P-T_2S-Glied	nur Strecke
I	I-Glied (Integrierer)	
I-T1	I-T_1-Glied	nur Strecke
P-Tt	Totzeitglied	nur Strecke
D-T1	D-T_1-Glied (Vorhalteglied)	nur Strecke
LEAD/LAG	Lead/Lag-Glied	
TransFct	Übertragungsfunktion	
PDT1	PD-T_1-Regler	nur Regler
PI	PI-Regler	nur Regler
PIDT1	PID-T_1-Regler	nur Regler

RESY ermittelt daraus

- den Gesamtfrequenzgang $H(\mathrm{j}\omega)$ des Reglers,
- den Gesamtfrequenzgang $G(\mathrm{j}\omega)$ der Strecke,
- den Frequenzgang $L(\mathrm{j}\omega) = G(\mathrm{j}\omega)\cdot H(\mathrm{j}\omega)$ des offenen Regelkreises,
- den Frequenzgang $T(\mathrm{j}\omega) = L(\mathrm{j}\omega) / (1 + L(\mathrm{j}\omega))$ des geschlossenen Regelkreises

und im Zeitbereich für eine sprungförmige Führungsgröße $r(t)$ den Verlauf

- der Regeldifferenz $e(t)$,
- der Stellgröße $u(t)$,
- der Regelgröße $y_T(t)$

sowie die Sprungantwort $y_G(t)$ der Regelstrecke selbst.

Sowohl im Zeitbereich als auch im Frequenzbereich können charakteristische Kenngrößen ermittelt werden, die einen Anhaltspunkt für das dynamische Verhalten des Systems darstellen. Dies sind im Zeitbereich:

- die Überschwingweite M_P der Regelgröße

  Sie entspricht dem erreichten Maximalwert der Regelgröße während des Ausregelvorgangs.
- die Ausregelzeit T_a, bezogen auf einen 10 %-Fehlerschlauch um den stationären Endwert der Regelgröße

  Sie ist ein Maß für die Schnelligkeit des Ausregelvorgangs.
- die bleibende Regeldifferenz $e(t \to \infty)$

- der maximale Stellgrößenbedarf u_{max}
  Er entspricht dem Maximalwert des Betrags der Stellgröße $u(t)$ während des Ausregelvorgangs.

Im Frequenzbereich für den offenen Kreis:

- die Durchtrittsfrequenz ω_c, d. h. diejenige Frequenz, an der die Betragskennlinie die 0-dB-Linie schneidet
- die Phasenreserve φ_r, die den Abstand der Phasenkennlinie von der −180°-Linie bei der Durchtrittsfrequenz darstellt; sie ist ein Maß für das Schwing- bzw. Stabilitätsverhalten des geschlossenen Regelkreises
- der Amplitudenrand (Stabilitätsgrenze) A_r, der den negativen Betrag des offenen Kreises an der Stelle angibt, an der die Phasenkennlinie die −180°-Linie schneidet

Für den geschlossenen Kreis:

- die Bandbreite ω_b, die die Frequenz angibt, bei der die Betragskennlinie des geschlossenen Kreises die −3 dB-Linie schneidet
- die Resonanzüberhöhung M_m, d. h. der Maximalwert der Betragskennlinie des geschlossenen Kreises

11.5.2 Bildschirmaufbau

Bild 11.10 zeigt ein typisches Hauptfenster während der Arbeit mit RESY. Der Darstellungsmodus des Regelkreisverhaltens kann über die Menüoption *Anzeige* mit der entsprechenden Unteroption bzw. dem entsprechenden Tastenkürzel oder über die Toolbar gewählt werden. Mögliche Optionen sind

- Vollbild-Anzeige im Zeitbereich,
- Vollbild-Anzeige im Frequenzbereich als Bode-Diagramm oder Nyquist-Ortkurve,
- gleichzeitige Anzeige von Zeitverhalten und Bode-Diagramm (voreingestellt).

Die Auswahl der darzustellenden Frequenzgänge bzw. Zeitverläufe erfolgt über die Menüfolge ANZEIGE | OPTIONEN bzw. die Toolbar.

Im Anzeigemodus *Nyquist-Ortskurve* wird lediglich $L(\mathrm{j}\omega)$ angezeigt. Über die Schaltfläche ⊕ kann in dieser Darstellungsart erzwungen werden, dass der Einheitskreis unabhängig von der Bildschirmauflösung und der aktuellen Fenstergröße immer tatsächlich kreisförmig dargestellt wird. Diese Option wurde bei allen im Rahmen dieses Buchs dargestellten Ortskurven benutzt.

Am rechten Fensterrand befindet sich ein Anzeigebereich, der die beiden Paletten *Strecke/Regler* bzw. *Kennwerte* aufweist. Ersterer stellt jeweils die aktuelle Regler-/Streckenkombination dar, während die Palette *Kennwerte* die charakteristischen Kennwerte des aktuellen Regelkreises anzeigt.

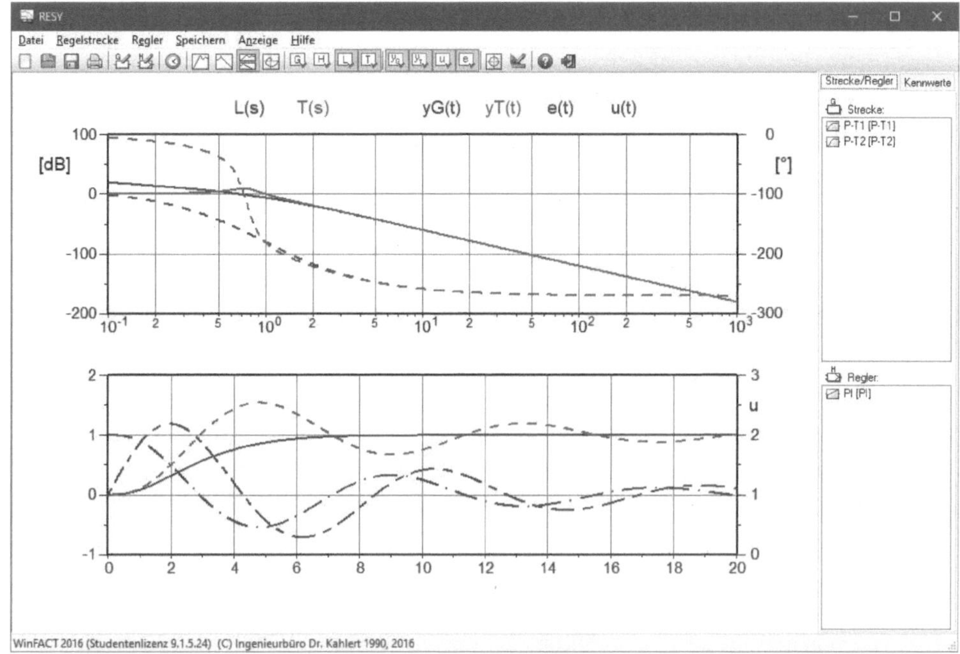

Bild 11.10 Hauptfenster des Programms (hier mit Anzeige von Zeit- und Frequenzbereich)

11.5.3 Konfigurierung des Regelkreises

Zur Konfigurierung des Regelkreises ist zunächst die Regelstrecke festzulegen. Zu diesem Zweck dient die Menüoption REGELSTRECKE | REGELSTRECKE BEARBEITEN ... bzw. die Schaltfläche der Toolbar. Es erscheint daraufhin der bereits bei der Vorstellung des Programmoduls LISA dargestellte Blocklisten-Dialog.

11.6 Entwurf und Analyse von Fuzzy-Systemen mit FLOP

11.6.1 Übersicht

Die Fuzzy-Shell FLOP (**F**uzzy **L**ogic **O**perating **P**rogram) ermöglicht den Entwurf und die Analyse regelbasierter Systeme, basierend auf Fuzzy-Logik. Im Einzelnen bietet das Programm folgende Möglichkeiten:

- Definition von linguistischen Variablen und zugehörigen Termen
- Erstellen von Regelwerken
- Durchführung von Inferenzvorgängen
- Ermittlung von Übertragungskennlinien und -kennfeldern
- Simulation anhand von Datensätzen

- Erstellung von Fuzzy-Controller-Dateien für BORIS
- DDE-Schnittstelle zu anderen Anwendungen

Für die unterschiedlichen Rechenoperationen, die in der Regel grafisch dargestellt werden, stehen verschiedene Operatoren, Inferenzmechanismen und Defuzzifizierungsmethoden zur Auswahl. Für den Typ der Zugehörigkeitsfunktionen sind Dreieck, Trapez und Singleton möglich.

Die Fuzzy-Shell FLOP ist als MDI-Anwendung (*Multiple Document Interface*) konzipiert. Nach dem Start des Programms meldet es sich zunächst mit einem leeren Projekt. Das Programm-Hauptfenster ist in drei unterschiedliche Bereiche aufgeteilt (**Bild 11.11**):

- Eine Werkzeugleiste (*Toolbar*) unmittelbar unterhalb des Fenstermenüs. Diese ermöglicht einen schnellen Zugriff auf die wichtigsten Funktionen.
- Den *Projektbaum* im linken Bereich. Dieser enthält alle Komponenten der augenblicklichen Systemstruktur, d. h. insbesondere alle linguistischen Variablen mit ihren Fuzzy Sets und die Regelbasis. Die Breite des Projektbaums lässt sich mit der Maus beliebig modifizieren. Bei Bedarf kann er ferner über die Schaltfläche komplett ausgeblendet werden.

  Der Projektbaum besitzt ein leistungsfähiges *Kontextmenü* (Popup-Menü), das nach Anklicken eines Eintrags des Projektbaums mit der rechten Maustaste verfügbar ist.
- Den *Client-Bereich* rechts des Projektbaums. Dieser ist nach dem Programmstart zunächst noch leer; er enthält später alle MDI-Kindfenster, also beispielsweise die Variablenfenster, die Regelbasis usw. Diese Kindfenster können beliebig innerhalb des Client-Bereichs verschoben werden, jedoch nicht aus ihm heraus.

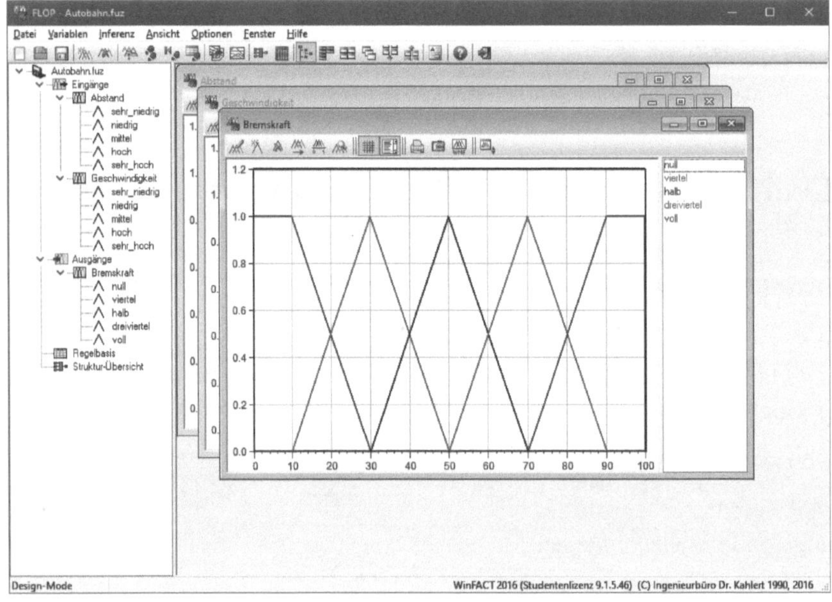

Bild 11.11 Programmfenster nach dem Laden eines Projekts mit drei Variablenfenstern

Ein Projekt kann grundsätzlich in zwei verschiedenen Betriebsarten (Modi) betrieben werden: dem Entwurfsmodus (*Design-Mode*) und dem Analysemodus (*Debug-Mode*). Im Analysemodus sind in der Regel nicht alle Funktionen des Entwurfsmodus verfügbar. Die Umschaltung zwischen beiden Modi wird über die Menüoption INFERENZ | INTERAKTIVER DEBUG-MODUS bzw. die Schaltfläche vorgenommen. Der aktuelle Modus wird in der Statuszeile des Programms im linken Bereich angezeigt.

11.6.2 Linguistische Variablen

Um eine neue linguistische Variable einzufügen, wählt man die Menüoption VARIABLEN | NEUE LINGUISTISCHE VARIABLE ... oder betätigt die Schaltfläche der Hauptfenster-Toolbar. Nach Einfügen einer neuen Variablen gelangt man zunächst in einen Dialog zur Spezifikation und Vorbelegung der Variablen. **Bild 11.12** zeigt den Eingabedialog bereits nach erfolgter Eingabe der Parameter für die Variable *Temperatur*. Es wurde ein Wertebereich von 0 bis 50 gewählt und dieser zunächst mit drei Fuzzy Sets in Dreiecksform mit vollständiger Überlappung der Sets vorbelegt. Die vom Programm automatisch vergebenen Bezeichnungen für die Fuzzy Sets (linguistische Terme) sowie die zugehörigen Kürzel erscheinen am rechten Rand des Dialogs in einer entsprechenden Listbox. Sie können innerhalb dieser Box durch Anklicken unmittelbar modifiziert werden.

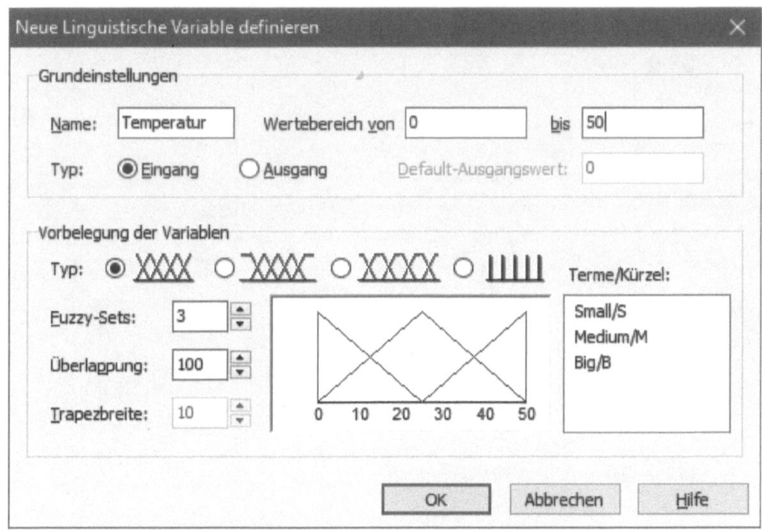

Bild 11.12 Dialog zur Bearbeitung linguistischer Variablen

11.6.3 Regelbasis

Zur Erstellung und Modifikation der Regelbasis dient ein komfortabler Regelbasis-Editor, das sogenannte *Regelbasis-Fenster*. Dieses Fenster kann – sofern es aktuell nicht sichtbar ist – über die Schaltfläche der Hauptfenster-Toolbar jederzeit angezeigt werden (**Bild 11.13**).

Die Regelbasis kann innerhalb des Fensters auf drei verschiedene Weisen präsentiert werden:

- In Tabellenform, wobei jede Spalte der Tabelle eine linguistische Variable und jede Zeile eine Regel enthält. Dies ist die Standard-Darstellungsform der Regelbasis. Sie kann bei Bedarf über die Schaltfläche ▦ der Toolbar des Regelbasis-Fensters aktiviert werden.
- In Matrixform, wobei in horizontaler Richtung die linguistischen Terme der ersten Eingangsvariablen und in vertikaler Richtung die Terme der zweiten Eingangsvariablen aufgetragen sind. Die inneren Zellen enthalten dann die linguistischen Terme der Ausgangsgröße. Diese Darstellungsform ist nur bei Fuzzy-Systemen mit zwei Eingangsgrößen und einer Ausgangsgröße verfügbar und kann über die Schaltfläche ▦ aktiviert werden.
- In Textform, sodass ein Bearbeiten mit einem herkömmlichen Texteditor möglich ist. Diese Darstellungsform ist über die Schaltfläche ▤ erreichbar.

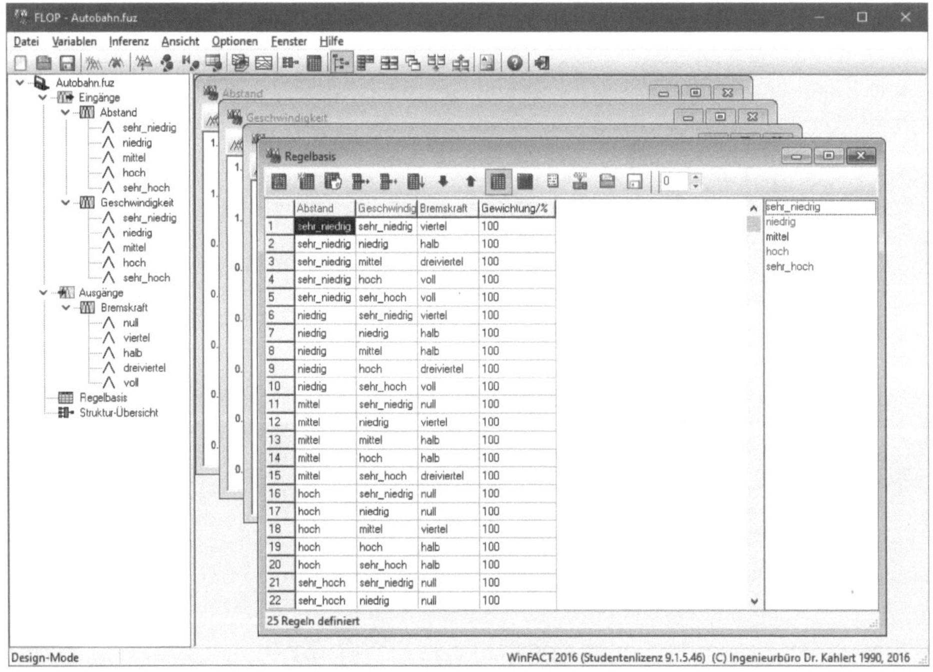

Bild 11.13 Regelbasis-Fenster für ein System mit zwei Eingangsgrößen und einer Ausgangsgröße (hier im Tabellenmodus)

11.6.4 Systemanalyse im Debug-Modus

Zur Systemanalyse muss das Programm in der Regel zunächst in den interaktiven Debug-Modus versetzt werden. Dazu dient die Menüoption INFERENZ | INTERAKTIVER DEBUG-MODUS bzw. die Schaltfläche ⩓. Der interaktive Debug-Modus wird in der Statuszeile des Programms durch einen entsprechenden Eintrag quittiert.

Während sich FLOP im Debug-Modus befindet, sind Änderungen an der Struktur des Fuzzy-Systems (z. B. Einfügen oder Löschen von linguistischen Variablen) nicht möglich. Möglich sind jedoch beispielsweise Modifikationen einzelner Fuzzy Sets oder auch Änderungen der Regelbasis (Einfügen oder Löschen von Regeln oder auch Regeländerungen).

Fenster von Eingangsvariablen erhalten im Debug-Modus am unteren Fensterrand einen Scrollbalken sowie unterhalb der Termliste ein Editierfeld mit Schaltfläche. Über den Scrollbalken oder auch das Editierfeld (mit anschließender Betätigung der rechts neben dem Editierfeld befindlichen Schaltfläche) kann nun der aktuelle Wert der Eingangsvariablen gesetzt werden. Die Auflösung des Scrollvorgangs beträgt standardmäßig 1 % des Wertebereichs der Variablen; dieser Wert kann jedoch über die Schaltfläche geändert werden. Der aktuelle Eingangswert wird außerdem im Zeichenbereich des Fensters durch einen Balken dargestellt. In der Termliste des Fensters wird weiterhin neben jedem Term der für den aktuellen Eingangswert ermittelte Zugehörigkeitsgrad angezeigt.

Fenster von Ausgangsgrößen besitzen im Debug-Modus am unteren Rand eine Statuszeile, in der der aktuelle scharfe Ausgangswert der Variablen angezeigt wird. Bei jeder Modifikation einer Eingangsgröße des Fuzzy-Systems werden alle Ausgangsgrößen automatisch neu berechnet und die zugehörigen Variablenfenster aktualisiert. Im Zeichenbereich des Fensters wird der scharfe Ausgangswert zusätzlich durch einen Balken dargestellt; außerdem wird die resultierende Ergebnis-Fuzzy-Menge farblich gekennzeichnet. In der Termliste werden schließlich für alle Terme der Ausgangsvariablen die aktuellen Erfüllungsgrade eingetragen.

Auf diese Weise lässt sich nunmehr das Verhalten des Fuzzy-Systems schrittweise „durchspielen", indem einzelne Eingangswerte modifiziert werden und die Auswirkung dieser Modifikation auf die Ausgangswerte beobachtet wird (Einzelschritt-Analyse). **Bild 11.14** demonstriert dies.

Um das Verhalten des Fuzzy-Systems global, d. h. über den gesamten Arbeitsbereich, beurteilen zu können, lässt es sich in Form von Kennlinien oder Kennfeldern bzw. Höhenlinien darstellen. Das entsprechende Analysefenster kann jederzeit über die Menüoption ANSICHT | KENNFELD/KENNLINIE oder die Schaltfläche angefordert werden. Es kann beliebig verkleinert, vergrößert, zum Symbol minimiert oder auch wieder geschlossen werden. Wie alle anderen Fenster wird es im Debug-Modus bei jeder Änderung von Eingangswerten, Operatoren usw. automatisch aktualisiert. Eine ganze Reihe von Einstellungen, die die Kennlinien- bzw. Kennfelddarstellung betreffen (Farben, Auflösung, ...), ist über die Hauptmenü-Option OPTIONEN | ANPASSEN... verfügbar. In allen Darstellungsformen ist über die entsprechenden Schaltflächen eine Ausgabe des Fensterinhalts in die Zwischenablage, auf dem Drucker oder als WMF-Datei möglich. **Bild 11.15** zeigt ein Beispiel für eine solche Kennfelddarstellung.

Hinweis: Das Kennfeldfenster ist prinzipiell auch verfügbar, wenn sich das Programm *nicht* im Debug-Modus befindet. In diesem Fall erfolgt eine Aktualisierung des Inhalts aber nur, wenn die Schaltfläche der Fenster-Toolbar betätigt wird.

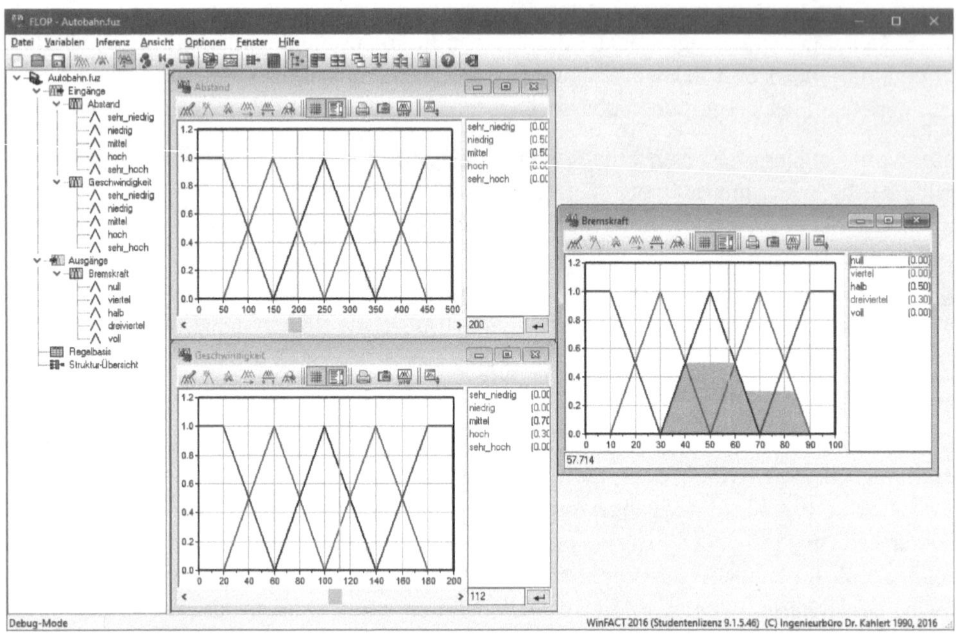

Bild 11.14 Einzelschritt-Analyse im Debug-Modus

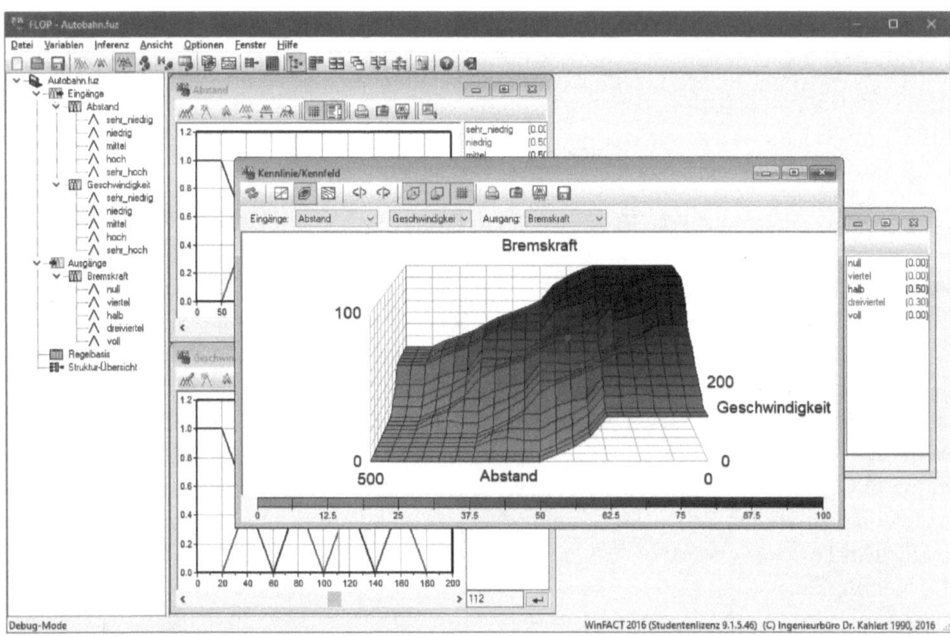

Bild 11.15 Kennfeld-Darstellung eines Fuzzy-Systems

12 Anwendungsbeispiel: Drehzahlregelung eines Gleichstromantriebs

Im abschließenden Kapitel sollen die im Rahmen dieses Buchs bisher vermittelten Kenntnisse auf eine klassische regelungstechnische Aufgabenstellung angewendet werden: die Drehzahlregelung eines Gleichstromantriebs. Dabei soll insbesondere aufgezeigt werden, wie die unterschiedlichen regelungstechnischen Analyse- und Entwurfsverfahren mithilfe der Begleit-Software zum Buch angewendet werden können.

12.1 Vorstellung der Regelstrecke

Als Regelstrecke betrachten wir den Gleichstromantrieb nach **Bild 12.1**. Der Antrieb besteht aus drei Teilkomponenten:

- dem eigentlichen Gleichstrommotor mit der Ankerspannung u_A als Eingangsgröße und der Winkelgeschwindigkeit ω als Ausgangsgröße
- einer Stromrichterschaltung als Steller mit der Steuerspannung u_G als Eingangsgröße und der Ankerspannung u_A als Ausgangsgröße
- einem Tachogenerator als Messeinrichtung mit der Winkelgeschwindigkeit ω als Eingangsgröße und der Messspannung u_I als Ausgangsgröße

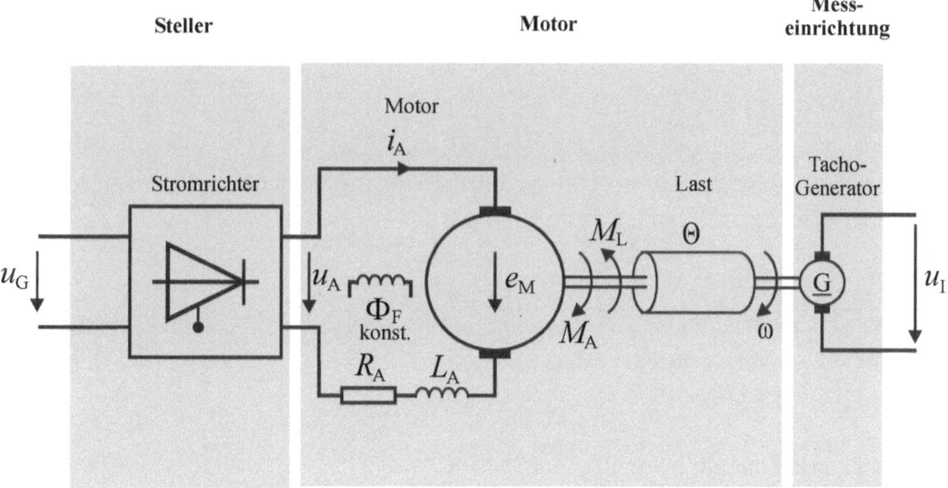

Bild 12.1 Gleichstromantrieb

Diese Teilkomponenten sollen in den folgenden Abschnitten zunächst modelliert werden.

Die Herleitungen der mathematischen Modelle der Teilkomponenten setzen gewisse Grundkenntnisse der Elektrotechnik bzw. Mechanik voraus, können aber ohne Weiteres übersprungen werden, ohne dass das Verständnis der auf den Modellen aufbauenden Abschnitte dadurch leidet!

12.1.1 Modellierung des Motors

Wir betrachten zunächst den Ankerstromkreis des Motors. Ein Maschenumlauf liefert für die beteiligten Spannungen die Gleichung

$$e_{\mathrm{M}} + L_{\mathrm{A}} \dot{i}_{\mathrm{A}} + R_{\mathrm{A}} i_{\mathrm{A}} - u_{\mathrm{A}} = 0\,, \tag{12.1}$$

wobei u_{A} und i_{A} die Ankerspannung bzw. den Ankerstrom darstellen, e_{M} die induzierte Gegenspannung und R_{A} bzw. L_{A} den ohmschen Widerstand bzw. die Induktivität des Ankerstromkreises. Für die induzierte Gegenspannung gilt bei einer Gleichstrommaschine die Beziehung

$$e_{\mathrm{M}} = c \cdot \Phi_{\mathrm{F}} \cdot \omega\,. \tag{12.2}$$

In dieser Gleichung stellt c eine Motorkonstante dar, Φ_{F} den magnetischen Fluss und ω die Winkelgeschwindigkeit der Maschine. Da wir den magnetischen Fluss als konstant annehmen, lässt sich die Gleichung für die induzierte Gegenspannung vereinfachen zu

$$e_{\mathrm{M}} = k_{\mathrm{F}} \cdot \omega \tag{12.3}$$

mit

$$k_{\mathrm{F}} = c \cdot \Phi_{\mathrm{F}} = \mathrm{const.} \tag{12.4}$$

Betrachten wir nunmehr die mechanische Bewegung des Motors mit Last. Für das Beschleunigungsmoment M_{B} gilt die Beziehung

$$M_{\mathrm{B}} = M_{\mathrm{A}} - M_{\mathrm{L}}\,, \tag{12.5}$$

das heißt, es ergibt sich als Differenz aus dem Antriebsmoment M_{A} und dem Lastmoment M_{L}. Gemäß dem 2. Newton'schen Gesetz führt dieses Beschleunigungsmoment zu einer Änderung der Winkelgeschwindigkeit nach

$$M_{\mathrm{B}} = \Theta \cdot \dot{\omega}\,, \tag{12.6}$$

wobei Θ das Trägheitsmoment von Maschine und Last darstellt. Das Antriebsmoment der Maschine erhalten wir aus der Gleichung

$$M_{\mathrm{A}} = c \cdot \Phi_{\mathrm{F}} \cdot i_{\mathrm{A}} = k_{\mathrm{F}} \cdot i_{\mathrm{A}}\,, \tag{12.7}$$

da wir einen konstanten Fluss vorausgesetzt haben.

Für den Motor soll eine Ankernennspannung von u_{AN} = 300 V und ein Ankernennstrom von i_{AN} = 820 A angenommen werden; die Nenndrehzahl möge n_{N} = 600 min^{-1} betragen. Daraus folgt eine Nennwinkelgeschwindigkeit von

$$\omega_N = \frac{n_N}{60} \cdot 2\pi = 62.8\ s^{-1}. \tag{12.8}$$

Für die weiteren Motordaten nehmen wir die Werte

$$R_A = 0.05\ \Omega$$
$$L_A = 2.5\ mH$$
$$\Theta = 200\ N\,m/s^2$$

an. Zur Bestimmung der Motorkonstanten k_F gehen wir von Gl. (12.3) für die induzierte Gegenspannung aus, von der wir für den Nennzustand die Beziehung

$$k_F = \frac{e_{MN}}{\omega_N} \tag{12.9}$$

erhalten. Da der Nennzustand einen stationären Zustand darstellt, verschwindet in diesem Fall in Gl. (12.1) die Ableitung des Ankerstroms, und wir erhalten für den Nennstrom die Beziehung

$$i_{AN} = \frac{1}{R_A} \cdot (u_{AN} - e_{MN})$$

und daraus nach Umstellung

$$e_{MN} = u_{AN} - R_A \cdot i_{AN} = 259\ V.$$

Damit erhalten wir für k_F aus Gl. (12.3) einen Wert von

$$k_F = \frac{e_{MN}}{\omega_N} = \frac{259\ V}{62.8\ s^{-1}} = 4.13\ Vs.$$

Der Nennwert des Antriebsmoments ergibt sich aus Gl. (12.7) zu

$$M_{AN} = k_F \cdot i_{AN} = 4.13\ Vs \cdot 820\ A = 3380\ N\,m.$$

Für den Proportionalbeiwert des Ankerstromkreises gilt gemäß Gl. (12.1)

$$k_A = \frac{1}{R_A} = \frac{1}{0.05\ \Omega} = 20\ \Omega^{-1}$$

und für seine Zeitkonstante

$$T_A = \frac{L_A}{R_A} = \frac{2.5\ mH}{0.05\ \Omega} = 0.05\ s.$$

12.1.2 Modellierung des Stromrichters

Betrachten wir nun den Stromrichter. Ein Stromrichter ist eine relativ komplexe elektronische Schaltung, die beispielsweise zur Ansteuerung elektrischer Maschinen benutzt wird.

Eine genauere Modellierung dieser Schaltung ist sehr aufwendig, für unsere Zwecke aber nicht nötig. Wir können für den Stromrichter näherungsweise P-T_1-Verhalten voraussetzen, d. h., wir modellieren ihn durch eine lineare Differentialgleichung 1. Ordnung der Form

$$T_{St} \cdot \dot{u}_A + u_A = k_{St} \cdot u_G \,. \tag{12.10}$$

u_G ist die später vom Regler zugeführte Steuerspannung, T_{St} die Zeitkonstante des Stromrichters und k_{St} sein Proportionalbeiwert.

Für den Stromrichter gilt im Nennzustand gemäß Gl. (12.10) die Beziehung

$$u_{AN} = k_{St} \cdot u_{GN} \,.$$

Wir wollen annehmen, dass der Regler später im Nennzustand eine Ausgangsspannung von $u_{GN} = 10$ V erzeugt, sodass wir für den Proportionalbeiwert des Stromrichters einen Wert von

$$k_{St} = \frac{u_{AN}}{u_{GN}} = 30$$

erhalten. Für die Zeitkonstante des Stromrichters wählen wir

$$T_{St} = 0.005 \text{ s} \,.$$

12.1.3 Modellierung des Tachogenerators

Für den Tachogenerator können wir annehmen, dass er eine der Winkelgeschwindigkeit bzw. Drehzahl des Motors proportionale Spannung liefert (P-Verhalten), d. h. durch die Gleichung

$$u_I = k_I \cdot \omega \tag{12.11}$$

mit dem Proportionalbeiwert k_I beschrieben werden kann. Der Tachogenerator soll bei einer Drehzahl von 1000 min^{-1} eine Spannung von 25 V erzeugen. Daraus resultiert dann ein Proportionalbeiwert von

$$k_I = \frac{u_I}{\omega} = \frac{25}{\frac{1\,000}{60} \cdot 2\pi} \text{V s} = 0.24 \text{ V s} \,.$$

12.1.4 Gesamtstruktur der Regelstrecke

Aus den hergeleiteten Modellgleichungen und -parametern ergibt sich das in **Bild 12.2** dargestellte Blockschaltbild der Regelstrecke. Eingangsgröße der Regelstrecke ist die Steuerspannung u_G für den Stromrichter, Ausgangsgröße die vom Tachogenerator erzeugte Spannung u_I. Das Lastmoment M_L stellt eine Störgröße dar. Unterhalb jedes Modellblocks ist zum besseren Verständnis die den Block jeweils repräsentierende Modellgleichung noch einmal aufgeführt.

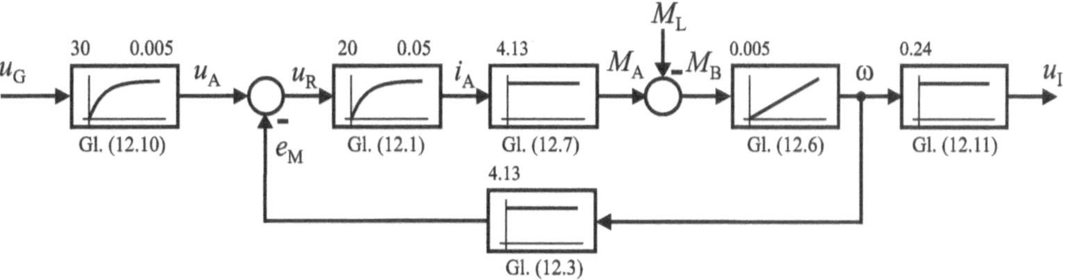

Bild 12.2 Blockschaltbild der Regelstrecke

Für den störfreien Fall ($M_L = 0$) kann das Blockschaltbild durch Zusammenfassung der inneren Schleife vereinfacht werden. Die Zusammenfassung der entsprechenden Modellgleichungen führt nach einigen Umformungen auf die Differentialgleichung

$$\frac{\Theta \cdot L_A}{k_F^2}\ddot{\omega} + \frac{\Theta \cdot R_A}{k_F^2}\dot{\omega} + \omega = \frac{1}{k_F}u_A\,.$$

Mit den von uns gewählten Zahlenwerten erhalten wir

$$0.0294\,\mathrm{s}^2 \cdot \ddot{\omega} + 0.59\,\mathrm{s} \cdot \dot{\omega} + \omega = 0.242\,\mathrm{V}^{-1}\mathrm{s}^{-1} \cdot u_A\,.$$

Diese Gleichung repräsentiert ein P-T_2-Glied mit einem Proportionalbeiwert von 0.242 und den Zeitkonstanten 0.055 s und 0.53 s. Das vereinfachte Blockschaltbild der Regelstrecke hat somit die in **Bild 12.3** dargestellte Struktur, wobei das die ursprüngliche innere Schleife repräsentierende P-T_2-Glied grau hinterlegt ist. Wir erkennen, dass die Regelstrecke insgesamt P-T_3-Charakteristik besitzt mit den Zeitkonstanten

$$T_1 = 0.53\,\mathrm{s},\ T_2 = 0.055\,\mathrm{s},\ T_3 = 0.005\,\mathrm{s}\ ^{28} \tag{12.12}$$

und dem Proportionalbeiwert

$$K_{PS} = 30 \cdot 1 \cdot 0.242 \cdot 0.24 = 1.7424\,. \tag{12.13}$$

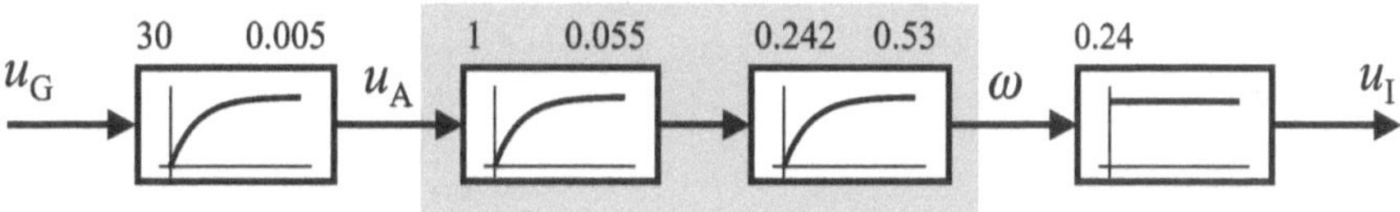

Bild 12.3 Vereinfachtes Blockschaltbild der Regelstrecke für den störfreien Fall (M_L = 0)

Bild 12.4 zeigt die Realisierung beider Blockschaltbilder in BORIS (🖫 *Gleichstrommaschine.bsy*).

[28] Die Nummerierung der Zeitkonstanten erfolgt hier aufsteigend nach ihrer Größe.

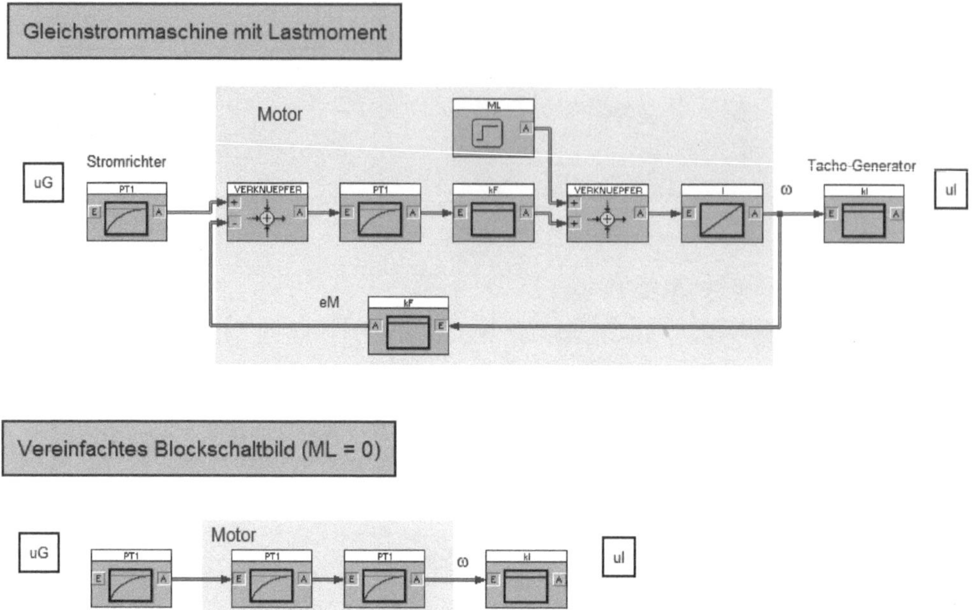

Bild 12.4 Blockschaltbilder der Regelstrecke in BORIS

12.1.5 Sprungantwort und Frequenzgang der Regelstrecke

Die Basis der meisten im Rahmen dieses Buchs vorgestellten Regler-Entwurfsverfahren bilden die Sprungantwort der Regelstrecke zur Charakterisierung der Strecke im Zeitbereich bzw. der Frequenzgang (Bode-Diagramm bzw. Nyquist-Ortskurve) als Pendant für den Frequenzbereich. Beide Beschreibungsformen sollen daher bereits an dieser Stelle ermittelt werden.

Anstatt Sprungantwort und Frequenzgang wie nachfolgend beschrieben auf Basis des in den vorangegangenen Abschnitten anhand einer theoretischen Modellbildung hergeleiteten Simulationsmodells zu ermitteln, können beide Beschreibungsformen in der Praxis natürlich auch experimentell (d. h. messtechnisch) an der realen Regelstrecke ermittelt werden.

Bild 12.5 zeigt zunächst die Sprungantwort der Regelstrecke. Da die Zeitkonstante T_1 = 0.53 s wesentlich größer ist als die anderen beiden Zeitkonstanten (dominante Zeitkonstante), scheint die Regelstrecke auf den ersten Blick P-T_1-Charakteristik zu besitzen. Bei genauerem Hinsehen ist aber der zunächst flache Verlauf der Sprungantwort bei kleinen Zeiten zu erkennen, der durch die beiden sehr kleinen Zeitkonstanten T_2 und T_3 zustande kommt.

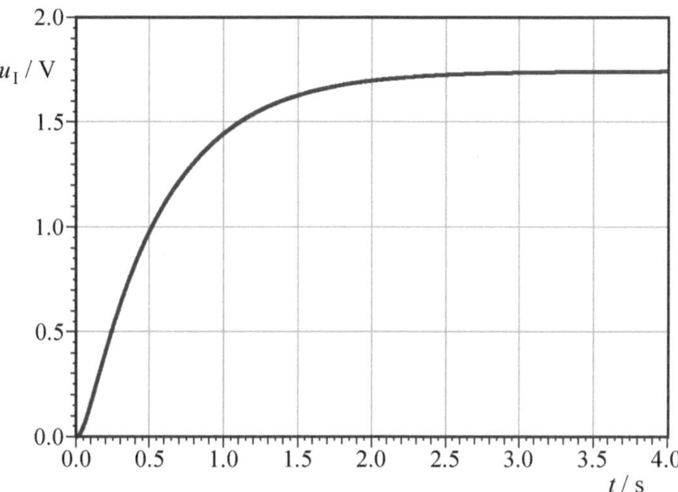

Bild 12.5 Sprungantwort der Gleichstrommaschine

Bild 12.6 zeigt das Bode-Diagramm der Regelstrecke. Die Betragskennlinie startet bei einem Wert von

$$A(\omega = 0) = K_{PS} = 1.7424 = 4.8\,\text{dB}$$

und fällt für große Frequenzen mit 60 dB/Dekade. Die Phasenkennlinie startet bei einem Wert von 0° und strebt für große Frequenzen gegen –270°.

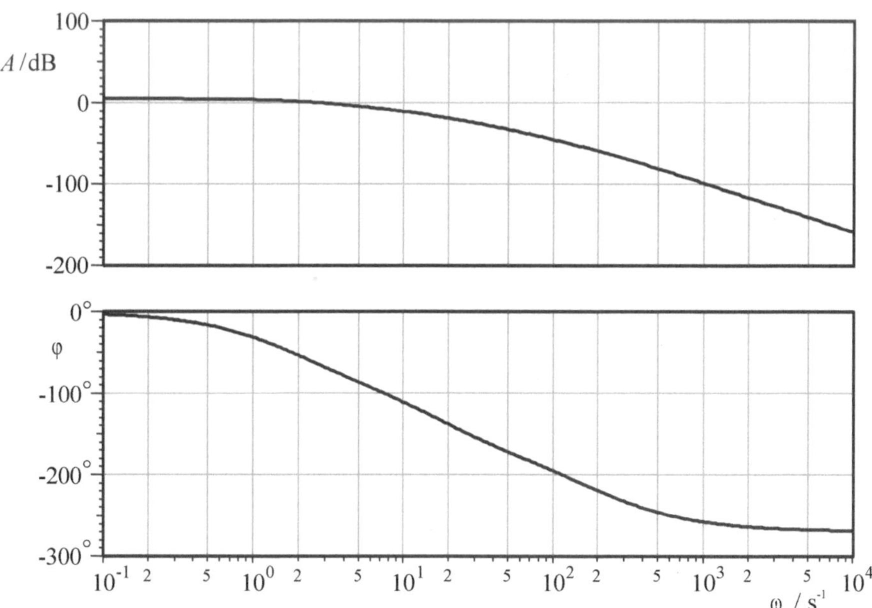

Bild 12.6 Bode-Diagramm der Gleichstrommaschine

Die zugehörige Nyquist-Ortskurve zeigt **Bild 12.7**. Sie startet für $\omega = 0$ auf der reellen Achse bei $K_{PS} = 1.7424$ und läuft für $\omega \to \infty$ unter einem Winkel von $-270°$ in den Ursprung.

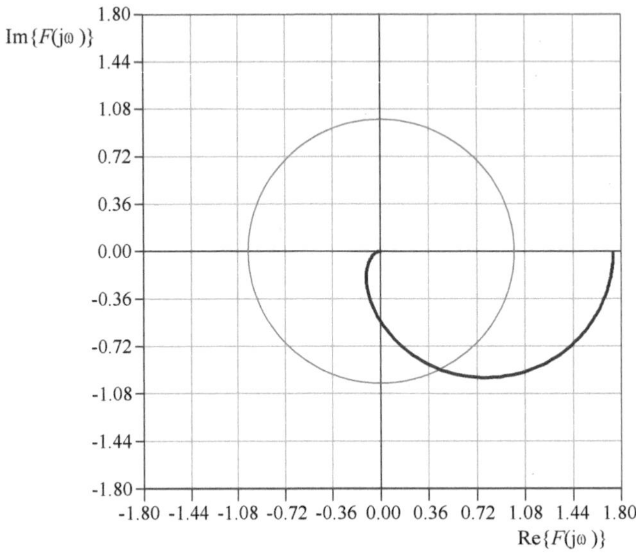

Bild 12.7 Nyquist-Ortskurve der Gleichstrommaschine

Die Datei *Gleichstrommaschine.bsy* enthält die zugehörige Simulationsstruktur. Ermitteln Sie daraus mithilfe von BORIS Sprungantwort, Bode-Diagramm und Nyquist-Ortskurve der Gleichstrommaschine, und vergleichen Sie Ihre Ergebnisse mit den in den Bildern 12.5, 12.6 und 12.7 gezeigten Diagrammen.

12.2 Reglerentwurf im Zeitbereich

In den folgenden Abschnitten sollen zunächst Regler nach einigen der in Kapitel 4 und Kapitel 5 vorgestellten Entwurfsverfahren für den Zeitbereich ausgelegt werden.

12.2.1 Schwingversuch nach *Ziegler/Nichols*

Zunächst soll ein Regler nach dem Verfahren des Stabilitätsrands (Schwingversuch) entworfen werden, wie es in Abschnitt 4.3.1 vorgestellt wurde. Da die Regelstrecke P-T_3-Charakteristik aufweist, wollen wir einen *PI-Regler* entwerfen, um stationäre Genauigkeit sicherzustellen. Wir bauen zunächst also einen geschlossenen Regelkreis mit P-Regler auf und erhöhen (z. B. beginnend bei $K_{PR} = 1$) den Proportionalbeiwert K_{PR} des Reglers schrittweise so lange, bis sich eine Dauerschwingung der Regelgröße (Messspannung u_I) einstellt. **Bild 12.8** zeigt das Ergebnis des Schwingversuchs. Wir erhalten für die kritische Verstärkung einen Wert von

$$K_{PR\,krit} = 73.5$$

und für die kritische Periodendauer einen Wert von

$$T_{\text{krit}} = 0.099\,\text{s}\,.$$

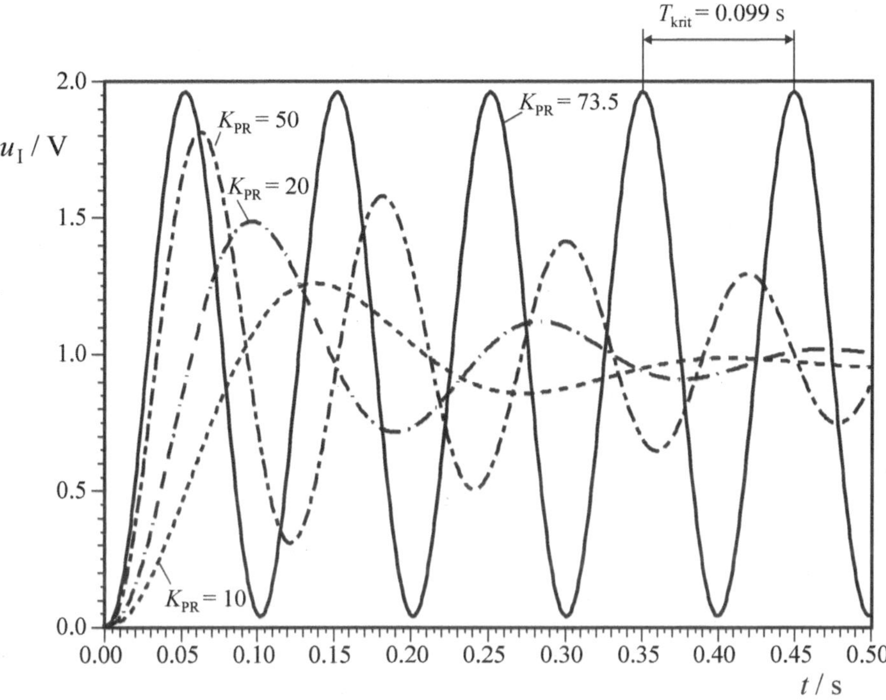

Bild 12.8 Ergebnis des Schwingversuchs

Aus diesen beiden Kennwerten erhalten wir gemäß Tabelle 4.2 für einen PI-Regler die Parameterwerte

$$K_{\text{PR}} = 0.45 \cdot K_{\text{PR krit}} = 33.075$$
$$T_{\text{i}} = 0.85 \cdot T_{\text{krit}} = 0.084\,\text{s}\,.$$

Bild 12.9 zeigt die Führungssprungantwort des geschlossenen Regelkreises mit dieser Reglereinstellung (gestrichelte Kurve). Wie wir erkennen können, führt der Entwurf nach dem Schwingversuch bei der vorliegenden Regelstrecke zu einem instabilen Regelkreis. Erst wenn wir beispielsweise die Nachstellzeit doppelt so groß wählen (T_{i} = 0.168 s), erhalten wir ein einigermaßen akzeptables Regelkreisverhalten (ausgezogene Kurve).

Die Datei *SchwingversuchGleichstrommaschine.bsy* enthält die zugehörige Simulationsstruktur. Führen Sie auf Basis dieser Datei den Reglerentwurf durch, und vergleichen Sie Ihre Ergebnisse mit den in den Bildern 12.8 und 12.9 gezeigten Diagrammen. Entwerfen Sie alternativ auch einen P- bzw. PID-Regler. Erhalten Sie in diesem Fall einen stabilen Regelkreis?

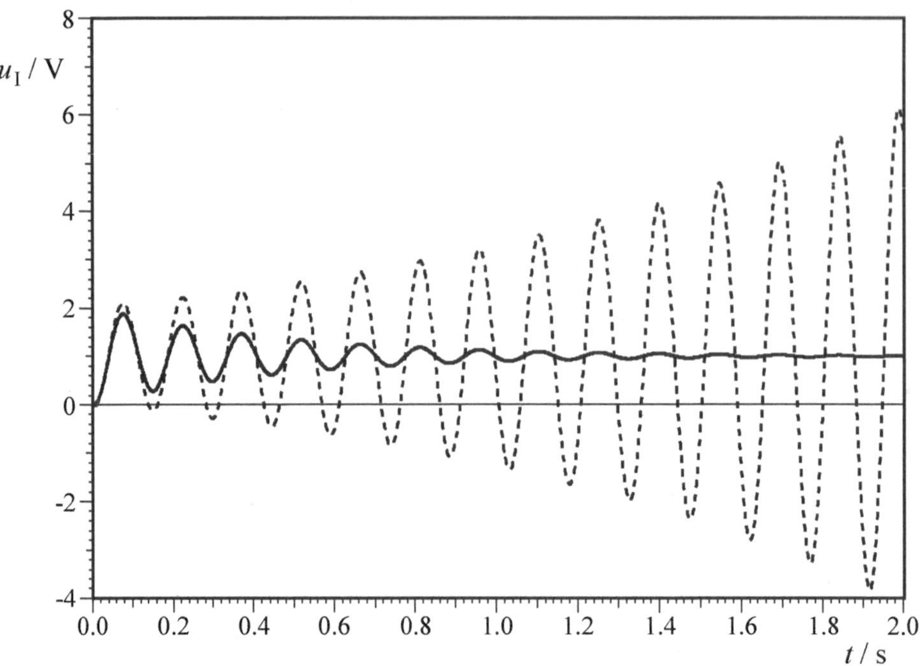

Bild 12.9 Sprungantwort des geschlossenen Regelkreises mit Original-Reglerparametern aus Schwingversuch (gestrichelte Kurve) und nach Verdopplung der Nachstellzeit (ausgezogene Kurve)

12.2.2 Einstellregeln nach *Chien*, *Hrones* und *Reswick*

Für den Reglerentwurf nach *Chien*, *Hrones* und *Reswick* (siehe Abschnitt 4.4) benötigen wir neben dem bereits vorliegenden Proportionalbeiwert K_{PS} der Regelstrecke ihre Verzugszeit T_e sowie die Ausgleichszeit T_b, die wir wie in **Bild 12.10** gezeigt mithilfe der Wendetangente an die Sprungantwort ermitteln können. Wir erhalten für die beiden Zeiten die Werte

$$T_e = 0.04 \text{ s}$$
$$T_b = 0.7 \text{ s} .$$

Für die Regelbarkeit der Gleichstrommaschine erhalten wir somit einen Wert von

$$\frac{T_e}{T_b} = \frac{0.04}{0.7} = 0.057 .$$

Gemäß Tabelle 2.2 ist die Regelstrecke also sehr gut regelbar.

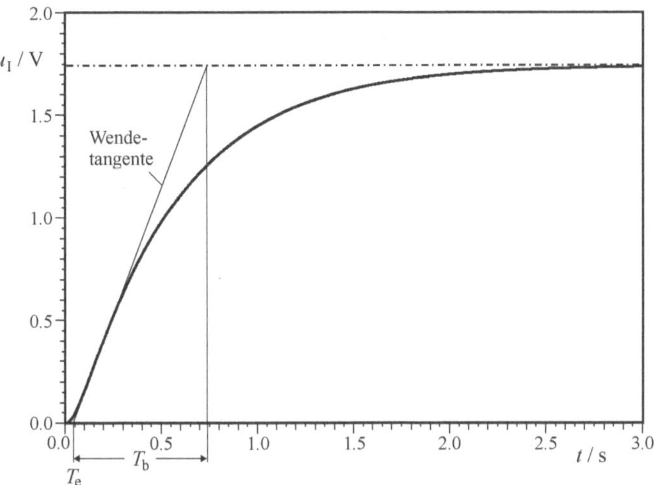

Bild 12.10 Bestimmung von Verzugs- und Ausgleichszeit der Regelstrecke

Wir wollen zunächst einen PI-Regler für gutes Führungsverhalten ohne Überschwingen der Regelgröße entwerfen. Für die Reglerparameter erhalten wir in diesem Fall nach Tabelle 4.4 die Werte

$$K_{PR} = 0.34 \frac{T_b}{K_{PS} \cdot T_e} = 0.34 \frac{0.7 \text{ s}}{1.7424 \cdot 0.04 \text{ s}} = 3.41$$
$$T_i = 1.2 \cdot T_b = 1.2 \cdot 0.7 \text{s} = 0.84 \text{ s} .$$

Bild 12.11 zeigt die Führungssprungantwort des resultierenden geschlossenen Regelkreises. Wir erhalten ein akzeptables Regelkreisverhalten mit nur minimalem Überschwingen der Regelgröße.

Die Datei *CHRGleichstrommaschine.bsy* enthält die zugehörige Simulationsstruktur. Führen Sie auf Basis dieser Datei den Reglerentwurf durch, und vergleichen Sie Ihre Ergebnisse mit den in den Bildern 12.10 und 12.11 gezeigten Diagrammen. Entwerfen Sie alternativ einen PID-Regler, und überprüfen Sie, inwieweit sich dadurch nochmals eine Verbesserung der Regelkreisdynamik erreichen lässt.

Alternativ zum PI-Regler für gutes Führungsverhalten wollen wir auch einen PI-Regler für gutes Störverhalten (wiederum ohne Überschwingen der Regelgröße) entwerfen. Nach Tabelle 4.4 erhalten wir für diesen Fall die Reglerparameter

$$K_{PR} = 0.59 \frac{T_b}{K_{PS} \cdot T_e} = 0.59 \frac{0.7 \text{s}}{1.7424 \cdot 0.04 \text{s}} = 5.93$$
$$T_i = 4 \cdot T_e = 4 \cdot 0.04 \text{s} = 0.16 \text{s} .$$

Bild 12.12 zeigt die Störsprungantwort des resultierenden geschlossenen Regelkreises, d. h. die Antwort auf einen Sprung des Lastmoments M_L bei verschwindender Führungsgröße ($w = 0$). Die gestrichelte Kurve zeigt dabei zum Vergleich die Störsprungantwort für den Fall, dass der zuvor für gutes *Führungs*verhalten entworfene PI-Regler eingesetzt wird. Der speziell auf gutes Störverhalten ausgelegte Regler führt erkennbar zu einem wesentlich besseren Störverhalten des Regelkreises.

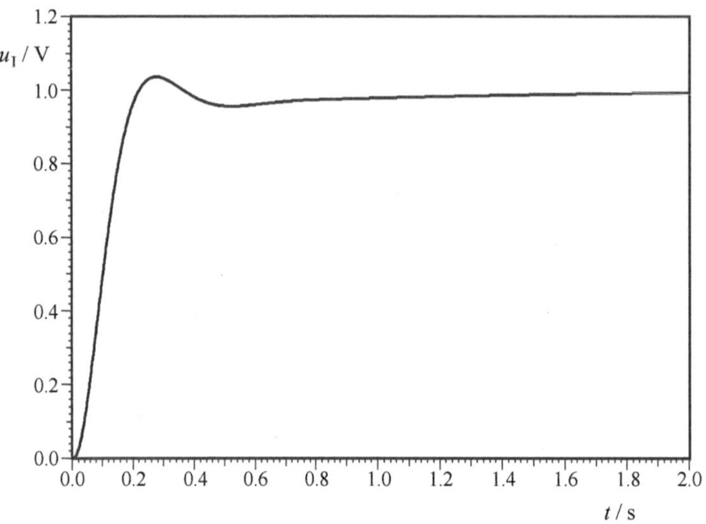

Bild 12.11 Führungssprungantwort des geschlossenen Regelkreises mit PI-Regler für gutes Führungsverhalten ohne Überschwingen nach *Chien*, *Hrones* und *Reswick*

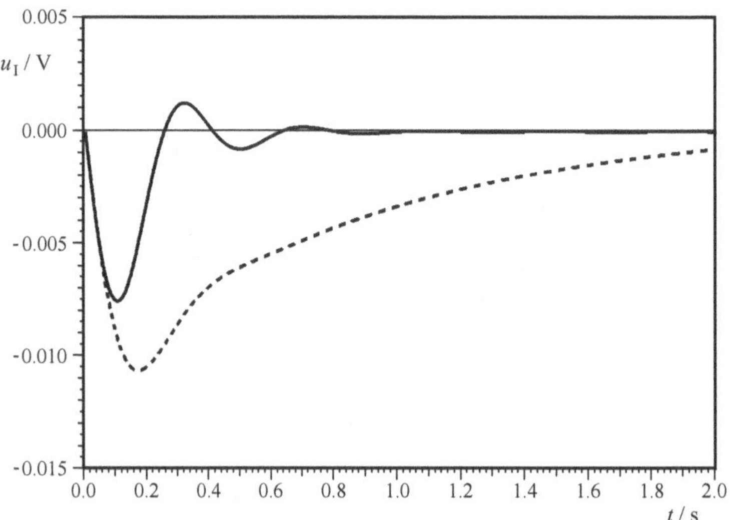

Bild 12.12 Störsprungantwort des geschlossenen Regelkreises mit PI-Regler für gutes Störverhalten ohne Überschwingen nach *Chien*, *Hrones* und *Reswick* (ausgezogene Kurve) bzw. mit PI-Regler für gutes Führungsverhalten (gestrichelte Kurve)

Die Datei *CHRGleichstrommaschineStoerung.bsy* enthält die zugehörige Simulationsstruktur. Führen Sie auf Basis dieser Datei den Reglerentwurf durch, und vergleichen Sie Ihr Ergebnis mit dem in Bild 12.12 gezeigten Diagramm.

12.2.3 Reglerentwurf nach der T-Summen-Regel

Für die Anwendung der T-Summen-Regel (siehe Abschnitt 4.6) benötigen wir die Summen-Zeitkonstante T_Σ der Regelstrecke. Da uns die Zeitkonstanten der Regelstrecke bekannt sind, können wir die Summen-Zeitkonstante alternativ zur grafischen Bestimmung gemäß Bild 4.19 auch direkt berechnen. Wir erhalten mit Gl. (12.12)

$$T_\Sigma = T_1 + T_2 + T_3 = 0.53\,\text{s} + 0.055\,\text{s} + 0.005\,\text{s} = 0.59\,\text{s}\,.$$

Damit erhalten wir für einen PI-Regler für normalen Regelverlauf nach Tabelle 4.7 die Parameter

$$K_{\text{PR}} = 0.5 / K_{\text{PS}} = 0.5 / 1.7424 = 0.287$$
$$T_\text{i} = 0.5 \cdot T_\Sigma = 0.5 \cdot 0.59\ \text{s} = 0.295\ \text{s}$$

und für einen schnellen Regelverlauf

$$K_{\text{PR}} = 1 / K_{\text{PS}} = 1 / 1.7424 = 0.574$$
$$T_\text{i} = 0.7 \cdot T_\Sigma = 0.7 \cdot 0.59\ \text{s} = 0.413\ \text{s}\,.$$

Bild 12.13 zeigt die Führungssprungantwort des Regelkreises mit beiden Reglern. Wie ein Vergleich mit Bild 12.11 zeigt (man beachte die unterschiedliche Skalierung der Zeitachse!), führen die nach der T-Summen-Regel entworfenen Regler zu einem wesentlich langsameren Anstieg der Regelgröße als die Regler nach *Chien*, *Hrones* und *Reswick*, weisen aber praktisch kein Überschwingen auf.

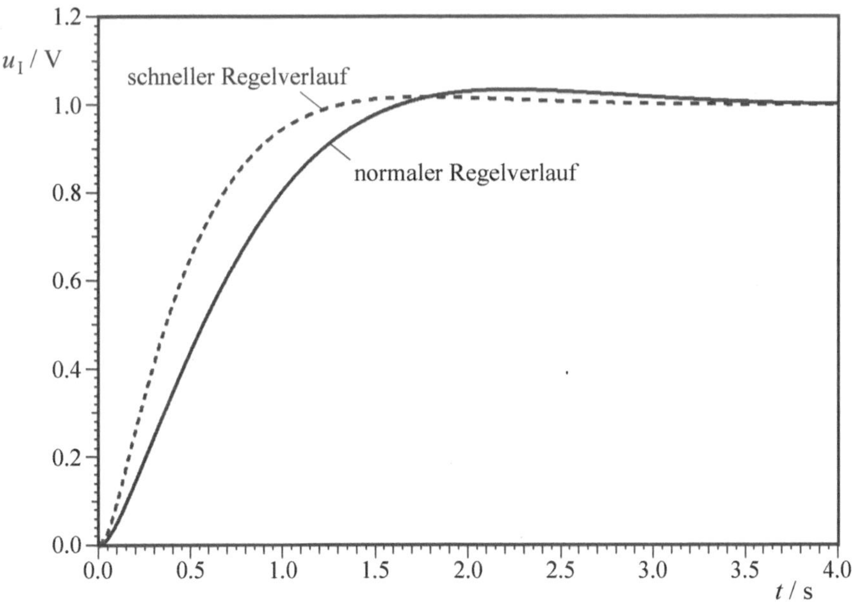

Bild 12.13 Führungssprungantwort des geschlossenen Regelkreises mit PI-Regler nach der T-Summen-Regel

Die Datei *TSumGleichstrommaschine.bsy* enthält die zugehörige Simulationsstruktur. Entwerfen Sie alternativ einen PID-Regler für normalen bzw. schnellen Regelverlauf, und überprüfen Sie, ob sich im Vergleich zum PI-Regler eine Verbesserung der Regelkreisdynamik ergibt.

12.2.4 Reglerentwurf nach dem Betragsoptimum

Die Gleichstrommaschine besitzt mit $T_1 = 0.53$ s eine im Vergleich zur Summe der anderen beiden Zeitkonstanten $T_\Sigma = T_2 + T_3 = 0.06$ s sehr große Zeitkonstante, sodass Gl. (4.15) erfüllt und das Entwurfsverfahren nach dem Betragsoptimum somit anwendbar ist. Für einen PI-Regler erhalten wir nach Tabelle 4.8 dann die Parameter

$$K_{\mathrm{PR}} = \frac{T_1}{2\,K_{\mathrm{PS}} T_\Sigma} = \frac{0.53}{2 \cdot 1.7424 \cdot 0.06} = 2.535$$

$$T_\mathrm{i} = T_1 = 0.53\ \mathrm{s}\,.$$

Bild 12.14 zeigt die Führungssprungantwort des zugehörigen geschlossenen Regelkreises. Die Regelgröße weist einen recht schnellen Anstieg bei nur geringem Überschwingen auf – der Reglerentwurf nach dem Betragsoptimum liefert (zumindest für die vorliegende Regelstrecke) ein vergleichbares Ergebnis wie der nach *Chien*, *Hrones* und *Reswick* entworfene Regler (Bild 12.11).

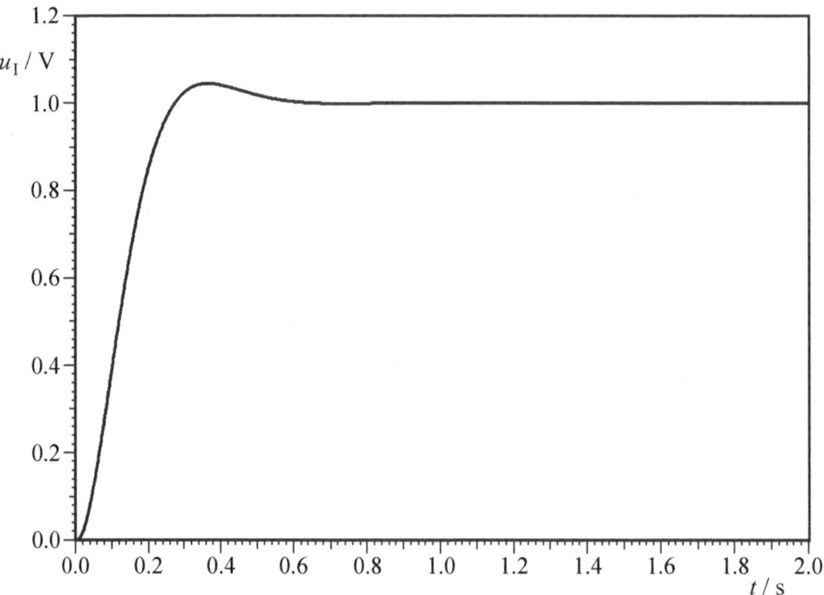

Bild 12.14 Führungssprungantwort des geschlossenen Regelkreises mit PI-Regler nach dem Betragsoptimum

Die Datei *BetragsoptimumGleichstrommaschine.bsy* enthält die zugehörige Simulationsstruktur.

12.2.5 Numerische Optimierung anhand des IAE-Kriteriums

Die numerische Optimierung eines PI-Reglers wollen wir beispielhaft anhand der betragslinearen Regelfläche (IAE-Kriterium) durchführen. Als Startwert für die Optimierung verwenden wir den nach *Chien*, *Hrones* und *Reswick* entworfenen PI-Regler für gutes Führungsverhalten ohne Überschwingen mit den Parametern

$$K_{\mathrm{PR}} = 3.41$$
$$T_{\mathrm{i}} = 0.84 \text{ s} .$$

Für diese Reglereinstellung ergibt sich für das Güteintegral ein Wert von

$$Q_{I\mathrm{AE}} = 0.141.$$

Die Optimierung liefert die Reglerparameter

$$K_{\mathrm{PR}} = 9.56$$
$$T_{\mathrm{i}} = 0.62 \text{ s}$$

und einen Wert für das Güteintegral von

$$Q_{I\mathrm{AE}} = 0.099.$$

Es ergibt sich also eine deutliche Verringerung des Güteintegrals. **Bild 12.15** zeigt die zugehörige Führungssprungantwort des geschlossenen Regelkreises im Vergleich zum Startwert der Optimierung, den nach *Chien*, *Hrones* und *Reswick* ermittelten Reglerparametern. Der optimierte Regler führt zu einem wesentlich schnelleren Anstieg der Regelgröße, allerdings liegt die Überschwingweite bei mehr als 30 %.

Der Vorteil der numerischen Optimierung liegt darin, dass wir das Gütekriterium sehr flexibel an unsere Vorstellungen anpassen können. Wir wollen dies anhand eines Beispiels erläutern. Nehmen wir an, der gerade optimierte PI-Regler würde uns „im Prinzip" zusagen, allerdings würden wir gerne die Überschwingweite auf 25 % begrenzen. Dann können wir dies durch einfache Modifikation unseres Gütekriteriums erreichen. Wir addieren einfach zum Güteintegral Q_{IAE} einen Zusatzterm $Q_{\mathrm{ÜS}}$, in dem wir die Bedingung *Überschwingweite maximal 25 %* ausdrücken:

$$\widetilde{Q}_{\mathrm{IAE}} = \int_{0}^{\infty} |e(t)|\, dt + Q_{\mathrm{ÜS}} .$$

Dieser Term hat den Wert 0, wenn die Überschwingweite kleiner als 25 % ist, ansonsten nimmt er einen sehr großen Wert (z. B. 1000) an:

$$Q_{\mathrm{ÜS}} = \begin{cases} 0 & \text{wenn } x_{\mathrm{m}} < 25\,\% \\ 1000 & \text{sonst} \end{cases}$$

Dadurch werden Reglereinstellungen, die zu einer größeren Überschwingweite als 25 % führen, während der Optimierung als „sehr schlecht" beurteilt; man spricht in diesem Zusammenhang bei der numerischen Optimierung auch von einem *Strafterm*.

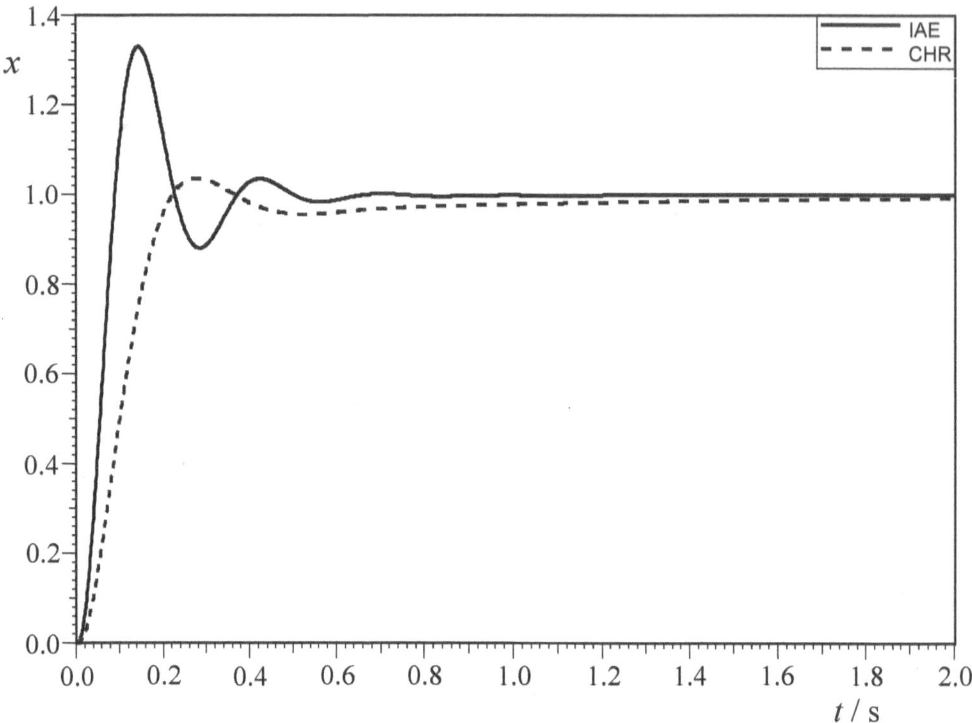

Bild 12.15 Führungssprungantwort des geschlossenen Regelkreises mit numerisch nach dem IAE-Kriterium optimiertem PI-Regler

Die Optimierung unter Berücksichtigung des Strafterms liefert für die optimalen Reglerparameter die Werte

$$K_{\mathrm{PR}} = 7.02$$
$$T_{\mathrm{i}} = 0.59 \text{ s} .$$

Bild 12.16 zeigt die zugehörige Führungssprungantwort im Vergleich zu derjenigen bei Optimierung ohne Strafterm. Wir können erkennen, dass die durch den Strafterm eingebrachte Nebenbedingung einer maximalen Überschwingweite von 25 % exakt umgesetzt wurde. Naturgemäß ist dadurch die Anstiegsgeschwindigkeit der Regelgröße allerdings ein wenig verringert worden.

Nach dem hier beispielhaft aufgezeigten Prinzip lassen sich im Rahmen einer numerischen Optimierung praktisch beliebige Gütekriterien formulieren.

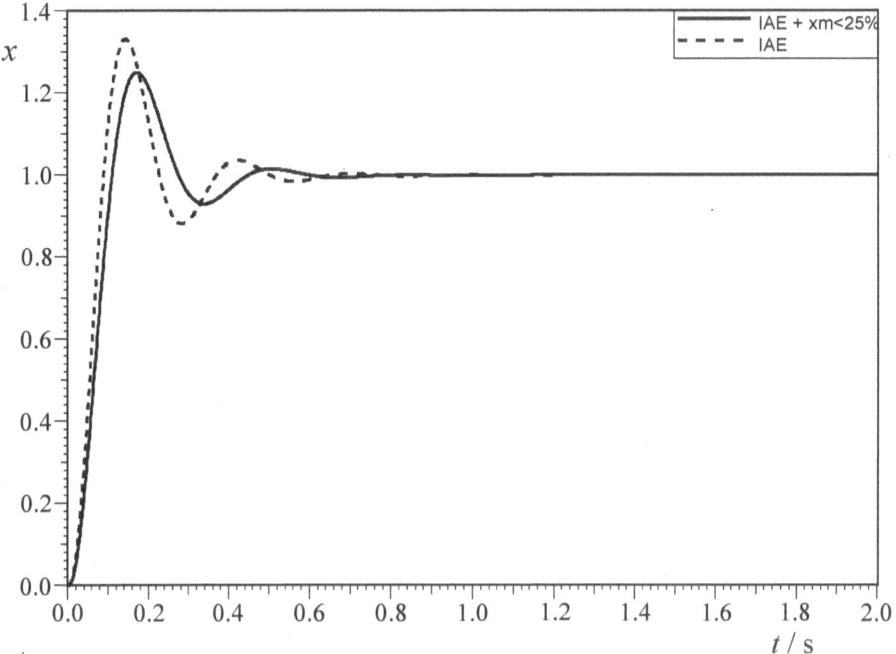

Bild 12.16 Führungssprungantwort des geschlossenen Regelkreises bei Optimierung mit Strafterm

12.2.6 Zweipunkt-Regelung der Gleichstrommaschine

Obwohl der Einsatz von Zweipunkt-Reglern im Rahmen einer Drehzahlregelung eher unüblich ist, wollen wir kurz das Verhalten der Gleichstrommaschine bei Zweipunktregelung ohne Hysterese untersuchen. Dazu wählen wir den Stellbereich Y_h des Zweipunkt-Reglers so, dass die Gleichstrommaschine bei einem Sollwert von w = 1 V mit einem Leistungsüberschuss von $\ddot{u}_L$ = 100 % betrieben wird (siehe Abschnitt 5.1). Aus Gl. (5.1) erhalten wir durch Auflösung nach Y_h dann die Bedingung

$$\frac{K_{PS} \cdot Y_h}{w} \overset{!}{=} 2 \Rightarrow Y_h = \frac{2w}{K_{PS}} = \frac{2 \cdot 1\,\text{V}}{1.7424} = 1.148\,\text{V}\,.$$

Bild 12.17 zeigt den Verlauf von Regel- und Stellgröße für den resultierenden Regelkreis. Da der Leistungsüberschuss 100 % beträgt, sind Ein- und Ausschaltzeit identisch, und die Regelgröße schwingt symmetrisch um den Sollwert. Die Schwankungsbreite ΔX der Regelgröße besitzt einen Wert von etwa 0.02 V – der Zweipunkt-Regler ist aus diesem Grund für eine Drehzahlregelung normalerweise nicht geeignet.

Die Datei *ZPGleichstrommaschine.bsy* enthält die zugehörige Simulationsstruktur. Simulieren Sie das Regelkreisverhalten für Leistungsüberschüsse von 50 % bzw. 200 %, und untersuchen Sie, welche Auswirkungen die Änderung des Leistungsüberschusses auf den Verlauf von Regel- und Stellgröße hat!

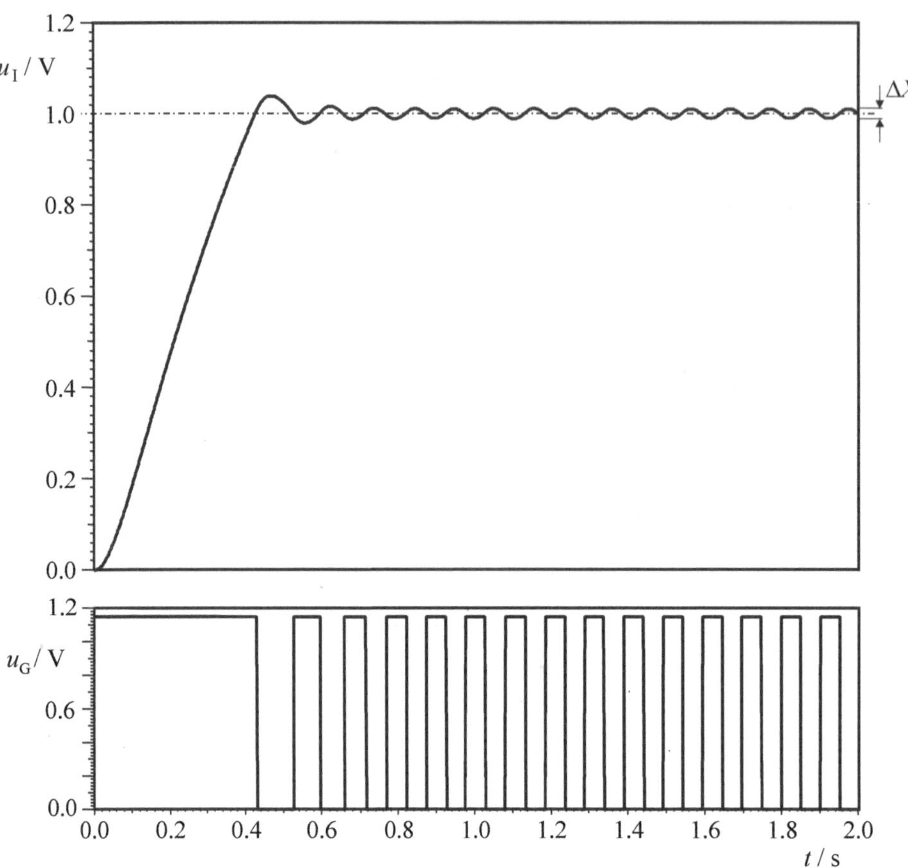

Bild 12.17 Verlauf von Regelgröße (oben) und Stellgröße (unten) bei Zweipunkt-Regelung mit einem Leistungsüberschuss von $ü_L$ = 100 %

12.3 Reglerentwurf im Frequenzbereich

Abschließend wollen wir einen Reglerentwurf im Frequenzbereich durchführen. Zuvor soll jedoch eine kurze Stabilitätsanalyse vorgenommen werden.

12.3.1 Stabilitätsanalyse

Wir betrachten zunächst den Fall einer reinen P-Regelung und wollen die Frage beantworten, wie groß der Proportionalbeiwert K_{PR} des P-Reglers in diesem Fall werden darf, bevor der Regelkreis instabil wird (siehe Abschnitt 8.6). Dazu müssen wir die Amplitudenreserve A_m der Regelstrecke ermitteln. Ausgehend vom Bode-Diagramm der Strecke (Bild 12.6) bestimmen wir zunächst die Frequenz ω_π, bei der die Phasenkennlinie die −180°-Linie schneidet. Der Abstand der Amplitudenkennlinie zur 0-dB-Achse bei dieser Frequenz liefert uns dann die Amplitudenreserve. **Bild 12.18** zeigt die Vorgehensweise. Wir erhalten für die Amplitudenreserve einen Wert von

$$A_m = 37.4\ \text{dB} = 10^{\frac{37.4}{20}} = 74.1\,.$$

Dieser Wert entspricht nahezu exakt dem Wert für $K_{PR\ krit}$, den wir im Rahmen des Schwingversuchs nach *Ziegler/Nichols* in Abschnitt 12.2.1 experimentell anhand einer Simulation ermittelt hatten.

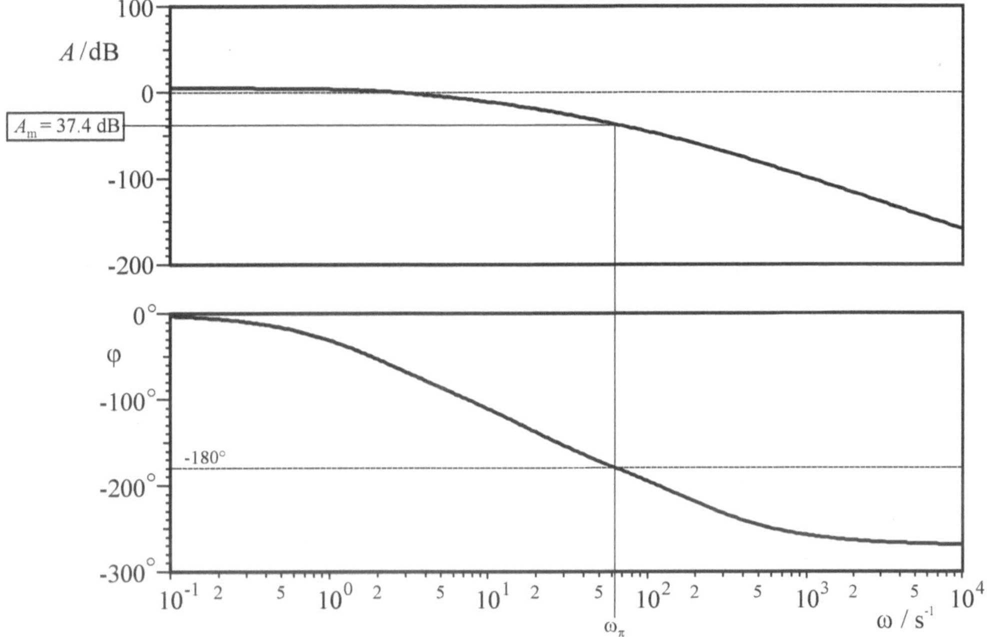

Bild 12.18 Ermittlung der Amplitudenreserve A_m im Bode-Diagramm

Die Datei *Gleichstrommaschine.bl* enthält die zur Gleichstrommaschine gehörige Blockliste. Ermitteln Sie mithilfe von LISA das Bode-Diagramm der Regelstrecke und daraus mithilfe der Messfunktion wie beschrieben die Amplitudenreserve.

Alternativ zum Bode-Diagramm können wir die Stabilitätsanalyse natürlich auch mithilfe der Nyquist-Ortskurve durchführen. Dazu betrachten wir die Ortskurve der Gleichstrommaschine (Bild 12.7) in unmittelbarer Nähe des Ursprungs (**Bild 12.19**).

Entscheidend für die Stabilität des geschlossenen Regelkreises ist der Schnittpunkt der Ortskurve mit der negativen reellen Achse (Bild 8.33), der in diesem Fall bei –0.0135 liegt. Der Regelkreis wird genau dann instabil, wenn der Schnittpunkt bei –1 liegt. Für die Amplitudenreserve gilt also in diesem Fall

$$A_m \cdot (-0.0135) \stackrel{!}{=} -1 \Rightarrow A_m = \frac{1}{0.0135} = 74.1\ .$$

Dieser Wert entspricht exakt demjenigen, den wir zuvor bereits bei der Stabilitätsanalyse mithilfe des Bode-Diagramms ermittelt hatten.

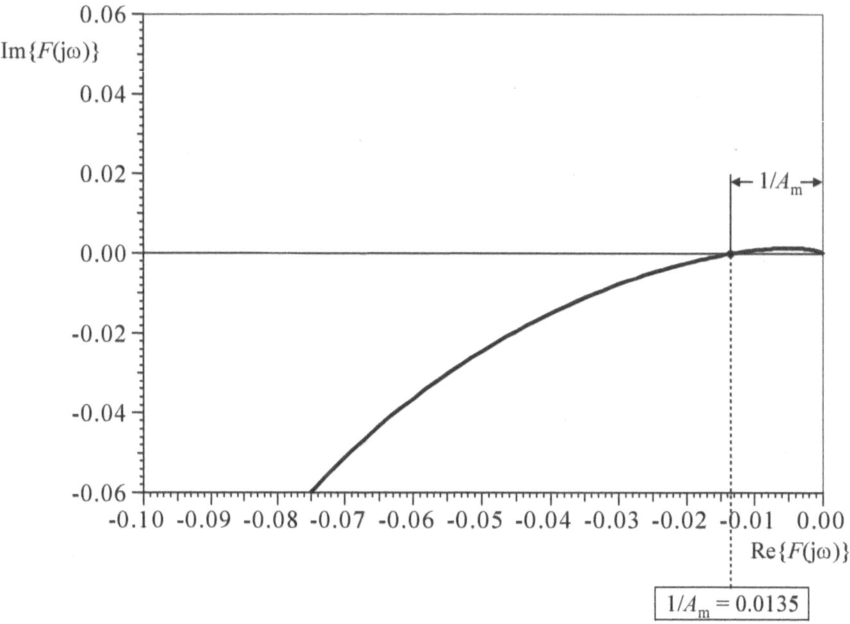

Bild 12.19 Ermittlung der Amplitudenreserve A_m in der Nyquist-Ortskurve

12.3.2 Entwurf eines PI-Kompensationsreglers

Wir wollen nunmehr einen PI-Kompensationsregler entwerfen (siehe Abschnitt 8.7.2). Dazu setzen wir die Nachstellzeit T_i des Reglers gleich der größten Zeitkonstanten der Regelstrecke, also

$$T_i = T_1 = 0.53 \text{ s}$$

und den Proportionalbeiwert K_{PR} des Reglers zunächst auf 1. Das Bode-Diagramm des daraus resultierenden offenen Regelkreises zeigt **Bild 12.20**.

Der Proportionalbeiwert des Reglers soll nun so bestimmt werden, dass der Regelkreis eine Phasenreserve aufweist von

$$\varphi_m = 50^\circ .$$

Bild 12.21 zeigt die weitere Vorgehensweise: Eine Phasenreserve von 50° bedeutet, dass die Phasenkennlinie des offenen Regelkreises bei der Durchtrittsfrequenz ω_c gerade einen Wert von $-180^\circ + 50^\circ = -130^\circ$ aufweisen muss. Der Schnittpunkt ① der Phasenkennlinie mit der −130°-Linie liefert uns also die Durchtrittsfrequenz. Loten wir von diesem Schnittpunkt aus nach oben auf die Amplitudenkennlinie, so erhalten wir Schnittpunkt ②. Der Abstand der Amplitudenkennlinie von der 0-dB-Linie in diesem Punkt liefert uns den Wert für K_{PR}. Wir erhalten

$$K_{PR} = 16 \text{ dB} = 6.3 .$$

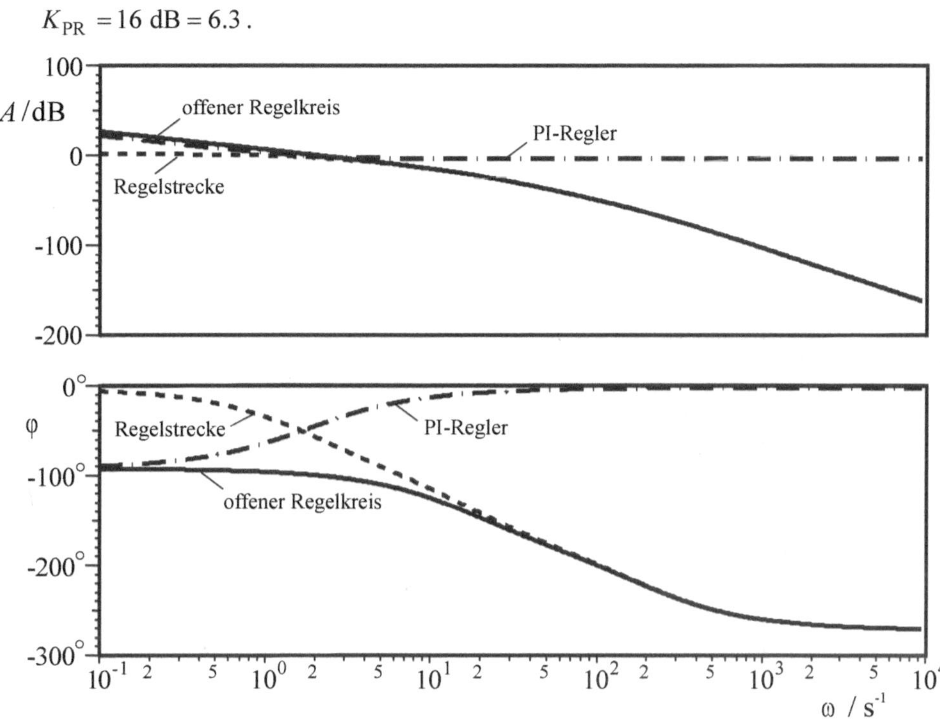

Bild 12.20 Bode-Diagramme der Regelstrecke (gestrichelt), des Reglers (strichpunktiert) und des offenen Regelkreises (ausgezogene Kurve) für PI-Regler mit T_i = 0.53 s, K_{PR} = 1

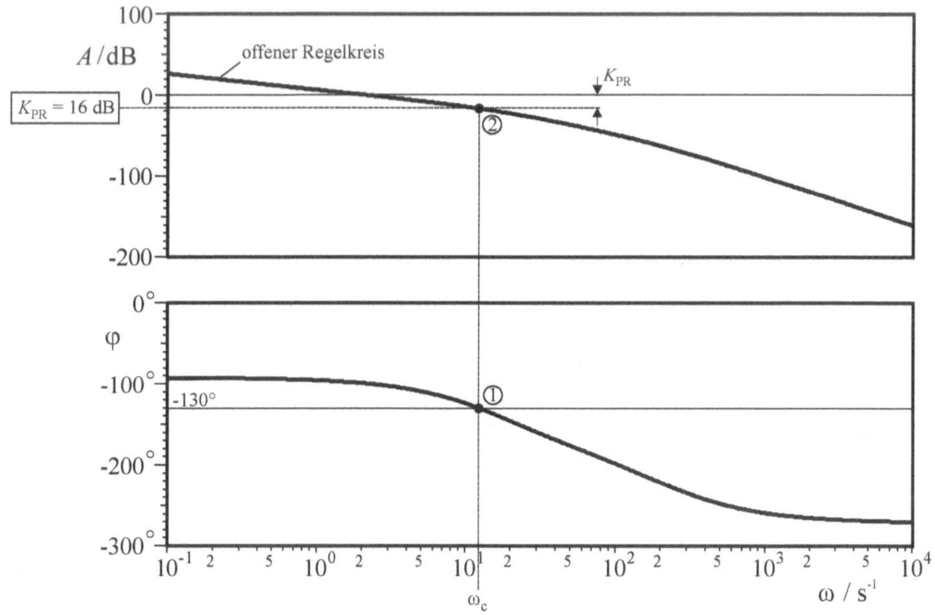

Bild 12.21 Ermittlung von K_{PR}

Die Führungssprungantwort des resultierenden geschlossenen Regelkreises zeigt **Bild 12.22**. Der PI-Kompensationsregler führt im Vergleich mit den zuvor entworfenen Reglern zum schnellsten Anstieg der Regelgröße, die in diesem Fall allerdings ein Überschwingen von etwa 25 % aufweist. Ist dieses Überschwingen zu stark, so kann der Entwurf mit einer entsprechend vergrößerten Soll-Phasenreserve (z. B. $\varphi_m = 60°$ statt 50°) wiederholt werden.

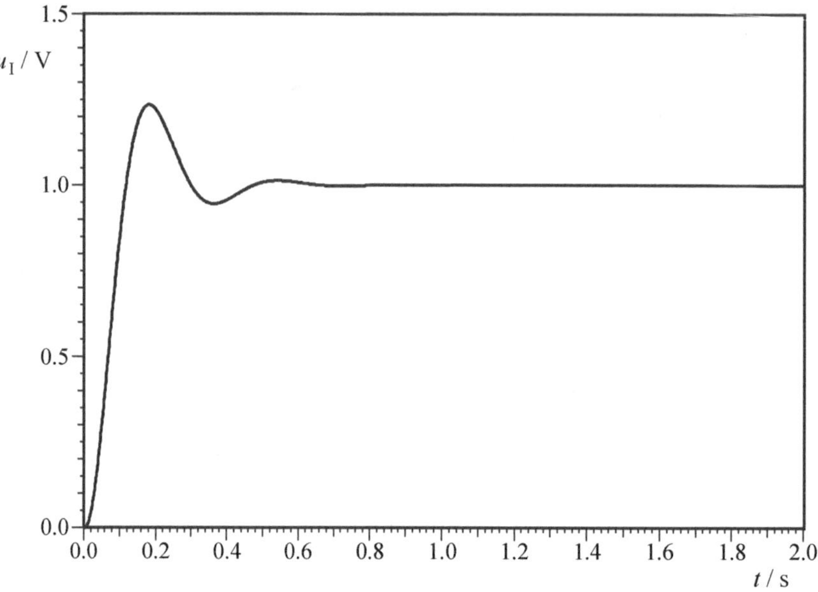

Bild 12.22 Führungssprungantwort des geschlossenen Regelkreises mit PI-Kompensationsregler mit einer Phasenreserve von 50°

Die Datei *PIRegelungGleichstrommaschine.scl* enthält den zum Beispiel gehörenden Regelkreis. Überprüfen Sie mithilfe von RESY die angegebenen Ergebnisse.

12.4 Vergleich der Entwurfsergebnisse

Bild 12.23 stellt noch einmal die Führungssprungantworten der geschlossenen Regelkreise für einige der betrachteten Entwurfsverfahren gegenüber. Sofern ein nur geringes Überschwingen der Regelgröße erwünscht ist, liefert das Verfahren nach *Chien*, *Hrones* und *Reswick* das beste Ergebnis. Soll ein Überschwingen gänzlich ausgeschlossen werden, empfiehlt sich die Anwendung der T-Summen-Regel, die allerdings zu sehr trägen Regelkreisen führt. Hat die Schnelligkeit des Regelkreises Priorität, so eignet sich der Entwurf eines PI-Kompensationsreglers mit einer Phasenreserve von etwa 50° oder weniger. Der hier nicht eingezeichnete, durch numerische Optimierung anhand des IAE-Kriteriums gewonnene Regler weist einen noch etwas schnelleren Anstieg als der Kompensationsregler auf, allerdings auch ein etwas größeres Überschwingen.

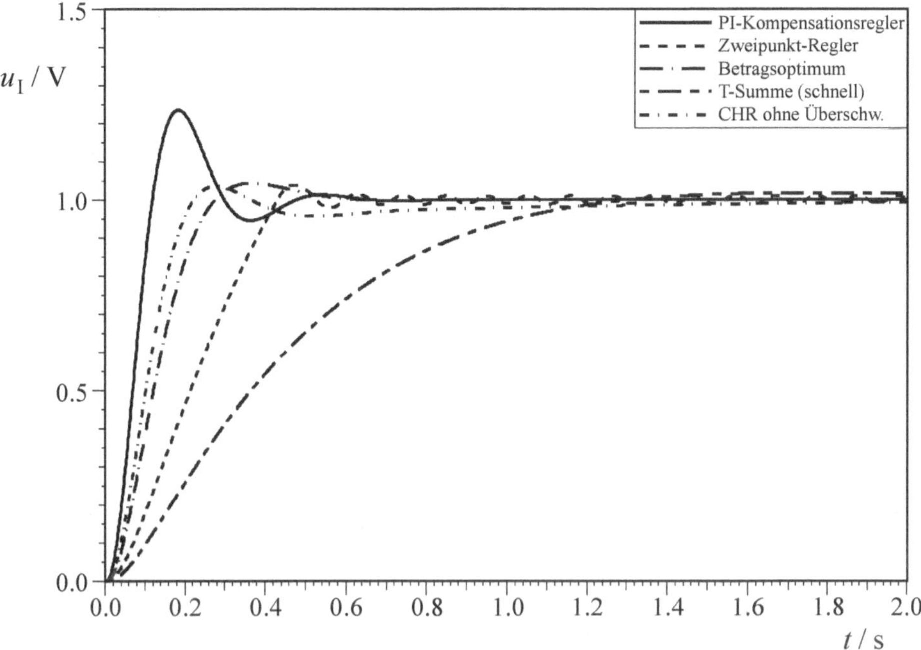

Bild 12.23 Führungssprungantworten der geschlossenen Regelkreise nach einigen der betrachteten Entwurfsverfahren im Vergleich

Formelzeichen und Benennungen Deutsch - Englisch

Benennung deutsch	Benennung englisch	Formel-zeichen	Bemerkungen
Abtastglied	sampling element		
Abtastzeit	sampling period	T	
Abtastregelung	sampling control		
Abtastsignal	sampled signal		
Abweichung	deviation		
Adaptive Regelung	adaptive control		
Additionsstelle	summing point		
Amplitudengang	gain response amplitude response	$A(\omega)$	im Zusammenhang mit Frequenzgang
Amplitudenreserve	gain margin	A_m	
Amplitudenverhältnis	gain		im Zusammenhang mit Frequenzgang
Anregelzeit	control rise time	T_{cr}	Regelkreis
Anschwingzeit	step response time	T_{sr}	Sprungantwort allgemein
Arbeitspunkt	operating point		
Aufgabengröße	final controlled variable	q	
Ausgangsgröße	output variable		
Ausgleichszeit	equivalent time constant; balancing time	T_b	DIN 19226: T_g (compensation time)
Ausregelzeit	control settling time	T_{cs}	Regelkreis
Begrenzung	limitation		
Bleibende Regeldifferenz	steady-state error variable	e_∞	
Bode-Diagramm	frequency response characteristic Bode diagram		
Dämpfung	damping		
Dämpfungsgrad	damping ratio	D	

Differenzierbeiwert	differential action coefficient	K_D	
Differenzierglied D-Glied	derivative element D element		
Differenzierzeit	derivative action time	T_D	
Dreipunktglied	three-position element		
Durchtrittskreisfre-quenz	gain crossover (angu-lar) frequency	ω_c	
Eingangsgröße	input variable		
Eckkreisfrequenz	corner (angular) fre-quency	ω_i	$i = 1, 2, 3, ...$
Einschwingzeit	settling time	T_s	Sprungantwort allgemein
Folgeregelung	follow-up control		
Folgeregler	follow-up controller		
Frequenzgang	frequency response	$F(\mathrm{j}\omega)$	
Frequenzkennlinien	frequency response characteristic Bode diagram		
Führungsgröße	reference variable	w	
Führungsregler	main controller		
Führungsverhalten	reference variable response		
Fuzzy-Regelung	fuzzy control		
Hysterese	hysteresis		
Integrierbeiwert	integral action coeffi-cient	K_I	
Integrierglied I-Glied	integral element I element	T_I	
Integrierzeit	integral action time	T_I	
Istwert	actual value		
Kaskadenregelung	cascade control		
Kennkreisfrequenz	characteristic angular frequency	ω_0	
Kennlinie	characteristic curve		
Messglied	measuring element		
Nachstellzeit	reset time	T_i	DIN 19226: T_N

Nyquist-Ortskurve	frequency response locus Nyquist plot		
Oberer Schaltwert	upper switching value		Zweipunktglied
Ortskurve des Frequenzgangs	frequency response locus Nyquist plot		
Phasengang	phase response	$\varphi(\omega)$	
Phasenreserve	phase margin	φ_m	
Phasenschnittkreisfrequenz	phase crossover angular frequency	ω_π	
Phasenwinkel	phase angle	φ	
Proportionalbeiwert	proportional action coefficient	K_P	
Proportionalbereich eines Reglers	proportional band of a controller	X_P	
Proportionalglied	proportional element P element		
Regeldifferenz	error variable	e	
Regeleinrichtung	controlling system		
Regelglied	controlling element		
Regelgröße	controlled variable		
Regelkreis	control loop		
Regeln	closed-loop control feedback control		
Regelstrecke	controlled system		
Regelung	control system		
Regelungssystem	control system		
Regler	controller		
Rückführgröße	feedback variable	r	
Schaltdifferenz	differential gap		Zweipunktglied
Sollwert	desired value	x_d	
Sprungantwort	step response		
Stabilität	stability		
Stelleinrichtung	final controlling equipment		
Steller	actuator		

Stellglied	final controlling element		Stellglied ist Teil der Regelstrecke
Stellgröße	manipulated variable	y	
Steuerkette	control chain		
Steuern	open-loop control		
Steuerung	open-loop control		
Strecke mit Ausgleich	controlled system with self-regulation		
Strecke ohne Ausgleich	controlled system without self-regulation		
Störgröße	disturbance variable	z	
Störgrößenaufschaltung	disturbance feedforward control		
Störverhalten	disturbance response		
Totzeit	dead-time	T_t	
Totzone	dead band dead zone		
Überschwingweite	overshoot	x_m	bezogen auf Regelgröße x
Übertragungsglied	transfer element		
Unterer Schaltwert	lower switching value		Zweipunktglied
Unterlagerte Regelung	subsidiary control		
Unterlagerter Regler	subsidiary controller		
Vergleichsglied	comparing element		
Verzögerungsglied	lag element		
Verzögerungszeit	time constant		
Verzugszeit	equivalent dead-time	T_e	DIN 19226: T_u (delay time)
Verzweigung	branching point		
Vorhaltezeit	rate time	T_d	DIN 19226: T_V
Wendepunkt	inflection point		
Wirkungslinie	action line		
Wirkungsplan	functional diagram		
Zeitkonstante	time constant	T_i	$i = 1, 2, 3, ...$
Zeitverhalten	time response		
Zeitkontinuierliche Regelung	continuous (feedback) control		
Zielgröße	command variable	c	

Zugehörigkeits-funktion	membership function		
Zweipunktglied	two-position element		

Literatur

[BO94] *Bossel, H.*: Modellbildung und Simulation. Braunschweig · Wiesbaden: Vieweg, 1994. – ISBN 3-528-15242-7

[BO95] *Böther, K.*; *Breckwoldt, H.*; *Siedler, H. J.*; *Wieting, R.*: Meß- und Regelungstechnik. München: Pflaum Verlag, 1995. – ISBN 3-7905-0721-0

[BU12] *Busch, P.*: Elementare Regelungstechnik. Würzburg: Vogel, 2012. – ISBN 978-3-8343-3284-4

[DR96] *Driankov, D.*; *Hellendoorn, H.*; *Reinfrank, M.*: An Introduction to Fuzzy Control. Berlin [u. a.]: Springer, 1996. – ISBN 3-540-60691-2

[FÖ16] *Föllinger, O.*: Regelungstechnik. Berlin · Offenbach: VDE VERLAG, 2016. – ISBN 978-3-8007-4201-1

[HA15] *Hasenjäger, E.*: Regelungstechnik für Dummies. Weinheim: WILEY-VCH Verlag 2015. – ISBN 978-3-527-70893-2

[HE09] *Heinrich, B.*(Hrsg.): Kaspers/Küfner Messen – Steuern - Regeln. Wiesbaden: Vieweg + Teubner 2009. – ISBN 978-3-8348-0006-0

[KA04] *Kahlert, J.*: Simulation technischer Systeme. Wiesbaden: Vieweg, 2004. – ISBN 3-528-03964-7

[KA09] *Kahlert, J.*: Einführung in WinFACT. München: Fachbuchverlag Leipzig im Carl-Hanser-Verlag, 2009. – ISBN 978-3-446-41960-5

[KA19] *Kahlert, J.*; *Kahlert, M.*: 111 Simulationen mit BORIS und Simulink. Ingenieurbüro Dr. Kahlert 2019

[KA20] *Kahlert, J.*: Einführung in die Programmierung der LOGO! Ingenieurbüro Dr. Kahlert 2018

[KA91] *Kahlert, J.*: Vektorielle Optimierung mit Evolutionsstrategien und Anwendungen in der Regelungstechnik. Fortschrittberichte VDI, Reihe 8, Nr. 234. Düsseldorf: VDI-Verlag, 1991. – ISBN 3-18-143408-6

[KA94] *Kahlert, J.*; *Frank, H.*: Fuzzy-Logik und Fuzzy-Control. Braunschweig · Wiesbaden: Vieweg, 1994. – ISBN 3-528-15304-0

[KA95] *Kahlert, J.*: Fuzzy Control für Ingenieure. Braunschweig · Wiesbaden: Vieweg, 1995. – ISBN 3-528-05460-3

[KAN19] *Kanngießer, U.*: Steuerung und Regelung mit easyE4. VDE Verlag, 2019. – ISBN 978-3-8007-4880-8

[KI85] *Kiendl, H.*: Skriptum zur Vorlesung Steuer- und Regelungstechnik. Universität Dortmund, 1985

[KU95] *Kuhn, U.*: Eine praxisnahe Einstellregel für PID-Regler: Die T-Summen-Regel. atp Automatisierungstechnische Praxis 37 (1995) H. 5, S. 10–16. – ISSN 0178-2320

[LA17] *Langmann, R.*: Taschenbuch der Automatisierung. München: Fachbuchverlag Leipzig im Carl-Hanser-Verlag, 2017. – ISBN 978-3-446-44664-9

[MA98] *Makarov, A.*: Regelungstechnik und Simulation. Braunschweig · Wiesbaden: Vieweg, 1998. – ISBN 3-528-15278-8

[NO09] *Nollau, R.*: Modellierung und Simulation technischer Systeme. Berlin · Heidelberg: Springer, 2009. – ISBN 978-3-540-89120-8

[PH19] *Philippsen, H.-W.*: Einstieg in die Regelungstechnik mit Python. München: Carl-Hanser-Verlag, 2019. – ISBN 978-3-446-45157-5

[RZ17] *Reuter, M.*; *Zacher, S.*: Regelungstechnik für Ingenieure. Wiesbaden: Springer Vieweg, 2017. – ISBN 978-3-658-17631-0

[SB14] *Samal, E.*; *Becker, W.*: Grundriss der praktischen Regelungstechnik. München: Oldenbourg, 2014. – ISBN 978-3-486-71290-2

[SCH00] *Schlüter, G.*: Digitale Regelungstechnik interaktiv. München [u. a.]: Fachbuchverlag Leipzig im Carl-Hanser-Verlag, 2000. – ISBN 3-446-21477-1

[SCH01] *Schlüter, G.*: Regelung technischer Systeme – interaktiv. München [u. a.]: Fachbuchverlag Leipzig im Carl-Hanser-Verlag, 2001. – ISBN 3-446-21781-9

[SCH77] *Schwefel, H. P.*: Numerische Optimierung von Computer-Modellen mittels der Evolutionsstrategie. Basel/Schweiz · Stuttgart: Birkhäuser, 1977. – ISBN 3-7643-0876-1

[TS16] *Tietze, U.*; *Schenk, Ch.*; *Gamm, E.*: Halbleiter-Schaltungstechnik. Berlin · Heidelberg: Springer Vieweg, 2016. – ISBN 978-3-662-48354-1

[UN08] *Unbehauen, H.*: Regelungstechnik – Teil 1: Klassische Verfahren zur Analyse und Synthese linearer kontinuierlicher Regelsysteme, Fuzzy-Regelsysteme. Wiesbaden: Vieweg + Teubner, 2008. – ISBN 978-3-8348-0497-6

[UN07] *Unbehauen, H.*: Regelungstechnik – Teil 2: Zustandsregelungen, digitale und nichtlineare Regelsysteme. Wiesbaden: Vieweg + Teubner, 2007. – ISBN 978-3-528-83348-0

[UN11] *Unbehauen, H.*: Regelungstechnik – Teil 3: Identifikation, Adaption, Optimierung. Wiesbaden: Vieweg + Teubner, 2011. – ISBN 978-3-8348-1419-7

[UP11] *Uphaus, J.*: Regelungstechnik. Troisdorf: Bildungsverlag EINS, 2011. – ISBN 978-3-427-44510-4

[WI65] *Wittmers, H.*: Einführung in die Regelungstechnik. Braunschweig: Vieweg, 1965

Stichwortverzeichnis

G

H

I

K

L

M

N

O

P

Q

R

S

T

U

V

W

Z